普通高等教育“十三五”规划教材
高等工科院校卓越工程师教育教材

机械设计课程设计手册

（第2版）

傅燕鸣　编著

上海科学技术出版社

图书在版编目（CIP）数据

机械设计课程设计手册／傅燕鸣编著．—2版．
—上海：上海科学技术出版社，2016.9（2023.8重印）
普通高等教育“十三五”规划教材 高等工科院校卓越工程师教育教材
ISBN 978-7-5478-3009-3

Ⅰ．①机… Ⅱ．①傅… Ⅲ．①机械设计—课程设计—高等学校—教材 Ⅳ．①TH122—41

中国版本图书馆CIP数据核字(2016) 第040835号

机械设计课程设计手册（第2版）
傅燕鸣 编著

上海世纪出版（集团）有限公司
上 海 科 学 技 术 出 版 社 出版、发行
（上海市闵行区号景路159弄A座9F-10F）
邮政编码201101 www.sstp.cn
上海盛通时代印刷有限公司印刷
开本787×1092 1/16 印张22.5
字数585千字 2013年6月第1版
2016年9月第2版 2023年8月第8次印刷
ISBN 978-7-5478-3009-3/TH·58
定价：60.00元

内容提要

本手册是为了适应卓越工程师教育课程改革需求，满足高等工科院校机械类、近机类学生在机械设计和机械设计基础课程学习、课程设计及毕业设计时的使用要求而编写的。

本手册分为3篇，共22章。第1篇为机械设计常用标准和规范，介绍了课程学习、课程设计、毕业设计中常用的标准、规范和资料；第2篇为机械设计（基础）课程设计指导，以常见的减速器为例，系统地介绍了机械传动装置的设计内容、步骤和方法，以及机械设计课程设计题目和多种典型的减速器结构图和零件图；第3篇为机械设计课程大作业指导。附录给出了课程设计中常用文档及设计计算说明书示例；最后还附有第1篇的表名索引，以方便读者查阅。

本手册可供高等工科院校卓越工程师教育试点班、高等工科院校本科、大专和成人教育等各类学校的机械类及近机类专业师生使用，也可供从事机械设计工作的工程技术人员参考。

第2版前言

本书初版自2013年6月出版以来，受到广大学生的欢迎，已经重印三次，取得了预期的效果，说明本书的编写指导思想是正确的，内容的选取是恰当的，因此这次修订再版仍保持原来的编写指导思想。

由于科学技术的迅速发展和设计水平的不断提高，近年来我国修订了大量的国家标准和行业标准，更新了技术规范和设计资料。为了适应这些标准、技术规范和设计资料的更新，本书考虑了当前教学改革和人才培养的需要，在总结《机械设计课程设计手册》第1版使用经验的基础上对本书进行修订，具体做了如下几方面的修订工作：

（1） 增加和更新最近颁布的一些国家设计标准、规范和设计资料；

（2） 更新部分减速器的装配图和零件图；

（3） 更正初版文字、图表中疏漏和印刷错误以及部分图中线条不规范等问题。

本手册由傅燕鸣编著。算例由傅昊赟编写，插图由沈斌、朱磊、李晓腾制作。蔡忠琴、郭娟收集和整理了最新国家标准及规范，并进行了书稿的计算机文字录入。

由于时间匆促，加之编者水平有限，书中错误与不妥之处在所难免，恳请广大读者给予指正。

编　者

2016年6月于上海大学

第1版前言

教育部于2010年6月正式启动了"卓越工程师教育培养计划",该计划是贯彻落实《国家中长期教育改革和发展规划纲要(2010—2020)》的重大改革项目,也是促进我国由工程教育大国迈向工程教育强国的重大举措。本手册就是为了适应卓越工程师教育课程改革需求,满足高等工科院校机械类、近机类学生在机械设计和机械设计基础课程学习、课程设计及毕业设计时的使用要求而编写的。

机械设计和机械设计基础课程是设计性、实践性很强的一门学科基础课。为了方便学生进行实践性环节的需要、提高学习和设计效率,本手册集课程设计和课外大作业的任务书、指导书、设计参考图例和设计资料于一体,同时纳入了最新技术和最新标准,旨在探讨卓越工程师教育新的培养模式,大力推进工程教育改革,提高学生的实践能力和创新能力,培养具有国际竞争力的工程技术人才。

本手册共分为3篇。第1篇为机械设计常用标准和规范(第1~11章),介绍了课程设计常用的标准、规范和资料,包括常用数据和一般标准与规范,电动机,常用工程材料,机械连接,机械传动,滚动轴承,联轴器,减速器附件,润滑与密封,极限与配合、形位公差及表面粗糙度,齿轮及蜗杆、蜗轮的精度等。第2篇为机械设计(基础)课程设计指导(第12~20章),以常见的减速器为例,系统地介绍了机械传动装置的设计内容、步骤和方法,包括机械设计课程设计概述,机械传动装置的总体方案设计,传动零件的设计,减速器的结构与润滑,减速器装配工作图设计,零件工作图设计,编写设计计算说明书和答辩,机械设计(基础)课程设计题目以及多种典型的减速器装配工作图和零件工作图等。第3篇为机械设计课程大作业(第21、22章),包括螺旋传动设计和轴系部件设计等。附录给出了课程设计中常用文档及设计计算说明书示例,以供教师和学生参考。

本手册由傅燕鸣主编。附录由盛佳愉、吴宵、孙清编写,算例由傅昊赟、苑帅编写,部分插图由沈斌、朱磊制作。郭娟、蔡忠琴收集和整理了最新国家标准及规范,并进行了书稿的计算机文字录入。

由于时间匆促,加之编者水平有限,书中错误与不妥之处在所难免,恳切广大读者指正。

编　者

2013年3月于上海大学

目　录

CONTENTS

第1篇　机械设计常用标准和规范

第 2 篇 机械设计(基础)课程设计指导

第3篇　机械设计课程大作业指导

第1篇

机械设计常用标准和规范

第1章　常用数据和一般标准与规范

1.1　标准代号

表1－1　国内部分标准代号

代　号	名　　称	代　号	名　　称	代　号	名　　称
FJ	原纺织工业标准	HB	航空工业标准	QC	汽车行业标准
FZ	纺织行业标准	HG	化学工业行业标准	SY	石油天然气行业标准
GB	强制性国家标准	JB	机械工业行业标准	SH	石油化工行业标准
GBn	国家内部标准	JB/ZQ	原机械部重型矿山机械标准	YB	钢铁冶金行业标准
GBJ	国家工程建设标准	JT	交通行业标准	YS	有色冶金行业标准
GJB	国家军用标准	QB	原轻工行业标准	ZB	原国家专业标准

注：在代号后加“/T”为推荐性技术文件，在代号后加“/Z”为指导性技术文件。

表1－2　国外部分标准代号

代　　号	名　　称	代　　号	名　　称
ANSI(前 ASA、USASI)	美国国家标准学会标准	ISO(前 ISA)	国际标准化组织标准
AS	澳大利亚国家标准	JIS	日本国家标准
ASME	美国机械工程师协会标准	NF	法国国家标准
BS	英国国家标准	ГОСТ	俄罗斯国家标准
CEN	欧洲标准化委员会标准	SIS	瑞典国家标准
CSA	加拿大国家标准	SI	以色列国家标准
CSN	捷克国家标准	SNV	瑞士国家标准
DIN	德国国家标准	UNI	意大利国家标准

1.2　常用数据

表1－3　常用材料的弹性模量、切变模量及泊松比

材料名称	弹性模量 E(GPa)	切变模量 G(GPa)	泊松比 μ	材料名称	弹性模量 E(GPa)	切变模量 G(GPa)	泊松比 μ
灰、白口铸铁	115～160	45	0.23～0.27	铸铝青铜	105	42	0.30
球墨铸铁	150～160	61	0.25～0.29	硬铝合金	71	27	0.30
碳钢	200～220	81	0.24～0.28	冷拔青铜	91～99	35～37	0.32～0.42
合金钢	210	81	0.25～0.30	轧制纯铜	110	40	0.31～0.34
铸钢	175～216	70～84	0.25～0.29	轧制锌	84	32	0.27
轧制磷青铜	115	42	0.32～0.35	轧制铝	69	26～27	0.32～0.36
轧制锰青铜	110	40	0.35	铅	17	7	0.42

表1-4 常用材料的密度

材料名称	密度(g/cm^3)	材料名称	密度(g/cm^3)	材料名称	密度(g/cm^3)
碳钢	7.30~7.85	铅	11.37	无填料的电木	1.2
合金钢	7.9	锡	7.29	赛璐珞	1.4
不锈钢(含铬13%)	7.75	锰	7.43	氟塑料	2.1~2.2
球墨铸铁	7.3	铬	7.19	泡沫塑料	0.2
灰铸铁	7.0	钼	10.2	尼龙6	1.13~1.14
纯铜	8.9	镁合金	1.74~1.81	尼龙66	1.14~1.15
黄铜	8.40~8.85	硅钢片	7.55~7.80	尼龙1010	1.04~1.06
锡青铜	8.7~8.9	锡基轴承合金	7.34~7.75	木材	0.40~0.75
无锡青铜	7.5~8.2	铅基轴承合金	9.33~10.67	石灰石、花岗石	2.4~2.6
碾压磷青铜	8.8	胶木板、纤维板	1.3~1.4	砌砖	1.9~2.3
冷拉青铜	8.8	玻璃	2.4~2.6	混凝土	1.80~2.45
铝、铝合金	2.50~2.95	有机玻璃	1.18~1.19	汽油	0.66~0.75
锌铝合金	6.3~6.9	橡胶石棉板	1.5~2.0	各类润滑油	0.90~0.95

表1-5 常用材料的摩擦因数

材料名称	摩擦因数 f				材料名称	摩擦因数 f			
	静摩擦		滑动摩擦			静摩擦		滑动摩擦	
	无润滑剂	有润滑剂	无润滑剂	有润滑剂		无润滑剂	有润滑剂	无润滑剂	有润滑剂
钢-钢	0.15	0.10~0.12	0.15	0.05~0.10	铸铁-铸铁	0.2	0.18	0.15	0.07~0.12
钢-低碳钢	—	—	0.2	0.1~0.2	铸铁-青铜	0.28	0.16	0.15~0.20	0.07~0.15
钢-铸铁	0.3	—	0.18	0.05~0.15	青铜-青铜	—	0.1	0.2	0.04~0.10
钢-青铜	0.15	0.10~0.15	0.15	0.10~0.15	纯铝-钢	—	—	0.17	0.02
低碳钢-青铜	0.2	—	0.18	0.07~0.15	粉末冶金-钢	—	—	0.4	0.1
低碳钢-铸铁	0.2	—	0.18	0.05~0.15	粉末冶金-铸铁	—	—	0.4	0.1

表1-6 物体的摩擦因数

名称			摩擦因数 f	名称		摩擦因数 f
滚动轴承	深沟球轴承	径向载荷	0.002	滑动轴承	液体摩擦轴承	0.001~0.008
		轴向载荷	0.004		半液体摩擦轴承	0.008~0.080
	角接触球轴承	径向载荷	0.003		半干摩擦轴承	0.1~0.5
		轴向载荷	0.005	轧辊轴承	滚动轴承	0.002~0.005
	圆锥滚子轴承	径向载荷	0.008		层压胶木轴瓦	0.004~0.006
		轴向载荷	0.02		青铜轴瓦(用于热轧辊)	0.07~0.10
	调心球轴承		0.0015		青铜轴瓦(用于冷轧辊)	0.04~0.08
	圆柱滚子轴承		0.002		特殊密封全液体摩擦轴承	0.003~0.005
	长圆柱或螺旋滚子轴承		0.006		特殊密封半液体摩擦轴承	0.005~0.010
	滚针轴承		0.008	密封软填料盒中填料与轴的摩擦		0.2

表 1-7 钢铁(黑色金属)硬度及强度换算(摘自 GB/T 1172—1999)

硬度			碳钢抗拉强度 σ_b(MPa)	硬度			碳钢抗拉强度 σ_b(MPa)
洛氏 HRC	维氏 HV	布氏($F/D^2=30$)HBW		洛氏 HRC	维氏 HV	布氏($F/D^2=30$)HBW	
20.0	226	225	774	45.0	441	428	1 459
21.0	230	229	793	46.0	454	441	1 503
22.0	235	234	813	47.0	468	455	1 550
23.0	241	240	833	48.0	482	470	1 600
24.0	247	245	854	49.0	497	486	1 653
25.0	253	251	875	50.0	512	502	1 710
26.0	259	257	897	51.0	527	518	
27.0	266	263	919	52.0	544	535	
28.0	273	269	942	53.0	561	552	
29.0	280	276	965	54.0	578	569	
30.0	288	283	989	55.0	596	585	
31.0	296	291	1 014	56.0	615	601	
32.0	304	298	1 039	57.0	635	616	
33.0	313	306	1 065	58.0	655	628	
34.0	321	314	1 092	59.0	676	639	
35.0	331	323	1 119	60.0	698	647	
36.0	340	332	1 147	61.0	721		
37.0	350	341	1 177	62.0	745		
38.0	360	350	1 207	63.0	770		
39.0	371	360	1 238	64.0	795		
40.0	381	370	1 271	65.0	822		
41.0	393	381	1 305	66.0	850		
42.0	404	392	1 340	67.0	879		
43.0	416	403	1 378	68.0	909		
44.0	428	415	1 417				

注：F 为压头上的负荷(N)；D 为压头直径(mm)。

表 1-8 常用材料极限强度的近似关系

材料		结构钢	铸铁	铝合金
对称应力疲劳极限	拉压对称疲劳极限 σ_{-1l}	$\approx 0.3\sigma_b$	$\approx 0.225\sigma_b$	$\approx \frac{\sigma_b}{6}+73.5\text{MPa}$
	弯曲对称疲劳极限 σ_{-1}	$\approx 0.43\sigma_b$	$\approx 0.45\sigma_b$	$\approx \frac{\sigma_b}{6}+73.5\text{MPa}$
	扭转对称疲劳极限 τ_{-1}	$\approx 0.25\sigma_b$	$\approx 0.36\sigma_b$	$(0.55\sim0.58)\sigma_{-1}$
脉动应力疲劳极限	拉压脉动疲劳极限 σ_{0l}	$\approx 1.42\sigma_{-1l}$	$\approx 1.42\sigma_{-1l}$	$\approx 1.5\sigma_{-1l}$
	弯曲脉动疲劳极限 σ_0	$\approx 1.33\sigma_{-1}$	$\approx 1.35\sigma_{-1}$	—
	扭转脉动疲劳极限 τ_0	$\approx 1.5\tau_{-1}$	$\approx 1.35\tau_{-1}$	—

注：σ_b 为材料的抗拉强度。

表 1－9 常用机械传动的单级传动比推荐值及功率适用范围

传动类型	最大功率（kW）	单级传动比		传动类型	最大功率（kW）	单级传动比	
		推荐值	最大值			推荐值	最大值
平带传动	20	2～4	5	圆柱齿轮传动	50 000	3～5	10
V 带传动	100	2～4	7	圆锥齿轮传动	50 000	2～4	6
链传动	100	2～4	7	蜗杆传动	50	10～40	80

表 1－10 常用机械传动、轴承、联轴器和传动滚筒效率的概率值

类别		传动效率 η	类别		传动效率 η
齿轮传动	圆柱齿轮	闭式:0.96～0.98（7～9 级精度）	带传动	平　带	0.95～0.98
		开式:0.94～0.96		V　带	0.94～0.97
	圆锥齿轮	闭式:0.94～0.97（7～8 级精度）	滚子链传动		闭式:0.94～0.97 开式:0.90～0.93
		开式:0.92～0.95	轴承	滑动轴承(一对)	润滑不良:0.94～0.97 润滑良好:0.97～0.99
蜗杆传动	自　锁	0.40～0.45		滚动轴承(一对)	0.980～0.995
	单　头	0.70～0.75	联轴器	弹性联轴器	0.990～0.995
	双　头	0.75～0.82		齿式联轴器	0.99
	三头和四头	0.80～0.92	传动滚筒		0.96

1.3 机械制图

表 1－11 图纸幅面和格式(摘自 GB/T 14689—2008) (mm)

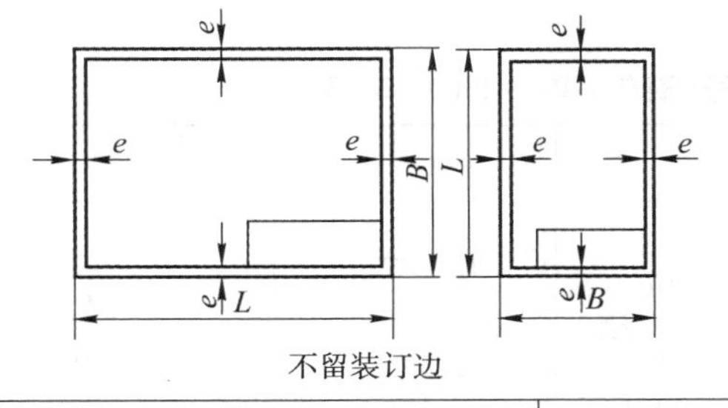

不留装订边

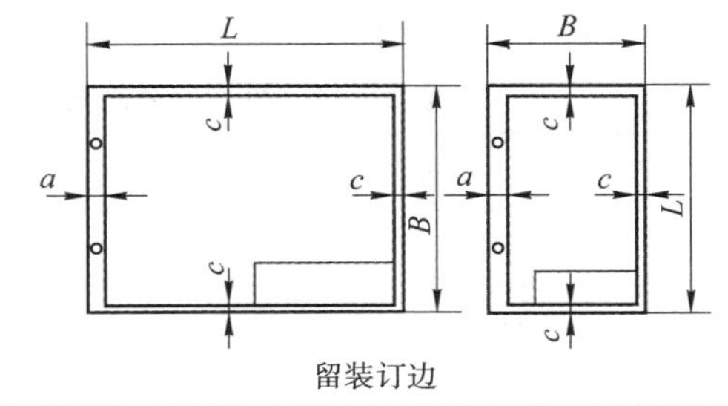

留装订边

基本幅面（第一选择）				
幅面代号	$B \times L$	a	c	e
A0	841×1 189	25	10	20
A1	594×841			
A2	420×594			10
A3	297×420		5	
A4	210×297			

必要时允许选用的加长幅面					
第二选择		第三选择			
幅面代号	$B \times L$	幅面代号	$B \times L$	幅面代号	$B \times L$
A3×3	420×891	A0×2	1 189×1 682	A3×5	420×1 486
A3×4	420×1 189	A0×3	1 189×2 523	A3×6	420×1 783
A4×3	297×630	A1×3	841×1 783	A3×7	420×2 080
A4×4	297×841	A1×4	841×2 378	A4×6	297×1 261
A4×5	297×1 051	A2×3	594×1 261	A4×7	297×1 471
		A2×4	549×1 682	A4×8	297×1 682
		A2×5	594×2 102	A4×9	297×1 892

注：加长幅面的图框尺寸，按所选用的基本幅面大一号图框尺寸确定。例如 A2×3，按 A1 的图框尺寸确定，即 e 为 20（或 c 为 10）；对 A3×4 则按 A2 的图框尺寸确定，即 e 为 10（或 c 为 10）。

表1-12 图样比例(摘自GB/T 14690—1993)

原值比例	1:1
缩小比例	(1:1.5) 1:2 (1:2.5) (1:3) (1:4) 1:5 (1:6) (1:1.5×10^n) 1:2×10^n (1:2.5×10^n) (1:3×10^n) (1:4×10^n) 1:5×10^n (1:6×10^n) 1:1×10^n
放大比例	2:1 (2.5:1) (4:1) 5:1 1×10^n:1 2×10^n:1 (2.5×10^n:1) (4×10^n:1) 5×10^n:1

注:1. 表中n为正整数。
2. 括号内的比例,必要时允许选取。
3. 在同一图样中,各个视图应采用相同的比例。当某个视图需要采用不同比例时,必须另行标注。
4. 当图形中孔的直径或薄片的厚度等于或小于2mm,以及斜度或锥度较小时,可不按比例而夸大画出。

表1-13 机械制图中的线型及应用(摘自GB/T 4457.4—2002)

名 称	宽 度	形 式	一 般 应 用
粗实线	b		可见轮廓线、可见过渡线、图框线
细实线	约$b/2$		尺寸线、尺寸界线、引出线、辅助线、剖面线,不连续同一表面的连线
虚 线	约$b/2$		不可见轮廓线 不可见过渡线
双点划线	约$b/2$		相邻辅助零件轮廓线、极限位置轮廓线、假想投影的轮廓线、中断线
细点划线	约$b/2$		轴线、节线、节圆、对称中心线、轨迹线
波浪线	约$b/2$		视图与剖视图的分界线 断裂处的边界线

注:图线宽度b推荐系列为0.25、0.35、0.5、0.7、1、1.4、2mm。

表1-14 机构运动简图用图形符号(摘自GB/T 4460—2013)

名 称	基本符号	可用符号
机架		
轴、杆		
构件组成部分与轴(杆)的固定连接	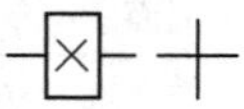	
齿轮传动(不指明齿线)圆柱齿轮	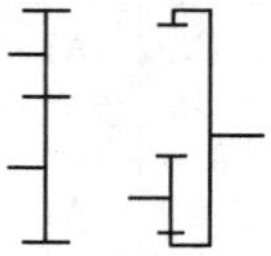	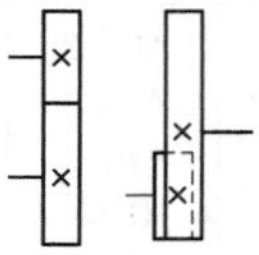
齿轮传动(不指明齿线)圆锥齿轮	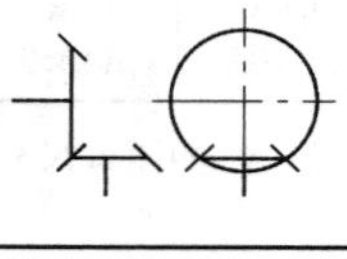	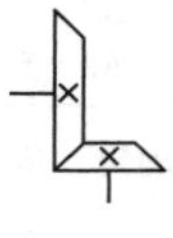

名 称	基本符号	可用符号
齿轮传动(不指明齿线)蜗轮与圆柱蜗杆	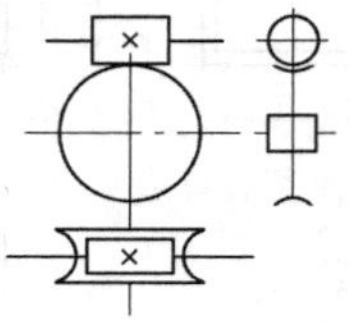	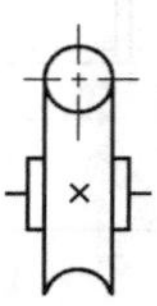
摩擦传动圆柱轮	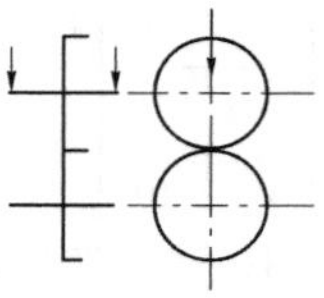	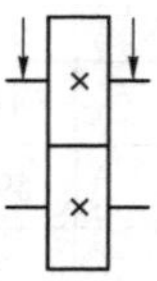
摩擦传动圆锥轮	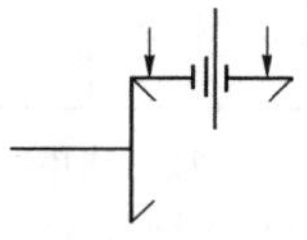	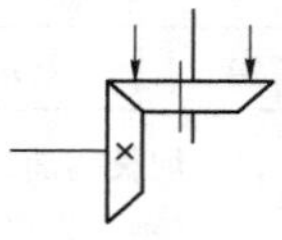

（续表）

名　　称	基本符号	可用符号
带传动—— 一般符号 （不指明类型）		若需指明带传动类型符号，可将下列符号标注在带的上方： V带　圆带　平带 ▽　○　—
链传动—— 一般符号 （不指明类型）		若需指明链传动类型符号，可将下列符号标注在轮轴连心线的上方： 滚子链：# 齿形链：⋁⋁
螺杆传动 整体螺母		
联轴器—— 一般符号 （不指明类型）		
固定联轴器		
可移式联轴器		
弹性联轴器		
啮合式离合器 单向式		
摩擦离合器 单向式		

名　　称	基本符号	可用符号
制动器—— 一般符号		
向心轴承 滑动轴承		
向心轴承 滚动轴承		
单向推力 滑动轴承		
推力滚动轴承		
单向向心 推力滑动轴承		
双向向心 推力滑动轴承		
向心推力 滚动轴承		
压缩弹簧	ϕ或□	
拉伸弹簧		
电动机—— 一般符号		

表 1－15　轴承的规定画法和简化画法(摘自 GB/T 4459.1—1995)

轴承名称代号	规定画法	简化画法	
		特征画法	通用画法
深沟球轴承 60000 GB/T 276—1994 主要参数 D、d、B	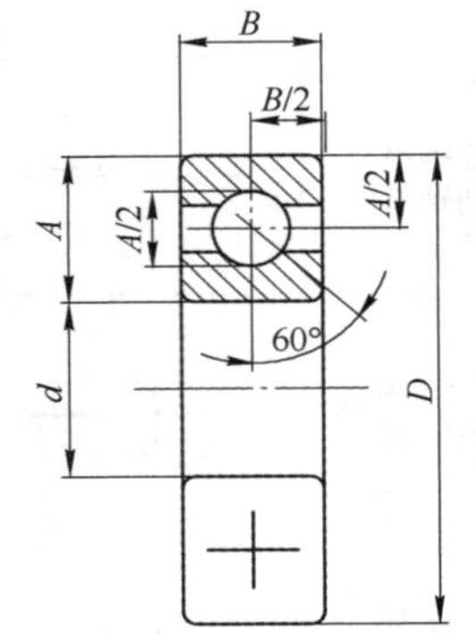 B, B/2, A/2, A/2, A, 60°, d, D	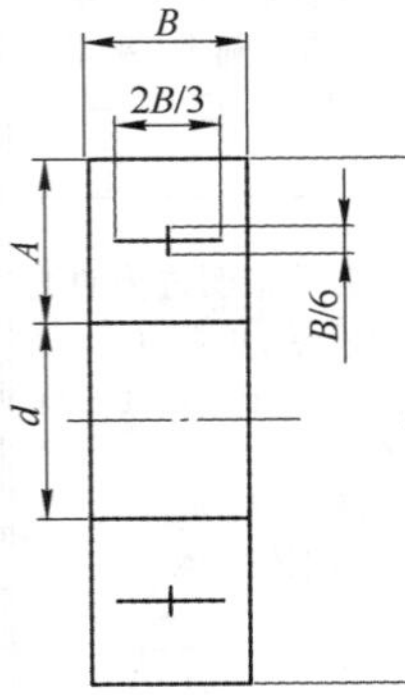 B, 2B/3, A, B/6, d, D	B, A, 2A/3, 2B/3, d, D
圆锥滚子轴承 30000 GB/T 297—1994 主要参数 D、d、T、C、B	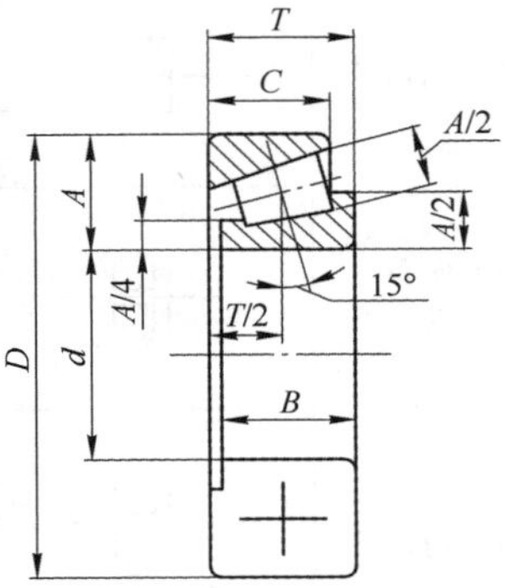 T, C, A/2, A, A/2, A/4, 15°, T/2, D, d, B	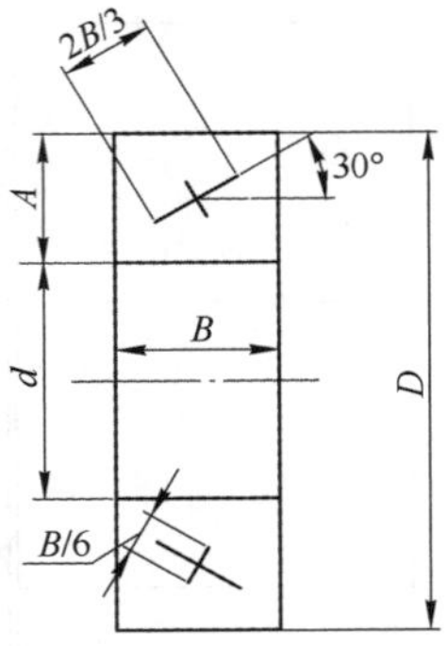 2B/3, 30°, A, d, B, D, B/6	
角接触球轴承 70000 GB/T 292—2007 主要参数 D、d、B	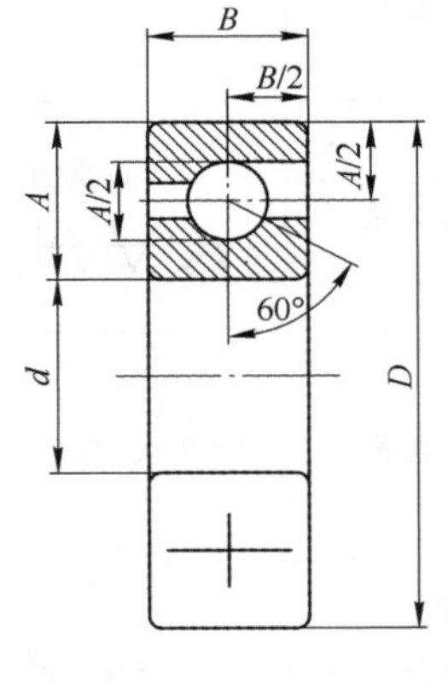 B, B/2, A, A/2, A/2, 60°, d, D	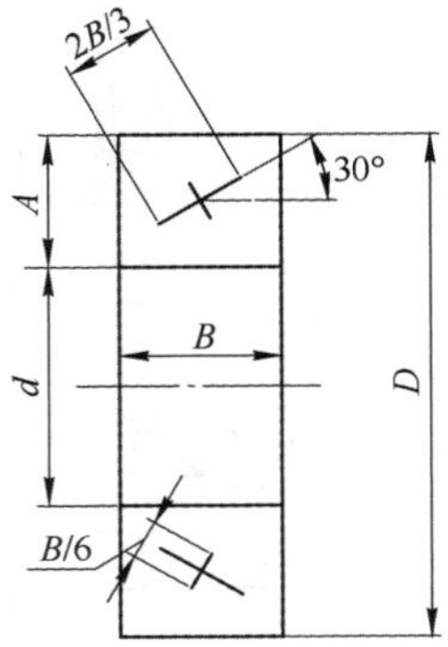 2B/3, 30°, A, d, B, D, B/6	

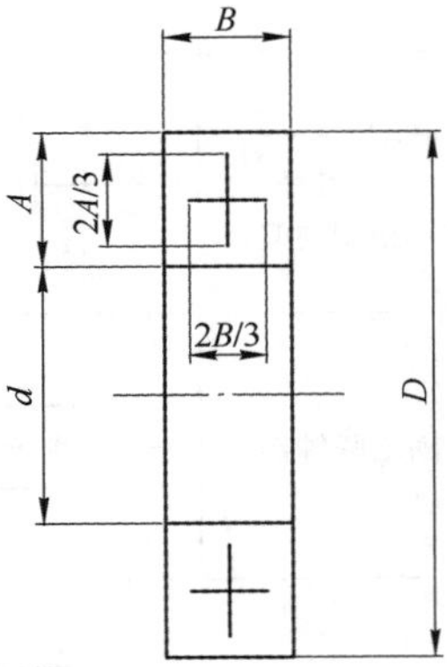

注：如需较详细地表示滚动轴承的主要结构时，可采用规定画法；如只需简单地表示滚动轴承的主要结构时，可采用特征画法；如不需要确切地表示滚动轴承的外形轮廓、载荷特性、结构特征时，可采用通用画法。

表1-16 装配图中常用的简化画法(摘自GB/T 4458.1—2002、GB/T 4459.1—1995)

名称		简化前	简化后	说明
轴承盖、视孔盖、密封件的简化画法	轴承盖	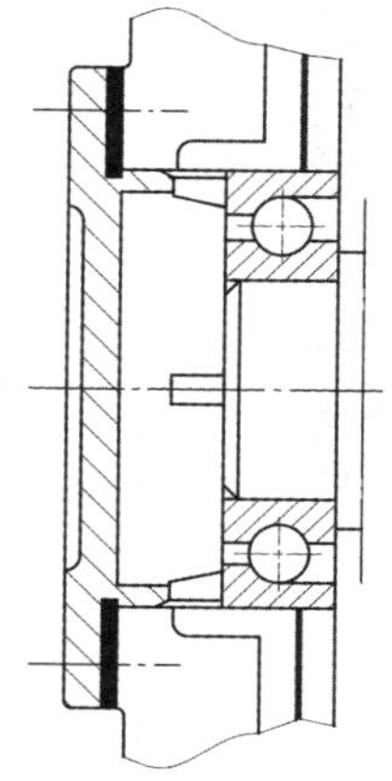	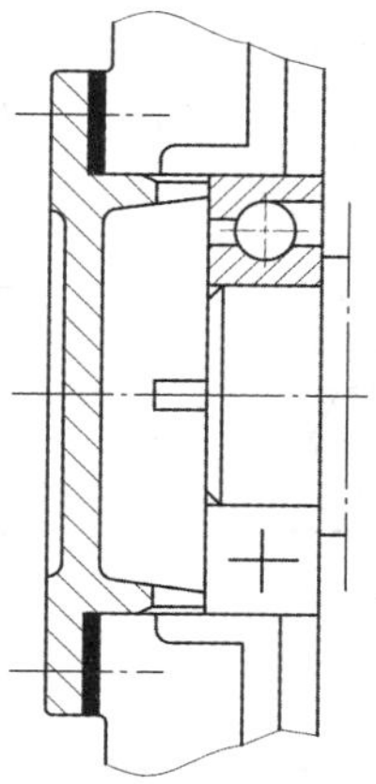	1. 轴承盖与轴承接触处的通油槽按直线绘制; 2. 轴承盖与箱体孔端部配合处的工艺槽已省略; 3. 轴承按规定画法只需绘一半
	视孔盖	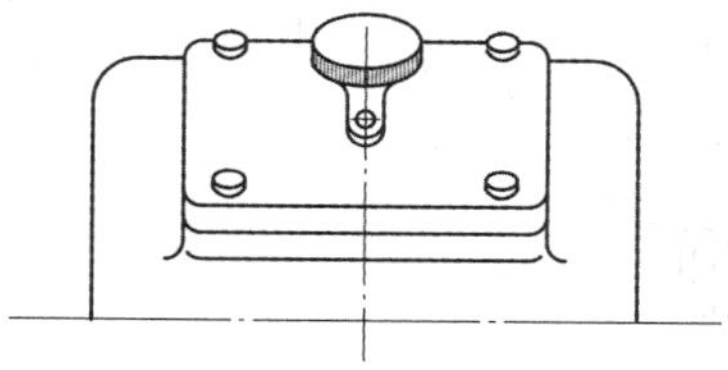	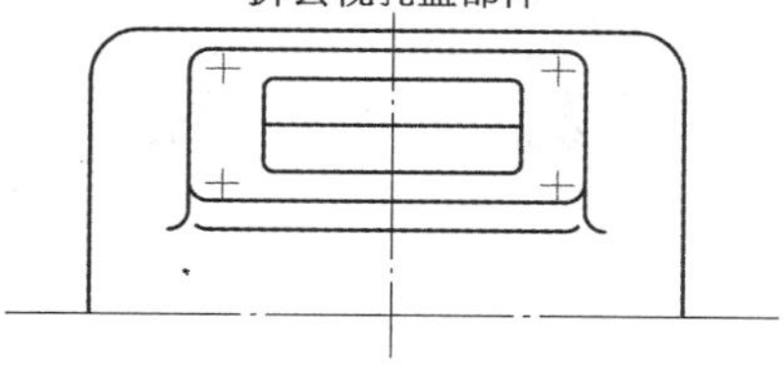 拆去视孔盖部件	在左视图中注明“拆去视孔盖部件”后,只需绘出孔的宽度及螺钉位置
	密封件	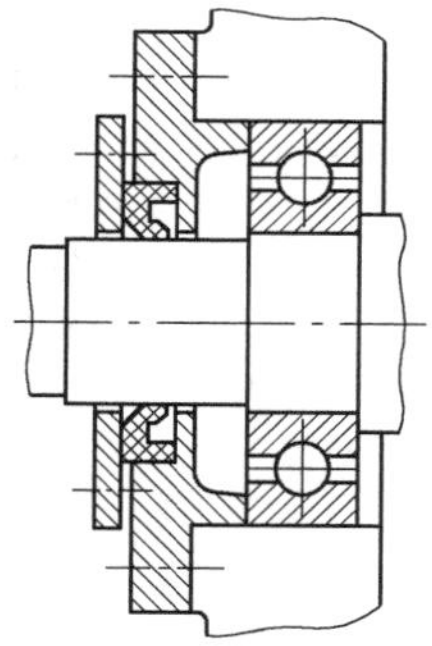	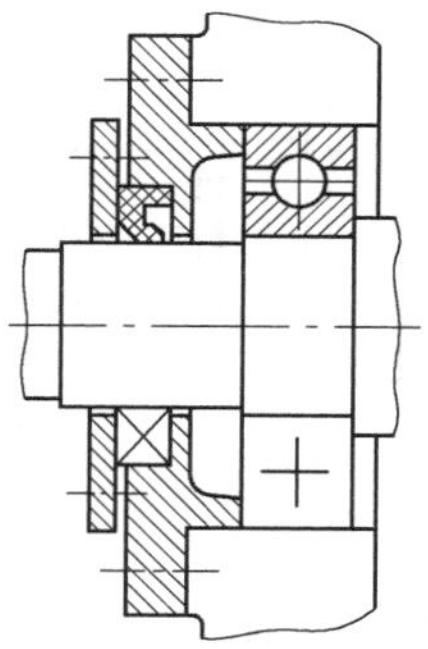	对称部分的结构(如图中的轴承、密封件),只需绘出一半
平键连接的简化画法	平键连接	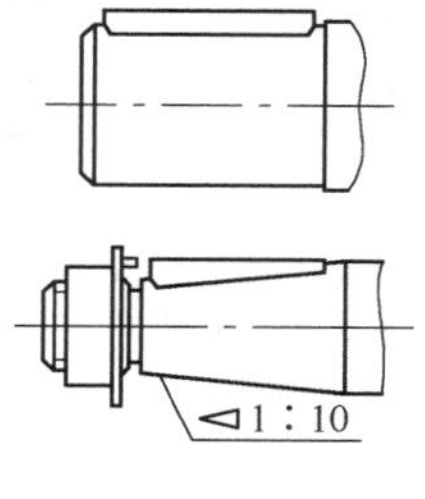 ◁1∶10	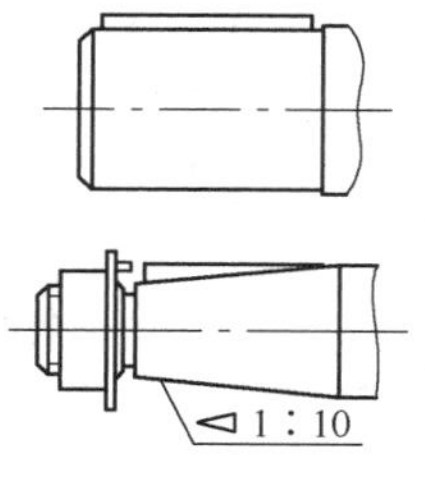 ◁1∶10	键的简化画法是直接在圆柱或圆锥面上绘出键的安装高度及其长度,省去复杂的相贯线

（续表）

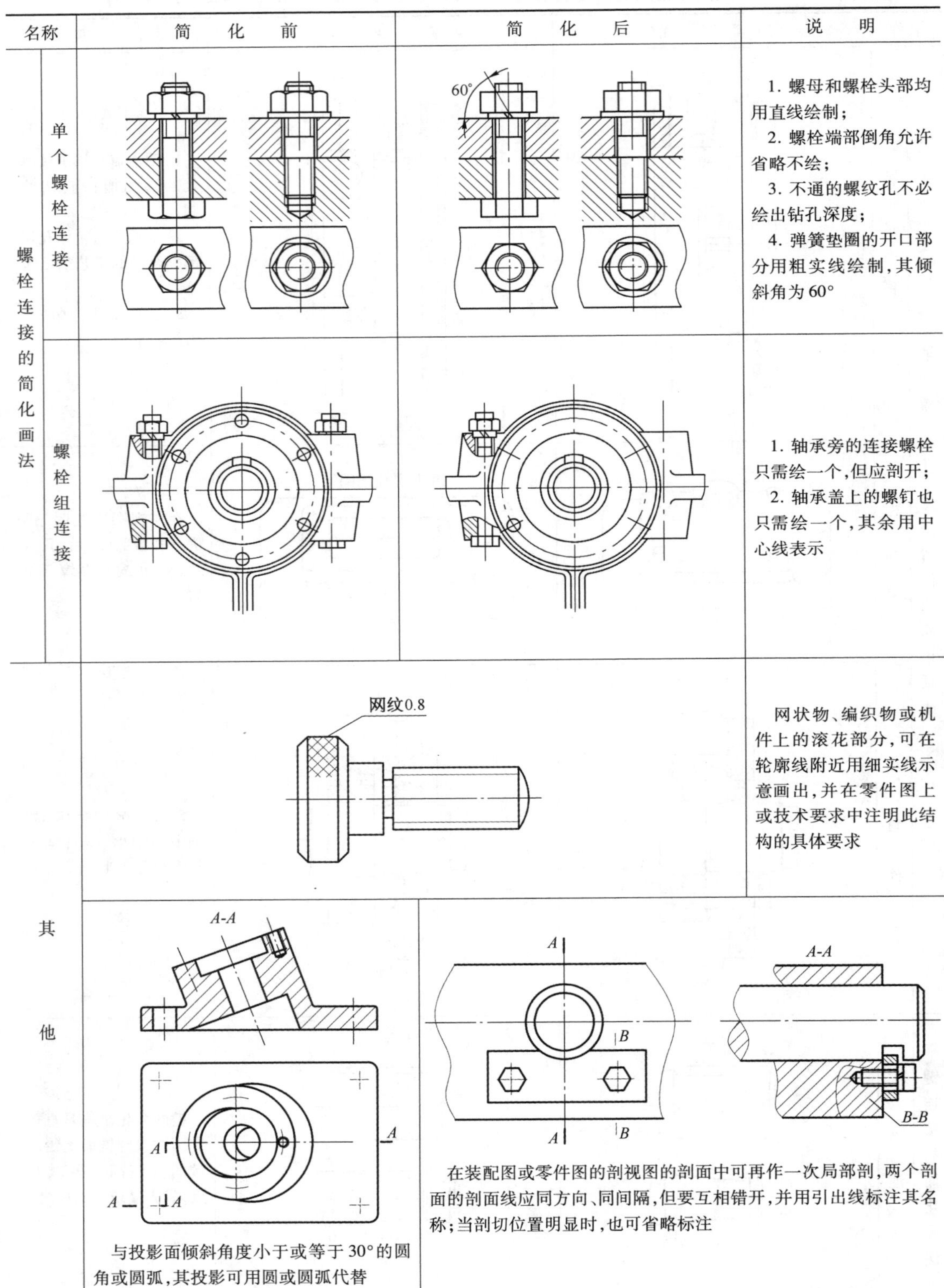

名称		简　化　前	简　化　后	说　明
螺栓连接的简化画法	单个螺栓连接			1. 螺母和螺栓头部均用直线绘制； 2. 螺栓端部倒角允许省略不绘； 3. 不通的螺纹孔不必绘出钻孔深度； 4. 弹簧垫圈的开口部分用粗实线绘制，其倾斜角为60°
	螺栓组连接			1. 轴承旁的连接螺栓只需绘一个，但应剖开； 2. 轴承盖上的螺钉也只需绘一个，其余用中心线表示
其他				网状物、编织物或机件上的滚花部分，可在轮廓线附近用细实线示意画出，并在零件图上或技术要求中注明此结构的具体要求
		与投影面倾斜角度小于或等于 30°的圆角或圆弧，其投影可用圆或圆弧代替	在装配图或零件图的剖视图的剖面中可再作一次局部剖，两个剖面的剖面线应同方向、同间隔，但要互相错开，并用引出线标注其名称；当剖切位置明显时，也可省略标注	

表 1-17　螺纹及螺纹紧固件的规定画法(摘自 GB/T 4459.1—1995)

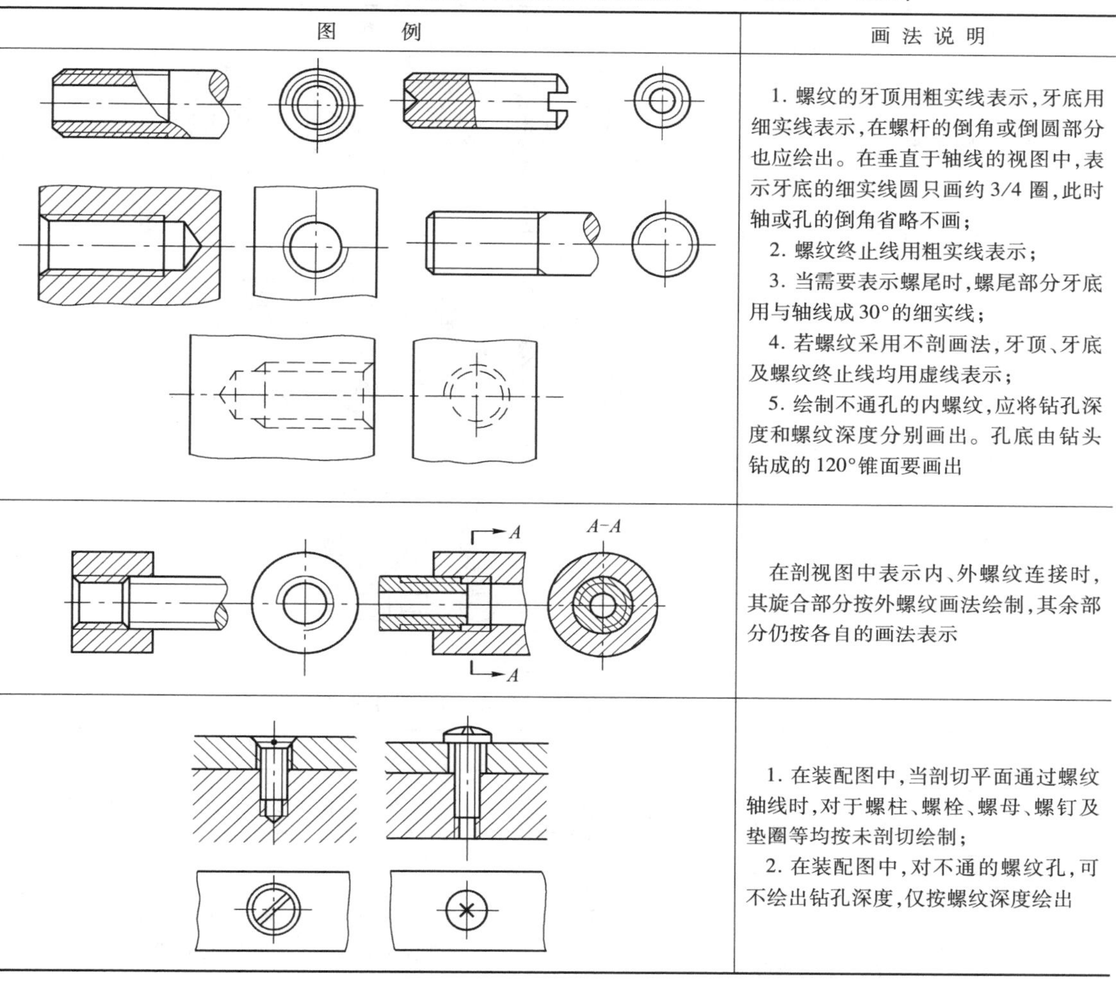

图　　例	画法说明
	1. 螺纹的牙顶用粗实线表示,牙底用细实线表示,在螺杆的倒角或倒圆部分也应绘出。在垂直于轴线的视图中,表示牙底的细实线圆只画约 3/4 圈,此时轴或孔的倒角省略不画; 2. 螺纹终止线用粗实线表示; 3. 当需要表示螺尾时,螺尾部分牙底用与轴线成 30°的细实线; 4. 若螺纹采用不剖画法,牙顶、牙底及螺纹终止线均用虚线表示; 5. 绘制不通孔的内螺纹,应将钻孔深度和螺纹深度分别画出。孔底由钻头钻成的 120°锥面要画出
	在剖视图中表示内、外螺纹连接时,其旋合部分按外螺纹画法绘制,其余部分仍按各自的画法表示
	1. 在装配图中,当剖切平面通过螺纹轴线时,对于螺柱、螺栓、螺母、螺钉及垫圈等均按未剖切绘制; 2. 在装配图中,对不通的螺纹孔,可不绘出钻孔深度,仅按螺纹深度绘出

表 1-18　齿轮、蜗杆和蜗轮啮合的规定画法(摘自 GB/T 4459.2—2003)

分　类	图例及画法说明
圆柱齿轮啮合画法	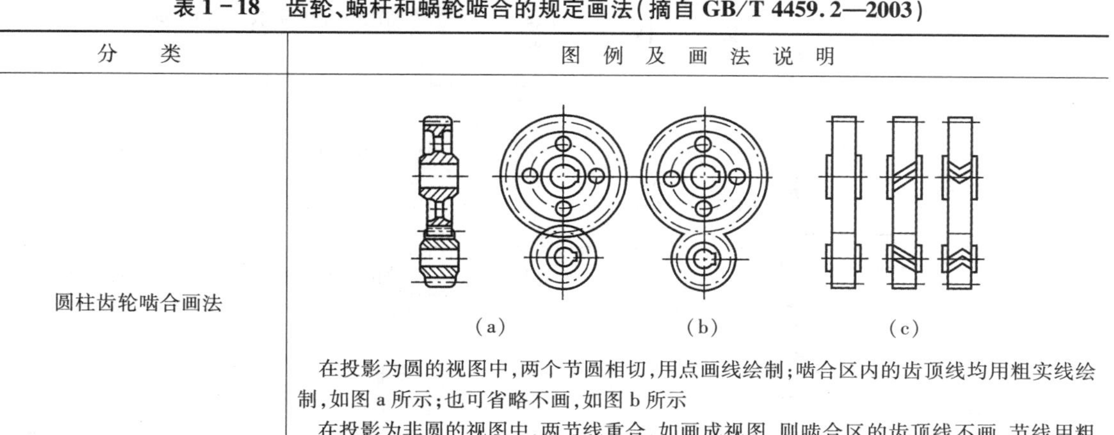 (a)　(b)　(c) 在投影为圆的视图中,两个节圆相切,用点画线绘制;啮合区内的齿顶线均用粗实线绘制,如图 a 所示;也可省略不画,如图 b 所示 在投影为非圆的视图中,两节线重合,如画成视图,则啮合区的齿顶线不画,节线用粗实线绘制,如图 c 所示;若画成剖视图,则一个齿轮的齿顶线用粗实线绘制,另一齿轮的齿顶线用虚线绘制,如图 a 所示,或省略不画,如图 d 所示

（续表）

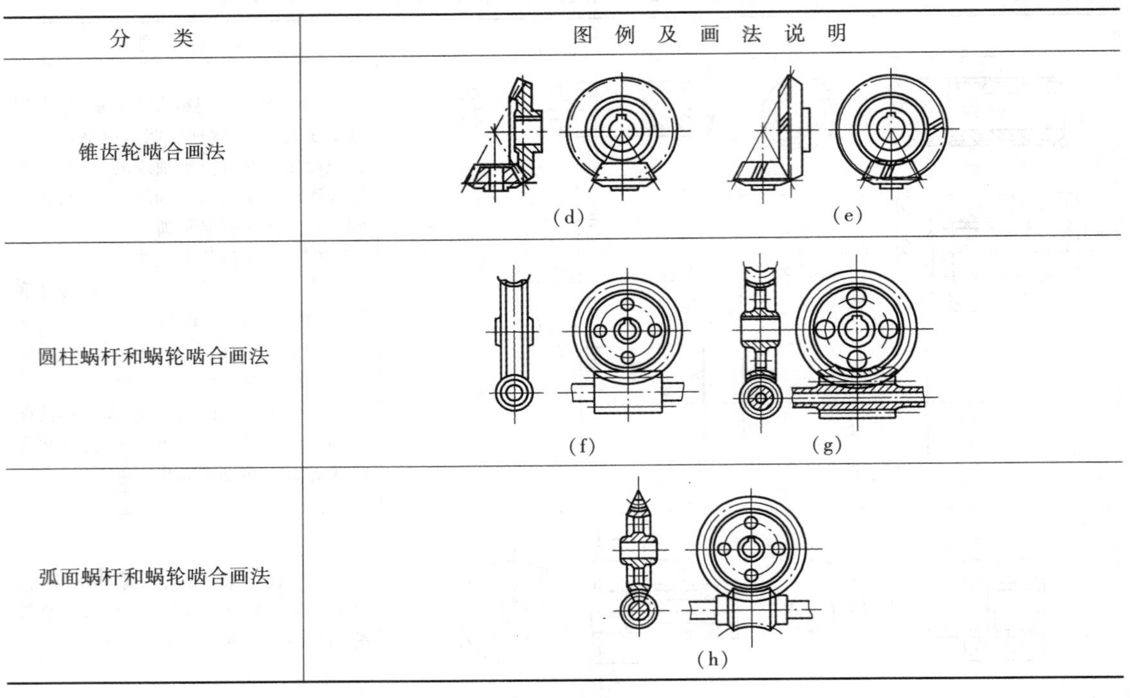

分　类	图例及画法说明
锥齿轮啮合画法	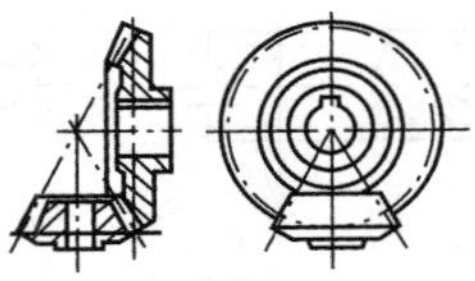 (d) 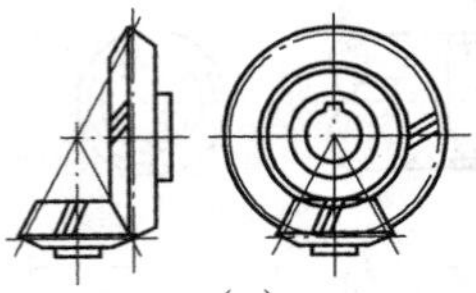　(e)
圆柱蜗杆和蜗轮啮合画法	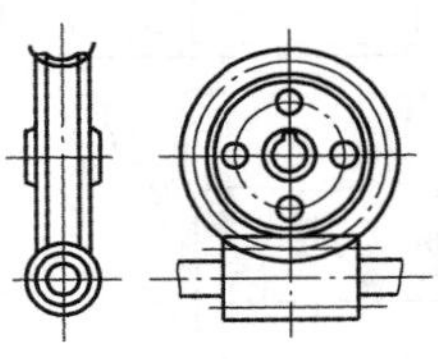 (f) 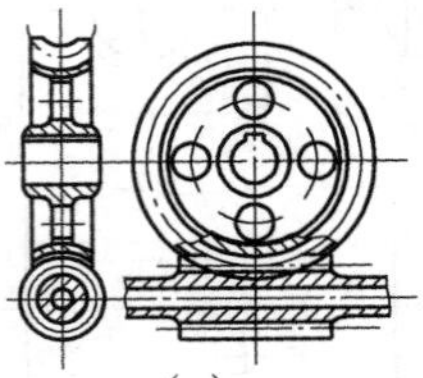　(g)
弧面蜗杆和蜗轮啮合画法	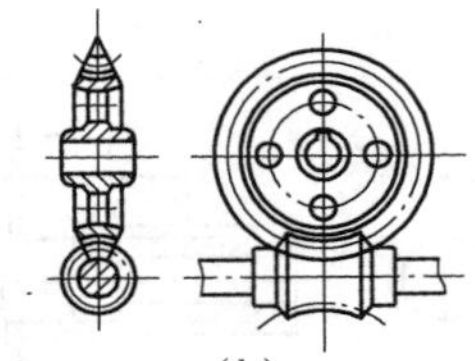 (h)

表 1-19　中心孔的规定表示法（摘自 GB/T 4459.5—1999）

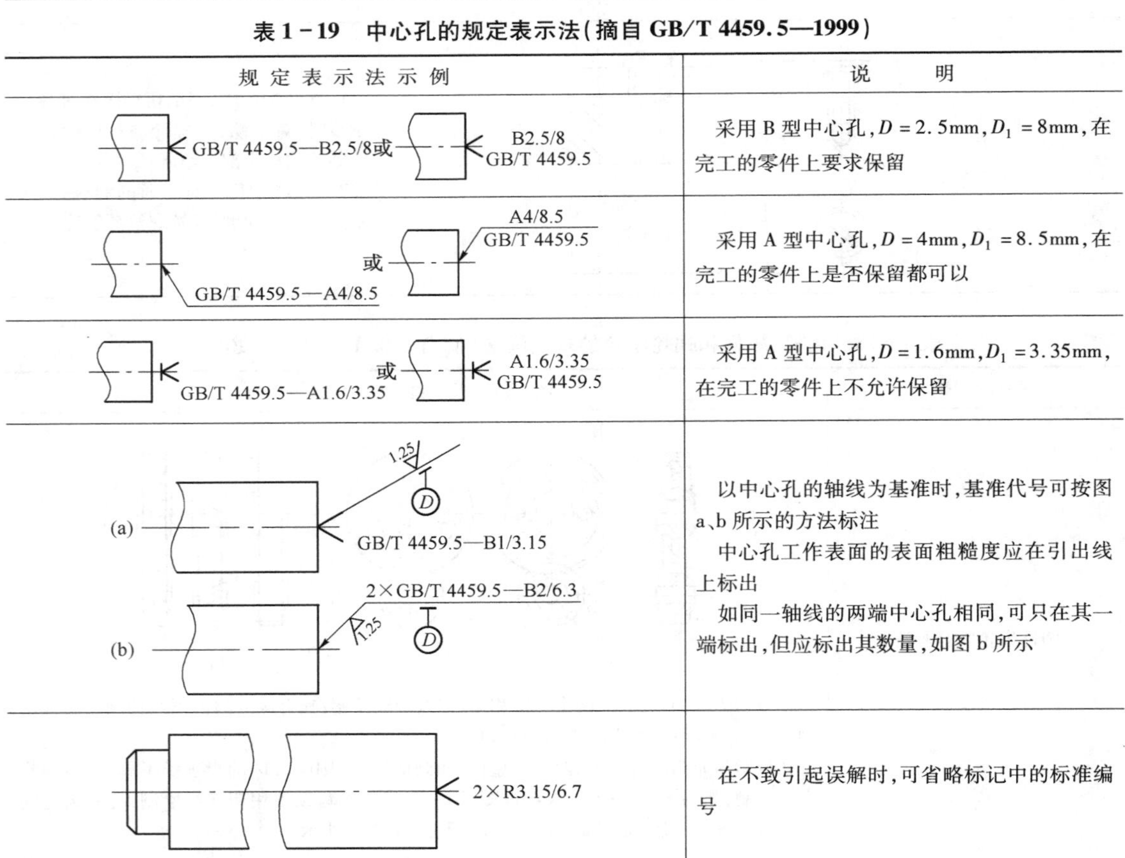

规定表示法示例	说　明
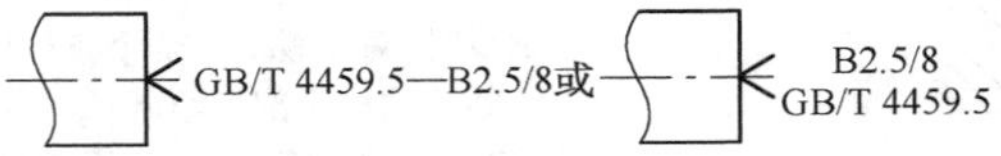 GB/T 4459.5—B2.5/8 或 B2.5/8 GB/T 4459.5	采用 B 型中心孔，$D=2.5$mm，$D_1=8$mm，在完工的零件上要求保留
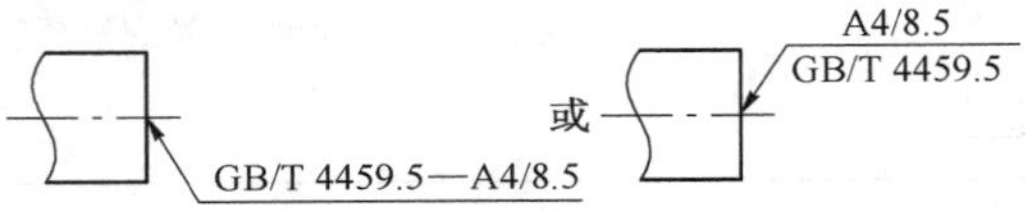 GB/T 4459.5—A4/8.5 或 A4/8.5 GB/T 4459.5	采用 A 型中心孔，$D=4$mm，$D_1=8.5$mm，在完工的零件上是否保留都可以
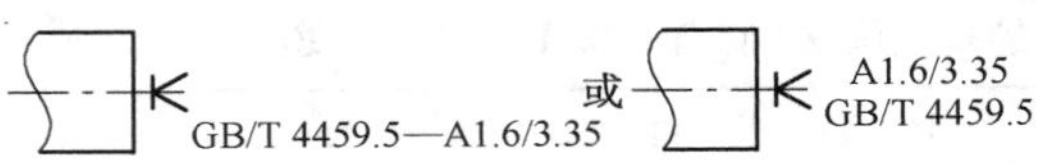 GB/T 4459.5—A1.6/3.35 或 A1.6/3.35 GB/T 4459.5	采用 A 型中心孔，$D=1.6$mm，$D_1=3.35$mm，在完工的零件上不允许保留
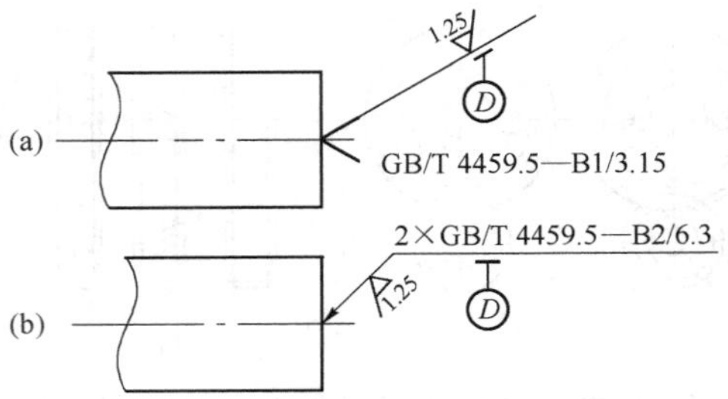 (a) 1.25 D GB/T 4459.5—B1/3.15 (b) 2×GB/T 4459.5—B2/6.3 1.25 D	以中心孔的轴线为基准时，基准代号可按图 a、b 所示的方法标注 中心孔工作表面的表面粗糙度应在引出线上标出 如同一轴线的两端中心孔相同，可只在其一端标出，但应标出其数量，如图 b 所示
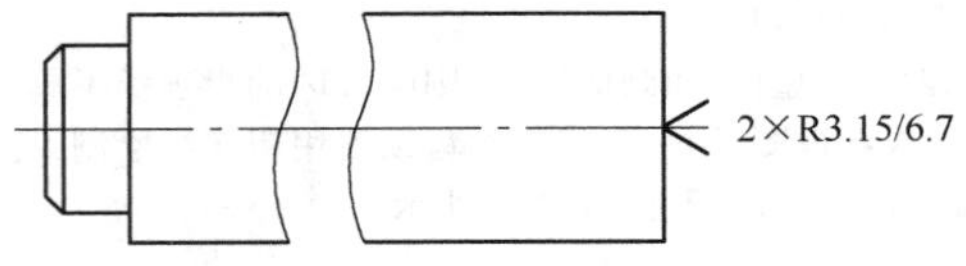 2×R3.15/6.7	在不致引起误解时，可省略标记中的标准编号

1.4　一般标准

表 1－20　标准尺寸(直径、长度和高度等)(摘自 GB/T 2822—2005)　(mm)

R10	R20	R10	R20	R40	R10	R20	R40	R10	R20	R40	R10	R20	R40
1.25	1.25	12.5	12.5	12.5	40.0	40.0	40.0	125	125	125	400	400	400
	1.40			13.2			42.5			132			425
1.60	1.60		14.0	14.0		45.0	45.0		140	140		450	450
	1.80			15.0			47.5			150			475
2.00	2.00	16.0	16.0	16.0	50.0	50.0	50.0	160	160	160	500	500	500
	2.24			17.0			53.0			170			530
2.50	2.50		18.0	18.0		56.0	56.0		180	180		560	560
	2.80			19.0			60.0			190			600
3.15	3.15	20.0	20.0	20.0	63.0	63.0	63.0	200	200	200	630	630	630
	3.55			21.2			67.0			212			670
4.00	4.00		22.4	22.4		71.0	71.0		224	224		710	710
	4.50			23.6			75.0			236			750
5.00	5.00	25.0	25.0	25.0	80.0	80.0	80.0	250	250	250	800	800	800
	5.60			26.5			85.0			265			850
6.30	6.30		28.0	28.0		90.0	90.0		280	280		900	900
	7.10			30.0			95.0			300			950
8.00	8.00	31.5	31.5	31.5	100	100	100	315	315	315	1 000	1 000	1 000
	9.00			33.5			106			335			1 060
10.0	10.0		35.5	35.5		112	112		355	355		1 120	1 120
	11.2			37.5			118			375			1 180

注：1. 选用标准尺寸的顺序为 R10、R20、R40。

2. 本标准适用于机械制造业有互换性或系列化要求的尺寸，如安装、连接、配合等尺寸。对已有专业标准(如滚动轴承、联轴器等)规定的尺寸，按专业标准选用。

表 1－21　圆柱形轴伸(摘自 GB/T 1569—2005)　(mm)

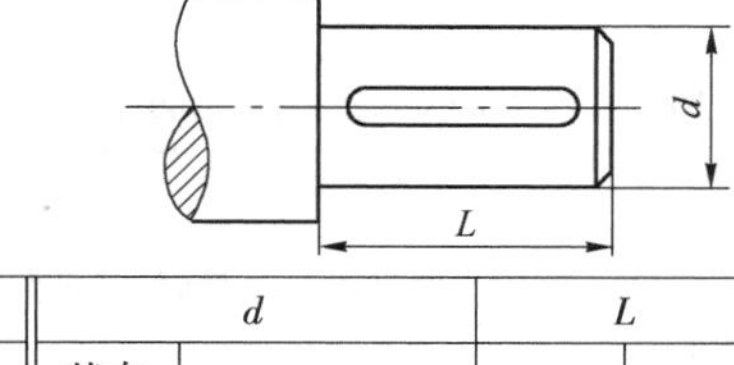

d 基本尺寸	d 极限偏差		L 长系列	L 短系列	d 基本尺寸	d 极限偏差		L 长系列	L 短系列	d 基本尺寸	d 极限偏差		L 长系列	L 短系列
6	+0.006 −0.002	j6	16	—	19	+0.009 −0.004	j6	40	28	40	+0.018 +0.002	k6	110	82
7	+0.007 −0.002		16	—	20			50	36	42			110	82
8			20	—	22			50	36	45			110	82
9			20	—	24			50	36	48			110	82
10			23	20	25			60	42	50			110	82
11	+0.008 −0.003		23	20	28			60	42	55	+0.030 +0.011	m6	110	82
12			30	25	30			80	58	60			140	105
14			30	25	32	+0.018 +0.002	k6	80	58	65			140	105
16			40	28	35			80	58	70			140	105
18			40	28	38			80	58	75			140	105

表 1－22 机器轴高 h 的基本尺寸(摘自 GB/T 12217—2005) (mm)

Ⅰ	Ⅱ	Ⅲ	Ⅳ
	25		26
25		28	30
			34
	32	36	38
			42
40		45	48
			53
	50	56	60
			67
63		71	75
			85
	80		
		90	95
100			

Ⅰ	Ⅱ	Ⅲ	Ⅳ
			105
	80	112	118
100			132
		140	150
	125		170
		180	190
160			212
		225	236
	200		265
		280	300
250			335
	315		375
		355	
400			425

Ⅰ	Ⅱ	Ⅲ	Ⅳ
	315		
		450	475
400			530
	500	560	600
			670
630		710	750
			850
	800	900	950
			1 060
1 000		1 120	1 180
			1 320
		1 400	1 500
	1 250		
1 600			

轴高 h	极限偏差		平行度公差		
	电动机、从动机器、减速器等	除电动机以外的主动机器	$L<2.5h$	$2.5h \leqslant L \leqslant 4h$	$L>4h$
25 ~ 50	0 −0.4	+0.4 0	0.2	0.3	0.4
>50 ~ 250	0 −0.5	+0.5 0	0.25	0.4	0.5
>250 ~ 630	0 −1.0	+1.0 0	0.5	0.75	1.0
>630 ~ 1 000	0 −1.5	+1.5 0	0.75	1.0	1.5
>1 000	0 −2.0	+2.0 0	1.0	1.5	2.0

注：1. 轴高应优先选用第Ⅰ系列的数值，如不能满足需要时，可选用第Ⅱ系列的数值，其次选用第Ⅲ系列的数值，第Ⅳ系列的数值尽量不采用。

2. 当轴高大于 1 600mm 时，推荐选用 160 ~ 1 000mm 范围内的数值再乘以 10。

3. 对于支承平面不在底部的机器，选用极限偏差及平行度公差时，应按轴伸轴线到机器底部的距离选取，即假设支承面是在机器底部的最低点。

4. L 为轴的全长(一般应在轴的两端点测量，若不能在两端点测量时，可取轴上任意两点，其测量结果应按轴的全长和该两点间的距离之比相应增大)。

表 1－23 中心孔(摘自 GB/T 145—2001) (mm)

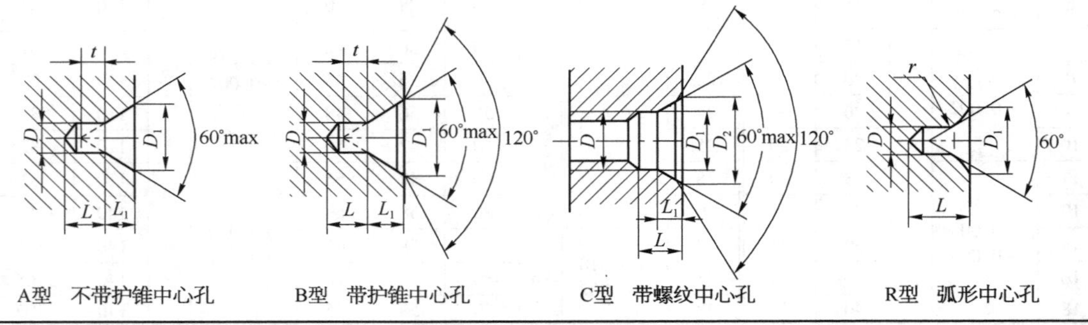

A型 不带护锥中心孔　B型 带护锥中心孔　C型 带螺纹中心孔　R型 弧形中心孔

（续表）

D	D_1		L_1（参考）		t（参考）	L_{min}	r_{max}	r_{min}	D	D_1	D_2	L	L_1（参考）	选择中心孔的参考数据		
A、B、R 型	A、R 型	B 型	A 型	B 型	A、B 型	R 型			C 型					原料端部最小直径 D_0	轴状原料最大直径 D_c	工件最大质量（kg）
1.60	3.35	5.00	1.52	1.99	1.4	3.5	5.00	4.00								
2.00	4.25	6.30	1.95	2.54	1.8	4.4	6.30	5.00						8	>10～18	120
2.50	5.30	8.00	2.42	3.20	2.2	5.5	8.00	6.30						10	>18～30	200
3.15	6.70	10.00	3.07	4.03	2.8	7.0	10.00	8.00	M3	3.2	5.8	2.6	1.8	12	>30～50	500
4.00	8.50	12.50	3.90	5.05	3.5	8.9	12.50	10.00	M4	4.3	7.4	3.2	2.1	15	>50～80	800
(5.00)	10.60	16.00	4.85	6.41	4.4	11.2	16.00	12.50	M5	5.3	8.8	4.0	2.4	20	>80～120	1 000
6.30	13.20	18.00	5.98	7.36	5.5	14.0	20.00	16.00	M6	6.4	10.5	5.0	2.8	25	>120～180	1 500
(8.00)	17.00	22.40	7.79	9.36	7.0	17.9	25.00	20.00	M8	8.4	13.2	6.0	3.3	30	>180～220	2 000
10.00	21.20	28.00	9.70	11.66	8.7	22.5	31.50	25.00	M10	10.5	16.3	7.5	3.8	35	>180～220	2 500
									M12	13.0	19.8	9.5	4.4	42	>220～260	3 000

注：1. 对于重要的轴，须选定中心孔尺寸和表面粗糙度值，并在零件图上画出。
2. 中心孔的表面粗糙度值按其用途由设计者自行选定。
3. C 型孔的 L_1 根据固定螺钉尺寸决定，但不得小于表中 L_1 的数值。
4. 不要求保留中心孔的零件采用 A 型；要求保留中心孔的零件采用 B 型；将零件固定在轴上的中心孔采用 C 型。
5. 括号内尺寸尽量不用。

表 1-24　零件倒圆与倒角（摘自 GB/T 6403.4—2008）　（mm）

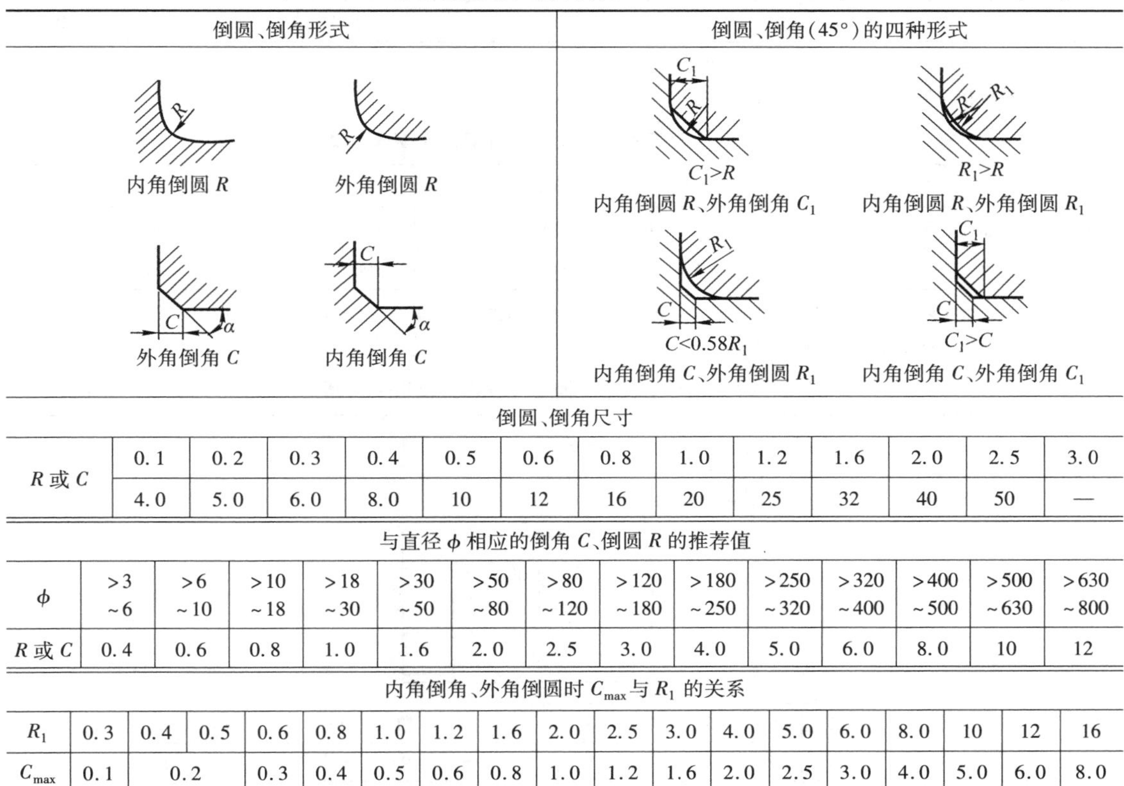

倒圆、倒角尺寸

R 或 C	0.1	0.2	0.3	0.4	0.5	0.6	0.8	1.0	1.2	1.6	2.0	2.5	3.0
	4.0	5.0	6.0	8.0	10	12	16	20	25	32	40	50	—

与直径 ϕ 相应的倒角 C、倒圆 R 的推荐值

ϕ	>3～6	>6～10	>10～18	>18～30	>30～50	>50～80	>80～120	>120～180	>180～250	>250～320	>320～400	>400～500	>500～630	>630～800
R 或 C	0.4	0.6	0.8	1.0	1.6	2.0	2.5	3.0	4.0	5.0	6.0	8.0	10	12

内角倒角、外角倒圆时 C_{max} 与 R_1 的关系

R_1	0.3	0.4	0.5	0.6	0.8	1.0	1.2	1.6	2.0	2.5	3.0	4.0	5.0	6.0	8.0	10	12	16
C_{max}	0.1	0.2		0.3	0.4	0.5	0.6	0.8	1.0	1.2	1.6	2.0	2.5	3.0	4.0	5.0	6.0	8.0

注：1. C_{max} 是在外角倒圆为 R_1 时，内角倒角 C 的最大允许值。
2. α 一般采用 45°，也可采用 30°或 60°。

表1-25 回转面及端面砂轮越程槽(摘自GB/T 6403.5—2008) (mm)

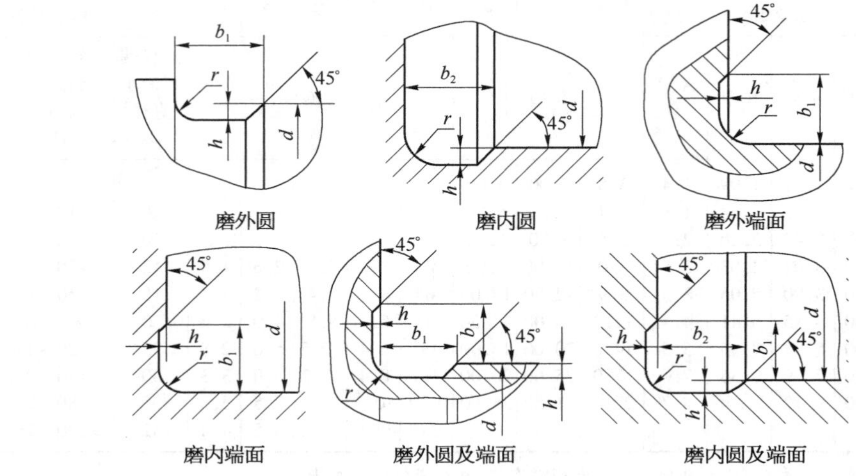

d	≤10			>10~50		>50~100		>100	
r	0.2	0.5		0.8	1.0		1.6	2.0	3.0
h	0.1	0.2		0.3	0.4		0.6	0.8	1.2
b_1	0.6	1.0	1.6	2.0	3.0	4.0	5.0	8.0	10
b_2	2.0	3.0		4.0		5.0		8.0	10

注:1. 越程槽内两直线相交处不许产生尖角。

2. 越程槽深度h与圆弧半径r要满足$r<3h$。

表1-26 齿轮滚刀外径尺寸(摘自GB/T 6083—2001) (mm)

模数 m		1,1.25	1.5,1.75	2,2.25	2.5,2.75	3,3.5	4,4.5	5,5.5	6	7	8	9	10
滚刀外径 d_e	Ⅰ型	63	71	80	90	100	112	125	140		160	180	200
	Ⅱ型	50	63	71		80	90	100	112	118	125	140	150

注:Ⅰ型适用于技术条件按JB/T 3227的高精度齿轮滚刀或按GB/T 6084中AA级的齿轮滚刀。

Ⅱ型适用于技术条件按GB/T 6084的齿轮滚刀。

表1-27 插齿空刀槽(摘自JB/ZQ 4238—2006) (mm)

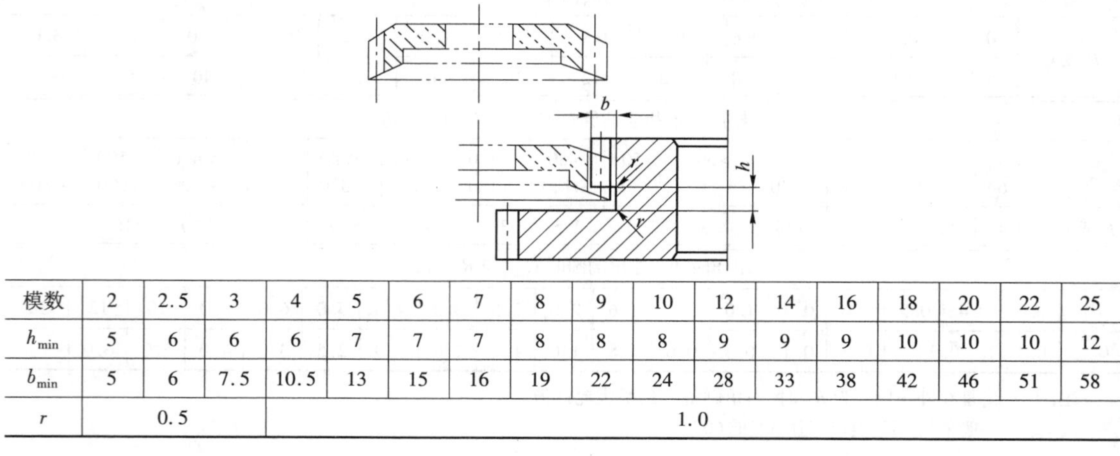

模数	2	2.5	3	4	5	6	7	8	9	10	12	14	16	18	20	22	25
h_{min}	5	6	6	6	7	7	7	8	8	8	9	9	9	10	10	10	12
b_{min}	5	6	7.5	10.5	13	15	16	19	22	24	28	33	38	42	46	51	58
r	0.5			1.0													

表 1－28 一般用途圆锥的锥度与锥角(摘自 GB/T 157—2001)

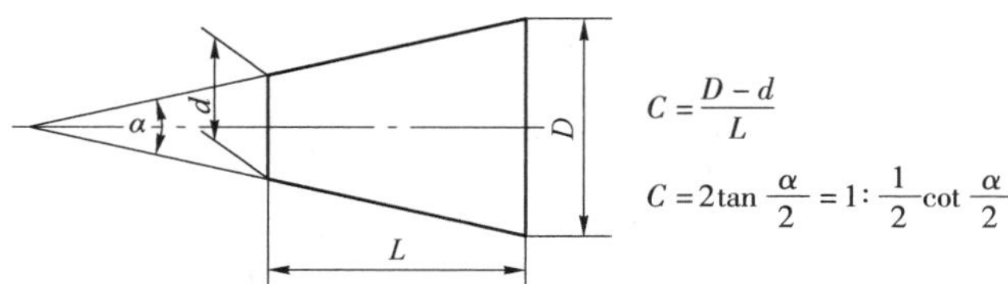

基本值	推算值		应用举例
	圆锥角 α	锥度 C	
120°		1:0.288 675	螺纹孔内倒角、填料盒内填料的锥度
90°		1:0.500 000	沉头螺钉头、螺纹倒角、轴的倒角
60°		1:0.866 025	车床顶尖、中心孔
45°		1:1.207 107	轻型螺旋管接口的锥形密合
30°		1:1.866 025	摩擦离合器
1:3	18°55′28.7″		具有极限转矩的摩擦圆锥离合器
1:5	11°25′16.3″		易拆机件的锥形连接、锥形摩擦离合器
1:10	5°43′29.3″		受轴向力及横向力的锥形零件的接合面、电动机及其他机械的锥形轴端
1:20	2°51′51.1″		机床主轴的锥度、刀具尾柄、公制锥度铰刀、圆锥螺栓
1:30	1°54′34.9″		装柄的铰刀及扩孔钻
1:50	1°8′45.2″		圆锥销、定位销、圆锥销孔的铰刀
1:100	0°34′22.6″		承受陡振及静、变载荷的不需拆开的连接零件、楔键
1:200	0°17′11.3″		承受陡振及冲击变载荷的需拆开的连接零件、圆锥螺栓

表 1－29 手柄球(摘自 JB/T 7271.1—2014) (mm)

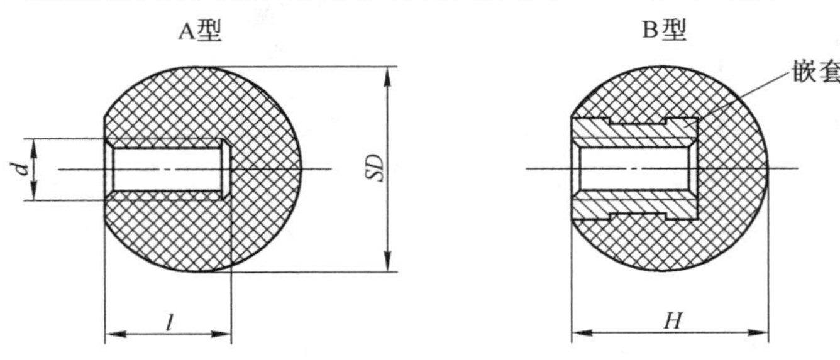

标记示例：

手柄球 M10×32 JB/T 7271.1—2014：A 型，d＝M10，SD＝32，黑色手柄球

手柄球(红) BM10×32 JB/T 7271.1—2014：B 型，d＝M10，SD＝32，红色手柄球

d	SD	H	l	嵌套 (JB/T 7275—2014)	d	SD	H	l	嵌套 (JB/T 7275—2014)
M5	16	14	12	BM5×12	M12	40	36	25	BM12×25
M6	20	18	14	BM6×14	M16	50	45	32	BM16×32
M8	25	22.5	16	BM8×16	M20	63	56	40	BM20×36
M10	32	29	20	BM10×20					

注：材料为塑料。

表 1-30　手柄套(摘自 JB/T 7271.3—2014)　(mm)

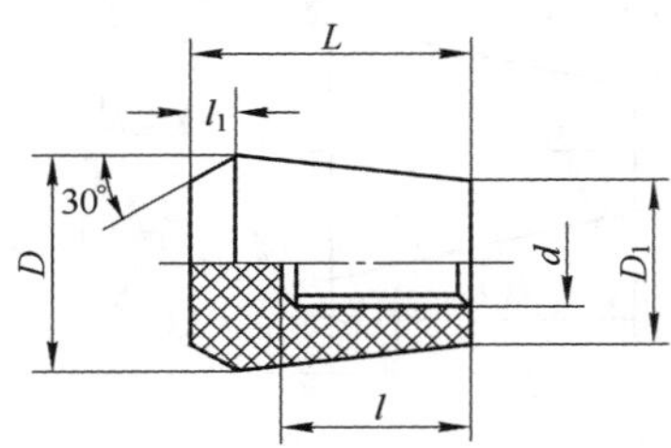

标记示例：

手柄套 M12×40 JB/T 7271.3—2014：d = M12，L = 40，黑色手柄套

手柄套(红) M12×40 JB/T 7271.3—2014：d = M12，L = 40，红色手柄套

d	L	D	D_1	l	l_1	d	L	D	D_1	l	l_1
M5	16	12	9	12	3	M12	40	32	25	25	6
M6	20	16	12	14	3	M16	50	40	32	32	7
M8	25	20	15	16	4	M20	63	50	40	40	8
M10	32	25	20	20	5						

注：材料为塑料。

表 1-31　定位手柄座(摘自 JB/T 7272.4—2014)　(mm)

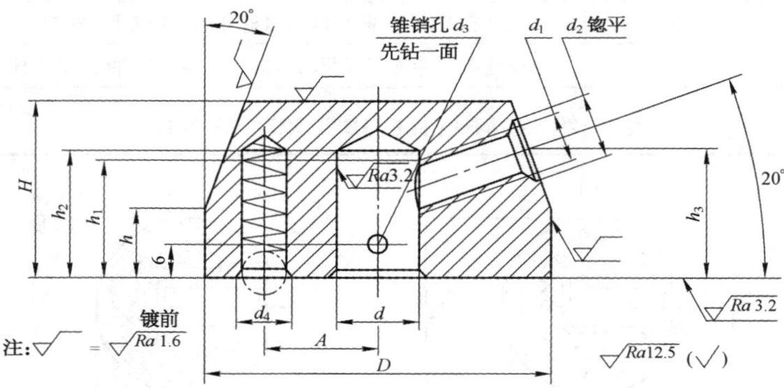

标记示例：

手柄座 16×60 JB/T 7272.4—2014：d = 16，D = 60，材料 HT200，喷砂镀铬定位手柄座

<table>
<tr><th colspan="2">d</th><th rowspan="2">D</th><th rowspan="2">d₁</th><th rowspan="2">d₂</th><th rowspan="2">d₃</th><th rowspan="2">d₄</th><th rowspan="2">H</th><th rowspan="2">h</th><th rowspan="2">h₁</th><th rowspan="2">h₂</th><th rowspan="2">h₃</th><th rowspan="2">A</th><th rowspan="2">钢球
GB 308</th><th rowspan="2">压缩弹簧
GB/T 2089</th><th rowspan="2">圆锥销
GB/T 117</th></tr>
<tr><th>基本尺寸</th><th>极限偏差 H8</th></tr>
<tr><td>12</td><td rowspan="3">+0.027
0</td><td>50</td><td>M8</td><td>11</td><td rowspan="2">5</td><td>6.7</td><td>26</td><td>11</td><td>18</td><td>20</td><td>19</td><td>16</td><td>6.5</td><td>0.8×5×25</td><td>5×50</td></tr>
<tr><td>16</td><td>60</td><td rowspan="2">M10</td><td rowspan="2">13</td><td rowspan="3">8.5</td><td rowspan="2">32</td><td rowspan="3">13</td><td rowspan="3">21</td><td rowspan="3">23</td><td rowspan="2">23</td><td>20</td><td rowspan="3">8</td><td rowspan="3">1.2×7×35</td><td>5×60</td></tr>
<tr><td>18</td><td>70</td><td rowspan="2">6</td><td>25</td><td>6×70</td></tr>
<tr><td>22</td><td>+0.033
0</td><td>80</td><td>M12</td><td>17</td><td>36</td><td>25</td><td>30</td><td>6×80</td></tr>
</table>

表 1－32　手柄杆(摘自 JB/T 7271.6—1994)　(mm)

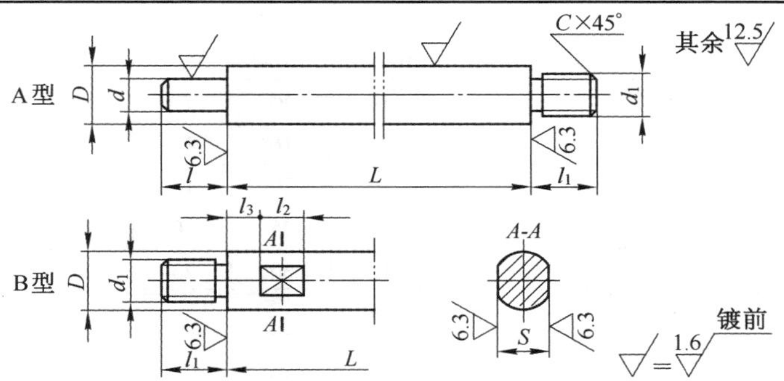

标记示例:

手柄杆 8×50×32 JB/T 7271.6—1994:A 型,$d=8$,$L=50$,$l=32$,材料 35 钢,喷砂镀铬手柄杆

手柄杆 BM8×50 JB/T 7271.6—1994:B 型,d_1 = M8,$L=50$,材料 35 钢,喷砂镀铬手柄杆

d		d_1	l			l_1	D	l_2	l_3	S		C
基本尺寸	极限偏差 k7									基本尺寸	极限偏差 h13	
5	+0.013 +0.001	M5	6	8	10	8	6	6	4	5	0 −0.180	0.5
6		M6	8	10	12	10	8			6		
8	+0.016 +0.001	M8	10	12	16	12	10	8	6	8	0 −0.220	
10		M10	12	16	20	14	12			10		
12	+0.019 +0.001	M12	16	20	25	16	16	10	8	13	0 −0.270	1
16		M16	20	25	32	20	20			16		
20	+0.023 +0.002	M20	25	32	40	25	25	12	10	21	0 −0.330	

1.5　机械设计一般规范

表 1－33　铸件最小壁厚(不小于)　(mm)

铸造方法	铸 件 尺 寸	铸　钢	灰铸铁	球墨铸铁	可锻铸铁	铝合金	铜合金
砂　型	~200×200 >200×200~500×500 >500×500	8 >10~12 15~20	~6 >6~10 15~20	6 12	5 8	3 4 6	3~5 6~8

表 1－34　铸造内圆角及相应的过渡尺寸 R 值(摘自 JB/ZQ 4255—2006)　(mm)

$a \approx b$

$R_1=R+a$

$b<0.8a$

$R_1=R+b+c$

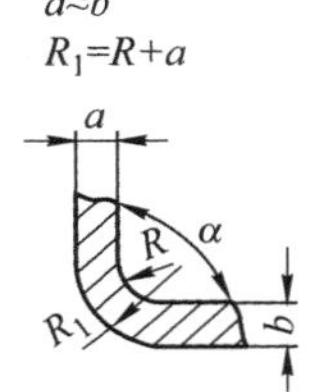

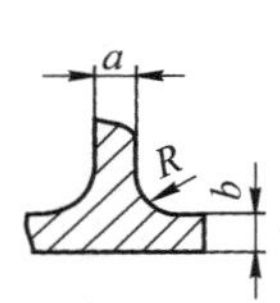

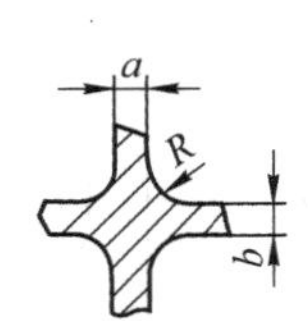

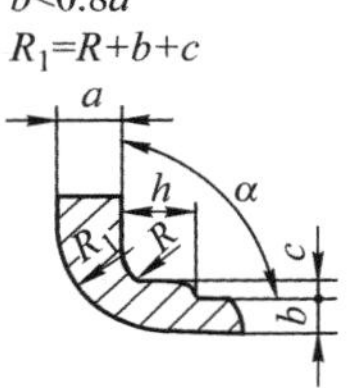

$\frac{a+b}{2}$	内　圆　角　α											
	<50°		51°~75°		76°~105°		106°~135°		136°~165°		>165°	
	钢	铁	钢	铁	钢	铁	钢	铁	钢	铁	钢	铁
≤8	4	4	4	4	6	4	8	6	16	10	20	16
9~12	4	4	4	4	6	6	10	8	16	12	25	20
13~16	4	4	6	4	8	6	12	10	20	16	30	25

(续表)

$\frac{a+b}{2}$	内圆角 α											
	<50°		51°~75°		76°~105°		106°~135°		136°~165°		>165°	
	钢	铁	钢	铁	钢	铁	钢	铁	钢	铁	钢	铁
17~20	6	4	8	6	10	8	16	12	25	20	40	30
21~27	6	6	10	8	12	10	20	16	30	25	50	40
28~35	8	6	12	10	16	12	25	20	40	30	60	50
36~45	10	8	16	12	20	16	30	25	50	40	80	60

b/a		<0.4	0.5~0.65	0.66~0.8	>0.8
厚度变化 $c(\approx)$		$0.7(a-b)$	$0.8(a-b)$	$a-b$	—
$h(\approx)$	钢	$8c$			
	铁	$9c$			

表 1-35 铸造外圆角及相应的过渡尺寸 R 值(摘自 JB/ZQ 4256—2006) (mm)

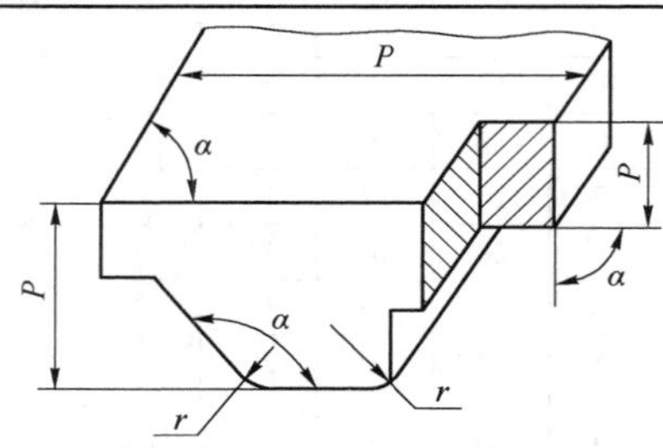

表面的最小边尺寸 P	外圆角 α					
	<50°	51°~75°	76°~105°	106°~135°	136°~165°	>165°
≤25	2	2	2	4	6	8
>25~60	2	4	4	6	10	16
>60~160	4	4	6	8	16	25
>160~250	4	6	8	12	20	30
>250~400	6	8	10	16	25	40
>400~600	6	8	12	20	30	50
>600~1 000	8	12	16	25	40	60

注：如果铸件按上表可选出许多不同圆角的 R 时，应尽量减少或只取一适当的 R 值以求统一。

表 1-36 铸造过渡斜度(摘自 JB/ZQ 4254—2006) (mm)

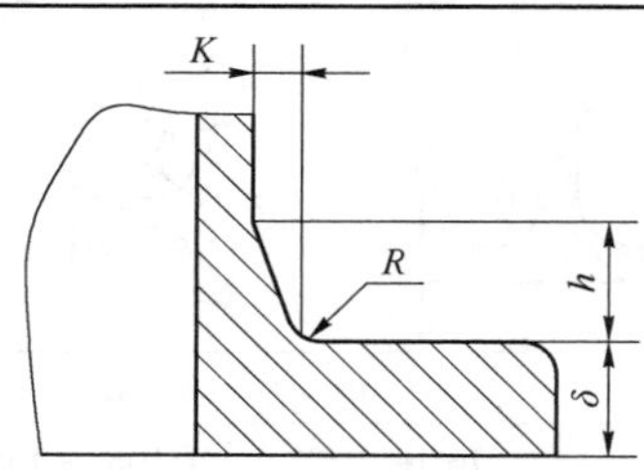

适用于减速器的箱体、连接管、气缸及其他各种连接法兰的过渡处

铸铁件和铸钢件的壁厚 δ	K	h	R
10~15	3	15	5
>15~20	4	20	5

（续表）

铸铁件和铸钢件的壁厚 δ	K	h	R
>20～25	5	25	5
>25～30	6	30	8
>30～35	7	35	8
>35～40	8	40	10
>40～45	9	45	10
>45～50	10	50	10

表 1－37　铸造斜度(摘自 JB/ZQ 4257—1997)

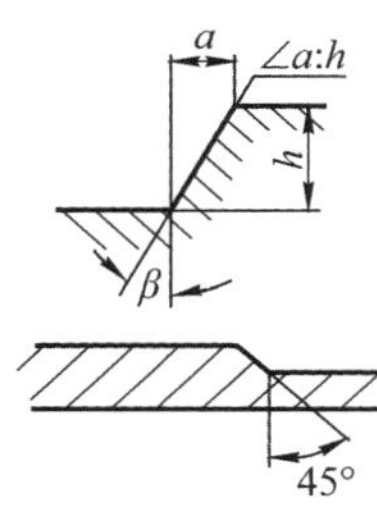

斜度 $a:h$	角度 β	使　用　范　围
1:5	11°30′	h<25mm 时的铸铁件和铸钢件
1:10 1:20	5°30′ 3°	h=5～500mm 时的铸铁件和铸钢件
1:50	1°	h>500mm 时的铸铁件和铸钢件
1:100	30′	有色金属铸件

注：当设计不同壁厚的铸件时,在转折点处斜角最大,可增大到 30°～45°。

表 1－38　过渡配合、过盈配合的嵌入倒角　　（mm）

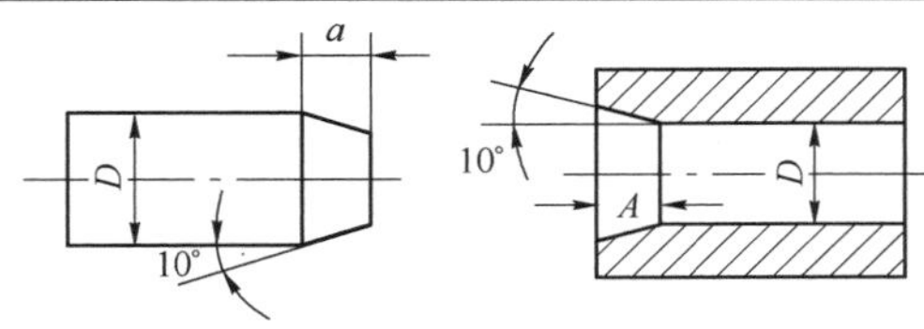

D	倒 角 深	配　合			
		u6、s6、s7、r6、n6、m6	t7	u8	z8
≤50	a	0.5	1	1.5	2
	A	1	1.5	2	2.5
50～100	a	1	2	2	3
	A	1.5	2.5	2.5	3.5

（续表）

D	倒角深	配合			
		u6、s6、s7、r6、n6、m6	t7	u8	z8
100 ~ 250	*a*	2	3	4	5
	A	2.5	3.5	4.5	6
250 ~ 500	*a*	3.5	4.5	7	8.5
	A	4	5.5	8	10

第2章 电 动 机

2.1 Y系列三相异步电动机的技术参数

Y系列三相异步电动机具有高效、节能、性能好、振动小、噪声低、寿命长、可靠性高、维护方便、起动转矩大等优点。其中,Y系列(IP44)电动机为一般用途全封闭自扇冷式笼型三相异步电动机,其安装尺寸和功率等级均按照国际电工委员会(International Electrotechnical Commission,IEC)标准设计,采用B级绝缘,外壳防护等级为IP44,冷却方式为IC411。它适用于工作环境温度不超过40℃,相对湿度不超过90%,海拔不超过1 000m,额定电压380V,额定频率50Hz,无特殊要求的机械,如机床、泵、风机、运输机、搅拌机和农业机械等。

Y系列三相异步电动机的代号含义如下:

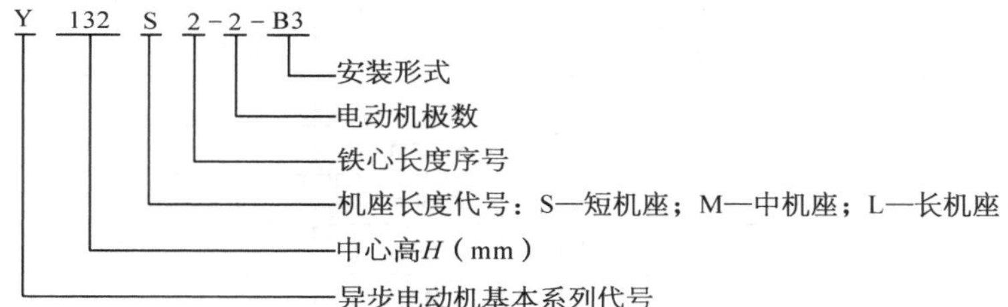

表2-1 Y系列(IP44)三相异步电动机的技术参数(摘自JB/T 9616—1999)

电动机型号	额定功率(kW)	满载转速(r/min)	堵转转矩/额定转矩	最大转矩/额定转矩	电动机型号	额定功率(kW)	满载转速(r/min)	堵转转矩/额定转矩	最大转矩/额定转矩
同步转速3 000r/min,2极					同步转速3 000r/min,2极				
Y801-2	0.75	2 830	2.2	2.3	Y200L2-2	37	2 950	2.0	2.2
Y802-2	1.1	2 830	2.2	2.3	Y225M-2	45	2 970	2.0	2.2
Y90S-2	1.5	2 840	2.2	2.3	Y250M-2	55	2 970	2.0	2.2
Y90L-2	2.2	2 840	2.2	2.3	同步转速1 500r/min,4极				
Y100L-2	3	2 880	2.2	2.3	Y801-4	0.55	1 390	2.4	2.3
Y112M-2	4	2 890	2.2	2.3	Y802-4	0.75	1 390	2.3	2.3
Y132S1-2	5.5	2 900	2.0	2.3	Y90S-4	1.1	1 400	2.3	2.3
Y132S2-2	7.5	2 900	2.0	2.3	Y90L-4	1.5	1 400	2.3	2.3
Y160M1-2	11	2 930	2.0	2.3	Y100L1-4	2.2	1 430	2.2	2.3
Y160M2-2	15	2 930	2.0	2.3	Y100L2-4	3	1 430	2.2	2.3
Y160L-2	18.5	2 930	2.0	2.2	Y112M-4	4	1 440	2.2	2.3
Y180M-2	22	2 940	2.0	2.2	Y132S-4	5.5	1 440	2.2	2.3
Y200L1-2	30	2 950	2.0	2.2	Y132M-4	7.5	1 440	2.2	2.3

（续表）

电动机型号	额定功率（kW）	满载转速（r/min）	堵转转矩/额定转矩	最大转矩/额定转矩	电动机型号	额定功率（kW）	满载转速（r/min）	堵转转矩/额定转矩	最大转矩/额定转矩
同步转速 1 500r/min,4 极					同步转速 1 000r/min,6 极				
Y160M－4	11	1 460	2.2	2.3	Y200L1－6	18.5	970	1.8	2.0
Y160L－4	15	1 460	2.2	2.3	Y200L2－6	22	970	1.8	2.0
Y180M－4	18.5	1 470	2.0	2.2	Y225M－6	30	980	1.7	2.0
Y180L－4	22	1 470	2.0	2.2	Y250M－6	37	980	1.8	2.0
Y200L－4	30	1 470	2.0	2.2	Y280S－6	45	980	1.8	2.0
Y225S－4	37	1 480	1.9	2.2	Y280M－6	55	980	1.8	2.0
Y225M－4	45	1 480	1.9	2.2	同步转速 750r/min,8 极				
Y250M－4	55	1 480	2.0	2.2	Y132S－8	2.2	710	2.0	2.0
Y280S－4	75	1 480	1.9	2.2	Y132M－8	3	710	2.0	2.0
Y280M－4	90	1 480	1.9	2.2	Y160M1－8	4	720	2.0	2.0
同步转速 1 000r/min,6 极					Y160M2－8	5.5	720	2.0	2.0
Y90S－6	0.75	910	2.0	2.2	Y160L－8	7.5	720	2.0	2.0
Y90L－6	1.1	910	2.0	2.2	Y180L－8	11	730	1.7	2.0
Y100L－6	1.5	940	2.0	2.2	Y200L－8	15	730	1.8	2.0
Y112M－6	2.2	940	2.0	2.2	Y225S－8	18.5	730	1.7	2.0
Y132S－6	3	960	2.0	2.2	Y225M－8	22	740	1.8	2.0
Y132M1－6	4	960	2.0	2.2	Y250M－8	30	740	1.8	2.0
Y132M2－6	5.5	960	2.0	2.2	Y280S－8	37	740	1.8	2.0
Y160M－6	7.5	970	2.0	2.0	Y280M－8	45	740	1.8	2.0
Y160L－6	11	970	2.0	2.0	Y315S－8	55	740	1.6	2.0
Y180L－6	15	970	1.8	2.0					

2.2 Y 系列电动机安装代号

表 2－2 Y 系列电动机安装代号

安装形式	基本安装型	由 B3 派生安装型				
	B3	V5	V6	B6	B7	B8
示 意 图	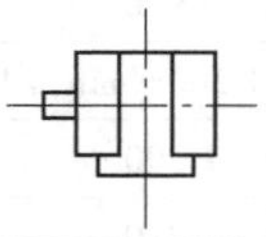	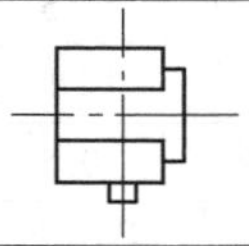	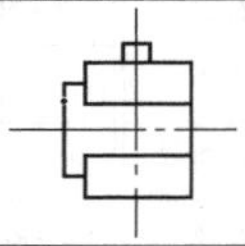	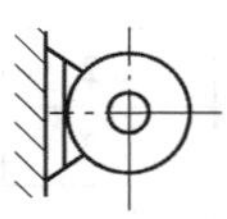	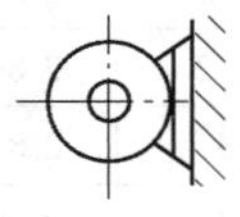	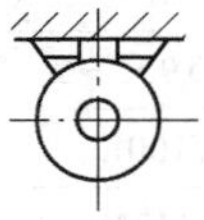
中心高(mm)	80～280	80～160				
安装形式	基本安装型	由 B5 派生安装型		基本安装型	由 B35 派生安装型	
	B5	V1	V3	B35	V15	V36
示 意 图	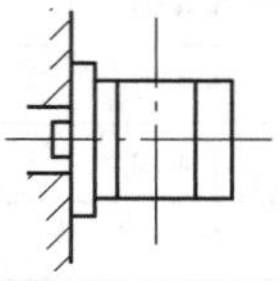	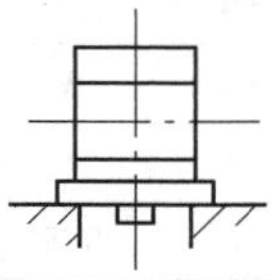	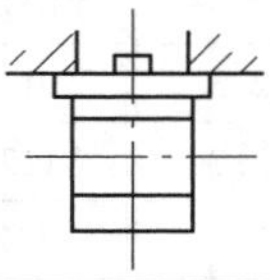	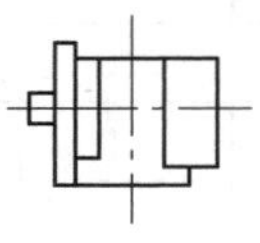	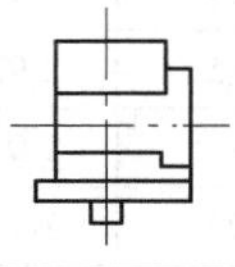	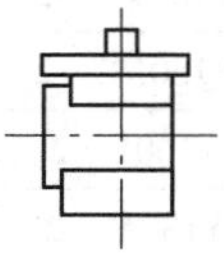
中心高(mm)	80～225	80～280	80～160	80～280	80～160	

2.3 Y系列电动机的安装及外形尺寸

表2-3 机座带地脚、端盖无凸缘(B3、B6、B7、B8、V5、V6型)电动机的安装及外形尺寸 (mm)

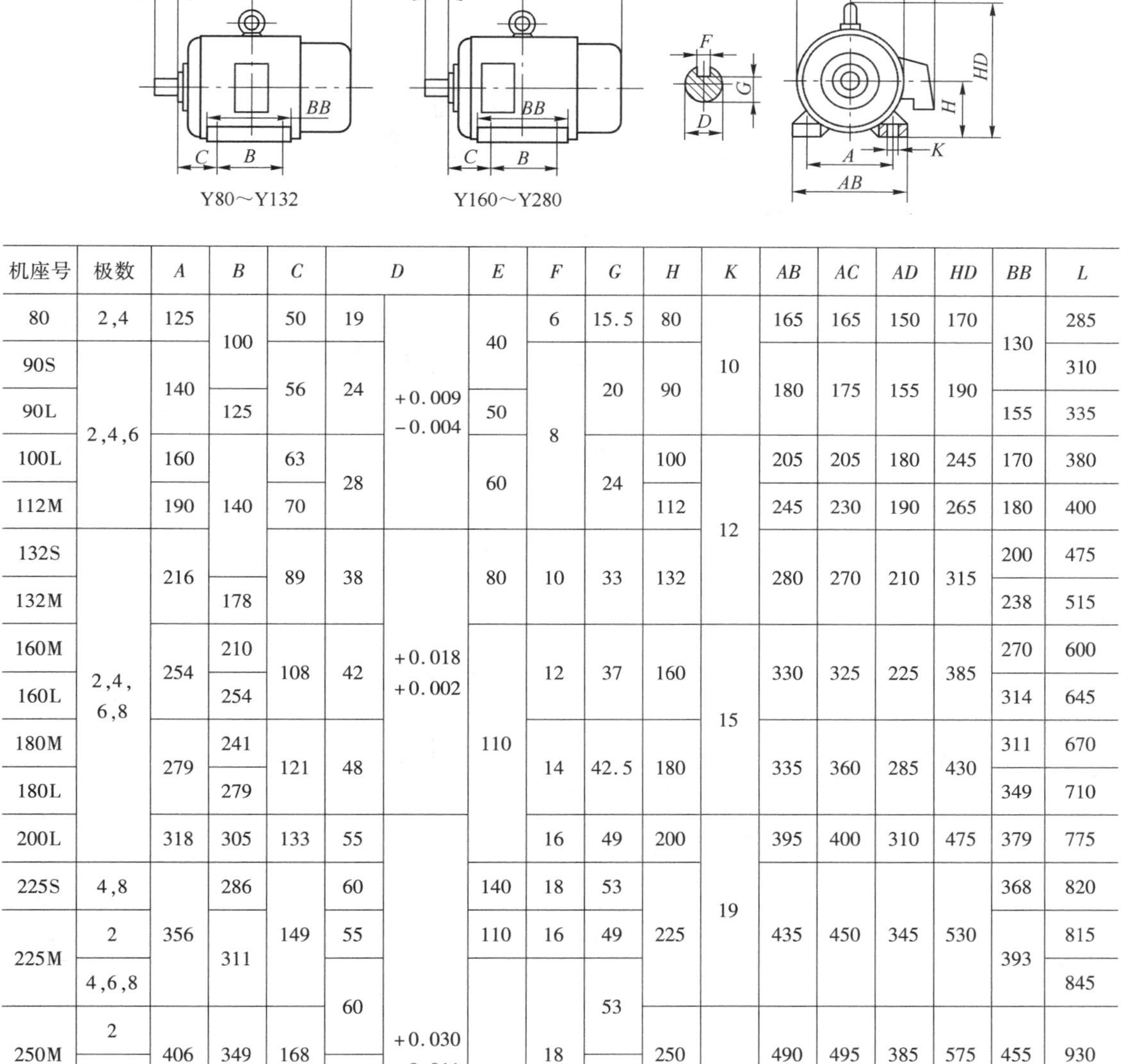

机座号	极数	A	B	C	D		E	F	G	H	K	AB	AC	AD	HD	BB	L
80	2,4	125	100	50	19	+0.009 -0.004	40	6	15.5	80	10	165	165	150	170	130	285
90S	2,4,6	140		56	24			8	20	90		180	175	155	190		310
90L			125				50									155	335
100L		160	140	63	28		60		24	100	12	205	205	180	245	170	380
112M		190		70						112		245	230	190	265	180	400
132S	2,4,6,8	216		89	38	+0.018 +0.002	80	10	33	132		280	270	210	315	200	475
132M			178													238	515
160M		254	210	108	42		110	12	37	160	15	330	325	225	385	270	600
160L			254													314	645
180M		279	241	121	48			14	42.5	180		335	360	285	430	311	670
180L			279													349	710
200L		318	305	133	55	+0.030 +0.011		16	49	200	19	395	400	310	475	379	775
225S	4,8	356	286	149	60		140	18	53	225		435	450	345	530	368	820
225M	2		311		55		110	16	49							393	815
	4,6,8				60		140	18	53								845
250M	2	406	349	168						250	24	490	495	385	575	455	930
	4,6,8				65				58								
280S	2	457	368	190						280		550	555	410	640	530	1 000
	4,6,8				75			20	67.5								
280M	2		419		65			18	58							581	1 050
	4,6,8				75			20	67.5								

表2-4 机座不带地脚、端盖有凸缘(B5、V3、V1型)电动机的安装及外形尺寸 (mm)

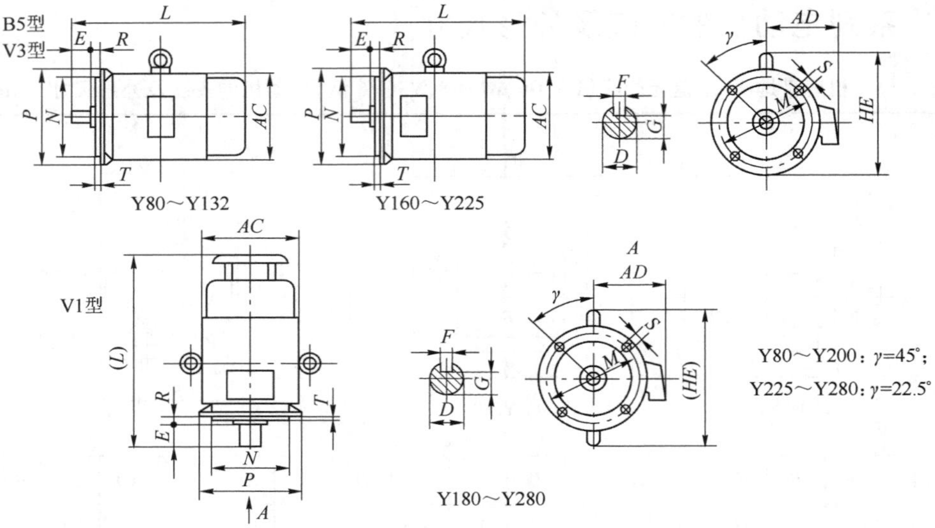

B5型
V3型

Y80～Y132

Y160～Y225

V1型

Y180～Y280

Y80～Y200：γ=45°；
Y225～Y280：γ=22.5°

机座号	极数	D		E	F	G	M	N	P	R	S	T	凸缘孔数	AC	AD	HE(HE)	L(L)
80	2,4	19	+0.009 -0.004	40	6	15.5	165	130	200	0	12	3.5	4	165	150	185	285
90S	2,4,6	24		50	8	20								175	155	195	310
90L																	335
100L		28		60		24	215	180	250		15	4		205	180	245	380
112M														230	190	265	400
132S	2,4,6,8	38	+0.018 +0.002	80	10	33	265	230	300					270	210	315	475
132M																	515
160M		42		110	12	37	300	250	350		19	5		325	255	385	600
160L																	645
180M		48			14	42.5								360	285	430(500)	670(730)
180L			+0.030 +0.011														710(770)
200L		55			16	49	350	300	400					400	310	480(550)	775(850)
225S	4,8	60		140	18	53	400	350	450				8	450	345	535(610)	820(910)
225M	2	55		110	16	49											815(905)
	4,6,8	60		140	18	53											845(935)
250M	2						500	450	550					495	385	(650)	(1 035)
	4,6,8	65				58											
280S	2													555	410	(720)	(1 120)
	4,6,8	75			20	67.5											
280M	2	65			18	58											(1 170)
	4,6,8	75			20	67.5											

注：N的极限偏差130和180为$^{+0.014}_{-0.011}$，230和250为$^{+0.016}_{-0.013}$，300为±0.016，350为±0.018，450为±0.020。

第3章　常用工程材料

3.1　黑色金属材料

表3-1　钢的常用热处理方法及应用

名　称		说　明	应　用
退　火（焖火）		退火是将钢件加热到临界温度以上30~50℃，保温一段时间，然后再缓慢地冷却下来（一般用炉冷）	用来消除铸、锻、焊零件的内应力，降低硬度，以易于切削加工，细化金属晶粒，改善组织，增加韧性
正　火（正常化）		正火是将钢件加热到临界温度以上30~50℃，保温一段时间，然后在空气中冷却，冷却速度比退火快	用来处理低碳和中碳结构钢件及渗碳零件，使其组织细化，增加强度及韧性，减小内应力，改善切削性能
淬　火		淬火是将钢件加热到临界点以上温度，保温一段时间，然后放入水、盐水或油中（个别材料在空气中）急剧冷却，使其得到高硬度	用来提高钢的硬度和强度极限，但淬火时会引起内应力使钢变脆，所以淬火后必须回火
回　火		回火是将淬硬的钢件加热到临界点以下的某一温度，保温一段时间，然后在空气或油中冷却下来	用来消除淬火后的脆性和内应力，提高钢的塑性和冲击韧性
调　质		调质是将钢件淬火后再进行高温回火	用来使钢件获得高的韧度和足够的强度，很多重要零件都是经过调质处理的
表面淬火		仅对钢件表层进行淬火，使钢件表层有高的硬度和耐磨性，而心部保持原有的强度和韧性	常用来处理轮齿表面等
时效	人工时效	将零件加热到低温（钢100~200℃，铸铁500~600℃），经过5~20h的保温，再缓冷至室温	用来消除或减小淬火后的微观应力，防止变形和开裂，稳定工件形状及尺寸以及消除机械加工的残余应力。在生产中一般采用人工时效
	自然时效	将零件长时期（6个月以上）存放在室温或露天自然条件下，不需要任何人工加热或冷却	

表3-2　钢的化学热处理方法及应用

名　称	说　明	应　用
渗　碳	使表面增碳，渗碳层深度0.4~6mm或大于6mm，硬度为56~65HRC	增加钢件的耐磨性能、表面硬度、抗拉强度及疲劳强度，适用于低碳、中碳（碳含量小于0.40%）结构钢的中小型零件和大型的重载荷、受冲击、耐磨的零件
碳氮共渗（氰化）	使表面增加碳和氮，扩散层深度较浅（为0.02~3.0mm），在共渗层为0.02~0.04mm时，硬度为66~70HRC	增加结构钢、工具钢制件的耐磨性能、表面硬度和疲劳强度，提高刀具切削性能和使用寿命，适用于要求硬度高、耐磨的中、小型及薄片的零件和刀具等
渗　氮	使表面增氮，氮化层为0.025~0.8mm，而渗氮时间需40~50h，硬度很高（为1 200HV），耐磨、抗蚀性能高	增加钢件的耐磨性能、表面硬度、疲劳极限和抗蚀能力，适用于结构钢和铸铁件，如气缸套、气门座、机床主轴、丝杠等耐磨零件，以及在潮湿碱水和燃烧气体介质环境中工作的零件，如水泵轴、排气阀等零件

表 3－3 热处理工艺及代号(摘自 GB/T 12603—2005)

热处理工艺名	代 号	热处理工艺名	代 号	热处理工艺名	代 号
退火	511	淬火	513	渗碳	531
正火	512	空冷淬火	513－A	固体渗碳	531－09
调质	515	油冷淬火	513－O	液体渗碳	531－03
表面淬火和回火	521	水冷淬火	513－W	气体渗碳	531－01
感应淬火和回火	521－04	感应加热淬火	513－04	碳氮共渗	532
火焰淬火和回火	521－05	淬火和回火	514	渗氮	533

注：代号含义，以 513－O 为例，依次为 5 表示热处理，1 表示工艺类型为整体热处理，3 表示工艺名称(淬火)，O 表示冷却介质(油)。

表 3－4 灰铸铁(摘自 GB/T 9439—2010)

牌 号	铸件壁厚(mm)		最小抗拉强度 R_m 单铸试棒(MPa)	铸件本体预期抗拉强度 R_m(MPa)	应 用 举 例
	>	≤			
HT100	5	40	100		盖、外罩、油盘、手轮、手把、支架等
HT150	5	10	150	155	端盖、汽轮泵体、轴承座、阀壳、管及管路附件、手轮、一般机床底座、床身及其他复杂零件、滑座、工作台等
	10	20		130	
	20	40		110	
HT200	5	10	200	205	气缸、齿轮、底架、箱体、飞轮、齿条、衬套、一般机床铸有导轨的床身及中等压力(8 MPa 以下)的油缸、液压泵和阀的壳体等
	10	20		180	
	20	40		155	
HT225	5	10	225	230	
	10	20		200	
	20	40		170	
HT250	5	10	250	250	阀壳、油缸、气缸、联轴器、箱体、齿轮、齿轮箱体、飞轮、衬套、凸轮、轴承座等
	10	20		225	
	20	40		195	
HT275	10	20	275	250	
	20	40		220	
HT300	10	20	300	270	齿轮、凸轮、车床卡盘、剪床及压力机的床身、导板、转塔自动车床及其他重负荷机床铸有导轨的床身、高压油缸、液压泵和滑阀的壳体等
	20	40		240	
HT350	10	20	350	315	
	20	40		280	

表 3－5 球墨铸铁(摘自 GB/T 1348—2009)

牌 号	抗拉强度 σ_b(MPa)	屈服强度 $\sigma_{0.2}$(MPa)	伸长率 δ(%)	冲击值 α_{kv}(J/cm²)(室温 23℃)	硬 度 HBW(供参考)	应 用 举 例
	最 小 值					
QT400－18	400	250	18	14	130～180	减速器箱体、齿轮、拔叉、阀门、阀盖、高低压气缸、吊耳、离合器壳等
QT400－15	400	250	15	—	130～180	

（续表）

牌　号	抗拉强度 σ_b(MPa)	屈服强度 $\sigma_{0.2}$(MPa)	伸长率 δ(%)	冲击值 α_{kv}(J/cm^2)（室温 23℃）	硬　度 HBW（供参考）	应　用　举　例
	最　小　值					
QT450－10	450	310	10	—	160～210	油泵齿轮、车辆轴瓦、减速器箱体、齿轮、轴承座、阀门体、凸轮、犁铧、千斤顶底座等
QT500－7	500	320	7	—	170～230	
QT600－3	600	370	3	—	190～270	齿轮轴、曲轴、凸轮轴、机床主轴、缸体、连杆、矿车轮、农机零件等
QT700－2	700	420	2	—	225～305	
QT800－2	800	480	2	—	245～335	曲轴、凸轮轴、连杆、杠杆、履带式拖拉机链轨板、车床刀架体等
QT900－2	900	600	2	—	280～360	

注：表中牌号系由单铸试块测定的性能。

表 3－6　普通碳素结构钢（摘自 GB/T 700—2006）

牌号	等级	力　学　性　能													冲击试验		应用举例
		屈服点 σ_s(MPa)						抗拉强度 σ_b(MPa)	伸长率 δ_5(%)						温度（℃）	V 型冲击吸收功(J)（纵向）	
		钢材厚度（直径）(mm)							钢材厚度（直径）(mm)								
		≤16	>16～40	>40～60	>60～100	>100～150	>150～200		≤40	>40～60	>60～100	>100～150	>150～200				
		不小于							不小于							不小于	
Q195	—	195	185	—	—	—	—	315～430	33	—	—	—	—		—	—	常用其轧制薄板，拉制线材、制钉和焊接钢管
Q215	A	215	205	195	185	175	165	335～450	31	30	29	27	26		—	—	金属结构件、拉杆、套圈、铆钉、螺栓、短轴、心轴、凸轮、垫圈、渗碳零件及焊接件
	B														20	27	
Q235	A	235	225	215	205	195	185	375～500	26	25	24	22	21		—	—	金属结构件、心部强度要求不高的渗碳或碳氮共渗零件，吊钩、拉杆、套圈、气缸、齿轮、螺栓、螺母、连杆、轮轴、楔、盖及焊接件
	B														20	27	
	C														0		
	D														－20		
Q255	A	255	245	235	225	215	205	410～510	24	23	22	21	20		—	—	轴、轴销、制动杆、螺栓、螺母、垫圈、连杆、齿轮以及其他强度较高的零件
	B														20	27	
Q275	A	275	265	255	245	225	215	410～540	22	21	20	18	17		—	—	
	B														20	27	
	C														0		
	D														－20		

表 3－7　优质碳素结构钢（摘自 GB/T 699—1999）

牌号	试样毛坯尺寸(mm)	推荐热处理温度（℃）			力学性能					钢材交货状态硬度 HBW		表面淬火后硬度 HRC	应　用　举　例
		正火	淬火	回火	σ_b(MPa)	σ_s(MPa)	δ_5(%)	ψ(%)	A_K(J)	不大于			
					不　小　于					未热处理	退火钢		
08F	25	930			295	175	35	60		131			用于需塑性好的零件，如管子、垫片、垫圈；心部强度要求不高的渗碳和碳氮共渗零件，如套筒、短轴、挡块、支架、靠模、离合器盘等
08	25	930			325	195	33	60		131			

（续表）

牌号	试样毛坯尺寸(mm)	推荐热处理温度(℃)			力学性能					钢材交货状态硬度HBW		表面淬火后硬度HRC	应用举例
		正火	淬火	回火	σ_b(MPa)	σ_s(MPa)	δ_5(%)	ψ(%)	A_K(J)	不大于			
					不小于					未热处理	退火钢		
10F	25	930			315	185	33	55		137			用于制作拉杆、卡头、垫圈、铆钉等。这种钢无回火脆性、焊接性能好，因而用来制造焊接零件
10	25	930			335	205	31	55		137			
15F	25	920			355	205	29	55		143			用于受力不大、韧性要求较高的零件、渗碳零件、紧固件以及不需要热处理的低负荷零件，如螺栓、螺钉、法兰盘和化工储器
15	25	920			375	225	27	55		143			
20	25	910			410	245	25	55		156			用于受力不大而要求很大韧性的零件，如轴套、螺钉、开口销、吊钩、垫圈、齿轮、链轮等；还可用于表面硬度高而心部强度要求不大的渗碳和碳氮共渗零件
25	25	900	870	600	450	275	23	50	71	170			用于制造焊接设备和不承受高应力的零件，如轴、垫圈、螺栓、螺钉、螺母等
30	25	880	860	600	490	295	21	50	63	179			用于制作重型机械上韧性要求高的锻件及其制件，如气缸、拉杆、吊环、机架
35	25	870	850	600	530	315	20	45	55	197		35～45	用于制作曲轴、转轴、轴销、连杆、螺栓、螺母、垫圈、飞轮等，多在正火、调质下使用
40	25	860	840	600	570	335	19	45	47	217	187		用于制作机床零件，重型、中型机械的曲轴、轴、齿轮、连杆、键、拉杆活塞等，正火后可用于制作圆盘
45	25	850	840	600	600	355	16	40	39	229	197	40～50	用于制作要求综合力学性能高的各种零件，通常在正火或调质下使用，如轴、齿轮、齿条、链轮、螺栓、螺母、销钉、键、拉杆等
50	25	830	830	600	630	375	14	40	31	241	207		用于制作要求有一定耐磨性、一定冲击作用的零件，如轮缘、轧辊、摩擦盘等
55	25	820	820	600	645	380	13	35		255	217		
65	25	810			695	410	10	30		255	229		用于制作弹簧、弹簧垫圈、凸轮、轧辊等
15Mn	25	920			410	245	26	55		163			用于制作心部力学性能要求较高且需渗碳的零件
25Mn	25	900	870	600	490	295	22	50	71	207			用于制作渗碳件，如凸轮、齿轮、联轴器、铰链、销等
40Mn	25	860	840	600	590	355	17	45	47	229	207	40～50	用于制作轴、曲轴、连杆及高应力下工作的螺栓、螺母
50Mn	25	830	830	600	645	390	13	40	31	255	217	45～55	多在淬火、回火后使用，用于制作齿轮、齿轮轴、摩擦盘、凸轮等
65Mn	25	810			735	430	9	30		285	229		耐磨性高，用于制作圆盘、衬板、齿轮、花键轴、弹簧等

表3-8 合金结构钢(摘自GB/T 3077—1999)

牌号	热处理				截面尺寸(试样直径)(mm)	力学性能					硬度	应用举例
	淬火		回火			抗拉强度 σ_b	屈服强度 σ_s	伸长率 δ_5	收缩率 ψ	冲击吸收功 A_K	钢材退火或高温回火供应状态的布氏硬度HBW	
	温度(℃)	冷却剂	温度(℃)	冷却剂		(MPa)		(%)		(J)		
						不小于					不大于	
20Mn2	850 880	水、油 水、油	200 440	水、空气 水、空气	15	785	590	10	40	47	187	截面小时与20Cr相当,用于做渗碳小齿轮、小轴、钢套、链轮等,渗碳淬火后硬度为56~62HRC
35Mn2	840	水	500	水	25	835	685	12	45	55	207	对于截面较小的零件可代替40Cr,可做直径不大于15mm的重要用途的冷镦螺栓及小轴等,表面淬火硬度为40~50HRC
45Mn2	840	油	550	水、油	25	885	735	10	45	47	217	用于制造在较高应力与磨损条件下的零件。直径不大于60mm时,与40Cr相当。可制造万向联轴器、齿轮、蜗杆、曲轴、齿轮轴、连杆、花键轴和摩擦盘等,表面淬火后硬度为45~55HRC
35SiMn	900	水	570	水、油	25	885	735	15	45	47	229	除了要求低温(-20℃以下)及冲击韧性很高的情况外,可以全面代替40Cr作为调质钢,也可以部分代替40CrNi,制造中、小型轴类、齿轮等零件以及在430℃以下工作的重要紧固件,表面淬火后硬度为45~55HRC
42SiMn	880	水	590	水	25	885	735	15	40	47	229	与35SiMn钢相同,可代替40Cr、34CrMo钢做大齿圈。适合制造表面淬火件,表面淬火后硬度为45~55HRC
20MnV	880	水、油	200	水、空气	15	785	590	10	40	55	187	相当于20CrNi渗碳钢,渗碳淬火后硬度为56~62HRC
40MnB	850	油	500	水、油	25	980	785	10	45	47	207	可代替40Cr制造重要调质件,如齿轮、轴、连杆、螺栓等
37SiMn2MoV	870	水、油	650	水、空气	25	980	835	12	50	63	269	可代替34CrNiNo等,制造高强度重载荷轴、曲轴、齿轮、蜗轮等零件,表面淬火后硬度为50~55HRC
20CrMnTi	第1次 880 第2次 870	油	200	水、空气	15	1 080	850	10	45	55	217	强度、冲击韧度均高,是铬镍钢的代用品。用于承受高速、中等或重载荷以及冲击磨损等的重要零件,如渗碳齿轮、凸轮等,表面淬火后硬度为56~62HRC
20CrMnMo	850	油	200	水、空气	15	1 180	885	10	45	55	217	用于要求表面硬度高、耐磨、心部有较高强度、冲击韧度的零件,如传动齿轮和曲轴等,渗碳淬火后硬度为56~62HRC
38CrMoAl	940	水、油	640	水、油	30	980	835	14	50	71	229	用于要求高耐磨性、高疲劳强度和相当高的强度且热处理变形最小的零件,如镗杆、主轴、蜗杆、齿轮、套筒、套环等,渗氮后表面硬度为1 100HV

（续表）

牌号	热处理 淬火 温度（℃）	冷却剂	回火 温度（℃）	冷却剂	截面尺寸（试样直径）（mm）	力学性能 抗拉强度 σ_b （MPa）	屈服强度 σ_s （MPa）	伸长率 δ_5 （%）	收缩率 ψ （%）	冲击吸收功 A_K （J）	硬度 钢材退火或高温回火供应状态的布氏硬度 HBW	应用举例
						不小于					不大于	
20Cr	第1次 880 第2次 780~820	水、油	200	水、空气	10	835	540	10	40	47	179	用于要求心部强度较高，承受磨损、尺寸较大的渗碳零件，如齿轮、齿轮轴、蜗杆、凸轮、活塞销等；也可用于速度较大、受中等冲击的调质零件，渗碳淬火后硬度为56~62HRC
40Cr	850	油	520	水、油	25	980	785	9	45	47	207	用于承受交变载荷、中等速度、中等载荷、强烈磨损而无很大冲击的重要零件，如重要的齿轮、轴、曲轴、连杆、螺栓、螺母等；并可用于直径大于400mm、要求低温冲击韧度的轴与齿轮等，表面淬火后硬度为48~55HRC
20CrNi	850	水、油	460	水、油	25	785	590	10	50	63	197	用于承受较高载荷的渗碳零件，如齿轮、轴、花键轴、活塞销等
40CrNi	820	油	500	水、油	25	980	785	10	45	55	241	用于要求强度高、冲击韧度高的零件，如齿轮、轴、链条、连杆等
40CrNiMoA	850	油	600	水、油	25	980	835	12	55	78	269	用于特大截面的重要调质件，如机床主轴、传动轴、转子轴等

表3-9 一般工程用铸造碳钢（摘自 GB/T 11352—2009）

牌号	抗拉强度 σ_b （MPa）	屈服强度 σ_s 或 $\sigma_{0.2}$ （MPa）	伸长率 δ （%）	根据合同选择 收缩率 ψ （%）	冲击吸收功 A_{KV} （J）	硬度 正火回火 HBW	表面淬火 HRC	特性	应用举例
	最小值								
ZG200-400	400	200	25	40	30			强度和硬度较低，韧性和塑性良好，低温时冲击韧度高，脆性转变温度低，焊接性能好，铸造性能差	用于各种形状的机件，如机座、变速器箱体等
ZG230-450	450	230	22	32	25	≥131			用于铸造平坦的零件，如机座、机盖、箱体等
ZG270-500	500	270	18	25	22	≥143	40~45	较高的强度和硬度，韧性和塑性适度，铸造性能比低碳钢好，有一定的焊接性能	用于各种形状的机件，如飞轮、机架、蒸汽锤、气缸等
ZG310-570	570	310	15	21	15	≥153	40~50		用于各种形状的机件，如联轴器、齿轮、气缸轴及重负荷机架等
ZG340-640	640	340	10	18	10	169~229	45~55	塑性差、韧度低、强度和硬度高、铸造和焊接性能均差	用于起重运输机中的齿轮、联轴器等重要零件

表 3－10 大型铸件用低合金铸钢(摘自 JB/T 6402—2006)

牌号	力学性能						应用举例
	抗拉强度 σ_b(MPa)	屈服强度 σ_s 或 $\sigma_{0.2}$(MPa)	伸长率 δ(%)	收缩率 ψ(%)	冲击吸收功 A_{KV}(J)	布氏硬度 HBW	
	不小于						
ZG40Mn	640	295	12	30		163	用于承受摩擦和冲击的零件,如齿轮、凸轮等
ZG20SiMn	500～650	300	24		39	150～190	焊接及流动性良好,可制作缸体、阀、弯头、叶片等
ZG35SiMn	640	415	12	25	27		用于制作承受负荷较大的零件,如轴、齿轮轴等
ZG20MnMo	490	295	16		39	156	用于制作受压容器,如泵壳、缸体等
ZG35CrMnSi	690	345	14	30		217	用于制作承受冲击、磨损的零件,如齿轮、滚轮等
ZG40Cr	630	345	18	26		212	用于制作高强度齿轮
ZG35NiCrMo	830	660	14	30			用于制作直径大于 300mm 的齿轮铸件

3.2 型钢及型材

表 3－11 热轧等边角钢(摘自 GB/T 706—2008)

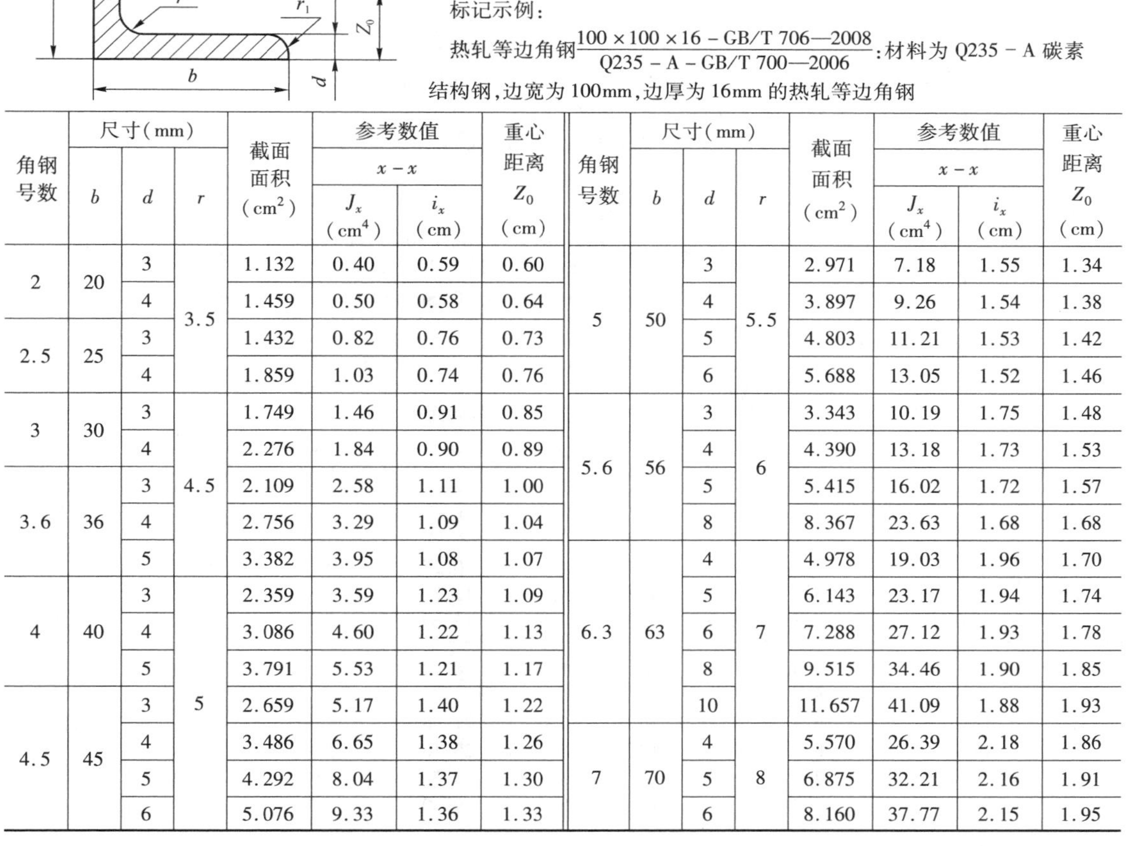

b——边宽　　d——边厚

r——内圆弧半径　　r_1——外圆弧半径

Z_0——重心距离　　i_x——惯性半径

J_x——惯性矩

标记示例:

热轧等边角钢 $\dfrac{100\times100\times16-\text{GB/T 706—2008}}{\text{Q235-A-GB/T 700—2006}}$:材料为 Q235－A 碳素结构钢,边宽为 100mm,边厚为 16mm 的热轧等边角钢

角钢号数	尺寸(mm)			截面面积(cm²)	参考数值 x－x		重心距离 Z_0(cm)	角钢号数	尺寸(mm)			截面面积(cm²)	参考数值 x－x		重心距离 Z_0(cm)
	b	d	r		J_x(cm⁴)	i_x(cm)			b	d	r		J_x(cm⁴)	i_x(cm)	
2	20	3	3.5	1.132	0.40	0.59	0.60	5	50	3	5.5	2.971	7.18	1.55	1.34
		4		1.459	0.50	0.58	0.64			4		3.897	9.26	1.54	1.38
2.5	25	3		1.432	0.82	0.76	0.73			5		4.803	11.21	1.53	1.42
		4		1.859	1.03	0.74	0.76			6		5.688	13.05	1.52	1.46
3	30	3	4.5	1.749	1.46	0.91	0.85	5.6	56	3	6	3.343	10.19	1.75	1.48
		4		2.276	1.84	0.90	0.89			4		4.390	13.18	1.73	1.53
3.6	36	3		2.109	2.58	1.11	1.00			5		5.415	16.02	1.72	1.57
		4		2.756	3.29	1.09	1.04			8		8.367	23.63	1.68	1.68
		5		3.382	3.95	1.08	1.07	6.3	63	4	7	4.978	19.03	1.96	1.70
4	40	3	5	2.359	3.59	1.23	1.09			5		6.143	23.17	1.94	1.74
		4		3.086	4.60	1.22	1.13			6		7.288	27.12	1.93	1.78
		5		3.791	5.53	1.21	1.17			8		9.515	34.46	1.90	1.85
4.5	45	3		2.659	5.17	1.40	1.22			10		11.657	41.09	1.88	1.93
		4		3.486	6.65	1.38	1.26	7	70	4	8	5.570	26.39	2.18	1.86
		5		4.292	8.04	1.37	1.30			5		6.875	32.21	2.16	1.91
		6		5.076	9.33	1.36	1.33			6		8.160	37.77	2.15	1.95

(续表)

角钢号数	尺寸(mm)			截面面积(cm²)	参考数值		重心距离 Z_0(cm)	角钢号数	尺寸(mm)			截面面积(cm²)	参考数值		重心距离 Z_0(cm)
					$x-x$								$x-x$		
	b	d	r		J_x(cm⁴)	i_x(cm)			b	d	r		J_x(cm⁴)	i_x(cm)	
7	70	7	8	9.424	43.09	2.14	1.99	9	90	6	10	10.637	82.77	2.79	2.44
		8		10.667	43.17	2.12	2.03			7		12.301	94.83	2.78	2.48
(7.5)	75	5	9	7.367	39.97	2.33	2.04			8		13.944	106.47	2.76	2.52
		6		8.797	46.95	2.31	2.07			10		17.167	128.58	2.74	2.59
		7		10.160	53.57	2.30	2.11			12		20.306	149.22	2.71	2.67
		8		11.503	59.96	2.28	2.15	10	100	6	12	11.932	114.95	3.10	2.67
		10		14.126	71.98	2.26	2.22			7		13.796	131.86	3.09	2.71
8	80	5	9	7.912	48.79	2.43	2.15			8		15.638	148.24	3.08	2.76
		6		9.397	57.35	2.47	2.19			10		19.261	179.51	3.05	2.84
		7		10.860	65.58	2.46	2.23			12		22.800	208.90	3.03	2.91
		8		12.303	73.49	2.44	2.27			14		26.256	236.53	3.00	2.99
		10		15.126	88.43	2.42	2.35			16		29.627	262.53	2.98	3.06

注：1. 角钢号数2～9的角钢长度为4～12m；角钢号数10的角钢长度为4～19m。

2. $r_1 = d/3$。

表3-12 热轧槽钢(摘自GB/T 706—2008)

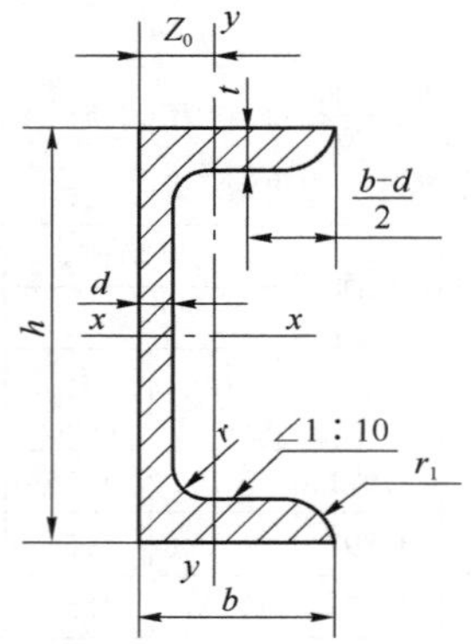

h——高度　　r_1——腿端圆弧半径

b——腿宽　　d——腰厚

Z_0——重心距离　　r——内圆弧半径

t——平均腿厚　　W_x、W_y——截面系数

标记示例：

热轧槽钢$\frac{180\times70\times9-\text{GB/T 706—2008}}{\text{Q235-A-GB/T 700—2006}}$：材料为Q235-A碳素结构钢，高度为180mm，腿宽为70mm，腰厚为9mm的热轧槽钢

型号	尺寸(mm)						截面面积(cm²)	参考数值		重心距离 Z_0(cm)
								$x-x$	$y-y$	
	h	b	d	t	r	r_1		W_x(cm³)	W_y(cm³)	
5	50	37	4.5	7.0	7.0	3.5	6.93	10.4	3.55	1.35
6.3	63	40	4.8	7.5	7.5	3.8	8.45	16.1	4.50	1.36
8	80	43	5.0	8.0	8.0	4.0	10.25	25.3	5.79	1.43
10	100	48	5.3	8.5	8.5	4.2	12.75	39.7	7.80	1.52
12.6	126	53	5.5	9.0	9.0	4.5	15.69	62.1	10.20	1.59
14a	140	58	6.0	9.5	9.5	4.8	18.52	80.5	13.0	1.71
14b	140	60	8.0	9.5	9.5	4.8	21.32	87.1	14.1	1.67
16a	160	63	6.5	10.0	10.0	5.0	21.96	108	16.3	1.80
16	160	65	8.5	10.0	10.0	5.0	25.16	117	17.6	1.75
18a	180	68	7.0	10.5	10.5	5.2	25.70	141	20.0	1.88
18	180	70	9.0	10.5	10.5	5.2	29.30	152	21.5	1.84

（续表）

型号	尺寸(mm)						截面面积 (cm^2)	参考数值		重心距离 Z_0(cm)
								$x-x$	$y-y$	
	h	b	d	t	r	r_1		W_x(cm^3)	W_y(cm^3)	
20a	200	73	7.0	11.0	11.0	5.5	28.84	178	24.2	2.01
20	200	75	9.0	11.0	11.0	5.5	32.84	191	25.9	1.95
22a	220	77	7.0	11.5	11.5	5.8	31.85	218	28.2	2.10
22	220	79	9.0	11.5	11.5	5.8	36.25	234	30.1	2.03
25a	250	78	7.0	12.0	12.0	6.0	34.92	270	30.6	2.70
25b	250	80	9.0	12.0	12.0	6.0	39.92	282	32.7	1.98
25c	250	82	11.0	12.0	12.0	6.0	44.92	295	35.9	1.92
28a	280	82	7.5	12.5	12.5	6.2	40.03	340	35.7	2.10
28b	280	84	9.5	12.5	12.5	6.2	45.63	366	37.9	2.02
28c	280	86	11.5	12.5	12.5	6.2	51.23	393	40.3	1.95
32a	320	88	8.0	14.0	14.0	7.0	48.51	475	46.5	2.24
32b	320	90	10.0	14.0	14.0	7.0	54.91	509	49.2	2.16
32c	320	92	12.0	14.0	14.0	7.0	61.31	543	52.6	2.09
36a	360	96	9.0	16.0	16.0	8.0	60.91	660	63.5	2.44
36b	360	98	11.0	16.0	16.0	8.0	68.11	703	66.9	2.37
36c	360	100	13.0	16.0	16.0	8.0	75.31	746	70.0	2.34

注：槽钢型号 5 ~8 的槽钢长度为 5 ~ 12m；槽钢型号 10 ~ 18 的槽钢长度为 5 ~ 19m；槽钢型号 20 ~36 的槽钢长度为 6 ~ 19m。

表 3-13 热轧工字钢(摘自 GB/T 706—2008)

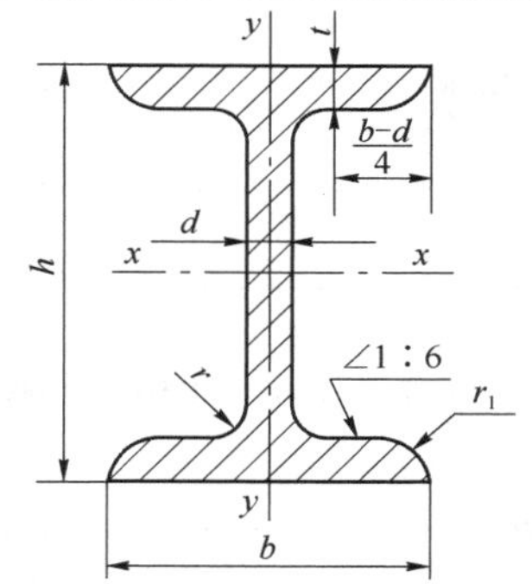

h——高度　　r_1——腿端圆弧半径

b——腿宽　　d——腰厚

r——内圆弧半径　　t——平均腿厚

W_x、W_y——截面系数

标记示例：

热轧工字钢$\dfrac{400\times144\times12.5-\text{GB/T 706—2008}}{\text{Q235-A-GB/T 700—2006}}$：材料为 Q235 - A 碳素结构钢，高度为 400mm，腿宽为 144mm，腰厚为 12.5mm 的热轧工字钢

型号	尺寸(mm)						截面面积 (cm^2)	参考数值	
								$x-x$	$y-y$
	h	b	d	t	r	r_1		W_x(cm^3)	W_y(cm^3)
10	100	68	4.5	7.6	6.5	3.3	14.35	49.0	9.7
12.6	126	74	5.0	8.4	7.0	3.5	18.12	77.5	12.7
14	140	80	5.5	9.1	7.5	3.8	21.52	102	16.1
16	160	88	6.0	9.9	8.0	4.0	26.13	141	21.2
18	180	94	6.5	10.7	8.5	4.3	30.76	185	26.0
20a	200	100	7.0	11.4	9.0	4.5	35.58	237	31.5
20b	200	102	9.0	11.4	9.0	4.5	39.58	250	33.1
22a	220	110	7.5	12.3	9.5	4.8	42.13	309	40.9
22b	220	112	9.5	12.3	9.5	4.8	46.53	325	42.7
25a	250	116	8.0	13.0	10.0	5.0	48.54	402	48.3
25b	250	118	10.0	13.0	10.0	5.0	53.54	423	52.4

（续表）

型号	尺寸(mm)						截面面积 (cm^2)	参考数值	
								x－x	y－y
	h	b	d	t	r	r_1		W_x(cm^3)	W_y(cm^3)
28a	280	122	8.5	13.7	10.5	5.3	55.40	508	56.6
28b	280	124	10.5	13.7	10.5	5.3	61.00	534	61.2
32a	320	130	9.5	15.0	11.5	5.8	67.16	692	70.8
32b	320	132	11.5	15.0	11.5	5.8	73.56	726	76.0
32c	320	134	13.5	15.0	11.5	5.8	79.96	760	81.2
36a	360	136	10.0	15.8	12.0	6.0	76.48	875	81.2
36b	360	138	12.0	15.8	12.0	6.0	83.68	919	84.3
36c	360	140	14.0	15.8	12.0	6.0	90.88	962	87.4
40a	400	142	10.5	16.5	12.5	6.3	86.11	1 090	93.2
40b	400	144	12.5	16.5	12.5	6.3	94.11	1 140	96.2
40c	400	146	14.5	16.5	12.5	6.3	102.11	1 190	99.6
45a	450	150	11.5	18.0	13.5	6.8	102.45	1 430	114
45b	450	152	13.5	18.0	13.5	6.8	111.45	1 500	118
45c	450	154	15.5	18.0	13.5	6.8	120.45	1 570	122
50a	500	158	12.0	20.0	14.0	7.0	119.30	1 860	142
50b	500	160	14.0	20.0	14.0	7.0	129.30	1 940	146
50c	500	162	16.0	20.0	14.0	7.0	139.30	2 080	151

注：工字钢型号10～18，长度为5～19m；工字钢型号20～50，长度为6～19m。

表3－14　冷轧钢板和钢带（摘自GB/T 708—2006）　　(mm)

厚度	0.20，0.25，0.30，0.35，0.40，0.45，0.55，0.60，0.65，0.70，0.80，0.90，1.0，1.1，1.2，1.3，1.4，1.5，1.6，1.7，1.8，2.0，2.2，2.5，2.8，3.0，3.2，3.5，3.8，3.9，4.0，4.2，4.5，4.8，5.0

注：1. 本标准适用于宽度不小于600mm、厚度为0.2～5mm的冷轧钢板和厚度不大于3mm的冷轧钢带。
2. 宽度系列为600，650，700，(710)，750，800，850，900，950，1 000，1 100，1 250，1 400，(1 420)，1 500～2 000(100进位)。

表3－15　热轧钢板（摘自GB/T 709—2006）　　(mm)

厚度	0.50，0.55，0.60，0.65，0.70，0.75，0.80，0.90，1.0，1.2～1.6(0.1进位)，1.8，2.0，2.2，2.5，2.8，3.0，3.2，3.5，3.8，3.9，4.0，4.5，5.0，6.0，7.0，8.0，9.0，10～22(1进位)，25，26～42(2进位)，45，48，50，55～95(5进位)，100，105，110，120，125，130～160(10进位)，165，170，180～200(5进位)

注：钢板宽度系列为600，650，700，710，750～1 000(50进位)，1 250，1 400，1 420，1 500～3 000(100进位)，3 200～3 800(200进位)。

表3－16　热轧圆钢直径和方钢边长尺寸（摘自GB/T 702—2008）　　(mm)

圆钢直径 方钢边长	5.5，6，6.5，7，8，9，10，11，12，13，14，15，16，17，18，19，20，21，22，23，24，25，26，27，28，29，30，31，32，33，34，35，36，38，40，42，45，48，50，53，55，56，58，60，63，65，68，70，75，80，85，90，95，100，105，110，115，120，125，130，140，150，160，170，180，190，200，220，250

注：1. 本标准适用于直径为5.5～250mm的热轧圆钢和边长为5.5～200mm的热轧方钢。
2. 普通质量钢的长度为4～10m(截面尺寸不大于25mm)、3～9m(截面尺寸大于25mm)，工具钢(截面尺寸大于75mm)的长度为1～6m，优质及特殊质量钢的长度为2～7m。

3.3 有色金属材料

表 3-17 铸造铜合金、铸造铝合金和铸造轴承合金

合金牌号	合金名称(或代号)	铸造方法	合金状态	力学性能(不低于) 抗拉强度 σ_b (MPa)	屈服强度 $\sigma_{0.2}$ (MPa)	伸长率 δ_5 (%)	布氏硬度 HBW	应用举例
铸造铜合金(摘自 GB/T 1176—1987)								
ZCuSn5Pb5Zn5	5-5-5 锡青铜	S、J Li、La	—	200 250	90 100	13	590* 635*	用于制作较高负荷、中速下工作的耐磨、耐蚀件,如轴瓦、衬套、套缸及蜗轮等
ZCuSn10Pb1	10-1 锡青铜	S J Li La	—	220 310 330 360	130 170 170 170	3 2 4 6	785* 885* 885* 885*	用于制作高载荷(20MPa 以下)和高滑动速度(8m/s)下工作的耐磨件,如连杆、衬套、轴瓦、蜗轮等
ZCuSn10Pb5	10-5 锡青铜	S J	—	195 245	—	10	685	用于制作耐蚀、耐酸件及破碎机衬套、轴瓦等
ZCuPb17Sn4Zn4	17-4-4 铅青铜	S J	—	150 175	—	5 7	540 590	用于制作一般耐磨件、轴承等
ZCuAl10Fe3	10-3 铝青铜	S J Li、La	—	490 540 540	180 200 200	13 15 15	980* 1 080* 1 080*	用于制作要求强度高、耐磨、耐蚀的零件,如轴套、螺母、蜗轮、齿轮等
ZCuAl10Fe3Mn2	10-3-2 铝青铜	S J	—	490 540	—	15 20	1 080 1 175	
ZCuZn38	38 黄铜	S J	—	295	—	30	590 685	用于制作一般结构件和耐蚀件,如法兰、阀座、螺母等
ZCuZn40Pb2	40-2 铅青铜	S J	—	220 280	 120	15 20	785* 885*	用于制作一般用途的耐磨、耐蚀件,如轴套、齿轮等
ZCuZn38Mn2Pb2	38-2-2 锰黄铜	S J	—	245 345	—	10 18	685 785	用于制作一般用途的结构件,如套筒、衬套、轴瓦、滑块等
ZCuZn16Si4	16-4 硅黄铜	S J	—	345 390	—	15 20	885 980	用于制作接触海水工作的管配件以及水泵、叶轮等
铸造铝合金(摘自 GB/T 1173—1995)								
ZAlSi12	ZL102 铝硅合金	SB、JB RB、KB	F T2	145 135	—	4	50	用于制作气缸活塞以及高温工作的承受冲击载荷的复杂薄壁零件
		J	F T2	155 145		2 3		
ZAlSi9Mg	ZL104	S、J、R、K J SB、RB、KB J、JB	F T1 T6 T6	145 195 225 235	—	2 1.5 2 2	50 65 70 70	用于制作形状复杂的高温静载荷或受冲击作用的大型零件,如风扇叶片、水冷气缸头

（续表）

合金牌号	合金名称（或代号）	铸造方法	合金状态	力学性能（不低于）				应用举例
				抗拉强度 σ_b (MPa)	屈服强度 $\sigma_{0.2}$ (MPa)	伸长率 δ_5 (%)	布氏硬度 HBW	
铸造铝合金（摘自 GB/T 1173—1995）								
ZAlMg5Si1	ZL303	S、J、R、K	F	145	—	1	55	用于制作高耐蚀性或在高温下工作的零件
ZAlZn11Si7	ZL401	S、R、K J	T1	195 245	—	2 1.5	80 90	高温性能好，可不热处理，用于制作形状复杂的大型薄壁零件，耐蚀性差
铸造轴承合金（摘自 GB/T 1174—1992）								
ZSnSb12Pb10Cu4 ZSnSb11Cu6 ZSnSb8Cu4	锡基轴承合金	J J J	—	—	—	—	29 27 24	用于制作汽轮机、压缩机、机车、发电机、球磨机、轧机减速器、发电机等各种机器的滑动轴承
ZPbSb16Sn16Cu2 ZPbSb15Sn10 ZPbSb15Sn5	铅基轴承合金	J J J	—	—	—	—	30 24 20	

注：1. 铸造方法代号：S—砂型铸造；J—金属型铸造；Li—离心铸造；La—连续铸造；K—壳型铸造；B—变质处理。

2. 合金状态代号：F—铸态；T1—人工时效；T2—退火；T6—固溶处理加人工完全时效。

3. 铸造铜合金的布氏硬度试验力的单位为 N，带 * 者为参考值。

3.4 非金属材料

表 3-18 常用工程塑料

品名		抗拉强度 (MPa)	拉弯强度 (MPa)	抗压强度 (MPa)	弹性模量 (GPa)	冲击韧度 (kJ/m^2)	硬度	应用举例
尼龙 6	未增强	52.92 ~ 76.44	68.6 ~ 98	58.8 ~ 88.2	0.81 ~ 2.55	3.04	85 ~ 114 HRR	具有良好的机械强度和耐磨性，广泛用做机械、化工及电气零件，例如轴承、齿轮、凸轮、滚子、滚轴、泵叶轮、风扇叶轮、蜗轮、螺钉、螺母、垫圈、耐压密封圈、阀座、输油管、储油容器等。尼龙粉末还可以喷涂于各种零件表面，以提高耐磨性能和密封性能
	增强 30% 玻璃纤维	107.8 ~ 127.4	117.6 ~ 137.2	88.2 ~ 117.6		9.8 ~ 14.7	92 ~ 94 HRM	
尼龙 66	未增强	55.86 ~ 81.34	98 ~ 107.8	88.2 ~ 117.6	1.37 ~ 3.23	3.82	100 ~ 118 HRR	
	增强 20% ~ 40% 玻璃纤维	96.43 ~ 213.54	123.97 ~ 275.58	103.39 ~ 165.33		11.76 ~ 26.75	94 ~ 95 HRM	
尼龙 1010	未增强	50.96 ~ 53.9	80.36 ~ 87.22	77.4	1.57	3.92 ~ 4.9	7.1 HBW	
	增强	192.37	303.8	164.05		96.53	14.97 HBW	

表 3－19 工业用硫化橡胶板（摘自 GB/T 5574—2008）

规格尺寸	公称厚度（mm）	0.5	1.0	1.2,2.0,2.5	3.0	4.0,5.0	6.0	8.0	10	12	14	16,18,20,22,25,30,40,50
	宽度（mm）	500～2 000										
技术特性	耐油性能（100℃，3 号标准油中浸泡 72h） A 类	不耐油										
	B 类	中等耐油，体积变化率（ΔV）为 +40% ～90%										
	C 类	耐油，体积变化率（ΔV）为 －5% ～ +40%										
	抗拉强度（MPa）	1 型	2 型	3 型	4 型	5 型	6 型	7 型				
		≥3	≥4	≥5	≥7	≥10	≥14	≥17				
	扯断伸长率（%）	1 级	2 级	3 级	4 级	5 级	6 级	7 级	8 级	9 级		
		≥100	≥150	≥200	≥250	≥300	≥350	≥400	≥500	≥600		
	国际公称橡胶硬度（或邵尔 A 硬度）（偏差 ±0.5）	H3	H4	H5	H6	H7	H8					
		30	40	50	60	70	80					
	耐热性能：规定试验温度（℃）（试验周期：168h）	Hr1	Hr2	Hr3								
		100	125	150								
	耐低温性能：规定脆性试验温度（℃）	Tb1	Tb2									
		－20	－40									
	耐热空气老化性能（B、C 类胶板必须符合 Ar2 要求）	Ar1	Ar2									
		70℃ ×72h 老化后，抗拉强度 σ_b 降低率≤25%，扯断伸长率降低≤50%	100℃ ×72h 老化后，抗拉强度 σ_b 降低率≤20%，扯断伸长率降低≤50%										
应用	A 类 H3～H6 适用于冲制耐冲击密封性良好的垫圈、垫板及门窗封条，H5～H7 适用于冲制各种密封缓冲胶圈、胶垫、门窗封条和铺设地板及工作台，H7～H8 适用于冲制密封垫圈和铺设地板、工作台 B、C 类适用于在润滑油、汽油、变压器油等介质中工作的各种形状的垫圈											

注：标记示例：抗拉强度为 5MPa，扯断伸长率为 400%，公称硬度为 60 IRHD，耐热 100℃的不耐油橡胶板，其标记为：工业胶板 A3－7H6Hr1 GB/T 5574—2008。

表 3－20 耐油石棉橡胶板（摘自 GB/T 539—1995）

牌号	表面颜色	密度（g/cm^3）	规格（mm）厚度	规格（mm）长度	规格（mm）宽度	适用条件≤ 温度（℃）	适用条件≤ 压力（MPa）	性能 抗拉强度（MPa）≥	性能 吸油率（%）≤	性能 浸油增厚率（%）≤	用途
NY150	灰白色	1.6～2.0	0.4 0.5 0.6 0.8 0.9 1.2 1.5 2.0 2.5 3.0	550 620 1 000 1 260 1 350 1 500	550 620 1 200 1 260 1 500	150	1.5	8	23	—	作炼油设备、管道及汽车、拖拉机、柴油机的输油管道结合处的密封
NY250	浅蓝色					250	2.5	9	23	20	作炼油设备、管道法兰连接处的密封
NY400	石墨色					400	4	26	9	15	作热油、石油裂化、煤蒸馏设备及管道法兰连接处的密封
HNY300	绿　色					300	—	10.8	23	15	作航空燃油、石油基润滑油及冷气系统的密封

注：标记示例：宽度为 550mm，长度为 1 000mm，厚度为 2mm，最高温度为 250℃，一般工业用耐油石棉橡胶板，其标记为：石棉板 NY250－2×550×1 000 GB/T 539—1995。

表 3-21 软钢纸板(摘自 QB/T 2200—1996)

纸板规格(mm)		技术性能				用途
长度×宽度	厚度	项目		A类	B类	
920×650 650×490 650×400 400×300	0.5~0.8 0.9~2.0 2.1~3.0	抗拉强度(kN/m^2)≥	0.5~1mm	3×10^4	2.5×10^4	A类:供飞机发动机制作密封连接处的垫片及其他部件用 B类:供汽车、拖拉机的发动机及其他内燃机制作密封片及其他部件用
			1.1~3mm	3×10^4	3×10^4	
		抗压强度(MPa)≥		160	—	
		水分(%)		4~8	4~8	

表 3-22 工业用毛毡(摘自 FZ/T 25001—2012)

类型	牌号	密度(g/cm^3)	断裂强度(N/cm^2)	断后伸长率(%)≤	规格		应用举例
					长、宽(m)	厚度(mm)	
细毛	T112-32-44 T112-25-31	0.32~0.44 0.25~0.31	—	—	长:1~5 宽:0.5~1.9	1.5,2,3,4,6,8,10,12,14,16,18,20,25	用做密封、防漏油、振动缓冲衬垫,以及作为过滤材料和抛磨光材料
半粗毛	T122-30-38 T122-24-29	0.30~0.38 0.24~0.29	—	—			
粗毛	T132-32-36	0.32~0.36	245~294	110~130			

第4章 机械连接

4.1 螺纹

表4-1 普通螺纹螺距及基本尺寸(摘自 GB/T 196—2003) (mm)

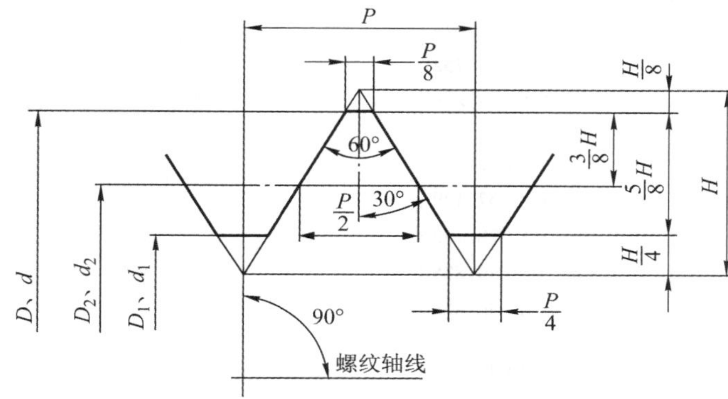

$H=0.866P$

$d_2=d-0.6495P$

$d_1=d-1.0825P$

D、d——内、外螺纹大径

D_2、d_2——内、外螺纹中径

D_1、d_1——内、外螺纹小径

P——螺距

标记示例:

M10-6g:公称直径为10mm、螺纹为右旋、中径及大径公差带代号均为6g、螺纹旋合长度为N的粗牙普通螺纹

M10×1-6H:公称直径为10mm、螺距为1mm、螺纹为右旋、中径及大径公差带代号均为6H、螺纹旋合长度为N的细牙普通内螺纹

M20×2左-5g6g-S:公称直径为20mm、螺距为2mm、螺纹为左旋、中径及大径公差带代号分别为5g和6g、螺纹旋合长度为S的细牙普通螺纹

M20×2-6H/6g:公称直径为20mm、螺距为2mm、螺纹为右旋、内螺纹中径及大径公差带代号均为6H、外螺纹中径及大径公差带代号均为6g、螺纹旋合长度为N的细牙普通螺纹的螺纹副

公称直径 D、d 第一系列	公称直径 D、d 第二系列	螺距 P	中径 D_2、d_2	小径 D_1、d_1
3		0.5	2.675	2.459
		0.35	2.773	2.621
	3.5	(0.6)	3.110	2.850
		0.35	3.273	3.121
4		0.7	3.545	3.242
		0.5	3.675	3.459
	4.5	(0.75)	4.013	3.688
		0.5	4.175	3.959
5		0.8	4.480	4.134
		0.5	4.675	4.459
6		1	5.350	4.917
		0.75	5.513	5.188

公称直径 D、d 第一系列	公称直径 D、d 第二系列	螺距 P	中径 D_2、d_2	小径 D_1、d_1
8		1.25	7.188	6.647
		1	7.350	6.917
		0.75	7.513	7.188
10		1.5	9.026	8.376
		1.25	9.188	8.674
		1	9.350	8.917
		0.75	9.513	9.188
12		1.75	10.863	10.106
		1.5	11.026	10.376
		1.25	11.188	10.647
		1	11.350	10.917

公称直径 D、d 第一系列	公称直径 D、d 第二系列	螺距 P	中径 D_2、d_2	小径 D_1、d_1
	14	2	12.701	11.835
		1.5	13.026	12.376
		1	13.350	12.917
16		2	14.701	13.835
		1.5	15.026	14.376
		1	15.350	14.917
	18	2.5	16.376	15.294
		2	16.701	15.835
		1.5	17.026	16.376
		1	17.350	16.917

（续表）

公称直径 D、d 第一系列	公称直径 D、d 第二系列	螺距 P	中径 D_2、d_2	小径 D_1、d_1
20		2.5	18.376	17.294
		2	18.701	17.835
		1.5	19.026	18.376
		1	19.350	18.917
	22	2.5	20.376	19.294
		2	20.701	19.835
		1.5	21.026	20.376
		1	21.350	20.917
24		3	22.051	20.752
		2	22.701	21.835
		1.5	23.026	22.376
		1	23.350	22.917
	27	3	25.051	23.752
		2	25.701	24.835
		1.5	26.026	25.736
		1	26.350	25.917
30		3.5	27.727	26.211
		2	28.701	27.835
		1.5	29.026	28.376
		1	29.350	28.917
	33	3.5	30.727	29.211
		2	31.707	30.835
		1.5	32.026	31.376
36		4	33.402	31.670
		3	34.051	32.752
		2	34.701	33.835
		1.5	35.026	34.376
	39	4	36.402	34.670
		3	37.051	35.752
		2	37.701	36.835
		1.5	38.026	37.376
42		4.5	39.077	37.129
		3	40.051	38.752
		2	40.701	39.835
		1.5	41.026	40.376
	45	4.5	42.077	40.129
		3	43.051	41.752
		2	43.701	42.853
		1.5	44.026	43.376
48		5	44.752	42.587
		3	46.051	44.752
		2	46.701	45.835
		1.5	47.026	46.376
	52	5	48.752	46.587
		3	50.051	48.752
		2	50.701	49.835
		1.5	51.026	50.376
56		5.5	52.428	50.046
		4	53.402	51.670
		3	54.051	52.752
		2	54.701	53.835
		1.5	55.026	54.376
	60	(5.5)	56.428	54.046
		4	47.402	55.670
		3	58.051	56.752
		2	58.701	57.835
		1.5	59.026	58.376
64		6	60.103	57.505
		4	61.402	59.670
		3	62.051	60.752

注：1. "螺距 P"栏中第一个数值为粗牙螺距，其余为细牙螺距。
2. 优先选用第一系列，其次是第二系列，第三系列（表中未列出）尽可能不用。
3. 括号内尺寸尽可能不用。

表4-2 普通内外螺纹常用公差带（摘自GB/T 197—2003）

精度	内螺纹						外螺纹											
	公差带位置						公差带位置											
	G			H			e			f			g			h		
	S	N	L	S	N	L	S	N	L	S	N	L	S	N	L	S	N	L
精密	—	—	—	4H	5H	6H	—	—	—	—	—	—	—	(4g)	(5g、4g)	(3h、4h)	4h*	(5h、4h)
中等	(5G)	6G	(7G)	5H*	6H*	7H*	—	6e*	(7e、6e)	—	6f*	—	(5g、6g)	6g*	(7g、6g)	(5h、6h)	6h*	(7h、6h)
粗糙	—	(7G)	(8G)	—	7H	8H	—	(8e)	(9e、8e)	—	—	—	—	8g	(9g、8g)	—	—	—

注：1. 大量生产的精制紧固件螺纹，推荐采用带方框的公差带。
2. 精密精度—用于精密螺纹，当要求配合性质变动较小时采用；中等精度——般用途；粗糙精度—精度要求不高或制造比较困难时采用。
3. S—短旋合长度；N—中等旋合长度；L—长旋合长度。
4. 带*的公差带应优先选用，括号内的公差带尽可能不用。
5. 内外螺纹的选用公差带可以任意组合，为了保证足够的接触高度，完工后的零件最好组合成H/g、H/h或G/h的配合。

表4-3 螺纹旋合长度(摘自 GB/T 197—2003) (mm)

公称直径 D、d >	公称直径 D、d ≤	螺距 P	旋合长度 S ≤	旋合长度 N >	旋合长度 N ≤	旋合长度 L >
5.6	11.2	0.5	1.6	1.6	4.7	4.7
		0.75	2.4	2.4	7.1	7.1
		1	3	3	9	9
		1.25	4	4	12	12
		1.5	5	5	15	15
11.2	22.4	1	3.8	3.8	11	11
		1.25	4.5	4.5	13	13
		1.5	5.6	5.6	16	16
		1.75	6	6	18	18
		2	8	8	24	24
		2.5	10	10	30	30

公称直径 D、d >	公称直径 D、d ≤	螺距 P	旋合长度 S ≤	旋合长度 N >	旋合长度 N ≤	旋合长度 L >
22.4	45	1	4	4	12	12
		1.5	6.3	6.3	19	19
		2	8.5	8.5	25	25
		3	12	12	36	36
		3.5	15	15	45	45
		4	18	18	53	53
		4.5	21	21	63	63
45	90	1.5	7.5	7.5	22	22
		2	9.5	9.5	28	28
		3	15	15	45	45
		4	19	19	56	56
		5	24	24	71	71
		5.5	28	28	85	85
		6	32	32	95	95

表4-4 梯形螺纹设计牙型尺寸(摘自 GB/T 5796.1—2005) (mm)

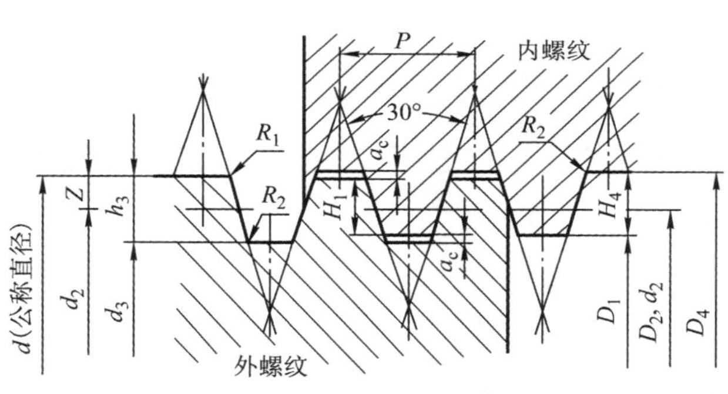

d——外螺纹大径(公称直径)

P——螺距

a_c——牙顶间隙

H_1——基本牙型高度,$H_1=0.5P$

h_3——外螺纹牙高,$h_3=H_1+a_c=0.5P+a_c$

H_4——内螺纹牙高,$H_4=H_1+a_c=0.5P+a_c$

Z——牙顶高,$Z=0.25P=H_1/2$

d_2——外螺纹中径,$d_2=d-2Z=d-0.5P$

D_2——内螺纹中径,$D_2=d-2Z=d-0.5P$

d_3——外螺纹小径,$d_3=d-2h_3$

D_1——内螺纹小径,$D_1=d-2H_1=d-P$

D_4——内螺纹大径,$D_4=d+2a_c$

R_1——外螺纹牙顶圆角,$R_{1\max}=0.5a_c$

R_2——牙底圆角,$R_{2\max}=a_c$

标记示例:

Tr40×7-7H:梯形内螺纹,公称直径 $d=40$mm,螺距 $P=7$mm,精度等级 7H

Tr40×14(P7)-LH-7e:多线左旋梯形外螺纹,公称直径 $d=40$mm,导程=14mm,螺距 $P=7$mm,精度等级 7e

Tr40×7-7H/7e:梯形螺旋副,公称直径 $d=40$mm,螺距 $P=7$mm,内螺纹精度等级 7H,外螺纹精度等级 7e

螺距 P	a_c	$H_4=h_3$	$R_{1\max}$	$R_{2\max}$
1.5	0.15	0.9	0.075	0.15
2	0.25	1.25	0.125	0.25
3		1.75		
4		2.25		
5		2.75		
6	0.5	3.5	0.25	0.5
7		4		
8		4.5		
9	0.5	5	0.25	0.5
10		5.5		
12		6.5		
14	1	8	0.5	1
16		9		
18		10		
20		11		
22		12		
24	1	13	0.5	1
28		15		
32		17		
36		19		
40		21		
44		23		

表 4－5 梯形螺纹直径与螺距系列(摘自 GB/T 5796.2—2005) (mm)

公称直径 d		螺距 P	公称直径 d		螺距 P	公称直径 d		螺距 P
第一系列	第二系列		第一系列	第二系列		第一系列	第二系列	
8 10	9	1.5* 2*,1.5	28	26 30	8,5*,3 10,6*,3	52	50 55	12,8*,3 14,9*,3
12	11	3,2* 3*,2	32 36	34	10,6*,3	60 70	65	14,9*,3 16,10*,4
16	14 18	3*,2 4*,2	40	38 42	10,7*,3	80	75 85	16,10*,4 18,12*,4
20 24	22	4*,2 8,5*,3	44 48	46	12,7*,3 12,8*,3	90 100	95	18,12*,4 20,12*,4

注：优先选用第一系列的直径，带 * 者为对应直径优先选用的螺距。

表 4－6 梯形螺纹基本尺寸(摘自 GB/T 5796.3—2005) (mm)

螺距 P	外螺纹小径 d_3	内、外螺纹中径 D_2、d_2	内螺纹大径 D_4	内螺纹小径 D_1	螺距 P	外螺纹小径 d_3	内、外螺纹中径 D_2、d_2	内螺纹大径 D_4	内螺纹小径 D_1
1.5	$d-1.8$	$d-0.75$	$d+0.3$	$d-1.5$	8	$d-9$	$d-4$	$d+1$	$d-8$
2	$d-2.5$	$d-1$	$d+0.5$	$d-2$	9	$d-10$	$d-4.5$	$d+1$	$d-9$
3	$d-3.5$	$d-1.5$	$d+0.5$	$d-3$	10	$d-11$	$d-5$	$d+1$	$d-10$
4	$d-4.5$	$d-2$	$d+0.5$	$d-4$	12	$d-13$	$d-6$	$d+1$	$d-12$
5	$d-5.5$	$d-2.5$	$d+0.5$	$d-5$	14	$d-16$	$d-7$	$d+2$	$d-14$
6	$d-7$	$d-3$	$d+1$	$d-6$	16	$d-18$	$d-8$	$d+2$	$d-16$
7	$d-8$	$d-3.5$	$d+1$	$d-7$	18	$d-20$	$d-9$	$d+2$	$d-18$

注：d 为公称直径(即外螺纹大径)。

4.2 螺纹零件的结构要素

表 4－7 普通螺纹收尾、肩距、退刀槽和倒角(摘自 GB/T 3—1997) (mm)

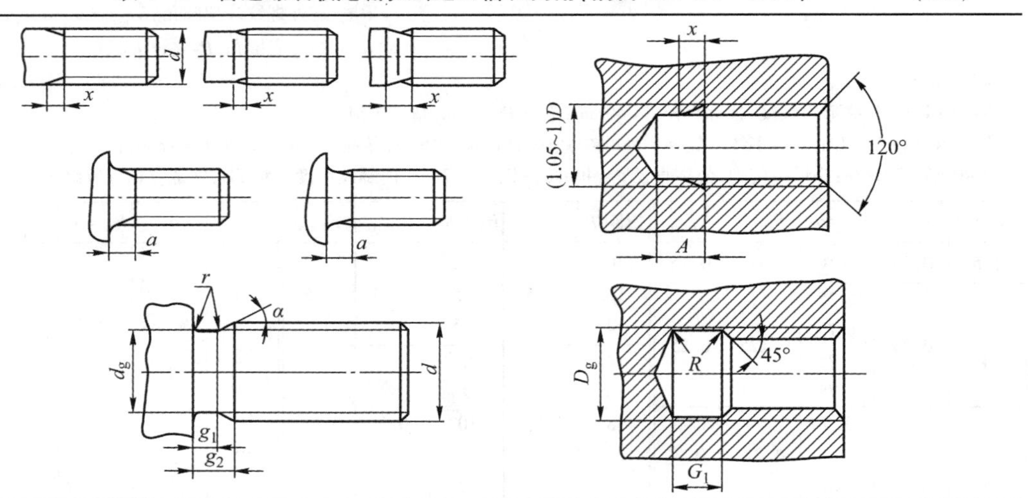

（续表）

外螺纹										内螺纹								
螺距 P	收尾 x max		肩距 a max			退刀槽				螺距 P	收尾 x max		肩距 A		退刀槽			
						g_2 max	g_1 min	$r\approx$	d_g						G_1		$R\approx$	D_g
	一般	短的	一般	长的	短的						一般	短的	一般	长的	一般	窄的		
0.5	1.25	0.7	1.5	2	1	1.5	0.8	0.2	$d-0.8$	0.5	2	1	3	4	2	1	0.2	$d+0.3$
0.7	1.75	0.9	2.1	2.8	1.4	2.1	1.1	0.4	$d-1.1$	0.7	2.8	1.4	3.5	5.6	2.8	1.4	0.4	
0.8	2	1	2.4	3.2	1.6	2.4	1.3		$d-1.3$	0.8	3.2	1.6	4	6.4	3.2	1.6		
1	2.5	1.25	3	4	2	3	1.6	0.6	$d-1.6$	1	4	2	5	8	4	2	0.5	$d+0.5$
1.25	3.2	1.6	4	5	2.5	3.75	2		$d-2$	1.25	5	2.5	6	10	5	2.5	0.6	
1.5	3.8	1.9	4.5	6	3	4.5	2.5	0.8	$d-2.3$	1.5	6	3	7	12	6	3	0.8	
1.75	4.3	2.2	5.3	7	3.5	5.25	3	1	$d-2.6$	1.75	7	3.5	9	14	7	3.5	0.9	
2	5	2.5	6	8	4	6	3.4		$d-3$	2	8	4	10	16	8	4	1	
2.5	6.3	3.2	7.5	10	5	7.5	4.4	1.2	$d-3.6$	2.5	10	5	12	18	10	5	1.2	
3	7.5	3.8	9	12	6	9	5.2	1.6	$d-4.4$	3	12	6	14	22	12	6	1.5	
3.5	9	4.5	10.5	14	7	10.5	6.2		$d-5$	3.5	14	7	16	24	14	7	1.8	
4	10	5	12	16	8	12	7	2	$d-5.7$	4	16	8	18	26	16	8	2	
4.5	11	5.5	13.5	18	9	13.5	8	2.5	$d-6.4$	4.5	18	9	21	29	18	9	2.2	
5	12.5	6.3	15	20	10	15	9		$d-7$	5	20	10	23	32	20	10	2.5	
5.5	14	7	16.5	22	11	17.5	11	3.2	$d-7.7$	5.5	22	11	25	35	22	11	2.8	
6	15	7.5	18	24	12	18	11		$d-8.3$	6	24	12	28	38	24	12	3	

注：1. 外螺纹始端端面的倒角一般为45°，也可采用60°或30°。当螺纹按60°或30°倒角时，倒角深度应大于或等于螺纹牙型高度。

2. 应优先选用“一般”长度的收尾和肩距；“短的”收尾和“短的”肩距仅用于结构受限制的螺纹件。

表4-8 单头梯形螺纹的退刀槽和倒角(摘自JB/ZQ 0138—1980) (mm)

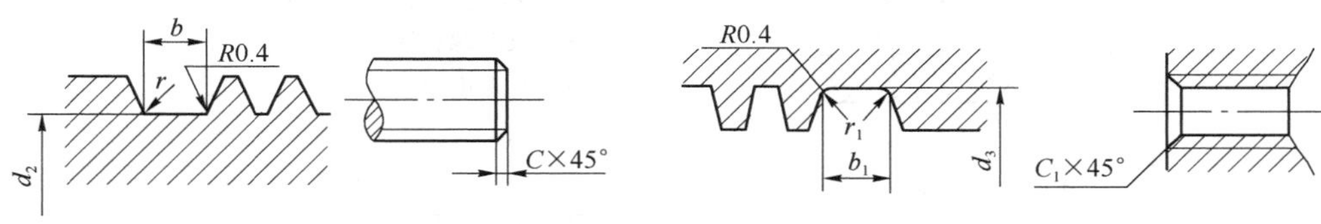

外螺纹　　内螺纹

P	$b=b_1$	d_2	d_3	$r=r_1$	$C=C_1$	P	$b=b_1$	d_2	d_3	$r=r_1$	$C=C_1$
2	2.5	$d-3$	$d+1$	1	1.5	6	7.5	$d-7.8$	$d+1.8$	2	3.5
3	4	$d-4$			2	8	10	$d-9.8$		2.5	4.5
4	5	$d-5.1$	$d+1.1$	1.5	2.5	10	12.5	$d-12$	$d+2$	3	5.5
5	6.5	$d-6.6$	$d+1.6$		3	12	15	$d-14$			6.5

表4-9 螺栓和螺钉通孔及沉孔尺寸

(mm)

螺纹规格	螺栓和螺钉通孔直径 d_h（摘自 GB/T 5277—1985）			沉头螺钉及半沉头螺钉的沉孔（摘自 GB/T 152.2—1988）				内六角圆柱头螺钉的圆柱头沉孔（摘自 GB/T 152.3—1988）				六角头螺栓和六角螺母的沉孔（摘自 GT/B 152.4—1988）			
d	精装配	中等装配	粗装配	d_2	$t\approx$	d_1	α	d_2	t	d_3	d_1	d_2	d_3	d_1	t
M3	3.2	3.4	3.6	6.4	1.6	3.4	$90°{}^{-2°}_{-4°}$	6.0	3.4	—	3.4	9	—	3.4	只要能制出与通孔轴线垂直的圆平面即可
M4	4.3	4.5	4.8	9.6	2.7	4.5		8.0	4.6		4.5	10		4.5	
M5	5.3	5.5	5.8	10.6	2.7	5.5		10.0	5.7		5.5	11		5.5	
M6	6.4	6.6	7	12.8	3.3	6.6		11.0	6.8		6.6	13		6.6	
M8	8.4	9	10	17.6	4.6	9		15.0	9.0		9.0	18		9.0	
M10	10.5	11	12	20.3	5.0	11		18.0	11.0		11.0	22		11.0	
M12	13	13.5	14.5	24.4	6.0	13.5		20.0	13.0	16	13.5	26	16	13.5	
M14	15	15.5	16.5	28.4	7.0	15.5		24.0	15.0	18	15.5	30	18	15.5	
M16	17	17.5	18.5	32.4	8.0	17.5		26.0	17.5	20	17.5	33	20	17.5	
M18	19	20	21	—	—	—		—	—	—	—	36	22	20.0	
M20	21	22	24	40.4	10.0	22		33.0	21.5	24	22.0	40	24	22.0	
M22	23	24	26	—	—	—		—	—	—	—	43	26	24	
M24	25	26	28					40.0	25.5	28	26.0	48	28	26	
M27	28	30	32					—	—	—	—	53	33	30	
M30	31	33	35					48.0	32.0	36	33.0	61	36	33	
M36	37	39	42					57.0	38.0	42	39.0	71	42	39	

表4-10 粗牙螺栓、螺钉的拧入深度和螺纹孔尺寸(参考)

(mm)

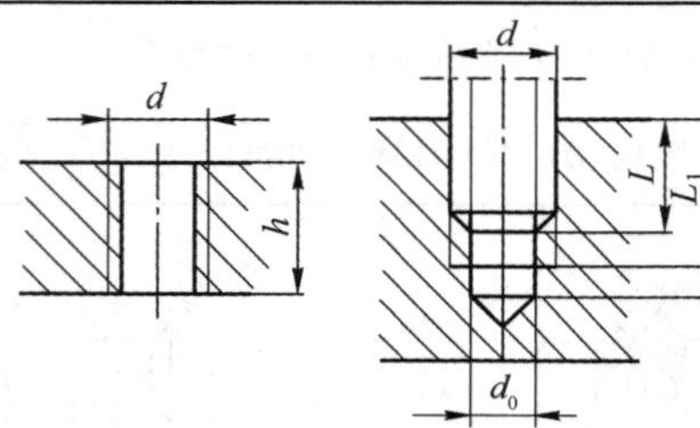

h——内螺纹通孔长度

d_0——螺纹攻螺纹前的钻孔直径

L——双头螺柱或螺钉拧入深度

L_1——螺纹攻螺纹深度

L_2——钻孔深度

d	d_0	用于钢或青铜				用于铸铁				用于铝			
		h	L	L_1	L_2	h	L	L_1	L_2	h	L	L_1	L_2
6	5	8	6	10	12	12	10	14	16	15	12	24	29
8	6.8	10	8	12	16	15	12	16	20	20	16	26	30
10	8.5	12	10	16	20	18	15	20	24	24	20	34	38
12	10.2	15	12	18	22	22	18	24	28	28	24	38	42
16	14	20	16	24	28	28	24	30	34	36	32	50	54
20	17.5	25	20	30	35	35	30	38	44	45	40	62	68
24	21	30	24	36	42	42	35	48	54	55	48	78	84
30	26.5	36	30	44	52	50	45	56	62	70	60	94	102
36	32	45	36	52	60	65	55	66	74	80	72	106	114

表 4-11 扳手空间(摘自 JB/ZQ 4005—2006) (mm)

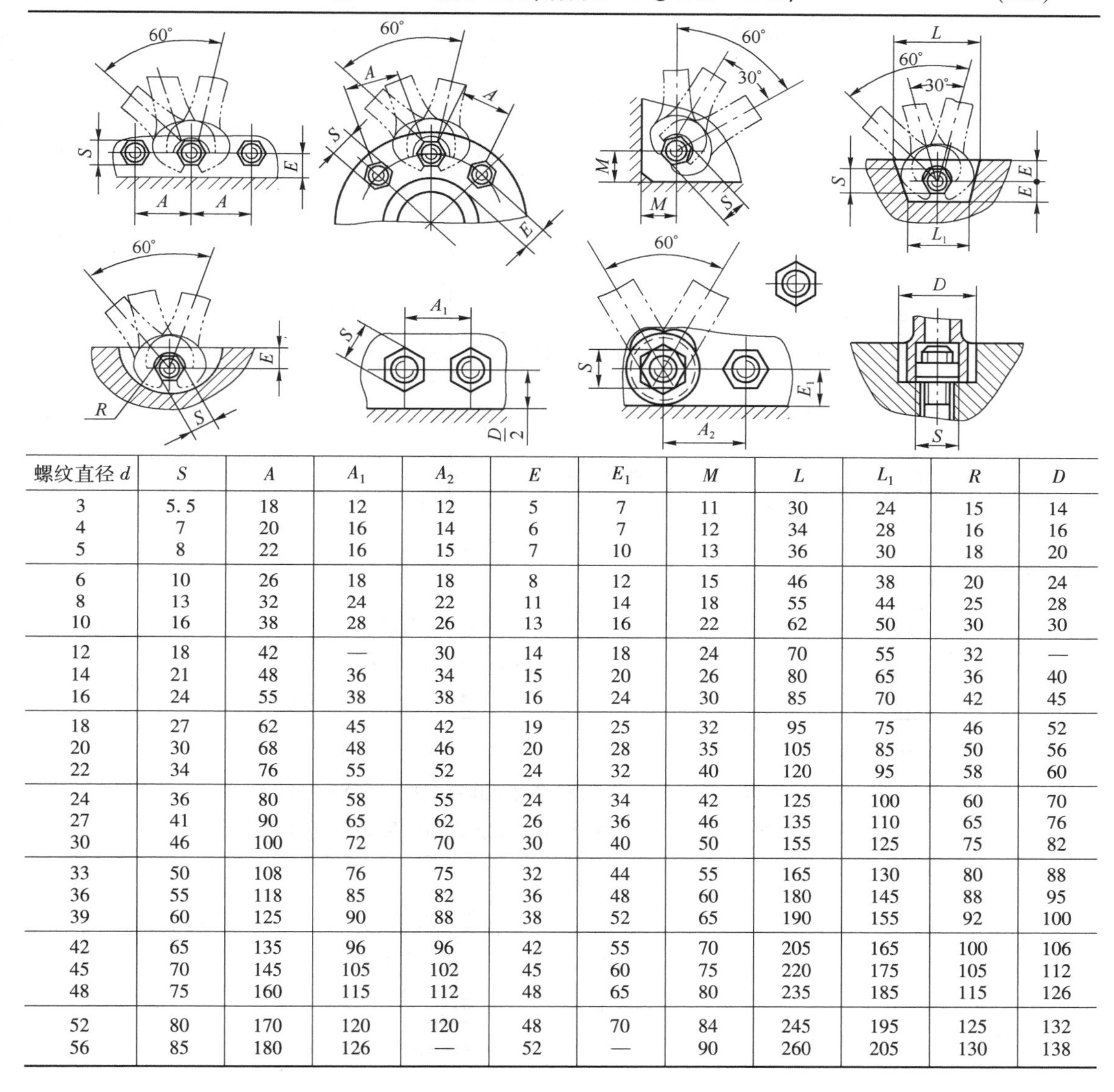

螺纹直径 d	S	A	A_1	A_2	E	E_1	M	L	L_1	R	D
3	5.5	18	12	12	5	7	11	30	24	15	14
4	7	20	16	14	6	7	12	34	28	16	16
5	8	22	16	15	7	10	13	36	30	18	20
6	10	26	18	18	8	12	15	46	38	20	24
8	13	32	24	22	11	14	18	55	44	25	28
10	16	38	28	26	13	16	22	62	50	30	30
12	18	42	—	30	14	18	24	70	55	32	—
14	21	48	36	34	15	20	26	80	65	36	40
16	24	55	38	38	16	24	30	85	70	42	45
18	27	62	45	42	19	25	32	95	75	46	52
20	30	68	48	46	20	28	35	105	85	50	56
22	34	76	55	52	24	32	40	120	95	58	60
24	36	80	58	55	24	34	42	125	100	60	70
27	41	90	65	62	26	36	46	135	110	65	76
30	46	100	72	70	30	40	50	155	125	75	82
33	50	108	76	75	32	44	55	165	130	80	88
36	55	118	85	82	36	48	60	180	145	88	95
39	60	125	90	88	38	52	65	190	155	92	100
42	65	135	96	96	42	55	70	205	165	100	106
45	70	145	105	102	45	60	75	220	175	105	112
48	75	160	115	112	48	65	80	235	185	115	126
52	80	170	120	120	48	70	84	245	195	125	132
56	85	180	126	—	52	—	90	260	205	130	138

4.3 螺栓、螺柱和螺钉

表 4-12 六角头铰制孔用螺栓——A 级和 B 级(摘自 GB/T 27—1988) (mm)

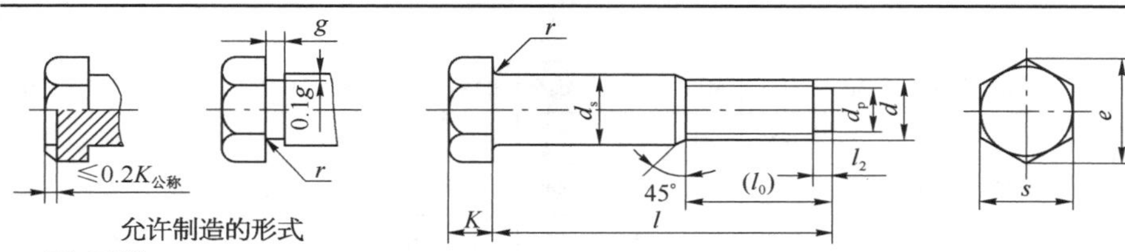

允许制造的形式

标记示例:

螺栓 GB/T 27—1988 M12×80:螺纹规格 d=M12,无螺纹部分杆径 d_s=13(h9),公称长度 l=80mm,性能等级为 8.8 级,表面氧化处理,产品等级为A 级的六角头铰制孔用螺栓

（续表）

螺纹规格 d		M6	M8	M10	M12	(M14)	M16	(M18)	M20	(M22)	M24	(M27)	M30	M36
d_s(h9)	max	7	9	11	13	15	17	19	21	23	25	28	32	38
s	max	10	13	16	18	21	24	27	30	34	36	41	46	55
K	公称	4	5	6	7	8	9	10	11	12	13	15	17	20
r	min	0.25	0.4	0.4	0.6	0.6	0.6	0.6	0.8	0.8	0.8	1	1	1
d_p		4	5.5	7	8.5	10	12	13	15	17	18	21	23	28
l_2		1.5		2		3			4			5		6
e_{min}	A 级	11.05	14.38	17.77	20.03	23.35	26.75	30.14	33.53	37.72	39.98	—	—	—
	B 级	10.89	14.20	17.59	19.85	22.78	26.17	29.56	32.95	37.29	39.55	45.2	50.85	60.79
g		2.5				3.5					5			
l_0		12	15	18	22	25	28	30	32	35	38	42	50	55
l 范围		25 ~ 65	25 ~ 80	30 ~ 120	35 ~ 180	40 ~ 180	45 ~ 200	50 ~ 200	55 ~ 200	60 ~ 200	65 ~ 200	75 ~ 200	80 ~ 230	90 ~ 300
l 系列		25,(28),30,(32),35,(38),40,45,50,(55),60,(65),70,(75),80,(85),90,(95),100 ~ 260(10 进位),280,300												

技术条件	材料	力学性能等级	螺纹公差	公差产品等级	表 面 处 理
	钢	8.8	6g	A 级用于 $d \leqslant 24$ 和 $l \leqslant 10d$ 或 $l \leqslant 150$ B 级用于 $d > 24$ 或 $l > 10d$ 或 $l > 150$	氧化

注：尽可能不采用括号内的规格。

表 4－13 六角头螺栓——A 级和 B 级（摘自 GB/T 5782—2000）、六角头螺栓—全螺纹——A 级和 B 级（摘自 GB/T 5783—2000） (mm)

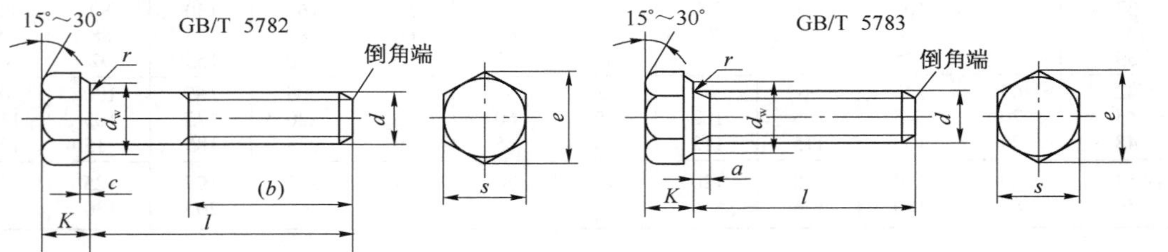

标记示例：

螺栓 GB/T 5782—2000 M12 × 80：螺纹规格 d = M12，公称长度 l = 80mm，性能等级为 8.8 级，表面氧化处理，产品等级为 A 级的六角头螺栓

螺栓 GB/T 5783—2000 M12 × 80：螺纹规格 d = M12，公称长度 l = 80mm，性能等级为 8.8 级，表面氧化处理，全螺纹，产品等级为 A 级的六角头螺栓

螺纹规格 d		M3	M4	M5	M6	M8	M10	M12	(M14)	M16	(M18)	M20	(M22)	M24	(M27)	M30	M36
b（参考）	$l \leqslant 125$	12	14	16	18	22	26	30	34	38	42	46	50	54	60	66	78
	$125 < l \leqslant 200$	18	20	22	24	28	32	36	40	44	48	52	56	60	66	72	84
	$l > 200$	31	35	33	37	41	45	49	53	57	61	65	69	73	79	85	97
a	max	1.5	2.1	2.4	3	4	4.5	5.3	6	6	7.5	7.5	7.5	9	9	10.5	12
c	max	0.4	0.4	0.5	0.5	0.6	0.6	0.6	0.6	0.8	0.8	0.8	0.8	0.8	0.8	0.8	0.8

（续表）

螺纹规格 d			M3	M4	M5	M6	M8	M10	M12	(M14)	M16	(M18)	M20	(M22)	M24	(M27)	M30	M36
d_w	min	A 级	4.6	5.9	6.9	8.9	11.6	14.6	16.6	19.6	22.5	25.3	28.2	31.7	33.6	—	—	—
		B 级	4.5	5.7	6.7	8.7	11.5	14.5	16.5	19.2	22	24.9	27.7	31.4	33.2	38	42.8	51.1
e	min	A 级	6.01	7.66	8.79	11.05	14.38	17.77	20.03	23.35	26.75	30.14	33.53	37.72	39.98	—	—	—
		B 级	5.88	7.50	8.63	10.89	14.20	17.59	19.85	22.78	26.17	29.56	32.95	37.29	39.55	45.2	50.85	60.79
K	公称		2	2.8	3.5	4	5.3	6.4	7.5	8.8	10	11.5	12.5	14	15	17	18.7	22.5
r	min		0.1	0.2	0.2	0.25	0.4	0.4	0.6	0.6	0.6	0.6	0.8	0.8	0.8	1	1	1
s	公称		5.5	7	8	10	13	16	18	21	24	27	30	34	36	41	46	55
l 范围			20 ~ 30	25 ~ 40	25 ~ 50	30 ~ 60	40 ~ 80	45 ~ 100	50 ~ 120	60 ~ 140	65 ~ 160	70 ~ 180	80 ~ 200	90 ~ 220	90 ~ 240	100 ~ 260	110 ~ 300	140 ~ 360
l 范围(全螺纹)			6 ~ 30	8 ~ 40	10 ~ 50	12 ~ 60	16 ~ 80	20 ~ 100	25 ~ 120	30 ~ 140	30 ~ 150	35 ~ 180	40 ~ 150	45 ~ 200	50 ~ 150	55 ~ 200	60 ~ 200	70 ~ 200
l 系列			6,8,10,12,16,20 ~ 70(5 进位),80 ~ 160(10 进位),180 ~ 360(20 进位)															

技术条件	材料	力学性能等级	螺纹公差	公差产品等级	表面处理
	钢	5.6,8.8,9.8,10.9	6g	A 级用于 $d≤24$ 和 $l≤10d$ 或 $l≤150$ B 级用于 $d>24$ 或 $l>10d$ 或 $l>150$	氧化或电镀
	不锈钢	A2 ~ 70,A4 ~ 70			
	有色金属	Cu2,Cu3,Al4			

注：1. C 级产品螺纹公差为 8g，规格为 M5 ~ M64，性能等级为 3.6、4.6 和 4.8 级，详见 GB/T 5780—2000 和 GB/T 5781—2000。

2. 括号内为第二系列螺纹直径规格，尽量不采用。

表 4-14 双头螺柱 $b_m=d$（摘自 GB/T 897—1988）、$b_m=1.25d$（摘自 GB/T 898—1988）、$b_m=1.5d$（摘自 GB/T 899—1988） （mm）

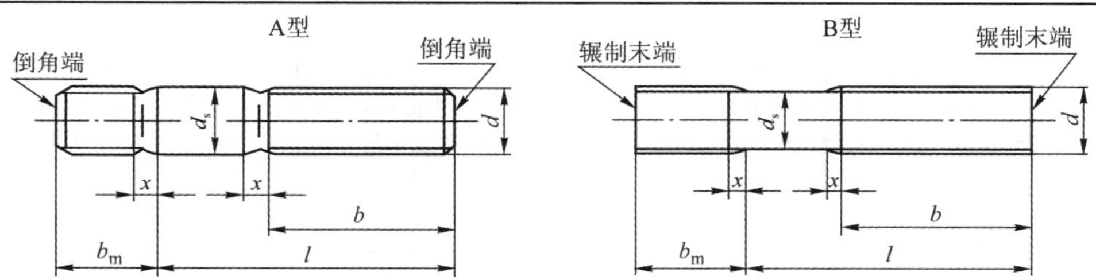

$x≤1.5P$，P 为粗牙螺纹螺距，$d_s≈$螺纹中径（B 型），$d_{smax}=d$（A 型）

标记示例：

螺柱 GB/T 898—1988 M10 × 50：两端均为粗牙普通螺纹，$d=10$mm，$l=50$mm，性能等级为 4.8 级，不经表面处理，B 型，$b_m=1.25d$ 的双头螺柱

螺柱 GB/T 898—1988 AM10 - M10 × 1 × 50：旋入机体一端为粗牙普通螺纹，旋螺母一端为螺距 $P=1$mm 的细牙普通螺纹，$d=10$mm，$l=50$mm，性能等级为 4.8 级，不经表面处理，A 型，$b_m=1.25d$ 的双头螺柱

螺柱 GB/T 898—1988 GM10 - M10 × 50 - 8.8 - Zn · D：旋入机体一端为过渡配合螺纹的第一种配合，旋螺母一端为粗牙普通螺纹，$d=10$mm，$l=50$mm，性能等级为 4.8 级，镀锌钝化，B 型，$b_m=1.25d$ 的双头螺柱

螺纹规格 d		M5	M6	M8	M10	M12	(M14)	M16	(M18)	M20	M24	M30
b_m（公称）	GB/T 897—1988	5	6	8	10	12	14	16	18	20	24	30
	GB/T 898—1988	6	8	10	12	15	18	20	22	25	30	38
	GB/T 899—1988	8	10	12	15	18	21	24	27	30	36	45
d_s	max	d										
	min	4.7	5.7	7.64	9.64	11.57	13.57	15.57	17.57	19.48	23.48	29.48

（续表）

螺纹规格 d	M5	M6	M8	M10	M12	（M14）	M16	（M18）	M20	M24	M30
$\frac{l(公称)}{b}$	$\frac{16\sim22}{10}$	$\frac{20\sim22}{10}$	$\frac{20\sim22}{12}$	$\frac{25\sim28}{14}$	$\frac{25\sim30}{16}$	$\frac{30\sim35}{18}$	$\frac{30\sim38}{20}$	$\frac{35\sim40}{22}$	$\frac{35\sim40}{25}$	$\frac{45\sim50}{30}$	$\frac{60\sim65}{40}$
	$\frac{25\sim50}{16}$	$\frac{25\sim30}{14}$	$\frac{25\sim30}{16}$	$\frac{30\sim38}{16}$	$\frac{32\sim40}{20}$	$\frac{38\sim45}{25}$	$\frac{40\sim55}{30}$	$\frac{45\sim60}{35}$	$\frac{45\sim65}{35}$	$\frac{55\sim75}{45}$	$\frac{70\sim90}{50}$
		$\frac{32\sim75}{18}$	$\frac{32\sim90}{22}$	$\frac{40\sim120}{26}$	$\frac{45\sim120}{30}$	$\frac{50\sim120}{34}$	$\frac{60\sim120}{38}$	$\frac{65\sim120}{42}$	$\frac{70\sim120}{46}$	$\frac{80\sim120}{54}$	$\frac{90\sim120}{66}$
				$\frac{130}{32}$	$\frac{130\sim180}{36}$	$\frac{130\sim180}{40}$	$\frac{130\sim200}{44}$	$\frac{130\sim200}{48}$	$\frac{130\sim200}{52}$	$\frac{130\sim200}{60}$	$\frac{130\sim200}{72}$
											$\frac{210\sim250}{85}$
l 范围	16～50	20～75	20～90	25～130	25～180	30～180	30～200	35～200	35～200	45～200	60～250
l 系列	16，(18)，20，(22)，25，(28)，30，(32)，35，(38)，40～100（5 进位），110～260（10 进位），280，300										

注：1. GB/T 898—1988 d = 5～20mm 为商品规格，其余均为通用规格。

2. 尽可能不采用括号内的尺寸。

表 4－15　开槽锥端紧定螺钉（摘自 GB/T 71—1985）、开槽平端紧定螺钉（摘自 GB/T 73—1985）、开槽长圆柱端紧定螺钉（摘自 GB/T 75—1985）　（mm）

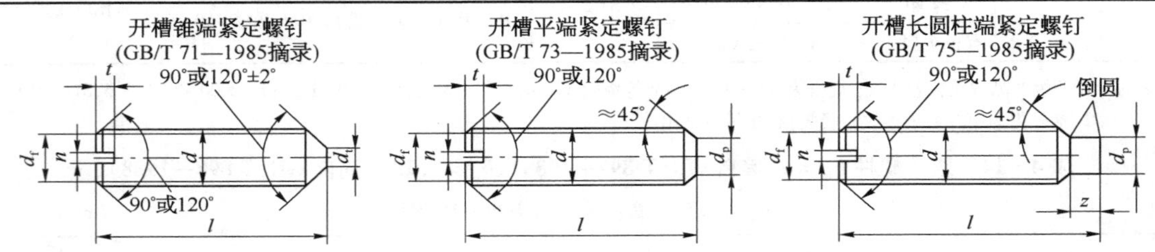

标记示例：

螺钉 GB/T 71—1985 M5 × 12：螺纹规格 d = M5，公称长度 l = 12mm，性能等级为 14H，表面氧化的开槽锥端紧定螺钉

螺钉 GB/T 73—1985 M5 × 12：螺纹规格 d = M5，公称长度 l = 12mm，性能等级为 14H，表面氧化的开槽平端紧定螺钉

螺钉 GB/T 75—1985 M5 × 12：螺纹规格 d = M5，公称长度 l = 12mm，性能等级为 14H，表面氧化的开槽长圆柱端紧定螺钉

螺纹规格 d			M3	M4	M5	M6	M8	M10	M12
螺距 P			0.5	0.7	0.8	1	1.25	1.5	1.75
$d_f \approx$			螺纹小径						
d_t	max		0.3	0.4	0.5	1.5	2	2.5	3
d_p	max		2	2.5	3.5	4	5.5	7	8.5
n	公称		0.4	0.6	0.8	1	1.2	1.6	2
t	min		0.8	1.12	1.28	1.6	2	2.4	2.8
z	max		1.75	2.25	2.75	3.25	4.3	5.3	6.3
l 范围（商品规格）	GB/T 71—1985		4～16	6～20	8～25	8～30	10～40	12～50	14～60
	GB/T 73—1985		3～15	4～20	5～25	6～30	8～40	10～50	12～60
	GB/T 75—1985		5～16	6～20	8～25	8～30	10～40	12～50	14～60
	短螺钉	GB/T 73—1985	3	4	5	6	—	—	—
		GB/T 75—1985	5	6	8	8，10	10，12，14	12，14，16	14，16，20
公称长度 l 系列			3，4，5，6，8，10，12，(14)，16，20，25，30，35，40，45，50，(55)，60						

技术条件	材　料	力学性能等级	螺纹公差	公差产品等级	表面处理
	钢	14H，22H	6g	A	氧化或镀锌钝化

注：尽可能不采用括号内的规格。

表4-16 内六角圆柱头螺钉(摘自GB/T 70.1—2008) (mm)

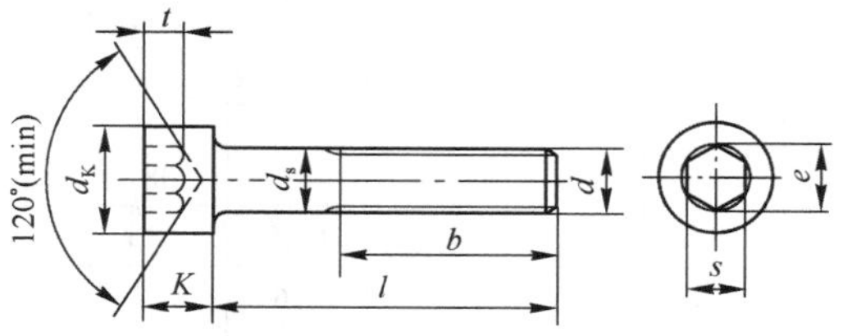

标记示例:

螺钉 GB/T 70.1—2008 M5×20:螺纹规格 d=M5,公称长度 l=20mm,性能等级为8.8级,表面氧化的内六角圆柱头螺钉

螺纹规格 d	M5	M6	M8	M10	M12	M16	M20	M24	M30	M36
b(参考)	22	24	28	32	36	44	52	60	72	84
d_K(max)	8.5	10	13	16	18	24	30	36	45	54
e(min)	4.58	5.72	6.86	9.15	11.43	16	19.44	21.73	25.15	30.85
K(max)	5	6	8	10	12	16	20	24	30	36
s(公称)	4	5	6	8	10	14	17	19	22	27
t(min)	2.5	3	4	5	6	8	10	12	15.5	19
l范围(公称)	8~50	10~60	12~80	16~100	20~120	25~160	30~200	40~200	45~200	55~200
制成全螺纹时 l≤	25	30	35	40	45	55	65	80	90	110
l系列(公称)	8,10,12,16,20~65(5进位),70~160(10进位),180,200									

表4-17 十字槽盘头螺钉(摘自GB/T 818—2000)、十字槽沉头螺钉(摘自GB/T 819.1—2000) (mm)

十字槽盘头螺钉(摘自GB/T 818—2000)

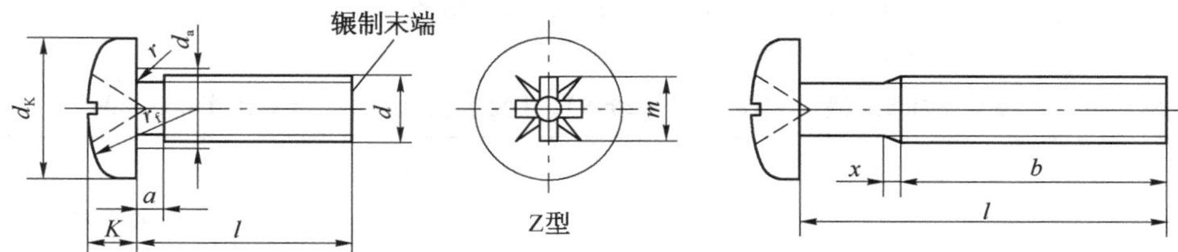

十字槽沉头螺钉(摘自GB/T 819.1—2000)

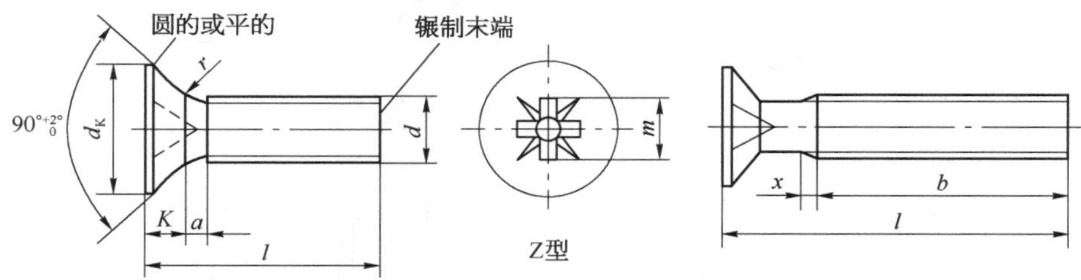

无螺纹部分杆径≈中径(或=螺纹大径)

标记示例:

螺钉 GB/T 818—2000 M5×20:螺纹规格 d=M5,公称长度 l=20mm,性能等级为4.8级,不经表面处理的A级十字槽盘头螺钉

螺钉 GB/T 819.1-2000 M5×20:螺纹规格 d=M5,公称长度 l=20mm,性能等级为4.8级,不经表面处理的A级十字槽沉头螺钉

（续表）

螺纹规格 d			M1.6	M2	M2.5	M3	M4	M5	M6	M8	M10
螺　距 P			0.35	0.4	0.45	0.5	0.7	0.8	1	1.25	1.5
a		max	0.7	0.8	0.9	1	1.4	1.6	2	2.5	3
b		min	25	25	25	25	38	38	38	38	38
x		max	0.9	1	1.1	1.25	1.75	2	2.5	3.2	3.8
十字槽盘头螺钉	d_a	max	2.1	2.6	3.1	3.6	4.7	5.7	6.8	9.2	11.2
	d_K	max	3.2	4	5	5.6	8	9.5	12	16	20
	K	max	1.3	1.6	2.1	2.4	3.1	3.7	4.6	6	7.5
	r	min	0.1	0.1	0.1	0.1	0.2	0.2	0.25	0.4	0.4
	r_f	≈	2.5	3.2	4	5	6.5	8	10	13	16
	m	参考	1.7	1.9	2.6	2.9	4.4	4.6	6.8	8.8	10
	l 商品规格范围		3~16	3~20	3~25	4~30	5~40	6~45	8~60	10~60	12~60
十字槽沉头螺钉	d_K	max	3	3.8	4.7	5.5	8.4	9.3	11.3	15.8	18.3
	K	max	1	1.2	1.5	1.65	2.7	2.7	3.3	4.65	5
	r	max	0.4	0.5	0.6	0.8	1	1.3	1.5	2	2.5
	m	参考	1.8	2	3	3.2	4.6	5.1	6.8	9	10
	l 商品规格范围		3~16	3~20	3~25	4~30	5~40	6~50	8~60	10~60	12~60
公称长度 l 系列			3,4,5,6,8,10,12,(14),16,20~60(5 进位)								

技术条件	材　料	力学性能等级	螺纹公差	公差产品等级	表面处理
	钢	4.8	6g	A	1. 不经处理 2. 电镀或协议

注：1. 尽可能不采用公称长度 l 中的(14)、(55)等规格。

2. 对十字槽盘头螺钉，$d \leqslant$ M3、$l \leqslant 25$mm 或 $d \geqslant$ M4、$l \leqslant 40$mm 时，制出全螺纹($b = l - a$)；
对十字槽沉头螺钉，$d \leqslant$ M3、$l \leqslant 30$mm 或 $d \geqslant$ M4、$l \leqslant 45$mm 时，制出全螺纹[$b = l - (K + a)$]。

3. GB/T 818—2000 材料可选不锈钢或有色金属。

表 4-18　开槽盘头螺钉(摘自 GB/T 67—2008)、开槽沉头螺钉(摘自 GB/T 68—2000)　(mm)

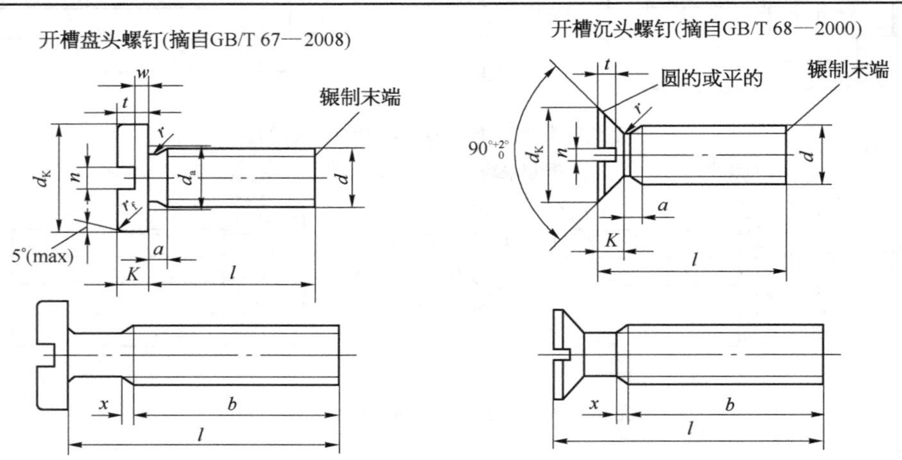

无螺纹部分杆径≈中径(或=螺纹大径)

标记示例：

螺钉 GB/T 67—2008　M5×20：螺纹规格 d = M5，公称长度 l = 20mm，性能等级为 4.8 级，不经表面处理的 A 级开槽盘头螺钉

螺钉 GB/T 68—2000　M5×20：螺纹规格 d = M5，公称长度 l = 20mm，性能等级为 4.8 级，不经表面处理的 A 级开槽沉头螺钉

（续表）

螺纹规格 d			M1.6	M2	M2.5	M3	M4	M5	M6	M8	M10
螺距 P			0.35	0.4	0.45	0.5	0.7	0.8	1	1.25	1.5
a		max	0.7	0.8	0.9	1	1.4	1.6	2	2.5	3
b		min	25	25	25	25	38	38	38	38	38
n		公称	0.4	0.5	0.6	0.8	1.2	1.2	1.6	2	2.5
x		max	0.9	1	1.1	1.25	1.75	2	2.5	3.2	3.8
开槽盘头螺钉	d_K	max	3.2	4	5	5.6	8	9.5	12	16	20
	d_a	max	2	2.6	3.1	3.6	4.7	5.7	6.8	9.2	11.2
	K	max	1	1.3	1.5	1.8	2.4	3	3.6	4.8	6
	r	min	0.1	0.1	0.1	0.1	0.2	0.2	0.25	0.4	0.4
	r_f	参考	0.5	0.6	0.8	0.9	1.2	1.5	1.8	2.4	3
	t	min	0.35	0.5	0.6	0.7	1	1.2	1.4	1.9	2.4
	w	min	0.3	0.4	0.5	0.7	1	1.2	1.4	1.9	2.4
	l 商品规格范围		2~16	2.5~20	3~25	4~30	5~40	6~50	8~60	10~80	12~80
开槽沉头螺钉	d_K	max	3	3.8	4.7	5.5	8.4	9.3	11.3	15.8	18.3
	K	max	1	1.2	1.5	1.65	2.7	2.7	3.3	4.65	5
	n	max	0.4	0.5	0.6	0.8	1	1.3	1.5	2	2.5
	t	min	0.32	0.4	0.5	0.6	1	1.1	1.2	1.8	2
	l 商品规格范围		2.5~16	3~20	4~25	5~30	6~40	8~50	8~60	10~80	12~80
公称长度 l 系列			2,2.5,3,4,5,6,6.8,10,12,(14),16,20~80(5进位)								
技术条件			材料		性能等级		螺纹公差		公差产品等级		表面处理
			钢		4.8、5.8		6g		A		不经处理

注：1. 公称长度 l 中的(14)、(55)、(65)、(75)等规格尽可能不采用。

2. 对开槽盘头螺钉，$d \leqslant$ M3、$l \leqslant 30$mm 或 $d \geqslant$ M4、$l \leqslant 40$mm 时，制出全螺纹($b = l - a$)；
对开槽沉头螺钉，$d \leqslant$ M3、$l \leqslant 30$mm 或 $d \geqslant$ M4、$l \leqslant 45$mm 时，制出全螺纹[$b = l - (K + a)$]。

4.4 螺母

表4-19 Ⅰ型六角螺母——A级和B级(摘自GB/T 6170—2000)、六角薄螺母——A级和B级(摘自GB/T 6172.1—2000) (mm)

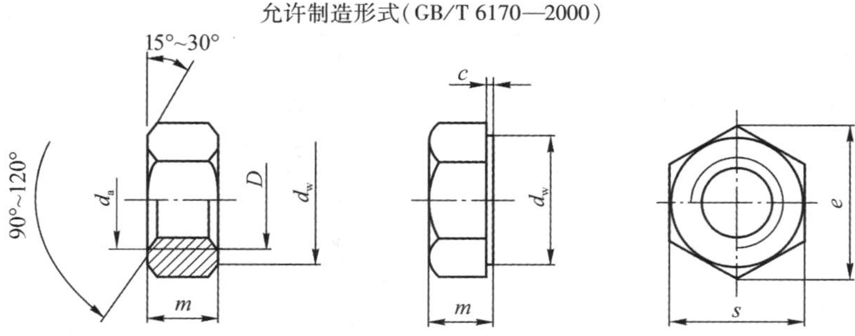

标记示例：

螺母 GB/T 6170—2000 M12：螺纹规格 D = M12，性能等级为8级，不经表面处理，产品等级为A级的Ⅰ型六角螺母

螺母 GB/T 6172.1—2000 M12：螺纹规格 D = M12，性能等级为04级，不经表面处理，产品等级为A级的六角薄螺母

（续表）

螺纹规格 *D*		M3	M4	M5	M6	M8	M10	M12	(M14)	M16	(M18)	M20	(M22)	M24	(M27)	M30	M36
d_a	max	3.45	4.6	5.75	6.75	8.75	10.8	13	15.1	17.30	19.5	21.6	23.7	25.9	29.1	32.4	38.9
d_w	min	4.6	5.9	6.9	8.9	11.6	14.6	16.6	19.6	22.5	24.9	27.7	31.4	33.3	38	42.8	51.1
e	min	6.01	7.66	8.79	11.05	14.38	17.77	20.03	23.36	26.75	29.56	32.95	37.29	39.55	45.2	50.85	60.79
s	max	5.5	7	8	10	13	16	18	21	24	27	30	34	36	41	46	55
c	max	0.4	0.4	0.5	0.5	0.6	0.6	0.6	0.6	0.8	0.8	0.8	0.8	0.8	0.8	0.8	0.8
m (max)	六角螺母	2.4	3.2	4.7	5.2	6.8	8.4	10.8	12.8	14.8	15.8	18	19.4	21.5	23.8	25.6	31
	薄螺母	1.8	2.2	2.7	3.2	4	5	6	7	8	9	10	11	12	13.5	15	18

技术条件	材　料	性能等级	螺纹公差	公差产品等级	表面处理
	钢	六角螺母6、8、10 薄螺母04、05	6H	A级用于 $D \leqslant$ M16 B级用于 $D >$ M16	不经处理

注：尽可能不采用括号内的规格。

表4-20　圆螺母(摘自GB/T 812—1988)、小圆螺母(摘自GB/T 810—1988)　(mm)

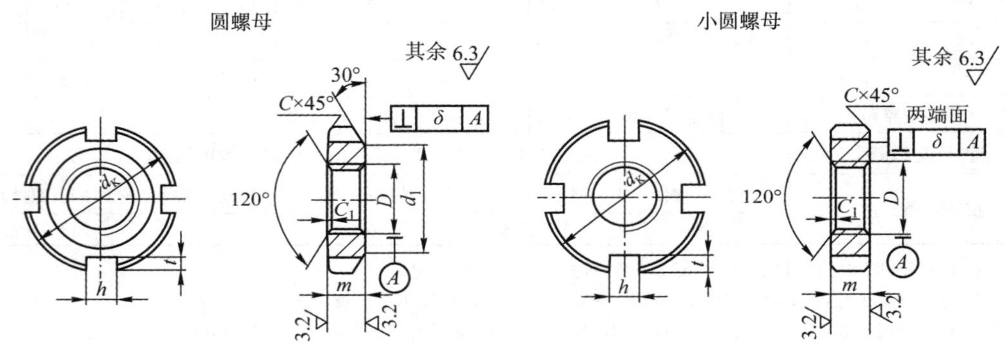

标记示例：

螺母 GB/T 812—1988 M16×1.5：螺纹规格 D = M15，材料为45钢，槽或全部热处理硬度35～45HRC、表面氧化的圆螺母

螺母 GB/T 810—1988 M16×1.5：螺纹规格 D = M15，材料为45钢，槽或全部热处理硬度35～45HRC、表面氧化的小圆螺母

圆螺母(GB/T 812—1988)

螺纹规格 $D \times P$	d_K	d_1	m	h max	h min	t max	t min	C	C_1
M10×1	22	16	8	4.3	4	2.6	2	0.5	0.5
M12×1.25	25	19							
M14×1.5	28	20							
M16×1.5	30	22		5.3	5	3.1	2.5		
M18×1.5	32	24							
M20×1.5	35	27							
M22×1.5	38	30	10						
M24×1.5	42	34						1	
M25×1.5*									

小圆螺母(GB/T 810—1988)

螺纹规格 $D \times P$	d_K	m	h max	h min	t max	t min	C	C_1
M10×1	20	6	4.3	4	2.6	2	0.5	0.5
M12×1.25	22							
M14×1.5	25							
M16×1.5	28							
M18×1.5	30		5.3	5	3.1	2.5		
M20×1.5	32							
M22×1.5	35	8						
M24×1.5	38							
M27×1.5	42						1	

（续表）

圆螺母（GB/T 812—1988）

螺纹规格 $D\times P$	d_K	d_1	m	h max	h min	t max	t min	C	C_1
M27×1.5	45	37	10	5.3	5	3.1	2.5	1	0.5
M30×1.5	48	40							
M33×1.5	52	43		6.3	6	3.6	3		
M35×1.5*									
M36×1.5	55	46							
M39×1.5	58	49						5	
M40×1.5*									
M42×1.5	62	53							
M45×1.5	68	59							
M48×1.5	72	61	12	8.36	8	4.25	3.5		
M50×1.5*									
M52×1.5	78	67							
M55×2*									
M56×2	85	74							1
M60×2	90	79							
M64×2	95	84							
M65×2*									
M68×2	100	88		10.36	10	4.75	4		
M72×2	105	93	15						
M75×2*									
M76×2	110	98							
M80×2	115	103							
M85×2	120	108							
M90×2	125	112	18	12.43	12	5.75	5		
M95×2	130	117							
M100×2	135	122							
M105×2	140	127							

小圆螺母（GB/T 810—1988）

螺纹规格 $D\times P$	d_K	m	h max	h min	t max	t min	C	C_1
M30×1.5	45	8	5.3	5	3.1	2.5	1	0.5
M33×1.5	48							
M36×1.5	52		6.3	6	3.6	3		
M39×1.5	55							
M42×1.5	58							
M45×1.5	62							
M48×1.5	68	10						
M52×1.5	72		8.36	8	4.25	3.5		
M56×2	78							1
M60×2	80							
M64×2	85							
M68×2	90							
M72×2	95	12						
M76×2	100		10.36	10	4.75	4		
M80×2	105						1.5	
M85×2	110							
M90×2	115							
M95×2	120							
M100×2	125		12.43	12	5.75	5		
M105×2	130	15						

技术条件	材　　料	螺纹公差	热处理及表面处理
	45 钢	6H	①槽全部热处理后 35～45HRC；②调质后 24～30HRC；③碳氮共渗

注：1. 槽数 n：当 $D\leqslant$ M100×2 时，$n=4$；当 $D\geqslant$ M105×2 时，$n=6$。

2. 仅用于滚动轴承锁紧装置。

4.5　垫圈

表 4－21　小垫圈——A 级(摘自 GB/T 848—2002)、平垫圈——A 级(摘自 GB/T 97.1—2002)、平垫圈—倒角型——A 级(摘自 GB/T 97.2—2002)　(mm)

小垫圈——A 级(GB/T 848—2002)
平垫圈——A 级(GB/T 97.1—2002)

平垫圈—倒角型——A 级(GB/T 97.2—2002)

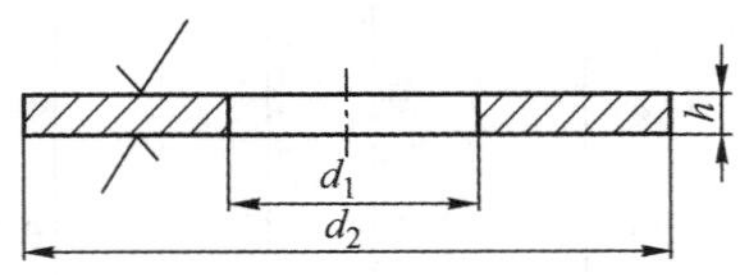

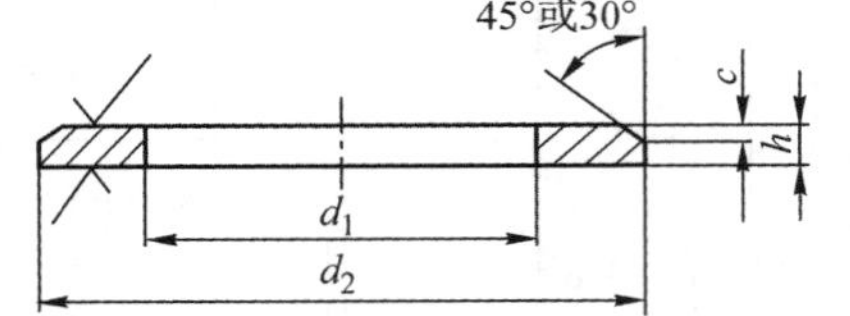

1.6 用于 $h \le 3$m
3.2 用于 3mm $< h \le$ 6mm
6.3 用于 $h >$ 6mm
$c=(0.25\sim0.5)h$

标记示例:

垫圈 GB/T 848—2002 8:小系列,公称规格 $d=8$mm,由钢制造的硬度等级为 200HV 级、不经表面处理,产品等级为 A 级的小垫圈

垫圈 GB/T 97.1—2002 8:标准系列,公称规格 $d=8$mm,由钢制造的硬度等级为 200HV 级、不经表面处理,产品等级为 A 级的平垫圈

<table>
<tr><td colspan="2">公称规格
(螺纹大径 d)</td><td>1.6</td><td>2</td><td>2.5</td><td>3</td><td>4</td><td>5</td><td>6</td><td>8</td><td>10</td><td>12</td><td>14</td><td>16</td><td>20</td><td>24</td><td>30</td><td>36</td></tr>
<tr><td rowspan="3">d_1</td><td>GB/T 848—2002</td><td rowspan="2">1.7</td><td rowspan="2">2.2</td><td rowspan="2">2.7</td><td rowspan="2">3.2</td><td rowspan="2">4.3</td><td rowspan="3">5.3</td><td rowspan="3">6.4</td><td rowspan="3">8.4</td><td rowspan="3">10.5</td><td rowspan="3">13</td><td rowspan="3">15</td><td rowspan="3">17</td><td rowspan="3">21</td><td rowspan="3">25</td><td rowspan="3">31</td><td rowspan="3">37</td></tr>
<tr><td>GB/T 97.1—2002</td></tr>
<tr><td>GB/T 97.2—2002</td><td>—</td><td>—</td><td>—</td><td>—</td><td>—</td></tr>
<tr><td rowspan="3">d_2</td><td>GB/T 848—2002</td><td>3.5</td><td>4.5</td><td>5</td><td>6</td><td>8</td><td>9</td><td>11</td><td>15</td><td>18</td><td>20</td><td>24</td><td>28</td><td>34</td><td>39</td><td>50</td><td>60</td></tr>
<tr><td>GB/T 97.1—2002</td><td>4</td><td>5</td><td>6</td><td>7</td><td>9</td><td rowspan="2">10</td><td rowspan="2">12</td><td rowspan="2">16</td><td rowspan="2">20</td><td rowspan="2">24</td><td rowspan="2">28</td><td rowspan="2">30</td><td rowspan="2">37</td><td rowspan="2">44</td><td rowspan="2">56</td><td rowspan="2">66</td></tr>
<tr><td>GB/T 97.2—2002</td><td>—</td><td>—</td><td>—</td><td>—</td><td>—</td></tr>
<tr><td rowspan="3">h</td><td>GB/T 848—2002</td><td rowspan="2">0.3</td><td rowspan="2">0.3</td><td rowspan="2">0.5</td><td rowspan="2">0.5</td><td>0.5</td><td rowspan="3">1</td><td rowspan="3">1.6</td><td rowspan="3">1.6</td><td>1.6</td><td>2</td><td rowspan="3">2.5</td><td>2.5</td><td rowspan="3">3</td><td rowspan="3">4</td><td rowspan="3">4</td><td rowspan="3">5</td></tr>
<tr><td>GB/T 97.1—2002</td><td>0.8</td><td rowspan="2">2</td><td rowspan="2">2.5</td><td rowspan="2">3</td></tr>
<tr><td>GB/T 97.2—2002</td><td>—</td><td>—</td><td>—</td><td>—</td><td>—</td></tr>
</table>

注:材料为 Q215、Q235。

表 4－22　标准型弹簧垫圈(摘自 GB/T 93—1987)、轻型弹簧垫圈(摘自 GB/T 859—1987)　(mm)

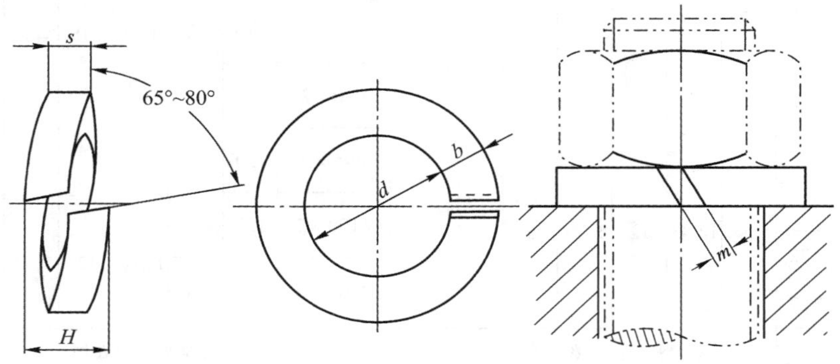

标记示例:

垫圈 GB/T 93—1987 16:规格 16mm,材料为 65Mn,表面氧化的标准型弹簧垫圈

垫圈 GB/T 859—1987 16:规格 16mm,材料为 65Mn,表面氧化的轻型弹簧垫圈

（续表）

规格(螺纹大径 d)			3	4	5	6	8	10	12	(14)	16	(18)	20	(22)	24	(27)	30	(33)	36
GB/T 93—1987	s(b)	公称	0.8	1.1	1.3	1.6	2.1	2.6	3.1	3.6	4.1	4.5	5.0	5.5	6.0	6.8	7.5	8.5	9
	H	min	1.6	2.2	2.6	3.2	4.2	5.2	6.2	7.2	8.2	9	10	11	12	13.6	15	17	18
		max	2	2.75	3.25	4	5.25	6.5	7.75	9	10.25	11.25	12.5	13.75	15	17	18.75	21.25	22.5
	m	≤	0.4	0.55	0.65	0.8	1.05	1.3	1.55	1.8	2.05	2.25	2.5	2.75	3	3.4	3.75	4.25	4.5
GB/T 859—1987	s	公称	0.6	0.8	1.1	1.3	1.6	2	2.5	3	3.2	3.6	4	4.5	5	5.5	6	—	—
	b	公称	1	1.2	1.5	2	2.5	3	3.5	4	4.5	5	5.5	6	7	8	9	—	—
	H	min	1.2	1.6	2.2	2.6	3.2	4	5	6	6.4	7.2	8	9	10	11	12	—	—
		max	1.5	2	2.75	3.25	4	5	6.25	7.5	8	9	10	11.25	12.5	13.75	15	—	—
	m	≤	0.3	0.4	0.55	0.65	0.8	1.0	1.25	1.5	1.6	1.8	2.0	2.25	2.5	2.75	3.0	—	—

注：材料为65Mn，淬火并回火处理，硬度为42～50HRC，尽可能不采用括号内的规格。

表4-23　圆螺母用止动垫圈(摘自GB/T 858—1988)　　(mm)

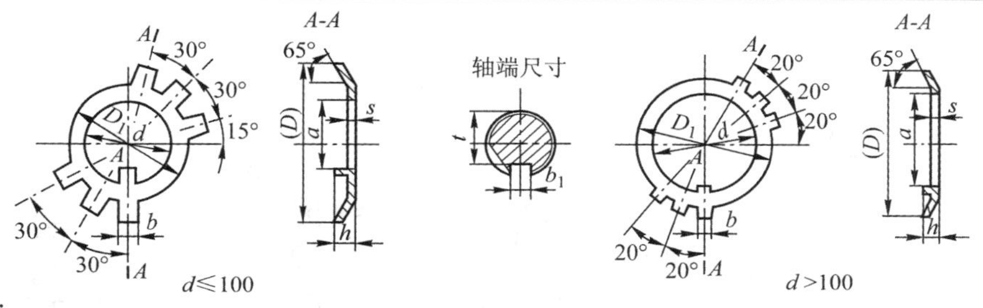

标记示例：

垫圈 GB/T 858—1988 16：规格16mm，材料为Q235，经退火、表面氧化的圆螺母用止动垫圈

规格(螺纹大径)	d	D(参考)	D_1	s	b	a	h	轴端 b_1	轴端 t	规格(螺纹大径)	d	D(参考)	D_1	s	b	a	h	轴端 b_1	轴端 t
10	10.5	25	16	1	3.8	8	3	4	7	48	48.5	76	61	1.5	7.7	45	5	8	44
12	12.5	28	19			9			8	50*	50.5					47			—
14	14.5	32	20			11			10	52	52.5	82	67			49	6		48
16	16.5	34	22		4.8	13		5	12	55*	56					52			—
18	18.5	35	24			15	4		14	56	57	90	74			53			52
20	20.5	38	27			17			16	60	61	94	79			57			56
22	22.5	42	30			19			18	64	65	100	84			61			60
24	24.5	45	34			21			20	65*	66					62			—
25*	25.5					22			—	68	69	105	88		9.6	65	7	10	64
27	27.5	48	37			24	5		23	72	73	110	93			69			68
30	30.5	52	40			27			26	75*	76					71			—
33	33.5	56	43	1.5	5.7	30		6	29	76	77	115	98			72			70
35*	35.5					32			—	80	81	120	103			76			74
36	36.5	60	46			33			32	85	86	125	108			81			79
39	39.5	62	49			36			35	90	91	130	112	2	11.6	86		12	84
40*	40.5					37			—	95	96	135	117			91			89
42	42.5	66	53			39			38	100	101	140	122			96			94
45	45.5	72	59			42			41	105	106	145	127			101			99

注：材料为Q235，标有＊的规格仅用于滚动轴承锁紧装置。

4.6 挡圈

表 4-24 螺钉紧固轴端挡圈(摘自 GB/T 891—1986)、螺栓紧固轴端挡圈(摘自 GB/T 892—1986) (mm)

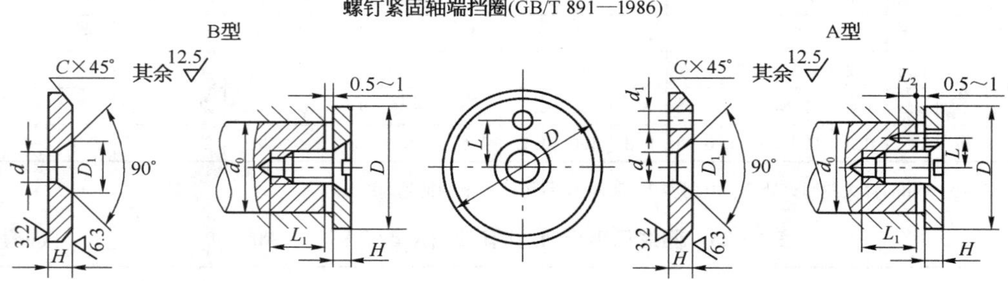

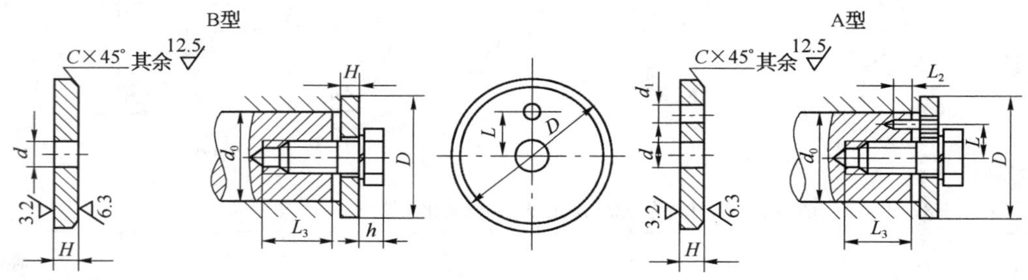

标记示例:

挡圈 GB/T 891—1986 45:公称直径 $D=45$mm,材料为 Q235A,不经表面处理的 A 型螺钉紧固轴端挡圈

挡圈 GB/T 892—1986 45:公称直径 $D=45$mm,材料为 Q235A,不经表面处理的 A 型螺栓紧固轴端挡圈

挡圈 GB/T 891—1986 B45:公称直径 $D=45$mm,材料为 Q235A,不经表面处理的 B 型螺钉紧固轴端挡圈

轴径 d_0 ≤	公称直径 D	H		L		d	d_1	C	螺钉紧固轴端挡圈			螺栓紧固轴端挡圈			安装尺寸(参考)			
		基本尺寸	极限偏差	基本尺寸	极限偏差				D_1	螺钉 GB/T 819—2000(推荐)	圆柱销 GB/T 119—2000(推荐)	螺栓 GB/T 5783—2000(推荐)	圆柱销 GB/T 119—2000(推荐)	垫圈 GB/T 93—1987(推荐)	L_1	L_2	L_3	h
14	20	4	0 -0.30	—	±0.11	5.5	2.1	0.5	11	M5×12	A2×10	M5×16	A2×10	5	14	6	16	4.8
16	22	4		—														
18	25	4		—														
20	28	4		7.5														
22	30	4		7.5														
25	32	5		10		6.6	3.2	1	13	M6×16	A3×12	M6×20	A3×12	6	18	7	20	5.6
28	35	5		10														
30	38	5		10														
32	40	5		12	±0.135													

（续表）

轴径 d_0 ≤	公称直径 D	H 基本尺寸	H 极限偏差	L 基本尺寸	L 极限偏差	d	d_1	C	螺钉紧固轴端挡圈 D_1	螺钉紧固轴端挡圈 螺钉 GB/T 819—2000（推荐）	螺钉紧固轴端挡圈 圆柱销 GB/T 119—2000（推荐）	螺栓紧固轴端挡圈 螺栓 GB/T 5783—2000（推荐）	螺栓紧固轴端挡圈 圆柱销 GB/T 119—2000（推荐）	螺栓紧固轴端挡圈 垫圈 GB/T 93—1987（推荐）	安装尺寸（参考） L_1	安装尺寸（参考） L_2	安装尺寸（参考） L_3	安装尺寸（参考） h
35	45	5	0 −0.30	12	±0.135	6.6	3.2	1	13	M6×16	A3×12	M6×20	A3×12	6	18	7	20	5.6
40	50	5		12														
45	55	6		16		9	4.2	1.5	17	M8×20	A4×14	M8×25	A4×14	8	22	8	24	7.4
50	60	6		16														
55	65	6		16														
60	70	6		20														
65	75	6		20	±0.165													
70	80	6		20														
75	90	8	0 −0.36	25		13	5.2	2	25	M12×25	A5×16	M12×30	A5×16	12	26	10	28	10.6
85	100	8		25														

注：1. 当挡圈装在带螺纹孔的轴端时，紧固用螺钉（螺栓）允许加长。

2. 材料为 Q235A、35 钢和 45 钢。

3. “轴端单孔挡圈的固定”不属于 GB/T 891—1986、GB/T 892—1986，仅供参考。

表 4-25 轴用弹性挡圈——A 型（摘自 GB/T 894.1—1986） （mm）

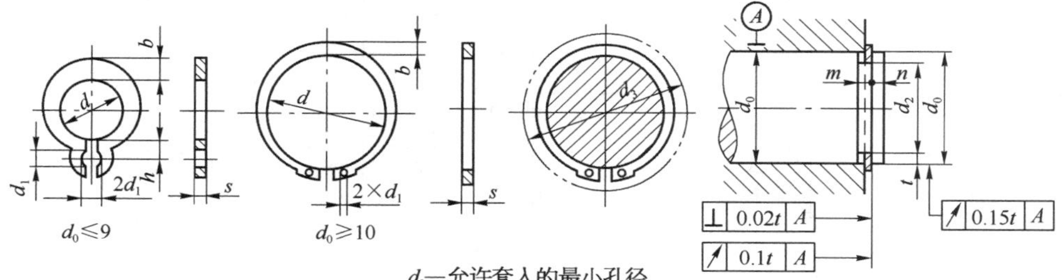

d_3—允许套入的最小孔径

标记示例：

挡圈 GB/T 894.1—1986 50：轴颈 d_0 = 50mm，材料为 65Mn，热处理硬度 44～51HRC，经表面氧化处理的 A 型轴用弹性挡圈

轴径 d_0	挡圈 d	挡圈 s	挡圈 b≈	挡圈 d_1	挡圈 h	沟槽（推荐） d_2 基本尺寸	沟槽（推荐） d_2 极限偏差	沟槽（推荐） m	沟槽（推荐） n≥	孔 d_3≥
3	2.7	0.4	0.8	1	0.95	2.8	−0.04	0.5	0.3	7.2
4	3.7		0.88		1.1	3.8	0 −0.048			8.8
5	4.7	0.6	1.12		1.25	4.8		0.7		10.7
6	5.6		1.32	1.2	1.35	5.7			0.5	12.2
7	6.5				1.55	6.7	0 −0.058			13.8
8	7.4	0.8			1.60	7.6		0.9	0.6	15.2
9	8.4		1.44		1.65	8.6				16.4
10	9.3	1		1.5	—	9.6		1.1		17.6
11	10.2		1.52			10.5	0 −0.11		0.8	18.6

轴径 d_0	挡圈 d	挡圈 s	挡圈 b≈	挡圈 d_1	挡圈 h	沟槽（推荐） d_2 基本尺寸	沟槽（推荐） d_2 极限偏差	沟槽（推荐） m	沟槽（推荐） n≥	孔 d_3≥
12	11	1	1.72	1.5	—	11.5	0 −0.11	1.1	0.8	19.6
13	11.9		1.88	1.7		12.4			0.9	20.8
14	12.9					13.4				22
15	13.8		2.00			14.3			1.1	23.2
16	14.7		2.32			15.2			1.2	24.4
17	15.7		2.48			16.2			1.5	25.6
18	16.5					17				27
19	17.5			2		18				28
20	18.5		2.68			19	0 −0.13			29

（续表）

轴径 d_0	挡圈 d	s	$b\approx$	d_1	h	沟槽（推荐）d_2 基本尺寸	极限偏差	m	$n\geqslant$	孔 $d_3\geqslant$	轴径 d_0	挡圈 d	s	$b\approx$	d_1	h	沟槽（推荐）d_2 基本尺寸	极限偏差	m	$n\geqslant$	孔 $d_3\geqslant$
21	19.5	1	2.68	2	—	20	0 −0.13	1.1	1.5	31	58	53.8	2	6.12	3	—	55	0 −0.30	2.2	4.5	73.6
22	20.5					21				32	60	55.8					57				75.8
24	22.2	1.2	3.32			22.9	0 −0.21	1.3	1.7	34	62	57.8					59				79
25	23.2					23.9				35	63	58.8	2.5				60		2.7		79.6
26	24.2					24.9				36	65	60.8					62				81.6
28	25.9		3.60			26.6			2.1	38.4	68	63.5		6.32			65				85
29	26.9		3.72			27.6				39.8	70	65.5					67				87.2
30	27.9					28.6				42	72	67.5					69				89.4
32	29.6		3.92	2.5		30.3	0 −0.25		2.6	44	75	70.5					72				92.8
34	31.5	1.5	4.32			32.3		1.7		46	78	73.5		7.0			75				96.2
35	32.2		4.52			33			3	48	80	74.5					76.5			5.3	98.2
36	33.2					34				49	82	76.5					78.5	0 −0.35			101
37	34.2					35				50	85	79.5					81.5				104
38	35.2		5.0			36				51	88	82.5					84.5				107.3
40	36.5					37.5			3.8	53	90	84.5		7.6			86.5				110
42	38.5			3		39.5				56	95	89.5		9.2			91.5				115
45	41.5					42.5				59.4	100	94.5					96.5				121
48	44.5					45.5				62.8	105	98	3	10.7			101	0 −0.54	3.2	6	132
50	45.8	2	5.48			47		2.2	4.5	64.8	110	103		11.3	4		106				136
52	47.8					49				67	115	108		12			111				142
55	50.8					52	0 −0.30			70.4	120	113					116				145
56	51.8		6.12			53				71.7	125	118		12.6			121	−0.63			151

注：1. 材料为 65Mn、65Si2MnA。

2. 热处理（淬火并回火）：$d_0\leqslant$48mm 时，硬度为 47～54HRC；$d_0>$48mm 时，硬度为 44～51HRC。

3. 尺寸 m 的极限偏差：$d_0\leqslant$100mm 时为 $^{+0.14}_{0}$；$d_0>$100mm 时为 $^{+0.18}_{0}$。

表 4－26　孔用弹性挡圈——A 型（摘自 GB/T 893.1—1986）　（mm）

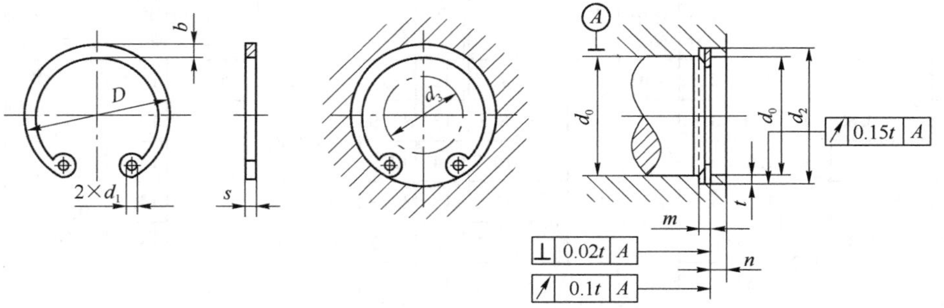

d_3—允许套入的最大轴径

标记示例：

挡圈 GB/T 893.1—1986 50：孔径 d_0＝50mm，材料为 65Mn，热处理硬度 44～51HRC，经表面氧化处理的 A 型孔用弹性挡圈

（续表）

孔径 d_0	挡圈 D	挡圈 s	挡圈 $b\approx$	挡圈 d_1	沟槽（推荐）d_2 基本尺寸	沟槽（推荐）d_2 极限偏差	沟槽（推荐）m	沟槽（推荐）$n\geqslant$	轴 $d_3\leqslant$	孔径 d_0	挡圈 D	挡圈 s	挡圈 $b\approx$	挡圈 d_1	沟槽（推荐）d_2 基本尺寸	沟槽（推荐）d_2 极限偏差	沟槽（推荐）m	沟槽（推荐）$n\geqslant$	轴 $d_3\leqslant$
8	8.7	0.6	1	1	8.4	$^{+0.09}_{0}$	0.7	0.6	2	48	51.5	1.5	4.7	3	50.5	$^{+0.30}_{0}$	1.7	3.8	33
9	9.8		1.2		9.4					50	54.2	2			53		2.2	4.5	36
10	10.8	0.8	1.7	1.5	10.4	$^{+0.11}_{0}$	0.9			52	56.2				55				38
11	11.8				11.4				3	55	59.2				58				40
12	13				12.5			0.9	4	56	60.2		5.2		59				41
13	14.1			1.7	13.6					58	62.2				61				43
14	15.1	1	2.1		14.6		1.1		5	60	64.2				63				44
15	16.2				15.7			1.2	6	62	66.2				65				45
16	17.3				16.8				7	63	67.2				66				46
17	18.3				17.8				8	65	69.2	2.5			68		2.7		48
18	19.5				19	$^{+0.13}_{0}$		1.5	9	68	72.5		5.7		71				50
19	20.5		2.5	2	20				10	70	74.5				73				53
20	21.5				21					72	76.5				75				55
21	22.5				22				11	75	79.5		6.3		78				56
22	23.5				23				12	78	82.5				81	$^{+0.35}_{0}$			60
24	25.9	1.2			25.2	$^{+0.21}_{0}$	1.3	1.8	13	80	85.5		6.8		83.5			5.3	63
25	26.9		2.8		26.2				14	82	87.5				85.5				65
26	27.9				27.2				15	85	90.5				88.5				68
28	30.1		3.2		29.4			2.1	17	88	93.5		7.3		91.5				70
30	32.1				31.4	$^{+0.25}_{0}$			18	90	95.5				93.5				72
31	33.4			2.5	32.7			2.6	19	92	97.5		7.7		95.5				73
32	34.4				33.7				20	95	100.5				98.5				75
34	36.5	1.5	3.6		35.7		1.7		22	98	103.5				101.5				78
35	37.8				37			3	23	100	105.5				103.5				80
36	38.8				38				24	102	108	3	8.1	4	106	$^{+0.54}_{0}$	3.2	6	82
37	39.8				39				25	105	112				109				83
38	40.8				40				26	108	115		8.8		112				86
40	43.5		4		42.5			3.8	27	110	117				114				88
42	45.5			3	44.5				29	112	119		9.3		116				89
45	48.5		4.7		47.5				31	115	122				119				90
47	50.5				49.5				32	120	127				124	+0.63			95

注：1. 材料为65Mn、65Si2MnA。

2. 热处理（淬火并回火）：$d_0\leqslant 48$mm时，硬度为47～54HRC；$d_0>48$mm时，硬度为44～51HRC。

3. 尺寸m的极限偏差：$d_0\leqslant 100$mm时为$^{+0.14}_{0}$；$d_0>100$mm时为$^{+0.18}_{0}$。

4.7 键连接和花键连接

表 4 - 27 平键连接键槽的剖面尺寸(摘自 GB/T 1095—2003)、普通平键的形式和尺寸(摘自 GB/T 1096—2003) (mm)

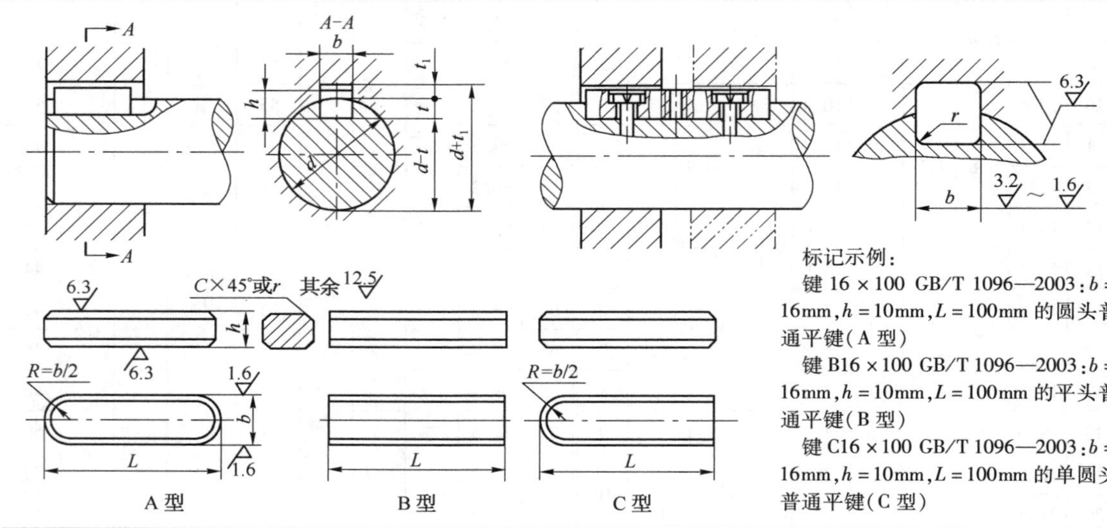

A 型 B 型 C 型

标记示例:

键 16 × 100 GB/T 1096—2003:b = 16mm,h = 10mm,L = 100mm 的圆头普通平键(A 型)

键 B16 × 100 GB/T 1096—2003:b = 16mm,h = 10mm,L = 100mm 的平头普通平键(B 型)

键 C16 × 100 GB/T 1096—2003:b = 16mm,h = 10mm,L = 100mm 的单圆头普通平键(C 型)

轴	键	键槽											
公称直径 d	公称尺寸 $b \times h$	宽度 b						深度				半径 r	
		公称尺寸 b	极限偏差					轴 t		毂 t_1			
			正常连接		紧密连接	松连接		公称尺寸	极限偏差	公称尺寸	极限偏差	最小	最大
			轴 N9	毂 Js9	轴和毂 P9	轴 H9	毂 D10						
自 6 ~ 8	2 × 2	2	-0.004 -0.029	±0.012 5	-0.006 -0.031	+0.025 0	+0.060 +0.020	1.2	+0.1 0	1	+0.1 0	0.08	0.16
> 8 ~ 10	3 × 3	3						1.8		1.4			
> 10 ~ 12	4 × 4	4	0 -0.030	±0.015	-0.012 -0.042	+0.030 0	+0.078 +0.030	2.5		1.8			
> 12 ~ 17	5 × 5	5						3.0		2.3		0.16	0.25
> 17 ~ 22	6 × 6	6						3.5		2.8			
> 22 ~ 30	8 × 7	8	0 -0.036	±0.018	-0.015 -0.051	+0.036 0	+0.098 +0.040	4.0	+0.2 0	3.3	+0.2 0		
> 30 ~ 38	10 × 8	10						5.0		3.3		0.25	0.40
> 38 ~ 44	12 × 8	12	0 -0.043	±0.021 5	-0.018 -0.061	+0.043 0	+0.120 +0.050	5.0		3.3			
> 44 ~ 50	14 × 9	14						5.5		3.8			
> 50 ~ 58	16 × 10	16						6.0		4.3			
> 58 ~ 65	18 × 11	18						7.0		4.4			
> 65 ~ 75	20 × 12	20	0 -0.052	±0.026	-0.022 -0.074	+0.052 0	+0.149 +0.065	7.5		4.9		0.40	0.60
> 75 ~ 85	22 × 14	22						9.0		5.4			
> 85 ~ 95	25 × 14	25						9.0		5.4			
> 95 ~ 110	28 × 16	28						10.0		6.4			
键的长度系列	6,8,10,12,14,16,18,20,22,25,28,32,36,40,45,50,56,63,70,80,90,100,110,125,140,160,180,200,220,250,280,320,360												

注:1. 在工作图中,轴槽深用 t 或 $d-t$ 标注,轮毂槽深用 t_1 或 $d+t_1$ 标注。

2. $d-t$ 和 $d+t_1$ 两组组合尺寸的极限偏差按相应的 t 和 t_1 极限偏差选取,但 $d-t$ 极限偏差值应取负号。

3. 轴槽及轮毂槽对称度公差按表 10 - 16 中精度等级为 7 ~ 9 级选取。

4. 平键的材料通常为 45 钢。

表 4－28 键连接的许用挤压应力、许用应力 (MPa)

许用挤压应力、许用应力	连接工作方式	键或毂、轴的材料	载荷性质		
			静载荷	轻微冲击	冲　击
$[\sigma_p]$	静连接	钢	120～150	100～120	60～90
		铸铁	70～80	50～60	30～45
$[p]$	动连接	钢	50	40	30

注：如与键有相对滑动的被连接件表面经过淬火，则动连接的许用应力$[p]$可提高2～3倍。

表 4－29 矩形花键的尺寸、公差(摘自 GB/T 1144—2001) (mm)

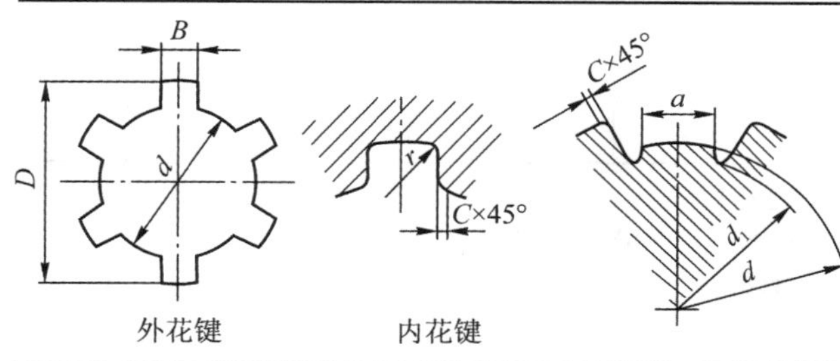

外花键　　内花键

标记示例：

花键 $N=6$、$d=23\frac{H7}{f7}$、$D=26\frac{H10}{a11}$、$B=6\frac{H11}{d10}$的标记为：

花键规格：$N \times d \times D \times B$

6×23×26×6

花键副：$6\times23\frac{H7}{f7}\times26\frac{H10}{a11}\times6\frac{H11}{d10}$

内花键：6×23H7×26H10×6H11 GB/T 1144—2001

外花键：6×23f7×26a11×6d10 GB/T 1144—2001

基本尺寸系列和键槽截面尺寸

小径 d	轻系列 规格 $N\times d\times D\times B$	轻系列 C	轻系列 r	参考 $d_{1\min}$	参考 $a_{\min}$	中系列 规格 $N\times d\times D\times B$	中系列 C	中系列 r	参考 $d_{1\min}$	参考 $a_{\min}$
23	6×23×26×6	0.2	0.1	22	3.5	6×23×28×6	0.3	0.2	21.2	1.2
26	6×26×30×6	0.3	0.2	24.5	3.8	6×26×32×6	0.4	0.3	23.6	1.2
28	6×28×32×7			26.6	4.0	6×28×34×7			25.8	1.4
32	8×32×36×6			30.3	2.7	8×32×38×6			29.4	1.0
36	8×36×40×7			34.4	3.5	8×36×42×7			33.4	1.0
42	8×42×46×8			40.5	5.0	8×42×48×8			39.4	2.5
46	8×46×50×9			44.6	5.7	8×46×54×9	0.5	0.4	42.6	1.4
52	8×52×58×10	0.4	0.3	49.6	4.8	8×52×60×10			48.6	2.5
56	8×56×62×10			53.5	6.5	8×56×65×10			52.0	2.5
62	8×62×68×12			59.7	7.3	8×62×72×12	0.6	0.5	57.7	2.4
72	10×72×78×12			69.6	5.4	10×72×82×12			67.4	1.0
82	10×82×88×12			79.3	8.5	10×82×92×12			77.0	2.9
92	10×92×98×14			89.6	9.9	10×92×102×14			87.3	4.5
102	10×102×108×16			99.6	11.3	10×102×112×16			97.7	6.2
112	10×112×120×18	0.5	0.4	108.8	10.5	10×112×125×18			106.2	4.1

内、外花键的尺寸公差带

内花键 d	内花键 D	内花键 B 拉削后不热处理	内花键 B 拉削后热处理	外花键 d	外花键 D	外花键 B	装配形式
一般用公差带							
H7	H10	H9	H11	f7	a11	d10	滑动
				g7		f9	紧滑动
				h7		h10	固定

（续表）

内花键 d	内花键 D	内花键 B 拉削后不热处理	内花键 B 拉削后热处理	外花键 d	外花键 D	外花键 B	装配形式
精密传动用公差带							
H5	H10	H7、H9		f5	a11	d8	滑动
				g5		f7	紧滑动
				h5		h8	固定
H6				f6		d8	滑动
				g6		f7	紧滑动
				h6		h8	固定

注：1. N—键数，D—大径，B—键宽，d_1 和 a 值仅适用于展成法加工。

2. 精密传动用的内花键，当需要控制键侧配合间隙时，槽宽可选用 H7，一般情况下可选用 H9。

3. d 为 H6 和 H7 的内花键，允许与提高一级的外花键配合。

4.8 销连接

表 4-30 圆柱销（摘自 GB/T 119.1—2000）、圆锥销（摘自 GB/T 117—2000） （mm）

圆柱销(GB/T 119.1—2000)

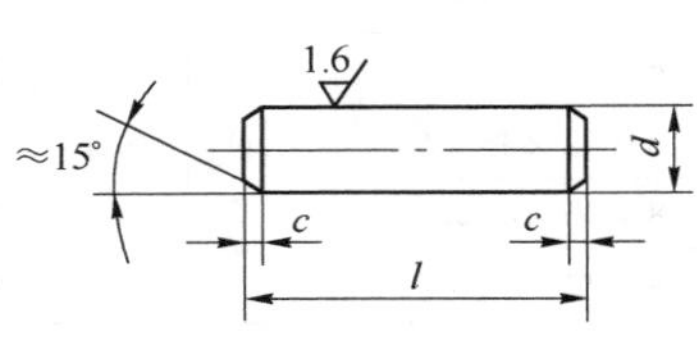

公差 m6：表面粗糙度 $Ra \leqslant 0.8\mu m$

公差 h8：表面粗糙度 $Ra \leqslant 1.6\mu m$

圆锥销(GB/T 117—2000)

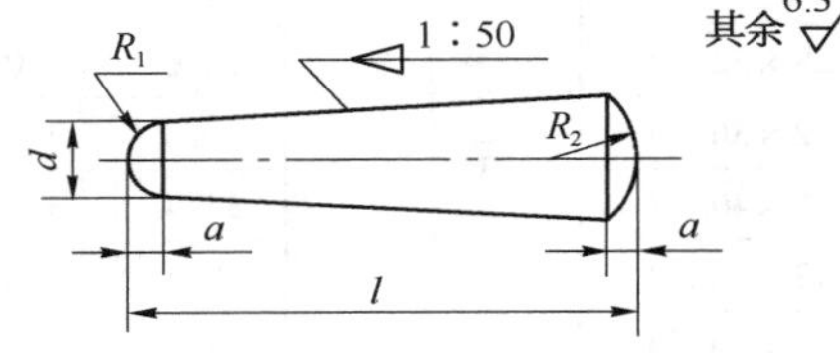

$R_1 \approx d$

$$R_2 \approx \frac{a}{2} + d + \frac{(0.02l)^2}{8a}$$

A 型（磨削）：锥面表面粗糙度 $Ra = 0.8\mu m$

B 型（切削或冷镦）：锥面表面粗糙度 $Ra = 3.2\mu m$

标记示例：

销 GB/T 119.1—2000 8m6×30：公称直径 d = 8mm，公差为 m6，长度 l = 30mm，材料为 35 钢，不经淬火，不经表面处理的圆柱销

销 GB/T 117—2000 10×60：公称直径 d = 10mm，长度 l = 60mm，材料为 35 钢，热处理硬度为 28～38HRC，表面氧化处理的 A 型圆锥销

圆柱销	d	m6 h8	1	1.5	2	2.5	3	4	5	6	8	10	12	16	20	25	30
	$c \approx$		0.2	0.3	0.35	0.4	0.5	0.63	0.8	1.2	1.6	2.0	2.5	3.0	3.5	4.0	5.0
	l（公称）		4～10	4～16	6～20	6～24	8～30	8～40	10～50	12～60	14～80	18～95	22～140	26～180	35～200	50～200	60～200
	材料		不淬硬钢，硬度 125～245HV30；奥氏体不锈钢，硬度 210～280HV30														

（续表）

圆锥销	d	h10	1	1.5	2	2.5	3	4	5	6	8	10	12	16	20	25	30
	$a\approx$		0.12	0.2	0.25	0.3	0.4	0.5	0.63	0.8	1.0	1.2	1.6	2.0	2.5	3.0	4.0
	l(公称)		6～16	8～24	10～35		12～45	14～55	18～60	22～90	22～120	26～160	32～180	40～200	45～200	50～200	55～200
	材料		易切钢 Y12、Y15；碳素钢 35(28～38HRC)、45(38～46HRC)；合金钢；不锈钢														
l(公称)系列			4,5,6,8～32(2 进位),35～100(5 进位),100～200(20 进位)														

表 4－31 内螺纹圆柱销(摘自 GB/T 120.1—2000)、内螺纹圆锥销(摘自 GB/T 118—2000)

(mm)

内螺纹圆柱销(GB/T 120.1—2000)

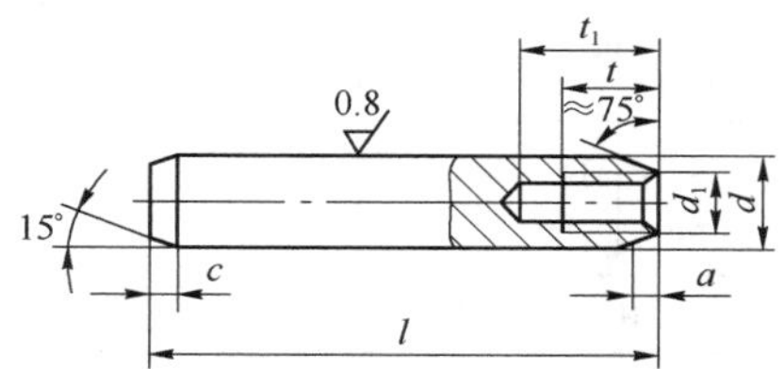

内螺纹圆锥销(GB/T 118—2000)

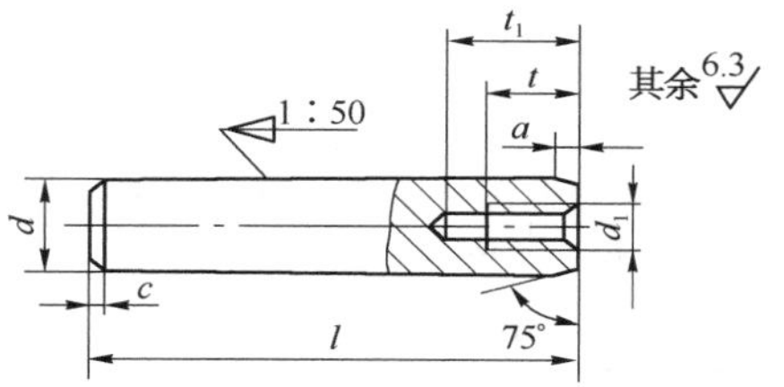

A型(磨削)：锥表面粗糙度Ra=0.8μm

B型(切削或冷镦)：锥表面粗糙度Ra=3.2μm

标记示例：

销 GB/T 120.1—2000 6×30：公称直径 $d=6$mm，公差为 m6，长度 $l=30$mm，材料为钢，不经淬火，不经表面处理的内螺纹圆柱销

销 GB/T 118—2000 10×60：公称直径 $d=10$mm，长度 $l=60$mm，材料为 35 钢，热处理硬度 28～38HRC，表面氧化处理的 A 型内螺纹圆锥销

内螺纹圆柱销	d	m6	6	8	10	12	16	20	25	30	40	50
	$a\approx$		0.8	1	1.2	1.6	2	2.5	3	4	5	6.3
	$c\approx$		1.2	1.6	2	2.5	3	3.5	4	5	6.3	8
	d_1		M4	M5	M6	M6	M8	M10	M16	M20	M20	M24
	t		6	8	10	12	16	18	24	30	30	36
	t_1(min)		10	12	16	20	25	28	35	40	40	50
	l(公称)		16～60	18～80	22～100	26～120	32～160	40～200	50～200	60～200	80～200	100～200
	材料		不淬硬钢，硬度 125～245HV30；奥氏体不锈钢，硬度 210～280HV30									
内螺纹圆锥销	d	h10	6	8	10	12	16	20	25	30	40	50
	d_1		M4	M5	M6	M8	M10	M12	M16	M20	M20	M24
	t		6	8	10	12	16	18	24	30	30	36
	t_1(min)		10	12	16	20	25	28	35	40	40	50
	$c\approx$		0.8	1	1.2	1.6	2	2.5	3	4	5	6.3
	l(公称)		16～60	18～80	22～100	26～120	32～160	40～200	50～200	60～200	80～200	100～200
	材料		易切钢 Y12、Y15；碳素钢 35(28～38HRC)、45(38～46HRC)；合金钢；不锈钢									
l(公称)系列			16～32(2 进位),35～100(5 进位),100～200(20 进位)									

表 4－32　开口销(摘自 GB/T 91—2000)　　(mm)

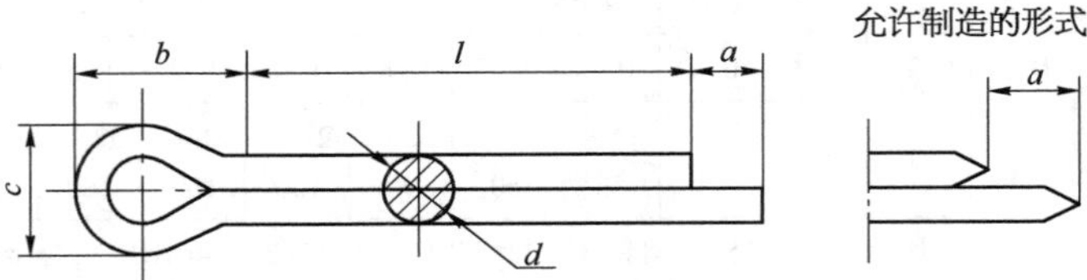

标记示例：

销 GB/T 91—2000 5×50：公称直径 $d=5$mm，长度 $l=50$mm，材料为 Q215 或 Q235，不经表面处理的开口销

公称直径 d		0.6	0.8	1	1.2	1.6	2	2.5	3.2	4	5	6.3	8	10	13
a	max	1.6			2.5				3.2	4				6.3	
c	max	1	1.4	1.8	2	2.8	3.6	4.6	5.8	7.4	9.2	11.8	15	19	24.8
	min	0.9	1.2	1.6	1.7	2.4	3.2	4	5.1	6.5	8	10.3	13.2	16.6	21.7
$b\approx$		2	2.4	3	3	3.2	4	5	6.4	8	10	12.6	16	20	26
l(公称)		4～12	5～16	6～20	8～26	8～32	10～40	12～50	14～63	18～80	22～100	30～120	40～160	45～200	71～250
l(公称)系列		4,5,6～32(2 进位),36,40～50(5 进位),56,63,71,80,90,100,112,125,140～200(20 进位),224,250,280													

第5章　机 械 传 动

5.1　普通V带传动

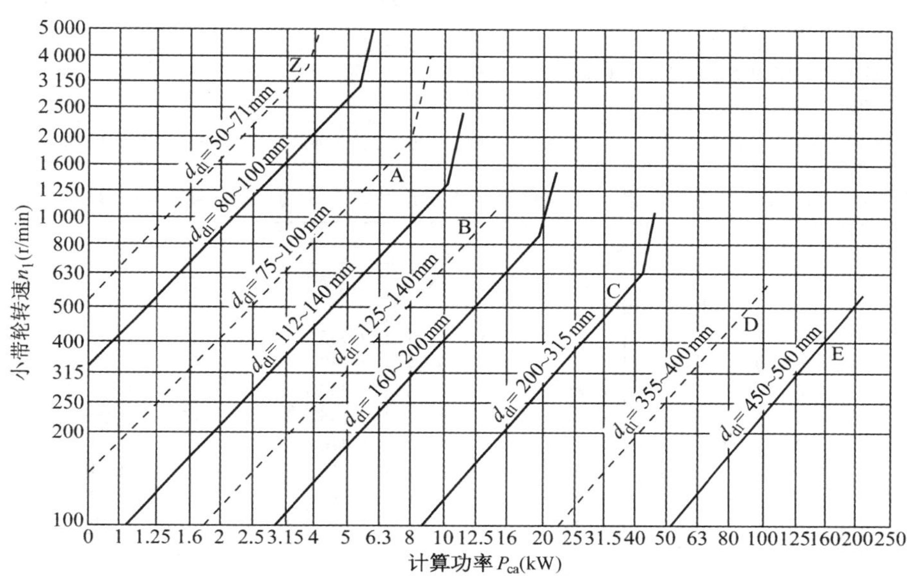

图5－1　普通V带选型

表5－1　带传动工作情况系数K_A(摘自GB/T 13575.1—2008)

工况		空、轻载起动			重载起动		
		每天工作时间(h)					
		<10	10~16	>16	<10	10~16	>16
载荷变动微小	液体搅拌机、通风机和鼓风机(≤7.5kW)、离心式水泵和压缩机、轻载荷输送机	1.0	1.1	1.2	1.1	1.2	1.3
载荷变动小	带式输送机(不均匀负荷)、通风机(>7.5kW)、旋转式水泵和压缩机(非离心式)、发电机、金属切削机床、印刷机、旋转筛、锯木机和木工机械	1.1	1.2	1.3	1.2	1.3	1.4
载荷变动较大	制砖机、斗式提升机、往复式水泵和压缩机、起重机、磨粉机、冲剪机床、橡胶机械、振动筛、纺织机械、重载输送机	1.2	1.3	1.4	1.4	1.5	1.6
载荷变动很大	破碎机(旋转式、颚式等)、磨碎机(球磨、棒磨、管磨)	1.3	1.4	1.5	1.5	1.6	1.8

注：1. 空、轻载起动——电动机(交流起动、三角起动、直流并励)、4缸以上的内燃机、装有离心式离合器、联轴器的动力机。
2. 重载起动——电动机(联机交流起动、直流复励或串励)、4缸以下的内燃机。
3. 反复起动、正反转频繁、工作条件恶劣等场合，K_A应乘以1.2。
4. 对于增速传动，K_A应根据增速比i的大小乘以系数C：当$1.25 \leqslant i \leqslant 1.74$时，$C=1.05$；当$1.75 \leqslant i \leqslant 2$时，$C=1.11$；当$2.5 \leqslant i \leqslant 3.49$时，$C=1.18$；当$i \geqslant 3.5$时，$C=1.25$。

表 5－2 普通 V 带轮的基准直径 d_d 系列(摘自 GB/T 13575.1—2008) (mm)

带 型	基准直径 d_d
Y	20,22.4,25,28,31.5,35.5,40,45,50,56,80,90,100,112,125
Z	50,56,63,71,75,80,90,100,112,125,132,140,150,160,180,200,224,250,280,315,355,400,500,630
A	75,80,85,90,95,100,106,112,118,125,132,140,150,160,180,200,224,250,280,315,355,400,450,500,560,630,710,800
B	125,132,140,150,160,170,180,200,224,250,280,300,315,355,400,450,500,560,600,630,710,750,800,900,1 000,1 120
C	200,212,224,236,250,265,280,300,315,335,355,400,450,500,560,600,630,710,750,800,900,1 000,1 120,1 250,1 400,1 600,2 000
D	355,375,400,425,450,475,500,560,600,630,710,750,800,900,1 000,1 060,1 120,1 250,1 400,1 500,1 600,1 800,2 000
E	500,530,560,600,630,670,710,800,900,1 000,1 120,1 250,1 400,1 500,1 600,1 800,2 000,2 240,2 500

表 5－3 普通 V 带基准长度 L_d(mm)及带长修正系数 K_L(摘自 GB/T 13575.1—2008)

Y		Z		A		B		C		D		E	
L_d	K_L	L_d	K_L	L_d	K_L	L_d	K_L	L_d	K_L	L_d	K_L	L_d	K_L
200	0.81	405	0.87	630	0.81	930	0.83	1 565	0.82	2 740	0.82	4 660	0.91
224	0.82	475	0.90	700	0.83	1 000	0.84	1 760	0.85	3 100	0.86	5 040	0.92
250	0.84	530	0.93	790	0.85	1 100	0.86	1 950	0.87	3 330	0.87	5 420	0.94
280	0.87	625	0.96	890	0.87	1 210	0.87	2 195	0.90	3 730	0.90	6 100	0.96
315	0.89	700	0.99	990	0.89	1 370	0.90	2 420	0.92	4 080	0.91	6 850	0.99
355	0.92	780	1.00	1 100	0.91	1 560	0.92	2 715	0.94	4 620	0.94	7 650	1.01
400	0.96	920	1.04	1 250	0.93	1 760	0.94	2 880	0.95	5 400	0.97	9 150	1.05
450	1.00	1 080	1.07	1 430	0.96	1 950	0.97	3 080	0.97	6 100	0.99	12 230	1.11
500	1.02	1 330	1.13	1 550	0.98	2 180	0.99	3 520	0.99	6 840	1.02	13 750	1.15
		1 420	1.14	1 640	0.99	2 300	1.01	4 060	1.02	7 620	1.05	15 280	1.17
		1 540	1.54	1 750	1.00	2 500	1.03	4 600	1.05	9 140	1.08	16 800	1.19
				1 940	1.02	2 700	1.04	5 380	1.08	10 700	1.13		
				2 050	1.04	2 870	1.05	6 100	1.11	12 200	1.16		
				2 200	1.06	3 200	1.07	6 815	1.14	13 700	1.19		
				2 300	1.07	3 600	1.09	7 600	1.17	15 200	1.21		
				2 480	1.09	4 060	1.13	9 100	1.21				
				2 700	1.10	4 430	1.15	10 700	1.24				
						4 820	1.17						
						5 370	1.20						
						6 070	1.24						

表 5－4 单根普通 V 带基本额定功率 P_0(摘自 GB/T 13575.1—2008) (kW)

带型	小带轮基准直径 d_{d1}(mm)	小带轮转速 n_1(r/min)										
		200	400	700	800	950	1 200	1 450	1 600	2 000	2 400	2 800
Z	50	0.04	0.06	0.09	0.10	0.12	0.14	0.16	0.17	0.20	0.22	0.26
	56	0.04	0.06	0.11	0.12	0.14	0.17	0.19	0.20	0.25	0.30	0.33
	63	0.05	0.08	0.13	0.15	0.18	0.22	0.25	0.27	0.32	0.37	0.41
	71	0.06	0.09	0.17	0.20	0.23	0.27	0.30	0.33	0.39	0.46	0.50
	80	0.10	0.14	0.20	0.22	0.26	0.30	0.35	0.39	0.44	0.50	0.56
	90	0.10	0.14	0.22	0.24	0.28	0.33	0.36	0.40	0.48	0.54	0.60

（续表）

带型	小带轮基准直径 d_{d1}（mm）	小带轮转速 n_1（r/min）										
		200	400	700	800	950	1 200	1 450	1 600	2 000	2 400	2 800
A	75	0.15	0.26	0.40	0.45	0.51	0.60	0.68	0.73	0.84	0.92	1.00
	90	0.22	0.39	0.61	0.68	0.77	0.93	1.07	1.15	1.34	1.50	1.64
	100	0.26	0.47	0.74	0.83	0.95	1.14	1.32	1.42	1.66	1.87	2.05
	112	0.31	0.56	0.90	1.00	1.15	1.39	1.61	1.74	2.04	2.30	2.51
	125	0.37	0.67	1.07	1.19	1.37	1.66	1.92	2.07	2.44	2.74	2.98
	140	0.43	0.78	1.26	1.41	1.62	1.96	2.28	2.45	2.87	3.22	3.48
	160	0.51	0.94	1.51	1.69	1.95	2.36	2.73	2.94	3.42	3.80	4.06
	180	0.59	1.09	1.76	1.97	2.27	2.74	3.16	3.40	3.93	4.32	4.54
B	125	0.48	0.84	1.30	1.44	1.64	1.93	2.19	2.33	2.64	2.85	2.96
	140	0.59	1.05	1.64	1.82	2.08	2.47	2.82	3.00	3.42	3.70	3.85
	160	0.74	1.32	2.09	2.32	2.66	3.17	3.62	3.86	4.40	4.75	4.89
	180	0.88	1.59	2.53	2.81	3.22	3.85	4.39	4.68	5.30	5.67	5.76
	200	1.02	1.85	2.96	3.30	3.77	4.50	5.13	5.46	6.13	6.47	6.43
	224	1.19	2.17	3.47	3.86	4.42	5.26	5.97	6.33	7.02	7.25	6.95
	250	1.37	2.50	4.00	4.46	5.10	6.04	6.82	7.20	7.87	7.89	7.14
	280	1.58	2.89	4.61	5.13	5.85	6.90	7.76	8.13	8.60	8.22	6.80
C	200	1.39	2.41	3.69	4.07	4.58	5.29	5.84	6.07	6.34	6.02	5.01
	224	1.70	2.99	4.64	5.12	5.78	6.71	7.45	7.75	8.06	7.57	6.08
	250	2.03	3.62	5.64	6.23	7.04	8.21	9.08	9.38	9.62	8.75	6.56
	280	2.42	4.32	6.76	7.52	8.49	9.81	10.72	11.06	11.04	9.50	6.13
	315	2.84	5.14	8.09	8.92	10.05	11.53	12.46	12.72	12.14	9.43	4.16
	355	3.36	6.05	9.50	10.46	11.73	13.31	14.12	14.19	12.59	7.98	
	400	3.91	7.06	11.02	12.10	13.48	15.04	15.53	15.24	11.95	4.34	
	450	4.51	8.20	12.63	13.80	15.23	16.59	16.47	15.57	9.64		
D	355	5.31	9.24	13.70	14.83	16.15	17.25	16.77	15.63			
	400	6.52	11.45	17.07	18.46	20.06	21.20	20.15	18.31			
	450	7.90	13.86	20.63	22.25	24.01	24.84	22.02	19.59			
	500	9.21	16.20	23.99	25.76	27.50	26.71	23.59	18.88			
	560	10.76	18.95	27.73	29.55	31.04	29.67	22.58	15.13			
	630	12.54	22.05	31.68	33.38	34.19	30.15	18.06	6.25			
	710	14.55	25.45	35.59	36.87	36.35	27.88	7.99				
	800	16.76	29.08	39.14	39.55	36.76	21.32					
E	500	10.86	18.55	26.21	27.57	28.32	25.53	15.35				
	560	13.09	22.49	31.59	33.03	33.40	28.49	8.85				
	630	15.65	26.95	37.26	38.52	37.92	29.17					
	710	18.52	31.83	42.87	43.52	41.02	25.91					
	800	21.70	37.05	47.96	47.38	41.59	16.46					
	900	25.15	42.49	51.95	49.21	38.19						
	1 000	28.52	47.52	54.00	48.19							
	1 120	32.47	52.98	53.62								

表 5－5 单根普通 V 带额定功率的增量 ΔP_0（摘自 GB/T 13575.1—2008） （kW）

带型	传动比 i	小带轮转速 n_1（r/min）										
		200	400	700	800	950	1 200	1 450	1 600	2 000	2 400	2 800
Z	1.00～1.01	0.00	0.00	0.00	0.00	0.00	0.00	0.00	0.00	0.00	0.00	0.00
	1.02～1.04	0.00	0.00	0.00	0.00	0.00	0.00	0.00	0.01	0.01	0.01	0.01
	1.05～1.08	0.00	0.00	0.00	0.00	0.00	0.01	0.01	0.01	0.01	0.02	0.02
	1.09～1.12	0.00	0.00	0.00	0.00	0.01	0.01	0.01	0.01	0.02	0.02	0.02
	1.13～1.18	0.00	0.00	0.00	0.01	0.01	0.01	0.01	0.01	0.02	0.02	0.03
	1.19～1.24	0.00	0.00	0.00	0.01	0.01	0.01	0.02	0.02	0.02	0.03	0.03
	1.25～1.34	0.00	0.00	0.01	0.01	0.01	0.02	0.02	0.02	0.02	0.03	0.03
	1.35～1.50	0.00	0.00	0.01	0.01	0.02	0.02	0.02	0.02	0.03	0.03	0.04
	1.51～1.99	0.00	0.01	0.01	0.02	0.02	0.02	0.02	0.03	0.03	0.04	0.04
	≥2.00	0.00	0.01	0.02	0.02	0.02	0.03	0.03	0.03	0.04	0.04	0.04

（续表）

带型	传动比 i	小带轮转速 n_1（r/min）										
		200	400	700	800	950	1 200	1 450	1 600	2 000	2 400	2 800
A	1.00～1.01	0.00	0.00	0.00	0.00	0.00	0.00	0.00	0.00	0.00	0.00	0.00
	1.02～1.04	0.00	0.01	0.01	0.01	0.01	0.02	0.02	0.02	0.03	0.03	0.04
	1.05～1.08	0.01	0.01	0.02	0.02	0.03	0.03	0.04	0.04	0.06	0.07	0.08
	1.09～1.12	0.01	0.02	0.03	0.03	0.04	0.05	0.06	0.06	0.08	0.10	0.11
	1.13～1.18	0.01	0.02	0.04	0.04	0.05	0.07	0.08	0.09	0.11	0.13	0.15
	1.19～1.24	0.01	0.03	0.05	0.05	0.06	0.08	0.09	0.11	0.13	0.16	0.19
	1.25～1.34	0.02	0.03	0.06	0.06	0.07	0.10	0.11	0.13	0.16	0.19	0.23
	1.35～1.51	0.02	0.04	0.07	0.08	0.08	0.11	0.13	0.15	0.19	0.23	0.26
	1.52～1.99	0.02	0.04	0.08	0.09	0.10	0.13	0.15	0.17	0.22	0.26	0.30
	≥2	0.03	0.05	0.09	0.10	0.11	0.15	0.17	0.19	0.24	0.29	0.34
B	1.00～1.01	0.00	0.00	0.00	0.00	0.00	0.00	0.00	0.00	0.00	0.00	0.00
	1.02～1.04	0.01	0.01	0.02	0.03	0.03	0.04	0.05	0.06	0.07	0.08	0.10
	1.05～1.08	0.01	0.03	0.05	0.06	0.07	0.08	0.10	0.11	0.14	0.17	0.20
	1.09～1.12	0.02	0.04	0.07	0.08	0.10	0.13	0.15	0.17	0.21	0.25	0.29
	1.13～1.18	0.03	0.06	0.10	0.11	0.13	0.17	0.20	0.23	0.28	0.34	0.39
	1.19～1.24	0.04	0.07	0.12	0.14	0.17	0.21	0.25	0.28	0.35	0.42	0.49
	1.25～1.34	0.04	0.08	0.15	0.17	0.20	0.25	0.31	0.34	0.42	0.51	0.59
	1.35～1.51	0.05	0.10	0.17	0.20	0.23	0.30	0.36	0.39	0.49	0.59	0.69
	1.52～1.99	0.06	0.11	0.20	0.23	0.26	0.34	0.40	0.45	0.56	0.68	0.79
	≥2	0.06	0.13	0.22	0.25	0.30	0.38	0.46	0.51	0.63	0.76	0.89
C	1.00～1.01	0.00	0.00	0.00	0.00	0.00	0.00	0.00	0.00	0.00	0.00	0.00
	1.02～1.04	0.02	0.04	0.07	0.08	0.09	0.12	0.14	0.16	0.20	0.23	0.27
	1.05～1.08	0.04	0.08	0.14	0.16	0.19	0.24	0.28	0.31	0.39	0.47	0.55
	1.09～1.12	0.06	0.12	0.21	0.23	0.27	0.35	0.42	0.47	0.59	0.70	0.82
	1.13～1.18	0.08	0.16	0.27	0.31	0.37	0.47	0.58	0.63	0.78	0.94	1.10
	1.19～1.24	0.10	0.20	0.34	0.39	0.47	0.59	0.71	0.78	0.98	1.18	1.37
	1.25～1.34	0.12	0.23	0.41	0.47	0.56	0.70	0.85	0.94	1.17	1.41	1.64
	1.35～1.51	0.14	0.27	0.48	0.55	0.65	0.82	0.99	1.10	1.37	1.65	1.92
	1.52～1.99	0.16	0.31	0.55	0.63	0.74	0.94	1.14	1.25	1.57	1.88	2.19
	≥2	0.18	0.35	0.62	0.71	0.83	1.06	1.27	1.41	1.76	2.12	2.47
D	1.00～1.01	0.00	0.00	0.00	0.00	0.00	0.00	0.00	0.00			
	1.02～1.04	0.07	0.14	0.24	0.28	0.33	0.42	0.51	0.56			
	1.05～1.08	0.14	0.28	0.49	0.56	0.66	0.84	1.01	1.11			
	1.09～1.12	0.21	0.42	0.73	0.83	0.99	1.25	1.51	1.67			
	1.13～1.18	0.28	0.56	0.97	1.11	1.32	1.67	2.02	2.23			
	1.19～1.24	0.35	0.70	1.22	1.39	1.60	2.09	2.52	2.78			
	1.25～1.34	0.42	0.83	1.46	1.67	1.92	2.50	3.02	3.33			
	1.35～1.51	0.49	0.97	1.70	1.95	2.31	2.92	3.52	3.89			
	1.52～1.99	0.56	1.11	1.95	2.22	2.64	3.34	4.03	4.45			
	≥2	0.63	1.25	2.19	2.50	2.97	3.75	4.53	5.00			
E	1.00～1.01	0.00	0.00	0.00	0.00	0.00	0.00	0.00				
	1.02～1.04	0.14	0.28	0.48	0.55	0.65						
	1.05～1.08	0.28	0.55	0.97	1.10	1.29						
	1.09～1.12	0.41	0.83	1.45	1.65	1.95						
	1.13～1.18	0.55	1.00	1.93	2.21	2.62						
	1.19～1.24	0.69	1.38	2.41	2.76	3.27						
	1.25～1.34	0.83	1.65	2.89	3.31	3.92						
	1.35～1.51	0.96	1.93	3.38	3.86	4.58						
	1.52～1.99	1.10	2.20	3.86	4.41	5.23						
	≥2	1.24	2.48	4.34	4.96	5.89						

表5-6 小带轮包角修正系数 K_α（摘自 GB/T 13575.1—2008） （°）

小带轮包角 α	180	175	170	165	160	155	150	145	140	135
K_α	1.00	0.99	0.98	0.96	0.95	0.93	0.92	0.91	0.89	0.88
小带轮包角 α	130	125	120	115	110	105	100	95	90	
K_α	0.86	0.84	0.82	0.80	0.78	0.76	0.74	0.72	0.69	

表5-7 普通V带每米长度的质量 q（摘自 GB/T 13575.1—2008） （kg/m）

带型	Y	Z	A	B	C	D	E
q	0.023	0.060	0.105	0.170	0.300	0.630	0.970

表5-8 普通V带轮槽截面尺寸 （mm）

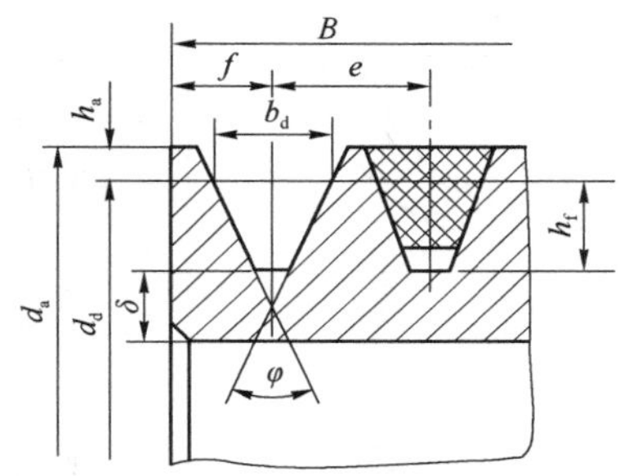

项目		符号	槽型						
			Y	Z	A	B	C	D	E
基准宽度		b_d	5.3	8.5	11.0	14.0	19.0	27.0	32.0
基准线上槽深		h_{amin}	1.6	2.0	2.75	3.5	4.8	8.1	9.6
基准线下槽深		h_{fmin}	4.7	7.0	8.7	10.8	14.3	19.9	23.4
槽间距		e	8 ±0.3	12 ±0.3	15 ±0.3	19 ±0.3	25.5 ±0.3	37 ±0.3	44.5 ±0.3
第一槽对称面至端面的距离		f_{min}	6	7	9	11.5	16	23	28
最小轮缘厚		δ_{min}	5	5.5	6	7.5	10	12	15
带轮宽		B	$B=(z-1)e+2f$ z——轮槽数						
外径		d_a	$d_a=d_d+2h_a$						
轮槽角 φ	32°	相应的基准直径 d_d	≤60	—	—	—	—	—	—
	34°		—	≤80	≤118	≤190	≤315	—	—
	36°		>60	—	—	—	—	≤475	≤600
	38°		—	>80	>118	>190	>315	>475	>600
	极限偏差		±0.5°						

表 5-9　V 带轮结构

结构形式	结构图	结构尺寸
实心式	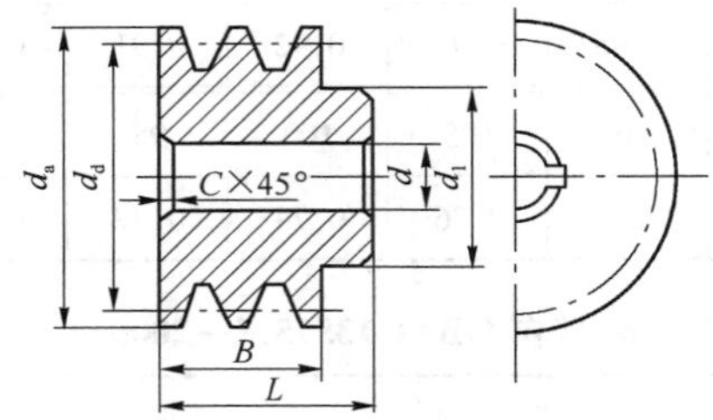 当带轮基准直径较小($d_d \leqslant 2.5d$)时,可采用实心式	$d_1=(1.8\sim2)d$ $b_1=0.4h$ $S=\left(\frac{1}{7}\sim\frac{1}{4}\right)B$ $h_2=0.8h_1$ $b_2=0.8b_1$ $h_1=290\sqrt[3]{\frac{P}{nz_a}}$ $D_0=0.5(D_1+d_1)$ $d_0=(0.2\sim0.3)(D_1-d_1)$ $f_1=0.2h_1$ $f_2=0.2h_2$ 当 $B\geqslant1.5d$ 时,$L=(1.5\sim2)d$ 当 $B<1.5d$ 时,$L=B$ 式中　d——轴的直径(mm); P——传递的功率(kW); n——带轮的转速(r/min); z_a——轮辐数
腹板式	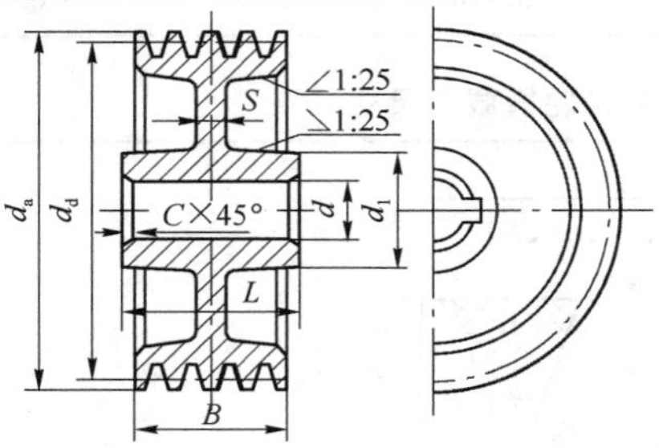 当带轮基准直径中等($d_d \leqslant 300$mm)时,可采用腹板式	
孔板式	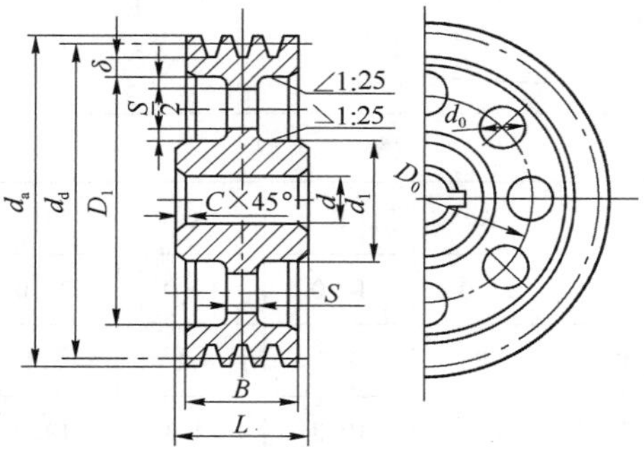 当带轮基准直径中等($d_d \leqslant 300$mm,同时 $D_1-d_1 \geqslant 100$mm)时,可采用孔板式	
轮辐式	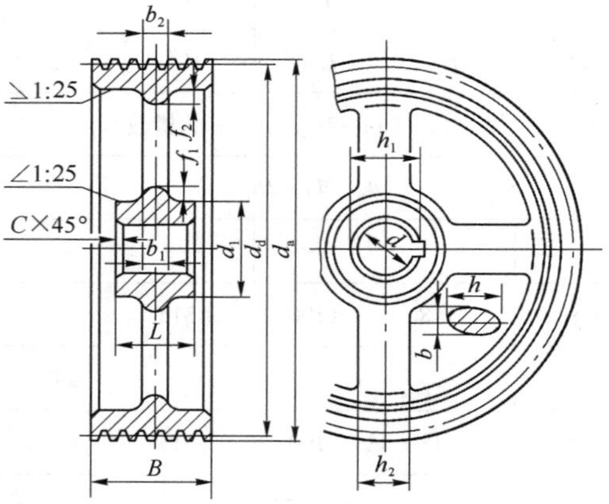 当带轮基准直径较大($d_d>300$mm)时,可采用轮辐式	

5.2 滚子链传动

表 5-10 滚子链规格和主要参数(摘自 GB/T 1243—2006)

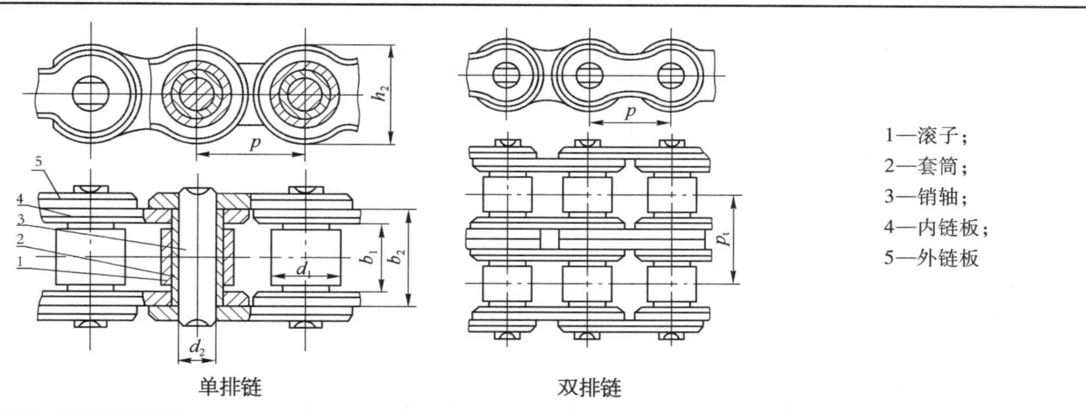

链号	节距 p	滚子直径 d_1 max	内链节内宽 b_1 min	销轴直径 d_2 max	内链板高度 h_2 max	排距 p_t	抗拉载荷	
							单排 min	双排 min
	mm						kN	
05B	8.00	5.00	3.00	2.31	7.11	5.64	4.4	7.8
06B	9.525	6.35	5.72	3.28	8.26	10.24	8.9	16.9
08A	12.70	7.92	7.85	3.98	12.07	14.38	13.8	27.6
08B	12.70	8.51	7.75	4.45	11.81	13.92	17.8	31.1
10A	15.875	10.16	9.40	5.09	15.09	18.11	21.8	43.6
10B	15.875	10.16	9.65	5.08	14.73	16.59	22.2	44.5
12A	19.05	11.91	12.57	5.96	18.08	22.78	31.1	62.3
12B	19.05	12.07	11.68	5.72	16.13	19.46	28.9	57.8
16A	25.40	15.88	15.75	7.94	24.13	29.29	55.6	111.2
16B	25.40	15.88	17.02	8.28	21.08	31.88	60.0	106.0
20A	31.75	19.05	18.90	9.54	30.18	35.76	86.7	173.5
20B	31.75	19.05	19.56	10.19	26.42	36.45	95.0	170.0
24A	38.10	22.23	25.22	11.11	36.20	45.44	124.6	249.1
24B	38.10	25.40	25.40	14.63	33.40	48.36	160.0	280.0
28A	44.45	25.40	25.22	12.71	42.24	48.87	169.0	338.1
28B	44.45	27.94	30.99	15.90	37.08	59.56	200.0	360.0
32A	50.80	28.58	31.55	14.29	48.26	58.55	222.4	444.8
32B	50.80	29.21	30.99	17.81	42.29	58.55	250.0	450.0
36A	57.15	35.71	35.48	17.46	54.31	65.84	280.2	560.5
40A	63.50	39.68	37.85	19.85	60.33	71.55	347.0	693.9
40B	63.50	39.37	38.10	22.89	52.96	72.29	355.0	630.0
48A	76.20	47.63	47.35	23.81	72.39	87.83	500.4	1 000.0
48B	76.20	48.26	45.72	29.24	63.88	91.21	560.0	1 000.0
56B	88.90	53.98	53.34	34.32	77.83	106.60	850.0	1 600.0
64B	101.60	63.50	60.96	39.40	90.17	119.89	1 120.0	2 000.0
72B	114.30	72.39	68.58	44.48	103.63	136.27	1 400.0	2 500.0

注：使用过渡链节时，其极限拉伸载荷按表值的 80% 计算。

表 5-11　链传动工作情况系数 K_A

从动机械特性		主动机械特性		
		平稳运转	轻微冲击	中等冲击
		电动机、汽轮机和燃气轮机、带有液力耦合器的内燃机	6 缸或 6 缸以上带机械式联轴器的内燃机、经常起动的电动机（一日两次以上）	少于 6 缸带机械式联轴器的内燃机
平稳运转	离心式的泵和压缩机、印刷机械、均匀加料的带式输送机、纸张压光机、自动扶梯、液体搅拌机和混料机、回转干燥炉、风机	1.0	1.1	1.3
中等冲击	3 缸或 3 缸以上的泵和压缩机、混凝土搅拌机、载荷非恒定的输送机、固体搅拌机和混料机	1.4	1.5	1.7
严重冲击	刨煤机、电铲、轧机、球磨机、橡胶加工机械、压力机、剪床、单缸或双缸的泵和压缩机、石油钻机	1.8	1.9	2.1

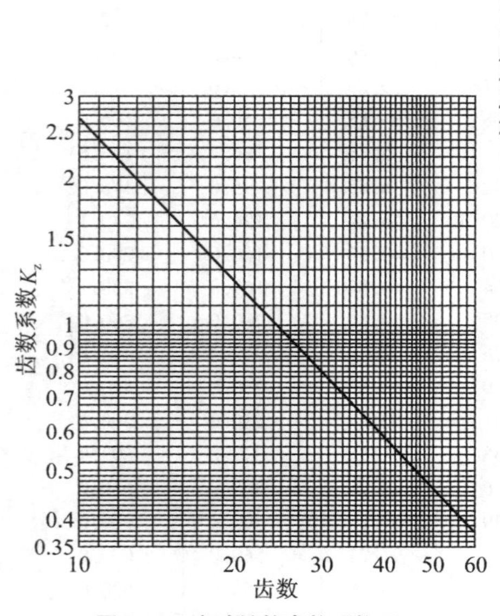

图 5-2　主动链轮齿数系数 K_z

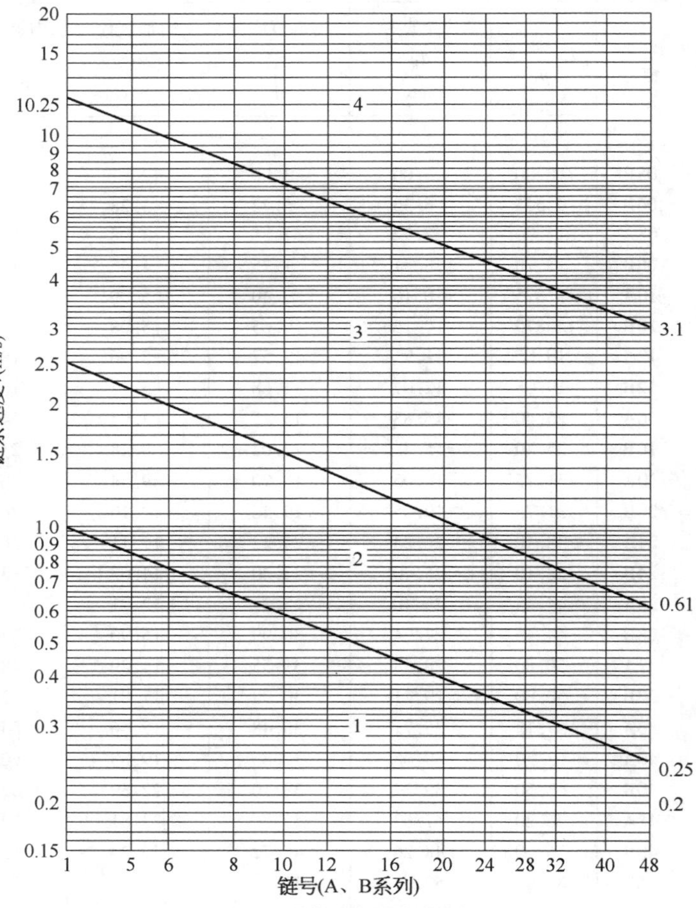

图 5-3　链传动润滑方式选择

1—定期人工润滑；2—滴油润滑；3—油池润滑或油盘飞溅润滑；4—压力供油润滑

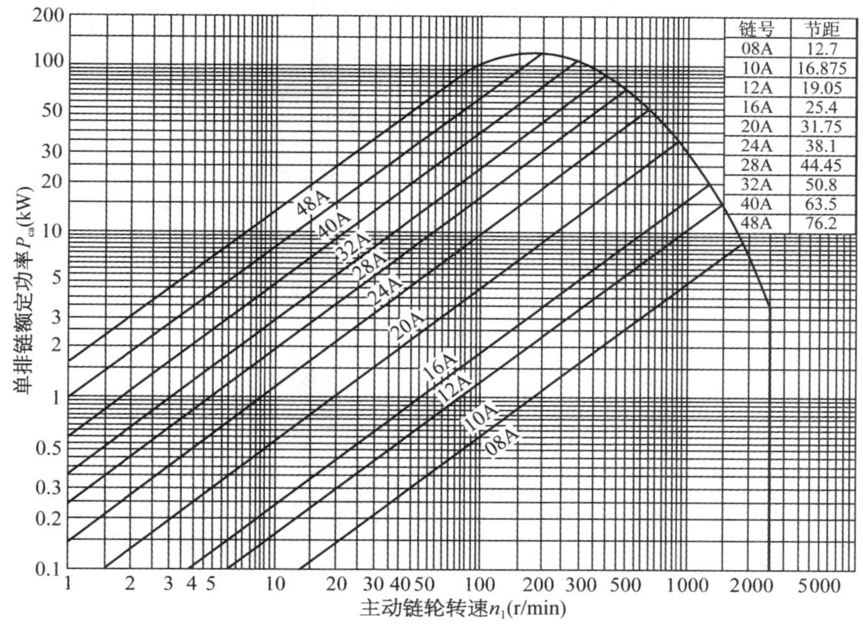

图 5-4　A 系列、单排滚子链额定功率曲线

表 5-12　链传动中心距计算系数 f_1

$\frac{L_p-z_1}{z_2-z_1}$	f_1	$\frac{L_p-z_1}{z_2-z_1}$	f_1	$\frac{L_p-z_1}{z_2-z_1}$	f_1	$\frac{L_p-z_1}{z_2-z_1}$	f_1	$\frac{L_p-z_1}{z_2-z_1}$	f_1
8	0.249 78	2.8	0.247 58	1.62	0.239 38	1.36	0.231 23	1.21	0.220 90
7	0.249 70	2.7	0.247 35	1.60	0.238 97	1.35	0.230 73	1.20	0.219 90
6	0.249 58	2.6	0.247 08	1.58	0.238 54	1.34	0.230 22	1.19	0.218 84
5	0.249 37	2.5	0.246 78	1.56	0.238 07	1.33	0.229 68	1.18	0.217 71
4.8	0.249 31	2.4	0.246 43	1.54	0.237 58	1.32	0.229 12	1.17	0.216 52
4.6	0.249 25	2.00	0.244 21	1.52	0.237 05	1.31	0.228 54	1.16	0.215 26
4.4	0.249 17	1.95	0.243 80	1.50	0.236 48	1.30	0.228 93	1.15	0.213 90
4.2	0.249 07	1.90	0.243 33	1.48	0.235 88	1.29	0.227 29	1.14	0.212 45
4.0	0.248 96	1.85	0.242 81	1.46	0.235 24	1.28	0.226 62	1.13	0.210 90
3.8	0.248 83	1.80	0.242 22	1.44	0.234 55	1.27	0.225 93	1.12	0.209 23
3.6	0.248 68	1.75	0.241 56	1.42	0.233 81	1.26	0.225 20	1.11	0.207 44
3.4	0.248 49	1.70	0.240 81	1.40	0.233 01	1.25	0.224 43	1.10	0.205 49
3.2	0.248 25	1.68	0.240 48	1.39	0.232 59	1.24	0.223 61	1.09	0.203 36
3.0	0.247 95	1.66	0.240 13	1.38	0.232 15	1.23	0.222 75	1.08	0.201 04
2.9	0.247 78	1.64	0.239 77	1.37	0.231 70	1.22	0.221 85	1.07	0.198 48

表5-13　滚子链链轮的基本参数和主要尺寸(摘自GB/T 1243—2006)

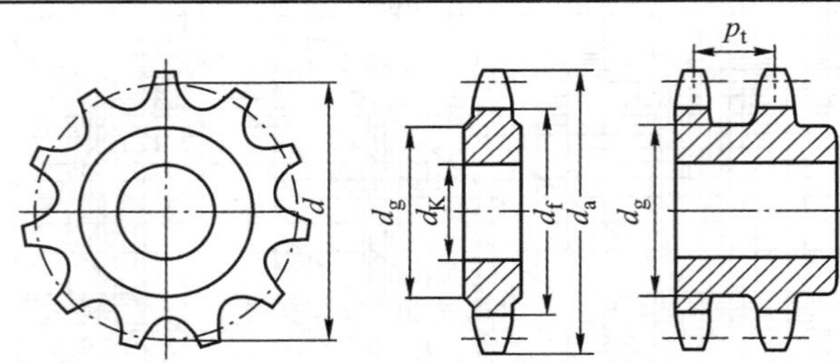

名　　称	符　号	计算公式	备　　注
分度圆直径	d	$d=\dfrac{p}{\sin\left(\dfrac{180°}{z}\right)}$	
齿顶圆直径	d_a	$d_{amax}=d+1.25p-d_1$ $d_{amin}=d+\left(1-\dfrac{1.6}{z}\right)p-d_1$ 若为三圆弧一直线齿形,则 $d_a=p\left(0.54+\cot\dfrac{180°}{z}\right)$	可在 d_{amax}、d_{amin} 范围内任意选取,但当选用 d_{amax} 时,应注意用展成法加工时有可能发生顶切
分度圆弦齿高	h_a	$h_{amax}=\left(0.625+\dfrac{0.8}{z}\right)p-0.5d_1$ $h_{amin}=0.5(p-d_1)$ 若为三圆弧一直线齿形,则 $h_a=0.27p$	h_a 是为简化放大齿形图的绘制而引入的辅助尺寸(见表5-14),h_{amax} 对应于 d_{amax},h_{amin} 对应于 d_{amin}
齿根圆直径	d_f	$d_f=d-d_1$	—
齿侧凸缘(或排间槽)直径	d_g	$d_g\leqslant p\cot\dfrac{180°}{z}-1.04h_2-0.76$	h_2——内链板高度,见表5-10

注:d_a、d_g 值取整值,其他尺寸精确到0.01mm。

表5-14　滚子链链轮的最大和最小齿槽形状(摘自GB/T 1243—2006)

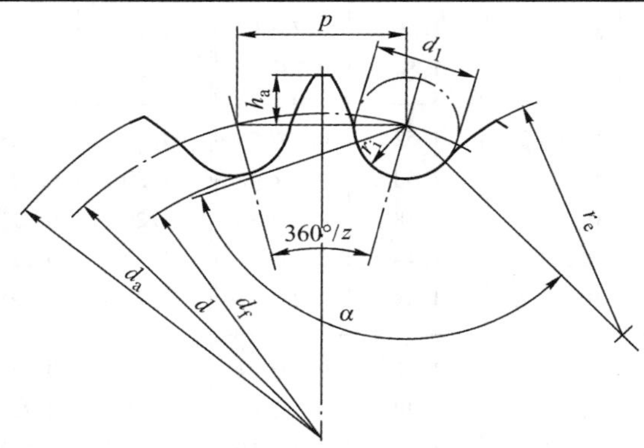

名　　称	符号	计算公式	
		最大齿槽形状	最小齿槽形状
齿侧圆弧半径	r_e	$r_{emin}=0.008d_1(z^2+180)$	$r_{emax}=0.12d_1(z+2)$
滚子定位圆弧半径	r_i	$r_{imax}=0.505d_1+0.069\sqrt[3]{d_1}$	$r_{imin}=0.505d_1$
滚子定位角	α	$\alpha_{min}=120°-\dfrac{90°}{z}$	$\alpha_{max}=140°-\dfrac{90°}{z}$

表 5－15 滚子链链轮的轴向齿廓尺寸(摘自 GB/T 1243—2006) (mm)

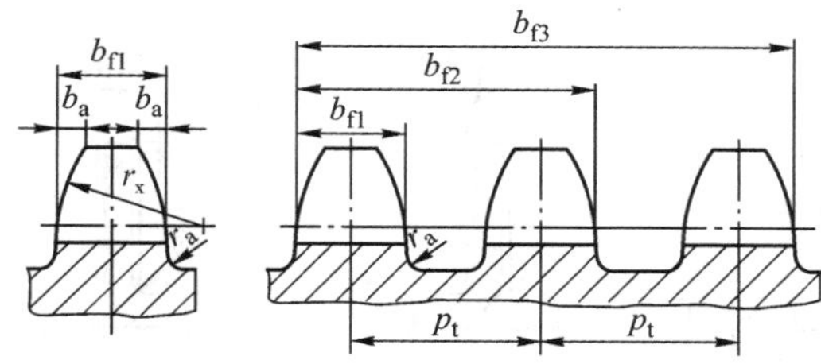

<table>
<tr><th colspan="2" rowspan="2">名　　称</th><th rowspan="2">符号</th><th colspan="2">计 算 公 式</th><th rowspan="2">备　　注</th></tr>
<tr><th>$p\leqslant12.7$</th><th>$p>12.7$</th></tr>
<tr><td rowspan="3">齿宽</td><td>单排</td><td rowspan="3">b_{f1}</td><td>$0.93b_1$</td><td>$0.95b_1$</td><td rowspan="3">$p>12.7$mm 时，经制造厂同意，也可使用 $p\leqslant12.7$mm 时的齿宽。b_1 为内链节内宽，见表 5－10</td></tr>
<tr><td>双排、三排</td><td>$0.91b_1$</td><td>$0.93b_1$</td></tr>
<tr><td>四排以上</td><td>$0.88b_1$</td><td>$0.93b_1$</td></tr>
<tr><td colspan="2">齿侧角</td><td>$b_{a公称}$</td><td colspan="2">$b_{a公称}=0.13p$</td><td>—</td></tr>
<tr><td colspan="2">齿侧半径</td><td>$r_{x公称}$</td><td colspan="2">$r_{x公称}=p$</td><td>—</td></tr>
<tr><td colspan="2">齿侧深</td><td>h</td><td colspan="2">$h=0.5p$</td><td>仅适用于 B 型</td></tr>
<tr><td colspan="2">齿侧凸缘(或排间槽)圆角半径</td><td>r_a</td><td colspan="2">$r_a=0.04p$</td><td>—</td></tr>
<tr><td colspan="2">链轮齿全宽</td><td>b_{fn}</td><td colspan="2">$b_{fn}=(n-1)p_t+b_{f1}$</td><td>n 为排数</td></tr>
</table>

表 5－16 整体式钢制小链轮主要结构尺寸 (mm)

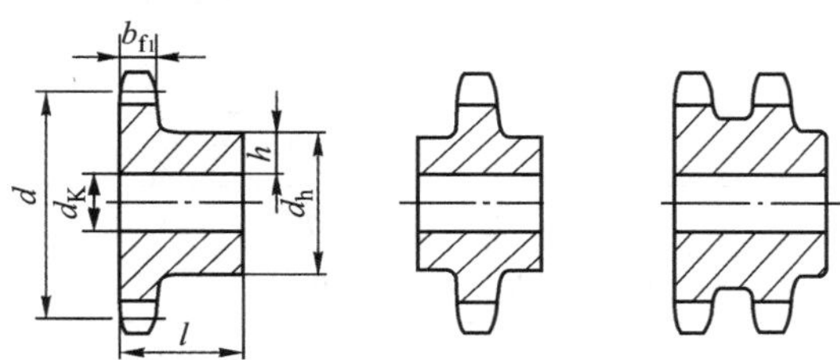

<table>
<tr><th>名　　称</th><th>符　号</th><th>结　构　尺　寸</th></tr>
<tr><td>轮毂厚度</td><td>h</td><td>$h=K+\frac{d_K}{6}+0.01d$
常数 K：
d：<50 ｜ 50～100 ｜ 100～150 ｜ >150
K：3.2 ｜ 4.8 ｜ 6.4 ｜ 9.5</td></tr>
<tr><td>轮毂长度</td><td>l</td><td>$l=3.3h, l_{min}=2.5h$</td></tr>
<tr><td>轮毂直径</td><td>d_h</td><td>$d_h=d_K+2h, d_{hmax}<d_g, d_g$ 见表 5－13</td></tr>
<tr><td>齿宽</td><td>b_{f1}</td><td>见表 5－15</td></tr>
</table>

表 5-17　腹板式、单排铸造链轮主要结构尺寸　　(mm)

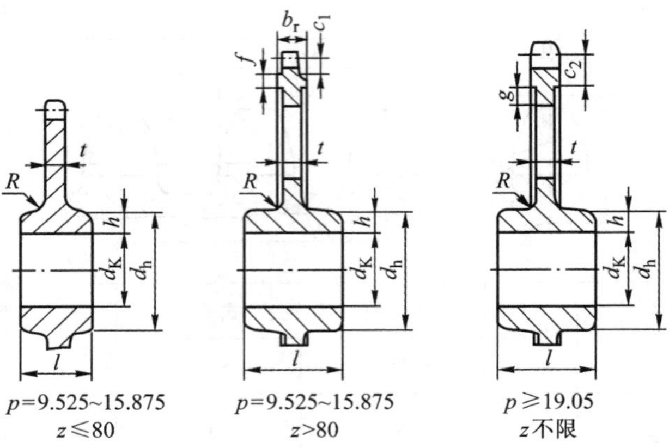

<table>
<tr><th>名　称</th><th>符　号</th><th colspan="7">结 构 尺 寸(参考)</th></tr>
<tr><td>轮毂厚度</td><td>h</td><td colspan="7">$h=9.5+d_K/6+0.01d$</td></tr>
<tr><td>轮毂长度</td><td>l</td><td colspan="7">$l=4h$</td></tr>
<tr><td>轮毂直径</td><td>d_h</td><td colspan="7">$d_h=d_K+2h$, $d_{hmax}<d_g$, d_g 见表 5-13</td></tr>
<tr><td>齿侧凸缘宽度</td><td>b_r</td><td colspan="7">$b_r=0.625p+0.93b_1$, b_1 为内链节内宽,见表 5-10</td></tr>
<tr><td rowspan="4">轮缘部分尺寸</td><td>c_1</td><td colspan="7">$c_1=0.5p$</td></tr>
<tr><td>c_2</td><td colspan="7">$c_2=0.9p$</td></tr>
<tr><td>f</td><td colspan="7">$f=4+0.25p$</td></tr>
<tr><td>g</td><td colspan="7">$g=2t$</td></tr>
<tr><td>圆角半径</td><td>R</td><td colspan="7">$R=0.04p$</td></tr>
<tr><td rowspan="2">腹板厚度</td><td rowspan="2">t</td><td>p</td><td>9.525
12.7</td><td>15.875
19.05</td><td>25.4
31.75</td><td>38.1
44.45</td><td>50.8
63.5</td><td>76.2</td></tr>
<tr><td>t</td><td>7.9
9.5</td><td>10.3
11.1</td><td>12.7
14.3</td><td>15.9
19.1</td><td>22.2
28.6</td><td>31.8</td></tr>
</table>

表 5-18　腹板式、多排铸造链轮主要结构尺寸　　(mm)

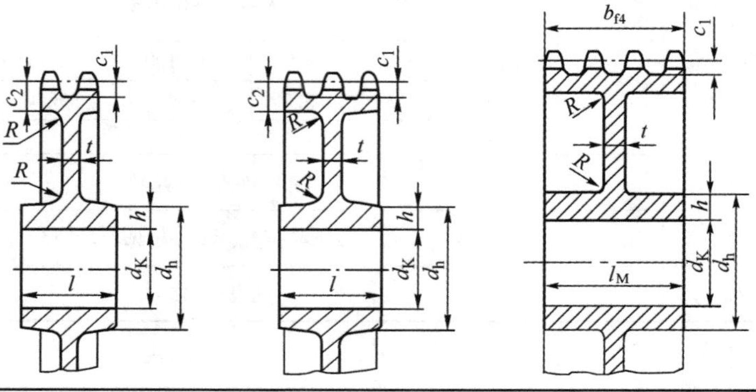

（续表）

名　称	符　号	结构尺寸(参考)						
圆角半径	R	$R=0.5t$						
轮毂长度	l	$l=4h$ 对四排链，$l_M=b_{f4}$，b_{f4}见表5-15						
腹板厚度	t	p	9.525 12.7	15.875 19.05	25.4 31.75	38.1 44.45	50.8 63.5	76.2
		t	9.5 10.3	11.1 12.7	14.3 15.9	19.1 22.2	25.4 31.8	38.1
其余结构尺寸		见表5-17						

表5-19　链轮常用的材料及齿面硬度

材　料	热处理	热处理后的硬度	应用范围
15,20	渗碳、淬火、回火	50~60HRC	$z \leqslant 25$，有冲击载荷的链轮
35	正火	160~200HBW	在正常工作条件下，$z>25$的链轮
40、50、ZG310~570	淬火、回火	40~50HRC	无剧烈冲击振动和要求耐磨损的链轮
15Cr、20Cr	渗碳、淬火、回火	50~60HRC	$z \leqslant 25$，有动载荷及传递较大功率的重要链轮
35SiMn、40Cr、35CrMo	淬火、回火	40~50HRC	要求强度较高和耐磨损的重要链轮
Q235、Q275	焊接后退火	140HBW	中低速、功率不大的较大链轮
普通灰铸铁	淬火、回火	260~280HBW	$z>50$的从动链轮以及外形复杂或强度要求一般的链轮
夹布胶木	—	—	$P<6$kW，速度较高，要求传动平稳、噪声小的链轮

5.3　齿轮传动

表5-20　齿轮常用材料及其机械性能

材料牌号	热处理方法	强度极限 σ_B(MPa)	屈服极限 σ_s(MPa)	硬度	
				齿芯部	齿面
HT250		250		170~241 HBW	
HT300		300		187~255 HBW	
HT350		350		197~269 HBW	
QT500-7	正火	500	320	170~230 HBW	
QT600-3		600	370	190~270 HBW	
ZG310-570		580	320	156~217 HBW	
ZG340-640		650	350	169~229 HBW	
ZG35SiMn		569	343	163~217 HBW	
45		580	290	162~217 HBW	

（续表）

材料牌号	热处理方法	强度极限 σ_B（MPa）	屈服极限 σ_s（MPa）	硬度	
				齿芯部	齿面
ZG340－640	调质	700	380	241～269 HBW	
ZG35SiMn		637	412	197～248 HBW	
45		650	360	217～255 HBW	
30CrMnSi		1 100	900	310～360 HBW	
35SiMn		750	450	217～269 HBW	
38SiMnMo		700	550	217～269 HBW	
40Cr		700	500	241～286 HBW	
45	调质后表面淬火			217～255 HBW	40～50 HRC
40Cr				241～286 HBW	48～55 HRC
20Cr	渗碳后淬火	650	400	300 HBW	58～62 HRC
20CrMnTi		1 100	850		
12Cr2Ni4		1 100	850	320 HBW	
20Cr2Ni4		1 200	1 100	350 HBW	
35CrAlA	调质后氮化（氮化层厚 $\delta \geqslant 0.3$、0.5mm）	950	750	255～321 HBW	>850 HV
38CrMoAlA		1 000	850		

表 5－21　齿轮传动使用系数 K_A

载荷状态	工作机器	原动机			
		电动机、均匀运转的蒸汽机、小型燃气轮机	蒸汽机、燃气轮机、液压装置	多缸内燃机	单缸内燃机
均匀平稳	发电机、均匀传送的带式输送机或板式输送机、螺旋输送机、轻型升降机、包装机、机床进给机构、通风机等	1.00	1.10	1.25	1.50
轻微冲击	不均匀传送的带式输送机或板式输送机、机床主传动机构、重型升降机、工业与矿用风机、重型离心机	1.25	1.35	1.50	1.75
中等冲击	橡胶挤压机、橡胶和塑料做间断工作的搅拌机、轻型球磨机、木工机械、提升装置等	1.50	1.60	1.75	2.00
严重冲击	挖掘机、重型球磨机、破碎机、旋转式钻探装置、压砖机、压坯机、带材冷轧机等	1.75	1.85	2.00	2.25 或更大

注：表中所列 K_A 值仅适用于减速传动；若为增速传动，K_A 值约为表值的 1.1 倍。当外部机械与齿轮装置间有挠性连接时，通常 K_A 值可适当减小。

表5-22 齿轮传动齿间载荷分配系数 $K_{H\alpha}$、$K_{F\alpha}$

$\frac{K_A F_t}{b}$			≥100 N/mm				<100 N/mm
精度等级Ⅱ组			5级	6级	7级	8级	5级或更低
硬齿面	直齿轮	$K_{H\alpha}$	1.0		1.1	1.2	≥1.2
		$K_{F\alpha}$					
	斜齿轮	$K_{H\alpha}$	1.0	1.1	1.2	1.4	≥1.4
		$K_{F\alpha}$					
非硬齿面	直齿轮	$K_{H\alpha}$	1.0			1.1	≥1.2
		$K_{F\alpha}$					
	斜齿轮	$K_{H\alpha}$	1.0	1.1	1.2	1.4	≥1.4
		$K_{F\alpha}$					

注：如大、小齿轮精度等级不同时，按精度等级较低者取值。

表5-23 齿轮接触疲劳强度计算用的齿向载荷分配系数 $K_{H\beta}$

小齿轮支承位置		软齿面齿轮									硬齿面齿轮					
		对称布置			非对称布置			悬臂布置			对称布置		非对称布置		悬臂布置	
ϕ_d	精度等级 / b(mm)	6	7	8	6	7	8	6	7	8	5	6	5	6	5	6
0.4	40	1.145	1.158	1.191	1.148	1.161	1.194	1.176	1.189	1.222	1.096	1.098	1.100	1.102	1.140	1.143
	80	1.151	1.167	1.204	1.154	1.170	1.206	1.182	1.198	1.234	1.100	1.104	1.104	1.108	1.144	1.149
	120	1.157	1.176	1.216	1.160	1.179	1.219	1.188	1.207	1.247	1.104	1.111	1.108	1.115	1.148	1.155
	160	1.163	1.186	1.228	1.168	1.188	1.231	1.194	1.216	1.259	1.108	1.117	1.112	1.121	1.152	1.162
	200	1.169	1.195	1.241	1.172	1.198	1.244	1.200	1.226	1.272	1.112	1.124	1.116	1.128	1.156	1.168
0.6	40	1.811	1.194	1.227	1.195	1.208	1.241	1.337	1.350	1.383	1.148	1.150	1.168	1.170	1.373	1.376
	80	1.187	1.203	1.240	1.201	1.217	1.254	1.343	1.359	1.396	1.152	1.156	1.172	1.171	1.377	1.382
	120	1.193	1.212	1.252	1.207	1.226	1.266	1.349	1.369	1.408	1.156	1.163	1.176	1.183	1.381	1.389
	160	1.199	1.222	1.264	1.213	1.236	1.278	1.355	1.378	1.421	1.160	1.169	1.180	1.189	1.385	1.395
	200	1.205	1.231	1.277	1.219	1.245	1.291	1.361	1.387	1.433	1.164	1.176	1.184	1.196	1.389	1.401
0.8	40	1.231	1.244	1.278	1.275	1.289	1.322	1.725	1.738	1.772	1.220	1.223	1.284	1.287	1.934	1.936
	80	1.237	1.254	1.290	1.281	1.298	1.334	1.731	1.748	1.784	1.224	1.229	1.288	1.293	1.938	1.943
	120	1.243	1.263	1.302	1.287	1.307	1.347	1.737	1.757	1.796	1.228	1.236	1.292	1.299	1.942	1.949
	160	1.249	1.272	1.313	1.293	1.316	1.359	1.743	1.766	1.809	1.232	1.242	1.296	1.306	1.946	1.956
	200	1.255	1.281	1.327	1.299	1.325	1.371	1.749	1.775	1.821	1.236	1.248	1.300	1.312	1.950	1.962
1.0	40	1.296	1.309	1.342	1.404	1.417	1.450	2.502	2.515	2.548	1.314	1.316	1.491	1.504	3.056	3.058
	80	1.302	1.318	1.355	1.410	1.426	1.463	2.508	2.524	2.561	1.318	1.323	1.496	1.511	3.060	3.065
	120	1.308	1.328	1.367	1.416	1.436	1.475	2.514	2.534	2.573	1.322	1.329	1.500	1.519	3.064	3.071
	160	1.314	1.337	1.380	1.422	1.445	1.488	2.520	2.543	2.586	1.326	1.336	1.505	1.526	3.068	3.078
	200	1.320	1.346	1.392	1.428	1.454	1.500	2.526	2.552	2.598	1.330	1.348	1.510	1.534	3.072	3.084

表5-24 弹性影响系数 Z_E

($MPa^{\frac{1}{2}}$)

大齿轮材料		锻钢	铸钢	球墨铸铁	灰铸铁
E(MPa)		20.6×10^4	20.2×10^4	17.3×10^4	11.8×10^4
小齿轮材料	锻钢	189.8	188.9	181.4	162.0
	铸钢	—	188.0	180.5	161.4
	球墨铸铁	—	—	173.9	156.6
	灰铸铁	—	—	—	143.7

表 5-25 圆柱齿轮齿宽系数 ϕ_d

齿轮相对于轴承的位置	齿面硬度	
	软齿面 (大齿轮或大、小齿轮硬度≤350HBW)	硬齿面 (大、小齿轮硬度 >350HBW)
对称布置	0.8～1.4	0.4～0.9
非对称布置	0.6～1.2	0.3～0.6
悬臂布置	0.3～0.4	0.2～0.25

注：直齿圆柱齿轮宜取较小值，斜齿可取较大值；载荷稳定，轴刚性大时取较大值；变载荷，轴刚性较小时宜取较小值。

表 5-26 渐开线圆柱齿轮模数 m（摘自 GB/T 1357—2008） (mm)

第一系列	1，1.25，1.5，2，2.5，3，4，5，6，8，10，12，16，20，25，32，40，50
第二系列	1.75，2.25，2.75，(3.25)，3.5，(3.75)，4.5，5.5，(6.5)，7，9，(11)，14，18，22，28，36，45

注：1. 对斜齿轮是指法向模数。

2. 优先采用第一系列，括号内的模数尽可能不用。

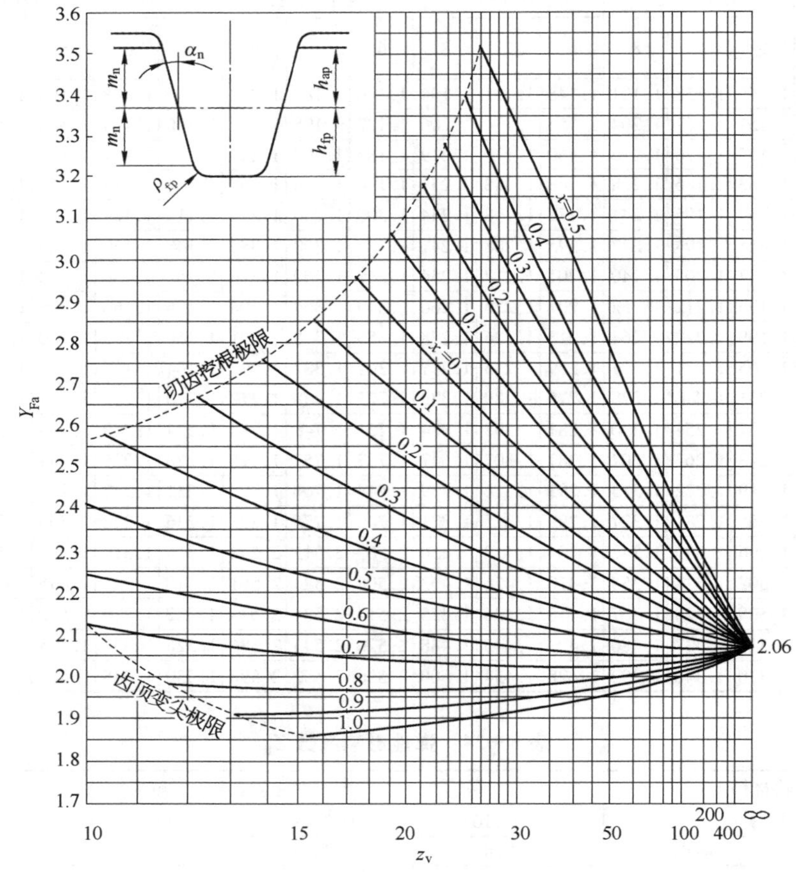

$\alpha_n=20°$, $h_a/m_n=1.0$, $h_f/m_n=1.25$, $\rho_f/m_n=0.38$

图 5-5 外齿轮齿形系数 Y_{Fa}

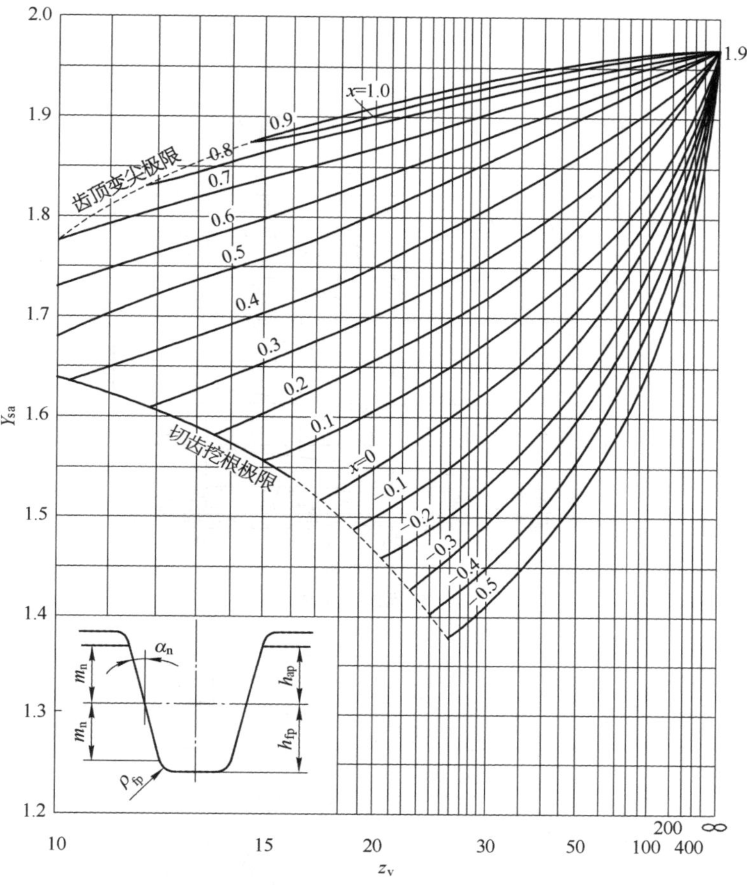

$\alpha_n=20°$, $h_a/m_n=1.0$, $h_f/m_n=1.25$, $\rho_f/m_n=0.38$

图5-6 外齿轮应力修正系数 Y_{sa}

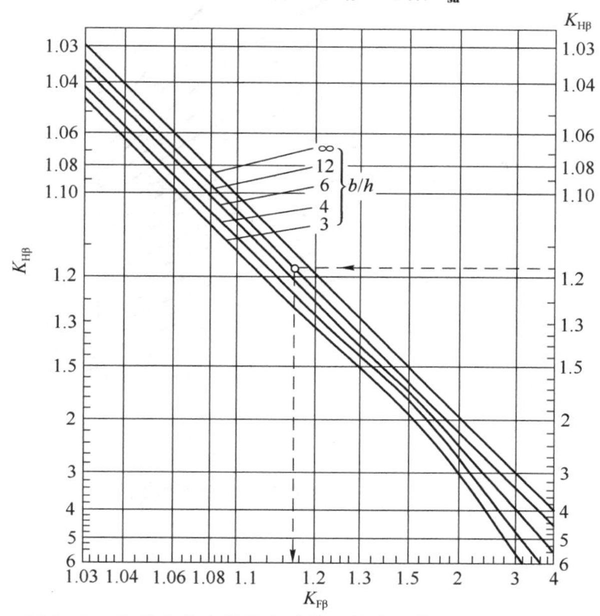

图5-7 齿轮弯曲疲劳强度计算用的齿向载荷分配系数 $K_{F\beta}$

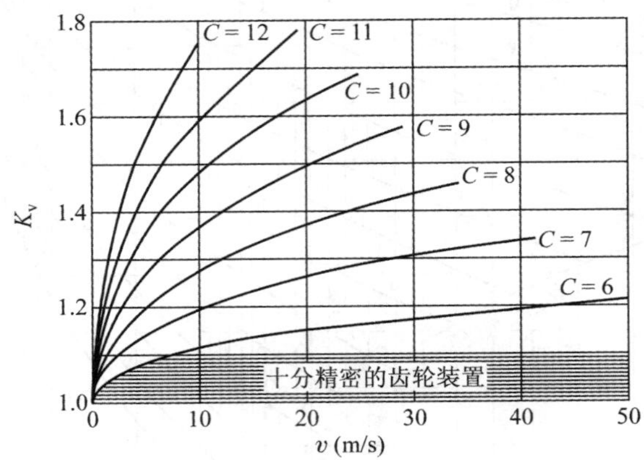

图 5-8　动载荷系数 K_v

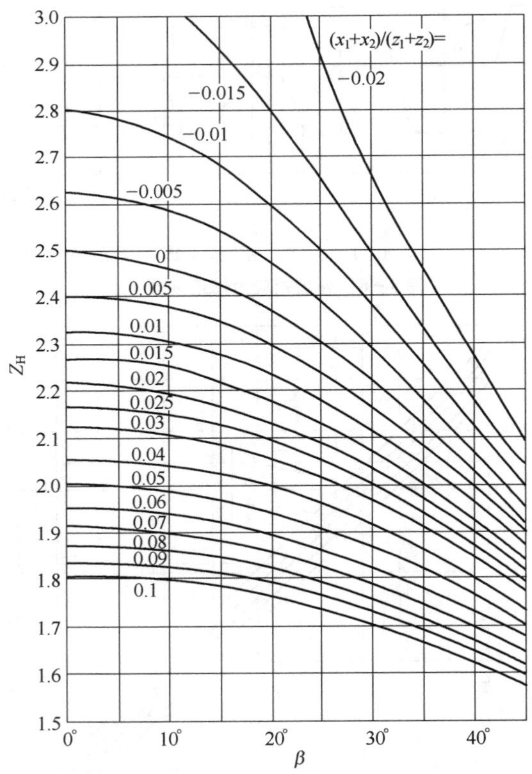

图 5-9　$\alpha_n=20°$ 时的节点区域系数 Z_H

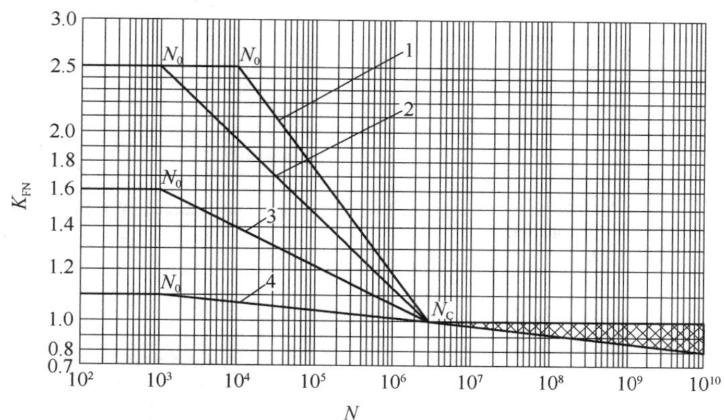

图5-10 弯曲疲劳寿命系数 K_{FN}（当 $N>N_C$ 时，可根据经验在网纹区内取值）

1—调质钢，球墨铸铁（珠光体、贝氏体），珠光体可锻铸铁；
2—渗碳淬火的渗碳钢，全齿廓火焰或感应淬火的钢，球墨铸铁；
3—渗氮的渗氮钢，球墨铸铁（铁素体），灰铸铁，结构钢；
4—碳氮共渗的调质钢，渗碳钢

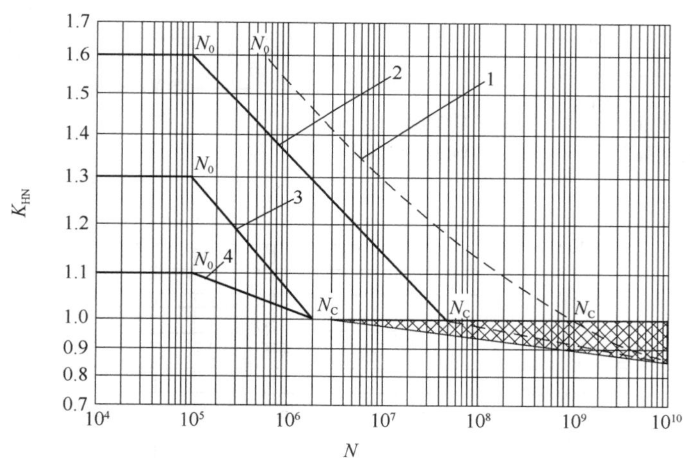

图5-11 接触疲劳寿命系数 K_{HN}（当 $N>N_C$ 时，可根据经验在网纹区内取值）

1—允许一定点蚀时的结构钢，调质钢，球墨铸铁（珠光体、贝氏体），珠光体可锻铸铁，渗碳淬火的渗碳钢；
2—结构钢，调质钢，渗碳淬火钢，火焰或感应淬火的钢，球墨铸铁，球墨铸铁（珠光体、贝氏体），珠光体可锻铸铁；
3—灰铸铁，球墨铸铁（铁素体），渗氮的渗氮钢，调质钢、渗碳钢；
4—碳氮共渗的调质钢，渗碳钢

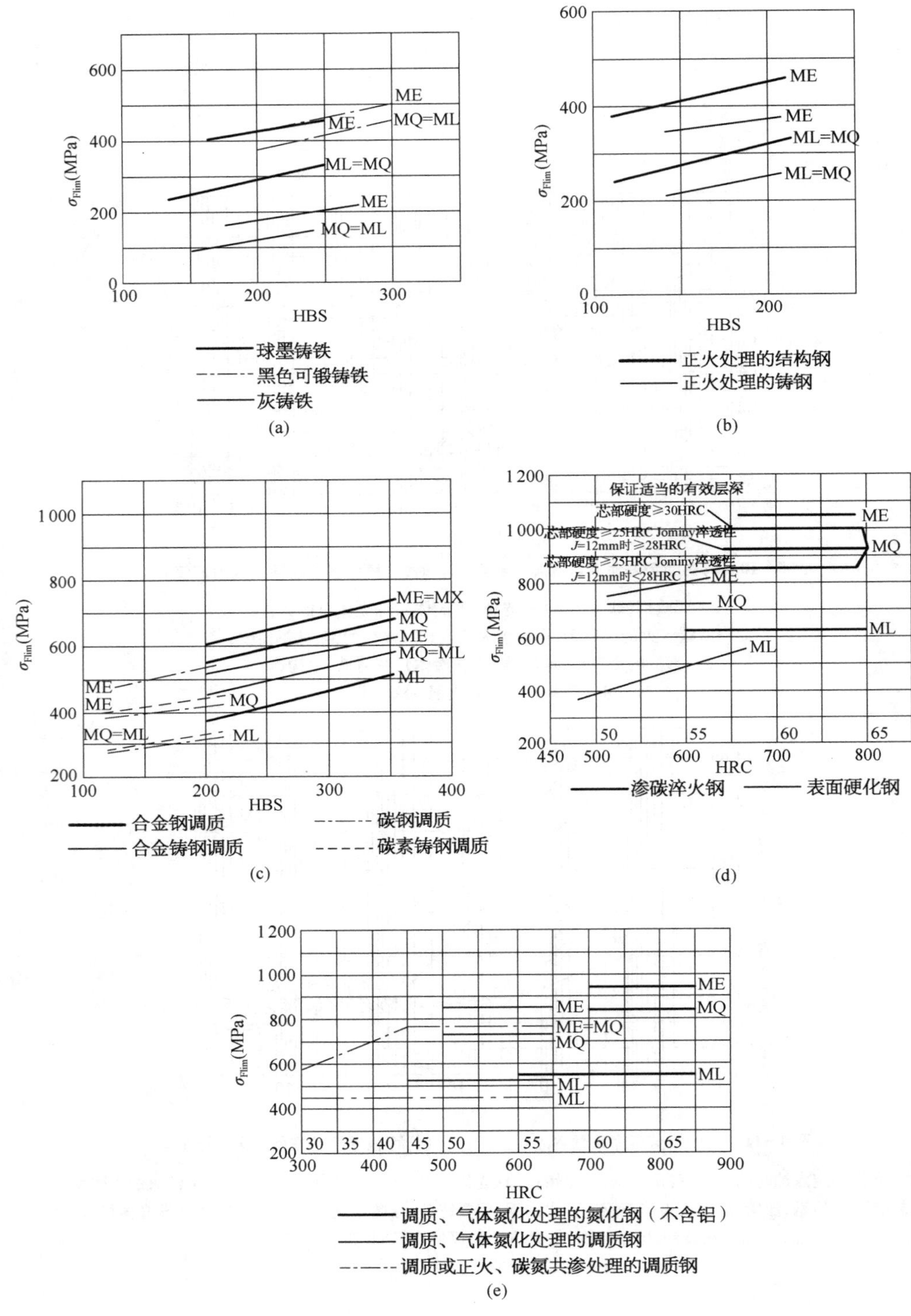

图 5－12　齿轮弯曲疲劳强度极限 σ_{Flim}

（a）铸铁材料；（b）正火处理钢；（c）调质处理钢；
（d）渗碳淬火钢和表面硬化（火焰或感应淬火）钢；（e）氮化或碳氮共渗钢

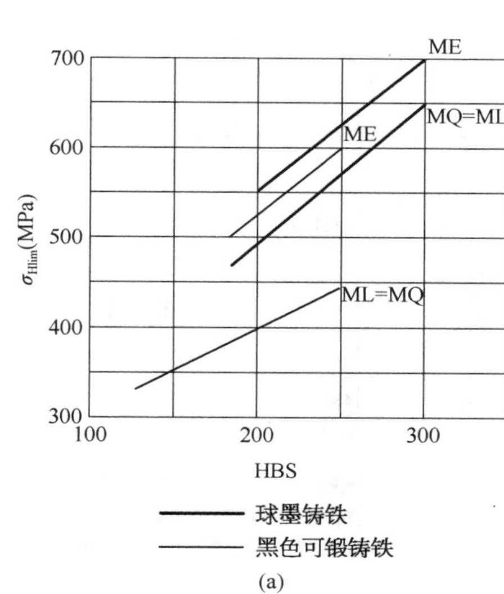
ME
MQ=ML
ME
ML=MQ
σ_{Hlim}(MPa)
HBS
球墨铸铁
黑色可锻铸铁
(a)

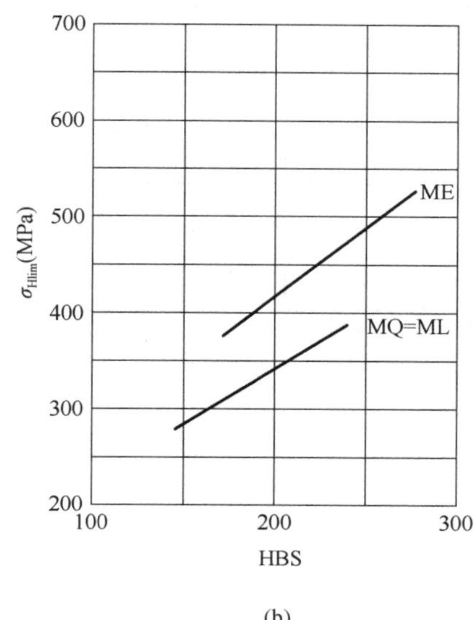
ME
MQ=ML
σ_{Hlim}(MPa)
HBS
(b)

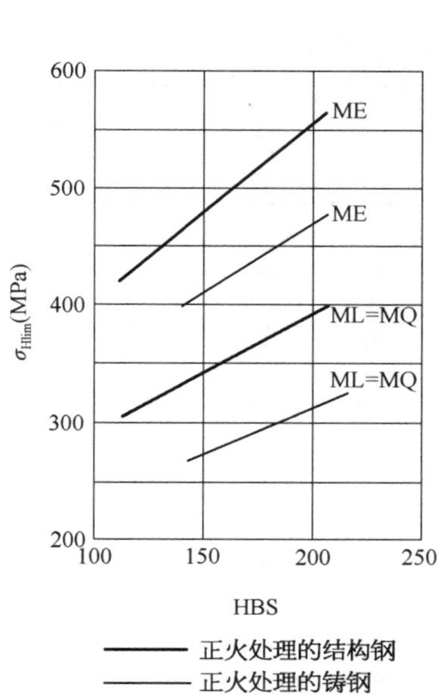
ME
ME
ML=MQ
ML=MQ
σ_{Hlim}(MPa)
HBS
正火处理的结构钢
正火处理的铸钢
(c)

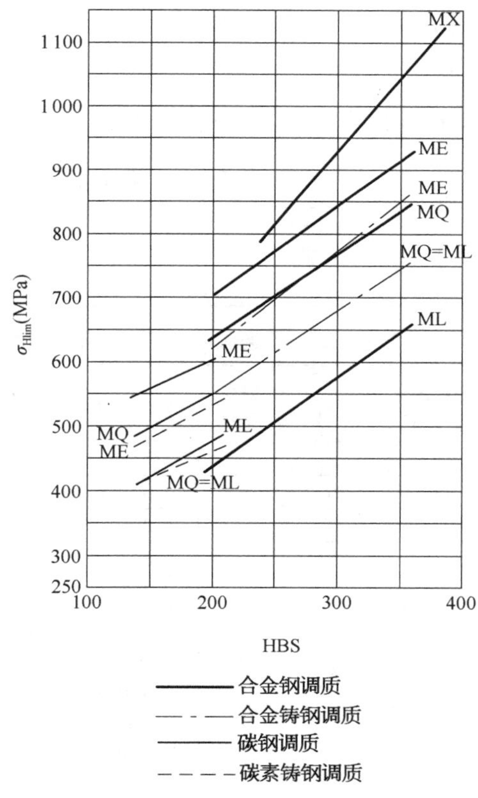
MX
ME
ME
MQ
MQ=ML
ML
ME
MQ
ME
ML
MQ=ML
σ_{Hlim}(MPa)
HBS
合金钢调质
合金铸钢调质
碳钢调质
碳素铸钢调质
(d)

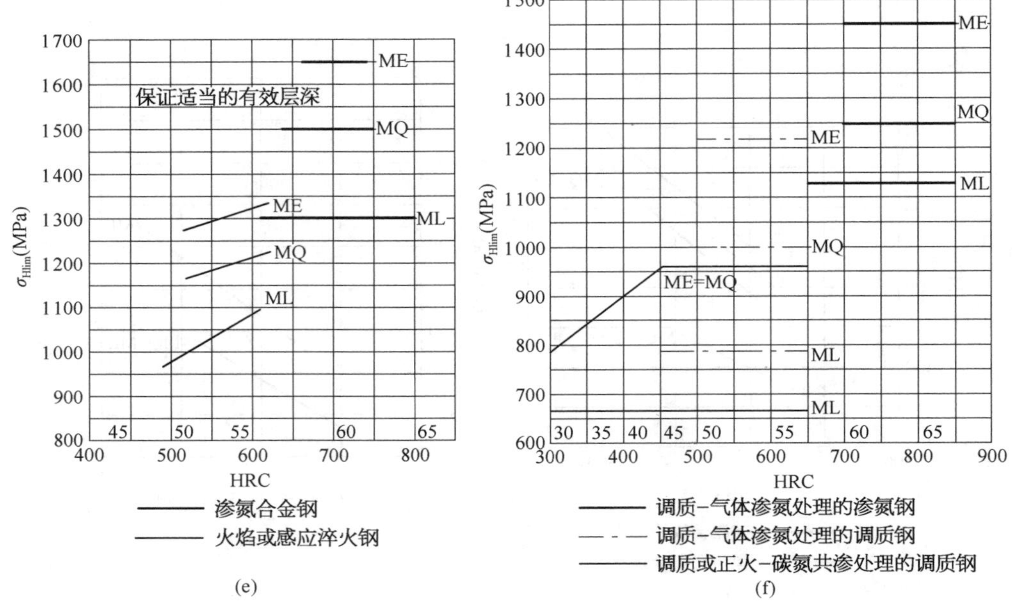

图 5-13　齿轮接触疲劳强度极限 σ_{Hlim}

（a）铸铁材料；（b）灰铸铁；（c）正火处理的结构钢和铸钢；（d）调质处理钢；（e）渗氮淬火钢和表面硬化（火焰或感应淬火）钢；（f）渗氮和碳氮共渗钢

5.4　蜗杆传动

表 5-27　蜗杆头数 z_1 与蜗轮齿数 z_2 的推荐值

$i=z_2/z_1$	5～6	7～8	9～13	14～24	25～27	28～40	≥40
z_1	6	4	3～4	2～3	2～3	1～2	1
z_2	30～36	28～32	28～52	28～72	50～81	28～80	≥40

表 5-28　普通圆柱蜗杆传动基本尺寸和参数（摘自 GB/T 10085—1988）

模数 m（mm）	分度圆直径 d_1（mm）	m^2d_1（mm^3）	蜗杆头数 z_1	分度圆导程角 γ	模数 m（mm）	分度圆直径 d_1（mm）	m^2d_1（mm^3）	蜗杆头数 z_1	分度圆导程角 γ
1	18	18	1	3°10′47″	2.5	28	175	1	5°06′08″
1.25	20	31.25	1	3°34′35″				2	10°07′29″
	22.4	35		3°11′38″				4	19°39′14″
1.6	20	51.2	1	4°34′26″				6	28°10′43″
			2	9°05′25″		45	281.25	1	3°10′47″
			4	17°44′41″	3.15	35.5	352.25	1	5°04′15″
	28	71.68	1	3°16′14″				2	10°03′48″
2	22.4	89.6	1	5°06′08″				4	19°32′29″
			2	10°07′29″				6	28°01′50″
			4	19°39′14″		56	555.66	1	3°13′10″
			6	28°10′43″	4	40	640	1	5°42′38″
	35.5	142	1	3°13′28″				2	11°18′36″

（续表）

模数 m（mm）	分度圆直径 d_1（mm）	m^2d_1（mm^3）	蜗杆头数 z_1	分度圆导程角 γ	模数 m（mm）	分度圆直径 d_1（mm）	m^2d_1（mm^3）	蜗杆头数 z_1	分度圆导程角 γ
4	40	640	4	21°48′05″	8	80	5 120	4	21°48′05″
			6	30°57′50″				6	30°57′50″
	71	1 136	1	3°13′28″		140	8 960	1	3°16′14″
5	50	1 250	1	5°42′38″	10	90	9 000	1	6°20′25″
			2	11°18′36″				2	12°31′44″
			4	21°48′05″				4	23°57′45″
			6	30°57′50″				6	33°41′24″
	90	2 250	1	3°10′47″		160	16 000	1	3°34′35″
6.3	63	2 500.5	1	5°42′38″	12.5	112	17 500	1	6°22′06″
			2	11°18′36″				2	12°34′59″
			4	21°48′05″				4	24°03′26″
			6	30°57′50″		200	31 250	1	3°34′35″
	112	4 445.3	1	3°13′10″	16	140	35 840	1	6°31′11″
8	80	5 120	1	5°42′38″				2	12°52′30″
			2	11°18′36″				4	24°34′02″

注：本表中导程角 $\gamma<3°30′$的圆柱蜗杆均为自锁蜗杆传动。

表 5－29　蜗杆传动使用系数 K_A

工作类型	Ⅰ	Ⅱ	Ⅲ
载荷性质	均匀、无冲击	不均匀、小冲击	不均匀、大冲击
每小时启动次数	<25	25～50	>50
启动载荷	小	较大	大
K_A	1	1.15	1.2

表 5－30　灰铸铁及铸铝铁青铜的许用接触应力[σ_H]　（MPa）

材料		滑动速度 v_s（m/s）						
蜗　杆	蜗　轮	<0.25	0.25	0.5	1	2	3	4
20或20Cr渗碳、淬火、45钢淬火。齿面硬度大于45HRC	灰铸铁 HT150	206	166	150	127	95	—	—
	灰铸铁 HT200	250	202	182	154	115	—	—
	铸铝铁青铜 ZCuAl10Fe3	—	—	250	230	210	180	160
45钢或Q275	灰铸铁 HT150	172	139	125	106	79	—	—
	灰铸铁 HT200	208	168	152	128	96	—	—

表 5－31　铸锡青铜蜗轮的基本许用接触应力[σ_H]′　（MPa）

蜗轮材料	铸造方法	蜗杆螺旋面的硬度	
		≤45HRC	>45HRC
铸锡磷青铜 ZCuSn10P1	砂模铸造	150	180
	金属模铸造	220	268
铸锡锌铅青铜 ZCuSn5SPb5Zn5	砂模铸造	113	135
	金属模铸造	128	140

注：锡青铜的基本许用接触应力为应力循环次数 $N=10^7$ 时之值，当 $N\neq10^7$ 时，需将表中数值乘以接触疲劳寿命系数 K_{HN}；当 $N>25\times10^7$时，取 $N=25\times10^7$；当 $N<2.6\times10^5$时，取 $N=2.6\times10^5$。

表 5-32 蜗轮的基本许用弯曲应力 $[\sigma_F]'$ (MPa)

蜗轮材料		铸造方法	单侧工作 $[\sigma_{0F}]'$	双侧工作 $[\sigma_{-1F}]'$
铸锡磷青铜 ZCuSn10P1		砂模铸造	40	29
		金属模铸造	56	40
铸锡锌铅青铜 ZCuSn5SPb5Zn5		砂模铸造	26	22
		金属模铸造	32	26
铸铝铁青铜 ZCuAl10Fe3		砂模铸造	80	57
		金属模铸造	90	64
灰铸铁	HT150	砂模铸造	40	28
	HT200	砂模铸造	48	34

注：表中各种青铜的基本许用弯曲应力为应力循环次数 $N=10^6$ 时之值，当 $N\neq10^6$ 时，需将表中数值乘以弯曲疲劳寿命系数 K_{FN}；当 $N>25\times10^7$ 时，取 $N=25\times10^7$；当 $N<10^5$ 时，取 $N=10^5$。

表 5-33 普通圆柱蜗杆传动 v_s、f_v、φ_v 值

蜗轮齿圈材料	锡青铜				无锡青铜		灰铸铁			
蜗杆齿面硬度	≥45HRC		其 他		≥45HRC		≥45HRC		其 他	
滑动速度 v_s(m/s)	f_v	φ_v	f_v	φ_v	f_v	φ_v	f_v	φ_v	f_v	φ_v
0.01	0.110	6°17′	0.120	6°51′	0.180	10°12′	0.180	10°12′	0.190	10°45′
0.05	0.090	5°09′	0.100	5°43′	0.140	7°58′	0.140	7°58′	0.160	9°05′
0.10	0.080	4°34′	0.090	5°09′	0.130	7°24′	0.130	7°24′	0.140	7°58′
0.25	0.065	3°43′	0.075	4°17′	0.100	5°43′	0.100	5°43′	0.120	6°51′
0.50	0.055	3°09′	0.065	3°43′	0.090	5°09′	0.090	5°09′	0.100	5°43′
1.0	0.045	2°35′	0.055	3°09′	0.070	4°00′	0.070	4°00′	0.090	5°09′
1.5	0.040	2°17′	0.050	2°52′	0.065	3°43′	0.065	3°43′	0.080	4°34′
2.0	0.035	2°00′	0.045	2°35′	0.055	3°09′	0.055	3°09′	0.070	4°00′
2.5	0.030	1°43′	0.040	2°17′	0.050	2°52′				
3.0	0.028	1°36′	0.035	2°00′	0.045	2°35′				
4	0.024	1°22′	0.031	1°47′	0.040	2°17′				
5	0.022	1°16′	0.029	1°40′	0.035	2°00′				
8	0.018	1°02′	0.026	1°29′	0.030	1°43′				
10	0.016	0°55′	0.024	1°22′						
15	0.014	0°48′	0.020	1°09′						
24	0.013	0°45′								

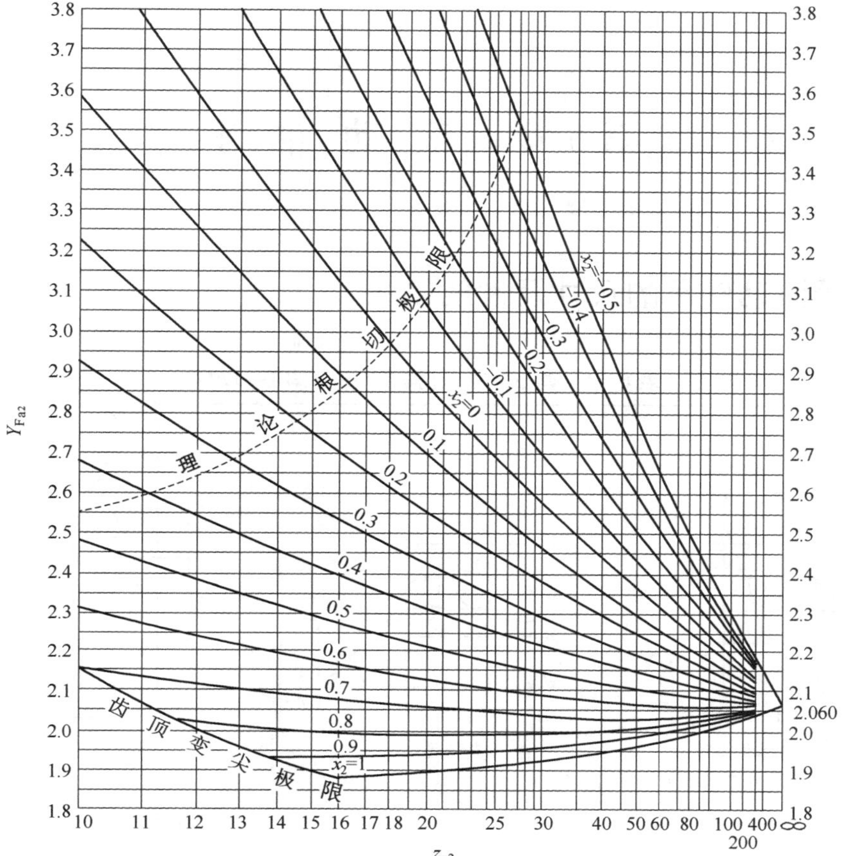

图5-14 蜗轮的齿形系数 Y_{Fa2}($\alpha=20°, h_a^*=1, \rho_{a0}=0.3m_n$)

第 6 章　滚 动 轴 承

6.1　常用滚动轴承的尺寸及性能参数

表 6-1　调心球轴承(摘自 GB/T 281—1994)

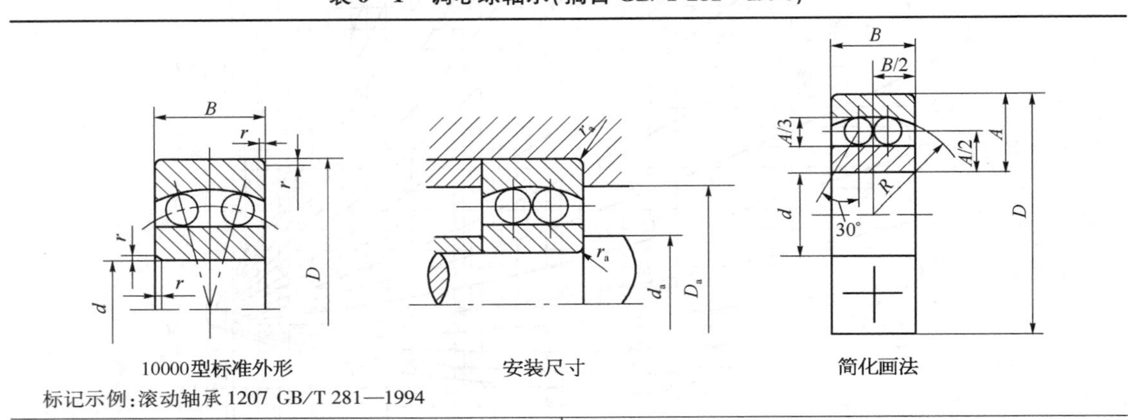

10000型标准外形　　安装尺寸　　简化画法

标记示例:滚动轴承 1207 GB/T 281—1994

径向当量动载荷	径向当量静载荷
当$\frac{F_a}{F_r}\leqslant e$时,$P_r=F_r+YF_a$;当$\frac{F_a}{F_r}>e$时,$P_r=0.65F_r+YF_a$	$P_{0r}=F_r+Y_0F_a$

轴承代号	基本尺寸(mm)				安装尺寸(mm)			计算系数				基本额定动载荷 C_r(kN)	基本额定静载荷 C_{0r}(kN)	极限转速(r/min)	
	d	D	B	r_s min	d_a min	D_a max	r_{as} max	e	$\frac{F_a}{F_r}\leqslant e$ Y	$\frac{F_a}{F_r}>e$ Y	Y_0			脂润滑	油润滑
(0)2 尺寸系列															
1204	20	47	14	1	26	41	1	0.27	2.3	3.6	2.4	9.95	2.65	14 000	17 000
1205	25	52	15	1	31	46	1	0.27	2.3	3.6	2.4	12.0	3.30	12 000	14 000
1206	30	62	16	1	36	56	1	0.24	2.6	4.0	2.7	15.8	4.70	10 000	12 000
1207	35	72	17	1.1	42	65	1	0.23	2.7	4.2	2.9	15.8	5.08	8 500	10 000
1208	40	80	18	1.1	47	73	1	0.22	2.9	4.4	3.0	19.2	6.40	7 500	9 000
1209	45	85	19	1.1	52	78	1	0.21	2.9	4.6	3.1	21.8	7.32	7 100	8 500
1210	50	90	20	1.1	57	83	1	0.20	3.1	4.8	3.3	22.8	8.08	6 300	8 000
1211	55	100	21	1.5	64	91	1.5	0.20	3.2	5.0	3.4	26.8	10.0	6 000	7 100
1212	60	110	22	1.5	69	101	1.5	0.19	3.4	5.3	3.6	30.2	11.5	5 300	6 300
1213	65	120	23	1.5	74	111	1.5	0.17	3.7	5.7	3.9	31.0	12.5	4 800	6 000
1214	70	125	24	1.5	79	116	1.5	0.18	3.5	5.4	3.7	34.5	13.5	4 800	5 600
1215	75	130	25	1.5	84	121	1.5	0.17	3.6	5.6	3.8	38.8	15.2	4 300	5 300
1216	80	140	26	2	90	130	2	0.18	3.6	5.5	3.7	39.5	16.8	4 000	5 000
1217	85	150	28	2	95	140	2	0.17	3.7	5.7	3.9	48.8	20.5	3 800	4 500
1218	90	160	30	2	100	150	2	0.17	3.8	5.7	4.0	56.5	23.2	3 600	4 300
1219	95	170	32	2.1	107	158	2.1	0.17	3.7	5.7	3.9	63.5	27.0	3 400	4 000
1220	100	180	34	2.1	112	168	2.1	0.18	3.5	5.4	3.7	68.5	29.2	3 200	3 800

（续表）

轴承代号	基本尺寸(mm)				安装尺寸(mm)			计算系数				基本额定动载荷 C_r(kN)	基本额定静载荷 C_{0r}(kN)	极限转速(r/min)	
	d	D	B	r_s min	d_a min	D_a max	r_{as} max	e	$\frac{F_a}{F_r}\leq e$ Y	$\frac{F_a}{F_r}>e$ Y	Y_0			脂润滑	油润滑
(0)3尺寸系列															
1304	20	52	15	1.1	27	45	1	0.29	2.2	3.4	2.3	12.5	3.38	12 000	15 000
1305	25	62	17	1.1	32	55	1	0.27	2.3	3.5	2.4	17.8	5.05	10 000	13 000
1306	30	72	19	1.1	37	65	1	0.26	2.4	3.8	2.6	21.5	6.28	8 500	11 000
1307	35	80	21	1.5	44	71	1.5	0.25	2.6	4.0	2.7	25.0	7.95	7 500	9 500
1308	40	90	23	1.5	49	81	1.5	0.24	2.6	4.0	2.7	29.5	9.50	6 700	8 500
1309	45	100	25	1.5	54	91	1.5	0.25	2.5	3.9	2.6	38.0	12.8	6 000	7 500
1310	50	110	27	2	60	100	2	0.24	2.7	4.1	2.8	43.2	14.2	5 600	6 700
1311	55	120	29	2	65	110	2	0.23	2.7	4.2	2.8	51.5	18.2	5 000	6 300
1312	60	130	31	2.1	72	118	2.1	0.23	2.8	4.3	2.9	57.2	20.8	4 500	5 600
1313	65	140	33	2.1	77	128	2.1	0.23	2.8	4.3	2.9	61.8	22.8	4 300	5 300
1314	70	150	35	2.1	82	138	2.1	0.22	2.8	4.4	2.9	74.5	27.5	4 000	5 000
1315	75	160	37	2.1	87	148	2.1	0.22	2.8	4.4	3.0	79.0	29.8	3 800	4 500
1316	80	170	39	2.1	92	158	2.1	0.22	2.9	4.5	3.1	88.5	32.8	3 600	4 300
1317	85	180	41	3	99	166	2.5	0.22	2.9	4.5	3.0	97.8	37.8	3 400	4 000
1318	90	190	43	3	104	176	2.5	0.22	2.8	4.4	2.9	115	44.5	3 200	3 800
1319	95	200	45	3	109	186	2.5	0.22	2.8	4.3	2.9	132	50.8	3 000	3 600
1320	100	215	47	3	114	201	2.5	0.24	2.7	4.1	2.8	142	57.2	2 800	3 400
22尺寸系列															
2204	20	47	18	1	26	41	1	0.48	1.3	2.0	1.4	12.5	3.28	14 000	17 000
2205	25	52	18	1	31	46	1	0.41	1.5	2.3	1.5	12.5	3.40	12 000	14 000
2206	30	62	20	1	36	56	1	0.39	1.6	2.4	1.7	15.2	4.60	10 000	12 000
2207	35	72	23	1.1	42	65	1	0.38	1.7	2.6	1.8	21.8	6.65	8 500	10 000
2208	40	80	23	1.1	47	73	1	0.24	1.9	2.9	2.0	22.5	7.38	7 500	9 000
2209	45	85	23	1.1	52	78	1	0.31	2.1	3.2	2.2	23.2	8.00	7 100	8 500
2210	50	90	23	1.1	57	83	1	0.29	2.2	3.4	2.3	23.2	8.45	6 300	8 000
2211	55	100	25	1.5	64	91	1.5	0.28	2.3	3.5	2.4	26.8	9.95	6 000	7 100
2212	60	110	28	1.5	69	101	1.5	0.28	2.3	3.5	2.4	34.0	12.5	5 300	6 300
2213	65	120	31	1.5	74	111	1.5	0.28	2.3	3.5	2.4	43.5	16.2	4 800	6 000
2214	70	125	31	1.5	79	116	1.5	0.27	2.4	3.7	2.5	44.0	17.0	4 500	5 600
2215	75	130	31	1.5	84	121	1.5	0.25	2.5	3.9	2.6	44.2	18.0	4 300	5 300
2216	80	140	33	2	90	130	2	0.25	2.5	3.9	2.6	48.8	20.2	4 000	5 000
2217	85	150	36	2	95	140	2	0.25	2.5	3.8	2.6	58.2	23.5	3 800	4 500
2218	90	160	40	2	100	150	2	0.27	2.4	3.7	2.5	70.0	28.5	3 600	4 300
2219	95	170	43	2.1	107	158	2.1	0.26	2.4	3.7	2.5	82.8	33.8	3 400	4 000
2220	100	180	46	2.1	112	168	2.1	0.27	2.3	3.6	2.5	97.2	40.5	3 200	3 800

注：1. 表中 C_r 值适用于轴承为真空脱气轴承钢材料。如为普通电炉钢，C_r 值降低；如为真空重熔或电渣熔轴承钢，C_r 值提高。

2. 表中 $r_s$min 为 r 的单向最小倒角尺寸；r_{as}max 为 r_a 的单向最大倒角尺寸。

表 6-2　调心滚子轴承（摘自 GB/T 288—1994）

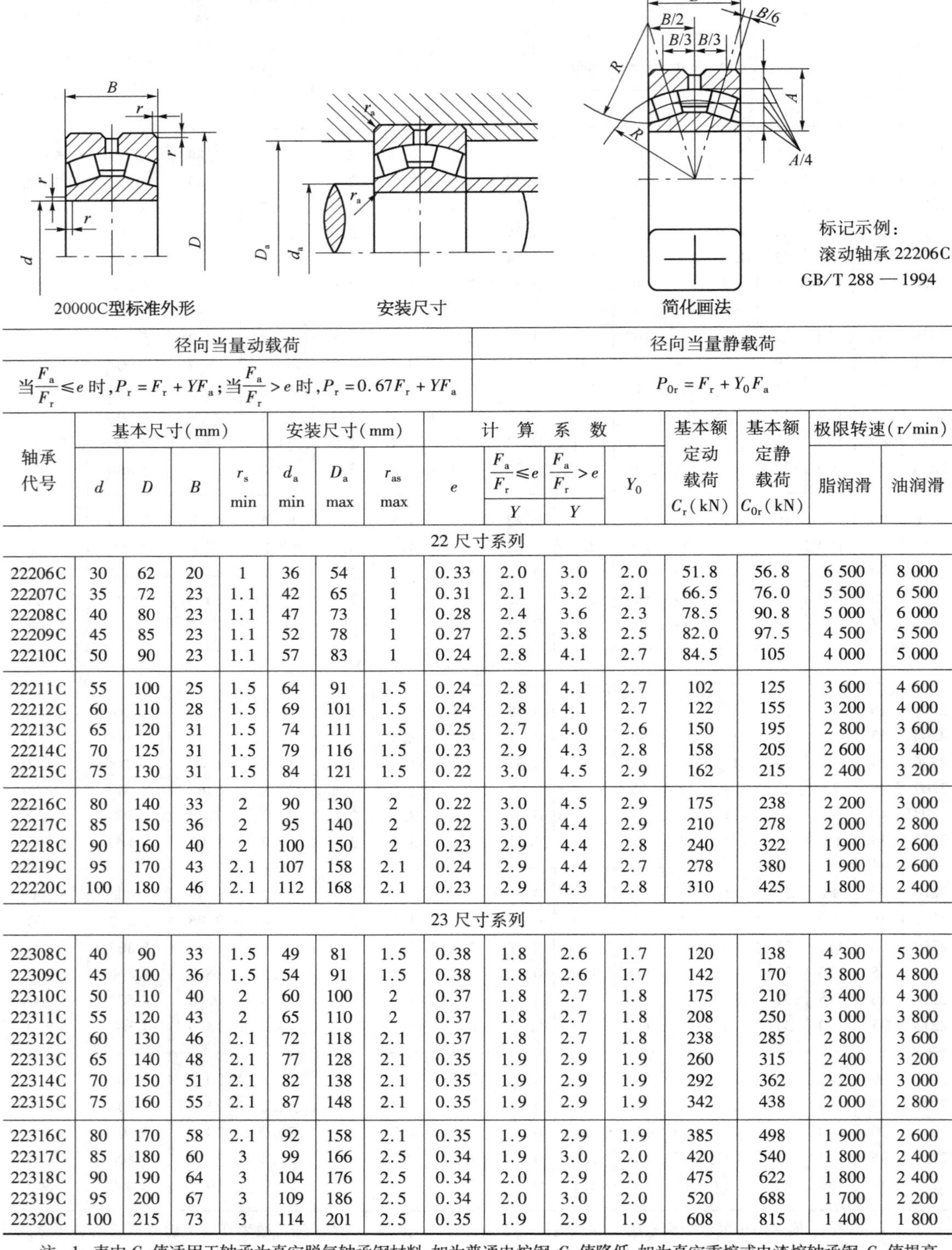

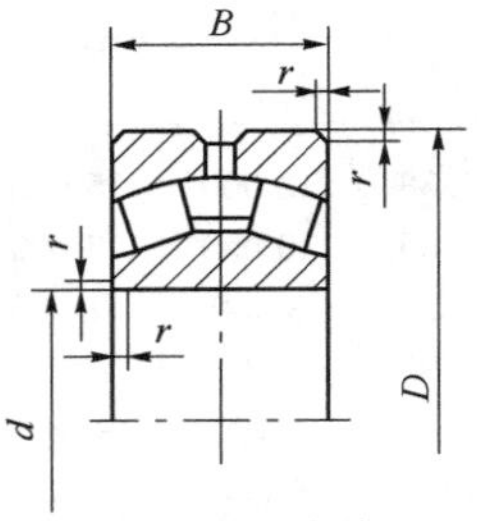

20000C型标准外形

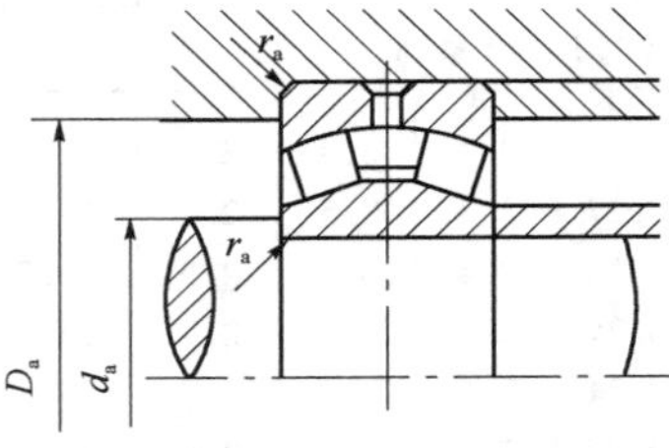

安装尺寸

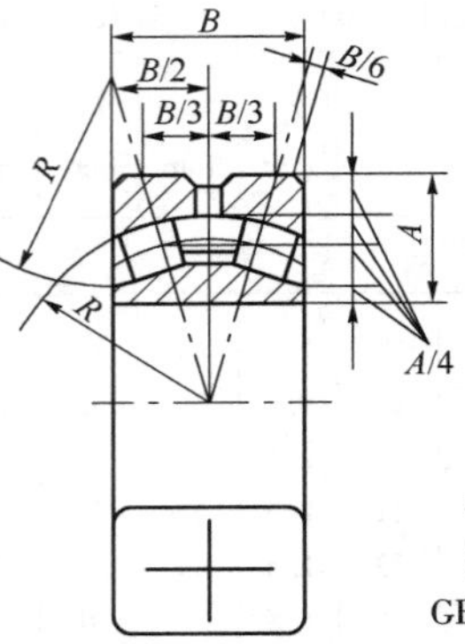

简化画法

标记示例：
滚动轴承 22206C
GB/T 288 — 1994

径向当量动载荷	径向当量静载荷
当$\frac{F_a}{F_r}\leqslant e$时，$P_r = F_r + YF_a$；当$\frac{F_a}{F_r} > e$时，$P_r = 0.67F_r + YF_a$	$P_{0r} = F_r + Y_0 F_a$

轴承代号	基本尺寸(mm)				安装尺寸(mm)			计　算　系　数				基本额定动载荷 C_r(kN)	基本额定静载荷 C_{0r}(kN)	极限转速(r/min)	
	d	D	B	r_s min	d_a min	D_a max	r_{as} max	e	$\frac{F_a}{F_r}\leqslant e$ Y	$\frac{F_a}{F_r}>e$ Y	Y_0			脂润滑	油润滑
22 尺寸系列															
22206C	30	62	20	1	36	54	1	0.33	2.0	3.0	2.0	51.8	56.8	6 500	8 000
22207C	35	72	23	1.1	42	65	1	0.31	2.1	3.2	2.1	66.5	76.0	5 500	6 500
22208C	40	80	23	1.1	47	73	1	0.28	2.4	3.6	2.3	78.5	90.8	5 000	6 000
22209C	45	85	23	1.1	52	78	1	0.27	2.5	3.8	2.5	82.0	97.5	4 500	5 500
22210C	50	90	23	1.1	57	83	1	0.24	2.8	4.1	2.7	84.5	105	4 000	5 000
22211C	55	100	25	1.5	64	91	1.5	0.24	2.8	4.1	2.7	102	125	3 600	4 600
22212C	60	110	28	1.5	69	101	1.5	0.24	2.8	4.1	2.7	122	155	3 200	4 000
22213C	65	120	31	1.5	74	111	1.5	0.25	2.7	4.0	2.6	150	195	2 800	3 600
22214C	70	125	31	1.5	79	116	1.5	0.23	2.9	4.3	2.8	158	205	2 600	3 400
22215C	75	130	31	1.5	84	121	1.5	0.22	3.0	4.5	2.9	162	215	2 400	3 200
22216C	80	140	33	2	90	130	2	0.22	3.0	4.5	2.9	175	238	2 200	3 000
22217C	85	150	36	2	95	140	2	0.22	3.0	4.4	2.9	210	278	2 000	2 800
22218C	90	160	40	2	100	150	2	0.23	2.9	4.4	2.8	240	322	1 900	2 600
22219C	95	170	43	2.1	107	158	2.1	0.24	2.9	4.4	2.7	278	380	1 900	2 600
22220C	100	180	46	2.1	112	168	2.1	0.23	2.9	4.3	2.8	310	425	1 800	2 400
23 尺寸系列															
22308C	40	90	33	1.5	49	81	1.5	0.38	1.8	2.6	1.7	120	138	4 300	5 300
22309C	45	100	36	1.5	54	91	1.5	0.38	1.8	2.6	1.7	142	170	3 800	4 800
22310C	50	110	40	2	60	100	2	0.37	1.8	2.7	1.8	175	210	3 400	4 300
22311C	55	120	43	2	65	110	2	0.37	1.8	2.7	1.8	208	250	3 000	3 800
22312C	60	130	46	2.1	72	118	2.1	0.37	1.8	2.7	1.8	238	285	2 800	3 600
22313C	65	140	48	2.1	77	128	2.1	0.35	1.9	2.9	1.9	260	315	2 400	3 200
22314C	70	150	51	2.1	82	138	2.1	0.35	1.9	2.9	1.9	292	362	2 200	3 000
22315C	75	160	55	2.1	87	148	2.1	0.35	1.9	2.9	1.9	342	438	2 000	2 800
22316C	80	170	58	2.1	92	158	2.1	0.35	1.9	2.9	1.9	385	498	1 900	2 600
22317C	85	180	60	3	99	166	2.5	0.34	1.9	3.0	2.0	420	540	1 800	2 400
22318C	90	190	64	3	104	176	2.5	0.34	2.0	2.9	2.0	475	622	1 800	2 400
22319C	95	200	67	3	109	186	2.5	0.34	2.0	3.0	2.0	520	688	1 700	2 200
22320C	100	215	73	3	114	201	2.5	0.35	1.9	2.9	1.9	608	815	1 400	1 800

注：1. 表中 C_r 值适用于轴承为真空脱气轴承钢材料。如为普通电炉钢，C_r 值降低；如为真空重熔或电渣熔轴承钢，C_r 值提高。

2. 表中 $r_s$min 为 r 的单向最小倒角尺寸；r_{as}max 为 r_a 的单向最大倒角尺寸。

表 6-3 圆锥滚子轴承(摘自 GB/T 297—1994)

30000型标准外形

安装尺寸

简化画法

标记示例:
滚动轴承 30308 GB/T 297—1994

径向当量动载荷	径向当量静载荷
当$\frac{F_a}{F_r} \leq e$时,$P_r = F_r$;当$\frac{F_a}{F_r} > e$时,$P_r = 0.4F_r + YF_a$	$P_{0r} = 0.5F_r + Y_0F_a$;若$P_{0r} < F_r$,则取$P_{0r} = F_r$

轴承代号	尺寸(mm)								安装尺寸(mm)									计算系数			基本额定动载荷 C_r(kN)	基本额定静载荷 C_{0r}(kN)	极限转速(r/min)	
	d	D	T	B	C	r_s min	r_{1s} min	$a\approx$	d_a min	d_b max	D_a min	D_a max	D_b min	a_1 min	a_2 min	r_{as} max	r_{bs} max	e	Y	Y_0			脂润滑	油润滑
02尺寸系列																								
30203	17	40	13.25	12	11	1	1	9.9	23	23	34	34	37	2	2.5	1	1	0.35	1.7	1	20.8	21.8	9 000	12 000
30204	20	47	15.25	14	12	1	1	11.2	26	27	40	41	43	2	3.5	1	1	0.35	1.7	1	28.2	30.5	8 000	10 000
30205	25	52	16.25	15	13	1	1	12.5	31	31	44	46	48	2	3.5	1	1	0.37	1.6	0.9	32.2	37.0	7 000	9 000
30206	30	62	17.25	16	14	1	1	13.8	36	37	53	56	58	2	3.5	1	1	0.37	1.6	0.9	43.2	50.5	6 000	7 500
30207	35	72	18.25	17	15	1.5	1.5	15.3	42	44	62	65	67	3	3.5	1.5	1.5	0.37	1.6	0.9	54.2	63.5	5 300	6 700
30208	40	80	19.75	18	16	1.5	1.5	16.9	47	49	69	73	75	3	4	1.5	1.5	0.37	1.6	0.9	63.0	74.0	5 000	6 300
30209	45	85	20.75	19	16	1.5	1.5	18.6	52	53	74	78	80	3	5	1.5	1.5	0.4	1.5	0.8	67.8	83.5	4 500	5 600
30210	50	90	21.75	20	17	1.5	1.5	20	57	58	79	83	86	3	5	1.5	1.5	0.42	1.4	0.8	73.2	92.0	4 300	5 300
30211	55	100	22.75	21	18	2	1.5	21	64	64	88	91	95	4	5	2	1.5	0.4	1.5	0.8	90.8	115	3 800	4 800
30212	60	110	23.75	22	19	2	1.5	22.3	69	69	96	101	103	4	5	2	1.5	0.4	1.5	0.8	102	130	3 600	4 500
30213	65	120	24.75	23	20	2	1.5	23.8	74	77	106	111	114	4	5	2	1.5	0.4	1.5	0.8	120	152	3 200	4 000
30214	70	125	26.75	24	21	2	1.5	25.8	79	81	110	116	119	4	5.5	2	1.5	0.42	1.4	0.8	132	175	3 000	3 800
30215	75	130	27.25	25	22	2	1.5	27.4	84	85	115	121	125	4	5.5	2	1.5	0.44	1.4	0.8	138	185	2 800	3 600
30216	80	140	28.25	26	22	2.5	2	28.1	90	90	124	130	133	4	6	2.1	2	0.42	1.4	0.8	160	212	2 600	3 400
30217	85	150	30.5	28	24	2.5	2	30.3	95	96	132	140	142	5	6.5	2.1	2	0.42	1.4	0.8	178	238	2 400	3 200
30218	90	160	32.5	30	26	2.5	2	32.3	100	102	140	150	151	5	6.5	2.1	2	0.42	1.4	0.8	200	270	2 200	3 000
30219	95	170	34.5	32	27	3	2.5	34.2	107	108	149	158	160	5	7.5	2.5	2.1	0.42	1.4	0.8	228	308	2 000	2 800
30220	100	180	37	34	29	3	2.5	36.4	112	114	157	168	169	5	8	2.5	2.1	0.42	1.4	0.8	255	350	1 900	2 600

（续表）

轴承代号	尺寸(mm)								安装尺寸(mm)									计算系数			基本额定动载荷	基本额定静载荷	极限转速(r/min)	
	d	D	T	B	C	r_s min	r_{1s} min	$a\approx$	d_a min	d_b max	D_a min	D_a max	D_b min	a_1 min	a_2 min	r_{as} max	r_{bs} max	e	Y	Y_0	C_r(kN)	C_{0r}(kN)	脂润滑	油润滑
03尺寸系列																								
30302	15	42	14.25	13	11	1	1	9.6	21	22	36	36	38	2	3.5	1	1	0.29	2.1	1.2	22.8	21.5	9 000	12 000
30303	17	47	15.25	14	12	1	1	10.4	23	25	40	41	43	3	3.5	1	1	0.29	2.1	1.2	28.2	27.2	8 500	11 000
30304	20	52	16.25	15	13	1.5	1.5	11.1	27	28	44	45	48	3	3.5	1.5	1.5	0.3	2	1.1	33.0	33.2	7 500	9 500
30305	25	62	18.25	17	15	1.5	1.5	13	32	34	54	55	58	3	3.5	1.5	1.5	0.3	2	1.1	46.8	48.0	6 300	8 000
30306	30	72	20.75	19	16	1.5	1.5	15.3	37	40	62	65	66	3	5	1.5	1.5	0.31	1.9	1.1	59.0	63.0	5 600	7 000
30307	35	80	22.75	21	18	2	1.5	16.8	44	45	70	71	74	3	5	2	1.5	0.31	1.9	1.1	75.2	82.5	5 000	6 300
30308	40	90	25.25	23	20	2	1.5	19.5	49	52	77	81	84	3	5.5	2	1.5	0.35	1.7	1	90.8	108	4 500	5 600
30309	45	100	27.25	25	22	2	1.5	21.3	54	59	86	91	94	3	5.5	2	1.5	0.35	1.7	1	108	130	4 000	5 000
30310	50	110	29.25	27	23	2.5	2	23	60	65	95	100	103	4	6.5	2	2	0.35	1.7	1	130	158	3 800	4 800
30311	55	120	31.5	29	25	2.5	2	24.9	65	70	104	110	112	4	6.5	2.5	2	0.35	1.7	1	152	188	3 400	4 300
30312	60	130	33.5	31	26	3	2.5	26.6	72	76	112	118	121	5	7.5	2.5	2.1	0.35	1.7	1	170	210	3 200	4 000
30313	65	140	36	33	28	3	2.5	28.7	77	83	122	128	131	5	8	2.5	2.1	0.35	1.7	1	195	242	2 800	3 600
30314	70	150	38	35	30	3	2.5	30.7	82	89	130	138	141	5	8	2.5	2.1	0.35	1.7	1	218	272	2 600	3 400
30315	75	160	40	37	31	3	2.5	32	87	95	139	148	150	5	9	2.5	2.1	0.35	1.7	1	252	318	2 400	3 200
30316	80	170	42.5	39	33	3	2.5	34.4	92	102	148	158	160	5	9.5	2.5	2.1	0.35	1.7	1	278	352	2 200	3 000
30317	85	180	44.5	41	34	4	3	35.9	99	107	156	166	168	6	10.5	3	2.5	0.35	1.7	1	305	388	2 000	2 800
30318	90	190	46.5	43	36	4	3	37.5	104	113	165	176	178	6	10.5	3	2.5	0.35	1.7	1	342	440	1 900	2 600
30319	95	200	49.5	45	38	4	3	40.1	109	118	172	186	185	6	11.5	3	2.5	0.35	1.7	1	370	478	1 800	2 400
30320	100	215	51.5	47	39	4	3	42.2	114	127	184	201	199	6	12.5	3	2.5	0.35	1.7	1	405	525	1 600	2 000
22尺寸系列																								
32206	30	62	21.25	20	17	1	1	15.6	36	36	52	56	58	3	4.5	1	1	0.37	1.6	0.9	51.8	63.8	6 000	7 500
32207	35	72	24.25	23	19	1.5	1.5	17.9	42	42	61	65	68	3	4.5	1.5	1.5	0.37	1.6	0.9	70.5	89.5	5 300	6 700
32208	40	80	24.75	23	19	1.5	1.5	18.9	47	48	68	73	75	3	6	1.5	1.5	0.37	1.6	0.9	77.8	97.2	5 000	6 300
32209	45	85	24.75	23	19	1.5	1.5	20.1	52	53	73	78	81	3	6	1.5	1.5	0.4	1.5	0.8	80.8	105	4 500	5 600

（续表）

轴承代号	尺寸(mm)								安装尺寸(mm)									计算系数			基本额定动载荷	基本额定静载荷	极限转速(r/min)	
	d	D	T	B	C	r_s min	r_{1s} min	$a\approx$	d_a min	d_b max	D_a min	D_a max	D_b min	a_1 min	a_2 min	r_{as} max	r_{bs} max	e	Y	Y_0	C_r(kN)	C_{0r}(kN)	脂润滑	油润滑
22尺寸系列																								
32210	50	90	24.75	23	19	1.5	1.5	21	57	57	78	83	86	3	6	1.5	1.5	0.42	1.4	0.8	82.8	108	4 300	5 300
32211	55	100	26.75	25	21	2	1.5	22.8	64	62	87	91	96	4	6	2	1.5	0.4	1.5	0.8	108	142	3 800	4 800
32212	60	110	29.75	28	24	2	1.5	25	69	68	95	101	105	4	6	2	1.5	0.4	1.5	0.8	132	180	3 600	4 500
32213	65	120	32.75	31	27	2	1.5	27.3	74	75	104	111	115	4	6	2	1.5	0.4	1.5	0.8	160	222	3 200	4 000
32214	70	125	33.25	31	27	2	1.5	28.8	79	79	108	116	120	4	6.5	2	1.5	0.42	1.4	0.8	168	238	3 000	3 800
32215	75	130	33.25	31	27	2	1.5	30	84	84	115	121	126	4	6.5	2	1.5	0.44	1.4	0.8	170	242	2 800	3 600
32216	80	140	32.25	33	28	2.5	2	31.4	90	89	122	130	135	5	7.5	2.1	2	0.42	1.4	0.8	198	278	2 600	3 400
32217	85	150	38.5	36	30	2.5	2	33.9	95	95	130	140	143	5	8.5	2.1	2	0.42	1.4	0.8	228	325	2 400	3 200
32218	90	160	42.5	40	34	2.5	2	36.8	100	101	138	150	153	5	8.5	2.1	2	0.42	1.4	0.8	270	395	2 200	3 000
32219	95	170	45.5	43	37	3	2.5	39.2	107	106	145	158	163	5	8.5	2.5	2.1	0.42	1.4	0.8	302	448	2 000	2 800
32220	100	180	49	46	39	3	2.5	41.9	112	113	154	168	172	5	10	2.5	2.1	0.42	1.4	0.8	340	512	1 900	2 600
23尺寸系列																								
32303	17	47	20.25	19	16	1	1	12.3	23	24	39	41	43	3	4.5	1	1	0.29	2.1	1.2	35.2	36.2	8 500	11 000
32304	20	52	22.25	21	18	1.5	1.5	13.6	27	26	43	45	48	3	4.5	1.5	1.5	0.3	2	1.1	42.8	46.2	7 500	9 500
32305	25	62	25.25	24	20	1.5	1.5	15.9	32	32	52	55	58	3	5.5	1.5	1.5	0.3	2	1.1	61.5	68.8	6 300	8 000
32306	30	72	28.75	27	23	1.5	1.5	18.9	37	38	59	65	66	4	6	1.5	1.5	0.31	1.9	1.1	81.5	96.5	5 600	7 000
32307	35	80	32.75	31	25	2	1.5	20.4	44	43	66	71	74	4	8.5	2	1.5	0.31	1.9	1.1	99.0	118	5 000	6 300
32308	40	90	35.25	33	27	2	1.5	23.3	49	49	73	81	83	4	8.5	2	1.5	0.35	1.7	1	115	148	4 500	5 600
32309	45	100	38.25	36	30	2	1.5	25.6	54	56	82	91	93	4	8.5	2	1.5	0.35	1.7	1	145	188	4 000	5 000
32310	50	110	42.25	40	33	2.5	2	28.2	60	61	90	100	102	5	9.5	2	2	0.35	1.7	1	178	235	3 800	4 800
32311	55	120	45.5	43	35	2.5	2	30.4	65	66	99	110	111	5	10	2.5	2	0.35	1.7	1	202	270	3 400	4 300
32312	60	130	48.5	46	37	3	2.5	32	72	72	107	118	122	6	11.5	2.5	2.1	0.35	1.7	1	228	302	3 200	4 000
32313	65	140	51	48	39	3	2.5	34.3	77	79	117	128	131	6	12	2.5	2.1	0.35	1.7	1	260	250	2 800	3 600
32314	70	150	54	51	42	3	2.5	36.5	82	84	125	138	141	6	12	2.5	2.1	0.35	1.7	1	298	408	2 600	3 400
32315	75	160	58	55	45	3	2.5	39.4	87	91	133	148	150	7	13	2.5	2.1	0.35	1.7	1	348	482	2 400	3 200
32316	80	170	61.5	58	48	3	2.5	42.1	92	97	142	158	160	7	13.5	2.5	2.1	0.35	1.7	1	388	542	2 200	3 000
32317	85	180	63.5	60	49	4	3	43.5	99	102	150	166	168	8	14.5	3	2.5	0.35	1.7	1	422	592	2 000	2 800
32318	90	190	67.5	64	53	4	3	46.2	104	107	157	176	178	8	14.5	3	2.5	0.35	1.7	1	478	682	1 900	2 600
32319	95	200	71.5	67	55	4	3	49	109	114	166	186	187	8	16.5	3	2.5	0.35	1.7	1	515	738	1 800	2 400
32320	100	215	77.5	73	60	4	3	52.9	114	122	177	201	201	8	17.5	3	2.5	0.35	1.7	1	600	872	1 600	2 000

注：1. 表中 C_r 值适用于轴承为真空脱气轴承钢材料。如为普通电炉钢，C_r 值降低；如为真空重熔或电渣熔轴承钢，C_r 值提高。

2. 表中 $r_s$min 为 r 的单向最小倒角尺寸；r_{1s}min 为 r_1 的单向最小倒角尺寸。

表 6-4　推力球轴承(摘自 GB/T 301—1995)

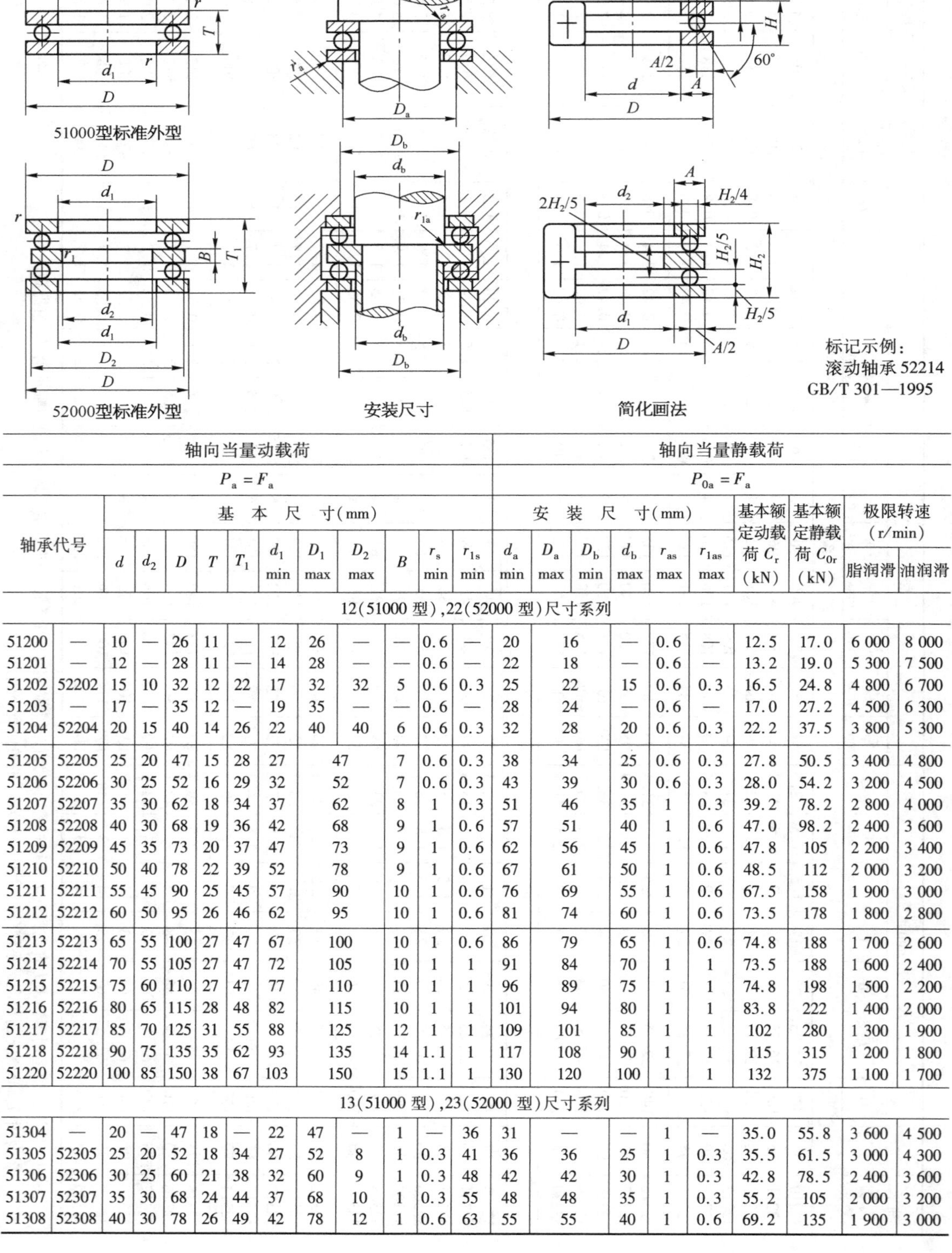

标记示例：
滚动轴承 52214 GB/T 301—1995

轴承代号		基本尺寸(mm)											安装尺寸(mm)						基本额定动载荷 C_r (kN)	基本额定静载荷 C_{0r} (kN)	极限转速 (r/min)	
		d	d_2	D	T	T_1	d_1 min	D_1 max	D_2 max	B	r_s min	r_{1s} min	d_a min	D_a max	D_b min	d_b max	r_{as} max	r_{1as} max			脂润滑	油润滑
轴向当量动载荷 $P_a = F_a$；轴向当量静载荷 $P_{0a} = F_a$																						
12(51000 型),22(52000 型)尺寸系列																						
51200	—	10	—	26	11	—	12	26	—	—	0.6	—	20	16		—	0.6	—	12.5	17.0	6 000	8 000
51201	—	12	—	28	11	—	14	28	—	—	0.6	—	22	18		—	0.6	—	13.2	19.0	5 300	7 500
51202	52202	15	10	32	12	22	17	32	32	5	0.6	0.3	25	22		15	0.6	0.3	16.5	24.8	4 800	6 700
51203	—	17	—	35	12	—	19	35	—	—	0.6	—	28	24		—	0.6	—	17.0	27.2	4 500	6 300
51204	52204	20	15	40	14	26	22	40	40	6	0.6	0.3	32	28		20	0.6	0.3	22.2	37.5	3 800	5 300
51205	52205	25	20	47	15	28	27	47		7	0.6	0.3	38	34		25	0.6	0.3	27.8	50.5	3 400	4 800
51206	52206	30	25	52	16	29	32	52		7	0.6	0.3	43	39		30	0.6	0.3	28.0	54.2	3 200	4 500
51207	52207	35	30	62	18	34	37	62		8	1	0.3	51	46		35	1	0.3	39.2	78.2	2 800	4 000
51208	52208	40	30	68	19	36	42	68		9	1	0.6	57	51		40	1	0.6	47.0	98.2	2 400	3 600
51209	52209	45	35	73	20	37	47	73		9	1	0.6	62	56		45	1	0.6	47.8	105	2 200	3 400
51210	52210	50	40	78	22	39	52	78		9	1	0.6	67	61		50	1	0.6	48.5	112	2 000	3 200
51211	52211	55	45	90	25	45	57	90		10	1	0.6	76	69		55	1	0.6	67.5	158	1 900	3 000
51212	52212	60	50	95	26	46	62	95		10	1	0.6	81	74		60	1	0.6	73.5	178	1 800	2 800
51213	52213	65	55	100	27	47	67	100		10	1	0.6	86	79		65	1	0.6	74.8	188	1 700	2 600
51214	52214	70	55	105	27	47	72	105		10	1	1	91	84		70	1	1	73.5	188	1 600	2 400
51215	52215	75	60	110	27	47	77	110		10	1	1	96	89		75	1	1	74.8	198	1 500	2 200
51216	52216	80	65	115	28	48	82	115		10	1	1	101	94		80	1	1	83.8	222	1 400	2 000
51217	52217	85	70	125	31	55	88	125		12	1	1	109	101		85	1	1	102	280	1 300	1 900
51218	52218	90	75	135	35	62	93	135		14	1.1	1	117	108		90	1	1	115	315	1 200	1 800
51220	52220	100	85	150	38	67	103	150		15	1.1	1	130	120		100	1	1	132	375	1 100	1 700
13(51000 型),23(52000 型)尺寸系列																						
51304	—	20	—	47	18	—	22	47	—	1	—	36	31	—		—	1	—	35.0	55.8	3 600	4 500
51305	52305	25	20	52	18	34	27	52	8	1	0.3	41	36	36		25	1	0.3	35.5	61.5	3 000	4 300
51306	52306	30	25	60	21	38	32	60	9	1	0.3	48	42	42		30	1	0.3	42.8	78.5	2 400	3 600
51307	52307	35	30	68	24	44	37	68	10	1	0.3	55	48	48		35	1	0.3	55.2	105	2 000	3 200
51308	52308	40	30	78	26	49	42	78	12	1	0.6	63	55	55		40	1	0.6	69.2	135	1 900	3 000

（续表）

轴承代号		基本尺寸(mm)											安装尺寸(mm)						基本额定动载荷 C_r (kN)	基本额定静载荷 C_{0r} (kN)	极限转速 (r/min)	
		d	d_2	D	T	T_1	d_1 min	D_1 max	D_2 max	B	r_s min	r_{1s} min	d_a min	D_a max	D_b min	d_b max	r_{as} max	r_{1as} max			脂润滑	油润滑
13(51000 型),23(52000 型)尺寸系列																						
51309	52309	45	35	85	28	52	47	85	12	1	0.6	69	61	61		45	1	0.6	75.8	150	1 700	2 600
51310	52310	50	40	95	31	59	52	95	14	1.1	0.6	77	68	68		50	1	0.6	96.5	202	1 600	2 400
51311	52311	55	45	105	35	64	57	105	15	1.1	0.6	85	75	75		55	1	0.6	115	142	1 500	2 200
51312	52312	60	50	110	35	64	62	110	15	1.1	0.6	90	80	80		60	1	0.6	118	262	1 400	2 000
51313	52313	65	55	115	36	65	67	115	15	1.1	0.6	95	85	85		65	1	0.6	115	262	1 300	1 900
51314	52314	70	55	125	40	72	72	125	16	1.1	1	103	92	92		70	1	1	148	340	1 200	1 800
51315	52315	75	60	135	44	79	77	135	18	1.5	1	111	99	99		75	1.5	1	162	380	1 100	1 700
51316	52316	80	65	140	44	79	82	140	18	1.5	1	116	104	104		80	1.5	1	160	380	1 000	1 600
51317	52317	85	70	150	49	87	88	150	19	1.5	1	124	111	114		85	1.5	1	208	495	950	1 500
51318	52318	90	75	155	50	88	93	155	19	1.5	1	129	116	116		90	1.5	1	205	495	900	1 400
51320	52320	100	85	170	55	97	103	170	21	1.5	1	142	128	128		100	1.5	1	235	595	800	1 200
14(51000 型),24(52000 型)尺寸系列																						
51405	52405	25	15	60	24	45	27	60		11	1	0.6	46	39		25	1	0.6	55.5	89.2	2 200	3 400
51406	52406	30	20	70	28	52	32	70		12	1	0.6	54	46		30	1	0.6	72.5	125	1 900	3 000
51407	52407	35	25	80	32	59	37	80		14	1.1	0.6	62	53		35	1	0.6	86.8	155	1 700	2 600
51408	52408	40	30	90	36	65	42	90		15	1.1	0.6	70	60		40	1	0.6	112	205	1 500	2 200
51409	52409	45	35	100	39	72	47	100		17	1.1	0.6	78	67		45	1	0.6	140	262	1 400	2 000
51410	52410	50	40	110	43	78	52	110		18	1.5	0.6	86	74		50	1.5	0.6	160	302	1 300	1 900
51411	52411	55	45	120	48	87	57	120		20	1.5	0.6	94	81		55	1.5	0.6	182	355	1 100	1 700
51412	52412	60	50	130	51	93	62	130		21	1.5	0.6	102	88		60	1.5	0.6	200	395	1 000	1 600
51413	52413	65	50	140	56	101	68	140		23	2	1	110	95		65	2.0	1	215	448	900	1 400
51414	52414	70	55	150	60	107	73	150		24	2	1	118	102		70	2.0	1	255	560	850	1 300
51415	52415	75	60	160	65	115	78	160	160	26	2	1	125	110		75	2.0	1	268	615	800	1 200
51416	—	80	—	170	68	—	83	170	—	—	2.1	—	133	117		—	2.1	—	292	692	750	1 100
51417	52417	85	65	180	72	128	88	177	179.5	29	2.1	1.1	141	124		85	2.1	1	318	782	700	1 000
51418	52418	90	70	190	77	135	93	187	189.5	30	2.1	1.1	149	131		90	2.1	1	325	825	670	950
51420	52420	100	80	210	85	150	103	205	209.5	33	3	1.1	165	145		100	2.5	1	400	1 080	600	850

注：1. 表中 C_r 值适用于轴承为真空脱气轴承钢材料。如为普通电炉钢，C_r 值降低；如为真空重熔或电渣熔轴承钢，C_r 值提高。

2. 表中 $r_s$min、r_{1s}min 为 r、r_1 的单向最小倒角尺寸，r_{as}max、r_{1as}max 为 r_a、r_{1a} 的单向最大倒角尺寸。

表 6－5　深沟球轴承(摘自 GB/T 276—1994)

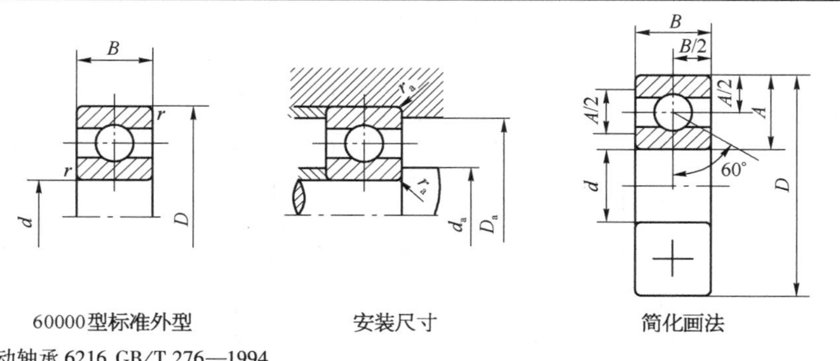

标记示例：滚动轴承 6216 GB/T 276—1994

（续表）

F_a/C_{0r}	e	Y	径向当量动载荷	径向当量静载荷
0.014	0.19	2.30	当$\frac{F_a}{F_r}\leqslant e$时，$P_r=F_r$ 当$\frac{F_a}{F_r}>e$时，$P_r=0.56F_r+YF_a$	$P_{0r}=F_r$ $P_{0r}=0.6F_r+0.5F_a$ 取上列两式计算结果的大值
0.028	0.22	1.99		
0.056	0.26	1.71		
0.084	0.28	1.55		
0.11	0.30	1.45		
0.17	0.34	1.31		
0.28	0.38	1.15		
0.42	0.42	1.04		
0.56	0.44	1.00		

轴承代号	基本尺寸(mm)				安装尺寸(mm)			基本额定动载荷	基本额定静载荷	极限转速(r/min)	
	d	D	B	r_s min	d_a min	D_a max	r_{as} max	C_r(kN)	C_{0r}(kN)	脂润滑	油润滑
(0)0 尺寸系列											
6000	10	26	8	0.3	12.4	23.6	0.3	4.58	1.98	20 000	28 000
6001	12	28	8	0.3	14.4	25.6	0.3	5.10	2.38	19 000	26 000
6002	15	32	9	0.3	17.4	29.6	0.3	5.58	2.85	18 000	24 000
6003	17	35	10	0.3	19.4	32.6	0.3	6.00	3.25	17 000	22 000
6004	20	42	12	0.6	25	37	0.6	9.38	5.02	15 000	19 000
6005	25	47	12	0.6	30	42	0.6	10.0	5.85	13 000	17 000
6006	30	55	13	1	36	49	1	13.2	8.30	10 000	14 000
6007	35	62	14	1	41	56	1	16.2	10.5	9 000	12 000
6008	40	68	15	1	46	62	1	17.0	11.8	8 500	11 000
6009	45	75	16	1	51	69	1	21.0	14.8	8 000	10 000
6010	50	80	16	1	56	74	1	22.0	16.2	7 000	9 000
6011	55	90	18	1.1	62	83	1	30.2	21.8	6 300	8 000
6012	60	95	18	1.1	67	88	1	31.5	24.2	6 000	7 500
6013	65	100	18	1.1	72	93	1	32.0	24.8	5 600	7 000
6014	70	110	20	1.1	77	103	1	38.5	30.5	5 300	6 700
6015	75	115	20	1.1	82	108	1	40.2	33.2	5 000	6 300
6016	80	125	22	1.1	87	118	1	47.5	39.8	4 800	6 000
6017	85	130	22	1.1	92	123	1	50.8	42.8	4 500	5 600
6018	90	140	24	1.5	99	131	1.5	58.0	49.8	4 300	5 300
6019	95	145	24	1.5	104	136	1.5	57.8	50.0	4 000	5 000
6020	100	150	24	1.5	109	141	1.5	64.5	56.2	3 800	4 800
(0)2 尺寸系列											
6200	10	30	9	0.6	15	25	0.6	5.10	2.38	19 000	26 000
6201	12	32	10	0.6	17	27	0.6	6.82	3.05	18 000	24 000
6202	15	35	11	0.6	20	30	0.6	7.65	3.72	17 000	22 000
6203	17	40	12	0.6	22	35	0.6	9.58	4.78	16 000	20 000
6204	20	47	14	1	26	41	1	12.8	6.65	14 000	18 000
6205	25	52	15	1	31	46	1	14.0	7.88	12 000	16 000
6206	30	62	16	1	36	56	1	19.5	11.5	9 500	13 000
6207	35	72	17	1.1	42	65	1	25.5	15.2	8 500	11 000
6208	40	80	18	1.1	47	73	1	29.5	18.0	8 000	10 000
6209	45	85	19	1.1	52	78	1	31.5	20.5	7 000	9 000
6210	50	90	20	1.1	57	83	1	35.0	23.2	6 700	8 500

（续表）

轴承代号	基本尺寸(mm)				安装尺寸(mm)			基本额定动载荷 C_r(kN)	基本额定静载荷 C_{0r}(kN)	极限转速(r/min)	
	d	D	B	r_s min	d_a min	D_a max	r_{as} max			脂润滑	油润滑
(0)2 尺寸系列											
6211	55	100	21	1.5	64	91	1.5	43.2	29.2	6 000	7 500
6212	60	110	22	1.5	69	101	1.5	47.8	32.8	5 600	7 000
6213	65	120	23	1.5	74	111	1.5	57.2	40.0	5 000	6 300
6214	70	125	24	1.5	79	116	1.5	60.8	45.0	4 800	6 000
6215	75	130	25	1.5	84	121	1.5	66.0	49.5	4 500	5 600
6216	80	140	26	2	90	130	2	71.5	54.2	4 300	5 300
6217	85	150	28	2	95	140	2	83.2	63.8	4 000	5 000
6218	90	160	30	2	100	150	2	95.8	71.5	3 800	4 800
6219	95	170	32	2.1	107	158	2.1	110	82.8	3 600	4 500
6220	100	180	34	2.1	112	168	2.1	122	92.8	3 400	4 300
(0)3 尺寸系列											
6300	10	35	11	0.6	15	30	0.6	7.65	3.48	18 000	24 000
6301	12	37	12	1	18	31	1	9.72	5.08	17 000	22 000
6302	15	42	13	1	21	36	1	11.5	5.42	16 000	20 000
6303	17	47	14	1	23	41	1	13.5	6.58	15 000	19 000
6304	20	52	15	1.1	27	45	1	15.8	7.88	13 000	17 000
6305	25	62	17	1.1	32	55	1	22.2	11.5	10 000	14 000
6306	30	72	19	1.1	37	65	1	27.0	15.2	9 000	12 000
6307	35	80	21	1.5	44	71	1.5	33.2	19.2	8 000	10 000
6308	40	90	23	1.5	49	81	1.5	40.8	24.0	7 000	9 000
6309	45	100	25	1.5	54	91	1.5	52.8	31.8	6 300	8 000
6310	50	110	27	2	60	100	2	61.8	38.0	6 000	7 500
6311	55	120	29	2	65	110	2	71.5	44.8	5 300	6 700
6312	60	130	31	2.1	72	118	2.1	81.8	51.8	5 000	6 300
6313	65	140	33	2.1	77	128	2.1	93.8	60.5	4 500	5 600
6314	70	150	35	2.1	82	138	2.1	105	68.0	4 300	5 300
6315	75	160	37	2.1	87	148	2.1	112	76.8	4 000	5 000
6316	80	170	39	2.1	92	158	2.1	122	86.5	3 800	4 800
6317	85	180	41	3	99	166	2.5	132	96.5	3 600	4 500
6318	90	190	43	3	104	176	2.5	145	108	3 400	4 300
6319	95	200	45	3	109	186	2.5	155	122	3 200	4 000
6320	100	215	47	3	114	201	2.5	172	140	2 800	3 600
(0)4 尺寸系列											
6403	17	62	17	1.1	24	55	1	22.5	10.8	11 000	15 000
6404	20	72	19	1.1	27	65	1	31.0	15.2	9 500	13 000
6405	25	80	21	1.5	34	71	1.5	38.2	19.2	8 500	11 000
6406	30	90	23	1.5	39	81	1.5	47.5	24.5	8 000	10 000
6407	35	100	25	1.5	44	91	1.5	56.8	29.5	6 700	8 500
6408	40	110	27	2	50	100	2	65.5	37.5	6 300	8 000
6409	45	120	29	2	55	110	2	77.5	45.5	5 600	7 000
6410	50	130	31	2.1	62	118	2.1	92.2	55.2	5 300	6 700
6411	55	140	33	2.1	67	128	2.1	100	62.5	4 800	6 000
6412	60	150	35	2.1	72	138	2.1	108	70.0	4 500	5 600
6413	65	160	37	2.1	77	148	2.1	118	78.5	4 300	5 300
6414	70	180	42	3	84	166	2.5	140	99.5	3 800	4 800
6415	75	190	45	3	89	176	2.5	155	115	3 600	4 500
6416	80	200	48	3	94	186	2.5	162	125	3 400	4 300
6417	85	210	52	4	103	192	3	175	138	3 200	4 000
6418	90	225	54	4	108	207	3	192	158	2 800	3 600
6420	100	250	58	4	118	232	3	222	195	2 400	3 200

注：1. 表中 C_r 值适用于轴承为真空脱气轴承钢材料。如为普通电炉钢，C_r 值降低；如为真空重熔或电渣熔轴承钢，C_r 值提高。

2. 表中 $r_s$min 为 r 的单向最小倒角尺寸；r_{as}max 为 r_a 的单向最大倒角尺寸。

表6－6 角接触球轴承(摘自GB/T 292—2007)

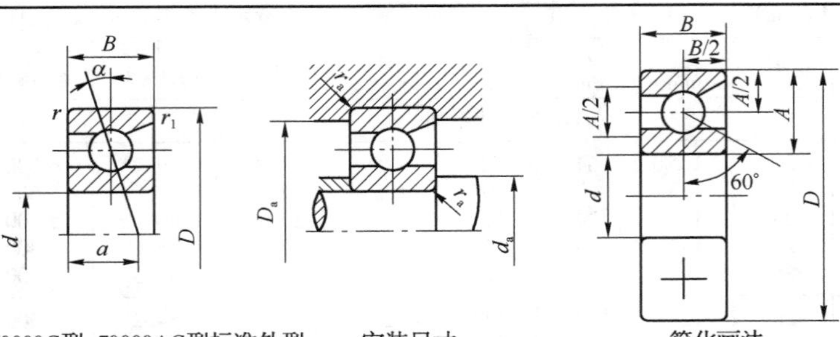

70000C型、70000AC型标准外型　安装尺寸　简化画法

标记示例：
滚动轴承 7216C GB/T 292—2007

iF_a/C_{0r}	e	Y	70000C 型	70000AC 型
0.015	0.38	1.47	径向当量动载荷	径向当量动载荷
0.029	0.40	1.40	当$\frac{F_a}{F_r}\leqslant e$时，$P_r=F_r$	当$\frac{F_a}{F_r}\leqslant 0.68$时，$P_r=F_r$
0.058	0.43	1.30		
0.087	0.46	1.23	当$\frac{F_a}{F_r}>e$时，$P_r=0.44F_r+YF_a$	当$\frac{F_a}{F_r}>0.68$时，$P_r=0.41F_r+0.87F_a$
0.12	0.47	1.19		
0.17	0.50	1.12	径向当量静载荷	径向当量静载荷
0.29	0.55	1.02	$P_{0r}=F_r$	$P_{0r}=F_r$
0.44	0.56	1.00	$P_{0r}=0.5F_r+0.46F_a$	$P_{0r}=0.5F_r+0.38F_a$
0.58	0.56	1.00	取上列两式计算结果的大值	取上列两式计算结果的大值

轴承代号		基本尺寸(mm)					安装尺寸(mm)			70000C 型 (α=15°)			70000AC 型 (α=25°)			极限转速(r/min)	
		d	D	B	r_s min	r_{1s} min	d_a min	D_a max	r_{as} max	a (mm)	基本额定动载荷 C_r (kN)	基本额定静载荷 C_{0r} (kN)	a (mm)	基本额定动载荷 C_r (kN)	基本额定静载荷 C_{0r} (kN)	脂润滑	油润滑
(0)0 尺寸系列																	
7000C	7000AC	10	26	8	0.3	0.1	12.4	23.6	0.3	6.4	4.92	2.25	8.2	4.75	2.12	19 000	28 000
7001C	7001AC	12	28	8	0.3	0.1	14.4	25.6	0.3	6.7	5.42	2.65	8.7	5.20	2.55	18 000	26 000
7002C	7002AC	15	32	9	0.3	0.1	17.4	29.6	0.3	7.6	6.25	3.42	10	5.95	3.25	17 000	24 000
7003C	7003AC	17	35	10	0.3	0.1	19.4	32.6	0.3	8.5	6.60	3.85	11.1	6.30	3.68	16 000	22 000
7004C	7004AC	20	42	12	0.6	0.3	25	37	0.6	10.2	10.5	6.08	13.2	10.0	5.78	14 000	19 000
7005C	7005AC	25	47	12	0.6	0.3	30	42	0.6	10.8	11.5	7.45	14.4	11.2	7.08	12 000	17 000
7006C	7006AC	30	55	13	1	0.3	36	49	1	12.2	15.2	10.2	16.4	14.5	9.85	9 500	14 000
7007C	7007AC	35	62	14	1	0.3	41	56	1	13.5	19.5	14.2	18.3	18.5	13.5	8 500	12 000
7008C	7008AC	40	68	15	1	0.3	46	62	1	14.7	20.0	15.2	20.1	19.0	14.5	8 000	11 000
7009C	7009AC	45	75	16	1	0.3	51	69	1	16	25.8	20.5	21.9	25.8	19.5	7 500	10 000
7010C	7010AC	50	80	16	1	0.3	56	74	1	16.7	26.5	22.0	23.2	25.2	21.0	6 700	9 000
7011C	7011AC	55	90	18	1.1	0.6	62	83	1	18.7	37.2	30.5	25.9	35.2	29.2	6 000	8 000
7012C	7012AC	60	95	18	1.1	0.6	67	88	1	19.4	38.2	32.8	27.1	36.2	31.5	5 600	7 500
7013C	7013AC	65	100	18	1.1	0.6	72	93	1	20.1	40.0	35.5	28.2	38.0	33.8	5 300	7 000
7014C	7014AC	70	110	20	1.1	0.6	77	103	1	22.1	48.2	43.5	30.9	45.8	41.5	5 000	6 700
7015C	7015AC	75	115	20	1.1	0.6	82	108	1	22.7	49.5	46.5	32.2	46.8	44.2	4 800	6 300
7016C	7016AC	80	125	22	1.1	0.6	89	116	1.5	24.7	58.5	55.8	34.9	55.5	53.2	4 500	6 000
7017C	7017AC	85	130	22	1.1	0.6	94	121	1.5	25.4	62.5	60.2	36.1	59.2	57.2	4 300	5 600
7018C	7018AC	90	140	24	1.5	0.6	99	131	1.5	27.4	71.5	69.8	38.8	67.5	66.5	4 000	5 300
7019C	7019AC	95	145	24	1.5	0.6	104	136	1.5	28.1	73.5	73.2	40	69.5	69.8	3 800	5 000
7020C	7020AC	100	150	24	1.5	0.6	109	141	1.5	28.7	79.2	78.5	41.2	75	74.8	3 800	5 000
(0)2 尺寸系列																	
7200C	7200AC	10	30	9	0.6	0.3	15	25	0.6	7.2	5.82	2.95	9.2	5.58	2.82	18 000	26 000
7201C	7201AC	12	32	10	0.6	0.3	17	27	0.6	8	7.35	3.52	10.2	7.10	3.35	17 000	24 000
7202C	7202AC	15	35	11	0.6	0.3	20	30	0.6	8.9	8.68	4.62	11.4	8.35	4.40	16 000	22 000
7203C	7203AC	17	40	12	0.6	0.3	22	35	0.6	9.9	10.8	5.95	12.8	10.5	5.65	15 000	20 000
7204C	7204AC	20	47	14	1	0.3	26	41	1	11.5	14.5	8.22	14.9	14.0	7.82	13 000	18 000

（续表）

轴承代号		基本尺寸(mm)					安装尺寸(mm)			70000C 型 (α=15°)			70000AC 型 (α=25°)			极限转速(r/min)	
		d	D	B	r_s min	r_{1s} min	d_a min	D_a max	r_{as} max	a (mm)	基本额定动载荷 C_r (kN)	基本额定静载荷 C_{0r} (kN)	a (mm)	基本额定动载荷 C_r (kN)	基本额定静载荷 C_{0r} (kN)	脂润滑	油润滑
(0)2 尺寸系列																	
7205C	7205AC	25	52	15	1	0.3	31	46	1	12.7	16.5	10.5	16.4	15.8	9.88	11 000	16 000
7206C	7206AC	30	62	16	1	0.3	36	56	1	14.2	23.0	15.0	18.7	22.0	14.2	9 000	13 000
7207C	7207AC	35	72	17	1.1	0.3	42	65	1	15.7	30.5	20.0	21	29.0	19.2	8 000	11 000
7208C	7208AC	40	80	18	1.1	0.6	47	73	1	17	36.8	25.8	23	35.2	24.5	7 500	10 000
7209C	7209AC	45	85	19	1.1	0.6	52	78	1	18.2	38.5	28.5	24.7	36.8	27.2	6 700	9 000
7210C	7210AC	50	90	20	1.1	0.6	57	83	1	19.4	42.8	32.0	26.3	40.8	30.5	6 300	8 500
7211C	7211AC	55	100	21	1.5	0.6	64	91	1.5	20.9	52.8	40.5	28.6	50.5	38.5	5 600	7 500
7212C	7212AC	60	110	22	1.5	0.6	69	101	1.5	22.4	61.0	48.5	30.8	58.2	46.2	5 300	7 000
7213C	7213AC	65	120	23	1.5	0.6	74	111	1.5	24.2	69.8	55.2	33.5	66.5	52.5	4 800	6 300
7214C	7214AC	70	125	24	1.5	0.6	79	116	1.5	25.3	70.2	60.0	35.1	69.2	57.5	4 500	6 000
7215C	7215AC	75	130	25	1.5	0.6	84	121	1.5	26.4	79.2	65.8	36.6	75.2	63.0	4 300	5 600
7216C	7216AC	80	140	26	2	1	90	130	2	27.7	89.5	78.2	38.9	85.0	74.5	4 000	5 300
7217C	7217AC	85	150	28	2	1	95	140	2	29.9	99.8	85.0	41.6	94.8	81.5	3 800	5 000
7218C	7218AC	90	160	30	2	1	100	150	2	31.7	122	105	44.2	118	100	3 600	4 800
7219C	7219AC	95	170	32	2.1	1.1	107	158	2.1	33.8	135	115	46.9	128	108	3 400	4 500
7220C	7220AC	100	180	34	2.1	1.1	112	168	2.1	35.8	148	128	49.7	142	122	3 200	4 300
(0)3 尺寸系列																	
7301C	7301AC	12	37	12	1	0.3	18	31	1	8.6	8.10	5.22	12	8.08	4.88	16 000	22 000
7302C	7302AC	15	42	13	1	0.3	21	36	1	9.6	9.38	5.95	13.5	9.08	5.58	15 000	20 000
7303C	7303AC	17	47	14	1	0.3	23	41	1	10.4	12.8	8.62	14.8	11.5	7.08	14 000	19 000
7304C	7304AC	20	52	15	1.1	0.6	27	45	1	11.3	14.2	9.68	16.3	13.8	9.10	12 000	17 000
7305C	7305AC	25	62	17	1.1	0.6	32	55	1	13.1	21.5	15.8	19.1	20.8	14.8	9 500	14 000
7306C	7306AC	30	72	19	1.1	0.6	37	65	1	15	26.5	19.8	22.2	25.2	18.5	8 500	12 000
7307C	7307AC	35	80	21	1.5	0.6	44	71	1.5	16.6	34.2	26.8	24.5	32.8	24.8	7 500	10 000
7308C	7308AC	40	90	23	1.5	0.6	49	81	1.5	18.5	40.2	32.3	27.5	38.5	30.5	6 700	9 000
7309C	7309AC	45	100	25	1.5	0.6	54	91	1.5	20.2	49.2	39.8	30.2	47.5	37.2	6 000	8 000
7310C	7310AC	50	110	27	2	1	60	100	2	22	53.5	47.2	33	55.5	44.5	5 600	7 500
7311C	7311AC	55	120	29	2	1	65	110	2	23.8	70.5	60.5	35.8	67.2	56.8	5 000	6 700
7312C	7312AC	60	130	31	2.1	1.1	72	118	2.1	25.6	80.5	70.2	38.7	77.8	65.8	4 800	6 300
7313C	7313AC	65	140	33	2.1	1.1	77	128	2.1	27.4	91.5	80.5	41.5	89.8	75.5	4 300	5 600
7314C	7314AC	70	150	35	2.1	1.1	82	138	2.1	29.2	102	91.5	44.3	98.5	86.0	4 000	5 300
7315C	7315AC	75	160	37	2.1	1.1	87	148	2.1	31	112	105	47.2	108	97.0	3 800	5 000
7316C	7316AC	80	170	39	2.1	1.1	92	158	2.1	32.8	122	118	50	118	108	3 600	4 800
7317C	7317AC	85	180	41	3	1.1	99	166	2.5	34.6	132	128	52.8	125	122	3 400	4 500
7318C	7318AC	90	190	43	3	1.1	104	176	2.5	36.4	142	142	55.6	135	135	3 200	4 300
7319C	7319AC	95	200	45	3	1.1	109	186	2.5	38.2	152	158	58.6	145	148	3 000	4 000
7320C	7320AC	100	215	47	3	1.1	114	201	2.5	40.2	162	175	61.9	165	178	2 600	3 600
(0)4 尺寸系列(摘自 GB/T 292—1994)																	
	7406AC	30	90	23	1.5	0.6	39	81	1				26.1	42.5	32.2	7 500	10 000
	7407AC	35	100	25	1.5	0.6	44	91	1.5				29	53.8	42.5	6 300	8 500
	7408AC	40	110	27	2	1	50	100	2				31.8	62.0	49.5	6 000	8 000
	7409AC	45	120	29	2	1	55	110	2				34.6	66.8	52.8	5 300	7 000
	7410AC	50	130	31	2.1	1.1	62	118	2.1				37.4	76.5	64.2	5 000	6 700
	7412AC	60	150	35	2.1	1.1	72	138	2.1				43.1	102	90.8	4 300	5 600
	7414AC	70	180	42	3	1.1	84	166	2.5				51.5	125	125	3 600	4 800
	7416AC	80	200	48	3	1.1	94	186	2.5				58.1	152	162	3 200	4 300

注：1. 表中 C_r 值，对(0)0、(0)2 尺寸系列为真空脱气轴承钢的载荷能力；对(0)3、(0)4 尺寸系列为电炉轴承钢的载荷能力。

2. $r_s$min 为 r 的单向最小倒角尺寸，r_{1s}min 为 r_1 的单向最小倒角尺寸。

表 6-7　圆柱滚子轴承(摘自 GB/T 283—2007)

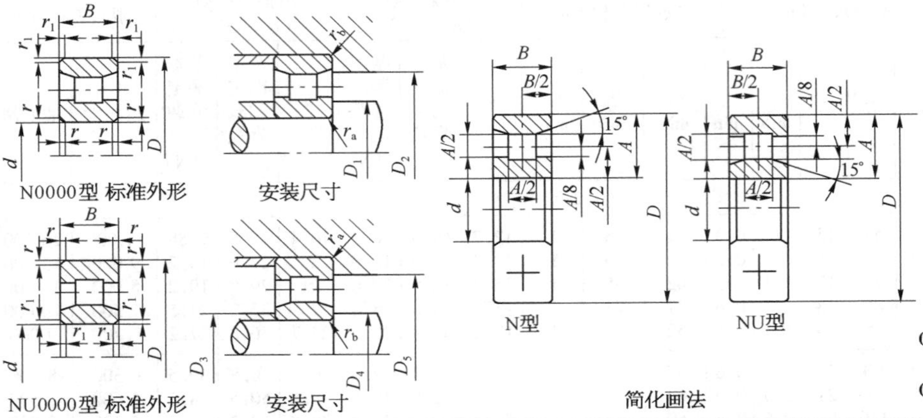

N0000型 标准外形　　安装尺寸

NU0000型 标准外形　　安装尺寸

N型　　NU型

简化画法

标记示例：
滚动轴承 N216E GB/T 283—2007
滚动轴承 NU416E GB/T 283—2007

径向当量动载荷	径向当量静载荷
$P_r = F_r$	$P_{0r} = F_r$

轴承代号		基本尺寸(mm)					安装尺寸(mm)							基本额定动载荷 C_r (kN)	基本额定静载荷 C_{0r} (kN)	极限转速 (r/min)	
		d	D	B	r_s min	r_{1s} min	D_1 min	D_2 max	D_3 min	D_4 min	D_5 max	r_{as} max	r_{bs} max			脂润滑	油润滑
(0)2 尺寸系列																	
N204E	NU204E	20	47	14	1	0.6	25	42	24	29	42	1	0.6	25.8	24.0	12 000	16 000
N205E	NU205E	25	52	15	1	0.6	30	47	29	34	47	1	0.6	27.5	26.8	11 000	14 000
N206E	NU206E	30	62	16	1	0.6	36	56	34	40	57	1	0.6	36.0	35.5	8 500	11 000
N207E	NU207E	35	72	17	1.1	0.6	42	64	40	46	65.5	1	0.6	46.5	48.0	7 500	9 500
N208E	NU208E	40	80	18	1.1	1.1	47	72	47	53	73.5	1	1	51.5	53.0	7 000	9 000
N209E	NU209E	45	85	19	1.1	1.1	52	77	52	57	78.5	1	1	58.5	63.8	6 300	8 000
N210E	NU210E	50	90	20	1.1	1.1	57	83	57	62	83.5	1	1	61.2	69.2	6 000	7 500
N211E	NU211E	55	100	21	1.5	1.1	63.5	91	61.5	68	92	1.5	1	80.2	95.5	5 300	6 700
N212E	NU212E	60	110	22	1.5	1.5	69	100	68	75	102	1.5	1.5	89.8	102	5 000	6 300
N213E	NU213E	65	120	23	1.5	1.5	74	108	73	81	112	1.5	1.5	102	118	4 500	5 600
N214E	NU214E	70	125	24	1.5	1.5	79	114	78	86	117	1.5	1.5	112	135	4 300	5 300
N215E	NU215E	75	130	25	1.5	1.5	84	120	83	90	122	1.5	1.5	125	155	4 000	5 000
N216E	NU216E	80	140	26	2	2	90	128	89	97	131	2	2	132	165	3 800	4 800
N217E	NU217E	85	150	28	2	2	95	137	94	104	141	2	2	158	192	3 600	4 500
N218E	NU218E	90	160	30	2	2	100	146	99	109	151	2	2	172	215	3 400	4 300
N219E	NU219E	95	170	32	2.1	2.1	107	155	106	116	159	2.1	2.1	208	262	3 200	4 000
N220E	NU220E	100	180	34	2.1	2.1	112	164	111	122	169	2.1	2.1	235	302	3 000	3 800
(0)3 尺寸系列																	
N304E	NU304E	20	52	15	1.1	0.6	26.5	47	24	30	45.5	1	0.6	29.0	25.5	11 000	15 000
N305E	NU305E	25	62	17	1.1	1.1	31.5	55	31.5	37	55.5	1	1	38.5	35.8	9 000	12 000
N306E	NU306E	30	72	19	1.1	1.1	37	64	36.5	44	65.5	1	1	49.2	48.2	8 000	10 000
N307E	NU307E	35	80	21	1.5	1.1	44	71	42	48	72	1.5	1	62.0	63.2	7 000	9 000
N308E	NU308E	40	90	23	1.5	1.5	49	80	48	55	82	1.5	1.5	76.8	77.8	6 300	8 000
N309E	NU309E	45	100	25	1.5	1.5	54	89	53	60	92	1.5	1.5	93.0	98.0	5 600	7 000
N310E	NU310E	50	110	27	2	2	60	98	59	67	101	2	2	105	112	5 300	6 700
N311E	NU311E	55	120	29	2	2	65	107	64	72	111	2	2	128	138	4 800	6 000
N312E	NU312E	60	130	31	2.1	2.1	72	116	71	79	119	2.1	2.1	142	155	4 500	5 600
N313E	NU313E	65	140	33	2.1	2.1	77	125	76	85	129	2.1	2.1	170	188	4 000	5 000
N314E	NU314E	70	150	35	2.1	2.1	82	134	81	92	139	2.1	2.1	195	220	3 800	4 800
N315E	NU315E	75	160	37	2.1	2.1	87	143	86	97	149	2.1	2.1	228	260	3 600	4 500
N316E	NU316E	80	170	39	2.1	2.1	92	151	91	105	159	2.1	2.1	245	282	3 400	4 300
N317E	NU317E	85	180	41	3	3	99	160	98	110	167	2.5	2.5	280	332	3 200	4 000
N318E	NU318E	90	190	43	3	3	104	169	103	117	177	2.5	2.5	298	348	3 000	3 800
N319E	NU319E	95	200	45	3	3	109	178	108	124	187	2.5	2.5	315	380	2 800	3 600
N320E	NU320E	100	215	47	3	3	114	190	113	132	202	2.5	2.5	365	425	2 600	3 200

（续表）

轴承代号		基本尺寸(mm)					安装尺寸(mm)							基本额定动载荷 C_r (kN)	基本额定静载荷 C_{0r} (kN)	极限转速 (r/min)	
		d	D	B	r_s min	r_{1s} min	D_1 min	D_2 max	D_3 min	D_4 min	D_5 max	r_{as} max	r_{bs} max			脂润滑	油润滑
(0)4 尺寸系列																	
N406	NU406	30	90	23	1.5	1.5	39	—	38	47	82	1.5	1.5	57.2	53	7 000	9 000
N407	NU407	35	100	25	1.5	1.5	44	—	43	55	92	1.5	1.5	70.8	68.2	6 000	7 500
N408	NU408	40	110	27	2	2	50	—	49	60	101	2	2	90.5	89.8	5 600	7 000
N409	NU409	45	120	29	2	2	55	—	54	66	111	2	2	102	100	5 000	6 300
N410	NU410	50	130	31	2.1	2.1	62	—	61	73	119	2	2	120	120	4 800	6 000
N411	NU411	55	140	33	2.1	2.1	67	—	66	79	129	2.1	2.1	128	132	4 300	5 300
N412	NU412	60	150	35	2.1	2.1	72	—	71	85	139	2.1	2.1	155	162	4 000	5 000
N413	NU413	65	160	37	2.1	2.1	77	—	76	91	149	2.1	2.1	170	178	3 800	4 800
N414	NU414	70	180	42	3	3	84	—	83	102	167	2.5	2.5	215	232	3 400	4 300
N415	NU415	75	190	45	3	3	89	—	88	107	177	2.5	2.5	250	272	3 200	4 000
N416	NU416	80	200	48	3	3	94	—	93	112	187	2.5	2.5	285	315	3 000	3 800
N417	NU417	85	210	52	4	4	103	—	101	115	194	3	3	312	345	2 800	3 600
N418	NU418	90	225	54	4	4	108	—	106	125	209	3	3	352	392	2 400	3 200
N419	NU419	95	240	55	4	4	113	—	111	136	224	3	3	378	428	2 200	3 000
N420	NU420	100	250	58	4	4	118	—	116	141	234	3	3	418	480	2 000	2 800

注：1. 表中 C_r 值适用于轴承为真空脱气轴承钢材料。如为普通电炉钢，C_r 值降低；如为真空重熔或电渣熔轴承钢，C_r 值提高。

2. 后缀带 E 为加强型圆柱滚子轴承，是近年来经过优化设计的结构，载荷能力高，应优先选用。

3. $r_s$min 为 r 的单向最小倒角尺寸，r_{1s}min 为 r_1 的单向最小倒角尺寸。

6.2 滚动轴承的配合和游隙

表 6-8 安装向心轴承的轴公差带（摘自 GB/T 275—1993）

<table>
<tr><th colspan="2">运 转 状 态</th><th rowspan="2">载荷状态</th><th>深沟球轴承、调心球轴承和角接触球轴承</th><th>圆柱滚子轴承和圆锥滚子轴承</th><th>调心滚子轴承</th><th rowspan="2">公差带</th></tr>
<tr><th>说 明</th><th>举 例</th><th colspan="3">轴承公称内径(mm)</th></tr>
<tr><td rowspan="3">旋转的内圈载荷及摆动载荷</td><td rowspan="3">一般通用机械、电动机、机床主轴、泵、内燃机、直齿轮传动装置、铁路机车车辆轴箱、破碎机等</td><td>轻载荷
$P \leqslant 0.07C_r$</td><td>≤18
>18～100
>100～200</td><td>—
≤40
>40～140</td><td>—
≤40
>40～100</td><td>h5
j6①
k6①</td></tr>
<tr><td>正常载荷
$0.07C_r < P < 0.15C_r$</td><td>≤18
>18～100
>100～140
>140～200</td><td>—
≤40
>40～100
>100～140</td><td>—
≤40
>40～65
>65～100</td><td>j5，js5
k5②
m5②
m6</td></tr>
<tr><td>重载荷
$P > 0.15C_r$</td><td>—
—</td><td>>50～140
>140～200</td><td>>50～100
>100～140</td><td>N6
P6③</td></tr>
<tr><td>固定的内圈载荷</td><td>静止轴上的各种轮子、张紧轮、绳轮、振动筛、惯性振动器</td><td rowspan="2">所有载荷</td><td colspan="3">所有尺寸</td><td>f6
g6①
h6
j6</td></tr>
<tr><td colspan="2">仅有轴向载荷</td><td colspan="3">所有尺寸</td><td>j6，js6</td></tr>
</table>

注：① 凡对精度有较高要求场合，应用 j5、k5、…代替 j6、k6、…。

② 圆锥滚子轴承、角接触球轴承配合对游隙影响不大，可用 k6 和 m6 代替 k5 和 m5。

③ 重载荷下轴承游隙应选大于 0 组。

表 6-9 安装向心轴承的外壳孔公差带（摘自 GB/T 275—1993）

运转状态		载荷状态	其他状况	公差带①	
说明	举例			球轴承	滚子轴承
固定的外圈载荷	一般机械、铁路机车车辆轴箱、电动机、泵、曲轴主轴承	轻、正常、重	轴向易移动，可采用剖分式外壳	H7，G7②	
		冲击	轴向能移动，可采用整体式或剖分式外壳	J7、JS7	
摆动载荷		轻、正常			
		正常、重	轴向不移动，采用整体式外壳	K7	
		冲击		M7	
旋转的外圈载荷	张紧滑轮、轴毂轴承	轻		J7	K7
		正常		K7，M7	M7，N7
		重		—	N7，P7

注：① 并列公差带随尺寸的增大从左至右选择，对旋转精度有较高要求时，可相应提高一个公差等级。
② 不适用于剖分式外壳。

表 6-10 安装推力轴承的轴、外壳孔公差带（摘自 GB/T 275—1993）

运转状态	载荷状态	安装推力轴承的轴公差带		安装推力轴承的外壳孔公差带	
		轴承类型	公差带	轴承类型	公差带
仅有轴向载荷		推力球轴承	j6，js6	推力球轴承	H8
		推力圆柱滚子轴承		推力圆柱滚子轴承	H7

表 6-11 轴和外壳孔的形位公差（摘自 GB/T 275—1993）

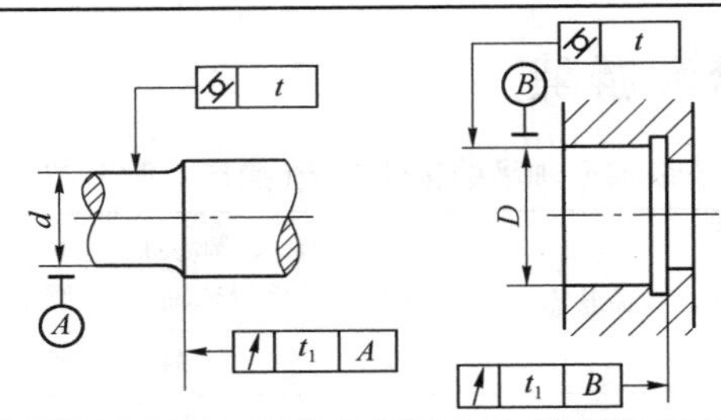

基本尺寸（mm）		圆柱度 t				端面圆跳动 t_1			
		轴径		外壳孔		轴肩		外壳孔肩	
		轴承公差等级							
		/P0	/P6（/P6x）	/P0	/P6（/P6x）	/P0	/P6（/P6x）	/P0	/P6（/P6x）
大于	至	公差值（μm）							
	6	2.5	1.5	4	2.5	5	3	8	5
6	10	2.5	1.5	4	2.5	6	4	10	6
10	18	3.0	2.0	5	3.0	8	5	12	8
18	30	4.0	2.5	6	4.0	10	6	15	10
30	50	4.0	2.5	7	4.0	12	8	20	12
50	80	5.0	3.0	8	5.0	15	10	25	15
80	120	6.0	4.0	10	6.0	15	10	25	15
120	180	8.0	5.0	12	8.0	20	12	30	20
180	250	10.0	7.0	14	10.0	20	12	30	20
250	315	12.0	8.0	16	12.0	25	15	40	25

注：轴承公差等级新、旧标准代号对照为：/P0—G 级；/P6—E 级；/P6x—Ex 级。

表 6-12 配合表面的粗糙度(摘自 GB/T 275—1993)

轴或轴承座直径(mm)		轴或外壳配合表面直径公差等级								
		IT7			IT6			IT5		
		表面粗糙度(μm)								
大于	至	Rz	Ra		Rz	Ra		Rz	Ra	
			磨	车		磨	车		磨	车
	80	10	1.6	3.2	6.3	0.8	1.6	4	0.4	0.8
80	500	16	1.6	3.2	10	1.6	3.2	6.3	0.8	1.6
端　面		25	3.2	6.3	25	3.2	6.3	10	1.6	3.2

注：与 P0、/P6(/P6x)级公差轴承配合的轴,其公差等级一般为 IT6,外壳孔一般为 IT7。

表 6-13 角接触轴承和推力球轴承的轴向游隙 (μm)

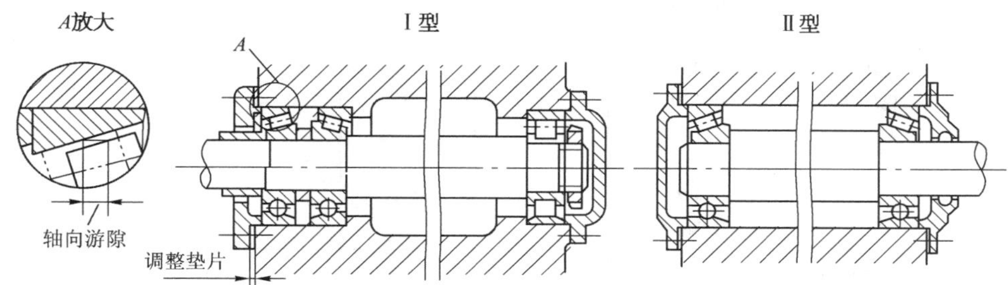

轴承内径 d(mm)		角接触球轴承				圆锥滚子轴承				推力球轴承		
		Ⅰ型	Ⅱ型	Ⅰ型	Ⅱ型轴承间允许的间距(大概值)	Ⅰ型	Ⅱ型	Ⅰ型	Ⅱ型轴承间允许的间距(大概值)	轴承系列		
		接触角 α				接触角 α						
大于	至	α=15°		α=25°及40°		α=10°~18°		α=27°~30°		51100	51200 51300	51400
	30	20~40	30~50	10~20	8d	20~40	40~70	—	14d	10~20	20~40	—
30	50	30~50	40~70	15~30	7d	40~70	50~100	20~40	12d			
50	80	40~70	50~100	20~40	6d	50~100	80~150	30~50	11d	20~40	40~60	60~80
80	120	50~100	60~150	30~50	5d	80~150	120~200	40~70	10d			

6.3 滚动轴承的计算用系数

表 6-14 滚动轴承计算用载荷系数 f_p

载荷性质	f_p	举　　例
无冲击或轻微冲击	1.0~1.2	电动机、汽轮机、通风机、水泵等
中等冲击或中等惯性冲击	1.2~1.8	车辆、动力机械、起重机、造纸机、冶金机械、选矿机、卷扬机、机床等
严重冲击	1.8~3.0	破碎机、轧钢机、钻探机、振动筛等

表 6-15　滚动轴承计算用径向动载荷系数 X 和轴向动载荷系数 Y

轴承类型		相对轴向载荷	$F_a/F_r \leq e$		$F_a/F_r > e$		判断系数 e
名称	代号	F_a/C_0	X	Y	X	Y	
调心球轴承	10000	—	1	见表 6-1	0.65	见表 6-1	见表 6-1
调心滚子轴承	20000	—	1	见表 6-2	0.67	见表 6-2	见表 6-2
圆锥滚子轴承	30000	—	1	0	0.40	见表 6-3	见表 6-3
深沟球轴承	60000	0.025 0.040 0.070 0.130 0.250 0.500	1	0	0.56	2.0 1.8 1.6 1.4 1.2 1.0	0.22 0.24 0.27 0.31 0.37 0.44
角接触球轴承	70000C ($\alpha = 15°$)	0.015 0.029 0.058 0.087 0.120 0.170 0.290 0.440 0.580	1	0	0.44	1.47 1.40 1.30 1.23 1.19 1.12 1.02 1.00 1.00	0.38 0.40 0.43 0.46 0.47 0.50 0.55 0.56 0.56
	70000AC ($\alpha = 25°$)	—	1	0	0.41	0.87	0.68
	70000B ($\alpha = 40°$)	—	1	0	0.35	0.57	1.14

注：深沟球轴承的 X、Y 值仅适用于 0 组游隙的轴承，对应其他游隙组轴承的 X、Y 值可查轴承手册。

表 6-16　滚动轴承计算用温度系数 f_t

轴承工作温度(℃)	≤120	125	150	175	200	225	250	300	350
温度系数 f_t	1.00	0.95	0.90	0.85	0.80	0.75	0.70	0.60	0.50

第7章 联 轴 器

7.1 联轴器轴孔和连接形式与尺寸

表 7-1 联轴器轴孔和连接形式与尺寸(摘自 GB/T 3852—2008) (mm)

轴孔	长圆柱形轴孔(Y 型)	有沉孔的短圆柱形轴孔(J 型)	无沉孔的短圆柱形轴孔(J_1 型)	有沉孔的圆锥形轴孔(Z 型)	无沉孔的圆锥形轴孔(Z_1 型)
键槽	平键单键槽(A 型)	120°布置平键双键槽(B 型)	180°布置平键双键槽(B_1 型)		平键单键槽(C 型)

轴孔直径 d、d_2	长度			沉孔		A、B、B_1 型键槽						C 型键槽			
	L		L_1	d_1	R	b(P9)		t		t_1		b(P9)		t_2	
	Y 型	J、J_1、Z、Z_1 型				公称尺寸	极限偏差	公称尺寸	极限偏差	公称尺寸	极限偏差	公称尺寸	极限偏差	公称尺寸	极限偏差
16	42	30	42	38	1.5	5	-0.012 -0.042	18.3	+0.1 0	20.6	+0.2 0	3	-0.012 -0.042	8.7	±0.1
18						6		20.8		23.6		4		10.1	
19								21.8		24.6				10.6	
20	52	38	52					22.8		25.6				10.9	
22								24.8		27.6				11.9	
24						8	-0.015 -0.051	27.3	+0.2 0	30.6	+0.4 0	5		13.4	
25	62	44	62	48				28.3		31.6				13.7	
28								31.3		34.6				15.2	
30	82	60	82					33.3		36.6				15.8	
32				55	2	10		35.3		38.6		6		17.3	
35								38.3		41.6				18.3	
38				65				41.3		44.6				20.3	
40	112	84	112			12	-0.018 -0.061	43.3		46.6		10	-0.015 -0.051	21.2	±0.2
42								45.3		48.6				22.2	

（续表）

轴孔直径 d、d_2	长度			沉孔		A、B、B_1型键槽						C型键槽			
	L		L_1	d_1	R	b(P9)		t		t_1		b(P9)		t_2	
	Y型	J、J_1、Z、Z_1型				公称尺寸	极限偏差	公称尺寸	极限偏差	公称尺寸	极限偏差	公称尺寸	极限偏差	公称尺寸	极限偏差
45	112	84	112	80	2	14	-0.018 -0.061	48.8	+0.2 0	52.6	+0.4 0	12	-0.018 -0.061	23.7	±0.2
48								51.8		55.6				25.2	
50				95				53.8		57.6				26.2	
55					2.5	16		59.3		63.6		14		29.2	
56								60.3		64.6				29.7	
60	142	107	142	105		18	-0.018 -0.061	64.4		68.8		16		31.7	
63								67.4		71.8				32.2	
65								69.4		73.8				34.2	
70				120		20	-0.022 -0.074	74.9		79.8		18		36.8	
71								75.9		80.8				37.3	
75								79.9		84.8				39.3	

注：1. 圆柱形轴孔与轴伸端的配合：当 $d=10\sim30$mm 时为 H7/j6；当 $d=30\sim50$mm 时为 H7/k6；当 $d>50$mm 时为 H7/m6，根据使用要求也可选用 H7/r6 或 H7/n6 的配合。

2. 圆锥形轴孔 d_2 的极限偏差为 js10（圆锥角度及圆锥形状公差不得超过直径公差范围）。

3. 键槽宽度 b 的极限偏差也可采用 Js9 或 D10。

7.2 刚性联轴器

表 7-2 凸缘联轴器（摘自 GB/T 5843—2003）

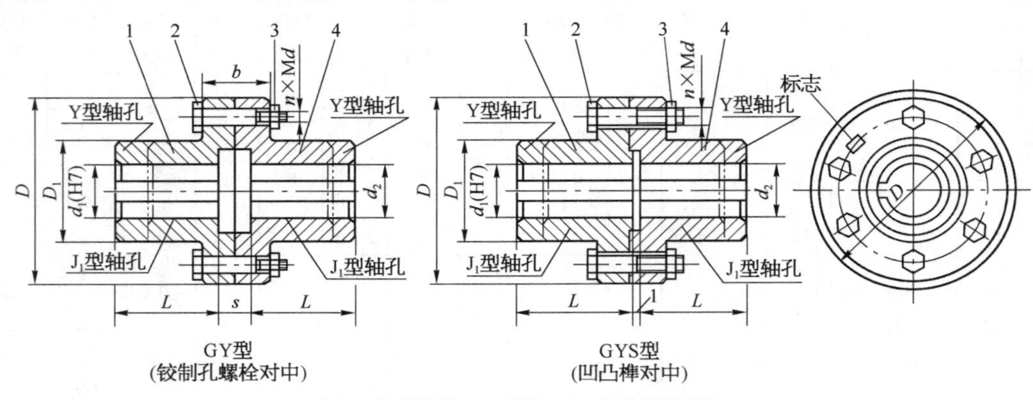

1、4—半联轴器；2—螺栓；3—尼龙锁紧螺母

标记示例：GY5 联轴器 $\dfrac{Y30\times82}{J_1B30\times60}$ GB/T 5843—2003

主动端：Y 型轴孔，A 型键槽，轴孔直径 $d=30$mm，轴孔长度 $L=82$mm

从动端：J_1 型轴孔，B 型键槽，轴孔直径 $d=30$mm，轴孔长度 $L=60$mm

（续表）

型号	公称转矩 T_n (N·m)	许用转速 $[n]$ (r/min)	轴孔直径 d_1，d_2 (mm)	轴孔长度 L(mm) Y型	轴孔长度 L(mm) J_1型	D (mm)	D_1 (mm)	b (mm)	s (mm)	转动惯量 I (kg·m²)	质量 m (kg)
GY1 GYS1	25	12 000	12，14	32	27	80	30	26	6	0.000 8	1.16
			16，18，19	42	30						
GY2 GYS2	63	10 000	16，18，19	42	30	90	40	28		0.001 5	1.72
			20，22，24	52	38						
			25	62	44						
GY3 GYS3	112	9 500	20，22，24	52	38	100	45	30		0.002 5	2.38
			25，28	62	44						
GY4 GYS4	224	9 000	25，28	62	44	105	55	32		0.003	3.15
			30，32，35	82	60						
GY5 GYS5	400	8 000	30，32，35，38	82	60	120	68	36	8	0.007	5.43
			40，42	112	84						
GY6 GYS6	900	6 800	38	82	60	140	80	40		0.015	7.59
			40，42，45，48，50	112	84						
GY7 GYS7	1 600	6 000	48，50，55，56	112	84	160	100	40		0.031	13.1
			60，63	142	107						
GY8 GYS8	3 150	4 800	60，63，65，70，71，75	142	107	200	130	50	10	0.103	27.5
			80	172	132						
GY9 GYS9	6 300	3 600	75	142	107	260	160	66		0.319	47.8
			80，85，90，95	172	132						
			100	212	167						
GY10 GYS10	10 000	3 200	90，95	172	132	300	200	72		0.720	82.0
			100，110，120，125	212	167						
GY11 GYS11	25 000	2 500	120，125	212	167	380	260	80		2.278	162.2
			130，140，150	252	202						
			160	302	242						
GY12 GYS12	50 000	2 000	150	252	202	460	320	92	12	5.923	285.6
			160，170，180	302	242						
			190，200	352	282						

注：1. 半联轴器材料为35钢。

2. 联轴器质量和转动惯量是按GY型联轴器Y/J_1轴孔组合形式和最小轴孔直径计算的。

3. 本联轴器不具备径向、轴向和角向的补偿性能，刚性好，传递转矩大，结构简单，工作可靠，维护简便，适用于两轴对中精度良好的一般轴系传动。

7.3 无弹性元件的挠性联轴器

表 7-3 GICL 型鼓形齿式联轴器（摘自 JB/T 8854.3—2001）

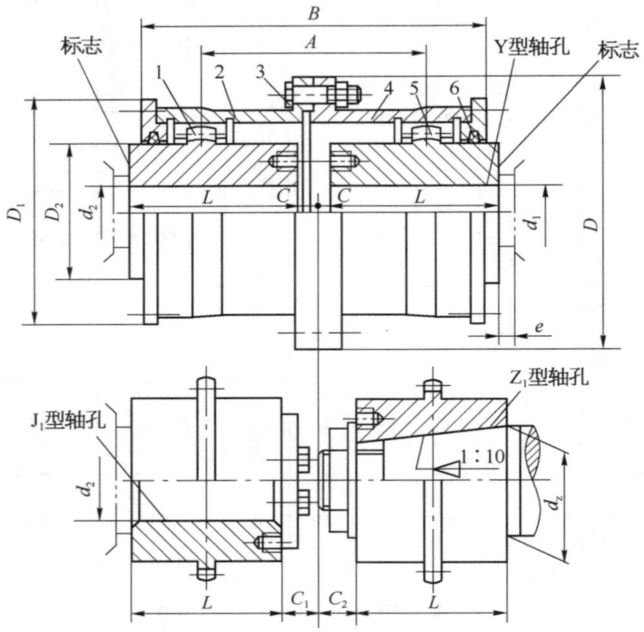

1、5—半联轴器；2、4—外壳；3—螺栓；6—密封圈

标记示例：GICL4 联轴器 $\frac{50\times112}{J_1B45\times84}$ JB/T 8854.3—2001

主动端：Y 型轴孔，A 型键槽，轴孔直径 $d_1=50$mm，轴孔长度 $L=112$mm

从动端：J_1 型轴孔，B 型键槽，轴孔直径 $d_2=45$mm，轴孔长度 $L=84$mm

型号	公称转矩 T_n (N·m)	许用转速 [n] (r/min)	轴孔直径 d_1,d_2,d_z	轴孔长度 L Y 型	轴孔长度 L J_1、Z_1 型	D	D_1	D_2	B	A	C	C_1	C_2	e	转动惯量 I (kg·m²)	质量 m (kg)
			(mm)													
GICL1	630	4 000	16,18,19	42	—	125	95	60	115	75	20	—	—	30	0.009	5.9
			20,22,24	52	38						10	—	24			
			25,28	62	44						2.5	—	19			
			30,32,35,38	82	60							15	22			
GICL2	1 120	4 000	25,28	62	44	144	120	75	135	88	10.5	—	29	30	0.02	9.7
			30,32,35,38	82	60						2.5	12.5	30			
			40,42,45,48	112	84							13.5	28			
GICL3	2 240	4 000	30,32,35,38	82	60	174	140	95	155	106	3	24.5	25	30	0.047	17.2
			40,42,45,48,50,55,56	112	84							17	28			
			60	142	107								35			
GICL4	3 550	3 600	32,35,38	82	60	196	165	115	178	125	14	37	32	30	0.091	24.9
			40,42,45,48,50,55,56	112	84						3	17	28			
			60,63,65,70	142	107								35			

（续表）

型号	公称转矩 T_n (N·m)	许用转速 $[n]$ (r/min)	轴孔直径 d_1, d_2, d_z (mm)	轴孔长度 L Y型 (mm)	轴孔长度 L J_1、Z_1型 (mm)	D (mm)	D_1 (mm)	D_2 (mm)	B (mm)	A (mm)	C (mm)	C_1 (mm)	C_2 (mm)	e (mm)	转动惯量 I (kg·m^2)	质量 m (kg)
			40,42,45,48,50,55,56	112	84							25	35			
GICL5	5 000	3 300	60,63,65,70,71,75	142	107	224	183	130	198	142	3	20	35	30	0.167	38
			80	172	132							22	43			
			48,50,55,56	112	84						6	35	35			
GICL6	7 100	3 000	60,63,65,70,71,75	142	107	241	200	145	218	160	4	20	35	30	0.267	48.2
			80,85,90	172	132							22	43			
			60,63,65,70,71,75	142	107							35	35			
GICL7	10 000	2 680	80,85,90,95	172	132	260	230	160	224	180	4	22	43	30	0.453	68.9
			100	212	167								48			
			65,70,71,75	142	107							35	35			
GICL8	14 000	2 500	80,85,90,95	172	132	282	245	175	264	193	5	22	43	30	0.646	83.3
			100,110	212	167								48			
			70,71,75	142	107						10	45	45			
GICL9	18 000	2 350	80,85,90,95	172	132	314	270	200	284	208	5	22	43	30	1.036	110
			100,110,120,125	212	167								49			

注：1. J_1 型轴孔根据需要也可以不使用轴端挡圈。

2. 本联轴器具有良好的补偿两轴综合位移的能力，外形尺寸小，承载能力高，能在高转速下可靠地工作，适用于重型机械及长轴的连接，但不宜用于立轴的连接。

表 7-4 滚子链联轴器（摘自 GB/T 6069—2002）

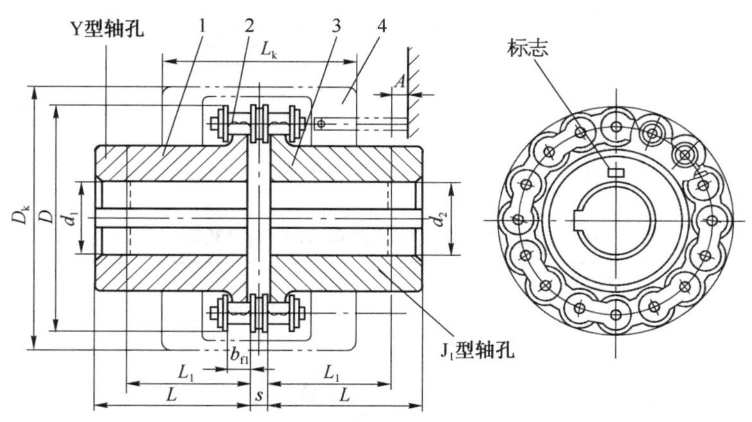

1、3—半联轴器；2—双排滚子链；4—罩壳

标记示例：GL7 联轴器 $\frac{J_1B45 \times 84}{J_1B_150 \times 84}$ GB/T 6069—2002

主动端：J_1 型轴孔，B 型键槽，轴孔直径 d_1 = 45mm，轴孔长度 L_1 = 84mm

从动端：J_1 型轴孔，B_1 型键槽，轴孔直径 d_2 = 50mm，轴孔长度 L_1 = 84mm

（续表）

型号	公称转矩 T_n（N·m）	许用转速 [n]（r/min）		轴孔直径 d_1、d_2（mm）	轴孔长度		链号	链条节距 P（mm）	齿数 z	D	b_{f1}	s	A	D_k max	L_k max	质量 m（kg）	转动惯量 I（kg·m²）	许用补偿量		
		不装罩壳	安装罩壳		Y 型 L（mm）	J_1 型 L_1（mm）				（mm）								径向 ΔY（mm）	轴向 ΔX（mm）	角向 Δα
GL1	40	1 400	4 500	16,18,19	42	—	06B	9.525	14	51.06	5.3	4.9	—	70	70	0.4	0.000 10	0.19	1.4	1°
				20	52	38							4							
GL2	63	1 250	4 500	19	42	—			16	57.08			—	75	75	0.7	0.000 20			
				20,22,24	52	38							4							
GL3	100	1 000	4 000	20,22,24	52	38	08B	12.7	14	68.88	7.2	6.7	12	85	80	1.1	0.000 38	0.25	1.9	
				25	62	44							6							
GL4	160	1 000	4 000	24	52	—			16	76.91			—	95	88	1.8	0.000 86			
				25,28	62	44							6							
				30,32	82	60							—							
GL5	250	800	3 150	28	62	—	10A	15.875	16	94.46	8.9	9.2	—	112	100	3.2	0.002 5	0.32	2.3	
				30,32,35,38	82	60														
				40	112	84														
GL6	400	630	2 500	32,35,38	82	60			20	116.57				140	105	5.0	0.005 8			
				40,42,45,48,50	112	84														
GL7	630	630	2 500	40,42,45,48	112	84	12A	19.05	18	127.78	11.9	10.9		150	122	7.4	0.012	0.38	2.8	
				50,55																
				60	142	107														
GL8	1 000	500	2 240	45,48,50,55	112	84	16A	25.40	16	154.33	15	14.3	12	180	135	11.1	0.025	0.50	3.8	
				60,65,70	142	107							—							
GL9	1 600	400	2 000	50,55	112	84			20	186.50			12	215	145	20	0.061			
				60,65,70,75	142	107							—							
				80	172	132														
GL10	2 500	315	1 600	60,65,70,75	142	107	20A	31.75	18	213.02	18	17.8	6	245	165	26.1	0.079	0.63	4.7	
				80,85,90	172	132							—							

注：1. 有罩壳时，在型号后加“F”，例如 GL5 联轴器，有罩壳时改为 GL5F。

2. 半联轴器（链轮）材料一般用优质中碳钢或中碳合金钢（如 40Cr）制成。如在冲击载荷或速度较高等工作条件下，齿面需经表面处理，齿面硬度达 45HRC 以上。

3. 本联轴器可补偿两轴相对径向位移、轴向位移和角位移，重量较轻，装拆维护方便，可用于高温、潮湿和多尘环境，但不宜用于立轴的连接。

表 7－5 尼龙滑块联轴器（摘自 JB/ZQ 4384—2006）

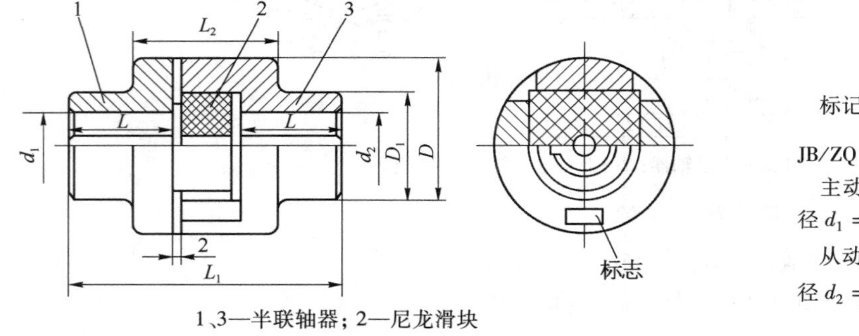

1、3—半联轴器；2—尼龙滑块

标记示例：WH2 联轴器 $\frac{YC16\times32}{Z_1B18\times32}$ JB/ZQ 4384—2006

主动端：Y 型轴孔，C 型键槽，轴孔直径 $d_1=16$mm，轴孔长度 $L=32$mm

从动端：Z_1 型轴孔，B 型键槽，轴孔直径 $d_2=18$mm，轴孔长度 $L=32$mm

（续表）

型号	公称转矩 T_n(N·m)	许用转速 [n](r/min)	轴孔直径 d_1, d_2 (mm)	轴孔长度 L(mm) Y型	轴孔长度 L(mm) J_1型	D (mm)	D_1 (mm)	L_2 (mm)	L_1 (mm)	质量 (kg)	转动惯量 (kg·m²)
WH1	16	10 000	10,11	25	22	40	30	52	67	0.6	0.000 7
			12,14	32	27				81		
WH2	31.5	8 200	12,14			50	32	56	86	1.5	0.003 8
			16,(17),18	42	30				106		
WH3	73	7 000	(17),18,19			70	40	60		1.8	0.006 3
			20,22	52	38				126		
WH4	160	5 700	20,22,24			80	50	64		2.5	0.013
			25,28	62	44				146		
WH5	280	4 700	25,28			100	70	75	151	5.8	0.045
			30,32,35	82	60				191		
WH6	500	3 800	30,32,35,38			120	80	90	201	9.5	0.12
			40,42,45	112	84				261		
WH7	900	3 200	40,42,45,48			150	100	120	266	25	0.43
			50,55								
WH8	1 800	2 400	50,55			190	120	150	276	55	1.98
			60,63,65,70	142	107				336		
WH9	3 550	1 800	65,70,75			250	150	180	346	85	4.9
			80,85	172	132				406		
WH10	5 000	1 500	80,85,90,95			330	190	180		120	7.5
			100	212	167				486		

注：1. 装配时两轴的许用补偿量：轴向 $\Delta x=1\sim2$mm，径向 $\Delta y\leqslant0.2$mm，角向 $\Delta\alpha\leqslant0°40'$。
2. 本联轴器传动效率较低，尼龙受力不大，故适用于中小功率、转速较高、扭矩较小的轴系传动，如控制器、油泵装置等，工作温度为 -20 ~ 70℃。
3. 括号内的数值尽量不用。

7.4 有弹性元件的挠性联轴器

表 7-6 弹性套柱销联轴器（摘自 GB/T 4323—2002）

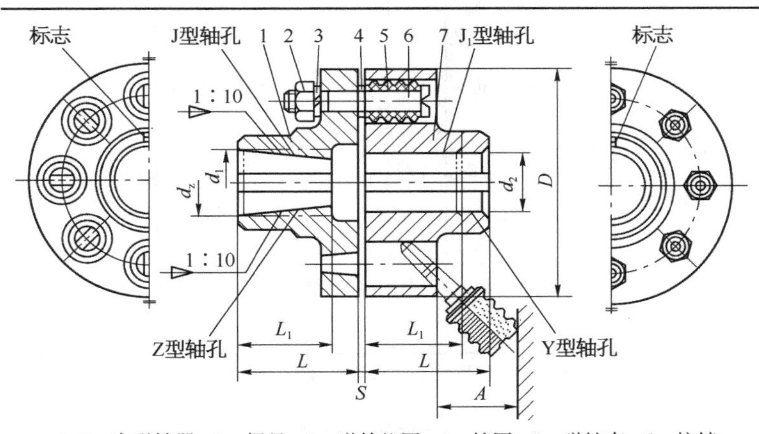

1、7—半联轴器；2—螺母；3—弹簧垫圈；4—挡圈；5—弹性套；6—柱销

标记示例：LT5 联轴器 $\dfrac{J_1 30\times50}{J_1 35\times50}$ GB/T 4323—2002

主动端：J_1 型轴孔，A 型键槽，轴孔直径 $d=30$mm，轴孔长度 $L=50$mm

从动端：J_1 型轴孔，A 型键槽，轴孔直径 $d=35$mm，轴孔长度 $L=50$mm

（续表）

<table>
<tr><th rowspan="3">型号</th><th rowspan="3">公称转矩
T_n
（N·m）</th><th rowspan="3">许用转速
[n]
（r/min）</th><th rowspan="3">轴孔直径
d_1,d_2,d_z
（mm）</th><th colspan="3">轴孔长度（mm）</th><th rowspan="3">$L_{推荐}$</th><th rowspan="3">D
（mm）</th><th rowspan="3">S
（mm）</th><th rowspan="3">A
（mm）</th><th rowspan="3">质量
m
（kg）</th><th rowspan="3">转动惯量
I
（kg·m²）</th><th colspan="2">许用补偿量</th></tr>
<tr><th>Y 型</th><th colspan="2">J、J₁、Z 型</th><th rowspan="2">径向 Δy
（mm）</th><th rowspan="2">角向
Δα</th></tr>
<tr><th>L</th><th>L_1</th><th>L</th></tr>
<tr><td rowspan="3">LT1</td><td rowspan="3">6.3</td><td rowspan="3">8 800</td><td>9</td><td>20</td><td>14</td><td rowspan="4">—</td><td rowspan="3">25</td><td rowspan="3">71</td><td rowspan="5">3</td><td rowspan="5">18</td><td rowspan="3">0.82</td><td rowspan="3">0.000 5</td><td rowspan="9">0.2</td><td rowspan="11">1°30′</td></tr>
<tr><td>10,11</td><td>25</td><td>17</td></tr>
<tr><td>12,14</td><td rowspan="2">32</td><td rowspan="2">20</td></tr>
<tr><td rowspan="2">LT2</td><td rowspan="2">16</td><td rowspan="2">7 600</td><td>12,14</td><td rowspan="2">35</td><td rowspan="2">80</td><td rowspan="2">1.20</td><td rowspan="2">0.000 8</td></tr>
<tr><td>16,18,19</td><td rowspan="2">42</td><td rowspan="2">30</td><td rowspan="2">42</td></tr>
<tr><td rowspan="2">LT3</td><td rowspan="2">31.5</td><td rowspan="2">6 300</td><td>16,18,19</td><td rowspan="2">38</td><td rowspan="2">95</td><td rowspan="4">4</td><td rowspan="4">35</td><td rowspan="2">2.20</td><td rowspan="2">0.002 3</td></tr>
<tr><td>20,22</td><td rowspan="2">52</td><td rowspan="2">38</td><td rowspan="2">52</td></tr>
<tr><td rowspan="2">LT4</td><td rowspan="2">63</td><td rowspan="2">5 700</td><td>20,22,24</td><td rowspan="2">40</td><td rowspan="2">106</td><td rowspan="2">2.84</td><td rowspan="2">0.003 7</td></tr>
<tr><td>25,28</td><td rowspan="2">62</td><td rowspan="2">44</td><td rowspan="2">62</td></tr>
<tr><td rowspan="2">LT5</td><td rowspan="2">125</td><td rowspan="2">4 600</td><td>25,28</td><td rowspan="2">50</td><td rowspan="2">130</td><td rowspan="5">5</td><td rowspan="5">45</td><td rowspan="2">6.05</td><td rowspan="2">0.012 0</td><td rowspan="5">0.3</td></tr>
<tr><td>30,32,35</td><td rowspan="2">82</td><td rowspan="2">60</td><td rowspan="2">82</td></tr>
<tr><td rowspan="2">LT6</td><td rowspan="2">250</td><td rowspan="2">3 800</td><td>32,35,38</td><td rowspan="2">55</td><td rowspan="2">160</td><td rowspan="2">9.57</td><td rowspan="2">0.028 0</td><td rowspan="9">1°</td></tr>
<tr><td>40,42</td><td rowspan="3">112</td><td rowspan="3">84</td><td rowspan="3">112</td></tr>
<tr><td>LT7</td><td>500</td><td>3 600</td><td>40,42,45,48</td><td>65</td><td>190</td><td>14.01</td><td>0.055 6</td></tr>
<tr><td rowspan="2">LT8</td><td rowspan="2">710</td><td rowspan="2">3 000</td><td>45,48,50,55,56</td><td rowspan="2">70</td><td rowspan="2">224</td><td rowspan="4">6</td><td rowspan="4">65</td><td rowspan="2">23.12</td><td rowspan="2">0.134 0</td><td rowspan="6">0.4</td></tr>
<tr><td>60,63</td><td>142</td><td>107</td><td>142</td></tr>
<tr><td rowspan="2">LT9</td><td rowspan="2">1 000</td><td rowspan="2">2 850</td><td>50,55,56</td><td>112</td><td>84</td><td>112</td><td rowspan="2">80</td><td rowspan="2">250</td><td rowspan="2">30.69</td><td rowspan="2">0.213 0</td></tr>
<tr><td>60,63,65,70,71</td><td rowspan="2">142</td><td rowspan="2">107</td><td rowspan="2">142</td></tr>
<tr><td rowspan="2">LT10</td><td rowspan="2">2 000</td><td rowspan="2">2 300</td><td>63,65,70,71,75</td><td rowspan="2">100</td><td rowspan="2">315</td><td rowspan="2">8</td><td rowspan="2">80</td><td rowspan="2">61.40</td><td rowspan="2">0.660 0</td></tr>
<tr><td>80,85,90,95</td><td rowspan="2">172</td><td rowspan="2">132</td><td rowspan="2">172</td></tr>
<tr><td rowspan="2">LT11</td><td rowspan="2">4 000</td><td rowspan="2">1 800</td><td>80,85,90,95</td><td rowspan="2">115</td><td rowspan="2">400</td><td rowspan="2">10</td><td rowspan="2">100</td><td rowspan="2">120.70</td><td rowspan="2">2.122 0</td><td rowspan="4">0.5</td><td rowspan="7">0°30′</td></tr>
<tr><td>100,110</td><td rowspan="2">212</td><td rowspan="2">167</td><td rowspan="2">212</td></tr>
<tr><td rowspan="2">LT12</td><td rowspan="2">8 000</td><td rowspan="2">1 450</td><td>100,110,120,125</td><td rowspan="2">135</td><td rowspan="2">475</td><td rowspan="2">12</td><td rowspan="2">130</td><td rowspan="2">210.34</td><td rowspan="2">5.390 0</td></tr>
<tr><td>130</td><td>252</td><td>202</td><td>252</td></tr>
<tr><td rowspan="3">LT13</td><td rowspan="3">16 000</td><td rowspan="3">1 150</td><td>120,125</td><td>212</td><td>167</td><td>212</td><td rowspan="3">160</td><td rowspan="3">600</td><td rowspan="3">14</td><td rowspan="3">180</td><td rowspan="3">419.36</td><td rowspan="3">17.580 0</td><td rowspan="3">0.6</td></tr>
<tr><td>130,140,150</td><td>252</td><td>202</td><td>252</td></tr>
<tr><td>160,170</td><td>302</td><td>242</td><td>302</td></tr>
</table>

注：1. 半联轴器材料，铸钢不低于 ZG 270－500，锻钢不低于 45 钢；弹性套用热塑料橡胶（TPE）。

2. 质量、转动惯量按材料为铸钢、无孔、$L_{推荐}$ 计算近似值。

3. 本联轴器具有一定补偿两轴线相对偏移和减振缓冲能力，适用于安装底座刚性好，冲击载荷不大的中、小功率轴系传动，可用于经常正反转、起动频繁的场合，工作温度为－20～70℃。

表 7-7 弹性柱销联轴器(摘自 GB/T 5014—2003)

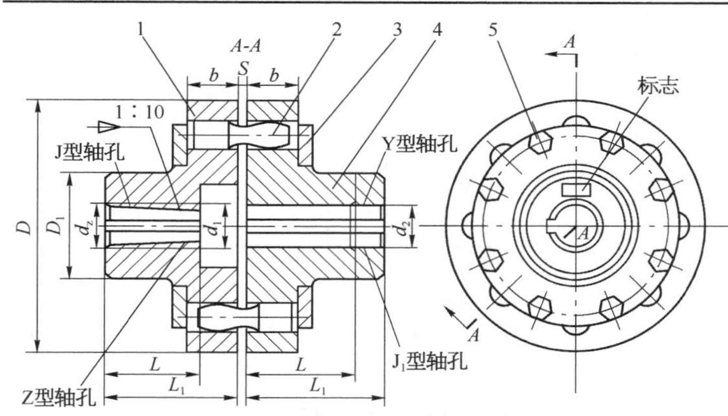

1、4—半联轴器；2—柱销；3—挡板；5—螺钉

标记示例：LX7 联轴器 $\dfrac{\text{ZC75}\times 107}{\text{J}_1\text{B70}\times 107}$ GB/T 5014—2003

主动端：Z 型轴孔，C 型键槽，轴孔直径 $d_z=75\text{mm}$，轴孔长度 $L_1=107\text{mm}$

从动端：J_1 型轴孔，B 型键槽，轴孔直径 $d_2=70\text{mm}$，轴孔长度 $L_1=107\text{mm}$

<table>
<tr><th rowspan="3">型号</th><th rowspan="3">公称转矩
T_n
(N·m)</th><th rowspan="3">许用
转速
[n]
(r/min)</th><th rowspan="3">轴孔直径
d_1,d_2,d_z
(mm)</th><th colspan="3">轴孔长度
(mm)</th><th rowspan="3">D
(mm)</th><th rowspan="3">D_1
(mm)</th><th rowspan="3">b
(mm)</th><th rowspan="3">S
(mm)</th><th rowspan="3">质量
m
(kg)</th><th rowspan="3">转动惯量
I
(kg·m²)</th><th colspan="3">许用补偿量</th></tr>
<tr><th>Y 型</th><th colspan="2">J、J_1、Z 型</th><th rowspan="2">径向
Δy
(mm)</th><th rowspan="2">轴向
Δx
(mm)</th><th rowspan="2">角向
Δα</th></tr>
<tr><th>L</th><th>L</th><th>L_1</th></tr>
<tr><td rowspan="3">LX1</td><td rowspan="3">250</td><td rowspan="3">8 500</td><td>12,14</td><td>32</td><td>27</td><td>—</td><td rowspan="3">90</td><td rowspan="3">40</td><td rowspan="3">20</td><td rowspan="8">2.5</td><td rowspan="3">2</td><td rowspan="3">0.002</td><td rowspan="11">0.15</td><td rowspan="3">±0.5</td><td rowspan="20">≤
0°30′</td></tr>
<tr><td>16,18,19</td><td>42</td><td>30</td><td>42</td></tr>
<tr><td>20,22,24</td><td rowspan="2">52</td><td rowspan="2">38</td><td rowspan="2">52</td></tr>
<tr><td rowspan="3">LX2</td><td rowspan="3">560</td><td rowspan="3">6 300</td><td>20,22,24</td><td rowspan="3">120</td><td rowspan="3">55</td><td rowspan="3">28</td><td rowspan="3">5</td><td rowspan="3">0.009</td><td rowspan="5">±1</td></tr>
<tr><td>25,28</td><td>62</td><td>44</td><td>62</td></tr>
<tr><td>30,32,35</td><td rowspan="2">82</td><td rowspan="2">60</td><td rowspan="2">82</td></tr>
<tr><td rowspan="2">LX3</td><td rowspan="2">1 250</td><td rowspan="2">4 750</td><td>30,32,35,38</td><td rowspan="2">160</td><td rowspan="2">75</td><td rowspan="2">36</td><td rowspan="2">8</td><td rowspan="2">0.026</td></tr>
<tr><td>40,42,48</td><td rowspan="2">112</td><td rowspan="2">84</td><td rowspan="2">112</td></tr>
<tr><td rowspan="2">LX4</td><td rowspan="2">2 500</td><td rowspan="2">3 870</td><td>40,42,45,48,
50,55,56</td><td rowspan="2">195</td><td rowspan="2">100</td><td rowspan="2">45</td><td rowspan="3">3</td><td rowspan="2">22</td><td rowspan="2">0.109</td><td rowspan="3">±1.5</td></tr>
<tr><td>60,63</td><td rowspan="3">142</td><td rowspan="3">107</td><td rowspan="3">142</td></tr>
<tr><td>LX5</td><td>3 150</td><td>3 450</td><td>50,55,56,60,63,
65,70,71,75</td><td>220</td><td>120</td><td>45</td><td>30</td><td>0.191</td></tr>
<tr><td rowspan="2">LX6</td><td rowspan="2">6 300</td><td rowspan="2">2 720</td><td>60,63,65,70,
71,75,80</td><td rowspan="2">280</td><td rowspan="2">140</td><td rowspan="2">56</td><td rowspan="5">4</td><td rowspan="2">53</td><td rowspan="2">0.543</td><td rowspan="9">0.20</td><td rowspan="9">±2</td></tr>
<tr><td>85</td><td>172</td><td>132</td><td>172</td></tr>
<tr><td rowspan="3">LX7</td><td rowspan="3">11 200</td><td rowspan="3">2 360</td><td>70,71,75</td><td>142</td><td>107</td><td>142</td><td rowspan="3">320</td><td rowspan="3">170</td><td rowspan="3">56</td><td rowspan="3">98</td><td rowspan="3">1.314</td></tr>
<tr><td>80,85,90,95</td><td>172</td><td>132</td><td>172</td></tr>
<tr><td>100,110</td><td>212</td><td>167</td><td>212</td></tr>
<tr><td rowspan="2">LX8</td><td rowspan="2">16 000</td><td rowspan="2">2 120</td><td>80,85,90,95</td><td>172</td><td>132</td><td>172</td><td rowspan="2">360</td><td rowspan="2">200</td><td rowspan="2">56</td><td rowspan="4">5</td><td rowspan="2">119</td><td rowspan="2">2.023</td></tr>
<tr><td>100,110,120,125</td><td rowspan="2">212</td><td rowspan="2">167</td><td rowspan="2">212</td></tr>
<tr><td rowspan="2">LX9</td><td rowspan="2">22 400</td><td rowspan="2">1 850</td><td>100,110,120,125</td><td rowspan="2">410</td><td rowspan="2">230</td><td rowspan="2">63</td><td rowspan="2">197</td><td rowspan="2">4.386</td></tr>
<tr><td>130,140</td><td>252</td><td>202</td><td>252</td></tr>
</table>

（续表）

型号	公称转矩 T_n (N·m)	许用转速 [n] (r/min)	轴孔直径 d_1,d_2,d_z (mm)	轴孔长度(mm) Y型 L	J、J_1、Z型 L	J、J_1、Z型 L_1	D (mm)	D_1 (mm)	b (mm)	S (mm)	质量 m (kg)	转动惯量 I (kg·m²)	许用补偿量 径向 Δy (mm)	轴向 Δx (mm)	角向 Δα
LX10	35 500	1 600	110,120,125	212	167	212	480	280	75	6	322	9.760	0.25	±2.5	≤0°30′
			130,140,150	252	202	252									
			160,170,180	302	242	302									

注：1. 半联轴器材料为 45 钢，柱销材料为 MC 尼龙。

2. 质量、转动惯量是按 J/Y 型轴孔组合形式和最小轴孔直径计算的。

3. 本联轴器结构简单、制造容易、装拆更换弹性元件方便，具有补偿两轴线偏移和一般减振性能，主要用于载荷较平稳，起动频繁，对缓冲要求不高的中、低速轴系传动，工作温度为 -20 ~ 70℃。

表 7-8 梅花形弹性联轴器（摘自 GB/T 5272—2002）

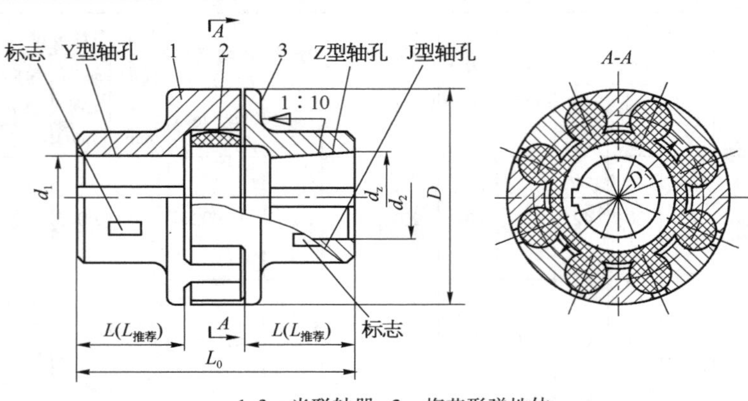

1、3—半联轴器；2—梅花形弹性体

标记示例：LM3 型联轴器 $\frac{ZA30 \times 40}{YB25 \times 40}$ MT3 - a GB/T 5272—2002

主动端：Z 型轴孔，A 型键槽，轴孔直径 d_z = 30mm，轴孔长度 $L_{推荐}$ = 40mm

从动端：Y 型轴孔，B 型键槽，轴孔直径 d_1 = 25mm，轴孔长度 $L_{推荐}$ = 40mm

MT3 型弹性件为 a

型号	公称转矩 T_n(N·m) 弹性件硬度 aHA 80±5	bHD 60±5	许用转速 [n] (r/min)	轴孔直径 d_1,d_2,d_z (mm)	轴孔长度 L(mm) Y型	Z、J型	$L_{推荐}$	L_0 (mm)	D (mm)	弹性件型号	质量 m (kg)	转动惯量 I (kg·m²)	许用补偿量 径向 Δy (mm)	轴向 Δx (mm)	角向 Δα
LM1	25	45	15 300	12,14	32	27	35	86	50	MT1 $^{-a}_{-b}$	0.66	0.000 2	0.5	1.2	2°
				16,18,19	42	30									
				20,22,24	52	38									
				25	62	44									
LM2	50	100	12 000	16,18,19	42	30	38	95	60	MT2 $^{-a}_{-b}$	0.93	0.000 4	0.6	1.3	
				20,22,24	52	38									
				25,28	62	44									
				30	82	60									
LM3	100	200	10 900	20,22,24	52	38	40	103	70	MT3 $^{-a}_{-b}$	1.41	0.000 9	0.8	1.5	
				25,28	62	44									
				30,32	82	60									

（续表）

型号	公称转矩 T_n(N·m) 弹性件硬度 aHA 80±5	公称转矩 T_n(N·m) 弹性件硬度 bHD 60±5	许用转速 [n] (r/min)	轴孔直径 d_1, d_2, d_z (mm)	轴孔长度 L(mm) Y型	轴孔长度 L(mm) Z、J型	轴孔长度 L(mm) $L_{推荐}$	L_0 (mm)	D (mm)	弹性件型号	质量 m (kg)	转动惯量 I (kg·m²)	许用补偿量 径向 Δy (mm)	许用补偿量 轴向 Δx (mm)	许用补偿量 角向 $\Delta\alpha$
LM4	140	280	9 000	22,24	52	38	45	114	85	MT4$^{-a}_{-b}$	2.18	0.002 0	0.8	2.0	2°
				25,28	62	44									
				30,32,35,38	82	60									
				40	112	84									
LM5	350	400	7 300	25,28	62	44	50	127	105	MT5$^{-a}_{-b}$	3.60	0.005 0	0.8	2.5	
				30,32,35,38	82	60									
				40,42,45	112	84									
LM6	400	710	6 100	30,32,35,38	82	60	55	143	125	MT6$^{-a}_{-b}$	6.07	0.011 4	1.0	3.0	1.5°
				40,42,45,48	112	84									
LM7	630	1 120	5 300	35*,38*	82	60	60	159	145	MT7$^{-a}_{-b}$	9.09	0.023 2	1.0	3.0	
				40*,45*,45,48,50,55	112	84									
LM8	1 120	2 240	4 500	45*,48*,50,55,56	112	84	70	181	170	MT8$^{-a}_{-b}$	13.56	0.046 8	1.0	3.5	
				60,63,65*	142	107									
LM9	1 800	3 550	3 800	50*,55*,56*	112	84	80	208	200	MT9$^{-a}_{-b}$	21.40	0.104 1	1.5	4.0	
				60,63,65,70,71,75	142	107									
				80	172	132									

注：1. 带“*”者轴孔直径可用于Z型轴孔。

2. 本联轴器补偿两轴的位移量较大，有一定弹性和缓冲性，常用于中小功率、中高速、起动频繁、有正反转变化和要求工作可靠的部位。由于安装时需轴向位移两半联轴器，故不宜用于大型、重型设备上，工作温度为-35～80℃。

3. 表中a、b为弹性件两种不同材质和硬度的代号，a的材料为聚氨酯，b为铸型尼龙。

7.5 联轴器工作情况系数

表7-9 联轴器工作情况系数 K_A

工作机 分类	工作机 工作情况及举例	原动机 电动机 汽轮机	原动机 4缸和4缸以上内燃机	原动机 双缸内燃机	原动机 单缸内燃机
Ⅰ	转矩变化很小，如发电机、小型通风机、小型离心泵	1.3	1.5	1.8	2.2
Ⅱ	转矩变化小，如透平压缩机、木工机床、运输机	1.5	1.7	2.0	2.4
Ⅲ	转矩变化中等，如搅拌机、增压泵、有飞轮的压缩机、冲床	1.7	1.9	2.2	2.6

（续表）

工作机		原动机			
分类	工作情况及举例	电动机 汽轮机	4缸和4缸 以上内燃机	双缸 内燃机	单缸 内燃机
Ⅳ	转矩变化和冲击载荷中等，如织布机、水泥搅拌机、拖拉机	1.9	2.1	2.4	2.8
Ⅴ	转矩变化和冲击载荷大，如造纸机、挖掘机、起重机、碎石机	2.3	2.5	2.8	3.2
Ⅵ	转矩变化大并且有极强烈冲击载荷，如压延机、无飞轮的活塞泵、重型初轧机	3.1	3.3	3.6	4.0

第8章 减速器附件

8.1 轴承盖与套杯

表 8-1 凸缘式轴承盖 (mm)

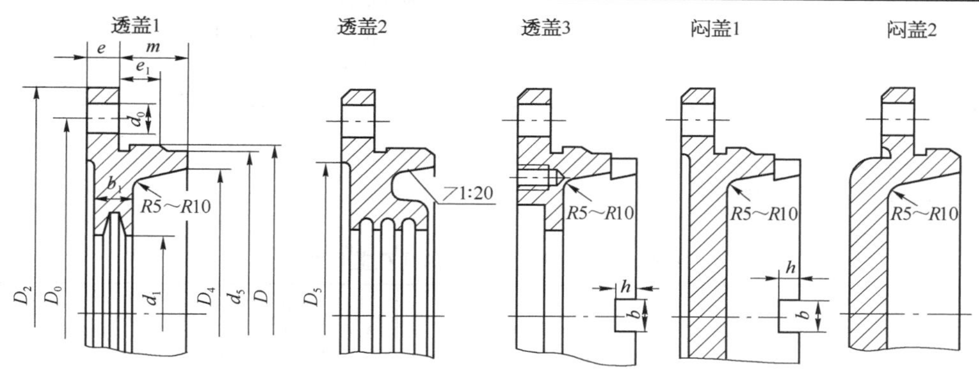

$d_0=d_3+1$；$D_0=D+2.5d_3$； $D_2=D_0+2.5d_3$；$e=(1\sim1.2)d_3$； $e_1\geqslant e$ d_3 为轴承盖连接螺钉直径，尺寸见右表。当端盖与套杯相配时，图中 D_0 与 D_2 应与套杯相一致	$d_5=D-(2\sim4)$；$D_5=D_0-3d_3$； $b=5\sim10$；$h=(0.8\sim1)b$； $D_4=D-(10\sim15)$ m 由结构确定 b_1、d_1 由密封尺寸确定 凸缘式轴承盖材料：HT150	轴承盖连接螺钉直径 d_3		
		轴承外径 D	螺钉直径 d_3	螺钉数
		45 ~ 65	M6 ~ M8	4
		70 ~ 100	M8 ~ M10	4 ~ 6
		110 ~ 140	M10 ~ M12	6
		150 ~ 230	M12 ~ M16	6

表 8-2 嵌入式轴承盖 (mm)

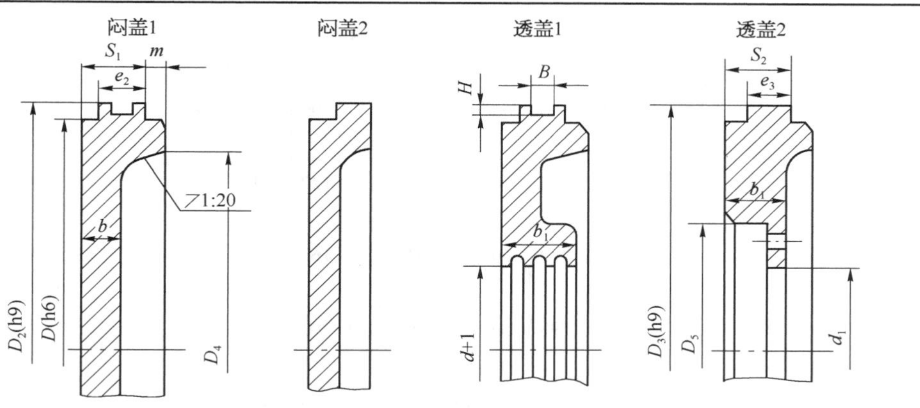

$S_1=15\sim20$；$S_2=10\sim15$； $e_2=8\sim12$；$e_3=5\sim8$； $b=8\sim10$	$D_3=D+e_2$，装有 O 形密封圈时，按 O 形密封圈外径取整 m 由结构确定	D_5、d_1、b_1 等由密封尺寸确定 H、B 按 O 形密封圈的沟槽尺寸确定 嵌入式轴承盖材料：HT150

表 8-3 套 杯 (mm)

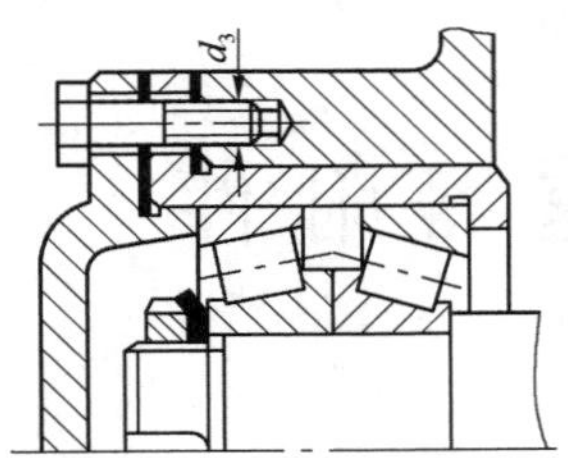

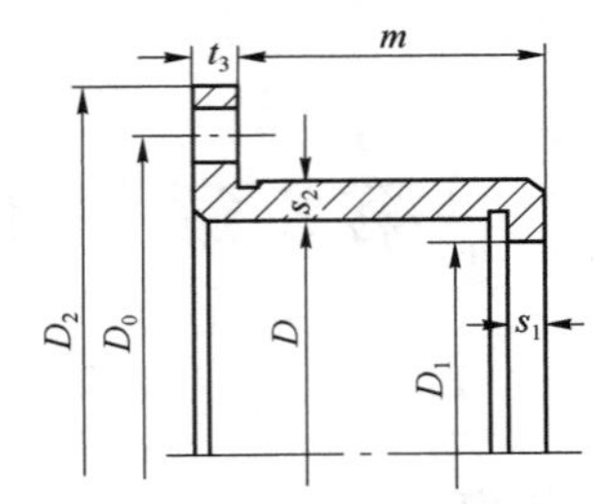

$s_1 \approx s_2 \approx t_3 = 7 \sim 12$ $D_0 = D + 2s_2 + 2.5d_3$ $D_2 = D_0 + 2.5d_3$ D 为轴承外径	m 由结构确定 D_1 由轴承安装尺寸确定 d_3 为轴承盖连接螺钉直径,其尺寸见表 8-1 套杯材料:HT150

8.2 窥视孔及视孔盖

表 8-4 窥视孔及板结构视孔盖尺寸 (mm)

l_1	l_2	l_3	l_4	b_1	b_2	b_3	d 直径	d 孔数	δ	R	可用的减速器中心距
90	75	60	—	70	55	40	7	4	4	5	单级 $a \leqslant 150$
120	105	90	—	90	75	60	7	4	4	5	单级 $a \leqslant 250$
180	165	150	—	140	125	110	7	8	4	5	单级 $a \leqslant 350$
200	180	160	—	180	160	140	11	8	4	10	单级 $a \leqslant 450$
220	200	180	—	200	180	160	11	8	4	10	单级 $a \leqslant 500$
270	240	210	—	220	190	160	11	8	6	15	单级 $a \leqslant 700$
140	125	110	—	120	105	90	7	8	4	5	两级 $a_\Sigma \leqslant 250$, 三级 $a_\Sigma \leqslant 350$
180	165	150	—	140	125	110	7	8	4	5	两级 $a_\Sigma \leqslant 425$, 三级 $a_\Sigma \leqslant 500$
220	190	160	—	160	130	100	11	8	4	15	两级 $a_\Sigma \leqslant 500$, 三级 $a_\Sigma \leqslant 650$
270	240	210	—	180	150	120	11	8	6	15	两级 $a_\Sigma \leqslant 650$, 三级 $a_\Sigma \leqslant 825$
350	320	290	—	220	190	160	11	8	10	15	两级 $a_\Sigma \leqslant 850$, 三级 $a_\Sigma \leqslant 1\,000$
420	390	350	130	260	230	200	13	10	10	15	两级 $a_\Sigma \leqslant 1\,000$, 三级 $a_\Sigma \leqslant 1\,250$
500	460	420	150	300	260	220	13	10	10	20	两级 $a_\Sigma \leqslant 1\,150$, 三级 $a_\Sigma \leqslant 1\,650$

注：视孔盖材料为 Q235A。

8.3　油面指示装置

表 8－5　压配式圆形油标（摘自 JB/T 7941.1—1995）　　(mm)

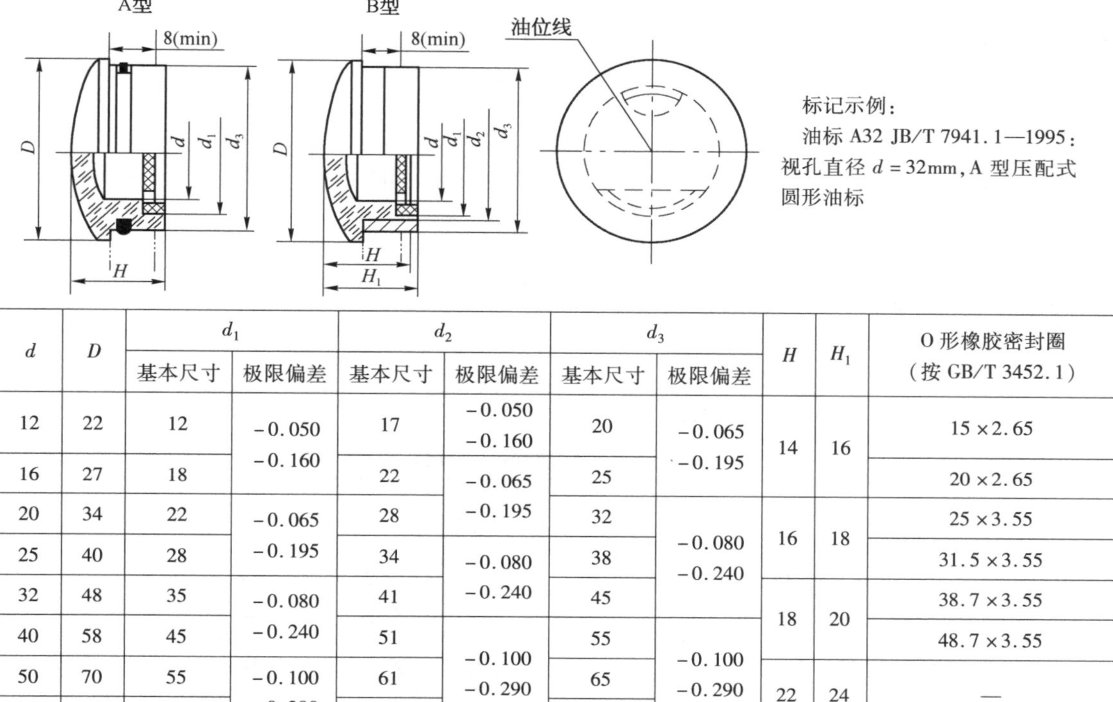

标记示例：
油标 A32 JB/T 7941.1—1995：视孔直径 d = 32mm，A 型压配式圆形油标

d	D	d_1 基本尺寸	d_1 极限偏差	d_2 基本尺寸	d_2 极限偏差	d_3 基本尺寸	d_3 极限偏差	H	H_1	O 形橡胶密封圈（按 GB/T 3452.1）
12	22	12	−0.050 −0.160	17	−0.050 −0.160	20	−0.065 −0.195	14	16	15×2.65
16	27	18		22	−0.065 −0.195	25				20×2.65
20	34	22	−0.065 −0.195	28		32	−0.080 −0.240	16	18	25×3.55
25	40	28		34	−0.080 −0.240	38				31.5×3.55
32	48	35	−0.080 −0.240	41		45		18	20	38.7×3.55
40	58	45		51	−0.100 −0.290	55	−0.100 −0.290			48.7×3.55
50	70	55	−0.100 −0.290	61		65		22	24	—
63	85	70		76		80				

表 8－6　长形油标（摘自 JB/T 7941.3—1995）　　(mm)

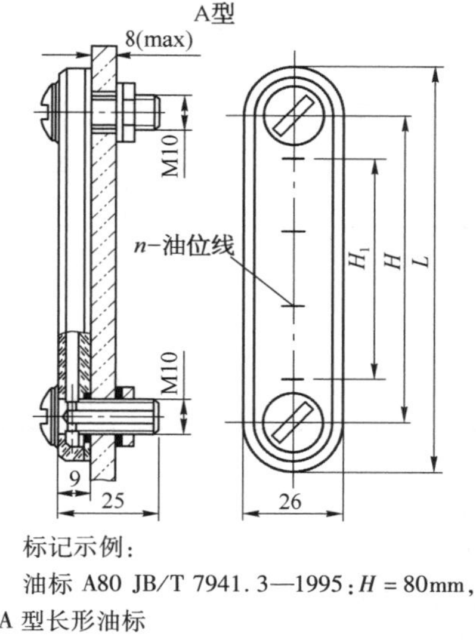

标记示例：
油标 A80 JB/T 7941.3—1995：H = 80mm，A 型长形油标

H 基本尺寸	H 极限偏差	H_1	L	条数 n
80	±0.17	40	110	2
100		60	130	3
125	±0.20	80	155	4
160		120	190	6
O 形橡胶密封圈（按 GB/T 3452.1）	六角螺母（按 GB/T 6172）	弹性垫圈（按 GB/T 861.1）		
10×2.65	M10	10		

注：B 型长形油标尺寸见 JB/T 7943.1—1995。

表 8－7　管状油标（摘自 JB/T 7941.4—1995）　　(mm)

A型 标记示例： 油标 A200 JB/T 7941.4—1995：$H=20$mm，A 型管状油标	H	六角薄螺母（按 GB/T 6172—2000）	弹性垫圈（按 GB/T 861.1—1987）	O 形橡胶密封圈（按 GB/T 3452.1—1992）
	80			
	100			
	125	M12	12	11.8×2.65
	160			
	200			

注：B 型管状油标尺寸见 JB/T 7941.4—1995。

表 8－8　杆式油标（油标尺）　　(mm)

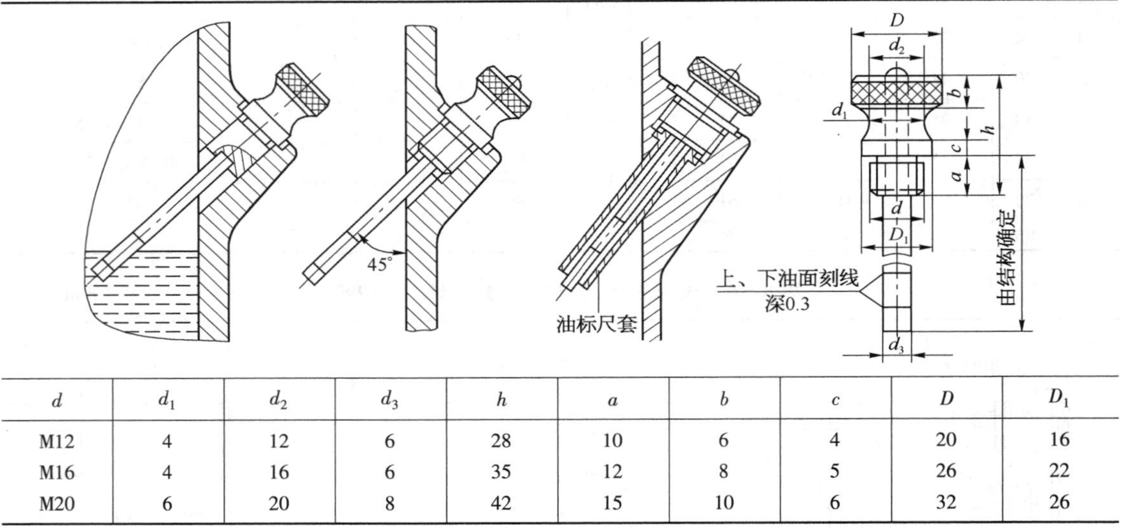

d	d_1	d_2	d_3	h	a	b	c	D	D_1
M12	4	12	6	28	10	6	4	20	16
M16	4	16	6	35	12	8	5	26	22
M20	6	20	8	42	15	10	6	32	26

8.4　通气器

表 8－9　通气螺塞（无过滤装置）　　(mm)

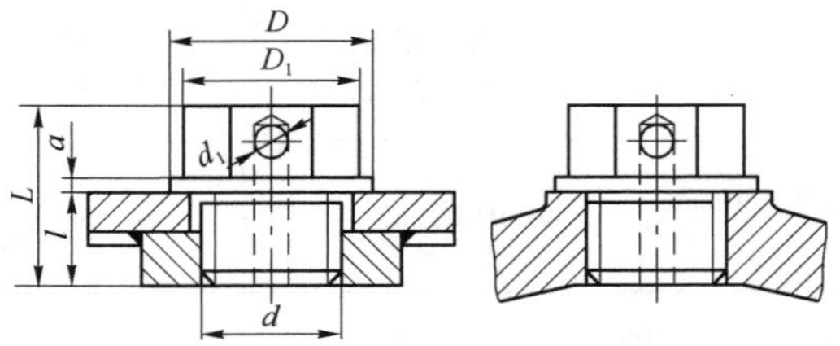

（续表）

d	D	D_1	S	L	l	a	d_1
M12 × 1.25	18	16.5	14	19	10	2	4
M16 × 1.5	22	19.6	17	23	12	2	5
M20 × 1.5	30	25.4	22	28	15	4	6
M22 × 1.5	32	25.4	22	29	15	4	7
M27 × 1.5	38	31.2	27	34	18	4	8
M30 × 2	42	36.9	32	36	18	4	8

注：1. 表中的 S 为螺母扳手开口宽度。
　　2. 材料为 Q235。

表 8－10　通气帽（经一次过滤）　（mm）

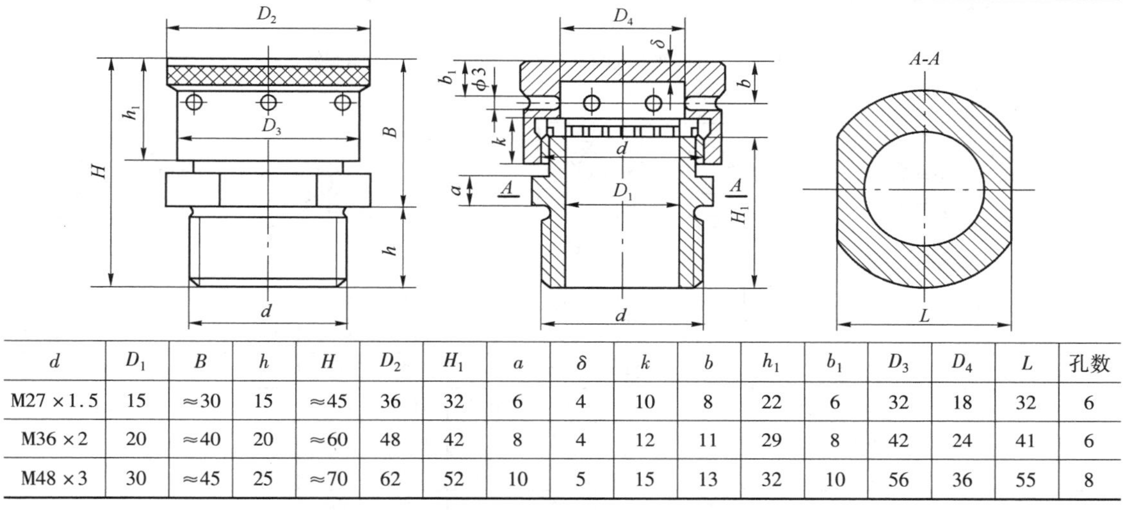

d	D_1	B	h	H	D_2	H_1	a	δ	k	b	h_1	b_1	D_3	D_4	L	孔数
M27 × 1.5	15	≈30	15	≈45	36	32	6	4	10	8	22	6	32	18	32	6
M36 × 2	20	≈40	20	≈60	48	42	8	4	12	11	29	8	42	24	41	6
M48 × 3	30	≈45	25	≈70	62	52	10	5	15	13	32	10	56	36	55	8

表 8－11　通气罩（经两次过滤）　（mm）

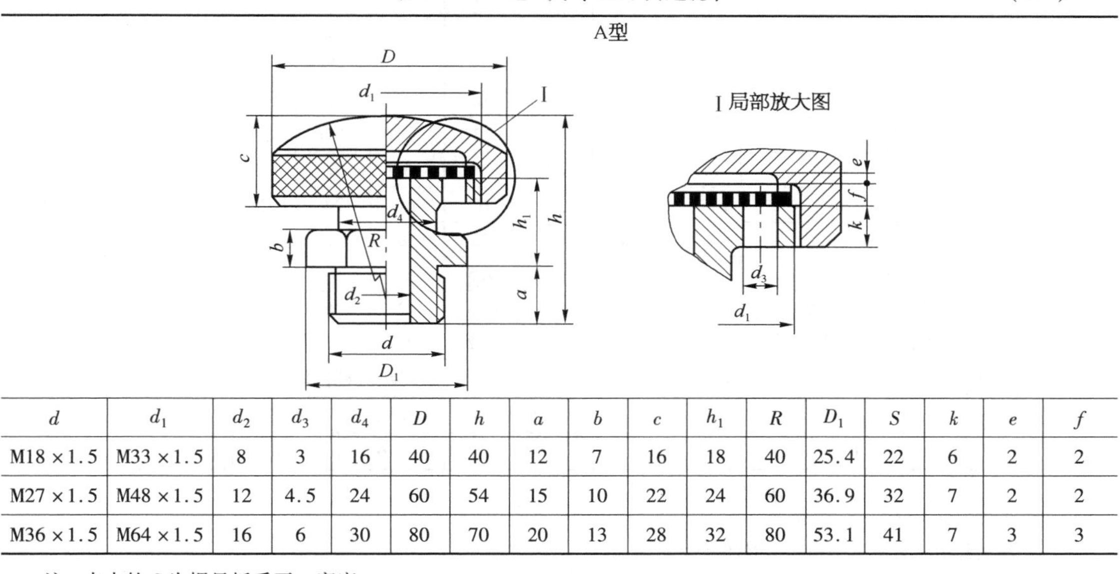

d	d_1	d_2	d_3	d_4	D	h	a	b	c	h_1	R	D_1	S	k	e	f
M18 × 1.5	M33 × 1.5	8	3	16	40	40	12	7	16	18	40	25.4	22	6	2	2
M27 × 1.5	M48 × 1.5	12	4.5	24	60	54	15	10	22	24	60	36.9	32	7	2	2
M36 × 1.5	M64 × 1.5	16	6	30	80	70	20	13	28	32	80	53.1	41	7	3	3

注：表中的 S 为螺母扳手开口宽度。

8.5 起吊装置

表8-12 吊环螺钉(摘自GB/T 825—1988)

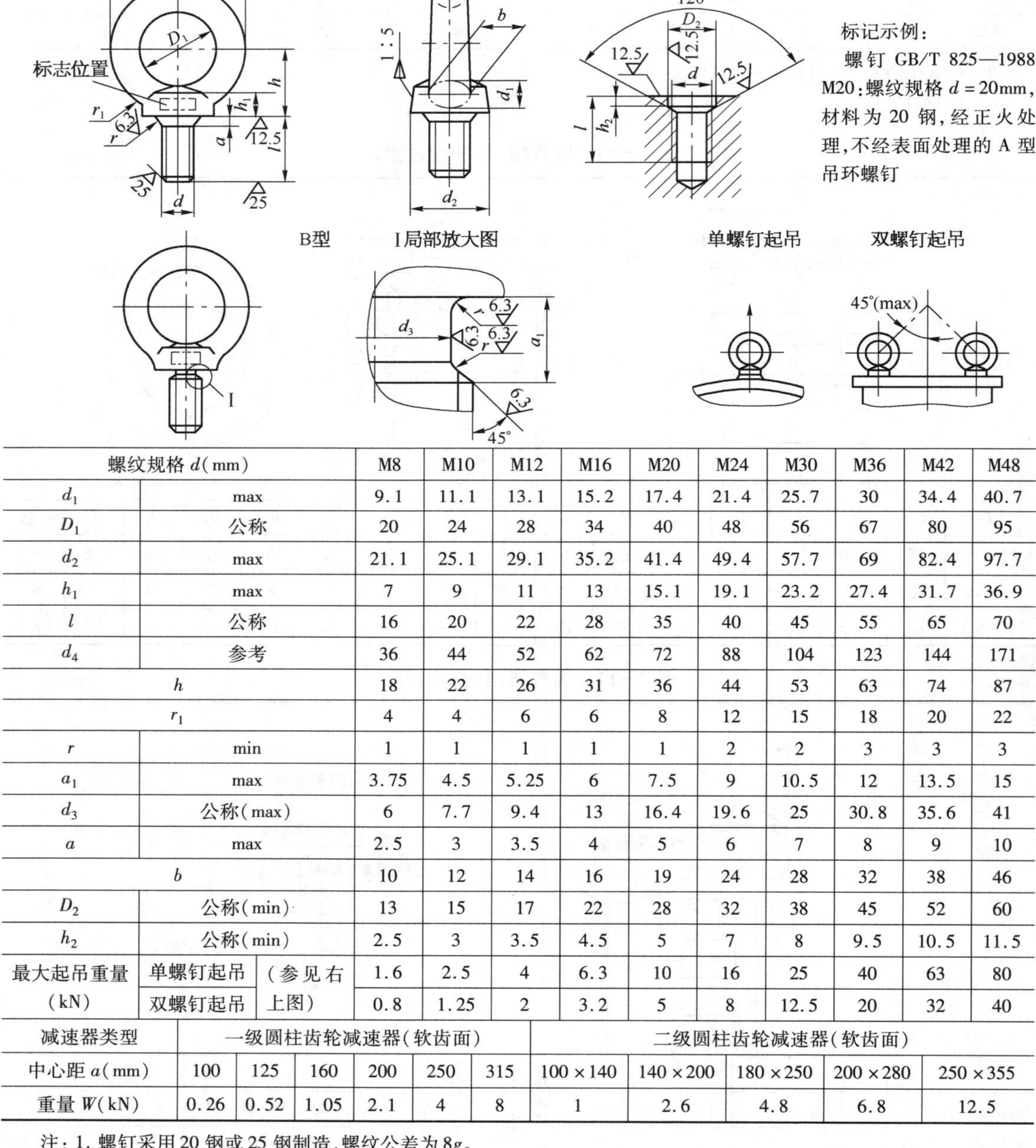

标记示例：

螺钉 GB/T 825—1988 M20：螺纹规格 $d=20$mm，材料为20钢，经正火处理，不经表面处理的A型吊环螺钉

螺纹规格 d(mm)		M8	M10	M12	M16	M20	M24	M30	M36	M42	M48
d_1	max	9.1	11.1	13.1	15.2	17.4	21.4	25.7	30	34.4	40.7
D_1	公称	20	24	28	34	40	48	56	67	80	95
d_2	max	21.1	25.1	29.1	35.2	41.4	49.4	57.7	69	82.4	97.7
h_1	max	7	9	11	13	15.1	19.1	23.2	27.4	31.7	36.9
l	公称	16	20	22	28	35	40	45	55	65	70
d_4	参考	36	44	52	62	72	88	104	123	144	171
h		18	22	26	31	36	44	53	63	74	87
r_1		4	4	6	6	8	12	15	18	20	22
r	min	1	1	1	1	1	2	2	3	3	3
a_1	max	3.75	4.5	5.25	6	7.5	9	10.5	12	13.5	15
d_3	公称(max)	6	7.7	9.4	13	16.4	19.6	25	30.8	35.6	41
a	max	2.5	3	3.5	4	5	6	7	8	9	10
b		10	12	14	16	19	24	28	32	38	46
D_2	公称(min)	13	15	17	22	28	32	38	45	52	60
h_2	公称(min)	2.5	3	3.5	4.5	5	7	8	9.5	10.5	11.5
最大起吊重量(kN)	单螺钉起吊(参见右上图)	1.6	2.5	4	6.3	10	16	25	40	63	80
	双螺钉起吊	0.8	1.25	2	3.2	5	8	12.5	20	32	40

减速器类型	一级圆柱齿轮减速器(软齿面)						二级圆柱齿轮减速器(软齿面)				
中心距 a(mm)	100	125	160	200	250	315	100×140	140×200	180×250	200×280	250×355
重量 W(kN)	0.26	0.52	1.05	2.1	4	8	1	2.6	4.8	6.8	12.5

注：1. 螺钉采用20钢或25钢制造，螺纹公差为8g。

2. 表中M8～M36为商品规格。

3. 最大起吊重量系指平稳起吊时的重量。

4. 减速器重量 W 非GB/T 825—1988内容，仅供参考。

8.6　螺塞及封油垫

表 8-13　外六角螺塞(摘自 JB/ZQ 4450—1997)、封油垫圈　(mm)

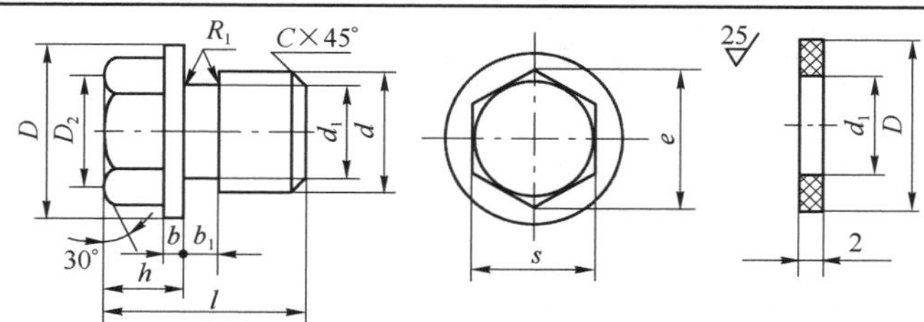

标记示例：

螺塞 M20×1.5 JB/ZQ 4450—1997：d 为 M20×1.5 的外六角螺塞

<table>
<tr><th rowspan="2">d</th><th rowspan="2">d_1</th><th rowspan="2">D</th><th rowspan="2">e</th><th colspan="2">s</th><th rowspan="2">l</th><th rowspan="2">h</th><th rowspan="2">b</th><th rowspan="2">b_1</th><th rowspan="2">C</th><th rowspan="2">可用减速器的中心距
a、a_Σ</th></tr>
<tr><th>基本尺寸</th><th>极限偏差</th></tr>
<tr><td>M14×1.5</td><td>11.8</td><td>23</td><td>20.8</td><td>18</td><td rowspan="6">0
-0.28</td><td>25</td><td>12</td><td rowspan="2">3</td><td rowspan="4">3</td><td rowspan="3">1.0</td><td>单级 $a=100$</td></tr>
<tr><td>M18×1.5</td><td>15.8</td><td>28</td><td>24.2</td><td>21</td><td>27</td><td rowspan="3">15</td><td rowspan="4">单级 $a\leqslant300$
两级 $a_\Sigma\leqslant425$
三级 $a_\Sigma\leqslant450$</td></tr>
<tr><td>M20×1.5</td><td>17.8</td><td>30</td><td>24.2</td><td>21</td><td rowspan="2">30</td><td rowspan="5">4</td></tr>
<tr><td>M22×1.5</td><td>19.8</td><td>32</td><td>27.7</td><td>24</td><td rowspan="6">1.5</td></tr>
<tr><td>M24×2</td><td>21</td><td>34</td><td>31.2</td><td>27</td><td>32</td><td>16</td><td rowspan="5">4</td></tr>
<tr><td>M27×2</td><td>24</td><td>38</td><td>34.6</td><td>30</td><td>35</td><td>17</td><td rowspan="4">单级 $a\leqslant450$
两级 $a_\Sigma\leqslant750$
三级 $a_\Sigma\leqslant950$</td></tr>
<tr><td>M30×2</td><td>27</td><td>42</td><td>39.3</td><td>34</td><td rowspan="3">0
-0.34</td><td>38</td><td>18</td></tr>
<tr><td>M33×2</td><td>30</td><td>45</td><td>41.6</td><td>36</td><td>42</td><td>20</td><td rowspan="2">5</td></tr>
<tr><td>M42×2</td><td>39</td><td>56</td><td>53.1</td><td>46</td><td>50</td><td>25</td></tr>
</table>

表 8-14　管螺纹外六角螺塞(摘自 JB/ZQ 4451—1997)、封油垫圈　(mm)

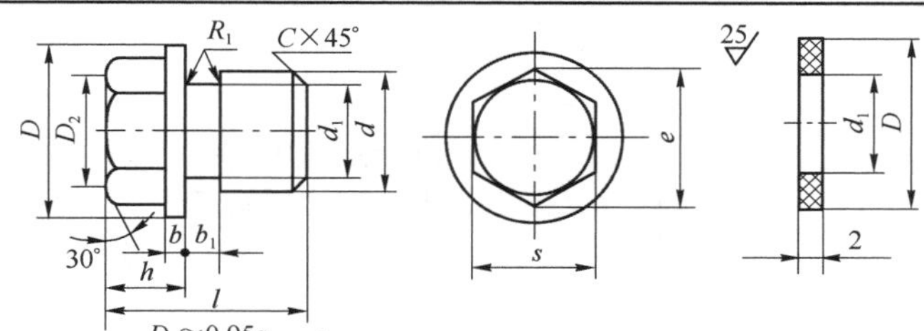

标记示例：

螺塞 G1/2A JB/ZQ 4451—1997；d 为 G1/2A 的管螺纹外六角螺塞

<table>
<tr><th rowspan="2">d</th><th rowspan="2">d_1</th><th rowspan="2">D</th><th rowspan="2">e</th><th colspan="2">s</th><th rowspan="2">l</th><th rowspan="2">h</th><th rowspan="2">b</th><th rowspan="2">b_1</th><th rowspan="2">C</th><th rowspan="2">可用减速器的中心距
a、a_Σ</th></tr>
<tr><th>基本尺寸</th><th>极限偏差</th></tr>
<tr><td>G1/2A</td><td>18</td><td>30</td><td>24.2</td><td>21</td><td rowspan="2">0
-0.28</td><td>28</td><td>13</td><td rowspan="3">4</td><td rowspan="2">3</td><td rowspan="3">2</td><td>单级 $a=100$</td></tr>
<tr><td>G3/4A</td><td>23</td><td>38</td><td>31.2</td><td>27</td><td>33</td><td>15</td><td rowspan="2">单级 $a\leqslant300$
两级 $a_\Sigma\leqslant425$
三级 $a_\Sigma\leqslant450$</td></tr>
<tr><td>G1A</td><td>29</td><td>45</td><td>39.3</td><td>34</td><td rowspan="4">0
-0.34</td><td>37</td><td>17</td><td rowspan="5">4</td></tr>
<tr><td>G1$\frac{1}{4}$A</td><td>38</td><td>55</td><td>47.3</td><td>41</td><td>48</td><td>23</td><td rowspan="3">5</td><td rowspan="4">2.5</td><td rowspan="2">单级 $a\leqslant450$
两级 $a_\Sigma\leqslant750$
三级 $a_\Sigma\leqslant950$</td></tr>
<tr><td>G1$\frac{1}{2}$A</td><td>44</td><td>62</td><td>53.1</td><td>46</td><td>50</td><td>25</td></tr>
<tr><td>G1$\frac{3}{4}$A</td><td>50</td><td>68</td><td>57.7</td><td>50</td><td>57</td><td>27</td><td rowspan="2">单级 $a\leqslant700$
两级 $a_\Sigma\leqslant1\ 300$
三级 $a_\Sigma\leqslant1\ 650$</td></tr>
<tr><td>G2A</td><td>56</td><td>75</td><td>63.5</td><td>55</td><td>0
-0.40</td><td>60</td><td>30</td><td>6</td></tr>
</table>

注：1. 螺塞材料为 Q235，经发蓝处理。

2. 封油垫圈材料为耐油橡胶、石棉橡胶纸、工业用皮革。

第9章　润滑与密封

9.1　润滑剂

表9－1　常用润滑油的主要性质和用途

名　称	代　号	运动黏度（mm^2/s）（cSt）		倾　点（℃）≤	闪点（开口）（℃）≥	主　要　用　途
		40℃	100℃			
全损耗系统用油（GB/T 443—1989）	L－AN10	9.00～11.0	—	－5	130	用于高速轻载机械轴承的润滑和冷却
	L－AN15	13.5～16.5			150	用于小型机床齿轮箱、传动装置轴承、中小型电机、风动工具等
	L－AN22	19.8～24.2				
	L－AN32	28.8～35.2				用于一般机床齿轮变速、中小型机床导轨及100kW以上电机轴承
	L－AN46	41.4～50.6			160	主要用于大型机床、大型刨床
	L－AN68	61.2～74.8				主要用于低速重载的纺织机械及重型机床、锻压、铸工设备
	L－AN100	90.0～110			180	
	L－AN150	135～165				
工业闭式齿轮油（GB 5903—2011）	L－CKC68	61.2～74.8	—	－8	180	适用于煤炭、水泥、冶金工业部门大型封闭式齿轮传动装置的润滑
	L－CKC100	90.0～110				
	L－CKC150	135～165			200	
	L－CKC220	198～242				
	L－CKC320	288～352				
	L－CKC460	414～506				
	L－CKC680	612～748		－5	220	
蜗轮蜗杆油（SH/T 0094—1998）	L－CKE220	198～242	—	－6	200	用于蜗杆蜗轮传动的润滑
	L－CKE320	288～352				
	L－CKE460	414～506			220	
	L－CKE680	612～748				
	L－CKE1000	900～1 100				

表9－2　齿轮传动中润滑油运动黏度 $\nu_{50℃}$ 的荐用值　（mm^2/s）

齿轮材料	齿面硬度	齿轮节圆速度 v（m/s）						
		<0.5	0.5～1	1～2.5	2.5～5	5～12.5	12.5～25	>25
调质钢	<280HBW	266(32)	177(21)	118(11)	82	59	44	32
	280～350HBW	266(32)	266(32)	177(21)	118(11)	82	59	44
渗碳或表面淬火钢	40～64HRC	444(52)	266(32)	266(32)	177(21)	118(11)	82	59
塑料、青铜、铸铁	—	177	118	82	59	44	32	—

注：1. 多级齿轮传动的润滑油运动黏度应按各级传动的圆周速度平均值来选取。
　　2. 括号内的数值为温度 t＝100℃时的黏度值。

表9-3 蜗杆传动中润滑油运动黏度 $\nu_{50℃}$ 的荐用值

滑动速度 v_s(m/s)	≤1	≤2.5	≤5	>5~10	>10~15	>15~25	>25
工作条件	重载	重载	中载	—	—	—	—
运动黏度(mm^2/s)	444(52)	266(32)	177(21)	118(11)	82	59	44
润滑方法	油池润滑			油池或喷油润滑	喷油润滑,喷油压力(MPa)		
					0.07	0.2	0.3

注:括号内的数值为温度 $t=100°$ 时的黏度值。

表9-4 常用润滑脂的主要性质和用途

名　　称	代号	滴点(℃)≥	工作锥入度(1/10mm)(25℃,150g)	主　　要　　用　　途
钙基润滑脂(GB/T 491—2008)	1号	80	310~340	有耐水性能。用于工作温度≤55~60℃的各种工农业、交通运输等机械设备的轴承润滑,特别适用于有水或潮湿的场合
	2号	85	265~295	
	3号	90	220~250	
	4号	95	175~205	
钠基润滑脂(GB/T 492—1989)	2号	160	265~295	不耐水(或潮湿)。用于工作温度为-10~110℃的一般中负荷机械设备的轴承润滑
	3号		220~250	
通用锂基润滑脂(GB/T 7324—2010)	1号	170	310~340	有良好的耐水性和耐热性。适用于温度为-20~120℃的各种机械的滚动轴承、滑动轴承及其他摩擦部位的润滑
	2号	175	265~295	
	3号	180	220~250	
钙钠基润滑脂(SH/T 0368—2003)	2号	120	250~290	用于工作温度为80~100℃、有水分或较潮湿环境中工作的机械润滑,多用于铁路机车、列车、小电动车、发电机的滚动轴承(温度较高者)的润滑,不适于低温工作
	3号	135	200~240	
滚珠轴承润滑脂(SH/T 0386—1992)		120	250~290	用于机车、汽车、电机及其他机械的滚珠轴承润滑
7407号齿轮润滑脂(SH/T 0469—1994)		160	75~90	适用于各种低速,中、重载齿轮、链轮和联轴器等的润滑,使用温度≤120℃,可承受冲击载荷≤25 000MPa

9.2 油杯

表9-5 直通式压注油杯(摘自 JB/T 7940.1—1995) (mm)

$S\phi6.6_{-0.15}^{0}$　55°　$\phi4.8$　2　$\phi5.6_{-0.12}^{0}$　H　h　h_1　S　d

标记示例:

油杯 M10×1 JB/T 7940.1—1995:连接螺纹 M10×1,直通式压注油杯

d	H	h	h_1	S 基本尺寸	S 极限偏差	钢球(按 GB/T 308—2002)
M6	13	8	6	8	0 -0.22	3
M8×1	16	9	6.5	10		
M10×1	18	10	7	11		

表 9－6　接头式压注油杯(摘自 JB/T 7940.2—1995)

标记示例:

油杯 45°M10×1 JB/T 7940.2—1995:连接螺纹 M10×1,45°接头式压注油杯

d	d_1(mm)	α(°)	S(mm)	直通式压注油杯 (按 JB/T 7940.1—1995)
M6	3	45,90	11	M6
M8×1	4			
M10×1	5			

表 9－7　旋盖式油杯(摘自 JB/T 7940.3—1995)　　(mm)

A型

最小容量(cm^3)	d	l	H	h	h_1	d_1	D		L_{max}	S	
							A 型	B 型		基本尺寸	极限偏差
1.5	M8×1	8	14	22	7	3	16	18	33	10	0 −0.22
3	M10×1		15	23	8	4	20	22	35	13	0 −0.27
6			17	26			26	28	40		
12	M14×1.5	12	20	30	10	5	32	34	47	18	
18			22	32			36	40	50		
25			24	34			41	44	55		
50	M16×1.5		30	44			51	54	70	21	0 −0.33
100			38	52			68	68	85		
200	M24×1.5	16	48	64	16	6	—	86	105	30	—

标记示例:

油杯 A12 JB/T 7940.3—1995:最小容量 $12cm^3$,A 型旋盖式油杯

注:B 型油杯除尺寸 D 和滚花部分尺寸稍有不同外,其余尺寸与 A 型相同。

表 9－8　压配式压注油杯(摘自 JB/T 7940.4—1995)　　(mm)

d		H	钢球 (按 GB/T 308—2002)
基本尺寸	极限偏差		
6	+0.040 +0.028	6	4
8	+0.049 +0.034	10	5
10	+0.058 +0.040	12	6
16	+0.063 +0.045	20	11
25	+0.085 +0.064	30	13

标记示例:

油杯 8 JB/T 7940.4—1995:d＝8mm,压配式压注油杯

9.3 密封件

表 9-9 毡圈油封及槽(摘自 JB/ZQ 4606—1997) (mm)

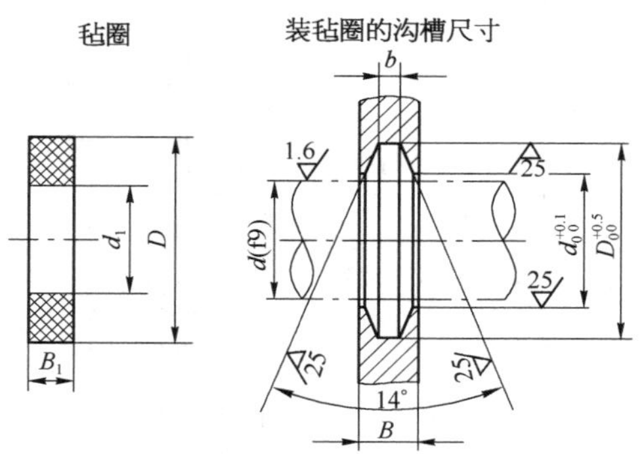

标记示例：
毡圈 40 JB/ZQ 4606—1997：$d=40$mm 的毡圈油封

轴径 d	毡圈油封			槽				
	D	d_1	B_1	D_0	d_0	b	B_{min} 钢	B_{min} 铸铁
15	29	14	6	28	16	5	10	12
20	33	19		32	21			
25	39	24	7	38	26	6	12	15
30	45	29		44	31			
35	49	34		48	36			
40	53	39		52	41			
45	61	44	8	60	46	7		
50	69	49		68	51			
55	74	53		72	56			
60	80	58		78	61			
65	84	63		82	66			
70	90	68		88	71			
75	94	73		92	77			
80	102	78	9	100	82	8	15	18
85	107	83		105	87			
90	112	88		110	92			
95	117	93	10	115	97			
100	122	98		120	102			

注：毡圈材料有半粗羊毛毡和细毛羊毛毡，粗毛毡适用于速度 $v \leqslant 3$m/s，优质细毛毡适用于 $v \leqslant 10$m/s。

表 9 - 10 液压气动用 O 形橡胶密封圈(摘自 GB/T 3452.1—2005) (mm)

标记示例:

O 形圈 32.5 ×2.65—A—N—GB/T 3452.1—2005:内径 d_1 =32.5mm,截面直径 d_2 =2.65mm,A 系列 N 级 O 形密封圈

轴向密封沟槽尺寸(GB/T 3452.3—2005)

d_2	b	h	r_1	r_2
1.8	2.6	1.28	0.2 ~0.4	0.1 ~0.3
2.65	3.8	1.97		
3.55	5.0	2.75	0.4 ~0.8	
5.3	7.3	4.24		
7.0	9.7	7.72	0.8 ~1.2	

d_1 尺寸	d_1 公差 ±	d_2 1.8 ±0.08	d_2 2.65 ±0.09	d_2 3.55 ±0.10
13.2	0.21	*	*	
14	0.22	*	*	
15	0.22	*	*	
16	0.23	*	*	
17	0.24	*	*	
18	0.25	*	*	*
19	0.25	*	*	*
20	0.26	*	*	*
21.2	0.27	*	*	*
22.4	0.28	*	*	*
23.6	0.29	*	*	*
25	0.30	*	*	*
25.8	0.31	*	*	*
26.5	0.31	*	*	*
28.0	0.32	*	*	*
30.0	0.34	*	*	*
31.5	0.35	*	*	*
32.5	0.36	*	*	*

d_1 尺寸	d_1 公差 ±	d_2 1.8 ±0.08	d_2 2.65 ±0.09	d_2 3.55 ±0.10	d_2 5.3 ±0.13
33.5	0.36	*	*	*	
34.5	0.37	*	*	*	
35.5	0.38	*	*	*	
36.5	0.38	*	*	*	
37.5	0.39	*	*	*	
38.7	0.40	*	*	*	
40	0.41	*	*	*	*
41.2	0.42	*	*	*	*
42.5	0.43	*	*	*	*
43.7	0.44	*	*	*	*
45	0.44	*	*	*	*
46.2	0.45	*	*	*	*
47.5	0.46	*	*	*	*
48.7	0.47	*	*	*	*
50	0.48	*	*	*	*
51.5	0.49		*	*	*
53	0.50		*	*	*
54.5	0.51		*	*	*

d_1 尺寸	d_1 公差 ±	d_2 2.65 ±0.09	d_2 3.55 ±0.10	d_2 5.3 ±0.13
56	0.52	*	*	*
58	0.54	*	*	*
60	0.55	*	*	*
61.5	0.56	*	*	*
63	0.57	*	*	*
65	0.58	*	*	*
67	0.60	*	*	*
69	0.61	*	*	*
71	0.63	*	*	*
73	0.64	*	*	*
75	0.65	*	*	*
77.5	0.67	*	*	*
80	0.69	*	*	*
82.5	0.71	*	*	*
85	0.72	*	*	*
87.5	0.74	*	*	*
90	0.76	*	*	*
92.5	0.77	*	*	*

d_1 尺寸	d_1 公差 ±	d_2 2.65 ±0.09	d_2 3.55 ±0.10	d_2 5.3 ±0.13	d_2 7 ±0.15
95	0.79	*	*	*	
97.5	0.81	*	*	*	
100	0.82	*	*	*	
103	0.85	*	*	*	
106	0.87	*	*	*	
109	0.89	*	*	*	*
112	0.91	*	*	*	*
115	0.93	*	*	*	*
118	0.95	*	*	*	*
122	0.97	*	*	*	*
125	0.99	*	*	*	*
128	1.01	*	*	*	*
132	1.04	*	*	*	*
136	1.07	*	*	*	*
140	1.09	*	*	*	*
145	1.13	*	*	*	*
150	1.16	*	*	*	*
155	1.19		*	*	*

注:1. 表中 * 为可选规格。

2. N 为一般级;S 为较高级外观质量。

表 9 - 11 内包骨架旋转轴唇形密封圈(摘自 GB/T 13871.1—2007) (mm)

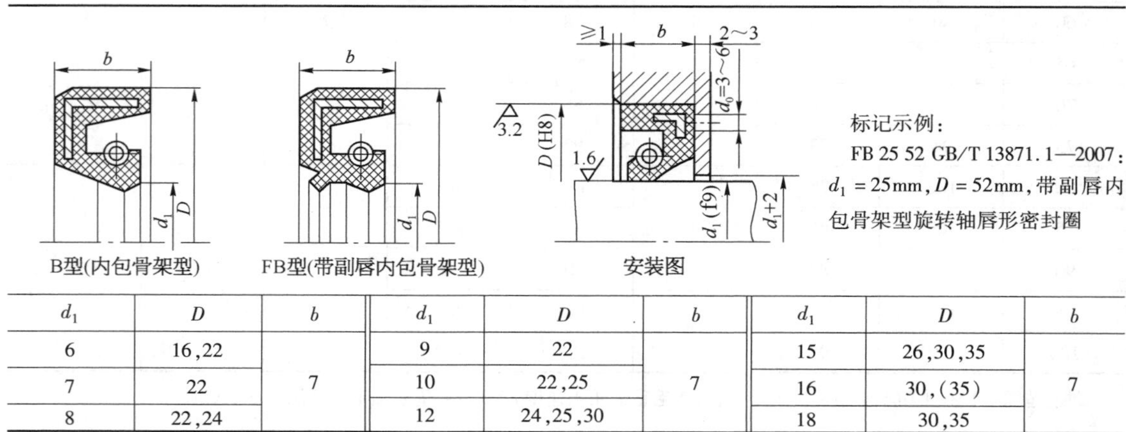

B型(内包骨架型) FB型(带副唇内包骨架型) 安装图

标记示例:

FB 25 52 GB/T 13871.1—2007:d_1 = 25mm,D = 52mm,带副唇内包骨架型旋转轴唇形密封圈

d_1	D	b	d_1	D	b	d_1	D	b
6	16,22	7	9	22	7	15	26,30,35	7
7	22		10	22,25		16	30,(35)	
8	22,24		12	24,25,30		18	30,35	

（续表）

d_1	D	b	d_1	D	b	d_1	D	b
20	35,40,(45)	7	38	52,58,62	8	70	90,95	10
22	35,40,47		40	55,(60),62		75	95,100	
25	40,47,52		42	55,62		80	100,110	
28	40,47,52		45	62,65		85	110,120	12
30	42,47,(50)		50	68,(70),72		90	(115),120	
30	52	8	55	72,(75),80		95	120	
32	45,47,52		60	80,85		100	125	
35	50,52,55		65	85,90	10	105	(130)	

注：考虑到国内实际情况，除全部采用国际标准的基本尺寸外，还补充了若干种国内常用的规格，并加括号以示区别。

表 9－12 J形无骨架橡胶油封（摘自 HG 4－338—1986） （mm）

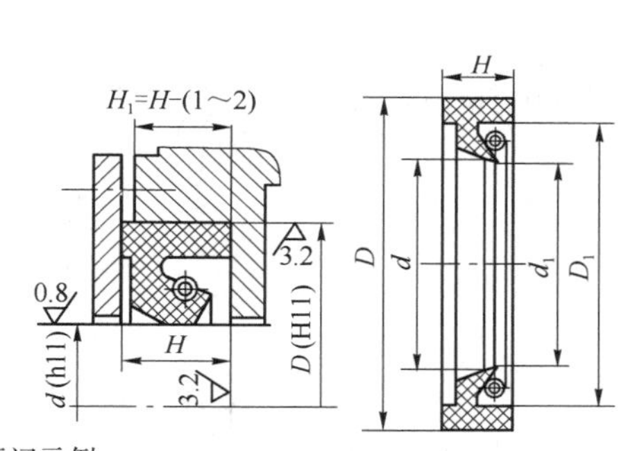

标记示例：

J形油封 40×70×12 HG 4－338—1986：$d=40$mm，$D=70$mm，$H=12$mm 的J形无骨架橡胶油封

轴径 d	D	D_1	d_1	H
30	55	46	29	12
35	60	51	34	
40	65	56	39	
45	70	61	44	
50	75	66	49	
55	80	71	54	
60	85	76	59	
65	90	81	64	
70	95	86	69	
75	100	91	74	
80	105	96	79	
85	110	101	84	
90	115	106	89	
95	120	111	94	
100	125	116	99	16

表 9－13 油沟式密封槽（摘自 JB/ZQ 4245—1997） （mm）

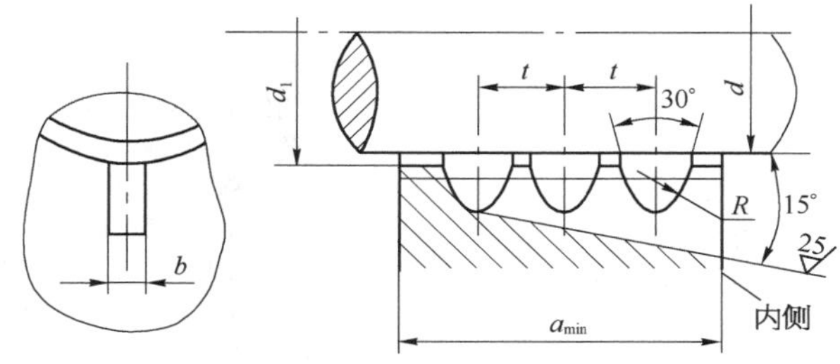

轴径 d	25～80	>80～120	>120～180	>180
R	1.5	2	2.5	3
t	4.5	6	7.5	9
b	4	5	6	7
d_1	$d+1$			
a_{min}	$nt+R$			

注：n 为油沟数，一般取为 2～3（使用 3 个较多）。

第 10 章　极限与配合、形位公差及表面粗糙度

10.1　极限与配合

表 10-1　极限与配合的术语、定义及标法(摘自 GB/T 1800.1—2009、GB/T 1800.2—2009)

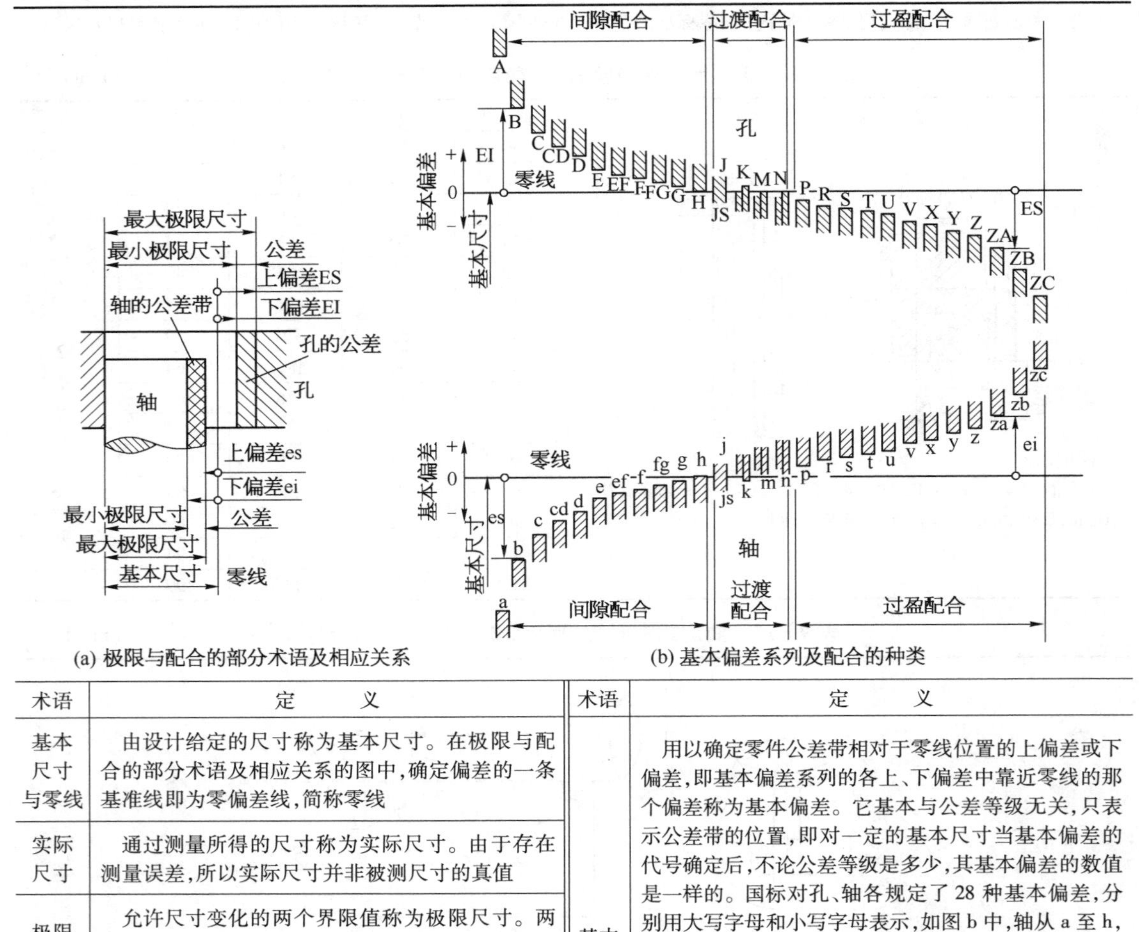

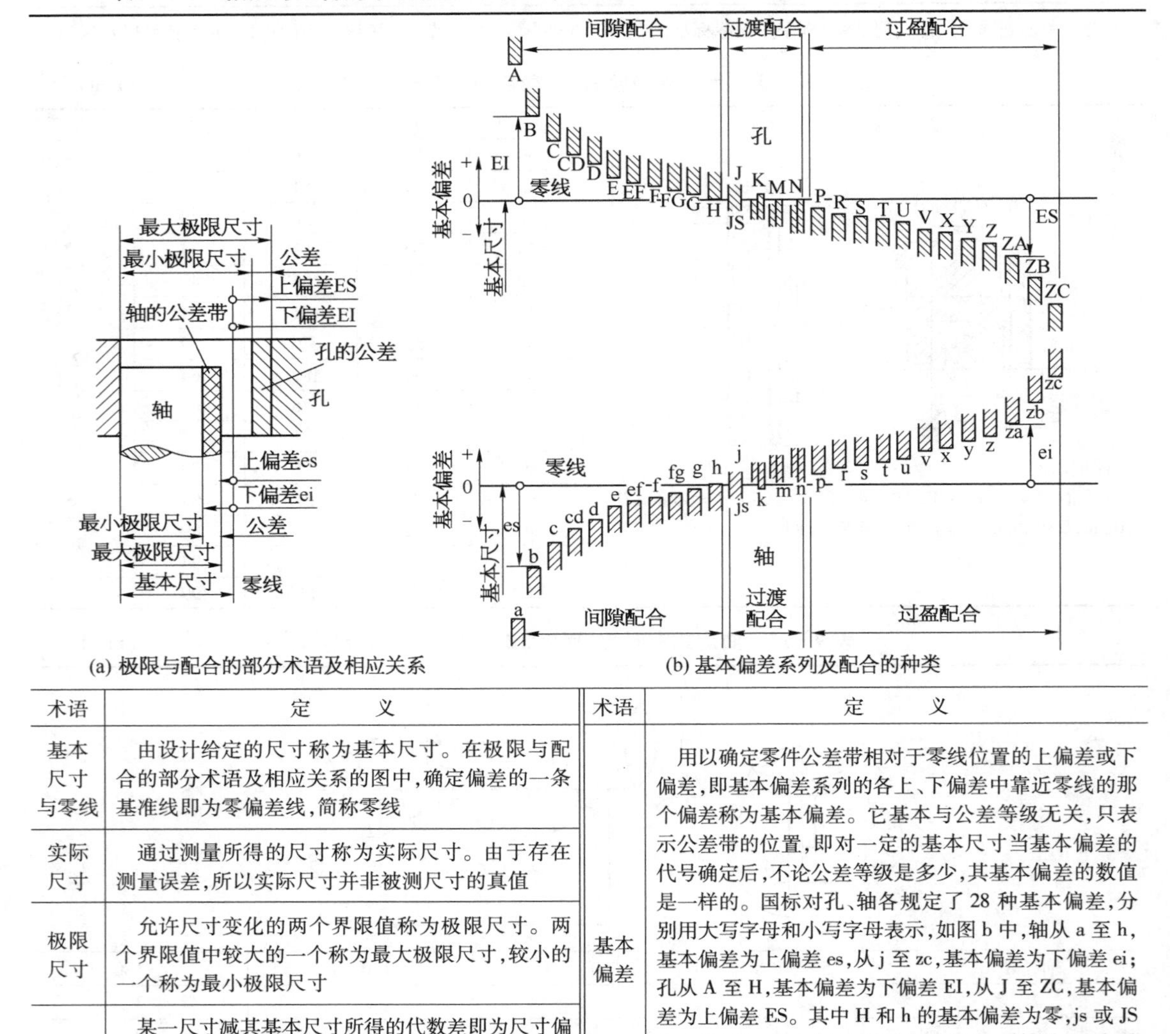

(a) 极限与配合的部分术语及相应关系　　(b) 基本偏差系列及配合的种类

术语	定　　义	术语	定　　义
基本尺寸与零线	由设计给定的尺寸称为基本尺寸。在极限与配合的部分术语及相应关系的图中,确定偏差的一条基准线即为零偏差线,简称零线	基本偏差	用以确定零件公差带相对于零线位置的上偏差或下偏差,即基本偏差系列的各上、下偏差中靠近零线的那个偏差称为基本偏差。它基本与公差等级无关,只表示公差带的位置,即对一定的基本尺寸当基本偏差的代号确定后,不论公差等级是多少,其基本偏差的数值是一样的。国标对孔、轴各规定了 28 种基本偏差,分别用大写字母和小写字母表示,如图 b 中,轴从 a 至 h,基本偏差为上偏差 es,从 j 至 zc,基本偏差为下偏差 ei;孔从 A 至 H,基本偏差为下偏差 EI,从 J 至 ZC,基本偏差为上偏差 ES。其中 H 和 h 的基本偏差为零,js 或 JS 为上偏差(+IT/2)或下偏差(-IT/2)。轴(孔)远离零线另一侧的下偏差(上偏差)或上偏差(下偏差),根据轴(孔)的基本偏差和标准公差按下式计算 轴:ei = es - IT, es = ei + IT 孔:ES = EI + IT, EI = ES - IT
实际尺寸	通过测量所得的尺寸称为实际尺寸。由于存在测量误差,所以实际尺寸并非被测尺寸的真值		
极限尺寸	允许尺寸变化的两个界限值称为极限尺寸。两个界限值中较大的一个称为最大极限尺寸,较小的一个称为最小极限尺寸		
尺寸偏差	某一尺寸减其基本尺寸所得的代数差即为尺寸偏差,简称偏差。最大极限尺寸减其基本尺寸所得的代数差称为上偏差(孔用 ES 表示,轴用 es 表示);最小极限尺寸减其基本尺寸所得的代数差称为下偏差(孔用 EI 表示,轴用 ei 表示)。上、下偏差统称为极限偏差。偏差可以为正值、负值或零		

（续表）

术语	定　　义
尺寸公差与标准公差	允许尺寸变动的量称为尺寸公差，简称公差。它等于最大极限尺寸与最小极限尺寸之代数差的绝对值；也等于上偏差与下偏差之代数差的绝对值。用以确定公差带大小的任一公差称为标准公差。标准公差数值是根据不同的尺寸分段和公差等级，按规定的标准公式计算后化整而得，见表 10－2
公差等级与尺寸精度	确定尺寸精确程度的等级称为公差等级。属于同一公差等级的公差，对所有基本尺寸虽数值不同，但具有同等的精确程度。国标规定了 20 个标准公差等级，即 IT01、IT0、IT1、IT2、…、IT18，等级依次降低，而相应的标准公差值依次增大 零件的尺寸精度就是指零件要素的实际尺寸接近理论尺寸的精确程度。越准确者精度越高，它由公差等级确定，精度越高，公差等级越小
尺寸公差带	在公差带图中，由代表上、下偏差的两条直线所限定的一个区域称为尺寸公差带。其大小由标准公差确定，其位置由基本偏差确定。由标准公差和基本偏差可组成各种公差带，公差带的代号由基本偏差代号与公差等级数字组成，如 H9、P7 为孔的公差带代号；h7、p6 为轴的公差带代号
最大实体极限（MML）	对应于孔或轴最大实体尺寸的极限尺寸，即轴的最大极限尺寸或孔的最小极限尺寸。最大实体尺寸是孔或轴具有允许的材料量为最多时状态下的极限尺寸
最小实体极限（LML）	对应于孔或轴最小实体尺寸的极限尺寸，即轴的最小极限尺寸或孔的最大极限尺寸。最小实体尺寸是孔或轴具有允许的材料量为最少时状态下的极限尺寸

术语	定　　义
配合及配合公差	基本尺寸相同的，相互结合的孔和轴公差带之间的关系称为配合。配合有基孔制和基轴制，并分间隙配合、过渡配合和过盈配合三类。属于哪一类配合取决于孔、轴公差带的相互关系 允许间隙或过盈的变动量称配合公差。它等于相互配合的孔公差和轴公差之和
基孔制与基轴制	基本偏差为一定的孔的公差带，与不同基本偏差的轴的公差带形成各种配合的一种制度称为基孔制。基孔制配合的孔为基准孔，其代号为 H，其下偏差为零 基本偏差为一定的轴的公差带，与不同基本偏差的孔的公差带形成各种配合的一种制度称为基轴制。基轴制配合的轴为基准轴，其代号为 h，其上偏差为零
尺寸偏差注法	$\phi50F8 \longrightarrow \phi50^{+ES=EI+IT8}_{+EI} \longrightarrow \phi50^{+0.064}_{+0.025}$ 上偏差代号 8 级公差等级的标准公差 +0.064——上偏差数值 +0.025——下偏差数值 下偏差代号（本例为基本偏差） 孔的公差带代号（F 为基本偏差代号，8 为公差等级代号） 基本尺寸
配合代号标法	基孔制 $\phi50\frac{H8}{f7}$ H8——孔的尺寸公差带，f7——轴的尺寸公差带 基轴制 $\phi50\frac{F8}{h7}$ F8——孔的尺寸公差带，h7——轴的尺寸公差带 $\phi50\frac{H8}{h7}$ H8——孔的尺寸公差带，h7——轴的尺寸公差带 凡分子中基本偏差为 H 者为基孔制；凡分母中基本偏差为 h 者为基轴制；凡分子中含有 H，同时分母中含有 h 的配合，一般视为基孔制配合，也可视为基轴制配合

表 10－2　标准公差等级的应用

应　用	IT 等级																			
	01	0	1	2	3	4	5	6	7	8	9	10	11	12	13	14	15	16	17	18
量　块	—	—	—																	
量　规			—	—	—	—	—	—	—											
配合尺寸							—	—	—	—	—	—	—	—	—					
特别精密零件的配合				—	—	—	—													
非配合尺寸（大制造公差）														—	—	—	—	—	—	—
原材料公差										—	—	—	—	—	—	—				

表 10－3 各种加工方法能达到的标准公差等级

加工方法	IT等级																	
	01	0	1	2	3	4	5	6	7	8	9	10	11	12	13	14	15	16
研磨	—	—	—	—	—	—	—											
珩						—	—	—	—									
内、外圆磨，平面磨							—	—	—	—								
金刚石车、金刚石镗							—	—	—									
拉削							—	—	—	—								
铰孔								—	—	—	—	—						
车、镗									—	—	—	—	—					
铣										—	—	—	—					
刨、插												—	—					
钻孔												—	—	—	—			
滚压、挤压												—	—					
冲压												—	—	—	—	—		
压铸													—	—	—	—		
粉末冶金成形								—	—	—								
粉末冶金烧结									—	—	—	—						
砂型铸造、气割																		—
锻造																	—	

表 10－4 基本尺寸至 1 000mm 的标准公差数值(摘自 GB/T 1800.1—2009) (μm)

基本尺寸(mm)	标准公差等级																	
	IT1	IT2	IT3	IT4	IT5	IT6	IT7	IT8	IT9	IT10	IT11	IT12	IT13	IT14	IT15	IT16	IT17	IT18
≤3	0.8	1.2	2	3	4	6	10	14	25	40	60	100	140	250	400	600	1 000	1 400
>3～6	1	1.5	2.5	4	5	8	12	18	30	48	75	120	180	300	480	750	1 200	1 800
>6～10	1	1.5	2.5	4	6	9	15	22	36	58	90	150	220	360	580	900	1 500	2 200
>10～18	1.2	2	3	5	8	11	18	27	43	70	110	180	270	430	700	1 100	1 800	2 700
>18～30	1.5	2.5	4	6	9	13	21	33	52	84	130	210	330	520	840	1 300	2 100	3 300
>30～50	1.5	2.5	4	7	11	16	25	39	62	100	160	250	390	620	1 000	1 600	2 500	3 900
>50～80	2	3	5	8	13	19	30	46	74	120	190	300	460	740	1 200	1 900	3 000	4 600
>80～120	2.5	4	6	10	15	22	35	54	87	140	220	350	540	870	1 400	2 200	3 500	5 400
>120～180	3.5	5	8	12	18	25	40	63	100	160	250	400	630	1 000	1 600	2 500	4 000	6 300
>180～250	4.5	7	10	14	20	29	46	72	115	185	290	460	720	1 150	1 850	2 900	4 600	7 200
>250～315	6	8	12	16	23	32	52	81	130	210	320	520	810	1 300	2 100	3 200	5 200	8 100
>315～400	7	9	13	18	25	36	57	89	140	230	360	570	890	1 400	2 300	3 600	5 700	8 900
>400～500	8	10	15	20	27	40	63	97	155	250	400	630	970	1 550	2 500	4 000	6 300	9 700
>500～630	9	11	16	22	32	44	70	110	175	280	440	700	1 100	1 750	2 800	4 400	7 000	11 000
>630～800	10	13	18	25	36	50	80	125	200	320	500	800	1 250	2 000	3 200	5 000	8 000	12 500
>800～1 000	11	15	21	28	40	56	90	140	230	360	560	900	1 400	2 300	3 600	5 600	9 000	14 000

注：1. 基本尺寸大于 500mm 的 IT1～IT5 的标准公差数值为试行的。
2. 基本尺寸小于或等于 1mm 时，无 IT14～IT18。

表 10－5 优先配合特性及应用举例

优先配合		说明
基孔制	基轴制	
$\frac{H11}{c11}$	$\frac{C11}{h11}$	间隙非常大，用于很松的、转动很慢的间隙配合，用于要求大公差与大间隙的外露组件，要求装配方便的、很松的配合
$\frac{H9}{d9}$	$\frac{D9}{h9}$	间隙很大的自由转动配合，用于精度为非主要要求时，或有大的温度变动、高转速或大的轴颈压力时
$\frac{H8}{f7}$	$\frac{F8}{h7}$	间隙不大的转动配合，用于中等转速与中等轴颈压力的精确转动；也用于装配较易的中等定位配合
$\frac{H7}{g6}$	$\frac{G7}{h6}$	间隙很小的滑动配合，用于不希望自由转动、但可自由移动和滑动并精密定位时，也可用于要求明确的定位配合
$\frac{H7}{h6}$、$\frac{H8}{h7}$ $\frac{H9}{h9}$、$\frac{H11}{h11}$	$\frac{H7}{h6}$、$\frac{H8}{h7}$ $\frac{H9}{h9}$、$\frac{H11}{h11}$	均为间隙定位配合，零件可自由装拆，而工作时一般相对静止不动。在最大实体条件下的间隙为零，在最小实体条件下的间隙由公差等级决定
$\frac{H7}{k6}$	$\frac{K7}{h6}$	过渡配合，用于精密定位
$\frac{H7}{n6}$	$\frac{N7}{h6}$	过渡配合，允许有较大过盈的更精密定位
$\frac{H7^{*}}{p6}$	$\frac{P7}{h6}$	过盈定位配合，即小过盈配合，用于定位精度特别重要时，能以最好的定位精度达到部件的刚性及对中性要求，而对内孔承受压力无特殊要求，不依靠配合的紧固性传递摩擦载荷
$\frac{H7}{s6}$	$\frac{S7}{h6}$	中等压入配合，适用于一般钢件，或用于薄壁件的冷缩配合，用于铸铁件可得到最紧的配合
$\frac{H7}{u6}$	$\frac{U7}{h6}$	压入配合，适用于可以承受大压入力的零件或不宜承受大压入力的冷缩配合

注：带“＊”的配合在小于或等于 3mm 时为过渡配合。

表 10－6 基孔制轴的基本偏差的应用

配合种类	基本偏差	配合特性及应用
间隙配合	a、b	可得到特别大的间隙，很少应用
	c	可得到很大的间隙，一般适用于缓慢、松弛的间隙配合。用于工作条件较差（如农业机械）、受力变形，或为了便于装配而必须保证有较大的间隙时，推荐配合为 H11/c11。其较高级的配合，如 H8/c7，适用于轴在高温工作的紧密间隙配合，例如内燃机排气阀和导管
	d	配合一般用于 IT7～IT11，适用于松的转动配合，如密封盖、滑轮、空转带轮等与轴的配合，也适用于大直径滑动轴承配合，如透平机、球磨机、轧滚成形和重型弯曲机及其他重型机械中的一些滑动支承
	e	多用于 IT7～IT9，通常适用于要求有明显间隙、易于转动的支承配合，如大跨距、多支点支承等。高等级的轴适用于大型、高速、重载支承配合，如涡轮发电机、大型电动机、内燃机、凸轮轴及摇臂支承等
	f	多用于 IT6～IT8 的一般转动配合。当温度影响不大时，被广泛用于普通润滑油（或润滑脂）润滑的支承，如齿轮箱、小电动机、泵等的转轴与滑动支承的配合
	g	配合间隙很小，制造成本高，除很轻载荷的精密装置外，不推荐用于转动配合。多用于 IT5～IT7，最适合不回转的精密滑动配合，也用于插销等定位配合，如精密连杆轴承、活塞、滑阀及连杆销等
	h	多用于 IT4～IT11，广泛用于无相对转动的零件，作为一般的定位配合。若没有温度、变形影响，也用于精密滑动配合

（续表）

配合种类	基本偏差	配合特性及应用
过渡配合	js	为完全对称偏差（±IT/2），平均为稍有间隙的配合，多用于IT4～IT7，要求间隙比h轴小，并允许略有过盈的定位配合，如联轴器，可用手或木锤装配
	k	平均为没有间隙的配合，适用于IT4～IT7，推荐用于稍有过盈的定位配合，例如为了消除振动用的定位配合，一般用木锤装配
	m	平均为具有不大过盈的过渡配合，适用于IT4～IT7，一般可用木锤装配，但在最大过盈时，要求具有相当的压入力
	n	平均过盈比m轴稍大，很少得到间隙，适用于IT4～IT7，用锤或压力机装配，通常推荐用于紧密的组件配合。H6/n5配合时为过盈配合
过盈配合	p	与H6孔或H7孔配合时是过盈配合，与H8孔配合时则为过渡配合。对非铁类零件，为较轻的压入配合，当需要时易于拆卸。对钢、铸铁或铜、钢组件装配，是标准的压入配合
	r	对铁类零件为中等打入配合，对非铁类零件为轻打入配合，当需要时可以拆卸。与H8孔配合，直径在100mm以上时为过盈配合，直径小时为过渡配合
	s	用于钢和铁制零件的永久性和半永久性装配，可产生相当大的结合力。当用弹性材料，如轻合金时，配合性质与铁制零件的p轴相当，例如用于套环压装在轴上、阀座与机体等配合。尺寸较大时，为了避免损伤配合表面，需用热胀或冷缩法装配
	t、u、v、x、y、z	过盈量依次增大，一般不推荐采用

表10－7 未注公差的线性尺寸的极限偏差数值（摘自GB/T 1804—2000） （mm）

公差等级	基本尺寸分段							
	0.5～3	>3～6	>6～30	>30～120	>120～400	>400～1 000	>1 000～2 000	>2 000～4 000
f（精密级）	±0.05	±0.05	±0.1	±0.15	±0.2	±0.3	±0.5	—
m（中等级）	±0.1	±0.1	±0.2	±0.3	±0.5	±0.8	±1.2	±2
c（粗糙级）	±0.2	±0.3	±0.5	±0.8	±1.2	±2	±3	±4
v（最粗级）	—	±0.5	±1	±1.5	±2.5	±4	±6	±8

注：1. 线性尺寸未注公差值为设备一般加工能力可保证的公差，主要用于较低精度的非配合尺寸，一般不检验。

2. 在图样、技术文件或标准中的表示方法示例：GB/T 1804－m（表示选用中等级）。

表10－8 倒圆半径和倒角高度尺寸的公差等级及极限偏差数值（摘自GB/T 1804—2000）（mm）

公差等级	尺寸分段			
	0.5～3	>3～6	>6～30	>30
f（精密级）	±0.2	±0.5	±1	±2
m（中等级）				
c（粗糙级）	±0.4	±1	±2	±4
v（最粗级）				

表 10-9　孔的极限偏差值(摘自 GB/T 1800.1—2009)　　(μm)

基本尺寸(mm)		公差带													
		A	B		C			D					E		
大于	至	11*	11*	12*	10	▲11	12	7	8*	▲9	10*	11*	8*	9*	10
—	3	+330 +270	+200 +140	+240 +140	+100 +60	+120 +60	+160 +60	+30 +20	+34 +20	+45 +20	+60 +20	+80 +20	+28 +14	+39 +14	+54 +14
3	6	+345 +270	+215 +140	+260 +140	+118 +70	+145 +70	+190 +70	+42 +30	+48 +30	+60 +30	+78 +30	+105 +30	+38 +20	+50 +20	+68 +20
6	10	+370 +280	+240 +150	+300 +150	+138 +80	+170 +80	+230 +80	+55 +40	+62 +40	+76 +40	+98 +40	+130 +40	+47 +25	+61 +25	+83 +25
10 14	14 18	+400 +290	+260 +150	+330 +150	+165 +95	+205 +95	+275 +95	+68 +50	+77 +50	+93 +50	+120 +50	+160 +50	+59 +32	+75 +32	+102 +32
18 24	24 30	+430 +300	+290 +160	+370 +160	+194 +110	+240 +110	+320 +110	+86 +65	+98 +65	+117 +65	+149 +65	+195 +65	+73 +40	+92 +40	+124 +40
30	40	+470 +310	+330 +170	+420 +170	+220 +120	+280 +120	+370 +120	+105 +80	+119 +80	+142 +80	+180 +80	+240 +80	+89 +50	+112 +50	+150 +50
40	50	+480 +320	+340 +180	+430 +180	+230 +130	+290 +130	+380 +130								
50	65	+530 +340	+380 +190	+490 +190	+260 +140	+330 +140	+440 +140	+130 +100	+146 +100	+174 +100	+220 +100	+290 +100	+106 +60	+134 +60	+180 +60
65	80	+550 +360	+390 +200	+500 +200	+270 +150	+340 +150	+450 +150								
80	100	+600 +380	+440 +220	+570 +220	+310 +170	+390 +170	+520 +170	+185 +145	+208 +145	+245 +145	+305 +145	+395 +145	+148 +85	+185 +85	+245 +85
100	120	+630 +410	+460 +240	+590 +240	+320 +180	+400 +180	+530 +180								
120	140	+710 +460	+510 +260	+660 +260	+360 +200	+450 +200	+600 +200	+185 +145	+208 +145	+245 +145	+305 +145	+395 +145	+148 +85	+185 +85	+245 +85
140	160	+770 +520	+530 +280	+680 +280	+370 +210	+460 +210	+610 +210								
160	180	+830 +580	+560 +310	+710 +310	+390 +230	+480 +230	+630 +230								
180	200	+950 +660	+630 +340	+800 +340	+425 +240	+530 +240	+700 +240	+216 +170	+242 +170	+285 +170	+355 +170	+460 +170	+172 +100	+215 +100	+285 +100
200	225	+1 030 +740	+670 +380	+840 +380	+445 +260	+550 +260	+720 +260								
225	250	+1 110 +820	+710 +420	+880 +420	+465 +280	+570 +280	+740 +280								
250	280	+1 240 +920	+800 +480	+1 000 +480	+510 +300	+620 +300	+820 +300	+242 +190	+271 +190	+320 +190	+400 +190	+510 +190	+191 +110	+240 +110	+320 +110
280	315	+1 370 +1 050	+860 +540	+1 060 +540	+540 +330	+650 +330	+850 +330								
315	355	+1 560 +1 200	+960 +600	+1 170 +600	+590 +360	+720 +360	+930 +360	+267 +210	+299 +210	+350 +210	+440 +210	+570 +210	+214 +125	+265 +125	+355 +125
355	400	+1 710 +1 350	+1 040 +680	+1 250 +680	+630 +400	+760 +400	+970 +400								
400	450	+1 900 +1 500	+1 160 +760	+1 390 +760	+690 +440	+840 +440	+1 070 +440	+293 +230	+327 +230	+385 +230	+480 +230	+630 +230	+232 +135	+290 +135	+385 +135
450	500	+2 050 +1 650	+1 240 +840	+1 470 +840	+730 +480	+880 +480	+1 110 +480								

（续表）

基本尺寸（mm）		公差带															
		F				G			H								
大于	至	6*	7*	▲8	9*	5	6*	▲7	5	6*	▲7	▲8	▲9	10*	▲11	12*	13
—	3	+12 +6	+16 +6	+20 +6	+31 +6	+6 +2	+8 +2	+12 +2	+4 0	+6 0	+10 0	+14 0	+25 0	+40 0	+60 0	+100 0	+140 0
3	6	+18 +10	+22 +10	+28 +10	+40 +10	+9 +4	+12 +4	+16 +4	+5 0	+8 0	+12 0	+18 0	+40 0	+48 0	+75 0	+120 0	+180 0
6	10	+22 +13	+28 +13	+35 +13	+49 +13	+11 +5	+14 +5	+20 +5	+6 0	+9 0	+15 0	+22 0	+36 0	+58 0	+90 0	+150 0	+220 0
10	14	+27 +16	+34 +16	+43 +16	+59 +16	+14 +6	+17 +6	+24 +6	+8 0	+11 0	+18 0	+27 0	+43 0	+70 0	+110 0	+180 0	+270 0
14	18																
18	24	+33 +20	+41 +20	+53 +20	+72 +20	+16 +7	+20 +7	+28 +7	+9 0	+13 0	+21 0	+33 0	+52 0	+84 0	+130 0	+210 0	+330 0
24	30																
30	40	+41 +25	+50 +25	+64 +25	+87 +25	+20 +9	+25 +9	+34 +9	+11 0	+16 0	+25 0	+39 0	+62 0	+100 0	+160 0	+250 0	+390 0
40	50																
50	65	+49 +30	+60 +30	+76 +30	+104 +30	+23 +10	+29 +10	+40 +10	+13 0	+19 0	+30 0	+46 0	+74 0	+120 0	+190 0	+300 0	+460 0
65	80																
80	100	+58 +36	+71 +36	+90 +36	+123 +36	+27 +12	+34 +12	+47 +12	+15 0	+22 0	+35 0	+54 0	+87 0	+140 0	+220 0	+350 0	+540 0
100	120																
120	140	+68 +43	+83 +43	+106 +43	+143 +43	+32 +14	+39 +14	+54 +14	+18 0	+25 0	+40 0	+63 0	+100 0	+160 0	+250 0	+400 0	+630 0
140	160																
160	180																
180	200	+79 +50	+96 +50	+122 +50	+165 +50	+35 +15	+44 +15	+61 +15	+20 0	+29 0	+46 0	+72 0	+115 0	+185 0	+290 0	+460 0	+720 0
200	225																
225	250																
250	280	+88 +56	+108 +56	+137 +56	+186 +56	+40 +17	+49 +17	+69 +17	+23 0	+32 0	+52 0	+81 0	+130 0	+210 0	+320 0	+520 0	+810 0
280	315																
315	355	+98 +62	+119 +62	+151 +62	+202 +62	+43 +18	+54 +18	+75 +18	+25 0	+36 0	+57 0	+89 0	+140 0	+230 0	+360 0	+570 0	+890 0
355	400																
400	450	+108 +68	+131 +68	+165 +68	+223 +68	+47 +20	+60 +20	+83 +20	+27 0	+40 0	+63 0	+97 0	+155 0	+250 0	+400 0	+630 0	+970 0
450	500																

（续表）

基本尺寸（mm）		公差带														
		J			JS						K			M		
大于	至	6	7	8	5	6*	7*	8*	9	10	6*	▲7	8*	6*	7*	8*
—	3	+2 +4	+4 -6	+6 -8	±2	±3	±5	±7	±12	±20	0 -6	0 -10	0 -14	-2 -8	-2 -12	-2 -16
3	6	+5 -3	-	+10 -8	±2.5	±4	±6	±9	±15	±24	+2 -6	+3 -9	+5 -13	-1 -9	0 -12	+2 -16
6	10	+5 -4	+8 -7	+12 -10	±3	±4.5	±7	±11	±18	±29	+2 -7	+5 -10	+6 -16	-3 -12	0 -15	+1 -21
10	14	+6 -5	+10 -8	+15 -12	±4	±5.5	±9	±13	±21	±35	+2 -9	+6 -12	+8 -19	-4 -15	0 -18	+2 -25
14	18															
18	24	+8 -5	+12 -9	+20 -13	±4.5	±6.5	±10	±16	±26	±42	+2 -11	+6 -15	+10 -23	-4 -17	0 -21	+4 -29
24	30															
30	40	+10 -6	+14 -11	+24 -15	±5.5	±8	±12	±19	±31	±50	+3 -13	+7 -18	+12 -27	-4 -20	0 -25	+5 -34
40	50															
50	65	+13 -6	+18 -12	+28 -18	±6.5	±9.5	±15	±23	±37	±60	+4 -15	+9 -21	+14 -32	-5 -24	0 -30	+5 -41
65	80															
80	100	+16 -6	+22 -13	+34 -20	±7.5	±11	±17	±27	±43	±70	+4 -18	+10 -25	+16 -38	-6 -28	0 -35	+6 -48
100	120															
120	140	+18 -7	+26 -14	+41 -22	±9	±12.5	±20	±31	±50	±80	+4 -21	+12 -28	+20 -43	-8 -33	0 -40	+8 -55
140	160															
160	180															
180	200	+22 -7	+30 -16	+47 -25	±10	±14.5	±23	±36	±57	±92	+5 -24	+13 -33	+22 -50	-8 -37	0 -46	+9 -63
200	225															
225	250															
250	280	+25 -7	+36 -16	+55 -26	±11.5	±16	±26	±40	±65	±105	+5 -27	+16 -36	+25 -56	-9 -41	0 -52	+9 -72
280	315															
315	355	+29 -7	+39 -18	+60 -29	±12.5	±18	±28	±44	±70	±115	+7 -29	+17 -40	+28 -61	-10 -46	0 -57	+11 -78
355	400															
400	450	+33 -7	+43 -20	+66 -31	±13.5	±20	±31	±48	±77	±125	+8 -32	+18 -45	+29 -68	-10 -50	0 -63	+11 -86
450	500															

（续表）

基本尺寸(mm)		公差带														
		N			P				R			S		T		U
大于	至	6*	▲7	8*	6*	▲7	8	9	6*	7*	8	6*	▲7	6*	7*	▲7
—	3	-4 -10	-4 -14	-4 -18	-6 -12	-6 -16	-6 -20	-6 -31	-10 -16	-10 -20	-10 -24	-14 -20	-14 -24	—	—	-28 -28
3	6	-5 -13	-4 -16	-2 -20	-9 -17	-8 -20	-12 -30	-12 -42	-12 -20	-11 -23	-15 -33	-16 -24	-15 -27	—	—	-29 -31
6	10	-7 -16	-4 -19	-3 -25	-12 -21	-9 -24	-15 -37	-15 -51	-16 -25	-13 -28	-19 -41	-20 -29	-17 -32	—	—	-22 -37
10	14	-9 -20	-5 -23	-3 -30	-15 -26	-11 -29	-18 -45	-18 -61	-20 -31	-16 -34	-23 -50	-25 -36	-21 -39	—	—	-26 -44
14	18															
18	24	-11 -24	-7 -28	-3 -36	-18 -31	-14 -35	-22 -55	-22 -74	-24 -37	-20 -41	-28 -61	-31 -44	-27 -48	—	—	-33 -54
24	30													-37 -50	-33 -54	-40 -61
30	40	-12 -28	-8 -33	-3 -42	-21 -37	-17 -42	-26 -65	-26 -88	-29 -45	-25 -50	-34 -73	-38 -54	-34 -59	-43 -59	-39 -64	-51 -76
40	50													-49 -65	-45 -70	-61 -86
50	65	-14 -33	-9 -39	-4 -50	-26 -45	-21 -51	-32 -78	-32 -106	-35 -54	-30 -60	-41 -87	-47 -66	-42 -72	-60 -79	-55 -85	-76 -106
65	80								-37 -56	-32 -62	-43 -89	-53 -72	-48 -78	-69 -88	-64 -94	-91 -121
80	100	-16 -38	-10 -45	-4 -58	-30 -52	-24 -59	-37 -91	-37 -124	-44 -66	-38 -73	-51 -106	-64 -86	-58 -93	-84 -106	-78 -113	-111 -146
100	120								-47 -69	-41 -76	-54 -108	-72 -94	-66 -101	-97 -119	-91 -126	-131 -166
120	140	-20 -45	-12 -52	-4 -67	-36 -61	-28 -68	-43 -106	-43 -143	-56 -81	-48 -88	-63 -126	-85 -110	-77 -117	-115 -140	-107 -147	-155 -195
140	160								-58 -83	-50 -90	-65 -128	-93 -118	-85 -125	-127 -152	-119 -159	-175 -215
160	180								-61 -86	-53 -93	-68 -131	-101 -126	-93 -133	-139 -164	-131 -171	-195 -235
180	200	-22 -51	-14 -60	-5 -77	-41 -70	-33 -79	-50 -122	-50 -165	-68 -97	-60 -106	-77 -149	-113 -142	-105 -151	-157 -186	-149 -195	-219 -265
200	225								-71 -100	-63 -109	-80 -152	-121 -150	-113 -159	-171 -200	-163 -209	-241 -287
225	250								-75 -104	-67 -113	-84 -156	-131 -160	-123 -169	-187 -216	-179 -225	-267 -313
250	280	-25 -57	-14 -66	-5 -86	-47 -79	-36 -88	-56 -137	-56 -186	-85 -117	-74 -126	-94 -175	-149 -181	-138 -190	-209 -241	-198 -250	-295 -347
280	315								-89 -121	-78 -130	-98 -179	-161 -193	-150 -202	-231 -263	-220 -272	-330 -382
315	355	-26 -62	-16 -73	-5 -94	-51 -87	-14 -98	-62 -151	-62 -202	-97 -133	-87 -144	-108 -197	-179 -215	-169 -226	-257 -293	-247 -304	-369 -426
355	400								-103 -139	-93 -150	-114 -203	-197 -233	-187 -244	-283 -319	-273 -330	-414 -471
400	450	-27 -67	-17 -80	-6 -103	-55 -95	-45 -108	-68 -165	-68 -223	-113 -153	-103 -166	-126 -223	-219 -259	-209 -272	-317 -357	-307 -370	-467 -530
450	500								-119 -159	-109 -172	-132 -229	-239 -279	-229 -292	-347 -387	-337 -400	-517 -580

注：1. 基本尺寸小于1mm时，各级的A和B均不采用。

2. ▲为优先选用公差带，*为常用公差带，其余为一般用途公差带。

表 10 - 10　轴的极限偏差(摘自 GB/T 1800.1—2009)　　　(μm)

基本尺寸(mm)		公差带														
		a		b			c					d				
大于	至	10	11*	10	11*	12*	8*	9*	10*	▲11	12	7	8*	▲9	10*	11*
—	3	-270 -310	-270 -330	-140 -180	-140 -200	-140 -240	-60 -74	-60 -85	-60 -100	-60 -120	-60 -160	-20 -30	-20 -34	-20 -45	-20 -60	-20 -80
3	6	-270 -318	-270 -345	-140 -188	-140 -215	-140 -260	-70 -88	-70 -100	-70 -118	-70 -145	-70 -190	-30 -42	-30 -48	-30 -60	-30 -78	-30 -105
6	10	-280 -338	-280 -370	-150 -208	-150 -240	-150 -300	-80 -102	-80 -116	-80 -138	-80 -170	-80 -230	-40 -55	-40 -62	-40 -76	-40 -98	-40 -130
10 14	14 18	-290 -360	-290 -400	-150 -220	-150 -260	-150 -330	-95 -122	-95 -138	-95 -165	-95 -205	-95 -275	-50 -68	-50 -77	-50 -93	-50 -120	-50 -160
18 24	24 30	-300 -384	-300 -430	-160 -244	-160 -290	-160 -370	-110 -143	-110 -162	-110 -194	-110 -240	-110 -320	-65 -86	-65 -98	-65 -117	-65 -149	-65 -195
30	40	-310 -410	-310 -470	-170 -270	-170 -330	-170 -420	-120 -159	-120 -182	-120 -220	-120 -280	-120 -370	-80 -105	-80 -119	-80 -142	-80 -180	-80 -240
40	50	-320 -420	-320 -480	-180 -280	-180 -340	-180 -430	-130 -169	-130 -192	-130 -230	-130 -290	-130 -380					
50	65	-340 -460	-340 -530	-190 -310	-190 -380	-190 -490	-140 -186	-140 -214	-140 -260	-140 -330	-140 -440	-100 -130	-100 -146	-100 -174	-100 -220	-100 -290
65	80	-360 -480	-360 -550	-200 -320	-200 -390	-200 -500	-150 -196	-150 -224	-150 -270	-150 -340	-150 -450					
80	100	-380 -520	-380 -600	-220 -360	-220 -440	-220 -570	-170 -224	-170 -257	-170 -310	-170 -390	-170 -520	-120 -155	-120 -174	-120 -207	-120 -260	-120 -340
100	120	-410 -550	-410 -630	-240 -380	-240 -460	-240 -590	-180 -234	-180 -267	-180 -320	-180 -400	-180 -530					
120	140	-460 -620	-460 -710	-260 -420	-260 -510	-260 -660	-200 -263	-200 -300	-200 -360	-200 -450	-200 -600					
140	160	-520 -680	-520 -770	-280 -440	-280 -530	-280 -680	-210 -273	-210 -310	-210 -370	-210 -460	-210 -610	-145 -185	-145 -208	-145 -245	-145 -305	-145 -395
160	180	-580 -740	-580 -830	-310 -470	-310 -560	-310 -710	-230 -293	-230 -330	-230 -390	-230 -480	-230 -630					
180	200	-660 -845	-660 -950	-340 -525	-340 -630	-340 -800	-240 -312	-240 -355	-240 -425	-240 -530	-240 -700					
200	225	-740 -925	-740 -1 030	-380 -565	-380 -670	-380 -840	-260 -332	-260 -375	-260 -445	-260 -550	-260 -720	-170 -216	-170 -242	-170 -285	-170 -355	-170 -460
225	250	-820 -1 005	-820 -1 110	-420 -605	-420 -710	-420 -880	-280 -352	-280 -395	-280 -465	-280 -570	-280 -740					
250	280	-920 -1 130	-920 -1 240	-480 -690	-480 -800	-480 -1 000	-300 -381	-300 -430	-300 -510	-300 -620	-300 -820	-190 -242	-190 -271	-190 -320	-190 -400	-190 -510
280	315	-1 050 -1 260	-1 050 -1 370	-540 -750	-540 -860	-540 -1 060	-330 -411	-330 -460	-330 -540	-330 -650	-330 -850					
315	355	-1 200 -1 430	-1 200 -1 560	-600 -830	-600 -960	-600 -1 170	-360 -449	-360 -500	-360 -590	-360 -720	-360 -930	-210 -267	-210 -299	-210 -350	-210 -440	-210 -570
355	400	-1 350 -1 580	-1 350 -1 710	-680 -910	-680 -1 040	-680 -1 250	-400 -489	-400 -540	-400 -630	-400 -760	-400 -970					
400	450	-1 500 -1 750	-1 500 -1 900	-760 -1 010	-760 -1 160	-760 -1 390	-440 -537	-440 -595	-440 -690	-440 -840	-440 -1 070	-230 -293	-230 -327	-230 -385	-230 -480	-230 -630
450	500	-1 650 -1 900	-1 650 -2 050	-840 -1 090	-840 -1 240	-840 -1 470	-480 -577	-480 -635	-480 -730	-480 -800	-480 -1 110					

（续表）

基本尺寸（mm）		公差带														
		e				f					g			h		
大于	至	6	7*	8*	9*	5*	6*	▲7	8*	9*	5*	▲6	7*	4	5*	▲6
—	3	-14 -20	-14 -24	-14 -28	-14 -39	-6 -10	-6 -12	-6 -16	-6 -20	-6 -31	-2 -6	-2 -8	-2 -12	0 -3	0 -4	0 -6
3	6	-20 -28	-20 -32	-20 -38	-20 -50	-10 -15	-10 -28	-10 -22	-10 -28	-10 -40	-4 -9	-4 -12	-4 -16	0 -4	0 -5	0 -8
6	10	-25 -34	-25 -40	-25 -47	-25 -61	-13 -19	-13 -22	-13 -28	-13 -35	-13 -49	-5 -11	-5 -14	-5 -20	0 -4	0 -6	0 -9
10 14	14 18	-32 -43	-32 -50	-32 -59	-32 -75	-16 -24	-16 -27	-16 -34	-16 -43	-16 -59	-6 -14	-6 -17	-6 -24	0 -5	0 -8	0 -11
18 24	24 30	-40 -53	-40 -61	-40 -73	-40 -92	-20 -29	-20 -33	-20 -41	-20 -53	-20 -72	-7 -16	-7 -20	-7 -28	0 -6	0 -9	0 -13
30 40	40 50	-50 -66	-50 -75	-50 -89	-50 -112	-25 -36	-25 -41	-25 -50	-25 -64	-25 -87	-9 -20	-9 -25	-9 -34	0 -7	0 -11	0 -16
50 65	65 80	-60 -79	-60 -90	-60 -105	-60 -134	-30 -43	-30 -49	-30 -60	-30 -76	-30 -104	-10 -23	-10 -29	-10 -40	0 -8	0 -13	0 -19
80 100	100 120	-72 -94	-72 -107	-72 -126	-72 -159	-36 -51	-36 -58	-36 -71	-36 -90	-36 -123	-12 -27	-12 -34	-12 -47	0 -10	0 -15	0 -22
120 140 160	140 160 180	-85 -110	-85 -125	-85 -148	-85 -185	-43 -61	-43 -68	-43 -83	-43 -106	-43 -143	-14 -32	-14 -39	-14 -54	0 -12	0 -18	0 -25
180 200 225	200 225 250	-100 -129	-100 -146	-100 -172	-100 -215	-50 -70	-50 -79	-50 -96	-50 -122	-50 -165	-15 -35	-15 -44	-15 -61	0 -14	0 -20	0 -29
250 280	280 315	-110 -142	-110 -162	-110 -191	-110 -240	-56 -79	-56 -88	-56 -108	-56 -137	-56 -186	-17 -40	-17 -49	-17 -69	0 -16	0 -23	0 -32
315 355	355 400	-125 -161	-125 -182	-125 -214	-125 -265	-62 -87	-62 -98	-62 -119	-62 -151	-62 -202	-18 -43	-18 -54	-18 -75	0 -18	0 -25	0 -36
400 450	450 500	-135 -175	-135 -198	-135 -232	-135 -290	-68 -95	-68 -108	-68 -131	-68 -165	-68 -223	-20 -47	-20 -60	-20 -83	0 -20	0 -27	0 -40

（续表）

基本尺寸（mm）		公差带														
		h							j			js				
大于	至	▲7	8*	▲9	10*	▲11	12*	13	5	6	7	5*	6*	7*	8	9
—	3	0 -10	0 -14	0 -25	0 -40	0 -60	0 -100	0 -140	—	+4 -2	+6 -4	±2	±3	±5	±7	±12
3	6	0 -12	0 -18	0 -30	0 -48	0 -75	0 -120	0 -180	+3 -2	+6 -2	+8 -4	±2.5	±4	±6	±9	±15
6	10	0 -15	0 -22	0 -36	0 -58	0 -90	0 -150	0 -220	+4 -2	+7 -2	+10 -5	±3	±4.5	±7	±11	±18
10	14	0 -18	0 -27	0 -43	0 -70	0 -110	0 -180	0 -270	+5 -3	+8 -3	+12 -6	±4	±5.5	±9	±13	±21
14	18															
18	24	0 -21	0 -33	0 -52	0 -84	0 -130	0 -210	0 -330	+5 -4	+9 -4	+13 -8	±4.5	±6.5	±10	±16	±26
24	30															
30	40	0 -25	0 -39	0 -62	0 -100	0 -160	0 -250	0 -390	+6 -5	+11 -5	+15 -10	±5.5	±8	±12	±19	±31
40	50															
50	65	0 -30	0 -46	0 -74	0 -120	0 -190	0 -300	0 -460	+6 -7	+12 -7	+18 -12	±6.5	±9.5	±15	±23	±37
65	80															
80	100	0 -35	0 -54	0 -87	0 -140	0 -220	0 -350	0 -540	+6 -9	+13 -9	+20 -15	±7.5	±11	±17	±27	±43
100	120															
120	140	0 -40	0 -63	0 -100	0 -160	0 -250	0 -400	0 -630	+7 -11	+14 -11	+22 -18	±9	±12.5	±20	±31	±50
140	160															
160	180															
180	200	0 -46	0 -72	0 -115	0 -185	0 -290	0 -460	0 -720	+7 -13	+16 -13	+25 -21	±10	±14.5	±23	±36	±57
200	225															
225	250															
250	280	0 -52	0 -81	0 -130	0 -210	0 -320	0 -520	0 -810	+7 -16	—	—	±11.5	±16	±26	±40	±65
280	315															
315	355	0 -57	0 -89	0 -140	0 -230	0 -360	0 -570	0 -890	+7 -18	—	+29 -28	±12.5	±18	±28	±44	±70
355	400															
400	450	0 -63	0 -97	0 -155	0 -250	0 -400	0 -630	0 -970	+7 -20	—	+31 -32	±13.5	±20	±31	±48	±77
450	500															

（续表）

基本尺寸（mm）		公差带														
		js	k			m			n			p			r	
大于	至	10	5*	▲6	7*	5*	6*	7*	5*	▲6	7*	5*	▲6	7*	5*	6*
—	3	±20	+4 0	+6 0	+10 0	+6 +2	+8 +2	+12 +2	+8 +4	+10 +4	+14 +4	+10 +6	+12 +6	+16 +6	+14 +10	+16 +10
3	6	±24	+6 +1	+9 +1	+13 +1	+9 +4	+12 +4	+16 +4	+13 +8	+16 +8	+20 +8	+17 +12	+20 +12	+24 +12	+20 +15	+23 +15
6	10	±29	+7 +1	+10 +1	+16 +1	+12 +6	+15 +6	+21 +6	+16 +10	+19 +10	+25 +10	+21 +15	+24 +15	+30 +15	+25 +19	+28 +19
10	14	±35	+9 +1	+12 +1	+19 +1	+15 +7	+18 +7	+25 +7	+20 +12	+23 +12	+30 +12	+26 +18	+29 +18	+36 +18	+31 +23	+34 +23
14	18															
18	24	±42	+11 +2	+15 +2	+23 +2	+17 +8	+21 +8	+29 +8	+24 +15	+28 +15	+36 +15	+31 +22	+35 +22	+43 +22	+37 +28	+41 +28
24	30															
30	40	±50	+13 +2	+18 +2	+27 +2	+20 +9	+25 +9	+34 +9	+28 +17	+33 +17	+42 +17	+37 +26	+42 +26	+51 +26	+45 +34	+50 +34
40	50															
50	65	±60	+15 +2	+21 +2	+32 +2	+24 +11	+30 +11	+41 +11	+33 +20	+39 +20	+50 +20	+45 +32	+51 +32	+62 +32	+54 +41	+60 +41
65	80														+56 +43	+62 +43
80	100	±70	+18 +3	+25 +3	+38 +3	+28 +13	+35 +13	+48 +13	+38 +23	+45 +23	+58 +23	+52 +37	+59 +37	+72 +37	+66 +51	+73 +51
100	120														+69 +54	+76 +54
120	140	±80	+21 +3	+28 +3	+43 +3	+33 +15	+40 +15	+55 +15	+45 +27	+52 +27	+67 +27	+61 +43	+68 +43	+83 +43	+81 +63	+88 +63
140	160														+83 +65	+90 +65
160	180														+86 +68	+93 +68
180	200	±92	+24 +4	+33 +4	+50 +4	+37 +17	+46 +17	+63 +17	+51 +31	+60 +31	+77 +31	+70 +50	+79 +50	+96 +50	+97 +77	+106 +77
200	225														+100 +80	+109 +80
225	250														+104 +84	+113 +84
250	280	±105	+27 +4	+36 +4	+56 +4	+43 +20	+52 +20	+72 +20	+57 +34	+66 +34	+86 +34	+79 +56	+88 +56	+108 +56	+117 +94	+126 +94
280	315														+121 +98	+130 +98
315	355	±115	+29 +4	+40 +4	+61 +4	+46 +21	+57 +21	+78 +21	+62 +37	+73 +37	+94 +37	+87 +62	+98 +62	+119 +62	+133 +108	+144 +108
355	400														+139 +114	+150 +114
400	450	±125	+32 +5	+45 +5	+68 +5	+50 +23	+63 +23	+86 +23	+67 +40	+80 +40	+103 +40	+95 +68	+108 +68	+131 +68	+153 +126	+166 +126
450	500														+159 +132	+177 +132

（续表）

基本尺寸（mm）		公差带														
		r	s			t			u				v	x	y	z
大于	至	7*	5*	▲6	7*	5*	6*	7*	5	▲6	7*	8	6*	6*	6*	6*
—	3	+20 +10	+18 +14	+20 +14	+24 +14	—	—	—	+22 +18	+24 +18	+28 +18	+32 +18	—	+26 +20	—	+32 +26
3	6	+27 +15	+24 +19	+27 +19	+31 +19	—	—	—	+28 +23	+31 +23	+35 +23	+41 +23	—	+36 +28	—	+43 +35
6	10	+34 +19	+29 +23	+32 +23	+38 +23	—	—	—	+34 +28	+37 +28	+43 +28	+50 +28	—	+43 +34	—	+51 +42
10	14	+41 +23	+36 +28	+39 +28	+46 +28	—	—	—	+41 +33	+44 +33	+51 +33	+60 +33	—	+51 +40	—	+61 +50
14	18					—	—	—					+50 +39	+56 +45	—	+71 +60
18	24	+49 +28	+44 +35	+48 +35	+56 +35	—	—	—	+50 +41	+54 +41	+62 +41	+74 +41	+60 +47	+67 +54	+76 +63	+86 +73
24	30					+50 +41	+54 +41	+62 +41	+57 +48	+61 +48	+69 +48	+81 +48	+68 +55	+77 +64	+88 +75	+101 +88
30	40	+59 +34	+54 +43	+59 +43	+68 +43	+59 +48	+64 +48	+73 +48	+71 +60	+76 +60	+85 +60	+99 +60	+84 +68	+96 +80	+110 +94	+128 +112
40	50					+65 +54	+70 +54	+79 +54	+81 +70	+86 +70	+95 +70	+109 +70	+97 +81	+113 +97	+130 +114	+152 +136
50	65	+71 +41	+66 +53	+72 +53	+83 +53	+79 +66	+85 +66	+96 +66	+100 +87	+106 +87	+117 +87	+133 +87	+121 +102	+141 +122	+163 +144	+191 +172
65	80	+73 +43	+72 +59	+78 +59	+89 +59	+88 +75	+94 +75	+105 +75	+115 +102	+121 +102	+132 +102	+148 +102	+139 +120	+165 +146	+193 +174	+229 +210
80	100	+86 +51	+86 +71	+93 +71	+106 +71	+106 +91	+113 +91	+126 +91	+139 +124	+146 +124	+159 +124	+178 +124	+168 +146	+200 +178	+236 +214	+280 +258
100	120	+89 +54	+94 +79	+101 +79	+114 +79	+119 +104	+126 +104	+139 +104	+159 +144	+166 +144	+179 +144	+198 +144	+194 +172	+232 +210	+276 +254	+332 +310
120	140	+103 +63	+110 +92	+117 +92	+132 +92	+140 +122	+147 +122	+162 +122	+188 +170	+195 +170	+210 +170	+233 +170	+227 +202	+273 +248	+325 +300	+390 +365
140	160	+105 +65	+118 +100	+125 +100	+140 +100	+152 +134	+159 +134	+174 +134	+208 +190	+215 +190	+230 +190	+253 +190	+253 +228	+305 +280	+365 +340	+440 +415
160	180	+108 +68	+126 +108	+133 +108	+148 +108	+164 +146	+171 +146	+186 +146	+228 +210	+235 +210	+250 +210	+273 +210	+277 +252	+335 +310	+405 +380	+490 +465
180	200	+123 +77	+142 +122	+151 +122	+168 +122	+186 +166	+195 +166	+212 +166	+256 +236	+265 +236	+282 +236	+308 +236	+313 +284	+379 +350	+454 +425	+549 +520
200	225	+126 +80	+150 +130	+159 +130	+176 +130	+200 +180	+209 +180	+226 +180	+278 +258	+287 +258	+304 +258	+330 +258	+339 +310	+414 +385	+499 +470	+604 +575
225	250	+130 +84	+160 +140	+169 +140	+186 +140	+216 +196	+225 +196	+242 +196	+304 +284	+313 +284	+330 +284	+356 +284	+369 +340	+454 +425	+549 +520	+669 +640
250	280	+146 +94	+181 +158	+190 +158	+210 +158	+241 +218	+250 +218	+270 +218	+338 +315	+347 +315	+367 +315	+396 +315	+417 +385	+507 +475	+612 +580	+742 +710
280	315	+150 +98	+193 +170	+202 +170	+222 +170	+263 +240	+272 +240	+292 +240	+373 +350	+382 +350	+402 +350	+431 +350	+457 +425	+557 +525	+682 +650	+822 +790
315	355	+165 +108	+215 +190	+226 +190	+247 +190	+293 +268	+304 +268	+325 +268	+415 +390	+426 +390	+447 +390	+479 +390	+511 +475	+626 +650	+766 +730	+936 +900
355	400	+171 +114	+233 +208	+244 +208	+265 +208	+319 +294	+330 +294	+351 +294	+460 +435	+471 +435	+492 +435	+524 +435	+566 +530	+696 +660	+856 +820	+1 036 +1 000
400	450	+189 +126	+259 +232	+272 +232	+295 +232	+357 +330	+370 +330	+393 +330	+517 +490	+530 +490	+553 +490	+587 +490	+635 +595	+780 +740	+960 +920	+1 140 +1 100
450	500	+195 +132	+279 +252	+292 +252	+315 +252	+387 +360	+400 +360	+423 +360	+567 +540	+580 +540	+603 +540	+637 +540	+700 +660	+860 +820	+1 040 +1 000	+1 290 +1 250

注：1. 基本尺寸小于 1mm 时，各级的 a 和 b 均不采用。

2. ▲为优先选用公差带，* 为常用公差带，其余为一般用途公差带。

10.2 形状和位置公差

表 10-11 形状和位置公差特征项目的符号(摘自 GB/T 1182—2008) (mm)

分类	形状公差				位置公差								形状公差或位置公差	
特征项目	直线度	平面度	圆度	圆柱度	平行度	垂直度	倾斜度	位置度	对称度	同轴度	圆跳动	全跳动	线轮廓度	面轮廓度
被测要素	单一要素				关联要素								单一要素或关联要素	
符号	—	⏥	○	⌭	//	⊥	∠	⌖	⌯	◎	↗	⌰	⌒	⌓
有无基准	无				有			有或无	有				有或无	

表 10-12 被测要素、基准要素的标注要求及其他符号(摘自 GB/T 1182—2008)

说明	符号	说明	符号	说明	符号
被测要素的标注		最小实体要求	Ⓛ	小径	LD
基准要素的标注	A A	可逆要求	Ⓡ	大径	MD
基准目标的标注	ϕ2 / A1	延伸公差带	Ⓟ	中径、节径	PD
理论正确尺寸	50	自由状态(非刚性零件)条件	Ⓕ	线素	LE
包容要求	Ⓔ	全周(轮廓)		任意横截面	ASC
最大实体要求	Ⓜ	公共公差带	CZ	不凸起	NC
公差框格说明	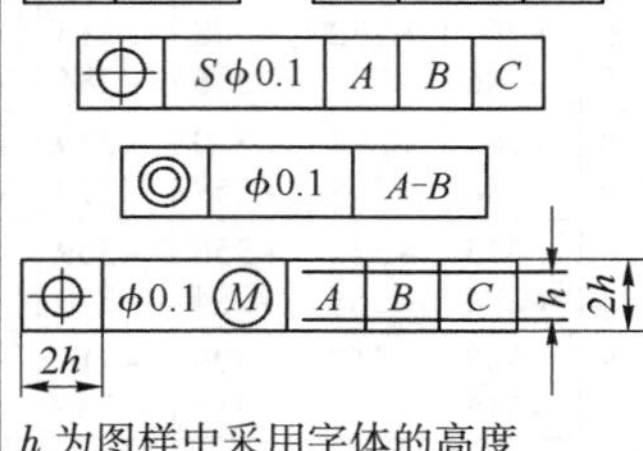 h 为图样中采用字体的高度	用公差框格标注几何公差时,公差要求标注在划分成 2 格或多格的矩形框格内。框格中的内容从左至右按以下次序填写: 1. 公差特征的符号; 2. 公差值及被测要素有关的符号。其中公差值是以线性尺寸单位表示的量值。如果公差带为圆形或圆柱形,公差值前应加注符号“ϕ”,如果公差带为圆球形,公差值前应加注符号“Sϕ”; 3. 基准字母及基准要素有关的符号。用一个字母表示单个基准或用几个字母表示基准体系或公共基准			

表 10-13 直线度和平面度公差(摘自 GB/T 1184—1996) (μm)

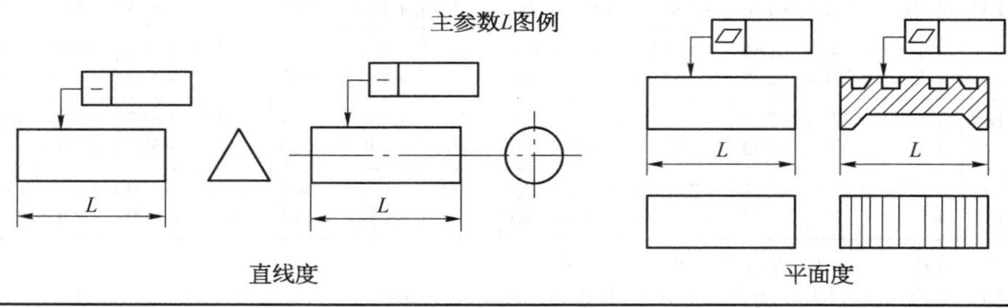

（续表）

精度等级	主 参 数 L(mm)													应 用 举 例
	≤10	>10 ~16	>16 ~25	>25 ~40	>40 ~63	>63 ~100	>100 ~160	>160 ~250	>250 ~400	>400 ~630	>630 ~1 000	>1 000 ~1 600	>1 600 ~2 500	
5 6	2 3	2.5 4	3 5	4 6	5 8	6 10	8 12	10 15	12 20	15 25	20 30	25 40	30 50	普通精度机床导轨，柴油机进、排气门导杆
7 8	5 8	6 10	8 12	10 15	12 20	15 25	20 30	25 40	30 50	40 60	50 80	60 100	80 120	轴承体的支承面，压力机导轨及滑块，减速器箱体、油泵、轴系支承轴承的接合面
9 10	12 20	15 25	20 30	25 40	30 50	40 60	50 80	60 100	80 120	100 150	120 200	150 250	200 300	辅助机构及手动机械的支承面，液压管件和法兰的连接面
11 12	30 60	40 80	50 100	60 120	80 150	100 200	120 250	150 300	200 400	250 500	300 600	400 800	500 1 000	离合器的摩擦片，汽车发动机缸盖接合面

标 注 示 例	说 明	标 注 示 例	说 明
0.02	圆柱表面上任一素线必须位于轴向平面内，距离为公差值0.02mm 的两平行平面之间	φ0.04 φd	φd 圆柱体的轴线必须位于直径为公差值0.04mm的圆柱面内
0.02	棱线必须位于箭头所示方向，距离为公差值0.02mm的两平行平面内	0.1	上表面必须位于距离为公差值0.1mm的两平行平面内

注：表中“应用举例”非 GB/T 1184—1996 内容，仅供参考。

表 10－14　圆度和圆柱度公差（摘自 GB/T 1184—1996）　（μm）

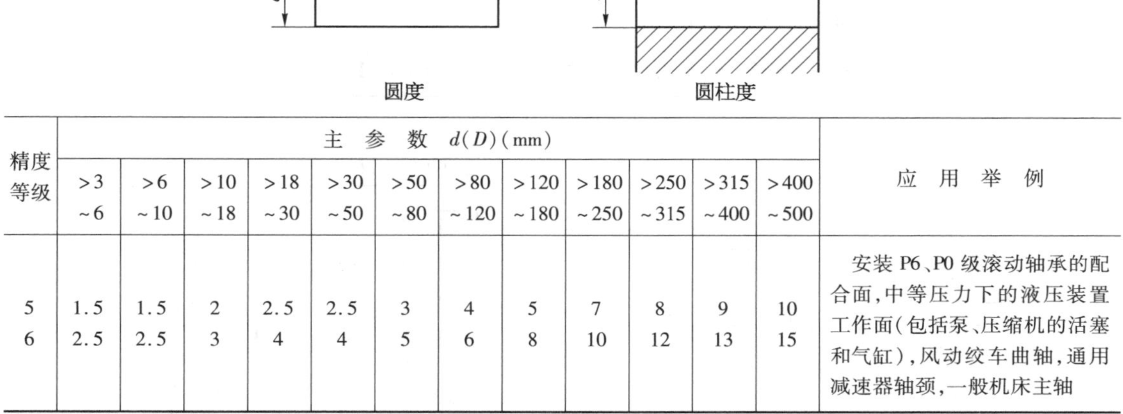

精度等级	主 参 数 d(D)(mm)												应 用 举 例
	>3 ~6	>6 ~10	>10 ~18	>18 ~30	>30 ~50	>50 ~80	>80 ~120	>120 ~180	>180 ~250	>250 ~315	>315 ~400	>400 ~500	
5 6	1.5 2.5	1.5 2.5	2 3	2.5 4	2.5 4	3 5	4 6	5 8	7 10	8 12	9 13	10 15	安装 P6、P0 级滚动轴承的配合面，中等压力下的液压装置工作面（包括泵、压缩机的活塞和气缸），风动绞车曲轴，通用减速器轴颈，一般机床主轴

（续表）

精度等级	主参数 $d(D)$（mm）												应用举例
	>3~6	>6~10	>10~18	>18~30	>30~50	>50~80	>80~120	>120~180	>180~250	>250~315	>315~400	>400~500	
7	4	4	5	6	7	8	10	12	14	16	18	20	发动机的胀圈、活塞销及连杆中装衬套的孔等，千斤顶或压力油缸活塞，水泵及减速器轴颈，液压传动系统的分配机构，拖拉机气缸体与气缸套配合面，炼胶机冷铸轧辊
8	5	6	8	9	11	13	15	18	20	23	25	27	
9	8	9	11	13	16	19	22	25	29	32	36	40	起重机、卷扬机用的滑动轴承，带软密封的低压泵的活塞和气缸 通用机械杠杆与拉杆、拖拉机的活塞环与套筒孔
10	12	15	18	21	25	30	35	40	46	52	57	63	
11	18	22	27	33	39	46	54	63	72	81	89	97	
12	30	36	43	52	62	74	87	100	115	130	140	155	易变形的薄片、薄壳零件的表面，支架等要求不高的结合面

标注示例	说明
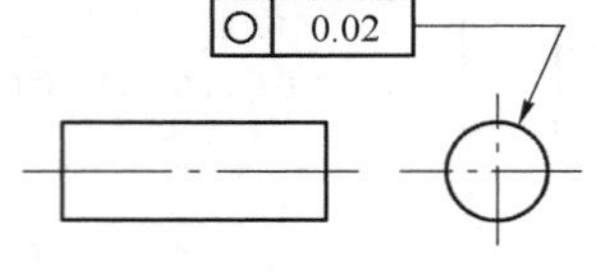 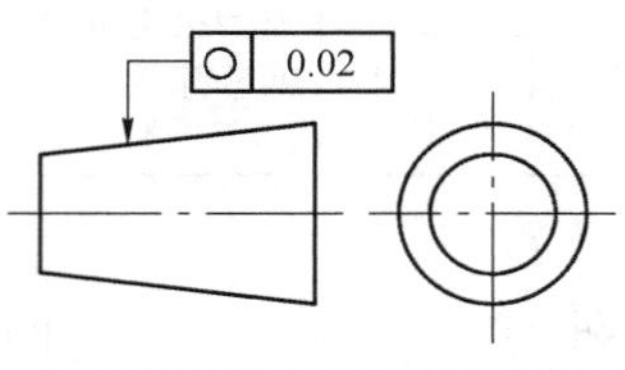	被测圆柱（或圆锥）面任一正截面的圆周必须位于半径差为公差值0.02mm的两同心圆之间
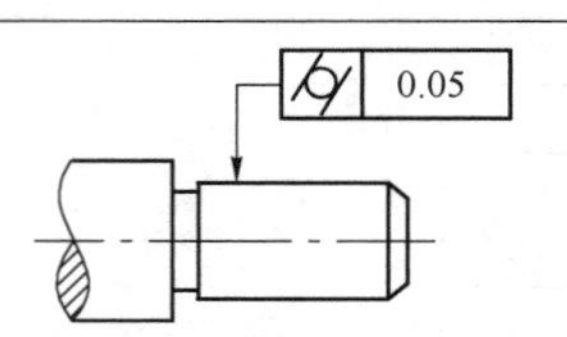	被测圆柱面必须位于半径差为公差值0.05mm的两同轴圆柱面之间

注：表中“应用举例”非 GB/T 1184—1996 内容，仅供参考。

表 10－15 平行度、垂直度和倾斜度公差（摘自 GB/T 1184—1996） （μm）

主参数L、$d(D)$图例

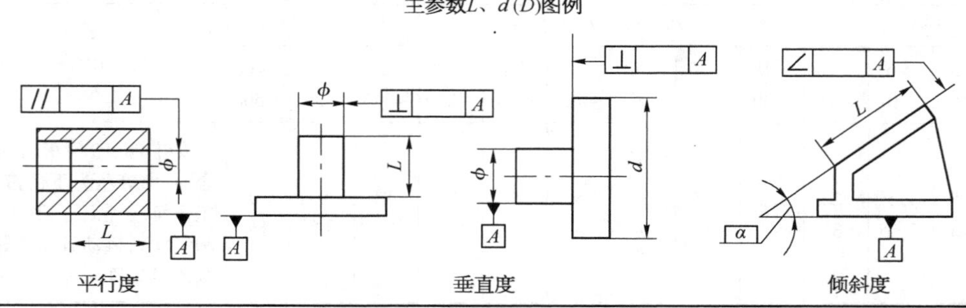

（续表）

精度等级	主参数 $L,d(D)$（mm）													应用举例	
	≤10	>10~16	>16~25	>25~40	>40~63	>63~100	>100~160	>160~250	>250~400	>400~630	>630~1 000	>1 000~1 600	>1 600~2 500	平行度	垂直度
5	5	6	8	10	12	15	20	25	30	40	50	60	80	机床主轴孔对基准面要求，重要轴承孔对基准面要求，床头箱体重要孔间要求，一般减速器壳体孔、齿轮泵的轴孔端面等	机床重要支承面，发动机轴和离合器的凸缘，气缸的支承端面，装P4、P5级轴承的箱体的凸肩
6	8	10	12	15	20	25	30	40	50	60	80	100	120	一般机床零件的工作面或基准面，压力机和锻锤的工作面，中等精度钻模的工作面，一般刀、量、模具 机床一般轴承孔对基准面的要求，床头箱体一般孔间要求，气缸轴线，变速器箱孔，主轴花键对定心直径，重型机械轴承盖的端面，卷扬机、手动传动装置中的传动轴	低精度机床主要基准面和工作面、回转工作台端面跳动，一般导轨，主轴箱体孔，刀架、砂轮架及工作台回转中心，机床轴肩、气缸配合面对其轴线，活塞销孔对活塞中心线以及装P6、P0级轴承壳体孔的轴线等
7	12	15	20	25	30	40	50	60	80	100	120	150	200		
8	20	25	30	40	50	60	80	100	120	150	200	250	300		
9	30	40	50	60	80	100	120	150	200	250	300	400	500	低精度零件，重型机械滚动轴承端盖 柴油机和煤气发动机的曲轴孔、轴颈等	花键轴轴肩端面、带式输送机法兰盘等端面对轴心线，手动卷扬机及传动装置中轴承端面、减速器壳体平面等
10	50	60	80	100	120	150	200	250	300	400	500	600	800		
11	80	100	120	150	200	250	300	400	500	600	800	1 000	1 200	零件的非工作面，卷扬机、输送机上用的减速器壳体平面	农业机械齿轮端面等
12	120	150	200	250	300	400	500	600	800	1 000	1 200	1 500	2 000		

标注示例	说明	标注示例	说明
// 0.05 A A	上表面必须位于距离为公差值0.05mm，且平行于基准表面 A 的两平行平面之间	ϕd ⊥ 0.1 A A	ϕd 的轴线必须位于距离为公差值0.1mm，且垂直于基准平面的两平行平面之间（若框格内数字标注为 ϕ0.1mm，则说明 ϕd 的轴线必须位于直径为公差值0.1mm，且垂直于基准平面 A 的圆柱面内）

（续表）

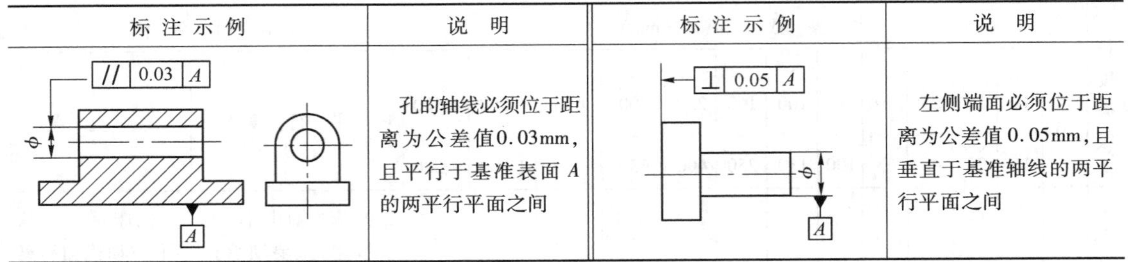

标 注 示 例	说　明	标 注 示 例	说　明
	孔的轴线必须位于距离为公差值0.03mm，且平行于基准表面 *A* 的两平行平面之间		左侧端面必须位于距离为公差值 0.05mm，且垂直于基准轴线的两平行平面之间

注：表中“应用举例”非 GB/T 1184—1996 内容，仅供参考。

表 10－16　同轴度、对称度、圆跳动和全跳动公差（摘自 GB/T 1184—1996）　（μm）

主参数*d*(*D*)、*B*、*L*图例

同轴度　　同轴度　　对称度

圆跳动　　圆跳动　　全跳动

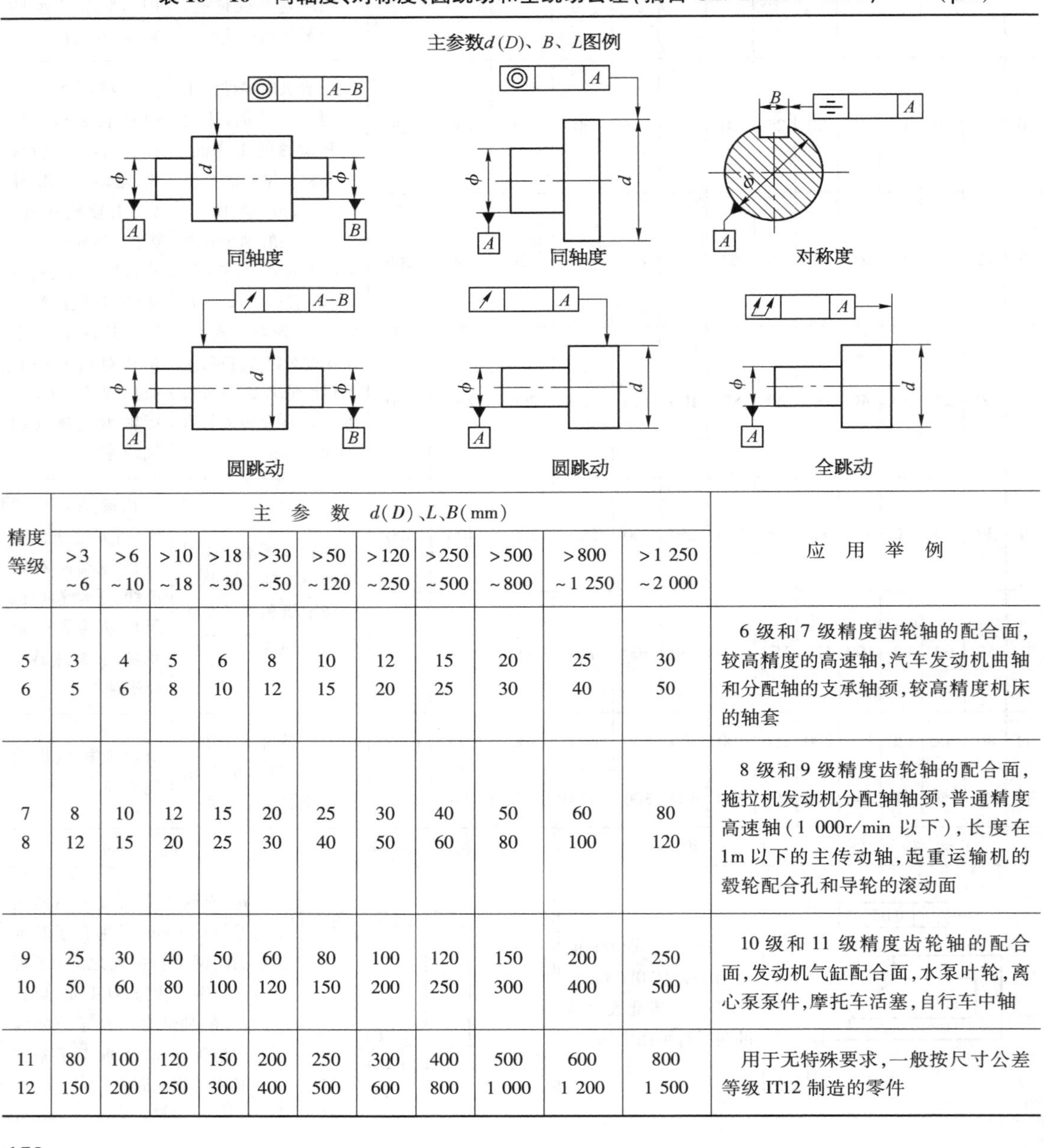

精度等级	主 参 数 *d*(*D*)、*L*、*B*(mm)											应 用 举 例
	>3 ~6	>6 ~10	>10 ~18	>18 ~30	>30 ~50	>50 ~120	>120 ~250	>250 ~500	>500 ~800	>800 ~1 250	>1 250 ~2 000	
5 6	3 5	4 6	5 8	6 10	8 12	10 15	12 20	15 25	20 30	25 40	30 50	6 级和 7 级精度齿轮轴的配合面，较高精度的高速轴，汽车发动机曲轴和分配轴的支承轴颈，较高精度机床的轴套
7 8	8 12	10 15	12 20	15 25	20 30	25 40	30 50	40 60	50 80	60 100	80 120	8 级和 9 级精度齿轮轴的配合面，拖拉机发动机分配轴轴颈，普通精度高速轴（1 000r/min 以下），长度在 1m 以下的主传动轴，起重运输机的毂轮配合孔和导轮的滚动面
9 10	25 50	30 60	40 80	50 100	60 120	80 150	100 200	120 250	150 300	200 400	250 500	10 级和 11 级精度齿轮轴的配合面，发动机气缸配合面，水泵叶轮，离心泵泵件，摩托车活塞，自行车中轴
11 12	80 150	100 200	120 250	150 300	200 400	250 500	300 600	400 800	500 1 000	600 1 200	800 1 500	用于无特殊要求，一般按尺寸公差等级 IT12 制造的零件

（续表）

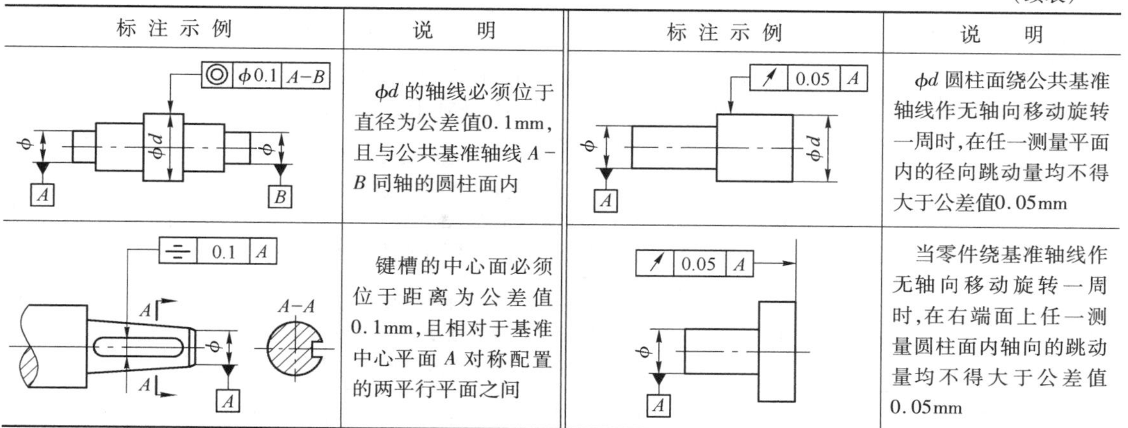

标注示例	说明	标注示例	说明
	ϕd 的轴线必须位于直径为公差值0.1mm，且与公共基准轴线 $A-B$ 同轴的圆柱面内		ϕd 圆柱面绕公共基准轴线作无轴向移动旋转一周时，在任一测量平面内的径向跳动量均不得大于公差值0.05mm
	键槽的中心面必须位于距离为公差值0.1mm，且相对于基准中心平面 A 对称配置的两平行平面之间		当零件绕基准轴线作无轴向移动旋转一周时，在右端面上任一测量圆柱面内轴向的跳动量均不得大于公差值0.05mm

10.3 表面粗糙度

表 10-17 表面粗糙度主要评定参数 *Ra*、*Rz* 的数值系列（摘自 GB/T 1031—2009） （μm）

Ra	0.012 0.025 0.05 0.1	0.2 0.4 0.8 1.6	3.2 6.3 12.5 25	50 100 — —	*Rz*	0.025 0.05 0.1 0.2	0.4 0.8 1.6 3.2	6.3 12.5 25 50	100 200 400 800	1 600 — — —

注：1. *Ra*—轮廓算术平均偏差；*Rz*—轮廓最大高度。

2. 在表面粗糙度参数常用的参数范围内（$Ra=0.025\sim6.3\mu m$，$Rz=0.1\sim25\mu m$），推荐优先选用 *Ra*。

3. 根据表面功能和生产的经济合理性，当选用的数值系列不能满足要求时，可选取表 10-18 中的补充系列值。

表 10-18 表面粗糙度主要评定参数 *Ra*、*Rz* 的补充系列值（摘自 GB/T 1031—2009） （μm）

Ra	0.008 0.010 0.016 0.020 0.032 0.040 0.063 0.080	0.125 0.160 0.25 0.32 0.50 0.63 1.00 1.25	2.0 2.5 4.0 5.0 8.0 10.0 16.0 20	32 40 63 80 — — — —	*Rz*	0.032 0.040 0.063 0.080 0.125 0.160 0.25 0.32	0.50 0.63 1.00 1.25 2.0 2.5 4.0 5.0	8.0 10.0 16.0 20 32 40 63 80	125 160 250 320 500 630 1 000 1 250	— — — — — — — —

表 10-19 表面粗糙度的参数值、加工方法及选择

Ra（μm）	表面状况	加工方法	适用范围
100	除净毛刺	铸造、锻、热轧、冲切	不加工的平滑表面，如砂型铸造、冷铸、压力铸造、轧材、锻压、热压及各种型锻的表面
50，25	可用手触及刀痕	粗车、镗、刨、钻	工序间加工时所得到的粗糙表面，亦即预先经过机械加工，如粗车、粗铣等的零件表面
12.5	可见刀痕	粗车、刨、铣、钻	（同上）
6.3	微见加工刀痕	车、镗、刨、钻、铣、锉、磨、粗铰、铣齿	不重要零件的非配合表面，如支柱、轴、外壳、衬套、盖等的表面；紧固件的自由表面，不要求定心及配合特性的表面，如用钻头钻的螺栓孔等的表面；固定支承表面，如与螺栓头相接触的表面、键的非结合表面

（续表）

Ra(μm)	表面状况	加工方法	适用范围
3.2	看不清加工刀痕	车、镗、刨、铣、刮 1~2 点/cm^2、拉、磨、锉、滚压、铣齿	和其他零件连接而又不是配合表面，如外壳凸耳、扳手等的支撑表面；要求有定心及配合特性的固定支承表面，如定心的轴肩、槽等的表面；不重要的紧固螺纹表面
1.6	可见加工痕迹方向	车、镗、刨、铣、铰、拉、磨、滚压、刮 1~2 点/cm^2	要求不精确的定心及配合特性的固定支承表面，如衬套、轴承和定位销的压入孔；不要求定心及配合特性的活动支承面，如活动关节、花键连接、传动螺纹工作面等；重要零件的配合表面，如导向杆等
0.8	微见加工痕迹的方向	车、镗、拉、磨、立铣、刮 3~10 点/cm^2、滚压	要求保证定心及配合特性的表面，如锥形销和圆柱销表面、安装滚动轴承的孔、滚动轴承的轴颈等；不要求保证定心及配合特性的活动支承表面，如高精度活动球接头表面、支承垫圈、磨削的轮齿
0.4	微辨加工痕迹的方向	铰、磨、镗、拉、刮 3~10 点/cm^2、滚压	要求能长期保持所规定配合特性的轴和孔的配合表面，如导柱、导套的工作表面；要求保证定心及配合特性的表面，如精密球轴承的压入座、轴瓦的工作表面、机床顶尖表面等；工作时承受反复应力的重要零件表面；在不破坏配合特性下工作要保证其耐久性和疲劳强度所要求的表面，圆锥定心表面，如曲轴和凸轮轴的工作表面
0.2	不可辨加工痕迹的方向	精磨、珩磨、研磨、超级加工	工作时承受反复应力的重要零件表面，保证零件的疲劳强度、防腐性和耐久性，并在工作时不破坏配合特性的表面，如轴颈表面、活塞和柱塞表面；IT5、IT6 公差等级配合的表面；圆锥定心表面；摩擦表面
0.1	暗光泽面	超级加工	工作时承受较大反复应力的重要零件表面，保证零件的疲劳强度、防腐性及在活动接头工作中的耐久性的表面，如活塞销表面、液压传动用的孔的表面；保证精确定心的圆锥表面
0.05	亮光泽面	超级加工	精密仪器及附件的摩擦面，量具工作面
0.025	镜状光泽面		
0.012	雾状镜面		

表 10－20　标注表面结构的图形符号和完整图形符号的组成（摘自 GB/T 131—2006）

符号		意义及说明
基本图形符号	√	由两条不等长的与标注表面成60°夹角的直线构成，表示对表面结构有要求的图形符号。当不加注粗糙度参数值或有关说明（如表面处理、局部热处理状况等）时，仅适用于简化代号标注，没有补充说明时不能单独使用
扩展图形符号	要求去除材料	在基本图形符号上加以短横，表示用去除材料的方法获得的表面，如通过机械加工（车、锉、钻、磨、……）获得的表面，仅当其含义是“被加工并去除材料的表面”时可单独使用
	不允许去除材料	在基本图形符号上加一个圆圈，表示不去除材料的方法获得的表面，如铸、锻等。也可用于表示保持上道工序形成的表面，不管这种状况是通过去除材料或不去除材料形成的
完整图形符号	允许任何工艺　去除材料　不去除材料	当要求标注表面结构特征的补充信息时，应在基本图形符号和扩展图形符号的长边上加一横线

（续表）

符　号		意义及说明
工件轮廓各表面的图形符号	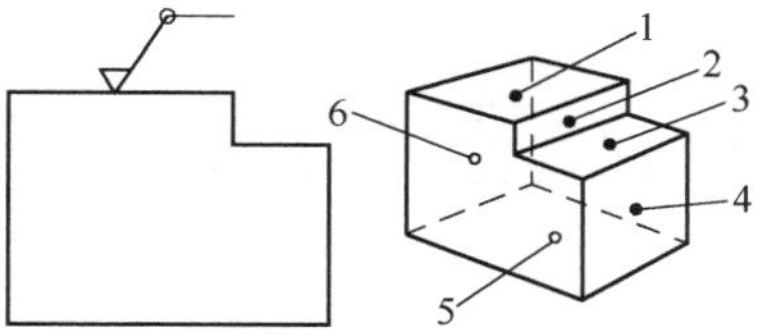 1　2　3　4　5　6	当在图样某个视图上构成封闭轮廓的各个表面有相同的表面结构要求时，应在完整符号上加一圆圈，标注在图样中工件的封闭轮廓线上。如果标注会引起歧义时，各表面应分别标注。左图符号是指对图形中封闭轮廓的六个面的共同要求（不包括前后面）
表面结构完整图形符号的组成	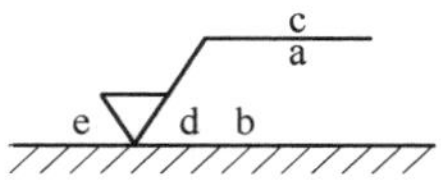 c　a　e　d　b	为了明确表面结构要求，除了标注表面结构参数和数值外，必要时应标注补充要求，补充要求包括传输带、取样长度、加工工艺、表面纹理及方向、加工余量等。即在完整图形符号中，对表面结构的单一要求和补充要求应注写在左图所示的指定位置。为了保证表面的功能特征，应对表面结构参数规定不同要求，图中 a ~ e 位置注写以下内容： 位置 a——注写表面结构的单一要求，标注表面结构参数代号、极限值和传输带（传输带是两个定义的滤波器之间的波长范围，见 GB/T 6062 和 GB/T 18777）或取样长度。为了避免误解，在参数代号和极限值间应插入空格。传输带或取样长度后应有一斜线“/”，之后是表面结构参数代号，最后是数值 示例 1：0.0025—0.8/*Rz* 6.3（传输带标注） 示例 2：-0.8/*Rz* 6.3（取样长度标注） 位置 a、b——注写两个或多个表面结构要求，在位置 a 注写第一个表面结构要求；在位置 b 注写第二个表面结构要求；如果要注写第三个或更多个表面结构要求，图形符号应在垂直方向扩大，以空出足够的空间。扩大图形符号时，a 和 b 的位置随之上移 位置 c——注写加工方法、表面处理、涂层或其他加工工艺要求，如车、磨、镀等 位置 d——注写表面纹理和方向 位置 e——注写加工余量，以 mm 为单位给出数值
文本中用文字表达图形符号	在报告和合同的文本中用文字表达完整图形符号时，应用字母分别表示，APA—允许任何工艺；MRR—去除材料；NMR—不去除材料 示例：MRR *Ra* 0.8；*Rz*13.2	

表 10-21　表面结构新旧标准在图样标注上的对照

原标准 GB/T 131—1993 表示法	最新标准 GB/T 131—2006 表示法	说　明
 1.6　1.6	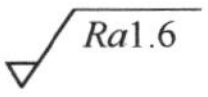 *Ra*1.6	参数代号和数值的标注位置发生变化，且参数代号 *Ra* 在任何时候都不可以省略
 R_y3.2　R_y3.2	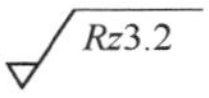 *Rz*3.2	新标准用 *Rz* 代替了旧标准的 R_y
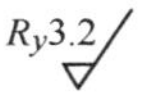 R_y3.2	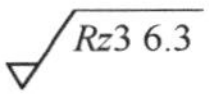 *Rz*3 6.3	评定长度中的取样长度个数如果不是 5
 3.2 1.6	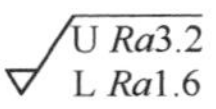 U *Ra*3.2 L *Ra*1.6	在不致引起歧义的情况下，上、下限符号 U、L 可以省略

（续表）

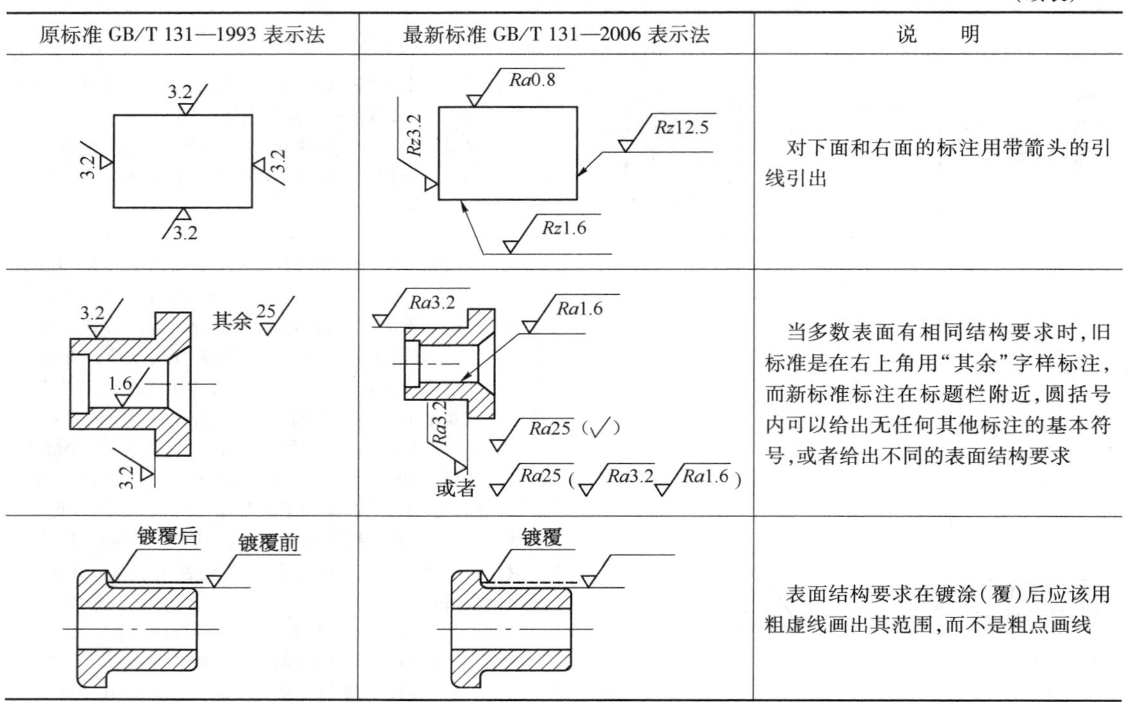

原标准 GB/T 131—1993 表示法	最新标准 GB/T 131—2006 表示法	说　　明
3.2　3.2　3.2　3.2	Ra0.8　Rz3.2　Rz12.5　Rz1.6	对下面和右面的标注用带箭头的引线引出
3.2　其余 25　1.6　3.2	Ra3.2　Ra1.6　Ra3.2　Ra25（√）　或者　Ra25（Ra3.2　Ra1.6）	当多数表面有相同结构要求时，旧标准是在右上角用“其余”字样标注，而新标准标注在标题栏附近，圆括号内可以给出无任何其他标注的基本符号，或者给出不同的表面结构要求
镀覆后　镀覆前	镀覆	表面结构要求在镀涂（覆）后应该用粗虚线画出其范围，而不是粗点画线

表 10－22　表面结构要求在图样中的标注（摘自 GB/T 131—2006）

序　号	标　注　示　例	说　　明
1	Ra3.2　Ra0.8　Rz12.5　Ra1.6	应使表面结构的注写和读取方向与尺寸的注写和读取方向一致
2	Rz12.5　Rz6.3　Ra1.6　Ra1.6　Rz12.5　Rz6.3	表面结构要求可标注在轮廓线上，其符号应从材料外指向并接触表面。必要时，表面结构符号也可以用带箭头或黑点的指引线引出标注
3	铣　Rz6.3　车　Rz3.2　D28	表面结构符号可以用带箭头或黑点的指引线引出标注
4	ϕ120H7 Rz12.5　ϕ120h6 Rz6.3	在不致引起误解时，表面结构要求可以标注在给定的尺寸线上

（续表）

序号	标注示例	说明
5	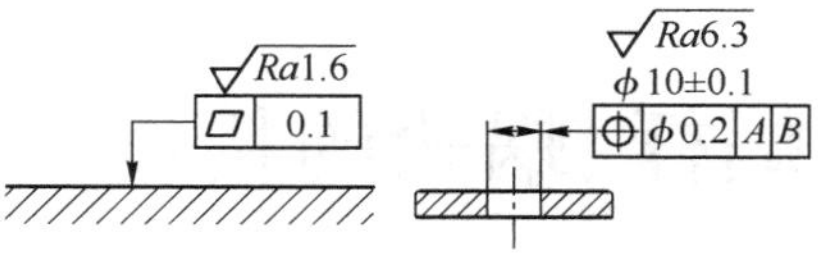	表面结构要求可标注在几何公差框格的上方
6	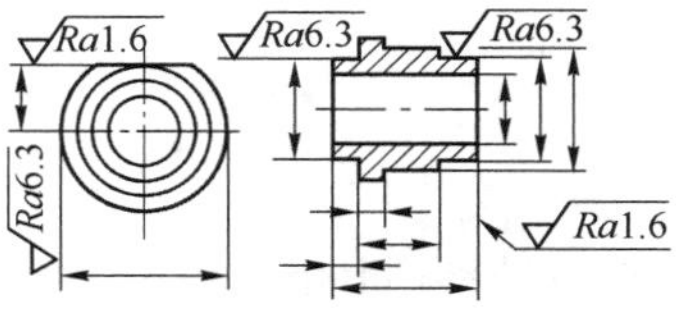	表面结构要求可以直接标注在延长线上，或用带箭头的指引线引出标注
7	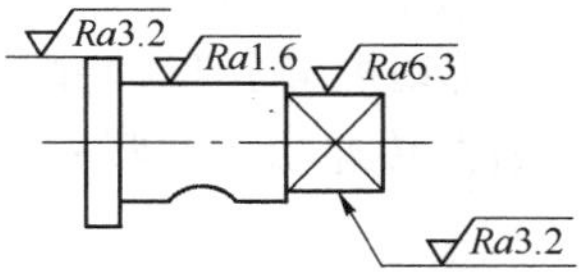	圆柱和棱柱表面的表面结构要求只标注一次。如果每个棱柱表面有不同的表面结构要求，则应分别单独标注
8	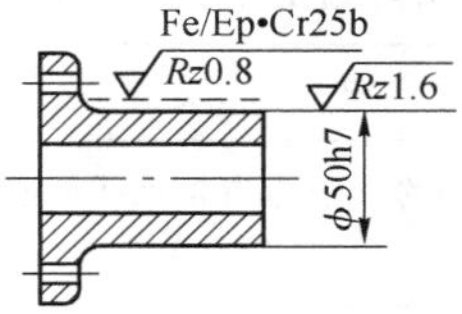	由几种不同的工艺方法获得的同一表面，当需要明确每种工艺方法的表面结构时，可按左图所示的方法标注。图中同时给出了镀覆前后的表面结构要求 Fe/Ep · Cr25b：钢材、表面电镀铬，组合镀覆层特征为光亮，总厚度 25μm 以上

第 11 章　齿轮及蜗杆、蜗轮的精度

11.1　渐开线圆柱齿轮的精度

渐开线圆柱齿轮的精度标准(GB/T 10095.1—2008)对轮齿同侧齿面公差规定了 13 个精度等级,其中 0 级最高,12 级最低。渐开线圆柱齿轮的精度标准(GB/T 10095.2—2008)对径向综合公差规定了 9 个精度等级,其中 4 级最高,12 级最低;对径向跳动规定了 13 个精度等级,其中 0 级最高,12 级最低。齿轮的精度等级应根据传动用途、使用条件、传递功率和圆周速度以及其他经济、技术条件来确定。

表 11-1　轮齿同侧齿面偏差的定义与代号(摘自 GB/T 10095.1—2008)

名　称		代号	定　义
齿距偏差	单个齿距偏差(图 11-1)	f_{pt}	在端平面上,在接近齿高中部的一个与齿轮轴线同心的圆上,实际齿距与理论齿距的代数差
	齿距累积偏差(图 11-1)	F_{pk}	任意 k 个齿距的实际弧长与理论弧长的代数差
	齿距累积总偏差	F_p	齿轮同侧齿面任意弧段($k=1$ 至 $k=z$)内的最大齿距累积偏差
齿廓偏差	齿廓总偏差(图 11-2a)	F_α	在计值范围内,包容实际齿廓迹线的两条设计齿廓迹线间的距离
	齿廓形状偏差(图 11-2b)	$f_{f\alpha}$	在计值范围内,包容实际齿廓迹线的两条与平均齿廓迹线完全相同的曲线间的距离,且两条曲线与平均齿廓迹线的距离为常数
	齿廓倾斜偏差(图 11-2c)	$f_{H\alpha}$	在计值范围内,两端与平均齿廓迹线相交的两条设计齿廓迹线间的距离
螺旋线偏差	螺旋线总偏差(图 11-3a)	F_β	在计值范围内,包容实际螺旋线迹线的两条设计螺旋线迹线间的距离
	螺旋线形状偏差(图 11-3b)	$f_{f\beta}$	在计值范围内,包容实际螺旋线迹线的两条与平均螺旋线迹线完全相同的曲线间的距离,且两条曲线与平均螺旋线迹线的距离为常数
	螺旋线倾斜偏差(图 11-3c)	$f_{H\beta}$	在计值范围的两端,与平均螺旋线迹线相交的两条设计螺旋线迹线间的距离
切向综合偏差	切向综合总偏差(图 11-4)	F_i'	被测齿轮与测量齿轮单面啮合检验时,被测齿轮一转内,齿轮分度圆上实际圆周位移与理论圆周位移的最大差值(在检验过程中,齿轮的同侧齿面处于单面啮合状态)
	一齿切向综合偏差(图 11-4)	f_i'	在一个齿距内的切向综合偏差

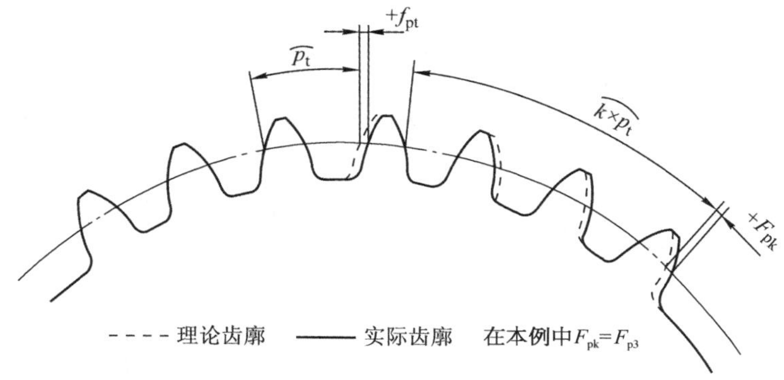

图 11－1　齿距偏差与齿距累积偏差

—·—·—·—：设计齿廓　〰〰：实际齿廓　- - - - - -：平均齿廓

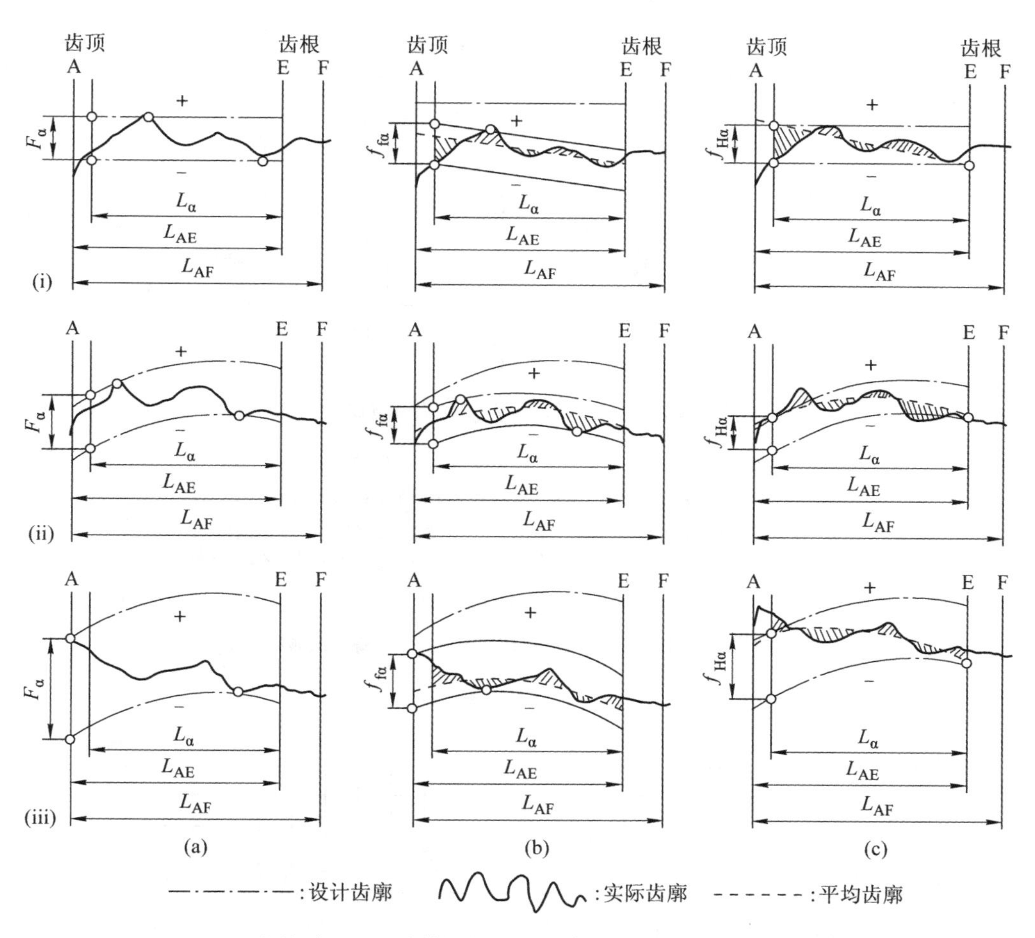

L_{AF}—可用长度；L_{AE}—有效长度；L_α—齿廓计算范围

（i）设计齿廓：未修形的渐开线　实际齿廓：在减薄区内偏向体内

（ii）设计齿廓：修形的渐开线（举例）　实际齿廓：在减薄区内偏向体内

（iii）设计齿廓：修形的渐开线（举例）　实际齿廓：在减薄区内偏向体外

图 11－2　齿廓偏差

（a）齿廓总偏差；（b）齿廓形状偏差；（c）齿廓倾斜偏差

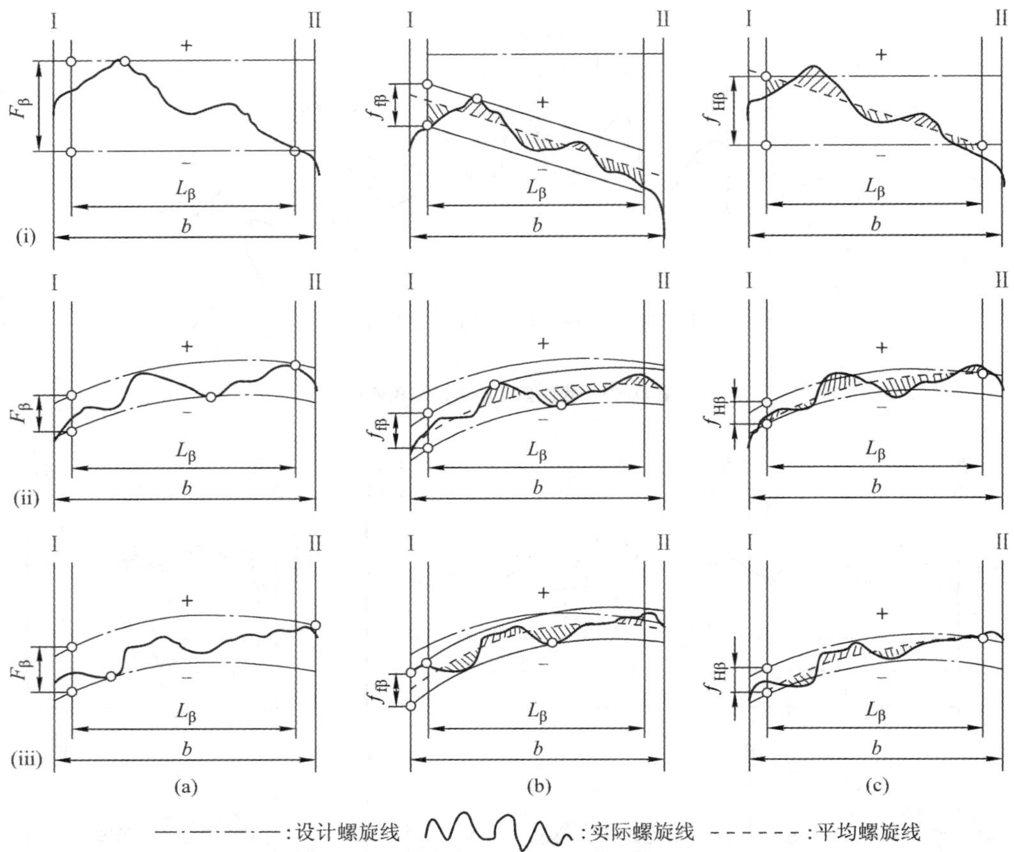

b—齿轮螺旋线长度(与齿宽成正比)；L_β—螺旋线计值范围

(i) 设计螺旋线:未修形的螺旋线 实际螺旋线:在减薄区偏向体内

(ii) 设计螺旋线:修形的螺旋线(举例) 实际螺旋线:在减薄区偏向体内

(iii) 设计螺旋线:修形的螺旋线(举例) 实际螺旋线:在减薄区偏向体外

图 11－3 螺旋线偏差

(a) 螺旋线总偏差；(b) 螺旋线形状偏差；(c) 螺旋线倾斜偏差

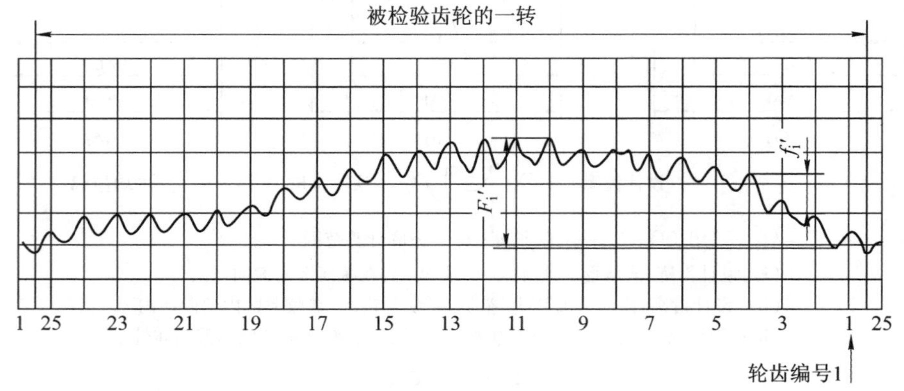

图 11－4 切向综合偏差

表 11－2　径向综合偏差与径向跳动的定义与代号(摘自 GB/T 10095.2—2008)

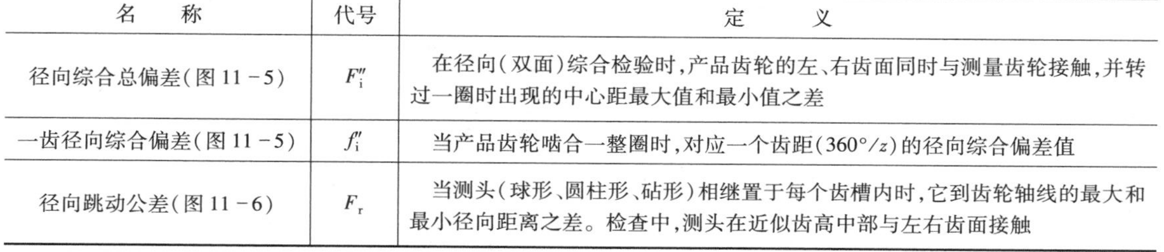

名　　称	代号	定　　义
径向综合总偏差(图 11－5)	F_i''	在径向(双面)综合检验时,产品齿轮的左、右齿面同时与测量齿轮接触,并转过一圈时出现的中心距最大值和最小值之差
一齿径向综合偏差(图 11－5)	f_i''	当产品齿轮啮合一整圈时,对应一个齿距(360°/z)的径向综合偏差值
径向跳动公差(图 11－6)	F_r	当测头(球形、圆柱形、砧形)相继置于每个齿槽内时,它到齿轮轴线的最大和最小径向距离之差。检查中,测头在近似齿高中部与左右齿面接触

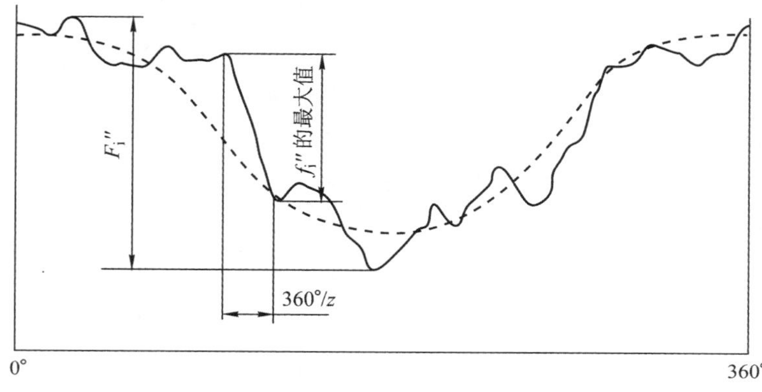

图 11－5　径向综合偏差

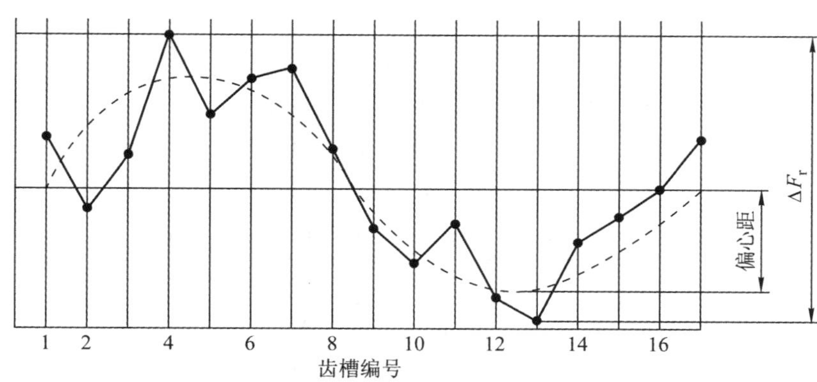

图 11－6　一个齿轮(16 齿)的径向跳动公差

表 11－3　单个齿距极限偏差 $\pm f_{pt}$、齿距累积总公差 F_p 和齿廓总公差 F_α 值(摘自 GB/T 10095.1—2008)

分度圆直径 d(mm)	模数 m_n(mm)	单个齿距极限偏差 $\pm f_{pt}$(μm)					齿距累积总公差 F_p(μm)					齿廓总公差 F_α(μm)				
		精度等级														
		5	6	7	8	9	5	6	7	8	9	5	6	7	8	9
$5 \leq d \leq 20$	$0.5 \leq m_n \leq 2$	4.7	6.5	9.5	13	19	11	16	23	32	45	4.6	6.5	9	13	18
	$2 < m_n \leq 3.5$	5	7.5	10	15	21	12	17	23	33	47	6.5	9.5	13	19	26
$20 < d \leq 50$	$0.5 \leq m_n \leq 2$	5	7	10	14	20	14	20	29	41	57	5	7.5	10	15	21
	$2 < m_n \leq 3.5$	5.5	7.5	11	15	22	15	21	30	42	59	7	10	14	20	29
	$3.5 < m_n \leq 6$	6	8.5	12	17	24	15	22	31	44	62	9	12	18	25	35
	$6 < m_n \leq 10$	7	10	14	22	28	16	23	33	46	65	11	15	22	31	43

（续表）

分度圆直径 d(mm)	模数 m_n(mm)	单个齿距极限偏差 $\pm f_{pt}$(μm)					齿距累积总公差 F_p(μm)					齿廓总公差 F_α(μm)				
		精度等级														
		5	6	7	8	9	5	6	7	8	9	5	6	7	8	9
$50<d\leqslant125$	$0.5\leqslant m_n\leqslant2$	5.5	7.5	11	15	21	18	26	37	52	74	6	8.5	12	17	23
	$2<m_n\leqslant3.5$	6	8.5	12	17	23	19	27	38	53	76	8	11	16	22	31
	$3.5<m_n\leqslant6$	6.5	9	13	18	26	19	28	39	55	78	9.5	13	19	27	38
	$6<m_n\leqslant10$	7.5	10	15	21	30	20	29	41	58	82	12	16	23	33	46
	$10<m_n\leqslant16$	9	13	18	25	35	22	31	44	62	88	14	20	28	40	56
$125<d\leqslant280$	$0.5\leqslant m_n\leqslant2$	6	8.5	12	17	24	24	35	49	69	98	7	10	14	20	28
	$2<m_n\leqslant3.5$	6.5	9	13	18	26	25	35	50	70	100	9	13	18	25	36
	$3.5<m_n\leqslant6$	7	10	14	20	28	25	36	51	72	102	11	15	21	30	42
	$6<m_n\leqslant10$	8	11	16	23	32	26	37	53	75	106	13	18	25	36	50
	$10<m_n\leqslant16$	9.5	13	19	27	38	28	39	56	79	112	15	21	30	43	60
$280<d\leqslant560$	$0.5\leqslant m_n\leqslant2$	6.5	9.5	13	19	27	32	46	64	91	129	8.5	12	17	23	33
	$2<m_n\leqslant3.5$	7	10	14	20	29	33	46	65	92	131	10	15	21	29	41
	$3.5<m_n\leqslant6$	8	11	16	22	31	33	47	66	94	137	12	17	24	34	48
	$6<m_n\leqslant10$	8.5	12	17	25	35	34	48	68	97	143	14	20	28	40	56
	$10<m_n\leqslant16$	10	14	20	29	41	36	50	71	101	143	16	23	53	47	66
	$16<m_n\leqslant25$	12	18	25	35	50	38	54	76	107	151	19	27	39	55	78
$560<d\leqslant1\ 000$	$0.5\leqslant m_n\leqslant2$	7.5	11	15	21	30	41	59	83	117	166	10	14	20	28	40
	$2<m_n\leqslant3.5$	8	11	16	23	32	42	59	84	119	168	12	17	24	34	48
	$3.5<m_n\leqslant6$	8.5	12	17	24	35	43	60	85	120	170	14	19	27	38	54
	$6<m_n\leqslant10$	9.5	14	19	27	38	44	62	87	123	174	16	22	31	44	62
	$10<m_n\leqslant16$	11	16	22	31	44	45	64	90	127	180	18	26	36	51	72
	$16<m_n\leqslant25$	13	19	27	38	53	47	67	94	133	189	21	30	42	59	84

表11-4 齿廓形状公差 $f_{f\alpha}$、齿廓倾斜极限偏差 $\pm f_{H\alpha}$ 和 f_i'/k 的比值（摘自GB/T 10095.1—2008）

分度圆直径 d(mm)	模数 m_n(mm)	齿廓形状公差 $f_{f\alpha}$(μm)					齿廓倾斜极限偏差 $\pm f_{H\alpha}$(μm)					f_i'/k 的比值				
		精度等级														
		5	6	7	8	9	5	6	7	8	9	5	6	7	8	9
$5\leqslant d\leqslant20$	$0.5\leqslant m_n\leqslant2$	3.5	5	7	10	14	2.9	4.2	6	8.5	12	14	19	27	38	54
	$2<m_n\leqslant3.5$	5	7	10	14	20	4.2	6	8.5	12	17	16	23	32	45	64
$20<d\leqslant50$	$0.5\leqslant m_n\leqslant2$	4	5.5	8	11	16	3.3	4.6	6.5	9.5	13	14	20	29	41	58
	$2<m_n\leqslant3.5$	5.5	8	11	16	22	4.5	6.5	9	13	18	17	24	34	48	68
	$3.5<m_n\leqslant6$	7	9.5	14	19	27	5.5	8	11	16	22	19	27	38	54	77
	$6<m_n\leqslant10$	8.5	12	17	24	34	7	9.5	14	19	27	22	31	44	63	89

（续表）

分度圆直径 d(mm)	模数 m_n(mm)	齿廓形状公差 $f_{f\alpha}$(μm)					齿廓倾斜极限偏差 $\pm f_{H\alpha}$(μm)					f_i'/k 的比值				
		精度等级														
		5	6	7	8	9	5	6	7	8	9	5	6	7	8	9
$50<d\leqslant125$	$0.5\leqslant m_n\leqslant2$	4.5	6.5	9	13	18	3.7	5.5	7.5	11	15	16	22	31	44	62
	$2<m_n\leqslant3.5$	6	8.5	12	17	24	5	7	10	14	20	18	25	36	51	72
	$3.5<m_n\leqslant6$	7.5	10	15	21	29	6	8.5	12	17	24	20	29	40	57	81
	$6<m_n\leqslant10$	9	13	18	25	36	7.5	10	15	21	29	23	33	47	66	93
	$10<m_n\leqslant16$	11	15	22	31	44	9	13	18	25	35	27	38	54	77	109
$125<d\leqslant280$	$0.5\leqslant m_n\leqslant2$	5.5	7.5	11	15	21	4.4	6	9	12	18	17	24	34	49	69
	$2<m_n\leqslant3.5$	7	9.5	14	19	28	5.5	8	11	16	23	20	28	39	56	79
	$3.5<m_n\leqslant6$	8	12	16	23	33	6.5	9.5	13	19	27	22	31	44	62	88
	$6<m_n\leqslant10$	10	14	20	28	39	8	11	16	23	32	25	35	50	70	100
	$10<m_n\leqslant16$	12	17	23	33	47	9.5	13	19	27	38	29	41	58	82	115
$280<d\leqslant560$	$0.5\leqslant m_n\leqslant2$	6.5	9	13	18	26	5.5	7.5	11	15	21	19	27	39	54	77
	$2<m_n\leqslant3.5$	8	11	16	22	32	6.5	9	13	18	26	22	31	44	62	87
	$3.5<m_n\leqslant6$	9	13	18	26	37	7.5	11	15	21	30	24	34	48	68	96
	$6<m_n\leqslant10$	11	15	22	31	43	9	13	18	25	35	27	38	54	76	108
	$10<m_n\leqslant16$	13	18	26	36	51	10	15	21	29	42	31	44	62	88	124
	$16<m_n\leqslant25$	15	21	30	43	60	12	17	24	35	49	36	51	72	102	144
$560<d\leqslant1\,000$	$0.5\leqslant m_n\leqslant2$	7.5	11	15	22	31	6.5	9	13	18	25	22	31	44	62	87
	$2<m_n\leqslant3.5$	9	13	18	26	37	7.5	11	15	21	30	24	34	49	69	97
	$3.5<m_n\leqslant6$	11	15	21	30	42	8.5	12	17	24	34	27	38	53	75	106
	$6<m_n\leqslant10$	12	17	24	34	48	10	14	20	28	40	30	42	59	88	118
	$10<m_n\leqslant16$	14	20	28	40	56	11	16	23	32	46	33	47	67	95	134
	$16<m_n\leqslant25$	16	23	33	46	65	13	19	27	38	53	39	55	77	109	154

表 11－5　螺旋线总公差 F_β、螺旋线形状公差 $f_{f\beta}$ 和螺旋线倾斜极限偏差 $\pm f_{H\beta}$ 值

（摘自 GB/T 10095.1—2008）

分度圆直径 d(mm)	齿宽 b(mm)	螺旋线总公差 F_β(μm)					螺旋线形状公差 $f_{f\beta}$ 和螺旋线倾斜极限偏差 $\pm f_{H\beta}$(μm)				
		精度等级									
		5	6	7	8	9	5	6	7	8	9
$5\leqslant d\leqslant20$	$4\leqslant b\leqslant10$	6	8.5	12	17	24	4.4	6	8.5	12	17
	$10<b\leqslant20$	7	9.5	14	19	28	4.9	7	10	14	20
	$20<b\leqslant40$	8	11	16	22	31	5.5	8	11	16	22
$20<d\leqslant50$	$4\leqslant b\leqslant10$	6.5	9	13	18	25	4.5	6.5	9	13	18
	$10<b\leqslant20$	7	10	14	20	29	5	7	10	14	20
	$20<b\leqslant40$	8	11	16	23	32	6	8	12	16	23
	$40<b\leqslant80$	9.5	13	19	27	38	7	9.5	14	19	27

（续表）

分度圆直径 d(mm)	齿宽 b(mm)	螺旋线总公差 F_β(μm)					螺旋线形状公差 $f_{f\beta}$ 和螺旋线倾斜极限偏差 $\pm f_{H\beta}$(μm)				
		精度等级									
		5	6	7	8	9	5	6	7	8	9
$50<d\leqslant125$	$4\leqslant b\leqslant10$	6.5	9.5	13	19	27	4.8	6.5	9.5	13	19
	$10<b\leqslant20$	7.5	11	15	21	30	5.5	7.5	11	15	21
	$20<b\leqslant40$	8.5	12	17	24	34	6	8.5	12	17	24
	$40<b\leqslant80$	10	14	20	28	39	7	10	14	20	28
	$80<b\leqslant160$	12	17	24	33	47	8.5	12	17	24	34
$125<d\leqslant280$	$4\leqslant b\leqslant10$	7	10	14	20	29	5	7	10	14	20
	$10<b\leqslant20$	8	11	16	22	32	5.5	8	11	16	23
	$20<b\leqslant40$	9	13	18	25	36	6.5	9	13	18	25
	$40<b\leqslant80$	10	35	21	29	41	7.5	10	15	21	29
	$80<b\leqslant160$	12	17	25	35	49	8.5	12	17	25	35
	$160<b\leqslant250$	14	20	29	41	58	10	15	21	29	41
$280<d\leqslant560$	$10<b\leqslant20$	8.5	12	17	24	34	6	8.5	12	17	42
	$20<b\leqslant40$	9.5	13	19	27	38	7	9.5	14	19	27
	$40<b\leqslant80$	11	15	22	31	44	8	11	16	22	31
	$80<b\leqslant160$	13	18	26	36	52	9	13	18	26	37
	$160<b\leqslant250$	15	21	30	43	60	11	15	22	30	43
$560<d\leqslant1\,000$	$10<b\leqslant20$	9.5	13	19	26	37	6.5	9.5	13	19	26
	$20<b\leqslant40$	10	15	21	29	41	7.5	10	15	21	29
	$40<b\leqslant80$	12	17	23	33	47	8.5	12	17	23	33
	$80<b\leqslant160$	14	19	27	39	55	9.5	14	19	27	39
	$160<b\leqslant250$	16	22	32	45	63	11	16	23	32	45

表 11-6 径向综合总公差 F_i''、一齿径向综合公差 f_i'' 和径向跳动公差 F_r 值

（摘自 GB/T 10095.1—2008）

分度圆直径 d(mm)	法向模数 m_n(mm)	径向综合总公差 F_i''(μm)					一齿径向综合公差 f_i''(μm)					法向模数 m_n(mm)	径向跳动公差 F_r(μm)				
		精度等级											精度等级				
		5	6	7	8	9	5	6	7	8	9		5	6	7	8	9
$5\leqslant d\leqslant20$	$0.8<m_n\leqslant1$	12	18	25	35	50	3.5	5	7	10	14	$0.5\leqslant m_n\leqslant2$	9	13	18	25	36
	$1<m_n\leqslant1.5$	14	19	27	38	54	4.5	6.5	9	13	18	$2<m_n\leqslant3.5$	9.5	13	19	27	38
$20<d\leqslant50$	$1<m_n\leqslant1.5$	16	23	32	45	64	4.5	6.5	9	13	18	$0.5\leqslant m_n\leqslant2$	11	16	23	32	46
	$1.5<m_n\leqslant2.5$	18	26	37	52	73	6.5	9.5	13	19	26	$2<m_n\leqslant3.5$	12	17	24	34	47
	$2.5<m_n\leqslant4$	22	31	44	63	89	10	14	20	29	41	$3.5<m_n\leqslant6$	12	17	25	35	49
	$4<m_n\leqslant6$	28	39	56	79	111	15	22	31	43	61	$6<m_n\leqslant10$	13	19	26	37	52

（续表）

分度圆直径 d(mm)	法向模数 m_n(mm)	径向综合总公差 F_i''(μm)					一齿径向综合公差 f_i''(μm)					法向模数 m_n(mm)	径向跳动公差 F_r(μm)				
		精度等级											精度等级				
		5	6	7	8	9	5	6	7	8	9		5	6	7	8	9
$50<d\leqslant125$	$1<m_n\leqslant1.5$	19	27	39	55	77	4.5	6.5	9	13	18	$0.5\leqslant m_n\leqslant2$	15	21	29	42	59
	$1.5<m_n\leqslant2.5$	22	31	43	61	86	6.5	9.5	13	19	26	$2<m_n\leqslant3.5$	15	21	30	43	61
	$2.5<m_n\leqslant4$	25	36	51	72	102	10	14	20	29	41	$3.5<m_n\leqslant6$	16	22	31	44	62
	$4<m_n\leqslant6$	31	44	62	88	124	15	22	31	44	62	$6<m_n\leqslant10$	16	23	33	46	65
	$6<m_n\leqslant10$	40	57	80	114	161	24	34	48	67	95	$10<m_n\leqslant16$	18	25	35	50	70
$125<d\leqslant280$	$1<m_n\leqslant1.5$	24	34	48	68	97	4.5	6.5	9	13	18	$0.5\leqslant m_n\leqslant2$	20	28	39	55	78
	$1.5<m_n\leqslant2.5$	26	37	53	75	106	6.5	9.5	13	19	27	$2<m_n\leqslant3.5$	20	28	40	56	80
	$2.5<m_n\leqslant4$	30	43	61	86	121	10	15	21	29	41	$3.5<m_n\leqslant6$	20	29	41	58	82
	$4<m_n\leqslant6$	36	51	72	102	144	15	22	31	44	62	$6<m_n\leqslant10$	21	30	42	60	85
	$6<m_n\leqslant10$	45	64	90	127	180	24	34	48	67	95	$10<m_n\leqslant16$	22	32	45	63	89
$280<d\leqslant560$	$0.8<m_n\leqslant1$	29	42	59	83	117	3.5	5	7.5	10	15	$0.5\leqslant m_n\leqslant2$	26	36	51	73	103
	$1<m_n\leqslant1.5$	30	43	61	86	122	4.5	6.5	9	13	18	$2<m_n\leqslant3.5$	26	37	52	74	103
	$1.5<m_n\leqslant2.5$	33	46	65	92	131	6.5	9.5	13	19	27	$3.5<m_n\leqslant6$	27	38	53	75	106
	$2.5<m_n\leqslant4$	37	52	73	104	146	10	15	21	29	41	$6<m_n\leqslant10$	27	39	55	77	109
	$4<m_n\leqslant6$	42	60	84	119	169	15	22	31	44	62	$10<m_n\leqslant16$	29	40	57	81	114
	$6<m_n\leqslant10$	51	73	103	145	205	24	34	4.8	67	96	$16<m_n\leqslant25$	30	43	61	86	121
$560<d\leqslant1\,000$	$0.8<m_n\leqslant1$	37	52	74	104	148	3.5	5.5	7.5	11	15	$0.5\leqslant m_n\leqslant2$	33	47	66	94	133
	$1<m_n\leqslant1.5$	38	54	76	107	152	4.5	6.5	9.5	13	19	$2<m_n\leqslant3.5$	34	48	67	95	134
	$1.5<m_n\leqslant2.5$	40	57	80	114	161	7	9.5	14	19	27	$3.5<m_n\leqslant6$	34	48	68	96	136
	$2.5<m_n\leqslant4$	44	62	88	125	177	10	15	21	30	42	$6<m_n\leqslant10$	35	49	7	98	139
	$4<m_n\leqslant6$	50	70	99	141	199	16	22	31	44	62	$10<m_n\leqslant16$	36	51	72	102	144
	$6<m_n\leqslant10$	59	83	118	166	235	24	34	48	68	96	$16<m_n\leqslant25$	38	53	76	107	151

表 11－7　各类机械设备的齿轮精度等级

应用范围	精度等级	应用范围	精度等级
测量齿轮	3～5	拖拉机	6～10
汽轮机、减速器	3～6	一般用途的减速器	6～9
金属切削机床	3～8	轧钢设备小齿轮	6～10
内燃机与电气机车	6～7	矿用绞车	8～10
轻型汽车	5～8	起重机机构	7～10
重型汽车	6～9	农业机械	8～11
航空发动机	4～7		

表 11－8 齿轮精度等级的适用范围

精度等级	圆周速度 v(m/s)		工作条件与适用范围	齿面的最后加工
	直齿	斜齿		
5	>20	>40	用于高平稳且低噪声的高速传动中的齿轮；精密机构中的齿轮；透平传动的齿轮；检测 8 级、9 级的测量齿轮；重要的航空、船用齿轮箱齿轮	特精密的磨齿和珩磨用精密滚刀滚齿
6	≥15	≥30	用于高速下平稳工作、需要高效率及低噪声的齿轮；航空、汽车用齿轮；读数装置中的精密齿轮；机床传动链齿轮，机床传动齿轮	精密磨齿或剃齿
7	≥10	≥15	在高速和适度功率或大功率和适当速度下工作的齿轮；机床变速器进给齿轮；起重机齿轮；汽车以及读数装置中的齿轮	用精确刀具加工；对于淬硬齿轮必须精整加工（磨齿、研齿、珩齿）
8	≥6	≥10	一般机器中无特殊精度要求的齿轮；机床变速齿轮；汽车制造业中不重要齿轮；冶金、起重、农业机械中的重要齿轮	滚齿、插齿均可，不用磨齿，必要时剃齿或研齿
9	≥2	≥4	用于无精度要求的粗糙工作的齿轮；因结构上考虑，受载低于计算载荷的传动用齿轮；重载、低速不重要工作机械的传力齿轮，农机齿轮	不需要特殊的精加工工序

表 11－9 建议的齿轮检验组及项目

检 验 形 式	检验组及项目	检 验 形 式	检验组及项目
单项检验	① f_{pt}、F_p、F_α、F_β、F_r ② f_{pt}、F_p、F_α、F_β、F_r、F_{pk} ③ f_{pt}、F_r（仅用于 10～12 级）	综合检验	④ F_i''、f_i'' ⑤ F_i'、f_i'（协议有要求时）

注：新的国家标准没有规定齿轮的公差组和检验组。对产品齿轮可采用表中的两种不同的检验形式来评定和验收其制造质量，但两种检验形式不能同时采用。

表 11－10 中、大模数齿轮最小法向侧隙 j_{bnmin} 的推荐值

（摘自 GB/Z 18620.2—2008） （mm）

m_n	最 小 中 心 距 a_i					
	50	100	200	400	800	1 600
1.5	0.09	0.11	—	—	—	—
2	0.10	0.12	0.15	—	—	—
3	0.12	0.14	0.17	0.24	—	—
5	—	0.18	0.21	0.28	—	—
8	—	0.24	0.27	0.34	0.47	—
12	—	—	0.35	0.42	0.55	—
18	—	—	—	0.54	0.67	0.94

注：1. 本表适用于工业装置中其齿轮（粗齿距）和箱体均为钢铁金属制造的，工作时，节圆速度 $v<15$m/s，轴承、轴和箱体均采用常用的商业制造公差。

2. 表中数值也可由 $j_{bnmin}=\frac{2}{3}(0.06+0.000\,5a_i+0.03m_n)$ 计算。

表 11－11　非变位直齿圆柱齿轮分度圆上弦齿厚及弦齿高($\alpha=20°$，$h_a^*=1$)

弦齿厚 $S_x=K_1m$　　弦齿高 $h_x=K_2m$

齿数 z	K_1	K_2
10	1.564 3	1.061 6
11	1.565 5	1.056 0
12	1.566 3	1.051 4
13	1.567 0	1.047 4
14	1.567 5	1.044 0
15	1.567 9	1.041 1
16	1.568 3	1.038 5
17	1.568 6	1.036 2
18	1.568 8	1.034 2
19	1.569 0	1.032 4
20	1.569 2	1.030 8
21	1.569 4	1.029 4
22	1.569 5	1.028 1
23	1.569 6	1.026 8
24	1.569 7	1.025 7
25	1.569 8	1.024 7
26		1.023 7
27	1.569 9	1.022 8
28		1.022 0
29	1.570 0	1.021 3
30	1.570 1	1.020 5
31		1.019 9
32	1.570 2	1.019 3
33		1.018 7
34		1.018 1
35		1.017 6
36	1.570 3	1.017 1
37		1.016 7
38	1.570 4	1.016 2
39		1.015 8
40		1.015 4
41	1.570 4	1.015 0
42		1.014 7
43		1.014 3
44	1.570 5	1.014 0
45		1.013 7
46		1.013 4
47		1.013 1
48		1.012 8
49		1.012 6
50		1.012 3
51		1.012 1
52	1.570 6	1.011 9
53		1.011 7
54		1.011 4
55		1.011 2
56	1.570 6	1.011 0
57		1.010 8
58		1.010 6
59		1.010 5
60		1.010 2
61	1.570 6	1.010 1
62		1.010 0
63		1.009 8
64		1.009 7
65		1.009 5
66	1.570 6	1.009 4
67		1.009 2
68		1.009 1
69	1.570 7	1.009 0
70		1.008 8
71	1.570 7	1.008 7
72		1.008 6
73	1.570 7	1.008 5
74		1.008 4
75		1.008 3
76	1.570 7	1.008 1
77		1.008 0
78		1.007 9
79		1.007 8
80		1.007 7
81	1.570 7	1.007 6
82		1.007 5
83		1.007 4
84		1.007 4
85		1.007 3
86	1.570 7	1.007 2
87		1.007 1
88		1.007 0
89		1.006 9
90		1.006 8
91	1.570 7	1.006 8
92		1.006 7
93		1.006 7
94		1.006 6
95		1.006 5
96	1.570 7	1.006 4
97		1.006 4
98		1.006 3
99		1.006 2
100		1.006 1
101	1.570 7	1.006 1
102		1.006 0
103		1.006 0
104		1.005 9
105		1.005 9
106	1.570 7	1.005 8
107		1.005 8
108		1.005 7
109		1.005 7
110		1.005 6
111	1.570 7	1.005 6
112		1.005 5
113		1.005 5
114		1.005 4
115		1.005 4
116	1.570 7	1.005 3
117		1.005 3
118		1.005 3
119		1.005 2
120		1.005 2
121	1.570 7	1.005 1
122		1.005 1
123		1.005 0
124		1.005 0
125		1.004 9
126	1.570 7	1.004 9
127		1.004 9
128		1.004 8
129		1.004 8
130		1.004 7
131	1.570 8	1.004 7
132		1.004 7
133		1.004 7
134		1.004 6
135		1.004 6
140	1.570 8	1.004 4
145		1.004 2
150		1.004 1
齿条		1.000 0

注：1. 对于斜齿圆柱和锥齿轮，使用本表时，应以当量齿数 z_v 代替 z $\left(斜齿轮\ z_v=\frac{z}{\cos^3\beta}，锥齿轮\ z_v=\frac{z}{\cos\delta}\right)$。

2. z_v 为非整数时，可用插值法求出。

表 11－12　齿厚极限偏差 E_{sn} 参考值　　(μm)

精度等级	法向模数 m_n(mm)	偏差名称	分度圆直径(mm)									
			≤80	>80~125	>125~180	>180~250	>250~315	>315~400	>400~500	>500~630	>630~800	>800~1 000
5	>1~3.5	E_{sns} E_{sni}	−96 −120	−96 −120	−112 −140	−140 −175	−140 −175	−175 −224	−200 −256	−200 −256	−200 −256	−225 −288
	>3.5~6.3		−80 −96	−96 −128	−108 −144	−144 −180	−144 −180	−144 −180	−180 −225	−180 −225	−180 −225	−250 −320
	>6.3~10		−90 −108	−90 −108	−120 −160	−120 −160	−160 −200	−160 −200	−176 −220	−176 −220	−176 −220	−220 −275

（续表）

精度等级	法向模数 m_n(mm)	偏差名称	分度圆直径（mm）									
			≤80	>80 ~125	>125 ~180	>180 ~250	>250 ~315	>315 ~400	>400 ~500	>500 ~630	>630 ~800	>800 ~1 000
5	>10~16	E_{sns} E_{sni}			-110 -132	-132 -176	-132 -176	-176 -220	-208 -260	-208 -260	-208 -260	-260 -325
	>16~25				-112 -140	-112 -168	-140 -168	-168 -224	-192 -256	-192 -256	-256 -320	-256 -320
6	>1~3.5	E_{sns} E_{sni}	-80 -120	-100 -160	-110 -132	-132 -176	-132 -176	-176 -220	-208 -260	-208 -260	-208 -325	-224 -350
	>3.5~6.3		-78 -104	-104 -130	-112 -168	-140 -224	-140 -224	-168 -224	-168 -224	-224 -280	-224 -280	-256 -320
	>6.3~10		-84 -112	-112 -140	-128 -192	-128 -192	-128 -192	-168 -256	-180 -288	-180 -288	-216 -288	-288 -360
	>10~16				-108 -180	-144 -216	-144 -216	-144 -216	-160 -240	-200 -320	-240 -320	-240 -320
	>16~25				-132 -176	-132 -176	-176 -220	-176 -220	-200 -250	-200 -300	-200 -300	-250 -400
7	>1~3.5	E_{sns} E_{sni}	-112 -168	-112 -168	-128 -192	-128 -192	-160 -256	-192 -256	-180 -288	-216 -360	-216 -360	-320 -400
	>3.5~6.3		-108 -180	-108 -180	-120 -200	-160 -240	-160 -240	-160 -240	-200 -320	-200 -320	-240 -320	-264 -352
	>6.3~10		-120 -160	-120 -160	-132 -220	-132 -220	-176 -264	-176 -264	-200 -300	-200 -300	-250 -400	-300 -400
	>10~16				-150 -250	-150 -250	-150 -250	-200 -300	-224 -336	-224 -336	-224 -336	-280 -448
	>16~25				-128 -192	-128 -256	-192 -256	-192 -256	-216 -360	-216 -360	-288 -432	-288 -432
8	>1~3.5	E_{sns} E_{sni}	-120 -200	-120 -200	-132 -220	-176 -264	-176 -264	-176 -264	-200 -300	-200 -300	-250 -400	-280 -448
	>3.5~6.3		-100 -150	-150 -200	-168 -280	-168 -280	-168 -280	-168 -280	-224 -336	-224 -336	-224 -336	-256 -384
	>6.3~10		-112 -168	-112 -168	-128 -256	-192 -256	-192 -256	-192 -256	-216 -288	-216 -360	-288 -432	-288 -432
	>10~16				-144 -216	-144 -288	-216 -288	-216 -288	-240 -320	-240 -320	-240 -400	-320 -480
	>16~25				-180 -270	-180 -270	-180 -270	-180 -270	-200 -300	-300 -400	-300 -400	-300 -500
9	>1~3.5	E_{sns} E_{sni}	-112 -224	-168 -280	-192 -320	-192 -320	-192 -320	-256 -384	-288 -432	-288 -432	-288 -432	-320 -480
	>3.5~6.3		-144 -216	-144 -216	-160 -320	-160 -320	-240 -400	-240 -400	-240 -400	-240 -400	-320 -480	-360 -540
	>6.3~10		-160 -240	-160 -240	-180 -270	-180 -270	-180 -270	-270 -360	-300 -400	-300 -400	-300 -400	-300 -500
	>10~16				-200 -300	-200 -300	-200 -300	-200 -300	-224 -336	-336 -448	-336 -448	-336 -560
	>16~25				-252 -378	-252 -378	-252 -378	-252 -378	-284 -426	-284 -426	-284 -426	-426 -568

注：本表不适用于对最小侧隙有严格要求的齿轮。

表 11－13　公法线长度 W'（$m=1\text{mm}$，$\alpha_n=20°$）　（mm）

齿轮齿数 z	跨测齿数 K	公法线长度 W'	齿轮齿数 z	跨测齿数 K	公法线长度 W'	齿轮齿数 z	跨测齿数 K	公法线长度 W'	齿轮齿数 z	跨测齿数 K	公法线长度 W'	齿轮齿数 z	跨测齿数 K	公法线长度 W'
			41	5	13.858 8	81	10	29.179 7	121	14	41.548 4	161	18	53.917 1
			42	5	13.872 8	82	10	29.193 7	122	14	41.562 4	162	19	56.883 3
			43	5	13.886 8	83	10	29.207 7	123	14	41.576 4	163	19	56.897 2
4	2	4.484 2	44	5	13.900 8	84	10	29.221 7	124	14	41.590 4	164	19	55.911 3
5	2	4.498 2	45	6	16.767 0	85	10	29.235 7	125	14	41.604 4	165	19	56.925 3
6	2	4.512 2	46	6	16.881 0	86	10	29.249 7	126	15	44.570 6	166	19	56.939 3
7	2	4.526 2	47	6	16.895 0	87	10	29.263 7	127	15	44.584 6	167	19	56.953 3
8	2	4.540 2	48	6	16.909 0	88	10	29.277 7	128	15	44.598 6	168	19	56.967 3
9	2	4.554 2	49	6	16.923 0	89	10	29.291 7	129	15	44.612 6	169	19	56.981 3
10	2	4.568 3	50	6	16.937 0	90	11	32.257 9	130	15	44.626 6	170	19	56.995 3
11	2	4.582 3	51	6	16.951 0	91	11	32.271 8	131	15	44.640 6	171	20	59.961 5
12	2	4.596 3	52	6	16.966 0	92	11	32.285 8	132	15	44.654 6	172	20	59.975 4
13	2	4.610 3	53	6	16.979 0	93	11	32.299 8	133	15	44.668 6	173	20	59.989 4
14	2	4.624 3	54	7	19.945 2	94	11	32.313 8	134	15	44.682 6	174	20	60.003 4
15	2	4.638 3	55	7	19.959 1	95	11	32.327 9	135	16	47.649 0	175	20	60.017 4
16	2	4.652 3	56	7	19.973 1	96	11	32.341 9	136	16	47.662 7	176	20	60.031 4
17	2	4.666 3	57	7	19.987 1	97	11	32.355 9	137	16	47.676 7	177	20	60.045 5
18	3	7.632 4	58	7	20.001 1	98	11	32.369 9	138	16	47.690 7	178	20	60.059 5
19	3	7.646 4	59	7	20.015 2	99	12	35.336 1	139	16	47.704 7	179	20	60.073 5
20	3	7.660 4	60	7	20.029 2	100	12	35.350 0	140	16	47.718 7	180	21	63.039 7
21	3	7.674 4	61	7	20.043 2	101	12	35.364 0	141	16	47.732 7	181	21	63.053 6
22	3	7.688 4	62	7	20.057 2	102	12	35.378 0	142	16	47.746 8	182	21	63.067 6
23	3	7.702 4	63	8	23.023 3	103	12	35.392 0	143	16	47.760 8	183	21	63.081 6
24	3	7.716 5	64	8	23.037 3	104	12	35.406 0	144	17	50.727 0	184	21	63.095 6
25	3	7.730 5	65	8	23.051 3	105	12	35.420 0	145	17	50.740 9	185	21	63.109 6
26	3	7.744 5	66	8	23.065 3	106	12	35.434 0	146	17	50.754 9	186	21	63.123 6
27	4	10.710 6	67	8	23.079 3	107	12	35.448 1	147	17	50.768 9	187	21	63.137 6
28	4	10.724 6	68	8	23.093 3	108	13	38.414 2	148	17	50.782 9	188	21	63.151 6
29	4	10.738 6	69	8	23.107 3	109	13	38.428 2	149	17	50.796 9	189	22	66.117 9
30	4	10.752 6	70	8	23.121 3	110	13	38.442 2	150	17	50.810 9	190	22	66.131 8
31	4	10.766 6	71	8	23.135 3	111	13	38.456 2	151	17	50.824 9	191	22	66.145 8
32	4	10.780 6	72	9	26.101 5	112	13	38.470 2	152	17	50.838 9	192	22	66.159 8
33	4	10.794 6	73	9	26.115 5	113	13	38.484 2	153	18	53.805 1	193	22	66.173 8
34	4	10.808 6	74	9	26.129 5	114	13	38.498 2	154	18	53.819 1	194	22	66.187 8
35	4	10.822 6	75	9	26.143 5	115	13	38.512 2	155	18	53.833 1	195	22	66.201 8
36	5	13.788 8	76	9	26.157 5	116	13	38.526 2	156	18	53.847 1	196	22	66.215 8
37	5	13.802 8	77	9	26.171 5	117	14	41.492 4	157	18	53.861 1	197	22	66.229 8
38	5	13.816 8	78	9	26.185 5	118	14	41.506 4	158	18	53.875 1	198	23	69.196 1
39	5	13.830 8	79	9	26.199 5	119	14	41.520 4	159	18	53.889 1	199	23	69.210 1
40	5	13.844 8	80	9	26.213 5	120	14	41.534 4	160	18	53.903 1	200	23	69.224 1

注：1. 对标准直齿圆柱齿轮，公法线长度 $W=W'm$；W'为 $m=1\text{mm}$、$\alpha_n=20°$时的公法线长度。

2. 对变位直齿圆柱齿轮，当变位系数较小，$|x|<0.3$ 时，跨测齿数 K 不变，按照上表查出；而公法线长度 $W=(W'+0.084x)m$，x 为变位系数。当变位系数 x 较大，$|x|>0.3$ 时，跨测齿数为 K'，可按下式计算

$$K'=z\frac{\alpha_x}{180°}+0.5$$

其中

$$\alpha_x=\arccos\frac{2d\cos\alpha_n}{d_a+d_f}$$

而公法线长度为

$$W=[2.952\,1(K'-0.5)+0.014z+0.684x]m$$

3. 斜齿轮的公法线长度 W_n 在法面内测量，其值也可按上表确定，但必须根据假想齿数 z'查表，z'可按下式计算：$z'=K_\beta z$，式中 K_β 为与分度圆柱上齿的螺旋角 β 有关的假想齿数系数，见表 11－14。假想齿数常为非整数，其小数部分 $\Delta z'$所对应的公法线长度 $\Delta W'$可查表 11－15。故总的公法线长度：$W_n=(W'+\Delta W')m_n$，式中 m_n 为法面模数，W'为与假想齿数 z'整数部分相对应的公法线长度。

表 11－14　假想齿数系数 $K_\beta(\alpha_n=20°)$

β	K_β	差值	β	K_β	差值	β	K_β	差值	β	K_β	差值
1°	1.000	0.002	16°	1.119	0.017	31°	1.548	0.047	46°	2.773	0.143
2°	1.002	0.002	17°	1.136	0.018	32°	1.595	0.051	47°	2.916	0.155
3°	1.004	0.003	18°	1.154	0.019	33°	1.646	0.054	48°	3.071	0.168
4°	1.007	0.004	19°	1.173	0.021	34°	1.700	0.058	49°	3.239	0.184
5°	1.011	0.005	20°	1.194	0.022	35°	1.758	0.062	50°	3.423	0.200
6°	1.016	0.006	21°	1.216	0.024	36°	1.820	0.067	51°	3.623	0.220
7°	1.022	0.006	22°	1.240	0.026	37°	1.887	0.072	52°	3.843	0.240
8°	1.028	0.008	23°	1.266	0.027	38°	1.959	0.077	53°	4.083	0.264
9°	1.036	0.009	24°	1.293	0.030	39°	2.036	0.083	54°	4.347	0.291
10°	1.045	0.009	25°	1.323	0.031	40°	2.119	0.088	55°	4.638	0.320
11°	1.054	0.011	26°	1.354	0.034	41°	2.207	0.096	56°	4.958	0.354
12°	1.065	0.012	27°	1.388	0.036	42°	2.303	0.105	57°	5.312	0.391
13°	1.077	0.013	28°	1.424	0.038	43°	2.408	0.112	58°	5.703	0.435
14°	1.090	0.014	29°	1.462	0.042	44°	2.520	0.121	59°	6.138	0.485
15°	1.104	0.015	30°	1.504	0.044	45°	2.641	0.132			

注：当分度圆螺旋角 β 为非整数时，K_β 可按差值用内插法求出。

表 11－15　假想齿数小数部分 $\Delta z'$ 的公法线长度 $\Delta W'(m_n=1\text{mm},\alpha_n=20°)$

$\Delta z'$	0.00	0.01	0.02	0.03	0.04	0.05	0.06	0.07	0.08	0.09
0.0	0.000 0	0.000 1	0.000 3	0.000 4	0.000 6	0.000 7	0.000 8	0.001 0	0.001 1	0.001 3
0.1	0.001 4	0.001 5	0.001 7	0.001 8	0.002 0	0.002 1	0.002 2	0.002 4	0.002 5	0.002 7
0.2	0.002 8	0.002 9	0.003 1	0.003 2	0.003 4	0.003 5	0.003 6	0.003 8	0.003 9	0.004 1
0.3	0.004 2	0.004 3	0.004 5	0.004 6	0.004 8	0.004 9	0.005 1	0.005 2	0.005 3	0.005 5
0.4	0.005 6	0.005 7	0.005 9	0.006 0	0.006 1	0.006 3	0.006 4	0.006 6	0.006 7	0.006 9
0.5	0.007 0	0.007 1	0.007 3	0.007 4	0.007 6	0.007 7	0.007 9	0.008 0	0.008 1	0.008 3
0.6	0.008 4	0.008 5	0.008 7	0.008 8	0.008 9	0.009 1	0.009 2	0.009 4	0.009 5	0.009 7
0.7	0.009 8	0.009 9	0.010 1	0.010 2	0.010 4	0.010 5	0.010 6	0.010 8	0.010 9	0.011 1
0.8	0.011 2	0.011 4	0.011 5	0.011 6	0.011 8	0.011 9	0.012 0	0.012 2	0.012 3	0.012 4
0.9	0.012 6	0.012 7	0.012 9	0.013 0	0.013 2	0.013 3	0.013 5	0.013 6	0.013 7	0.013 9

注：查取示例：当 $\Delta z'=0.65$ 时，由上表查得 $\Delta W'=0.009\,1$。

表 11－16　齿厚公差 T_{sn}、齿厚偏差 E_{sn} 和公法线长度偏差 E_{bn} 的计算

齿厚公差：$T_{sn}=2\tan\alpha_n\sqrt{F_r^2+b_r^2}$	
F_r	径向跳动公差（μm），见表 11－6
α_n	法向压力角
b_r	切齿径向进刀公差（μm），见表 11－17
小齿轮、大齿轮齿厚上偏差之和：$E_{sns1}+E_{sns2}=-2f_a\tan\alpha_n-\dfrac{j_{bnmin}+J_n}{\cos\alpha_n}$	
f_a	中心距极限偏差（μm），见表 11－18
j_{bnmin}	最小法向侧隙（μm），见表 11－10
J_n	齿轮和齿轮副的加工和安装误差对侧隙减小的补偿量 $J_n=\sqrt{(f_{pt1}\cos\alpha_t)^2+(f_{pt2}\cos\alpha_t)^2+(F_{\beta1}\cos\alpha_n)^2+(F_{\beta2}\cos\alpha_n)^2+(f_{\Sigma\delta}\sin_n)^2+(f_{\Sigma\beta}\cos\alpha_n)^2}$ 式中　f_{pt1}、f_{pt2}——小齿轮与大齿轮的基圆齿距偏差（μm），见表 11－3 $F_{\beta1}$、$F_{\beta2}$——小齿轮与大齿轮的螺旋线总偏差（μm），见表 11－5

（续表）

<table>
<tr><td colspan="2">小齿轮、大齿轮齿厚上偏差之和：$E_{sns1}+E_{sns2}=-2f_a\tan\alpha_n-\dfrac{j_{bnmin}+J_n}{\cos\alpha_n}$</td></tr>
<tr><td>J_n</td><td>α_t、α_n——端面和法面压力角
$f_{\Sigma\delta}$、$f_{\Sigma\beta}$——齿轮副轴线的平行度偏差（μm），$f_{\Sigma\beta}=0.5\left(\dfrac{L}{b}\right)F_\beta$（两齿轮要分别计算，取小值）；
$f_{\Sigma\delta}=2f_{\Sigma\beta}$
L——较大的轴承跨距（mm）
b——齿宽（mm）</td></tr>
<tr><td>齿厚上偏差</td><td>将小齿轮、大齿轮齿厚上偏差之和分配给小齿轮和大齿轮，有两种方法：
方法一：等值分配，大、小齿轮齿厚上偏差相等，即 $E_{sns1}=E_{sns2}$；
方法二：不等值分配，大齿轮齿厚的减薄量大于小齿轮齿厚的减薄量，即 $|E_{sns1}|<|E_{sns2}|$</td></tr>
<tr><td>齿厚下偏差</td><td>小齿轮：$E_{sni1}=E_{sns1}-T_{sn}$
大齿轮：$E_{sni2}=E_{sns2}-T_{sn}$</td></tr>
<tr><td>公法线长度偏差</td><td>上偏差：$E_{bns}=E_{sns}\cos\alpha_n$
下偏差：$E_{bni}=E_{sni}\cos\alpha_n$</td></tr>
</table>

表 11－17　切齿径向进刀公差

齿轮精度等级	5	6	7	8	9
b_r	IT8	1.26IT8	IT9	1.26IT9	IT10

表 11－18　中心距极限偏差 $\pm f_a$（摘自 GB/T 10095—2008）　（μm）

<table>
<tr><td rowspan="3">齿轮精度等级</td><td rowspan="3">f_a</td><td colspan="14">齿轮副的中心距（mm）</td></tr>
<tr><td>大于 6</td><td>10</td><td>18</td><td>30</td><td>50</td><td>80</td><td>120</td><td>180</td><td>250</td><td>315</td><td>400</td><td>500</td><td>630</td><td>800</td></tr>
<tr><td>到 10</td><td>18</td><td>30</td><td>50</td><td>80</td><td>120</td><td>180</td><td>250</td><td>315</td><td>400</td><td>500</td><td>630</td><td>800</td><td>1 000</td></tr>
<tr><td>5～6</td><td>$\frac{1}{2}$IT7</td><td>7.5</td><td>9</td><td>10.5</td><td>12.5</td><td>15</td><td>17.5</td><td>20</td><td>23</td><td>26</td><td>28.5</td><td>31.5</td><td>35</td><td>40</td><td>45</td></tr>
<tr><td>7～8</td><td>$\frac{1}{2}$IT8</td><td>11</td><td>13.5</td><td>16.5</td><td>19.5</td><td>23</td><td>27</td><td>31.5</td><td>36</td><td>40.5</td><td>44.5</td><td>48.5</td><td>55</td><td>62</td><td>70</td></tr>
<tr><td>9～10</td><td>$\frac{1}{2}$IT9</td><td>18</td><td>21.5</td><td>26</td><td>31</td><td>37</td><td>43.5</td><td>50</td><td>57.5</td><td>65</td><td>70</td><td>77.5</td><td>87</td><td>100</td><td>115</td></tr>
</table>

表 11－19　齿坯的尺寸和形状公差

<table>
<tr><td colspan="2">齿轮精度等级</td><td>6</td><td>7</td><td>8</td><td>9</td><td>10</td></tr>
<tr><td>孔</td><td>尺寸公差
形状公差</td><td>IT6</td><td colspan="2">IT7</td><td colspan="2">IT8</td></tr>
<tr><td>轴</td><td>尺寸公差
形状公差</td><td>IT5</td><td colspan="2">IT6</td><td colspan="2">IT7</td></tr>
<tr><td rowspan="2">齿顶圆直径</td><td>作测量基准</td><td colspan="3">IT8</td><td colspan="2">IT9</td></tr>
<tr><td>不作测量基准</td><td colspan="5">公差按 IT11 给定，但不大于 $0.1m_n$</td></tr>
</table>

表 11-20 基准面与安装面的形状公差(摘自 GB/Z 18620.3—2008)

确定轴线的基准面	公差项目			图示
	圆度	圆柱度	平面度	
两个"短的"圆柱或圆锥形基准面	$0.04(L/b)F_{\beta}$ 或 $0.1F_{p}$,取两者中之小值	—	—	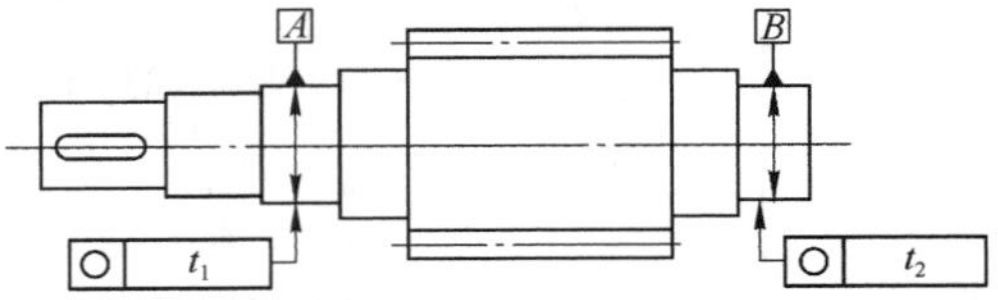 A和B是预定的轴承安装表面
一个"长的"圆柱或圆锥形基准面	—	$0.04(L/b)F_{\beta}$ 或 $0.1F_{p}$,取两者中之小值	—	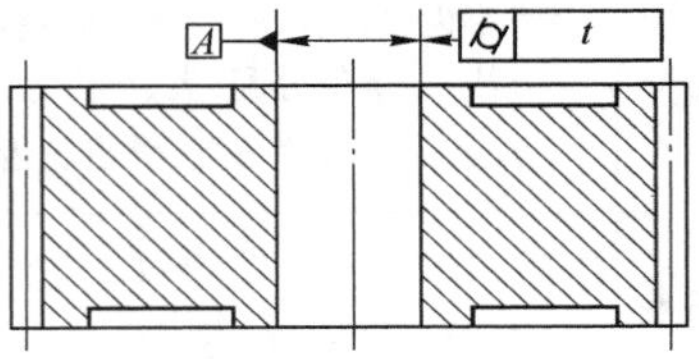
一个"短的"圆柱面和一个端面	$0.06F_{p}$		$0.06(D_{d}/b)F_{\beta}$	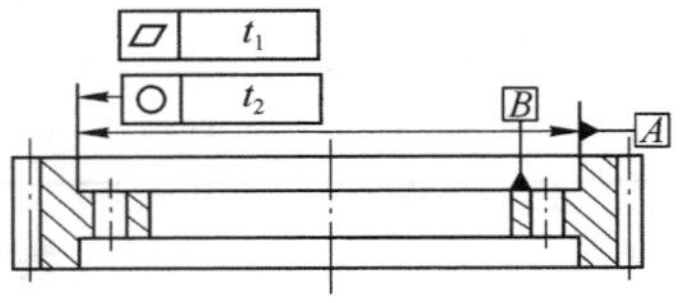

注:L—较大的轴承跨距(当有关轴跨距不同时);D_{d}—基准面直径;b—齿宽;F_{β}—螺旋线总偏差;F_{p}—齿距累积总偏差。

表 11-21 安装面的跳动公差(摘自 GB/Z 18620.3—2008)

确定轴线的基准面	跳动量(总的指示幅度)	
	径向	轴向
仅指圆柱或圆锥形基准面	$0.15(L/b)F_{\beta}$ 或 $0.3F_{p}$,取两者中之大值	—
一个圆柱基准面和一个端面基准面	$0.3F_{p}$	$0.2(D_{d}/b)F_{\beta}$

注:L—较大的轴承跨距(当有关轴跨距不同时);D_{d}—基准面直径;b—齿宽;F_{β}—螺旋线总偏差;F_{p}—齿距累积总偏差。

表 11-22 齿面的表面粗糙度算术平均偏差 *Ra* 的推荐极限值
(摘自 GB/Z 18620.4—2008) (μm)

模数 m(mm)	精度等级							
	5	6	7	8	9	10	11	12
$m\leqslant6$	0.5	0.8	1.25	2.0	3.2	5.0	10.0	20.0
$6<m\leqslant25$	0.63	1.00	1.6	2.5	4.0	6.3	12.5	25.0
$m>25$	0.8	1.25	2.0	3.2	5.0	8.0	16.0	32.0

表 11-23 轮坯其他表面粗糙度算术平均偏差 *Ra* 的推荐极限值 (μm)

齿轮精度等级	6	7	8	9
基准孔	1.25	1.25~2.5		5
基准轴颈	0.63	1.25	2.5	
基准端面	2.5~5		5	
顶圆柱面	5			

表 11-24　圆柱齿轮装配后的接触斑点(摘自 GB/Z 18620.4—2008)

精度等级	b_{c1}(%)齿长方向		h_{c1}(%)齿高方向		b_{c2}(%)齿长方向		h_{c2}(%)齿高方向	
	直齿轮	斜齿轮	直齿轮	斜齿轮	直齿轮	斜齿轮	直齿轮	斜齿轮
4 级或更高	50		70	50	40		50	30
5 和 6	45		50	40	35		30	20
7 和 8	35		50	40	35		30	20
9～12	25		50	40	25		30	20

注：本表对齿廓和螺旋线修形的齿面不适用。

表 11-25　齿轮精度等级的标注方法

条　件	标 注 示 例	说　明
齿轮的检验项目为同一精度等级	7 GB/T 10095.1—2008 7 GB/T 10095.2—2008	检验项目都为 7 级精度
齿轮的检验项目精度等级不一致	6(F_α)、7(f_{pt}、F_p、F_β)GB/T 10095.1—2008	齿廓总偏差 F_α 为 6 级精度，单个齿距偏差 f_{pt}、齿距累积总偏差 F_p、螺旋线总偏差 F_β 均为 7 级精度

11.2　锥齿轮精度

渐开线锥齿轮国家标准(摘自 GB/T 11365—1989)对齿轮及齿轮副规定了 12 个精度等级，其中 1 级最高，12 级最低。齿轮副中的两个齿轮的精度等级一般取成相同的，也允许取成不同的。

按照误差的特性及它们对传动性能的主要影响，将锥齿轮与齿轮副的公差项目分成三个公差组(表 11-26)。选择精度时，应考虑圆周速度、使用条件、传递功率以及技术要求等有关因素。选用时，允许各公差组选用相同或不同的精度等级。但对齿轮副中大、小齿轮的同一公差组，应规定相同的精度等级。

表 11-26　锥齿轮各项公差的分组(摘自 GB/T 11365—1989)

公差组	公差与极限偏差项目	误 差 特 性	对传动性能的主要影响
Ⅰ	F_i'、$F''_{i\Sigma}$、F_p、F_{pk}、F_r	以齿轮一转为周期的误差	传递运动的准确性
Ⅱ	f_i'、$f''_{i\Sigma}$、$f'_{\Sigma K}$、$\pm f_{pt}$、f_c	在齿轮一周内，多次周期地重复出现的误差	传动的平稳性
Ⅲ	接触斑点	齿向线的误差	载荷分布的均匀性

注：F_i'—切向综合公差；$F''_{i\Sigma}$—轴交角综合公差；F_p—齿距累积公差；F_{pk}—k 个齿距累积公差；F_r—齿圈跳动公差；f_i'——齿切向综合公差；$f''_{i\Sigma}$——齿轴交角综合公差；$f'_{\Sigma K}$—周期误差的公差；$\pm f_{pt}$—齿距极限偏差；f_c—齿形相对误差的公差。

表 11－27 锥齿轮第Ⅱ公差组精度等级的选择

第Ⅱ公差组精度等级	直齿		非直齿	
	≤350HBW	＞350HBW	≤350HBW	＞350HBW
	圆周速度 v(m/s) ≤			
7	7	6	16	13
8	4	3	9	7
9	3	2.5	6	5

注：表中的圆周速度按锥齿轮平均直径计算。

表 11－28 推荐的锥齿轮和锥齿轮传动检验项目（摘自 GB/T 11365—1989）

项目		精度等级		
		7	8	9
公差组	Ⅰ	F_p 或 F_r		F_r
	Ⅱ	$\pm f_{pt}$		
	Ⅲ	接触斑点		
齿轮副	对锥齿轮	$E_{\bar{s}s}$、$E_{\bar{s}i}$		
	对箱体	$\pm f_a$		
	对传动	$\pm f_{AM}$、$\pm f_a$、$\pm E_\Sigma$、j_{nmin}		
齿轮毛坯公差		齿坯顶锥母线跳动公差 基准端面跳动公差 外径尺寸极限偏差 齿坯轮冠距和顶锥角极限偏差		

注：本表推荐项目的名称、代号和定义见表 11－29。

表 11－29 推荐的锥齿轮和锥齿轮副检验项目的名称、代号和定义（摘自 GB/T 11365—1989）

名称及代号	定义	名称及代号	定义
齿距累积误差 ΔF_p 齿距累积公差 F_p	在中点分度圆*上，任意两个同侧齿面间的实际弧长与公称弧长之差的最大绝对值	齿厚偏差 $\Delta E_{\bar{s}}$ 齿厚极限偏差：上偏差 $E_{\bar{s}s}$ 下偏差 $E_{\bar{s}i}$ 公差 $T_{\bar{s}}$	齿宽中点法向弦齿厚的实际值与公称值之差
齿圈跳动 ΔF_r 齿圈跳动公差 F_r	齿轮一转范围内，测头在齿槽内与齿面中部双面接触时，沿分锥法向相对齿轮轴线的最大变动量	齿圈轴向位移 Δf_{AM} 齿圈轴向位移极限偏差：上偏差 $+f_{AM}$ 下偏差 $-f_{AM}$	齿轮装配后，齿圈相对于滚动检查机上确定的最佳啮合位置的轴向位移量

（续表）

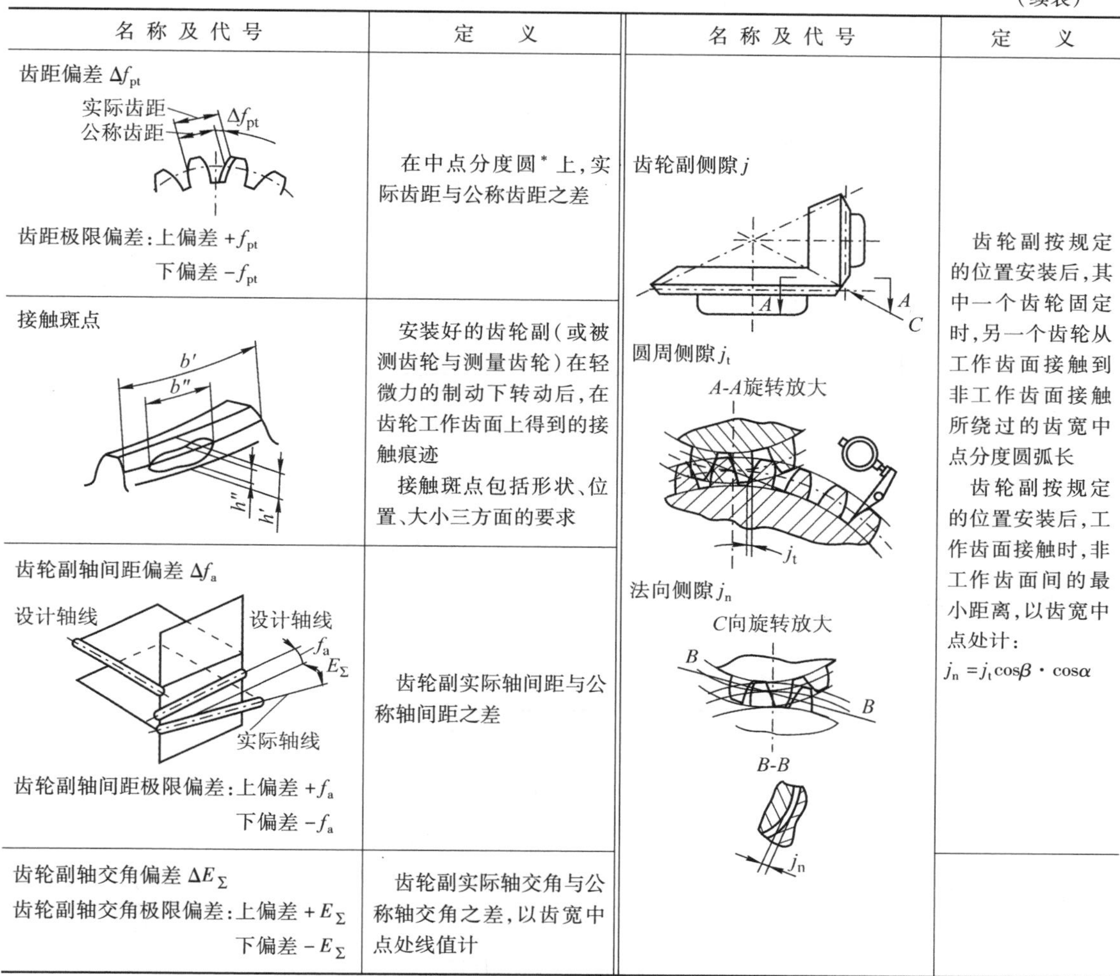

名称及代号	定义	名称及代号	定义
齿距偏差 Δf_{pt} 齿距极限偏差：上偏差 $+f_{pt}$ 下偏差 $-f_{pt}$	在中点分度圆*上，实际齿距与公称齿距之差	齿轮副侧隙 j 圆周侧隙 j_t	齿轮副按规定的位置安装后，其中一个齿轮固定时，另一个齿轮从工作齿面接触到非工作齿面接触所绕过的齿宽中点分度圆弧长
接触斑点	安装好的齿轮副（或被测齿轮与测量齿轮）在轻微力的制动下转动后，在齿轮工作齿面上得到的接触痕迹 接触斑点包括形状、位置、大小三方面的要求	法向侧隙 j_n	齿轮副按规定的位置安装后，工作齿面接触时，非工作齿面间的最小距离，以齿宽中点处计： $j_n = j_t \cos\beta \cdot \cos\alpha$
齿轮副轴间距偏差 Δf_a 齿轮副轴间距极限偏差：上偏差 $+f_a$ 下偏差 $-f_a$	齿轮副实际轴间距与公称轴间距之差		
齿轮副轴交角偏差 ΔE_{Σ} 齿轮副轴交角极限偏差：上偏差 $+E_{\Sigma}$ 下偏差 $-E_{\Sigma}$	齿轮副实际轴交角与公称轴交角之差，以齿宽中点处线值计		

注：* 允许在齿面中部测量。

表 11－30　锥齿轮的 F_r、$\pm f_{pt}$ 值（摘自 GB/T 11365—1989）　（μm）

中点分度圆直径 d_m（mm）		中点法向模数 m_{nm}（mm）	齿圈径向跳动公差 F_r			齿距极限偏差 $\pm f_{pt}$		
			第Ⅰ公差组精度等级			第Ⅱ公差组精度等级		
			7	8	9	7	8	9
—	125	≥1～3.5	36	45	56	14	20	28
		>3.5～6.3	40	50	63	18	25	36
		>6.3～10	45	56	71	20	28	40
125	400	≥1～3.5	50	63	80	16	22	32
		>3.5～6.3	56	71	90	20	28	40
		>6.3～10	63	80	100	22	32	45
400	800	≥1～3.5	63	80	100	18	25	36
		>3.5～6.3	71	90	112	20	28	40
		>6.3～10	80	100	125	25	36	50

表 11－31 锥齿轮齿距累积公差 F_p 值(摘自 GB/T 11365—1989) (μm)

中点分度圆弧长 L(mm)		第Ⅰ公差组精度等级		
大 于	至	7	8	9
32	50	32	45	63
50	80	36	50	71
80	160	45	63	90
160	315	63	90	125
315	630	90	125	180
630	1 000	112	160	224

注：F_p 按中点分度圆弧长 L(mm)查表，有

$$L=\frac{\pi d_m}{2}=\frac{\pi m_{nm}z}{2\cos\beta}$$

式中 β 为锥齿轮螺旋角；m_{nm} 为中点法向模数；d_m 为齿宽中点分度圆直径。

表 11－32 接触斑点(摘自 GB/T 11365—1989) (%)

第Ⅲ公差组精度等级	7	8、9
沿齿长方向	50～70	35～65
沿齿高方向	55～75	40～70

注：1. 表中数值范围用于齿面修形的齿轮；对齿面不做修形的齿轮，其接触斑点大小不小于其平均值。

2. 接触痕迹的大小按百分比确定：

沿齿长方向——接触痕迹长度 b''与工作长度 b'之比，即 $b''/b'\times100\%$；

沿齿高方向——接触痕迹高度 h''与接触痕迹中部的工作齿高 h'之比，即 $h''/h'\times100\%$。

表 11－33 锥齿轮副检验安装误差项目 $\pm f_a$、$\pm f_{AM}$与 $\pm E_\Sigma$ 值(摘自 GB/T 11365—1989) (μm)

中点锥距(mm)		轴间距极限偏差 $\pm f_a$ 第Ⅱ公差组精度等级			齿圈轴向位移极限偏差 $\pm f_{AM}$											轴交角极限偏差 $\pm E_\Sigma$				
					分锥角(°)		第Ⅱ公差组精度等级 / 中点法向模数(mm)									小轮分锥角(°)		最小法向间隙种类		
							7			8			9							
大于	至	7	8	9	大于	至	≥1～3.5	>3.5～6.3	>6.3～10	≥1～3.5	>3.5～6.3	>6.3～10	≥1～3.5	>3.5～6.3	>6.3～10	大于	至	d	c	b
—	50	18	28	36	—	20	20	11	—	28	16	—	40	22	—	—	15	11	18	30
					20	45	17	9.5	—	24	13	—	34	19	—	15	25	16	26	42
					45	—	71	4	—	10	5.6	—	14	8	—	25	—	19	30	50
50	100	20	30	45	—	20	67	38	24	95	53	34	140	75	50	—	15	16	26	42
					20	45	56	32	21	80	45	30	120	63	42	15	25	19	30	50
					45	—	24	13	8.5	34	17	12	48	26	17	25	—	22	32	60
100	200	25	36	55	—	20	150	80	53	200	120	75	300	160	105	—	15	19	30	50
					20	45	130	81	45	180	100	63	260	140	90	15	25	26	45	71
					45	—	53	30	19	75	40	26	105	60	38	25	—	32	50	80

（续表）

中点锥距（mm）		轴间距极限偏差 $\pm f_a$ 第Ⅱ公差组精度等级			齿圈轴向位移极限偏差 $\pm f_{AM}$											轴交角极限偏差 $\pm E_{\Sigma}$				
					分锥角（°）		第Ⅱ公差组精度等级 中点法向模数（mm）									小轮分锥角（°）		最小法向间隙种类		
							7			8			9							
大于	至	7	8	9	大于	至	≥1 ~3.5	>3.5 ~6.3	>6.3 ~10	≥1 ~3.5	>3.5 ~6.3	>6.3 ~10	≥1 ~3.5	>3.5 ~6.3	>6.3 ~10	大于	至	d	c	b
200	400	30	45	75	—	20	340	180	120	480	250	170	670	360	240	—	15	22	32	60
					20	45	280	150	100	400	210	140	560	300	200	15	25	36	56	90
					45	—	120	63	40	170	90	60	240	130	85	25	—	40	63	100

注：1. 表中 $\pm f_a$ 值用于无纵向修形的齿轮副。
2. 表中 $\pm f_{AM}$ 值用于 $\alpha=20°$ 的非修形齿轮。
3. 表中 $\pm E_{\Sigma}$ 值的公差带位置相对于零线可以不对称或取在一侧。
4. 表中 $\pm E_{\Sigma}$ 值用于 $\alpha=20°$ 的正交齿轮副。

表 11－34　最小法向侧隙 j_{nmin} 值（摘自 GB/T 11365—1989）　（μm）

中点锥距 R_m（mm）		小轮分锥角 δ（°）		最小法向侧隙 j_{nmin} 值 最小法向侧隙种类		
大于	至	大于	至	d	c	b
—	50	—	15	22	36	58
		15	25	33	52	84
		25	—	39	62	100
50	100	—	15	33	52	84
		15	25	39	62	100
		25	—	46	74	120
100	200	—	15	39	62	100
		15	25	54	87	140
		25	—	63	100	160
200	400	—	15	46	74	120
		15	25	72	115	185
		25	—	81	130	210

注：1. 标准规定锥齿轮副的最小法向侧隙种类为六种：a、b、c、d、e 与 h，最小法向侧隙以 a 为最大，依次递减，h 为零。最小法向侧隙的种类与精度等级无关。
2. 表中数值用于 $\alpha=20°$ 的正交齿轮副。
3. 对正交齿轮副按中点锥距 R_m 值查取 j_{nmin} 值。

表 11－35　齿厚公差 $T_{\bar{s}}$ 值（摘自 GB/T 11365—1989）　（μm）

齿圈跳动公差 F_r		法向间隙公差种类				
大于	至	H	D	C	B	A
25	32	38	48	60	75	95
32	40	42	55	70	85	110
40	50	50	65	80	100	130
50	60	60	75	95	120	150
60	80	70	90	110	130	180
80	100	90	110	140	170	220
100	125	110	130	170	200	260

注：标准规定锥齿轮副的法向侧隙公差种类为 A、B、C、D 与 H 五种。

表 11－36 锥齿轮的 $E_{\bar{s}s}$ 值、$E_{\bar{s}\Delta}$ 值及最大法向侧隙 j_{nmax} 值（摘自 GB/T 11365—1989）

（μm）

基本值 — 齿厚上偏差 $E_{\bar{s}s}$

中点法向模数 m_{nm}（mm）	中点分度圆直径 d_m（mm）								
	≤125			>125~400			>400~800		
	分锥角 δ(°)								
	≤20	>20~45	>45	≤20	>20~45	>45	≤20	>20~45	>45
≥1~3.5	-20	-20	-22	-28	-32	-30	-36	-50	-45
>3.5~6.3	-22	-22	-25	-32	-32	-30	-38	-55	-45
>6.3~10	-25	-25	-28	-36	-36	-34	-40	-55	-50

基本值 — 最大法向侧隙 j_{nmax} 的制造误差补偿部分 $E_{\bar{s}\Delta}$ 值（第Ⅱ公差组精度等级 7）

中点法向模数 m_{nm}（mm）	中点分度圆直径 d_m（mm）								
	≤125			>125~400			>400~800		
	分锥角 δ(°)								
	≤20	>20~45	>45	≤20	>20~45	>45	≤20	>20~45	>45
≥1~3.5	20	20	22	28	32	30	36	50	45
>3.5~6.3	22	22	25	32	32	30	38	55	45
>6.3~10	25	25	28	36	36	34	40	55	50

基本值 — 最大法向侧隙 j_{nmax} 的制造误差补偿部分 $E_{\bar{s}\Delta}$ 值（第Ⅱ公差组精度等级 8）

中点法向模数 m_{nm}（mm）	中点分度圆直径 d_m（mm）								
	≤125			>125~400			>400~800		
	分锥角 δ(°)								
	≤20	>20~45	>45	≤20	>20~45	>45	≤20	>20~45	>45
≥1~3.5	22	22	24	30	36	32	40	55	50
>3.5~6.3	24	24	28	36	36	32	42	60	50
>6.3~10	28	28	30	40	40	38	45	60	55

基本值 — 最大法向侧隙 j_{nmax} 的制造误差补偿部分 $E_{\bar{s}\Delta}$ 值（第Ⅱ公差组精度等级 9）

中点法向模数 m_{nm}（mm）	中点分度圆直径 d_m（mm）								
	≤125			>125~400			>400~800		
	分锥角 δ(°)								
	≤20	>20~45	>45	≤20	>20~45	>45	≤20	>20~45	>45
≥1~3.5	24	24	25	32	38	36	45	65	55
>3.5~6.3	25	25	30	38	38	36	45	65	55
>6.3~10	30	30	32	45	45	40	48	65	60

	最小法向侧隙种类	第Ⅱ公差组精度等级 7	8	9
系数	d	2	2.2	—
	c	2.7	3.0	3.2
	b	3.8	4.2	4.6
最大法向侧隙 j_{nmax}	$j_{nmax}=(\lvert E_{\bar{s}s1}+E_{\bar{s}s2}\rvert+T_{\bar{s}1}+T_{\bar{s}2}+E_{\bar{s}\Delta1}+E_{\bar{s}\Delta2})\cos\alpha_n$			

注：各最小法向侧隙种类的各种精度等级齿轮的 $E_{\bar{s}s}$ 值，由本表查出基本值乘以系数得出。

表 11－37 锥齿轮精度等级及法向侧隙的标注方法

标注示例	说明
7 b GB/T 11365—1989	齿轮三个公差组精度等级同为 7 级，最小法向侧隙种类为 b，法向侧隙公差种类为 B
7－120 B GB/T 11365—1989	齿轮三个公差组精度等级同为 7 级，最小法向侧隙数值为 120μm，法向侧隙公差种类为 B
8－7－7 c C GB/T 11365—1989	齿轮第Ⅰ公差组精度等级为 8 级，第Ⅱ和第Ⅲ公差组精度等级为 7 级，最小法向侧隙种类为 c，法向侧隙公差种类为 C

表 11－38 锥齿轮轮坯尺寸公差(摘自 GB/T 11365—1989)

精度等级	7	8	9
轴径尺寸公差	IT6		IT7
孔径尺寸公差	IT7		IT8
外径尺寸极限偏差	$\begin{pmatrix}0\\-IT8\end{pmatrix}$		$\begin{pmatrix}0\\-IT9\end{pmatrix}$

注：当三个公差组的精度等级不同时，按最高的精度等级确定公差值。

表 11－39 锥齿轮齿坯轮冠距与顶锥角极限偏差值(摘自 GB/T 11365—1989)

中点法向模数 m_{nm}(mm)	轮冠距极限偏差(μm)	顶锥角极限偏差(′)
≤1.2	0 －50	＋15 0
＞1.2～10	0 －75	＋8 0

表 11－40 锥齿轮轮坯顶锥母线跳动和基准端面跳动公差值(摘自 GB/T 11365—1989)

公差项目		顶锥母线跳动公差						基准端面跳动公差					
参数		外径(mm)						基准端面直径(mm)					
尺寸范围	大于	—	30	50	120	250	500	—	30	50	120	250	500
	至	30	50	120	250	500	800	30	50	120	250	500	800
精度等级	7～8	25	30	40	50	60	80	10	12	15	20	25	30
	9～12	50	60	80	100	120	150	15	20	25	30	40	50

注：当三个公差组的精度等级不同时，按最高的精度等级确定公差值。

表 11－41 锥齿轮表面粗糙度 *Ra* 的推荐值 (μm)

精度等级	表面粗糙度				
	齿侧面	基准孔(轴)	端面	顶锥面	背锥面
7	0.8	—	—	—	—
8	1.6				3.2
9	3.2		3.2		6.3
10	6.3				

注：齿侧面按第Ⅱ公差组，其他按第Ⅰ公差组精度等级查表。

11.3 圆柱蜗杆、蜗轮精度

圆柱蜗杆、蜗轮精度标准(GB/T 10089—1988)对圆柱蜗杆、蜗轮和蜗杆传动规定12个精度等级,其中1级最高,12级最低。蜗杆和配对蜗轮的精度一般取成相同等级,也允许取成不同等级。对有特殊要求的蜗杆传动,除F_r、F''_i、f''_i、f_r项目外,其蜗杆、蜗轮左右齿面的精度也可取成不同的等级。

按照公差的特性对传动性能的主要保证作用,将蜗杆、蜗轮和蜗杆传动每个等级的各项公差(或极限偏差)分成三个公差组(表11-42)。根据使用要求的不同,允许各公差组选用不同的精度等级组合,但在同一公差组中,各项公差与极限偏差应保持相同的精度等级。

表11-42 蜗杆、蜗轮和蜗杆传动各项公差的分组(摘自GB/T 10089—1988)

公差组	类别	公差与极限偏差项目		误差特性	对传动性能的主要影响
		代号	名称		
Ⅰ	蜗轮	F'_i	蜗轮切向综合公差	一转为周期的误差	传递运动的准确性
		F''_i	蜗轮径向综合公差		
		F_p	蜗轮齿距累积公差		
		F_{pk}	蜗轮k个齿距累积公差		
		F_r	蜗轮齿圈径向跳动公差		
	传动	F'_{ic}	蜗杆副的切向综合公差		
Ⅱ	蜗杆	f_h	蜗杆一转螺旋线公差	一周内多次周期重复出现的误差	传动的平稳性、噪声、振动
		f_{hL}	蜗杆螺旋线公差		
		$\pm f_{px}$	蜗杆轴向齿距极限偏差		
		f_{pxL}	蜗杆轴向齿距累积公差		
		f_r	蜗杆齿槽径向跳动公差		
Ⅱ	蜗轮	f'_i	蜗轮一齿切向综合公差	一周内多次周期重复出现的误差	传动的平稳性、噪声、振动
		f''_i	蜗轮一齿径向综合公差		
		$\pm f_{pt}$	蜗轮齿距极限偏差		
	传动	f'_{ic}	蜗杆副的一齿切向综合公差		
Ⅲ	蜗杆	f_{f1}	蜗杆齿形公差	齿向线的误差	载荷分布的均匀性
	蜗轮	f_{f2}	蜗轮齿形公差		
	传动	接触斑点			
		$\pm f_a$	蜗杆副的中心距极限偏差		
		$\pm f_\Sigma$	蜗杆副的轴交角极限偏差		
		$\pm f_x$	蜗杆副的中间平面极限偏差		

表11-43 第Ⅱ公差组精度等级与蜗轮圆周速度关系

项目	第Ⅱ公差组精度等级		
	7	8	9
适用范围	用于运输和一般工业中的中等速度的动力传动	用于每天只有短时工作的次要传动	用于低速传动或手动机构
蜗轮圆周速度v(m/s)	≤7.5	≤3	≤1.5

表 11－44　推荐的圆柱蜗杆、蜗轮和蜗杆传动的检验项目(摘自 GB/T 10089—1988)

<table>
<tr><th colspan="3" rowspan="2">项　目</th><th colspan="3">精 度 等 级</th></tr>
<tr><th>7</th><th>8</th><th>9</th></tr>
<tr><td rowspan="6">公差组</td><td rowspan="2">Ⅰ</td><td>蜗杆</td><td colspan="3">—</td></tr>
<tr><td>蜗轮</td><td colspan="2">F_p</td><td>F_r</td></tr>
<tr><td rowspan="2">Ⅱ</td><td>蜗杆</td><td colspan="3">$\pm f_{px}$、f_{pxL}</td></tr>
<tr><td>蜗轮</td><td colspan="3">$\pm f_{pt}$</td></tr>
<tr><td rowspan="2">Ⅲ</td><td>蜗杆</td><td colspan="3">f_{f1}</td></tr>
<tr><td>蜗轮</td><td colspan="3">f_{f2}</td></tr>
<tr><td rowspan="4">蜗杆副</td><td colspan="2">对蜗杆</td><td colspan="3">E_{ss1}、E_{si1}</td></tr>
<tr><td colspan="2">对蜗轮</td><td colspan="3">E_{ss2}、E_{si2}</td></tr>
<tr><td colspan="2">对箱体</td><td colspan="3">$\pm f_a$、$\pm f_x$、$\pm f_\Sigma$</td></tr>
<tr><td colspan="2">对传动</td><td colspan="3">接触斑点，$\pm f_a$、j_{nmin}</td></tr>
<tr><td colspan="3">毛坯公差</td><td colspan="3">蜗杆、蜗轮齿坯尺寸公差，形状公差，基准面径向和端面跳动公差</td></tr>
</table>

注：1. 当蜗杆副的接触斑点有要求时，蜗轮的齿形误差 f_{f2} 可不检验。

2. 本表推荐项目的名称、代号和定义见表 11－45。

表 11－45　推荐的圆柱蜗杆、蜗轮和蜗杆传动检验项目的名称、代号和定义

名称及代号	定义	名称及代号	定义
蜗轮齿距累积误差 ΔF_p 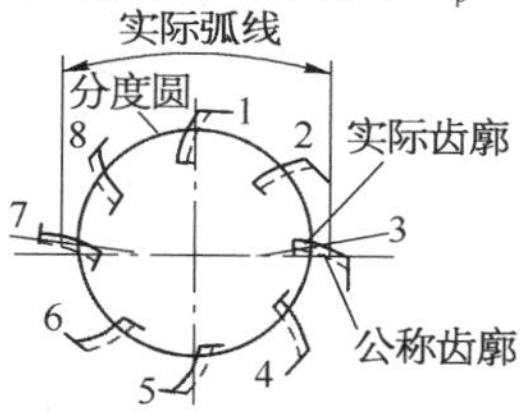 实际弧线 分度圆 实际齿廓 公称齿廓 1 2 3 4 5 6 7 8 蜗轮齿距累积公差 F_p	在蜗轮分度圆上，任意两个同侧齿面间的实际弧长与公称弧长之差的最大绝对值	蜗杆轴向齿距累积误差 Δf_{pxL} 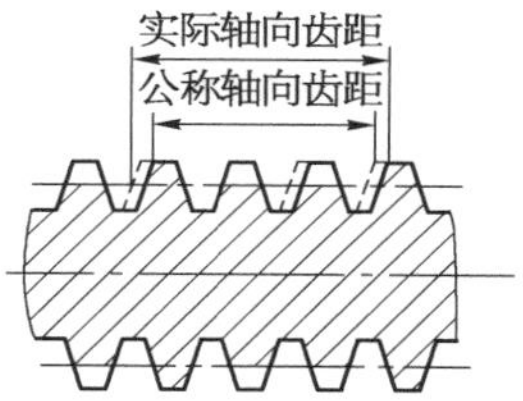 实际轴向齿距 公称轴向齿距 蜗杆轴向齿距累积公差 f_{pxL}	在蜗杆轴向截面上的工作齿宽范围(两端不完整齿部分应除外)内，任意两个同侧齿面间实际轴向距离与公称轴向距离之差的最大绝对值
蜗轮齿圈径向跳动 ΔF_r 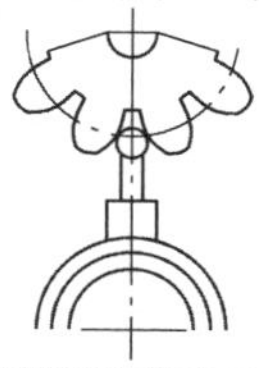 蜗轮齿圈径向跳动公差 F_r	在蜗轮一转范围内，测头在靠近中间平面的齿槽内与齿高中部的齿面双面接触，其测头相对于蜗轮轴线径向距离的最大变动量	蜗轮齿距偏差 Δf_{pt} 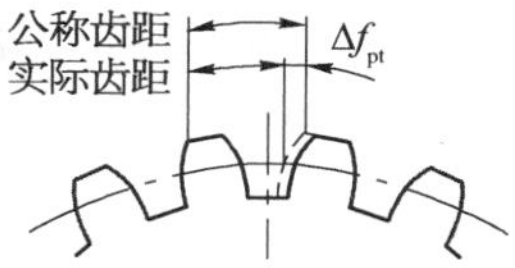 公称齿距 实际齿距 Δf_{pt} 蜗轮齿距极限偏差：上偏差 $+f_{pt}$ 下偏差 $-f_{pt}$	在蜗轮分度圆上，实际齿距与公称齿距之差 用相对法测量时，公称齿距是指所有实际齿距的平均值
蜗杆轴向齿距偏差 Δf_{px} 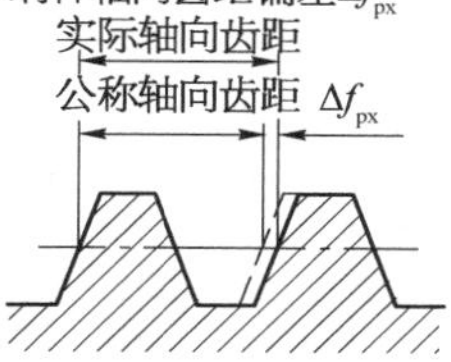 实际轴向齿距 公称轴向齿距 Δf_{px} 蜗杆轴向齿距极限偏差：上偏差 $+f_{px}$ 下偏差 $-f_{px}$	在蜗杆轴向截面上实际齿距与公称齿距之差	蜗杆齿形误差 Δf_{f1} 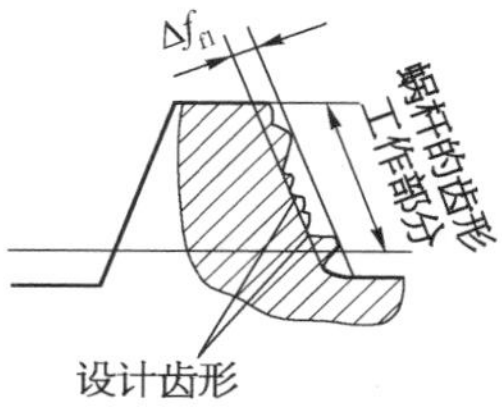 Δf_{f1} 蜗杆的齿形工作部分 设计齿形 蜗杆齿形公差 f_{f1}	在蜗杆轮齿给定截面上的齿形工作部分内，包容实际齿形且距离为最小的两条设计齿形间的法向距离 当两条设计齿形线为非等距离的曲线时，应在靠近齿体内设计齿形线的法线上确定其两者间的法向距离

（续表）

名称及代号	定义	名称及代号	定义
蜗轮齿形误差Δf_{t2} 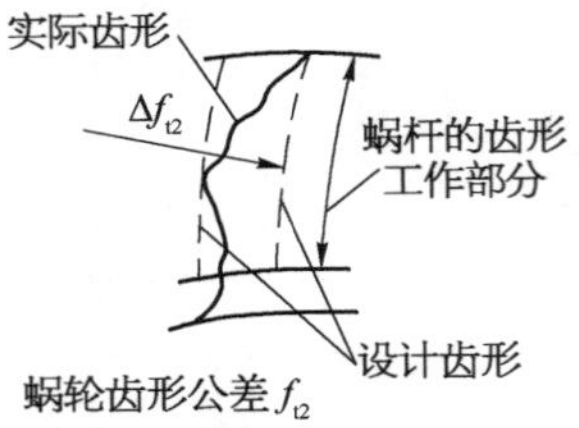 实际齿形 Δf_{t2} 蜗杆的齿形工作部分 设计齿形 蜗轮齿形公差f_{t2}	在蜗轮轮齿给定截面上的齿形工作部分内，包容实际齿形且距离为最小的两条设计齿形间的法向距离 当两条设计齿形线为非等距离曲线时，应在靠近齿体内的设计齿形线的法线上确定其两者间的法向距离	蜗杆副的中间平面偏移Δf_x 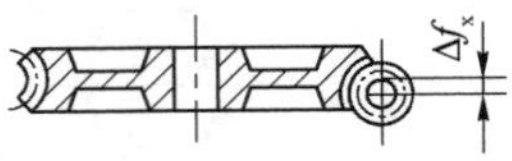 Δf_x 蜗杆副的中间平面极限偏差：上偏差$+f_x$ 下偏差$-f_x$	在安装好的蜗杆副中，蜗轮中间平面与传动中间平面之间的距离
蜗杆齿厚偏差ΔE_{s1} 公称齿厚 E_{ss1} E_{si1} T_{s1} 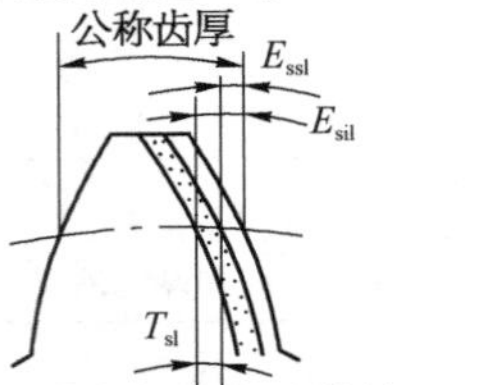 蜗杆齿厚极限偏差：上偏差E_{ss1} 下偏差E_{si1} 蜗杆齿厚公差T_{s1}	在蜗杆分度圆柱上，法向齿厚的实际值与公称值之差	蜗杆副的轴交角偏差Δf_Σ 实际轴交角 公称轴交角 Δf_Σ 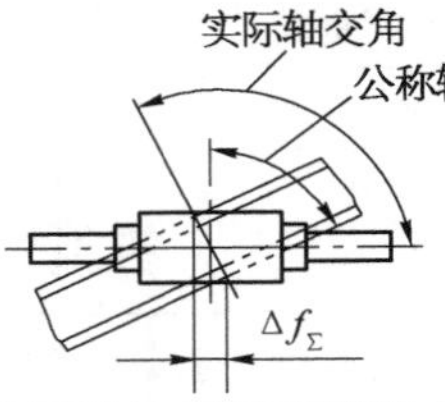 蜗杆副的轴交角极限偏差：上偏差$+f_\Sigma$ 下偏差$-f_\Sigma$	在安装好的蜗杆副中，实际轴交角与公称轴交角之差 偏差值按蜗轮齿宽确定，以其线性值计
蜗轮齿厚偏差ΔE_{s2} 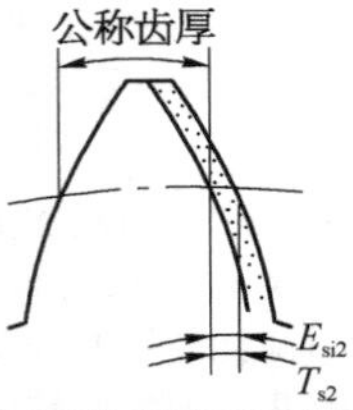 公称齿厚 E_{si2} T_{s2} 蜗轮齿厚极限偏差：上偏差E_{ss2} 下偏差E_{si2} 蜗轮齿厚公差T_{s2}	在蜗轮中间平面上，分度圆齿厚的实际值与公称值之差	蜗杆副的侧隙 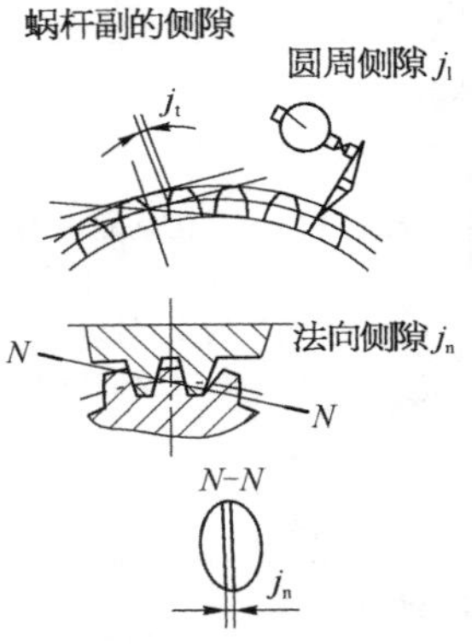 圆周侧隙j_t j_t 法向侧隙j_n N N N-N j_n 最小圆周侧隙j_{tmin} 最大圆周侧隙j_{tmax} 最小法向侧隙j_{nmin} 最大法向侧隙j_{nmax}	在安装好的蜗杆副中，蜗杆固定不动时，蜗轮从工作齿面接触到非工作齿面接触所转过的分度圆弧长 在安装好的蜗杆副中，蜗杆和蜗轮的工作齿面接触时，两非工作齿面间的最小距离
蜗杆副的中心距偏差Δf_a 公称中心距 实际中心距 Δf_a 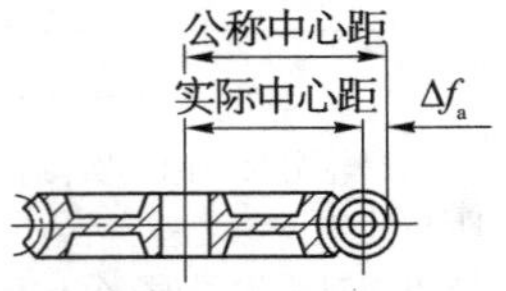 蜗杆副的中心距极限偏差：上偏差$+f_a$ 下偏差$-f_a$	在安装好的蜗杆副中间平面内，实际中心距与公称中心距之差		

表 11-46　蜗杆的公差和极限偏差 $\pm f_{px}$、f_{pxL}和f_{f1}值（摘自 GB/T 10089—1988）　（μm）

模数 m（mm）	蜗杆轴向齿距偏差 $\pm f_{px}$			蜗杆轴向齿距累积公差 f_{pxL}			蜗杆齿形公差 f_{f1}		
	精度等级								
	7	8	9	7	8	9	7	8	9
≥1～3.5	11	14	20	18	25	36	16	22	32
>3.5～6.3	14	20	25	24	34	48	22	32	45
>6.3～10	17	25	32	32	45	63	28	40	53
>10～16	22	32	46	40	56	80	36	53	75
>16～25	32	45	63	53	75	100	53	75	100

表 11－47　蜗轮齿距累积公差 F_p 值(摘自 GB/T 10089—1988)　(μm)

精度等级	分度圆弧长 L(mm)									
	≤11.2	>11.2～20	>20～32	>32～50	>50～80	>80～160	>160～315	>315～630	>630～1 000	>1 000～1 600
7	16	22	28	32	36	45	63	90	112	140
8	22	32	40	45	50	63	90	125	160	200
9	32	45	56	63	71	90	125	180	224	280

注：F_p 按分度圆弧长 $L=\frac{1}{2}\pi d_2=\frac{1}{2}\pi m z_2$ 查表。

表 11－48　蜗轮的公差和极限偏差 F_r、$\pm f_{pt}$ 和 f_{f2} 值(摘自 GB/T 10089—1988)　(μm)

分度圆直径 d_2(mm)	模　数 m(mm)	蜗轮齿圈径向跳动公差 F_r			蜗轮齿距极限偏差 $\pm f_{pt}$			蜗轮齿形公差 f_{f2}		
		精度等级								
		7	8	9	7	8	9	7	8	9
≤125	≥1～3.5	40	50	63	14	20	28	11	14	22
	>3.5～6.3	50	63	80	18	25	36	14	20	32
	>6.3～10	56	71	90	20	28	40	17	22	36
>125～400	≥1～3.5	45	56	71	16	22	32	13	18	28
	>3.5～6.3	56	71	90	20	28	40	16	22	36
	>6.3～10	63	80	100	22	32	45	19	28	45
	>10～16	71	90	112	25	36	50	22	32	50
>400～800	≥1～3.5	63	80	100	18	25	36	17	25	40
	>3.5～6.3	71	90	112	20	28	40	20	28	45
	>6.3～10	80	100	125	25	36	50	24	36	56
	>10～16	100	125	160	28	40	56	26	40	63
	>16～25	125	160	200	36	50	71	36	56	90

表 11－49　传动接触斑点(摘自 GB/T 10089—1988)　(μm)

精度等级	接触面积的百分比(%)		接　触　位　置
	沿齿高不小于	沿齿长不小于	
7 和 8	55	50	接触斑点痕迹应偏于啮出端，但不允许在齿顶和啮入、啮出端的棱边接触
9	45	40	

注：采用修形齿面的蜗杆传动，接触斑点的要求可不受本标准规定的限制。

表 11－50　蜗杆传动有关极限偏差 $\pm f_a$、$\pm f_x$ 及 $\pm f_\Sigma$ 值(摘自 GB/T 10089—1988)　(μm)

传动中心距 a(mm)	蜗杆副的中心距极限偏差 $\pm f_a$			蜗杆副的中间平面极限偏差 $\pm f_x$		
	精度等级					
	7	8	9	7	8	9
≤30	26		42	21		34
>30～50	31		50	25		40
>50～80	37		60	30		48
>80～120	44		70	36		56
>120～180	50		80	40		64
>180～250	58		92	47		74
>250～315	65		105	52		85
>315～400	70		115	56		92

蜗轮宽度 b_2(mm)	蜗杆副的轴交角极限偏差 $\pm f_\Sigma$		
	精度等级		
	7	8	9
≤30	12	17	24
>30～50	14	19	28
>50～80	16	22	32
>80～120	19	24	36
>120～180	22	28	42
>180～250	25	32	48

表11-51 蜗杆传动最小法向侧隙j_{nmin}值(摘自GB/T 10089—1988) (μm)

传动中心距 a(mm)	侧隙种类		
	b	c	d
≤30	84	52	33
>30~50	100	62	39
>50~80	120	74	46
>80~120	140	87	54
>120~180	160	100	63
>180~250	185	115	72
>250~315	210	130	81
>315~400	230	140	89

注:1. 传动的最小圆周侧隙$j_{tmin} \approx j_{nmin}/\cos\gamma' \cdot \cos\alpha_n$。式中:$\gamma'$为蜗杆节圆柱导程角;$\alpha_n$为蜗杆法向齿形角。

2. 蜗杆传动的侧隙种类按传动的最小法向侧隙j_{nmin}的大小分为八种:a、b、c、d、e、f、g和h。最小法向侧隙以a为最大,依次递减,h为零。最小法向侧隙的种类与精度等级无关。

表11-52 蜗杆齿厚公差T_{s1}值(摘自GB/T 10089—1988) (μm)

模数 m(mm)	精度等级		
	7	8	9
≥1~3.5	45	53	67
>3.5~6.3	56	71	90
>6.3~10	71	90	110
>10~16	95	120	150
>16~25	130	160	200

注:1. T_{s1}按蜗杆第Ⅱ公差组精度等级确定。

2. 当传动最大法向侧隙j_{nmax}无要求时,允许T_{s1}增大,最大不超过表中值的2倍。

表11-53 蜗轮齿厚公差T_{s2}值(摘自GB/T 10089—1988) (μm)

模数 m(mm)	蜗轮分度圆直径 d_2(mm)								
	≤125			>125~400			>400~800		
	精度等级								
	7	8	9	7	8	9	7	8	9
≥1~3.5	90	110	130	100	120	140	110	130	160
>3.5~6.3	110	130	160	120	140	170	120	140	170
>6.3~10	120	140	170	130	160	190	130	160	190
>10~16	—	—	—	140	170	210	160	190	230
>16~25	—	—	—	170	210	260	190	230	290

注:1. T_{s2}按蜗轮第Ⅱ公差组精度等级确定。

2. 在最小侧隙能保证的条件下,T_{s2}公差带允许采用对称分布。

表 11－54 蜗轮、蜗杆的齿厚偏差(摘自 GB/T 10089—1988) (μm)

蜗杆齿厚上偏差 E_{ss1}	$E_{ss1}=-(j_{nmin}/\cos\alpha_n+E_{s\Delta})$	蜗轮齿厚上偏差 E_{ss2}	$E_{ss2}=0$
蜗杆齿厚下偏差 E_{si1}	$E_{si1}=E_{ss1}-T_{s1}$	蜗轮齿厚下偏差 E_{si2}	$E_{si2}=-T_{s2}$

蜗杆齿厚上偏差 E_{ss1} 中的制造误差补偿部分 $E_{s\Delta}$ 值

传动中心距 a(mm)	精度等级 7					8					9				
	模数 m(mm)														
	≥1 ~3.5	>3.5 ~6.3	>6.3 ~10	>10 ~16	>16 ~25	≥1 ~3.5	>3.5 ~6.3	>6.3 ~10	>10 ~16	>16 ~25	≥1 ~3.5	>3.5 ~6.3	>6.3 ~10	>10 ~16	>16 ~25
≤30	45	50	60	—	—	50	68	80	—	—	75	90	110	—	—
>30~50	48	56	63	—	—	56	71	85	—	—	80	85	115	—	—
>50~80	50	58	65	—	—	58	75	90	—	—	90	100	120	—	—
>80~120	56	63	71	80	—	63	78	90	110	—	95	105	125	160	—
>120~180	60	68	75	85	115	68	80	95	115	150	100	110	130	165	210
>180~250	71	75	80	90	120	75	85	100	115	155	110	120	140	170	220
>250~315	75	80	85	95	120	80	90	100	120	155	120	130	145	180	225
>315~400	80	85	90	100	125	85	95	105	125	160	130	140	155	185	230

注：精度等级按蜗杆的第Ⅱ公差组确定。

表 11－55 蜗杆、蜗轮和蜗杆传动精度等级及法向侧隙或齿厚公差的标注方法

标注示例	说明
蜗杆 $8\left(\begin{matrix}-0.27\\-0.40\end{matrix}\right)$ GB/T 10089—1988	蜗杆第Ⅱ和第Ⅲ公差组精度为 8 级，齿厚极限偏差为非标准值，上偏差为 −0.27mm，下偏差为 −0.40mm
蜗轮 7－8－8 c GB/T 10089—1988	蜗轮第Ⅰ公差组精度为 7 级，第Ⅱ和第Ⅲ公差组精度为 8 级，齿厚极限偏差为标准值，相配侧隙种类为 c
蜗杆 8 c GB/T 10089—1988	蜗杆第Ⅱ和第Ⅲ公差组精度为 8 级，齿厚极限偏差为标准值，相配侧隙种类为 c
蜗轮 8 c GB/T 10089—1988	蜗轮三个公差组精度同为 8 级，齿厚极限偏差为标准值，相配侧隙种类为 c
传动 5 f GB/T 10089—1988	传动的三个公差组精度同为 5 级，相配侧隙种类为 f
传动 5－6－6 f GB/T 10089—1988	传动的第Ⅰ公差组精度为 5 级，第Ⅱ和第Ⅲ公差组精度为 6 级，齿厚极限偏差为标准值，相配侧隙种类为 f

表 11－56 蜗杆、蜗轮齿坯尺寸和形状公差

精度等级		7	8	9
孔	尺寸公差	IT7		IT8
	形状公差	IT6		IT7
轴	尺寸公差	IT6		IT7
	形状公差	IT5		IT6
齿顶圆直径公差		IT8		IT9

注：1. 当三个公差组的精度等级不同时，按最高精度等级确定公差。

2. 当齿顶圆不作测量齿厚基准时，尺寸公差按 IT11 确定，但不得大于 0.1mm。

表11－57 蜗杆、蜗轮齿坯基准面径向和端面跳动公差 (μm)

基准面直径 d(mm)	精度等级		
	7	8	9
≤31.5	7		10
>31.5～63	10		16
>63～125	14		22
>125～400	18		28
>400～800	22		36

注：1. 当三个公差组的精度等级不同时，按最高精度等级确定公差。
2. 当以齿顶圆作为测量基准时，也即为蜗杆、蜗轮的齿坯基准面。

表11－58 蜗杆、蜗轮表面粗糙度 ***Ra*** 推荐值 (μm)

精度等级	齿面		顶圆	
	蜗杆	蜗轮	蜗杆	蜗轮
7	0.8		1.6	3.2
8	1.6			
9	3.2		3.2	6.3

第 2 篇

机械设计(基础)课程设计指导

第 12 章　机械设计课程设计概述

12.1　机械设计课程设计的目的

机械设计课程设计是机械设计课程或机械设计基础课程重要的综合性与实践性教学环节，也是学生第一次进行全面的机械设计训练。通过该教学环节和训练要求应达到以下三个目的：

(1) 通过课程设计，综合运用机械设计课程和其他有关先修课程的理论，结合生产实践知识，培养分析和解决一般工程实际问题的能力，并使所学知识得到进一步巩固、深化和拓展。

(2) 通过课程设计，学习机械设计的一般方法，了解和掌握常用机械零部件、机械传动装置或简单机械的设计过程和进行方式，树立正确的设计思想，增强创新意识。

(3) 通过课程设计，学会运用有关技术标准、规范、设计手册、图册和查阅有关技术资料等，进行全面的机械设计基本技能的训练。

12.2　机械设计课程设计的内容

课程设计的题目常选择通用机械（或其他简单机械）的传动装置设计，例如以齿轮减速器为主体的机械传动装置。设计的主要内容通常包括：

(1) 确定传动装置的总体设计方案。

(2) 选择电动机，计算传动装置的运动和动力参数。

(3) 设计计算传动零件和轴。

(4) 选择及校核计算轴承、联轴器、键、润滑、密封和连接件。

(5) 设计箱体结构及其附件。

(6) 绘制装配工作图。

(7) 绘制零件工作图。

(8) 编写设计计算说明书。

课程设计中要求每个学生在 2 ~ 3 周完成以下工作：

(1) 装配工作图 1 张（A0 或 A1 图纸）。

(2) 零件工作图 1 ~ 2 张（如齿轮、轴和箱体等）。

(3) 设计计算说明书 1 份(6 000 ~ 8 000 字）。

12.3　机械设计课程设计的步骤

课程设计的步骤通常是根据设计任务书，拟定若干方案并进行分析比较，然后确定一个正确、合理的设计方案，进行必要的计算和结构设计，最后用图样来表达设计结果，用设计计算说明书表示设计依据。每一设计步骤所包括的设计内容见表 12 - 1。

表 12-1　课程设计的步骤及主要内容

步　　骤	主　　要　　内　　容	学时比例(%)
1. 设计准备	(1) 阅读设计任务书,明确设计要求、工作条件和内容 (2) 参观实物和模型,进行装拆减速器实验,阅读课程设计指导书 (3) 准备设计资料及绘图用具,并拟定设计计划和进度	5
2. 传动装置总体设计	(1) 拟定和确定传动方案 (2) 计算所需电动机的功率、转速,选择电动机的型号 (3) 确定传动装置的总传动比,分配各级传动比 (4) 计算各轴的功率、转速和转矩	5
3. 传动零件设计计算	(1) 减速器外的传动零件设计,如开式齿轮传动、带传动、链传动等 (2) 减速器内的传动零件设计,如齿轮传动、蜗杆传动等	5
4. 装配工作底图设计	(1) 选择合适的比例尺,合理布置视图,确定减速器各零件的相互位置 (2) 选择联轴器,初步计算轴径,初选轴承型号,进行轴的结构设计 (3) 确定轴上力的作用点及支点距离,进行轴、轴承及键的校核计算 (4) 分别进行轴系部件、传动零件、减速器箱体及其附件的结构设计	45
5. 装配工作图设计	(1) 加深装配工作底图 (2) 标注主要尺寸与配合以及零件序号 (3) 编写明细表、标题栏、技术特性及技术要求等	20
6. 零件工作图设计	(1) 绘制轴类、齿轮类或箱体类零件的必要视图(具体要绘制的零件工作图由指导教师指定) (2) 标注尺寸、公差及表面粗糙度 (3) 编写技术要求和标题栏等	10
7. 编写设计计算说明书	(1) 编写设计计算说明书,内容包括所有的计算,并附有必要的简图 (2) 说明书最后应写上设计总结,总结个人所作设计的收获体会和经验教训	5
8. 答辩	(1) 做好答辩前的准备工作 (2) 参加答辩	5

12.4　机械设计课程设计中应注意的问题

(1) 机械设计课程设计是在教师指导下由学生独立完成的第一次全面的设计训练。学生应明确设计任务,独立思考,刻苦钻研,掌握设计进度,认真设计。每个阶段完成后要认真检查,发现错误要及时改进,一丝不苟,精益求精。

(2) 课程设计一开始时就应准备好一本草稿本,把设计过程中所考虑的主要问题、从其他参考书及设计手册中摘录的资料和数据以及一切计算写在草稿本中,以便随时检查、修改,并容易保存。不要采用零散草稿纸,以免散失而重新演算,这样在最后整理和编写设计计算说明书时,可以节省很多时间。

(3) 课程设计中,有些零件(如齿轮)可由强度计算确定其基本尺寸,再通过草图设计决定其具体结构和尺寸;而有些零件(如轴)则需先经初算和绘制草图,得出初步符合设计条件的基本结构尺寸,然后进行必要的核算,根据核算的结果,再对结构和尺寸进行修改。因此,计算和设计绘图互为依据、交替进行,这种边计算、边绘图、边修改的"三边"设计方法是机械设计的常用方法。

(4) 学习和善于利用长期以来所积累的宝贵设计经验和资料,可以加快设计进程,避免不必要的重复劳动,是提高设计质量的重要保证,也是创新的基础。另外,任何一项设计任务均可能有多种决策方案,应从具体出发,认真分析,既要合理地吸取,又不可盲目地照搬、照抄。

(5) 在设计中贯彻标准化、系列化与通用化,可以保证互换性,降低成本,缩短设计周期,是机械设计应遵循的原则之一,也是设计质量的一项评价指标。所以,在课程设计中采用的滚动轴承、带、链条、联轴器、密封件和紧固件等零部件都必须严格遵守标准的规定;绘图时,图纸的幅面及格式、比例、图线、字体、视图表达、尺寸标注等也应严格遵守机械制图的标准。同时,设计中应尽量减少材料的品种和标准件的规格。

第13章 机械传动装置的总体方案设计

机械传动装置总体方案设计的主要任务就是确定传动方案、选择电动机型号、确定总传动比并合理分配各级传动比，以及计算机械传动装置的运动和动力参数等，为各级传动零件设计、装配工作图设计提供依据。

13.1 传动方案设计

机器通常由原动机、传动装置和工作机三部分组成。机械传动装置位于原动机和工作机之间，如图13-1所示，用来传递运动和动力，并可用来改变转速、转矩的大小或改变运动形式，以适应工作机功能的要求。传动装置的设计对整台机器的性能、尺寸、重量和成本等都有很大影响，因此传动方案设计是整台机器设计中最关键的环节。

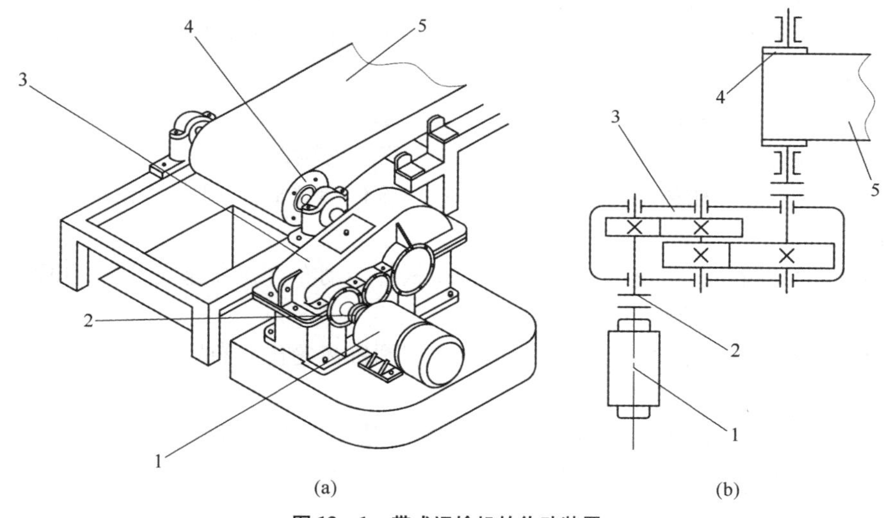

图13-1 带式运输机的传动装置

(a) 结构图；(b) 传动方案示意图

1—电动机；2—联轴器；3—减速器；4—传动滚筒；5—输送带

1. 对传动方案的要求

合理的传动方案，首先应满足工作机的功能要求，其次应具有结构简单、尺寸紧凑、重量轻、工艺性好、成本低廉、传动效率高和使用维护方便等特点，以保证工作机的工作质量和可靠性。任何一个方案要满足上述要求和所有特点是十分困难的，所以设计时要统筹兼顾，满足最主要的和最基本的要求。

2. 传动方案的拟定

拟定传动方案就是根据工作机的功能要求和工作条件，选择合适的传动机构类型，确定各传动的布置顺序和各组成部分的连接方式,绘制出传动方案示意图。当然,满足同一工作机功能要求,往往可采用不同的传动机构、不同的组合和布局,从而可得出不同的传动方案。拟定传动方案时,应充分了解各种传动机构的性能及适用条件,结合工作机所传递的载荷性质和大小、运动方式和速度以及工作条件等,对各种传动方案进行分析比较,合理选择。选择传动机构类型的基本原则为:

(1) 传递大功率时,应充分考虑提高传动装置的效率,以减少能耗、降低运行费用,这时应选用传动效率高的传动机构,如齿轮传动等。而对于小功率传动,在满足功能条件下,可选用结构简单、制造方便的传动形式,以降低制造费用。

(2) 载荷多变和可能发生过载时,应考虑缓冲吸振及过载保护问题。这时可选用带传动、弹性联轴器或其他过载保护装置。

(3) 传动比要求严格、尺寸要求紧凑的场合,可选用齿轮传动或蜗杆传动。但应注意,蜗杆传动效率低,故常用于中小功率、间歇工作的场合。

(4) 在多粉尘、潮湿、易燃、易爆场合,宜选用链传动、闭式齿轮传动或蜗杆传动,而不采用带传动或摩擦传动。

当采用由几种传动形式组成的多级传动时,要合理布置其传动顺序,以充分发挥各自的优点。下列提出的几点原则可供拟定传动方案时参考:

(1) 传动能力较小的带传动及其他摩擦传动宜布置在高速级,有利于整个传动系统结构紧凑,同时有利于发挥其传动平稳、缓冲吸振、减小噪声和过载保护的特点。

(2) 链传动由于工作时链速和瞬时传动比呈周期性变化,运转不平稳,冲击振动大,为了减小冲击和振动,故应将其布置在低速级。

(3) 闭式齿轮传动、蜗杆传动一般布置在高速级,以减小闭式传动的外廓尺寸、降低成本。开式齿轮传动制造精度较低、润滑不良、工作条件差,为了减少磨损,一般应放在低速级。

(4) 当同时采用直齿轮传动和斜齿轮传动时,应将传动较平稳、动载荷较小的斜齿轮传动布置在高速级。

(5) 当同时采用齿轮传动及蜗杆传动时,宜将蜗杆传动布置在高速级,使啮合面有较高的相对滑动速度,容易形成润滑油膜,提高传动效率。

(6) 圆锥齿轮尺寸过大时加工有困难,因此应将圆锥齿轮传动布置在高速级,并限制其传动比,以控制其结构尺寸。

表1-9中列出了常用机械传动的单级传动比推荐值及功率适用范围。由于减速器在传动装置中应用广泛,为了便于合理选择减速器的类型,表13-1列出了常用减速器的类型及特点,供选型时参考。

应当指出,在课程设计任务书中,若已提供机械传动方案,则学生应论述此方案的合理性;也可提出改进意见,另行拟定更合理的方案。

表13-1　常用减速器的类型及特点

类型		简图	推荐传动比	特点及应用
一级减速器	圆柱齿轮		3~5	轮齿可做成直齿、斜齿或人字齿。直齿用于速度较低或载荷较轻的传动;斜齿用于速度较高的传动;人字齿用于载荷较重的传动。箱体常用铸铁造,也可用钢板焊接而成。轴承常用滚动轴承,只在重载或特高速时才用滑动轴承

（续表）

类型		简图	推荐传动比	特点及应用
一级减速器	圆锥齿轮	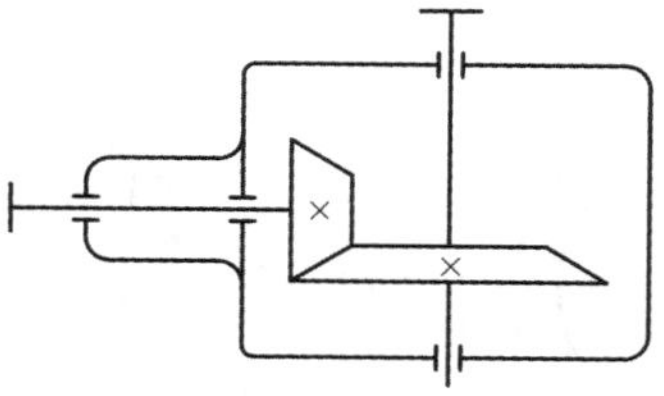	2～4	轮齿可做成直齿、斜齿或曲齿。传动比不宜过大，以减小齿轮尺寸，有利于加工；仅用于输入轴和输出轴两轴线垂直相交的传动，可做成卧式或立式
	蜗杆	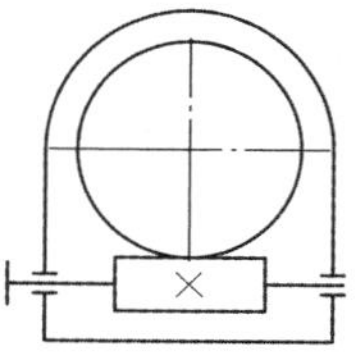 蜗杆下置式 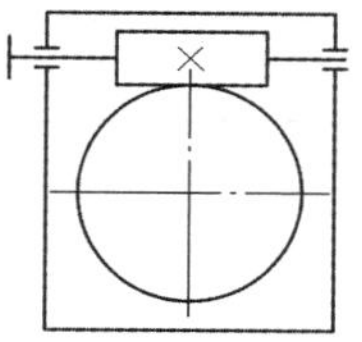　蜗杆上置式	10～40	结构简单、紧凑，但效率较低，适用于载荷较小、间歇工作的场合。蜗杆圆周速度 $v \leq 4 \sim 5\text{m/s}$ 时用蜗杆下置式，润滑冷却条件较好；当 $v > 4 \sim 5\text{m/s}$ 时油的搅动损失较大，一般用蜗杆上置式
二级减速器	圆柱展开式	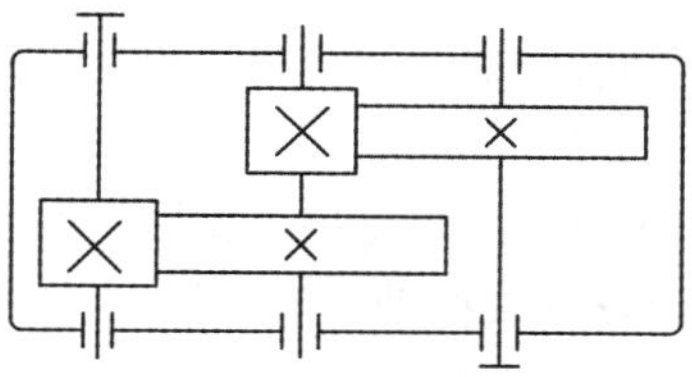	8～40	高速级常为斜齿，低速级可为直齿或斜齿。由于齿轮相对轴承的位置不对称，因此轴应具有较大刚性。转矩输入和输出端应远离齿轮，这样轴在转矩作用下产生的扭转变形将能减缓轴在弯矩作用下产生弯曲变形所引起的载荷沿齿宽分布不均匀的现象。结构简单，一般用于载荷较平稳的场合
	圆柱分流式	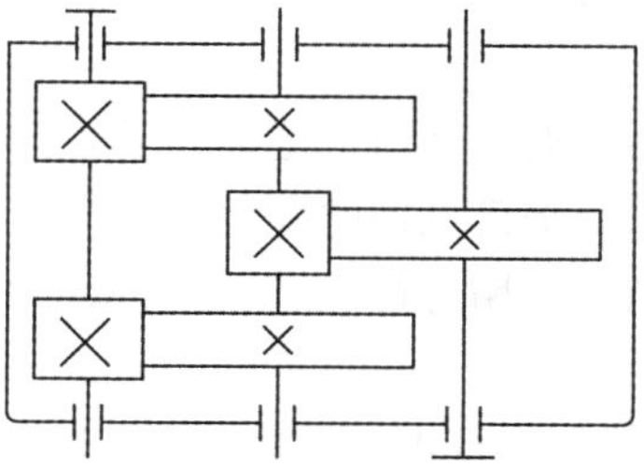	8～40	一般采用高速级分流，高速级可做成斜齿，两对斜齿的螺旋线方向应相反；低速级可做成人字齿或直齿。结构较复杂，但齿轮对于轴承对称布置，载荷沿齿宽分布均匀，轴承受载均匀。中间轴的转矩相当于轴所传递的转矩的一半。常用于大功率、变载荷场合
	圆柱同轴式	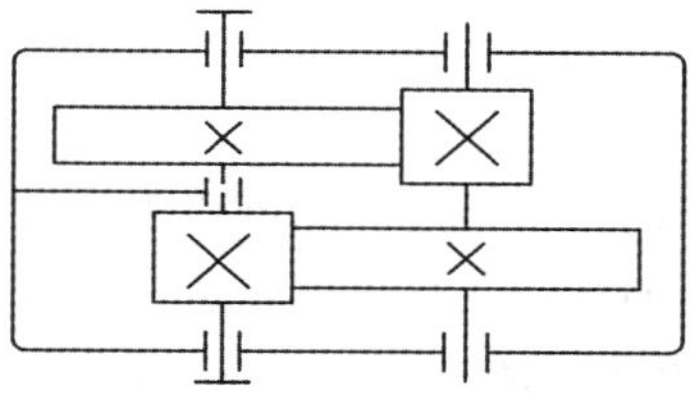	8～40	减速器的长度较短，但轴向尺寸及重量较大。两对齿轮浸入油中深度大致相等。高速级齿轮的承载能力难以充分利用；中间轴承润滑困难；中间轴较长，刚性差，载荷沿齿宽分布不均匀。常用于输入和输出轴同轴线的场合
	圆锥-圆柱齿轮	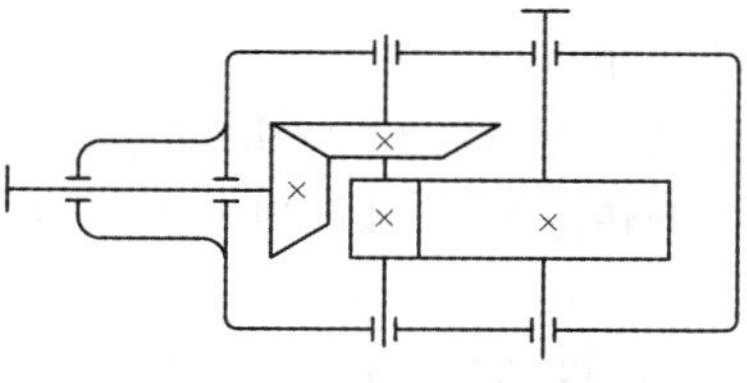	8～15	圆锥齿轮应布置在高速级，以使其尺寸不致过大造成加工困难。圆锥齿轮可做成直齿、斜齿或曲齿，圆柱齿轮多为斜齿，使其能将圆锥齿轮的轴向力抵消一部分

(续表)

类型		简图	推荐传动比	特点及应用
二级减速器	蜗杆—圆柱齿轮	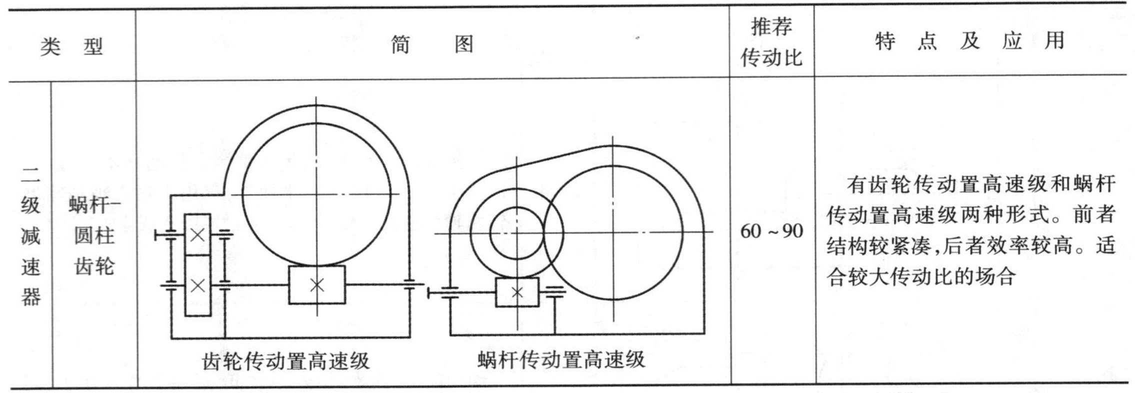	60~90	有齿轮传动置高速级和蜗杆传动置高速级两种形式。前者结构较紧凑,后者效率较高。适合较大传动比的场合

13.2 电动机的选择

选择电动机的内容包括选择电动机类型、结构形式、转速、功率和型号等。

1. 选择电动机的类型和结构形式

三相交流异步电动机的结构简单、价格便宜、维护方便、可直接连接到三相交流电路中,因此在工业中广泛应用。常用的三相交流异步电动机类型有:

1) Y系列三相交流异步电动机 一般用途的全封闭自扇冷式笼型三相异步电动机,是按照国际电工委员会(IEC)标准设计的,具有效率高、性能好、噪声低、振动小和国际互换性的特点,适用于空气中不含易燃、易爆或腐蚀性气体的一般场所和无特殊要求的机械,如金属切削机床、泵、风机、运输机械、搅拌机、农业机械、食品机械等。由于有较好的起动性能,因此也适用于某些需要高起动转矩的机器,如压缩机等。

2) YZ和YZR系列冶金及起重用三相交流异步电动机 分别是笼型转子电动机和绕线转子电动机,是用于驱动各种形式的起重机械和冶金设备中的辅助机械的专用系列产品。它们具有较大的过载能力和较高的机械强度,特别适用于短时或断续周期运行、频繁起动和制动、有时过负载及有显著的振动与冲击的设备。

根据不同的防护要求,电动机的结构有防滴式、封闭自扇冷式和防爆式等。为适应不同的输出轴要求和安装需要,电动机机体又有几种安装结构形式,可根据具体工况进行选择。常用的Y系列三相交流异步电动机的技术数据和外形尺寸等可参见本书第2章。

2. 确定电动机的转速

同一类型、相同额定功率的电动机可能有几种不同的同步转速。同步转速是由电流频率与电动机定子绕组的极对数而定的磁场转速,是电动机空载时才可能达到的转速。三相交流异步电动机的同步转速一般有3 000r/min(2极)、1 500r/min(4极)、1 000r/min(6极)及750r/min(8极)四种。电动机同步转速越高,极对数越少,其重量越轻、外廓尺寸越小,价格越低。当工作机转速较低而选用较高转速的电动机时,电动机转速与工作机的转速相差过大势必使总传动比增大,致使传动装置的结构复杂,造价提高;而选用较低转速的电动机,则使传动装置的外廓尺寸和重量减小,而电动机的尺寸和重量增大,价格较高。因此在确定电动机的转速时,应兼顾电动机和传动装置进行综合分析来加以确定。

设计中通常选用同步转速为1 500r/min或1 000r/min的两种电动机,其中前者应用最普遍并且最易购得，在轴不需要逆时针转向时应优先选用。如无特殊需要，一般不选用同步转速为3 000r/min和750r/min的电动机。

3. 确定电动机的功率和型号

电动机的功率选择是否合适直接影响电动机的工作性能和经济性能的好坏。功率选得过小，则不能保证工作机的正常工作，使电动机经常过载而过早损坏；功率选得过大，则电动机经常不能满载运行，功率因数和效率较低，从而造成能源的浪费。因此，在设计中一定要选择合适的电动机功率。

电动机功率的确定，主要与其载荷大小、工作时间长短、发热多少有关。对于长期连续运转、载荷不变或很少变化，并且在常温下工作的机器（如连续运输机、风扇等），选择电动机功率时可按电动机额定功率 P_{ed} 等于或稍大于工作机所需的电动机功率 P_d，即 $P_{ed} \geqslant P_d$ 确定。在这种情况下，由于电动机在工作时不会发热，所以可不必校核电动机的发热和起动转矩。对于间歇工作的机器，可按电动机额定功率 P_{ed} 稍小于工作机所需的电动机功率 P_d 确定。

当已知工作机的阻力矩（例如工作轴上滚筒的转矩）为 T（N·m）、转速（例如滚筒的转速）为 n_w（r/min），则工作机所需功率 P_w 为

$$P_w = \frac{Tn_w}{9\,550} \quad \text{kW} \tag{13-1}$$

如果给出带式运输机驱动滚筒的圆周力（即滚筒的牵引力）为 F（N），输送带速度为 v（m/s），则工作机所需功率 P_w 为

$$P_w = \frac{Fv}{1\,000} \quad \text{kW} \tag{13-2}$$

输送带速度 v 与滚筒直径 D（mm）、滚筒轴转速 n_w 的关系为

$$v = \frac{\pi D n_w}{60 \times 1\,000} \quad \text{m/s} \tag{13-3}$$

工作机所需电动机的功率为

$$P_d = \frac{P_w}{\eta} \quad \text{kW} \tag{13-4}$$

式中 η——电动机至工作机主动轴之间的总效率，即

$$\eta = \eta_1 \cdot \eta_2 \cdot \eta_3 \cdot \cdots \cdot \eta_n \tag{13-5}$$

式中 $\eta_1, \eta_2, \eta_3, \cdots, \eta_n$——传动装置中各运动副（如齿轮传动、蜗杆传动、带传动或链传动等）、联轴器、每对轴承及传动滚筒的效率，其数值见表1-10。

计算传动装置总效率时，应注意以下几点：

（1）当表1-10给出的效率值为一范围时，如遇工作条件差、加工精度低、用润滑脂润滑或维护不良则应取低值，反之可取高值；如遇情况不明，则一般取中间值。

（2）同类型的几对运动副、轴承或联轴器，均应单独计入总效率。

（3）表1-10中的轴承效率均指一对轴承的效率。

由选定的电动机类型、结构形式、同步转速和计算得出的工作机所需电动机的功率可查表2-1确定电动机的型号。记下由表2-1查得的电动机的型号、额定功率 P_{ed}、满载转速 n_m，由表2-3查得的中心高、轴外伸轴径和轴外伸长度，以供选择联轴器和计算传动件之用。

设计计算传动装置时，一般按工作机所需电动机功率 P_d 进行计算，而不用电动机的额定功率 P_{ed}，而传动装置的输入转速则取满载转速 n_m 进行计算。

13.3 传动装置总传动比的计算及各级传动比的分配

1. 总传动比的计算

由电动机的满载转速 n_m 和工作机所需转速 n_w 可确定传动装置应有的总传动比为

$$i = \frac{n_m}{n_w} \tag{13-6}$$

传动装置总传动比是各级传动比的连乘积,即

$$i = i_1 \cdot i_2 \cdot i_3 \cdot \cdots \cdot i_n \tag{13-7}$$

2. 各级传动比的合理分配

各级传动比的分配直接影响传动装置的外形尺寸、重量、润滑条件和整个机器的工作能力。因此分配各级传动比时,应考虑以下几个方面:

(1) 各级传动机构的传动比应在表 1-9 推荐的范围内选取,在特殊情况下也不得超过所允许的最大值,以利于发挥其性能,并使结构紧凑。

(2) 各级传动比应使传动装置尺寸协调、结构匀称,避免互相干涉碰撞。如图 13-2a 所示的二级圆柱齿轮减速器中,由于高速级传动比选得过大,致使高速级大齿轮的齿顶圆与低速轴相干涉。又如图 13-2b 所示,在 V 带和齿轮减速器组成的二级传动中,由于带传动的传动比取得过大,使得大带轮外圆半径大于减速器中心高,造成尺寸不协调,安装时需要将地基挖坑。再如图 13-2c 所示,在运输机械装置中,由于开式齿轮的传动比取得过小,造成传动滚筒与开式小齿轮轴相干涉。

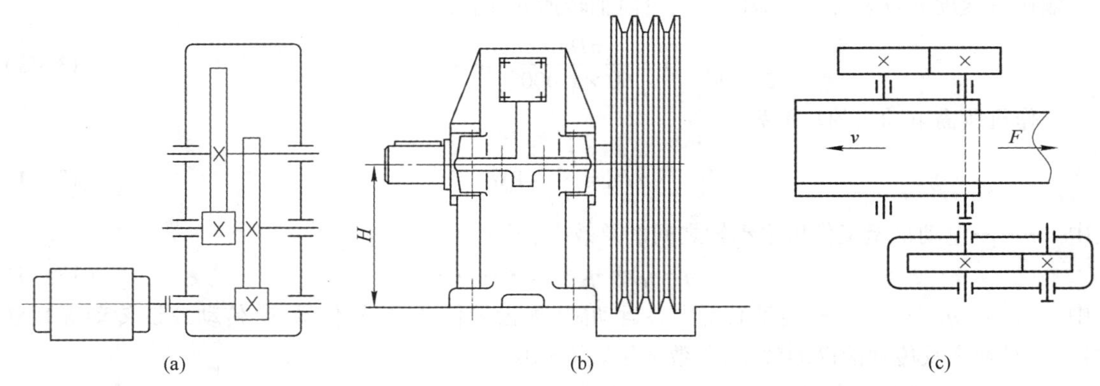

图 13-2 结构尺寸不协调及干涉现象

(a) 高速级大齿轮与低速轴干涉;(b) 带轮过大与底座相碰;(c) 传动滚筒与小齿轮轴干涉

(3) 应使各级大齿轮浸油深度合理,传动装置的外廓尺寸紧凑。如图 13-3 所示的二级圆柱齿轮减速器,在相同的总中心距和总传动比情况下,由于图 13-3b 中高速级传动比 i_1 大于低速级传动比 i_2,并且高、低速两级大齿轮的直径相近,从而避免低速级大齿轮浸油过深而增加搅油损失,并且还具有较为紧凑的外廓尺寸。

3. 非标准齿轮减速器传动比分配方法

各类标准减速器的传动比均有规定,这里推荐一些传动比的分配方法,供课程设计时设计非标准齿轮减速器参考。

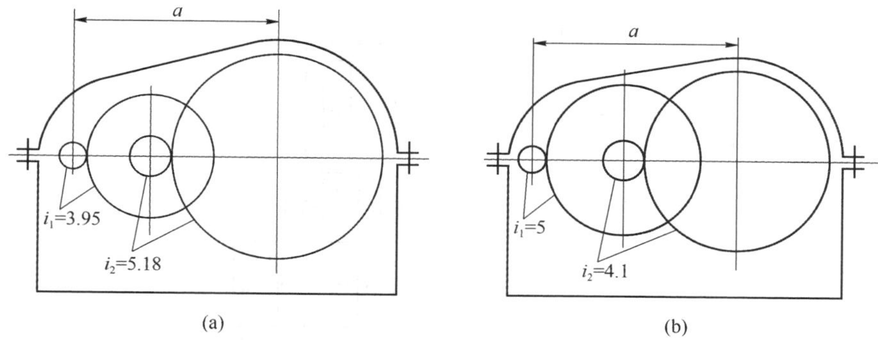

图 13-3　传动比不同的分配对外廓尺寸的影响

(a) $i_1 < i_2$，两大齿轮直径相差大的情况；(b) $i_1 > i_2$，两大齿轮直径相近的情况

(1) 对于 V 带-单级齿轮传动装置，总传动比 $i = i_{带} \cdot i_{齿}$，一般应使 $i_{带} < i_{齿}$，以使整个传动装置的尺寸较小，结构紧凑。

(2) 对于卧式二级圆柱齿轮减速器，为使两个大齿轮具有相近的浸油深度，应使两个大齿轮具有相近的直径，为此高速级传动比 i_1 和低速级传动比 i_2 可按下列方法分配。

展开式

$$i_1 \approx (1.3 \sim 1.4) i_2 \quad 或 \quad i_1 \approx \sqrt{(1.3 \sim 1.4) i} \tag{13-8}$$

同轴式

$$i_1 \approx i_2 = \sqrt{i} \tag{13-9}$$

式中　i——二级齿轮减速器的总传动比。

(3) 对于圆锥-圆柱齿轮减速器，为使大圆锥齿轮直径不致过大，高速级圆锥齿轮传动比可取 $i_1 \approx 0.25i$，且使 $i_1 \leqslant 3$。

(4) 对于蜗杆-圆柱齿轮减速器，为使传动效率较高，低速级圆柱齿轮传动比可取 $i_2 = (0.03 \sim 0.06)i$。

以上分配的各级传动比只是初始值，待有关传动零件参数确定后，再验算传动装置实际传动比是否符合设计任务书的要求。对于一般用途的传动装置，如带式运输机的减速器，其传动比一般允许有 ±(3% ~5%)的误差。另外，为了获得更为合理的结构，有时仅从传动比分配这一点出发还不能得到满意的结果，此时还应调整其他参数，如齿数、齿宽系数等，或适当改变齿轮材料来满足预定的设计要求。

13.4　传动装置运动和动力参数的计算

传动装置的运动和动力参数是指各轴的转速、功率和转矩。计算这些参数时可先将各轴从高速至低速依次编号为 0 轴(电动机轴)、Ⅰ轴、Ⅱ轴、Ⅲ轴等，再按此顺序进行计算。

现以图 13-4 所示的带式运输机为例，当已知电动机的实际输出功率 P_d、满载转速 n_m、各级传动比和效率后，即可计算出各轴的转速、功率和转矩。

1. 各轴转速的计算

图 13-4 所示的带式运输机中，各轴转速的计算公式为

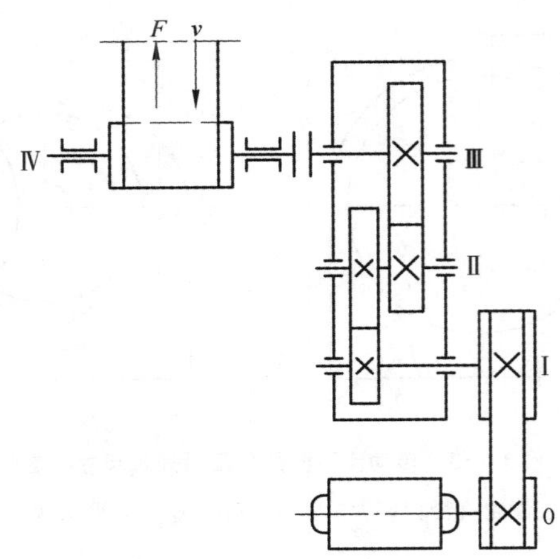

图 13-4 带式运输机传动示意图

$$\begin{cases} n_0 = n_m \\ n_{\mathrm{I}} = \dfrac{n_0}{i_{01}} \\ n_{\mathrm{II}} = \dfrac{n_{\mathrm{I}}}{i_{12}} \\ n_{\mathrm{III}} = \dfrac{n_{\mathrm{II}}}{i_{23}} \end{cases} \tag{13-10}$$

式中 i_{01}、i_{12}、i_{23}——相邻两轴间的传动比。

2. 各轴输入功率的计算

图 13-4 所示的带式运输机中,各轴输入功率的计算公式为

$$\begin{cases} P_0 = P_d \\ P_{\mathrm{I}} = P_0 \cdot \eta_{01} \\ P_{\mathrm{II}} = P_{\mathrm{I}} \cdot \eta_{12} \\ P_{\mathrm{III}} = P_{\mathrm{II}} \cdot \eta_{23} \end{cases} \tag{13-11}$$

式中 η_{01}——电动机轴与Ⅰ轴之间带传动的效率;

η_{12}——减速器中高速级传动的效率,包括高速级齿轮副和Ⅰ轴上的一对轴承的效率;

η_{23}——减速器中低速级传动的效率,包括低速级齿轮副和Ⅱ轴上的一对轴承的效率。

3. 各轴输入转矩的计算

图 13-4 所示的带式运输机中,各轴输入转矩的计算公式为

$$\begin{cases} T_0 = 9\ 550 \cdot \dfrac{P_0}{n} \\ T_{\mathrm{I}} = 9\ 550 \cdot \dfrac{P_{\mathrm{I}}}{n_{\mathrm{I}}} \\ T_{\mathrm{II}} = 9\ 550 \cdot \dfrac{P_{\mathrm{II}}}{n_{\mathrm{II}}} \\ T_{\mathrm{III}} = 9\ 550 \cdot \dfrac{P_{\mathrm{III}}}{n_{\mathrm{III}}} \end{cases} \tag{13-12}$$

运动和动力参数的计算结果可以整理列表，供以后设计计算时使用。

13.5　传动装置总体设计计算示例

例 13－1：已知带式运输机的驱动滚筒的圆周力（牵引力）$F=6\ 500\text{N}$，带速 $v=0.45\text{m/s}$，滚筒直径 $D=350\text{mm}$。运输机在常温下连续单向工作，载荷较平稳，工作环境有粉尘，工作现场有三相交流电源。试对该带式运输机的传动装置进行总体方案设计。

解：1. **传动方案的拟定**

为了估计传动装置的总传动比范围，以便选择合适的传动机构和拟定传动方案，可先由已知条件计算其驱动滚筒的转速

$$n_w=\frac{60\times1\ 000v}{\pi D}=\frac{60\times1\ 000\times0.45}{\pi\times350}=24.56\text{r/min}$$

一般常选用同步转速为 1 000r/min 或 1 500r/min 的电动机作为原动机，因此传动装置的总传动比约为 41 或 61。根据总传动比的数值，可初步拟定如图 13－5 所示的三种传动方案。

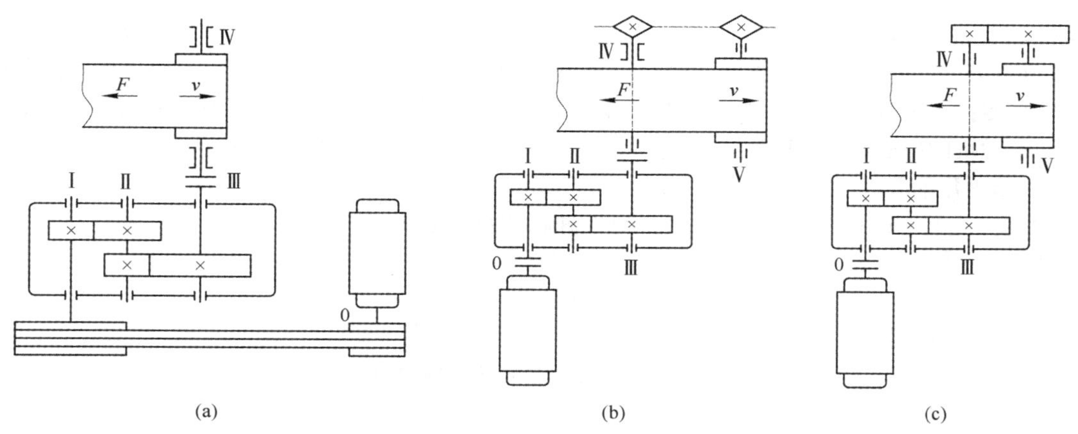

图 13－5　带式运输机的传动方案

（a）V 带-闭式齿轮传动；（b）闭式齿轮-链传动；（c）闭式齿轮-开式齿轮传动

对三种传动方案进行分析比较可知：方案 a 制造成本低，但长度尺寸大，带的寿命短，而且不宜在恶劣的环境中工作；方案 b 齿轮传动在高速级，减速器的尺寸小，另外链传动的整体尺寸也小，因而具有结构紧凑、环境适应性好的特点；方案 c 减速器的尺寸也小，但开式齿轮不宜在恶劣的环境中工作，若开式齿轮的传动比较小，则中心距较短，可能会使滚筒与开式小齿轮轴相干涉。所以综合考虑选用方案 b。

2. **电动机的选择**

1）电动机的类型和结构形式　按工作要求和工作条件，选用一般用途的 Y 系列三相交流异步电动机，结构形式为卧式封闭型。

2）电动机的额定功率　按式（13－2），工作机所需的功率为

$$P_w=\frac{Fv}{1\ 000}=\frac{6\ 500\times0.45}{1\ 000}=2.925\text{kW}$$

按表 1－10 查得各部分效率为：弹性联轴器效率 $\eta_1=0.99$，闭式齿轮传动（8 级精度）效率 $\eta_2=0.97$，滚动轴承效率（一对）$\eta_3=0.99$，开式滚子链传动效率 $\eta_4=0.92$，传动滚筒效率

$\eta_5=0.96$,则传动装置的总效率为

$$\eta=\eta_1^2\cdot\eta_2^2\cdot\eta_3^5\cdot\eta_4\cdot\eta_5=0.99^2\times0.97^2\times0.99^5\times0.92\times0.96=0.7745$$

按式(13-4),工作机所需电动机的功率为

$$P_d=\frac{P_w}{\eta}=\frac{2.925}{0.7745}=3.777\text{kW}$$

由表 2-1 选取电动机的额定功率 $P_{ed}=4\text{kW}$。

3) 电动机的型号　初选常用同步转速为 1 500r/min 或 1 000r/min 的两种电动机。按电动机的额定功率 $P_{ed}=4\text{kW}$ 和两种同步转速,查表 2-1 可得两种型号的电动机为 Y112M-4 和 Y132M1-6。根据电动机的满载转速 n_m 和滚筒转速 n_w,按式(13-6)可计算得出传动装置的总传动比。现将这两种电动机的技术数据和总传动比列于表 13-2,以供比较。

表 13-2　电动机技术数据和总传动比

方案	电动机型号	额定功率(kW)	电动机转速(r/min)		电动机质量(kg)	总传动比	轴外伸轴径(mm)	轴外伸长度(mm)
			同　步	满　载				
1	Y112M-4	4.0	1 500	1 440	43	58.63	28	60
2	Y132M1-6	4.0	1 000	960	73	39.09	38	80

由表 13-2 中数据可知,方案 1 电动机转速高,价格低,但总传动比大。为了合理地分配各级传动比,使传动装置结构紧凑,决定选用方案 2,即选定电动机的型号为 Y132M1-6。查表 2-3 可知,该电动机的中心高 $H=132\text{mm}$,轴外伸轴径 $D=38\text{mm}$,轴外伸长度 $E=80\text{mm}$。

3. 传动比的分配

按表 1-9,取链传动的传动比 $i_3=3$,则减速器的总传动比为

$$i=\frac{39.09}{3}=13.03$$

二级圆柱齿轮减速器高速级的传动比为

$$i_1=\sqrt{1.3i}=\sqrt{1.3\times13.03}\approx4.116$$

低速级的传动比为

$$i_2=\frac{i}{i_1}=\frac{13.03}{4.116}\approx3.166$$

所得 i_1、i_2 值均符合一般圆柱齿轮传动单级传动比的常用范围。

4. 传动装置运动和动力参数的计算

1) 各轴转速　设电动机轴为 0 轴,减速器的高速轴为 Ⅰ 轴、中间轴为 Ⅱ 轴、低速轴为 Ⅲ 轴,链传动的高速轴为 Ⅳ 轴、低速轴为 Ⅴ 轴,如图 13-5b 所示,则各轴转速为

$$n_0=n_m=960\text{r/min}$$

$$n_{\text{Ⅰ}}=n_0=960\text{r/min}$$

$$n_{\text{Ⅱ}}=\frac{n_{\text{Ⅰ}}}{i_1}=\frac{960}{4.116}\approx233.24\text{r/min}$$

$$n_{\text{Ⅲ}}=\frac{n_{\text{Ⅱ}}}{i_2}=\frac{233.24}{3.166}\approx73.67\text{r/min}$$

$$n_{\text{Ⅳ}}=n_{\text{Ⅲ}}=73.67\text{r/min}$$

$$n_{\text{Ⅴ}}=\frac{n_{\text{Ⅳ}}}{i_3}=\frac{73.67}{3}\approx24.56\text{r/min}$$

2）各轴输入功率　按电动机输出功率 P_d 计算各轴输入功率，即

$$P_0 = P_d = 3.777\text{kW}$$

$$P_{\text{I}} = P_0\eta_1 = 3.777 \times 0.99 = 3.739\text{kW}$$

$$P_{\text{II}} = P_{\text{I}}\eta_2\eta_3 = 3.739 \times 0.97 \times 0.99 = 3.591\text{kW}$$

$$P_{\text{III}} = P_{\text{II}}\eta_2\eta_3 = 3.591 \times 0.97 \times 0.99 = 3.448\text{kW}$$

$$P_{\text{IV}} = P_{\text{III}}\eta_3\eta_1 = 3.448 \times 0.99 \times 0.99 = 3.379\text{kW}$$

$$P_{\text{V}} = P_{\text{IV}}\eta_3\eta_4 = 3.379 \times 0.99 \times 0.92 = 3.078\text{kW}$$

3）各轴输入转矩

$$T_0 = 9\ 550\frac{P_0}{n_0} = 9\ 550 \times \frac{3.777}{960} = 37.573\text{N} \cdot \text{m}$$

$$T_{\text{I}} = 9\ 550\frac{P_{\text{I}}}{n_{\text{I}}} = 9\ 550 \times \frac{3.739}{960} = 37.195\text{N} \cdot \text{m}$$

$$T_{\text{II}} = 9\ 550\frac{P_{\text{II}}}{n_{\text{II}}} = 9\ 550 \times \frac{3.591}{233.24} = 147.033\text{N} \cdot \text{m}$$

$$T_{\text{III}} = 9\ 550\frac{P_{\text{III}}}{n_{\text{III}}} = 9\ 550 \times \frac{3.448}{73.67} = 446.971\text{N} \cdot \text{m}$$

$$T_{\text{IV}} = 9\ 550\frac{P_{\text{IV}}}{n_{\text{IV}}} = 9\ 550 \times \frac{3.379}{73.67} = 438.027\text{N} \cdot \text{m}$$

$$T_{\text{V}} = 9\ 550\frac{P_{\text{V}}}{n_{\text{V}}} = 9\ 550 \times \frac{3.078}{24.56} = 1\ 196.861\text{N} \cdot \text{m}$$

将上述运动和动力参数的计算结果列入表 13－3 中，供以后设计计算使用。

表 13－3　各轴的运动和动力参数

轴　　名	转速 n(r/min)	功率 P(kW)	转矩 T(N·m)	传动比 i	效率 η
0 轴	960	3.777	37.573	1	0.99
Ⅰ轴	960	3.739	37.195	4.116	0.96
Ⅱ轴	233.24	3.591	147.033	3.166	0.96
Ⅲ轴	73.67	3.448	446.971	1	0.98
Ⅳ轴	73.67	3.379	438.027	3	0.91
Ⅴ轴	24.56	3.078	1 196.861		

第14章　传动零件的设计

机械传动装置主要由传动零件、支承零部件和连接零件组成。其中传动零件决定传动装置的工作性能、结构布置和尺寸大小，支承零部件和连接零件通常是根据传动零件来设计或选取的。因此，当传动装置的总体设计完成以后，应当先设计各级传动零件，再设计相应的支承零部件和箱体。

传动零件的设计着重传动零件材料和热处理方法的选择、传动零件的主要尺寸参数和主要结构的确定，为设计减速器装配图做好准备。由传动装置运动和动力参数计算得出的数据及任务书给定的工作条件即为传动零件设计的原始数据。由于减速器是一个独立、完整的传动部件，为使其设计时的原始条件比较准确，通常是先设计减速器外部的传动零件，这些传动零件的参数（如带轮的基准直径、链轮齿数等）确定后，外部传动的实际传动比便可确定，然后修正减速器的传动比，再进行减速器内部传动零件的设计，这样可减小整个传动装置传动比的累积误差。

14.1　减速器外部传动零件的设计

减速器外部常用的传动零件有普通V带传动、链传动、开式齿轮传动和联轴器等。通常在机械设计课程设计中，由于学时的限制，减速器外部传动零件的设计只需确定主要参数和尺寸，而不必进行详细的结构设计。装配图只需画减速器部分，一般不画减速器外部传动零件。

14.1.1　普通V带传动

1. 普通V带传动设计

设计普通V带传动所需的已知条件主要有：原动机种类和所需传递的功率；主动轮和从动轮的转速（或传动比）；工作条件及对外廓尺寸、传动位置的要求等。

设计V带传动的主要内容是：选择带的型号；确定带的基准长度和根数、传动中心距、带轮的材料、基准直径和结构尺寸、初拉力和压轴力等。

设计普通V带传动时需注意以下问题：

（1）检查设计的参数是否在合理的范围内，如带速 v 是否在 5 ~ 25m/s、小带轮包角是否满足 $\alpha \geqslant 120°$、带的根数是否符合 $z \leqslant 4 \sim 5$ 的要求等，以保证带传动具有良好的工作性能。

（2）带轮尺寸确定后，应检查其与传动装置外廓尺寸的相互关系，如电动机轴上的小带轮半径是否小于电动机的中心高；小带轮轴孔直径、长度是否与电动机外伸轴径、长度相对应；大带轮外圆是否与其他零件（如机座）相碰等。

（3）带轮的结构形式主要由带轮直径而定，其具体结构及尺寸见表5-9，并画出结构草图，标明主要尺寸备用。在确定大带轮轮毂孔的直径和长度时，应注意与减速器输入轴轴头的直径和长度相适应。轮毂孔的直径一般应符合标准规定（见表1-19）。带轮轮毂长度与带轮轮缘长度不一定相等，一般轮毂长度按轴孔直径确定[$l=(1.5 \sim 2)d$]，而轮缘长度则由带的型号和根数来确定。

（4）带轮直径确定后，应根据该直径计算带传动的实际传动比和从动轮的转速，并以此修正减速器所要求的传动比和输入转矩。

2. 普通 V 带传动设计示例

例 14－1：有一带式输送装置，其三相交流异步电动机与齿轮减速器之间用普通 V 带传动，电动机功率 $P=7\text{kW}$，转速 $n_1=960\text{r/min}$，减速器输入轴的转速 $n_2=330\text{r/min}$，允许转速误差为 $\pm5\%$，运输装置工作时有轻度冲击，两班制工作，试设计此带传动。

解：1）确定计算功率 P_{ca}　由表 5－1 查得带传动工作情况系数 $K_A=1.2$，故

$$P_{ca}=K_AP=1.2\times7=8.4\text{kW}$$

2）选择 V 带的带型　根据 $P_{ca}=8.4\text{kW}$、$n_1=960\text{r/min}$，查图 5－1，选用 B 型 V 带。

3）确定带轮的基准直径 d_d 并验算带速 v 和减速器输入轴的转速误差

（1）初选小带轮的基准直径 d_{d1}。由表 5－2，并参考图 5－1 取小带轮的基准直径 $d_{d1}=140\text{mm}$。

（2）验算带速 v。

$$v=\frac{\pi d_{d1}n_1}{60\times1\,000}=\frac{\pi\times140\times960}{60\times1\,000}=7.04\text{m/s}$$

因为 $5\text{m/s}<v<30\text{m/s}$，故带速合适。

（3）计算大带轮的基准直径 d_{d2}。

$$d_{d2}=id_{d1}=\frac{n_1}{n_2}d_{d1}=\frac{960}{330}\times140=407.3\text{mm}$$

根据表 5－2，圆整为标准值 $d_{d2}=400\text{mm}$。

$$n_2'=\frac{60\times1\,000v}{\pi d_{d2}}=\frac{60\times1\,000\times7.04}{\pi\times400}=336.14\text{r/min}$$

减速器输入轴转速的误差：$\Delta=\dfrac{n_2'-n_2}{n_2}=\dfrac{336.14-330}{330}=1.86\%<5\%$，合格。

4）确定 V 带的中心距 a 和基准长度 L_d

（1）根据 $0.7(d_{d1}+d_{d2})\leqslant a_0\leqslant2(d_{d1}+d_{d2})$，初定中心距 $a_0=500\text{mm}$。

（2）计算带所需的基准长度。

$$L_{d0}\approx2a_0+\frac{\pi}{2}(d_{d1}+d_{d2})+\frac{(d_{d2}-d_{d1})^2}{4a_0}=2\times500+\frac{\pi}{2}\times(140+400)+\frac{(400-140)^2}{4\times500}\approx1\,882.03\text{mm}$$

由表 5－3 选带的基准长度 $L_d=1\,950\text{mm}$。

（3）计算实际中心距 a。

$$a\approx a_0+\frac{L_d-L_{d0}}{2}=500+\frac{1\,950-1\,882.03}{2}\approx533.985\text{mm}$$

$$a_{min}=a-0.015L_d=533.985-0.015\times1\,950=504.735\text{mm}$$

$$a_{max}=a+0.03L_d=533.985+0.03\times1\,950=592.485\text{mm}$$

因此中心距的变化范围为 504.735～592.485mm。

5）验算小带轮的包角 α_1

$$\alpha_1\approx180^\circ-(d_{d2}-d_{d1})\frac{57.3^\circ}{a}=180^\circ-(400-140)\frac{57.3^\circ}{533.985}=152.10^\circ\geqslant120^\circ$$，合格。

6）计算带的根数 z

（1）计算单根 V 带的额定功率 P_r。由 $d_{d1}=140\text{mm}$、$n_1=960\text{r/min}$ 和 B 型 V 带，查表 5－4，采用线性插值得 $P_0=2.10\text{kW}$。

根据 $n_1=960\text{r/min}$, $i=\dfrac{400}{140}=2.857$ 和B型V带,查表5-5,采用线性插值得 $\Delta P_0=0.303\text{kW}$。

由小带轮包角 $\alpha=152.10°$ 查表5-6,采用线性插值得小带轮包角修正系数 $K_\alpha=0.924$,由基准长度 $L_d=1\ 950\text{mm}$ 及B型V带查表5-3得带长修正系数 $K_L=0.97$,于是

$$P_r=(P_0+\Delta P_0)K_\alpha K_L=(2.10+0.303)\times0.924\times0.97=2.154\text{kW}$$

(2) 计算V带的根数 z。

$$z=\frac{P_{ca}}{P_r}=\frac{8.4}{2.154}\approx3.90$$

取4根。

7) 计算单根V带的初拉力的最小值 $(F_0)_{min}$ 由表5-7得B型V带的单位长度质量 $q=0.17\text{kg/m}$,所以

$$(F_0)_{min}=500\cdot\frac{(2.5-K_\alpha)P_{ca}}{K_\alpha zv}+qv^2=500\times\frac{(2.5-0.924)\times8.4}{0.924\times4\times7.04}+0.17\times7.04^2\approx262.816\text{N}$$

应使带的实际初拉力 $F_0>(F_0)_{min}$。

8) 计算压轴力 F_p 压轴力的最小值为

$$(F_p)_{min}=2z(F_0)_{min}\sin\frac{\alpha_1}{2}=2\times4\times262.816\times\sin\frac{152.10°}{2}\approx2\ 040.517\text{N}$$

9) 带轮结构设计 带轮材料采用HT150,其结构设计可参考表5-8和表5-9。

14.1.2 链传动

1. 链传动设计

设计链传动所需的已知条件主要有:传递功率、载荷性质和工作情况;主动链轮和从动链轮的转速(或传动比);外廓尺寸、传动布置方式的要求及润滑条件等。

设计链传动的主要内容是:选择链的型号(链节距)、排数和链节数;确定链轮的材料和结构尺寸、链轮的齿数、传动中心距和压轴力;考虑润滑方式等。

设计链传动时需注意以下问题:

(1) 为了使磨损均匀,链轮齿数最好选为奇数或不能整除链节数的数。为了防止链条因磨损而易脱链,大链轮齿数不宜过多。为了使传动平稳,小链轮齿数又不宜太少。一般限定 $z_{min}=17$, $z_{max}\leqslant120$。

(2) 为避免使用过渡链节,链节数应取偶数。

(3) 当选用单排链使链的尺寸过大时,应改选双排链或多排链,以尽量减小节距。

(4) 检查链轮尺寸与传动装置外廓尺寸的相互关系,如链轮毂孔尺寸与减速器、工作机的轴径和长度是否相适应;当大链轮安装在传动滚筒轴上时,其直径是否小于滚筒直径等。

(5)链轮齿数确定后,应根据该齿数计算链传动的实际传动比和从动轮的转速,并以此修正减速器所要求的传动比和输入转矩。

2. 链传动设计示例

例14-2:设计一输送装置用的链传动。已知传递的功率 $P=16.8\text{kW}$,主动轮转速 $n_1=960\text{r/min}$,传动比 $i=3.5$,原动机为电动机,工作载荷冲击较大,中心距 $a\leqslant800\text{mm}$,水平布置。

解:1) 选择链轮齿数 取小链轮齿数 $z_1=23$,大链轮的齿数为 $z_2=iz_1=3.5\times23\approx81$。

2) 确定计算功率 由表5-11查得链传动工作情况系数 $K_A=1.4$;由图5-2查得主动链轮齿

数系数 $K_z=1.1$；采用单排链，则计算功率为

$$P_{ca}=K_A K_z P=1.4\times1.1\times16.8=25.872\text{kW}$$

3）选择链条型号和节距　根据 $P_{ca}=25.872\text{kW}$ 及 $n_1=960\text{r/min}$ 查图 5-4，可选 16A-1。链条节距为

$$p=16\times\frac{25.4}{16}=25.4\text{mm}$$

4）计算链节数和中心距　初选中心距

$$a_0=(30\sim50)p=(30\sim50)\times25.4=762\sim1\ 270\text{mm}$$

取 $a_0=780\text{mm}$。相应的链长节数为

$$L_{p0}=2\frac{a_0}{p}+\frac{z_1+z_2}{2}+\left(\frac{z_2-z_1}{2\pi}\right)^2\frac{p}{a_0}=2\times\frac{780}{25.4}+\frac{23+81}{2}+\left(\frac{81-23}{2\pi}\right)^2\times\frac{25.4}{780}=116.19$$

取链长节数 $L_p=116$ 节。

由 $\frac{L_p-z_1}{z_2-z_1}=\frac{116-23}{81-23}=1.60$，查表 5-12，得到链传动中心距计算系数 $f_1=0.238\ 97$，则链传动的最大中心距为

$$a_{max}=f_1 p[2L_p-(z_1+z_2)]=0.238\ 97\times25.4\times[2\times116-(23+81)]\approx777\text{mm}$$

符合题目设计要求 $a\leqslant800\text{mm}$。

5）计算链速 v，确定润滑方式

$$v=\frac{n_1 z_1 p}{60\times1\ 000}=\frac{960\times23\times25.4}{60\times1\ 000}=9.347\ 2\text{m/s}$$

由 $v=9.347\ 2\text{m/s}$ 和链号 16A-1 查图 5-3，则链传动应采用压力供油润滑。

6）计算压轴力 F_p

有效圆周力为

$$F_e=1\ 000\frac{P}{v}=1\ 000\times\frac{16.8}{9.347\ 2}=1\ 797.33\text{N}$$

链轮水平布置时的压轴力系数①$K_{Fp}=1.15$，则压轴力为

$$F_p\approx K_{Fp}F_e=1.15\times1\ 797.33=2\ 066.93\text{N}$$

7）链轮结构设计　小链轮采用 15Cr，渗碳，硬度为 55HRC；大链轮采用 35 钢，正火，硬度为 180HBS，其结构设计可参考表 5-15、表 5-16 和表 5-17。

14.1.3 开式齿轮传动

1. 开式齿轮传动设计

设计开式齿轮传动所需的已知条件主要有：传递功率（或转矩）、主动轮转速和传动比、工作条件和尺寸限制等。

设计开式齿轮传动的主要内容是：选择齿轮材料及热处理方式；确定齿轮的齿数、模数、螺旋角、分度圆直径、齿顶圆直径、齿根圆直径、中心距和齿宽、结构尺寸等。

设计开式齿轮传动时需注意以下问题：

（1）开式齿轮传动的失效形式主要是轮齿弯曲折断和磨损，故设计时只需按弯曲疲劳强度计

① 压轴力系数 K_{Fp}：当水平传动时，取 $K_{Fp}=1.15$；当垂直传动时，取 $K_{Fp}=1.05$。

算模数。考虑到齿面磨损的影响,应将求出的模数加大10% ~20%,并取标准值(表5-27),而不必验算齿面接触疲劳强度。

(2) 开式齿轮常用于低速传动,为了使支承结构简单,一般采用直齿。由于工作环境差,灰尘较多,润滑不良,为了减轻磨损,选择齿轮材料时应注意材料的配对,使其具有减磨和耐磨性能。

(3) 开式齿轮一般安装在轴的悬臂端,支承刚度较小,为了减小载荷沿齿宽分布不均,齿宽系数宜取小些,常取 $\phi_d = 0.3 \sim 0.4$。选取小齿轮齿数时,应尽量取得少一些,使模数适当加大,提高抗弯曲和磨损的能力。

(4) 齿轮尺寸确定后,应检查传动中心距是否合适,如带式运输机的滚筒是否与小齿轮轴相干涉;根据大、小齿轮的齿数计算实际传动比和从动轮的转速,并考虑是否修正减速器所要求的传动比和输入转矩。

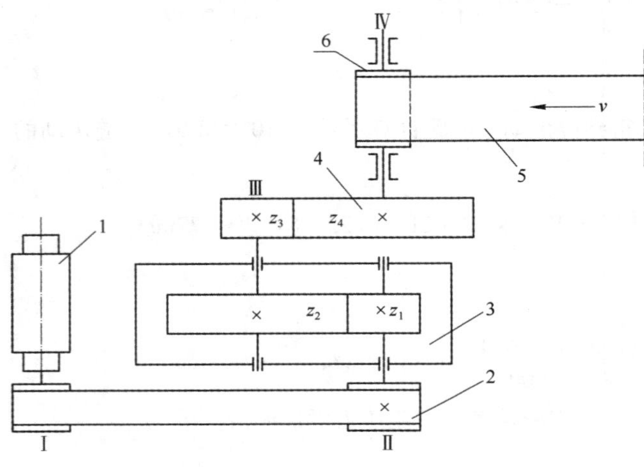

图14-1 开式齿轮传动简图

1—电动机;2—带传动;3—单级圆柱齿轮减速器;4—开式齿轮传动;5—运输带;6—传动滚筒

2. 开式齿轮传动设计示例

例14-3:设计如图14-1所示的带式运输机传动系统中的开式直齿圆柱齿轮传动。已知Ⅲ轴传递的功率 $P_3 = 2.366\text{kW}$,$n_3 = 130\text{r/min}$,开式直齿圆柱齿轮传动比 $i = 5$,单向转动,载荷平稳,平均每天工作4h,使用寿命15年。

解:1) 选定齿轮类型、精度等级、材料及齿数

(1) 运输机为一般工作机器,速度不高,故开式齿轮传动选用8级精度的直齿轮(GB/T 10095.1—2008)。

(2) 材料选择。由表5-20选择小齿轮材料为ZG35SiMn,调质处理,齿面硬度为240HBW;大齿轮材料为QT600-3,正火处理,齿面硬度为200HBW。两者材料硬度差为40HBW。

(3) 选小齿轮齿数 $z_3 = 19$,大齿轮齿数 $z_4 = 5 \times 19 = 95$。

2) 按齿根弯曲强度设计 试算齿轮模数的公式为

$$m_t \geqslant \sqrt[3]{\frac{2K_{Ft}T_3Y_\varepsilon}{\phi_d z_3^2} \cdot \frac{Y_{Fa}Y_{Sa}}{[\sigma_F]}}$$

(1) 确定公式内的各计算数值。

① 试选载荷系数 $K_{Ft} = 1.3$。

② 计算小齿轮传递的扭矩。

$$T_3 = \frac{95.5 \times 10^5 P_3}{n_3} = \frac{95.5 \times 10^5 \times 2.366}{130} = 1.738 \times 10^5\text{N} \cdot \text{mm}$$

③ 由表5-25小齿轮悬臂布置选取齿宽系数 $\phi_d = 0.4$。

④ 由表5-24查得材料的弹性影响系数 $Z_E = 180.5\text{MPa}^{\frac{1}{2}}$。

⑤ 计算弯曲疲劳强度用重合度系数 Y_ε。

$$\alpha_{a3} = \arccos\left(\frac{z_3\cos\alpha}{z_3 + 2h_a^*}\right) = \arccos\left(\frac{19 \times \cos20°}{19 + 2 \times 1}\right) \approx 31.767°$$

$$\alpha_{a4}=\arccos\left(\frac{z_4\cos\alpha}{z_4+2h_a^*}\right)=\arccos\left(\frac{95\times\cos20^\circ}{95+2\times1}\right)\approx23.027^\circ$$

$$\varepsilon_\alpha-\varepsilon_{\alpha'}=\frac{1}{2\pi}[z_3(\tan\alpha_{a3}-\tan\alpha')+z_4(\tan\alpha_{a4}-\tan\alpha')]$$

$$=\frac{1}{2\pi}[19\times(\tan31.767^\circ-\tan20^\circ)+95\times(\tan23.027^\circ-\tan20^\circ)]=1.695$$

$$Y_\varepsilon=0.25+\frac{0.75}{\varepsilon_\alpha}=0.25+\frac{0.75}{1.695}=0.692$$

⑥ 由图 5－12c 查得小齿轮的弯曲疲劳强度极限 $\sigma_{Flim3}=490MPa$；由图 5－12a 查得大齿轮的弯曲强度极限 $\sigma_{Flim4}=285MPa$。

⑦ 计算应力循环次数。

$$N_3=60n_3jL_h=60\times130\times1\times(4\times300\times15)=1.404\times10^8$$

$$N_4=\frac{1.404\times10^8}{5}=2.808\times10^7$$

⑧ 由图 5－10 取弯曲疲劳寿命系数 $K_{FN3}=0.95$，$K_{FN4}=0.97$。

⑨ 计算弯曲疲劳许用应力。取弯曲疲劳安全系数 $S=1.4$，则

$$[\sigma_F]_3=\frac{K_{FN3}\sigma_{Flim3}}{S}=\frac{0.95\times490}{1.4}=332.500MPa$$

$$[\sigma_F]_4=\frac{K_{FN4}\sigma_{Flim4}}{S}=\frac{0.97\times285}{1.4}=197.464MPa$$

⑩ 查取齿形系数。由图 5－5 查得 $Y_{Fa3}=2.85$；$Y_{Fa4}=2.19$。

⑪ 查取应力校正系数。由图 5－6 查得 $Y_{Sa3}=1.54$；$Y_{Sa4}=1.785$。

⑫ 计算大、小齿轮的$\frac{Y_{Fa}Y_{Sa}}{[\sigma_F]}$并加以比较。

$$\frac{Y_{Fa3}Y_{Sa3}}{[\sigma_F]_3}=\frac{2.85\times1.54}{332.500}=0.0132$$

$$\frac{Y_{Fa4}Y_{Sa4}}{[\sigma_F]_4}=\frac{2.19\times1.785}{197.464}=0.019797$$

故大齿轮的数值大。

（2）设计计算。

$$m_t\geqslant\sqrt[3]{\frac{2\times1.3\times1.738\times10^5}{0.4\times19^2}\times0.692\times0.019797}=3.5mm$$

① 计算分度圆直径。

$$d_{t3}=m_tz_3=3.5\times19=66.5mm$$

② 计算圆周速度。

$$v=\frac{\pi d_{t3}n_3}{60\times1000}=\frac{\pi\times66.5\times130}{60\times1000}=0.453m/s$$

③ 计算齿宽 b。

$$b=\phi_d\cdot d_{3t}=0.4\times66.5=26.6mm$$

④ 计算齿宽与齿高之比$\frac{b}{h}$。齿高

$$h = 2.25m_t = 2.25 \times 3.5 = 7.875\text{mm}$$

$$\frac{b}{h} = \frac{26.6}{7.875} = 3.378$$

⑤ 计算实际载荷系数 K_F。

根据 $v = 0.453\text{m/s}$,8 级精度,由图 5-8 查得动载荷系数 $K_v = 1.05$。

由表 5-21 查得使用系数 $K_A = 1$。

齿轮圆周力

$$F_{t3} = \frac{2T_3}{d_{t3}} = \frac{2 \times 1.738 \times 10^5}{66.5} = 5\,227.068\text{N}$$

$$\frac{K_A F_{t3}}{b} = \frac{1 \times 5\,227.068}{26.6} = 196.504\text{N/mm} > 100\text{N/mm}$$

查表 5-22 得齿间载荷分配系数 $K_{F\alpha} = 1.1$。

由表 5-23 用外插法求得 8 级精度,小齿轮悬臂布置时齿轮接触疲劳强度计算用的齿向载荷分配系数 $K_{H\beta} = 1.219$。由 $\frac{b}{h} = 3.378$,$K_{H\beta} = 1.219$ 查图 5-7 得齿轮弯曲疲劳强度计算用的齿向载荷分配系数 $K_{F\beta} = 1.15$,故实际载荷系数

$$K_F = K_A K_v K_{F\alpha} K_{F\beta} = 1 \times 1.05 \times 1.1 \times 1.15 = 1.328$$

⑥ 按实际的载荷系数校正所算得的模数。

$$m = m_t \sqrt[3]{\frac{K_F}{K_t}} = 3.5 \times \sqrt[3]{\frac{1.328}{1.3}} = 3.525\text{mm}$$

考虑齿面磨损的影响,应将求出的模数加大 10% ~20% ,则

$$m = 3.525 \times (1.10 \sim 1.20) = 3.876 \sim 4.23\text{mm}$$

查表 5-26 取圆柱齿轮模数的标准值 $m = 5\text{mm}$。

3) 几何尺寸计算

(1) 计算分度圆直径。

$$d_3 = z_3 m = 19 \times 5 = 95\text{mm}$$

$$d_4 = z_4 m = 95 \times 5 = 475\text{mm}$$

(2) 计算齿顶圆直径。

$$d_{a3} = d_3 + 2h_a = 95 + 2 \times 1 \times 5 = 105\text{mm}$$

$$d_{a4} = d_4 + 2h_a = 475 + 2 \times 1 \times 5 = 485\text{mm}$$

(3) 计算齿根圆直径。

$$d_{f3} = d_3 - 2h_f = 95 - 2 \times 1.25 \times 5 = 82.5\text{mm}$$

$$d_{f4} = d_4 - 2h_f = 475 - 2 \times 1.25 \times 5 = 462.5\text{mm}$$

(4) 计算中心距。

$$a = \frac{d_3 + d_4}{2} = \frac{95 + 475}{2} = 285\text{mm}$$

(5) 计算齿轮宽度。

$$b = \phi_d d_3 = 0.4 \times 95 = 38\text{mm}$$

取 $b_4 = 40\text{mm}$,$b_3 = 45\text{mm}$。

4) 齿轮结构设计 可参见图 16-6 和图 16-8 设计。

14.1.4 联轴器

1. 联轴器的选用

减速器一般通过联轴器与电动机轴和工作机轴相连接。联轴器的选用主要是联轴器类型的选择和联轴器型号的确定。

联轴器的类型应根据工作要求来选择。在选用电动机轴与减速器高速轴之间连接用的联轴器时,由于轴的转速较高,为减小起动载荷,缓冲减振,应选用具有较小转动惯量并且具有弹性元件的挠性联轴器,如弹性套柱销联轴器、弹性柱销联轴器等。在选用减速器输出轴与工作机轴之间连接用的联轴器时,由于轴的转速较低,传递的转矩较大,并且减速器与工作机常不在同一机座上而往往有较大的轴线偏移,因此常选用无弹性元件的挠性联轴器,如齿式联轴器、滑块联轴器等。对于中、小型减速器,其输出轴与工作机轴的轴线偏移不是很大时,也可选用弹性柱销联轴器这类具有弹性元件的挠性联轴器。

联轴器的型号按计算转矩、轴的转速和轴径大小来确定。要求所选用的联轴器的许用转矩大于计算转矩,允许的最高转速大于被连接轴的工作转速,并且该型号的最大和最小轮毂孔径应满足所连接两轴径的尺寸要求。若不满足这一要求,则应重选联轴器的型号或改变轴径大小。例如减速器高速轴外伸端通过联轴器与电动机轴连接,则外伸端轴径与电动机轴径相差不能很大,否则难以选择合适的联轴器。在这种情况下,建议采用减速器高速轴外伸端轴径 $d=(0.8\sim1.0)d_{电机}$。

2. 联轴器选用示例

例 14-4: 某带式运输机的单级圆柱齿轮减速器传动装置,其高速端通过联轴器与电动机相连接。已选定电动机型号为 Y132M1-6,额定功率 $P_{ed}=4\text{kW}$,满载转速 $n_w=960\text{r/min}$,轴径 $d_{电机}=38\text{mm}$,轴外伸长 $E=80\text{mm}$。试确定减速器高速轴外伸端轴径并选择合适的联轴器。

解: 1) 类型选择 根据传动装置的工作条件拟选用 LX 型弹性柱销联轴器(GB/T 5014—2003)。

2) 初步选定减速器高速轴外伸端轴径

$$d=(0.8\sim1.0)d_{电机}=(0.8\sim1.0)\times38=30.4\sim38.0\text{mm}$$

3) 载荷计算 公称转矩

$$T=9.55\times10^6\frac{P}{n}=9.55\times10^6\times\frac{4}{960}\text{N}\cdot\text{mm}=39.8\text{N}\cdot\text{m}$$

根据表 7-9,由原动机一般为电动机、工作机为带式输送机查得:联轴器工作情况系数 $K_A=1.5$,所以计算转矩为

$$T_{ca}=K_AT=1.5\times39.8=59.7\text{N}\cdot\text{m}$$

4) 型号选择 根据 $T_{ca}=59.7\text{N}\cdot\text{m}$,从表 7-7 可查得型号 LX1 联轴器可以满足转矩要求($T_n=250\text{N}\cdot\text{m}$),但其轴孔直径 $d=12\sim24\text{mm}$,不能满足电动机及减速器高速轴轴径的要求。所以最后选型号 LX3,其轴孔直径 $d=30\sim48\text{mm}$,既能满足电动机的轴径,又能满足减速器的轴径,并且 $T_n=1\ 250\text{N}\cdot\text{m}>T_{ca}=59.7\text{N}\cdot\text{m}$,$[n]=4\ 750\text{r/min}>n=960\text{r/min}$。

5) 减速器高速轴外伸端轴径确定 根据计算得出的高速轴外伸端轴径范围以及 LX3 联轴器轴孔直径范围,可以最后确定减速器高速轴外伸端直径 $d=32\text{mm}$。

14.2 减速器内部传动零件的设计

减速器外部传动零件设计完成后,可进行减速器内部传动零件的设计。减速器内部(闭式)的

传动零件主要有圆柱齿轮传动、锥齿轮传动和蜗杆传动等。

1. 闭式圆柱齿轮传动设计

设计闭式圆柱齿轮传动时的已知条件和设计内容与开式齿轮传动相同。

设计闭式圆柱齿轮传动时需注意以下问题:

(1) 齿轮材料及热处理的选择,应考虑齿轮的工作条件、传动尺寸的要求、制造设备条件等。当要求传递功率大、传动尺寸紧凑时,则可选用合金钢,并采用表面淬火或渗碳淬火等热处理方式;当对传动尺寸没有特别的要求时,则可选用普通碳素钢,并采用正火或调质等热处理方式。当齿轮的顶圆直径 $d_a \leqslant 400 \sim 500\text{mm}$ 时,一般采用锻造毛坯;当 $d_a > 400 \sim 500\text{mm}$ 或结构形状复杂时,因受锻造设备能力的限制,才采用铸钢制造。当齿轮直径与轴的直径相差不大时,应将齿轮和轴做成一体,即齿轮轴,选择材料时要兼顾齿轮与轴的一致性要求;同一减速器内各级大小齿轮的材料最好对应相同,以减少材料牌号和简化工艺要求。

(2) 齿轮传动的几何参数和尺寸应分别进行标准化、圆整或计算其精确值。例如模数必须取标准值,中心距和齿宽应该圆整,分度圆、齿顶圆和齿根圆直径、螺旋角、变位系数等啮合尺寸必须计算其精确值。计算时要求长度尺寸精确到小数点后 2 ~ 3 位(单位为 mm),角度精确到秒(″)。为了便于制造和测量,中心距应尽量圆整成尾数为 0 或 5,对于直齿圆柱齿轮传动,可以通过调整模数 m 和齿数 z,或采用角变位来实现;对于斜齿圆柱齿轮传动,还可以通过调整螺旋角 β 来实现,但需注意,斜齿圆柱齿轮的螺旋角 β 通常控制在 $8° \sim 20°$。

(3) 齿轮的结构尺寸都应尽量圆整,以便于制造和测量。例如轮毂直径和长度、轮辐厚度和孔径、轮缘长度和内径等,按图 16 - 6 和图 16 - 8 中给定的经验公式计算后进行圆整。

(4) 齿宽 b 应是一对齿轮的工作宽度,为补偿齿轮轴向位置误差,应使小齿轮齿宽大于大齿轮齿宽,若大齿轮齿宽取 b_2,则小齿轮齿宽 $b_1 = b_2 + (5 \sim 10)\text{mm}$。

2. 闭式圆柱齿轮传动设计示例

例 14 - 5:设计一如图 14 - 1 所示的用于带式运输机的单级斜齿圆柱齿轮减速器。已知减速器中的小齿轮输入功率 $P_{\text{II}} = 2.488\text{kW}$,转速 $n_{\text{II}} = 456.431\text{r/min}$,斜齿圆柱齿轮传动比 $i = 3.505$。运输机连续工作,单向运转,载荷变化不大,空载起动,每天两班制工作,使用期限 10 年(每年 300 个工作日),传动比允许误差为 ±5%。

解: 1) 选择齿轮类型、精度等级、材料及齿数

(1) 根据要求选用斜齿圆柱齿轮传动。运输机为一般工作机器,速度不高,故齿轮选用 7 级精度。

(2) 材料的选取。由表 5 - 20 选择小齿轮为 40Cr,调质处理,硬度为 280HBW;大齿轮为 45 钢,调质处理,硬度为 240HBW,两者材料硬度相差为 40HBW。

(3) 选择小齿轮齿数为 $z_1 = 24$,大齿轮齿数 $z_2 = 3.505 \times 24 = 84.12$,取 $z_2 = 85$。

(4) 选取螺旋角。初选为 $\beta = 8°$。

(5) 选取齿轮压力角。$\alpha_n = 20°$。

2) 按齿面接触疲劳强度设计

$$d_{1t} \geqslant \sqrt[3]{\frac{2K_{Ht}T_1}{\phi_d} \cdot \frac{u+1}{u} \cdot \left(\frac{Z_H Z_E Z_\varepsilon Z_\beta}{[\sigma_H]}\right)^2}$$

(1) 确定公式中的各个参数值。

① 试选载荷系数 $K_{Ht} = 1.6$。

② 计算小齿轮传递的转矩。

$$T_1=\frac{9\ 550\cdot P_1}{n_1}=\frac{9\ 550\times 2.488}{456.431}=52.057\text{N}\cdot\text{m}=5.206\times 10^4\text{N}\cdot\text{mm}$$

③ 根据齿轮相对于轴承对称布置，由表 5－25 选取圆柱齿轮齿宽系数 $\phi_d=1$。

④ 由表 5－24 查得材料的弹性影响系数 $Z_E=189.8\text{MPa}^{\frac{1}{2}}$。

⑤ 计算接触疲劳强度用重合度系数 Z_ε。

$$\alpha_t=\arctan\left(\frac{\tan\alpha_n}{\cos\beta}\right)=\arctan\left(\frac{\tan 20°}{\cos 8°}\right)\approx 20.181°$$

$$\alpha_{at1}=\arccos\left(\frac{z_1\cos\alpha_t}{z_1+2h_{an}^*\cos\beta}\right)=\arccos\left[\frac{24\times\cos 20.181°}{24+2\times 1\times\cos 8°}\right]\approx 29.882°$$

$$\alpha_{at2}=\arccos\left(\frac{z_2\cos\alpha_t}{z_2+2h_{an}^*\cos\beta}\right)=\arccos\left[\frac{85\times\cos 20.181°}{85+2\times 1\times\cos 8°}\right]\approx 23.475°$$

$$\begin{aligned}\varepsilon_\alpha&=\frac{1}{2\pi}[z_1(\tan\alpha_{at1}-\tan\alpha'_t)+z_2(\tan\alpha_{at2}-\tan\alpha'_t)]\\&=\frac{1}{2\pi}[24\times(\tan 29.882°-\tan 20.181°)+85\times(\tan 23.475°-\tan 20.181°)]\\&\approx 1.694\end{aligned}$$

$$\varepsilon_\beta=\frac{\phi_d z_1\tan\beta}{\pi}=\frac{1\times 24\times\tan 8°}{\pi}\approx 1.074$$

$$Z_\varepsilon=\sqrt{\frac{4-\varepsilon_\alpha}{3}\cdot(1-\varepsilon_\beta)+\frac{\varepsilon_\beta}{\varepsilon_\alpha}}=\sqrt{\frac{4-1.694}{3}\times(1-1.074)+\frac{1.074}{1.694}}\approx 0.76$$

⑥ 计算螺旋角系数 Z_β。

$$Z_\beta=\sqrt{\cos\beta}=\sqrt{\cos 8°}\approx 0.995$$

⑦ 由图 5－13d 按齿面硬度查得小齿轮的接触疲劳强度极限 $\sigma_{\text{Hlim1}}=600\text{MPa}$，大齿轮的接触疲劳强度 $\sigma_{\text{Hlim2}}=550\text{MPa}$。

⑧ 应力循环次数。

$$N_1=60n_1jL_h=60\times 456.431\times 1\times(2\times 8\times 300\times 10)=1.315\times 10^9$$

$$N_2=\frac{N_1}{u}=N_1\cdot\frac{z_1}{z_2}=1.315\times 10^9\cdot\frac{24}{85}=3.713\times 10^8$$

⑨ 由图 5－11 取接触疲劳寿命系数 $K_{\text{HN1}}=0.9$，$K_{\text{HN2}}=0.95$。

⑩ 计算接触疲劳许用应力。取失效概率为 1%，安全系数 $S=1$，得许用接触应力

$$[\sigma_H]_1=\frac{K_{\text{HN1}}\sigma_{\text{Hlim1}}}{S}=\frac{0.9\times 600}{1}=540\text{MPa}$$

$$[\sigma_H]_2=\frac{K_{\text{HN2}}\sigma_{\text{Hlim2}}}{S}=\frac{0.95\times 550}{1}=522.5\text{MPa}$$

$$[\sigma_H]=\min\left\{\frac{[\sigma_H]_1+[\sigma_H]_2}{2},1.23[\sigma_H]_2\right\}=531.25\text{MPa}$$

⑪ 由图 5－9 选取节点区域系数 $Z_H=2.46$。

(2) 设计计算。

① 试算小齿轮分度圆直径 d_{1t}，得

$$d_{1t} \geqslant \sqrt[3]{\frac{2K_{Ht}T_1}{\phi_d} \cdot \frac{u+1}{u} \cdot \left(\frac{Z_H Z_E Z_\varepsilon Z_\beta}{[\sigma_H]}\right)^2}$$

$$= \sqrt[3]{\frac{2 \times 1.6 \times 5.206 \times 10^4}{1} \times \frac{85/24+1}{85/24} \times \left(\frac{2.46 \times 189.8 \times 0.76 \times 0.995}{531.25}\right)^2} \approx 45.527\text{mm}$$

② 计算圆周速度 v。

$$v = \frac{\pi d_{1t} n_1}{60 \times 1\ 000} = \frac{\pi \times 45.527 \times 456.431}{60 \times 1\ 000} \approx 1.088\text{m/s}$$

③ 计算齿宽 b。

$$b = \phi_d d_{1t} = 1 \times 45.527 = 45.527\text{mm}$$

④ 计算实际载荷系数 K_H。

由表5-21查得齿轮传动使用系数 $K_A = 1.0$；根据 $v = 1.088\text{m/s}$，齿轮7级精度，查图5-8得动载荷系数 $K_v = 1.03$。齿轮圆周力

$$F_{t1} = \frac{2T_1}{d_{1t}} = \frac{2 \times 5.206 \times 10^4}{45.527} = 2.287 \times 10^3\text{N}$$

$$\frac{K_A F_{t1}}{b} = \frac{1.0 \times 2.287 \times 10^3}{45.527} = 50.234\text{N/mm} < 100\text{N/mm}$$

由表5-22查得齿间载荷分配系数 $K_{H\alpha} = 1.4$；由表5-23用插值法查得齿轮7级精度，小齿轮相对支承对称布置时按接触疲劳强度计算的齿向载荷分布系数 $K_{H\beta} = 1.310$；故载荷系数

$$K_H = K_A K_v K_{H\alpha} K_{H\beta} = 1.0 \times 1.03 \times 1.4 \times 1.310 = 1.889$$

⑤ 按实际载荷系数校正所算得的分度圆直径。

$$d_1 = d_{1t}\sqrt[3]{\frac{K_H}{K_{Ht}}} = 45.527 \times \sqrt[3]{\frac{1.889}{1.6}} = 48.118\text{mm}$$

⑥ 计算模数 m_n。

$$m_n = \frac{d_1 \cos\beta}{z_1} = \frac{48.118 \times \cos 8°}{24} = 1.985\text{mm}$$

3) 按齿根弯曲疲劳强度设计

$$m_{nt} \geqslant \sqrt[3]{\frac{2K_{Ft} T_1 Y_\varepsilon Y_\beta \cos^2\beta}{\phi_d z_1^2} \cdot \left(\frac{Y_{Fa} Y_{Sa}}{[\sigma_F]}\right)}$$

(1) 确定公式中的各个参数值。

① 试选载荷系数 $K_{Ft} = 1.3$。

② 计算弯曲疲劳强度的重合度系数 Y_ε。

$$\beta_b = \arctan(\tan\beta \cdot \cos\alpha_t) = \arctan(\tan 8° \cdot \cos 20.181°) \approx 7.515°$$

$$\varepsilon_{\alpha v} = \frac{\varepsilon_\alpha}{\cos^2\beta_b} = \frac{1.694}{\cos^2 7.515°} = 1.723$$

$$Y_\varepsilon = 0.25 + \frac{0.75}{\varepsilon_{\alpha v}} = 0.25 + \frac{0.75}{1.723} = 0.685$$

③ 计算弯曲疲劳强度的螺旋角系数 Y_β。

$$Y_\beta = 1 - \varepsilon_\beta \frac{\beta}{120°} = 1 - 1.074 \times \frac{8°}{120°} = 0.928$$

④ 计算当量齿数 z_v。

$$z_{v1}=\frac{z_1}{\cos^3\beta}=\frac{24}{\cos^3 8°}=24.715$$

$$z_{v2}=\frac{z_2}{\cos^3\beta}=\frac{85}{\cos^3 8°}=87.531$$

⑤ 查取齿形系数 Y_{Fa}。由图5－5查得 $Y_{Fa1}=2.680$，$Y_{Fa2}=2.22$。

⑥ 查取应力修正系数 Y_{Sa}。由图5－6查得 $Y_{Sa1}=1.580$，$Y_{Sa2}=1.78$。

⑦ 由图5－12c查得小齿轮的弯曲疲劳强度极限 $\sigma_{Flim1}=500\text{MPa}$，由图5－12b查得大齿轮的弯曲疲劳强度极限 $\sigma_{Flim2}=380\text{MPa}$。

⑧ 由图5－10查取弯曲疲劳寿命系数 $K_{FN1}=0.88$；$K_{FN2}=0.95$。

⑨ 计算弯曲疲劳许用应力。取弯曲疲劳安全系数 $S=1.4$，得

$$[\sigma_F]_1=\frac{K_{FN1}\sigma_{Flim1}}{S}=\frac{0.88\times 500}{1.4}=314.286\text{MPa}$$

$$[\sigma_F]_2=\frac{K_{FN2}\sigma_{Flim2}}{S}=\frac{0.95\times 380}{1.4}=257.857\text{MPa}$$

⑩ 计算大、小齿轮的$\frac{Y_{Fa}Y_{Sa}}{[\sigma_F]}$。

$$\frac{Y_{Fa1}Y_{Sa1}}{[\sigma_F]_1}=\frac{2.680\times 1.580}{314.286}=0.013\ 47$$

$$\frac{Y_{Fa2}Y_{Sa2}}{[\sigma_F]_2}=\frac{2.22\times 1.78}{257.857}=0.015\ 32$$

因为大齿轮的$\frac{Y_{Fa}Y_{Sa}}{[\sigma_F]}$大于小齿轮，故取

$$\frac{Y_{Fa}Y_{Sa}}{[\sigma_F]}=\frac{Y_{Fa2}Y_{Sa2}}{[\sigma_F]_2}=0.015\ 32$$

（2）设计计算

① 试算齿轮模数 m_{nt}，得

$$m_{nt}\geqslant\sqrt[3]{\frac{2K_{Ft}T_1Y_\varepsilon Y_\beta\cos^2\beta}{\phi_d z_1^2}\cdot\frac{Y_{Fa}Y_{Sa}}{[\sigma_F]}}$$

$$=\sqrt[3]{\frac{2\times 1.3\times 5.206\times 10^4\times 0.685\times 0.928\times\cos^2 8°}{1\times 24^2}\times 0.015\ 32}\approx 1.309\text{mm}$$

② 计算圆周速度 v。

$$d_1=\frac{m_{nt}z_1}{\cos\beta}=\frac{1.309\times 24}{\cos 8°}=31.725\text{mm}$$

$$v=\frac{\pi d_1 n_1}{60\times 1\ 000}=\frac{\pi\times 31.725\times 456.431}{60\times 1\ 000}\approx 0.758\text{m/s}$$

③ 计算齿宽 b。

$$b=\phi_d d_1=1\times 31.725=31.725\text{mm}$$

④ 计算齿高 h 及宽高比 b/h。

$$h=(2h_{an}^*+c_n^*)m_{nt}=(2\times 1+0.25)\times 1.309=2.945\text{mm}$$

$$\frac{b}{h}=\frac{31.725}{2.945}=10.772$$

⑤ 计算实际载荷系数 K_F。

根据 $v=0.758\text{m/s}$,齿轮7级精度,查图5-8得动载荷系数 $K_v=1.01$。齿轮圆周力

$$F_{t1}=\frac{2T_1}{d_1}=\frac{2\times5.206\times10^4}{31.725}=3.282\times10^3\text{N}$$

$$\frac{K_A F_{t1}}{b}=\frac{1\times3.282\times10^3}{31.725}=103.452\text{N/mm}>100\text{N/mm}$$

由表5-22查得齿间载荷分配系数 $K_{F\alpha}=1.2$;由表5-23用插值法查得齿轮7级精度,小齿轮相对支承对称布置时按接触疲劳强度计算的齿向载荷分布系数 $K_{H\beta}=1.310$,结合 $b/h=10.772$ 查图5-7,得 $K_{F\beta}=1.28$;故载荷系数为

$$K_F=K_A K_v K_{F\alpha} K_{F\beta}=1\times1.01\times1.2\times1.28=1.551$$

⑥ 按实际载荷系数算得的齿轮模数。

$$m_n=m_{nt}\sqrt[3]{\frac{K_F}{K_{Ft}}}=1.309\times\sqrt[3]{\frac{1.551}{1.3}}=1.388\text{mm}$$

对比计算结果,由齿面接触疲劳强度计算的法面模数 m_n 大于由齿根弯曲疲劳强度计算的法面模数。由于齿轮法面模数 m_n 的大小主要取决于弯曲强度所决定的承载能力,而齿面接触疲劳强度所决定的承载能力仅与齿轮直径(即模数与齿数的乘积)有关,所以可取由弯曲疲劳强度算得的模数1.388mm并就近圆整为标准值 $m_n=2\text{mm}$(参考表5-26,并考虑到用于传动齿轮模数应取 $m_n\geqslant2\text{mm}$),取按接触疲劳强度算得的分度圆直径 $d_1=48.118\text{mm}$。从而可算出小齿轮齿数和大齿轮齿数分别为

$$z_1=\frac{d_1\cos\beta}{m_n}=\frac{48.118\times\cos8^\circ}{2}=23.824\approx23$$

$$z_2=i_{齿}z_1=3.505\times23=80.615\approx81$$

4) 几何尺寸计算

(1) 计算中心距。

$$a=\frac{(z_1+z_2)m_n}{2\cos\beta}=\frac{(23+81)\times2}{2\times\cos8^\circ}=105.022\text{mm}$$

为了便于制造和测量,中心距应尽量圆整成尾数为0和5,故取 $a=105\text{mm}$。

(2) 按圆整后的中心距修正螺旋角。

$$\beta=\arccos\left[\frac{(z_1+z_2)m_n}{2a}\right]=\arccos\left[\frac{(23+81)\times2}{2\times105}\right]=7.914^\circ$$

因 β 值与初选值相差不多,故 ε_α、K_β、Z_H 等不必修正。

(3) 计算大、小齿轮的分度圆直径。

$$d_1=\frac{z_1 m_n}{\cos\beta}=\frac{23\times2}{\cos7.914^\circ}=46.442\text{mm}$$

$$d_2=\frac{z_2 m_n}{\cos\beta}=\frac{81\times2}{\cos7.914^\circ}=163.558\text{mm}$$

(4) 计算齿轮的宽度。

$$b=\phi_d d_1=1\times48.118\text{mm}=48.118\text{mm}$$

圆整后取 $b_2=50\text{mm}$,$b_1=55\text{mm}$。

5) 齿轮结构设计 可参见图16-6、图16-8设计。

3. 闭式直齿锥齿轮传动设计

设计闭式直齿锥齿轮传动时的已知条件与开式齿轮传动相同。

设计闭式直齿锥齿轮传动的主要内容是：选择齿轮材料及热处理方式；确定锥齿轮的大端模数、齿数和齿宽、分度圆直径、锥距、节锥角、顶锥角、根锥角和结构尺寸等。

设计闭式直齿锥齿轮传动时需注意以下问题：

（1）直齿锥齿轮的锥距 R、分度圆直径 d（大端）等几何尺寸，应按大端模数和齿数精确计算至小数点后三位数值（单位 mm），不得圆整。

（2）锥齿轮传动的两轴交角为 90°时，分度圆锥角 δ_1 和 δ_2 可由齿数比 $u = z_2/z_1$ 算出，其中小锥齿轮的齿数可取 17 ~ 25。u 值的计算应达到小数点后四位，δ 值的计算应精确到秒（″）。

（3）大、小锥齿轮的齿宽应相等，按齿宽系数 $\phi_R = b/R$ 计算出的齿宽 b 的数值应圆整。

4. 闭式蜗杆传动设计

设计闭式蜗杆传动时的已知条件与开式齿轮传动相同。

设计闭式蜗杆传动的主要内容是：选择蜗杆和蜗轮的材料及热处理方式；确定蜗杆头数、模数和导程角、蜗轮齿数、模数和螺旋角、分度圆直径、齿顶圆直径、齿根圆直径、传动中心距及结构尺寸等。

设计闭式蜗杆传动时需注意以下问题：

（1）由于蜗杆传动的滑动速度大，摩擦发热剧烈，因此要求蜗杆蜗轮副材料具有较好的耐磨性和抗胶合能力。一般是根据初估的滑动速度来选择材料。待蜗杆传动尺寸确定后，应校核滑动速度和传动效率，如与初估值有较大的出入，则应重新修正计算，其中包括检查材料选择是否恰当。

（2）为了便于加工，蜗杆和蜗轮的螺旋线方向应尽量取为右旋。

（3）模数 m 和蜗杆分度圆直径 d_1 要符合标准值。在确定 m、d_1 和 z_2 后，计算中心距应尽量圆整成尾数为 0 或 5。为此，常需将蜗杆传动做成变位传动，即对蜗轮进行变位（蜗杆不变位），变位系数应为 $-1 \leqslant x_2 \leqslant 1$。如不符合，则应调整 d_1 值或改变蜗轮 1 ~ 2 个齿数。

（4）蜗杆分度圆圆周速度 $v \leqslant 4 \sim 5\text{m/s}$ 时，一般将蜗杆下置；蜗杆分度圆圆周速度 $v > 4 \sim 5\text{m/s}$ 时，则将蜗杆上置。

（5）闭式蜗杆传动因发热大，易产生胶合，故应进行蜗杆传动的热平衡计算，此外还要进行蜗杆的强度和刚度验算，但均须在蜗杆减速器装配工作底图完成后进行。

第 15 章　减速器的结构与润滑

15.1　减速器的构造

各种形式的减速器，它们的结构基本相似，一般均由传动零件、轴、轴承、箱体、润滑和密封装置及减速器附件所组成。图 15-1 所示为典型的一级圆柱齿轮减速器的基本结构。

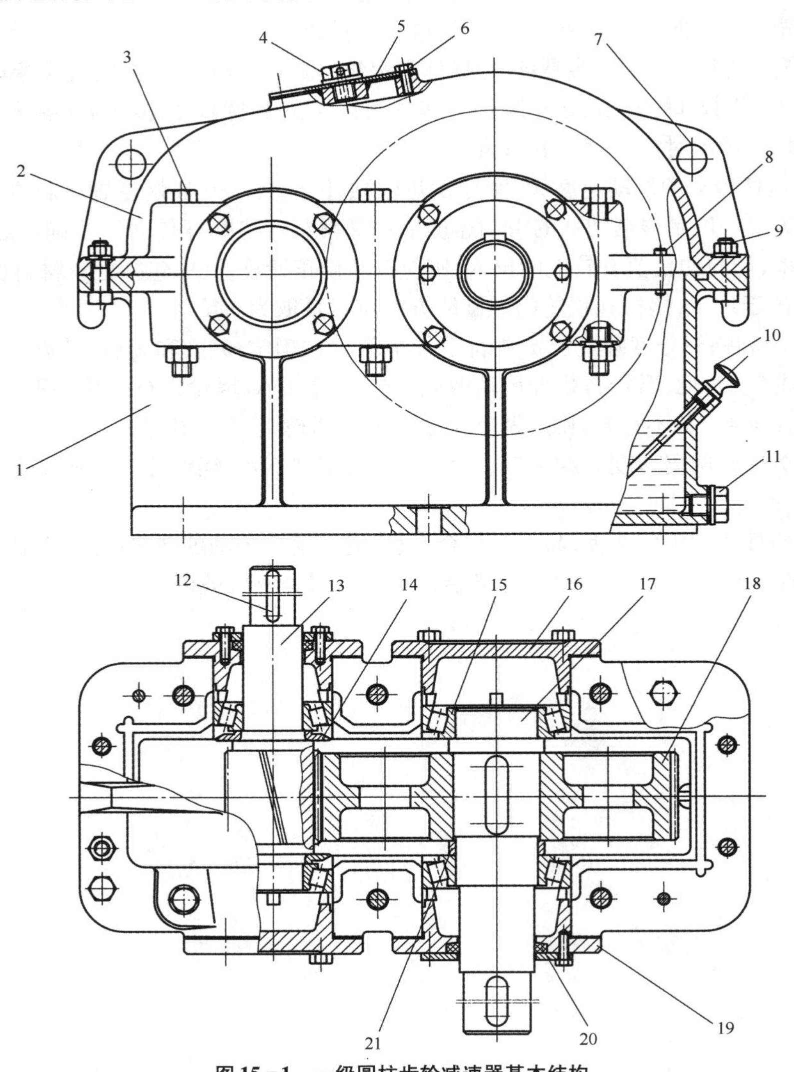

图 15-1　一级圆柱齿轮减速器基本结构

1—箱座；2—箱盖；3、9—螺栓；4—通气器；5—视孔盖；6—盖板螺钉；7—箱盖吊耳；8—定位销；10—油标尺；11—放油螺塞；12—平键；13—齿轮轴；14—挡油环；15—滚动轴承；16—轴承闷盖；17—低速轴；18—齿轮；19—轴承透盖；20—毡圈油封；21—间隔套筒

在图 15－1 中，箱体由箱座 1 和箱盖 2 组成。为了安装方便，箱座与箱盖的分界面通常与轴的中心线平面重合，这样有利于将齿轮、轴承等零件在箱外安装在轴上，再放入箱座的轴承孔内，然后合上箱盖。箱座 1 与箱盖 2 是用定位销 8 固定其相互位置，并用螺栓 3 和 9 连接起来的。为了在拆卸时易于将箱盖与箱体分开，在箱盖凸缘上两端各制出一个螺纹孔，以便拧入启盖用的压出螺钉，如图 15－2c 所示。为了防止润滑油通过箱座与箱盖接合面流出，在箱座接合面上制有回油沟和倾斜钻孔或铣出斜槽，使油储集在油沟中，并通过小孔或斜槽流回到箱内，如图 15－2a、b 所示。对于用润滑油润滑的滚动轴承，此油沟则起另一作用，称为输油沟。此时箱盖内壁上铸有较大的倒角，无需倾斜的小孔或斜槽。当箱座中的齿轮运转时，飞溅在箱盖内表面上的油，顺盖流入输油沟，通过输油沟流经轴承盖上铣出的缺口进入轴承中，如图 15－2c、d 所示。为防止过多的油从箱体内侧进入轴承以减少功率损耗，在小齿轮两侧靠近箱壁处装有挡油环 14。对于采用润滑脂润滑的滚动轴承，为避免可能溅起的油冲掉润滑脂，可采用封油环将其分开。为了检查齿轮啮合情况和加注润滑油，在箱盖上开有窥视孔，用视孔盖 5 和螺钉 6 将其封住，以防止不洁之物进入箱内。为了吊起箱盖（对于重型减速器）或者将整个减速器吊起（对于轻型减速器），在箱盖 2 上铸出两个吊耳 7（或安装两个吊环螺钉），最好高度一致。在伸出轴和轴承透盖 19 之间装有毡圈油封 20，以防止漏油和外界污物进入箱体内。为了在箱体温度升高时将受热膨胀的气体（空气和油气）放出，以免箱内空气压力升高，使空气连同润滑油一起通过伸出轴与轴承盖间的密封装置挤出而引起漏油现象，在视孔盖上装一通气器 4。为了在检查和加油时测量箱内润滑油面的位置，在箱座 1 上制出一凸台以装油标尺 10。为了放出箱内的污油，在箱底设一放油螺塞 11。在箱座的下部，铸出支承凸缘，以便用地脚螺栓固定减速器于地基上。

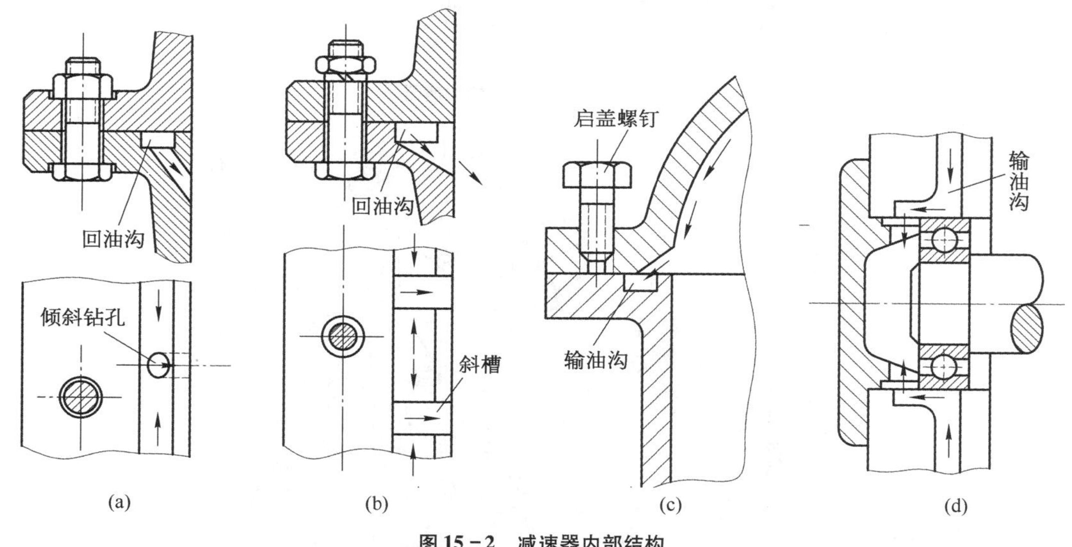

图 15－2　减速器内部结构

（a）回油沟与倾斜钻孔密封；（b）回油沟与铣出斜槽密封；（c）启盖螺钉与输油沟润滑；（d）滚动轴承油润滑

15.2　减速器的箱体

减速器箱体按其结构形式不同分为剖分式和整体式，大多采用剖分式结构。剖分式箱体由箱座和箱盖两部分组成，如图 15－1 所示，用螺栓连接起来构成一个整体。剖分面与减速器内传动件轴心线平面重合，有利于轴系部件的安装和拆卸。图 15－3～图 15－6 所示的四种减速器均为剖分式箱体。为了保证箱体的刚度,在轴承处设有加强肋。为保证减速器安装的稳定性和刚度,箱体底座要有一定的宽度和厚度,并尽可能减小箱体底座平面的机械加工面积,因此箱体底座一般不采用完整的平面,如图15-1中减速器下箱座底面采用两纵向矩形加工基面。整体式箱体重量轻、零件少、机体的加工量也少,但轴系装配比较复杂。

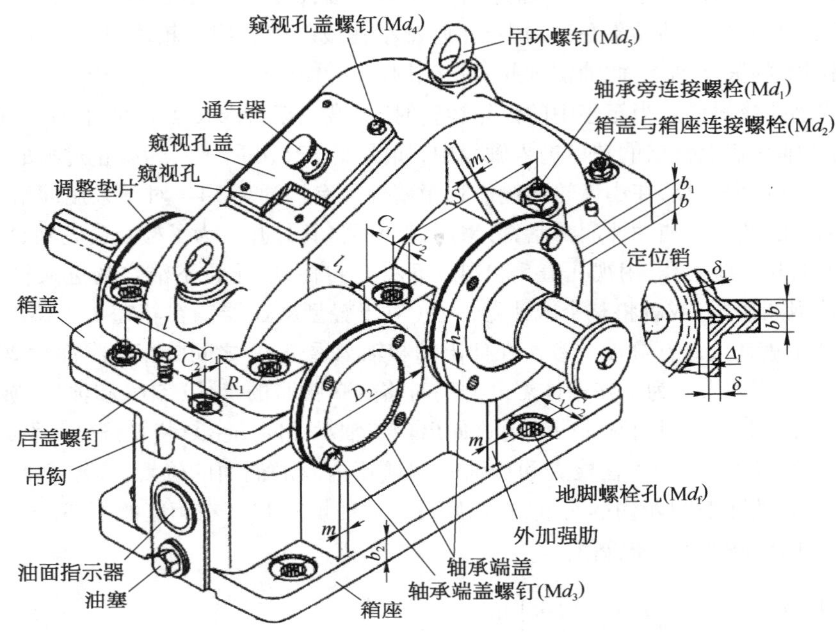

图15-3 一级圆柱齿轮减速器

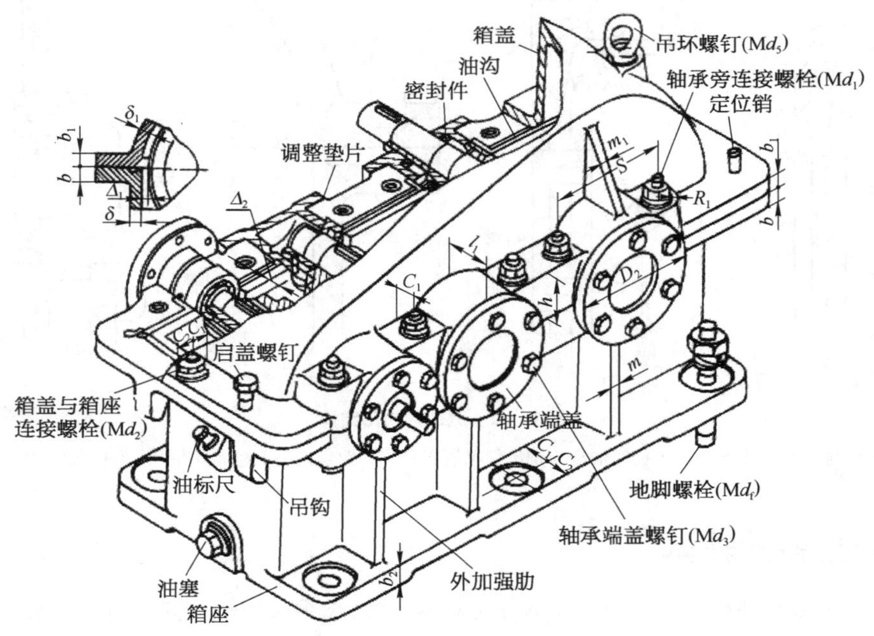

图15-4 二级圆柱齿轮减速器

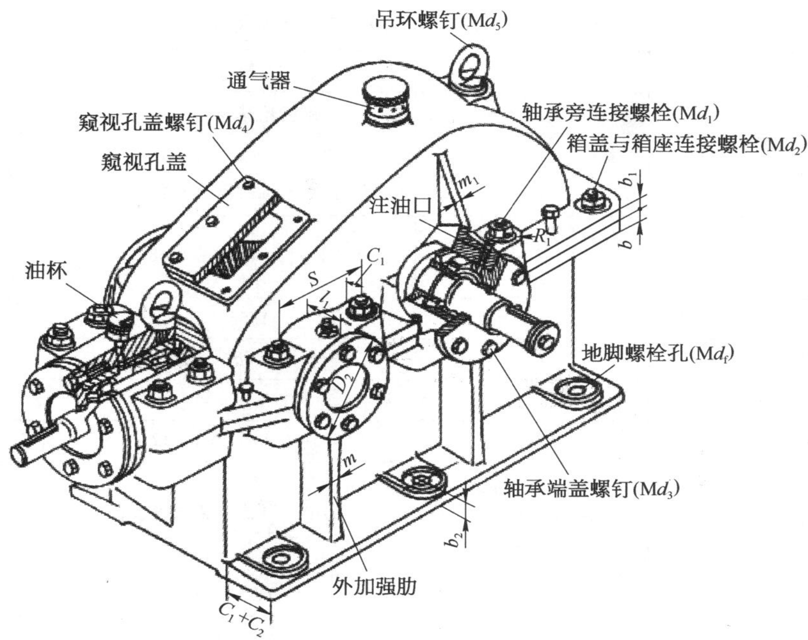

图 15－5　圆锥-圆柱齿轮减速器

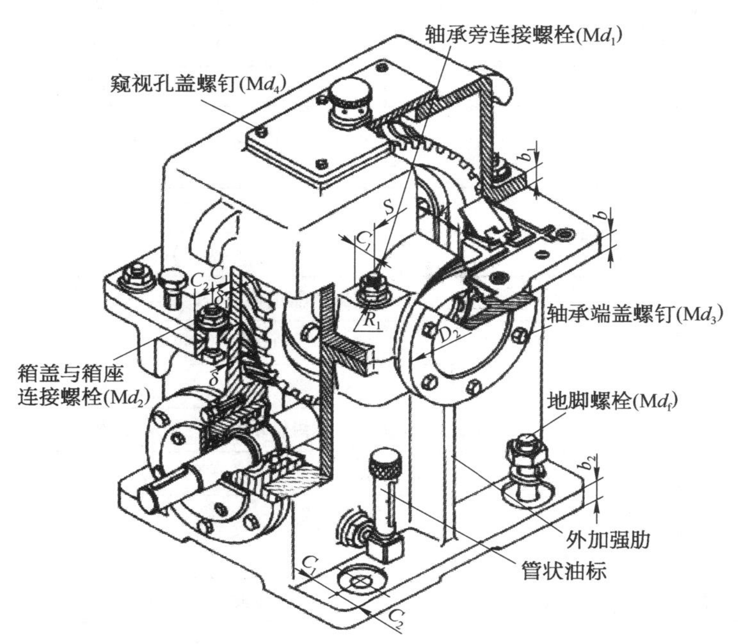

图 15－6　蜗杆减速器

减速器箱体按毛坯制造方式不同可以分为铸造箱体和焊接箱体，铸造箱体一般多用 HT150、HT200 制造。灰铸铁具有良好的铸造性能和切削加工性能，成本低。当承受重载时可采用铸钢箱体，铸造箱体多用于批量生产。铸造箱体各部分的结构尺寸可参阅表 15－1。对于小批量或单件生产的减速器，为了简化工艺，降低成本，可采用钢板焊接箱体。

表 15-1 铸造减速器箱体的结构尺寸

<table>
<tr><th colspan="2" rowspan="2">名　　称</th><th rowspan="2">符号</th><th colspan="7">减速器类型及尺寸关系(mm)</th></tr>
<tr><th colspan="2">圆柱齿轮减速器</th><th colspan="3">锥齿轮减速器</th><th colspan="2">蜗杆减速器</th></tr>
<tr><td colspan="2" rowspan="2">箱座壁厚</td><td rowspan="2">δ</td><td>一级</td><td>$0.025a+1\geqslant 8$</td><td colspan="3" rowspan="2">$0.01(d_1+d_2)+1\geqslant 8$
d_1、d_2为小、大锥齿轮的大端直径</td><td colspan="2" rowspan="2">$0.04a+3\geqslant 8$</td></tr>
<tr><td>二级</td><td>$0.025a+3\geqslant 8$</td></tr>
<tr><td colspan="2" rowspan="2">箱盖壁厚</td><td rowspan="2">δ_1</td><td>一级</td><td>$0.02a+1\geqslant 8$</td><td colspan="3" rowspan="2">$0.0085(d_1+d_2)+1\geqslant 8$</td><td colspan="2" rowspan="2">蜗杆上置:$\delta_1=\delta$
蜗杆下置:$\delta_1=0.85\delta\geqslant 8$</td></tr>
<tr><td>二级</td><td>$0.02a+3\geqslant 8$</td></tr>
<tr><td colspan="2">箱座凸缘厚度</td><td>b</td><td colspan="7">1.5δ</td></tr>
<tr><td colspan="2">箱盖凸缘厚度</td><td>b_1</td><td colspan="7">$1.5\delta_1$</td></tr>
<tr><td colspan="2">箱座底凸缘厚度</td><td>b_2</td><td colspan="7">2.5δ</td></tr>
<tr><td colspan="2">地脚螺栓直径</td><td>d_f</td><td colspan="2">$0.036a+12$</td><td colspan="3">$0.015(d_1+d_2)+1\geqslant 12$</td><td colspan="2">$0.036a+12$</td></tr>
<tr><td colspan="2">地脚螺栓数目</td><td>n</td><td colspan="2">$a\leqslant 250$ 时,$n=4$
$a>250\sim500$ 时,$n=6$
$a>500$ 时,$n=8$</td><td colspan="3">$n=\dfrac{\text{箱座底凸缘周长之一半}}{200\sim300}\geqslant 4$</td><td colspan="2">4</td></tr>
<tr><td colspan="2">轴承旁连接螺栓直径</td><td>d_1</td><td colspan="7">$0.75d_f$</td></tr>
<tr><td colspan="2">箱盖与箱座连接螺栓直径</td><td>d_2</td><td colspan="7">$(0.5\sim0.6)d_f$</td></tr>
<tr><td rowspan="4">螺栓扳手空间尺寸与沉头座直径</td><td>安装螺栓直径</td><td>d_x</td><td>M8</td><td>M10</td><td>M12</td><td>M16</td><td>M20</td><td>M24</td><td>M30</td></tr>
<tr><td>至外箱壁距离</td><td>$C_{1\min}$</td><td>13</td><td>16</td><td>18</td><td>22</td><td>26</td><td>34</td><td>40</td></tr>
<tr><td>至凸缘边距离</td><td>$C_{2\min}$</td><td>11</td><td>14</td><td>16</td><td>20</td><td>24</td><td>28</td><td>34</td></tr>
<tr><td>沉头座直径</td><td>$D_{0\min}$</td><td>18</td><td>22</td><td>26</td><td>33</td><td>40</td><td>48</td><td>61</td></tr>
<tr><td colspan="2">箱盖与箱座连接螺栓的间距</td><td>l</td><td colspan="7">150~200</td></tr>
<tr><td colspan="2">轴承端盖螺钉直径</td><td>d_3</td><td colspan="7">$(0.4\sim0.5)d_f$</td></tr>
<tr><td colspan="2">窥视孔盖螺钉直径</td><td>d_4</td><td colspan="7">$(0.3\sim0.4)d_f$</td></tr>
<tr><td colspan="2">吊环螺钉直径</td><td>d_5</td><td colspan="7">按减速器重量确定(参见表 8-12)</td></tr>
<tr><td colspan="2">定位销直径</td><td>d</td><td colspan="7">$(0.7\sim0.8)d_2$</td></tr>
<tr><td colspan="2">轴承旁凸台半径</td><td>R_1</td><td colspan="7">C_2</td></tr>
<tr><td colspan="2">凸台高度</td><td>h</td><td colspan="7">根据 d_1 位置及低速级轴承座外径确定,以便于扳手操作为准</td></tr>
<tr><td colspan="2">外箱壁至轴承座端面距离</td><td>l_1</td><td colspan="7">$C_1+C_2+(5\sim8)$</td></tr>
<tr><td colspan="2">大齿轮齿顶圆(蜗轮外圆)与内箱壁距离</td><td>Δ_1</td><td colspan="7">$>1.2\delta$</td></tr>
<tr><td colspan="2">小齿轮端面与内箱壁距离</td><td>Δ_2</td><td colspan="7">$>\delta$(或$\geqslant 10\sim15$)</td></tr>
<tr><td colspan="2">箱盖肋厚</td><td>m_1</td><td colspan="7">$0.85\delta_1$</td></tr>
<tr><td colspan="2">箱座肋厚</td><td>m</td><td colspan="7">0.85δ</td></tr>
<tr><td colspan="2">轴承端盖外径</td><td>D_2</td><td colspan="7">凸缘式:$D+(5\sim5.5)d_3$;嵌入式:$1.25D+10$(D 为轴承外径)</td></tr>
<tr><td colspan="2">轴承旁连接螺栓距离</td><td>S</td><td colspan="7">尽量靠近,以 Md_1 和 Md_3 互不干涉为准,一般取 $S\approx D_2$</td></tr>
</table>

注:1. 表中 a 为中心距,多级传动时,a 取大值。对圆锥-圆柱齿轮减速器,按圆柱齿轮传动中心距取值。

2. 当算出的 δ、δ_1 值小于 8mm 时,考虑铸造工艺,应取 8mm。

15.3　减速器的润滑

在减速器中,对传动零件和轴承的润滑是非常重要的。良好的润滑,不仅可以降低摩擦功率损耗、减少齿面磨损、提高传动效率,而且能降低轴承噪声、防止锈蚀、改善散热。

1. 齿轮传动和蜗杆传动的润滑

在减速器中,齿轮传动和蜗杆传动除速度很低($v<0.5$m/s)采用脂润滑外,绝大多数均采用油润滑。

1）浸油润滑　当齿轮圆周速度 $v\leqslant12$m/s 或蜗杆圆周速度 $v\leqslant10$m/s 时,采用油池浸油润滑,即把轮齿浸在油池中。齿轮转动时,将润滑油带到啮合表面,同时也将油甩上箱壁,借以散热。

为了减小齿轮运动阻力和温升,圆柱齿轮浸油深度 h 以 1 个齿高为宜,如图 15－7a 所示。当速度高时,浸油深度约为 0.7 个齿高,但至少为 10mm。当速度较低($v<0.5\sim0.8$m/s)时,浸油深度可达 1/6～1/3 的齿轮半径,但不应超过 100mm。采用锥齿轮传动时,宜把大锥齿轮整个齿宽浸入油池中,如图 15－7b 所示,至少应浸入 0.7 个齿宽。蜗杆上置的减速器,蜗轮浸油深度与圆柱齿轮相同,如图 15－7c 所示;蜗杆下置的减速器,蜗杆浸油深度约为 1 个齿高,但油面不应超过蜗杆轴承最下面滚动体的中心线,如图 15－7d 所示,以免增大油的搅动损失。

在多级减速器中,应尽量使各级传动浸油的深度近于相等。如果低速级齿轮浸油太深,可采用

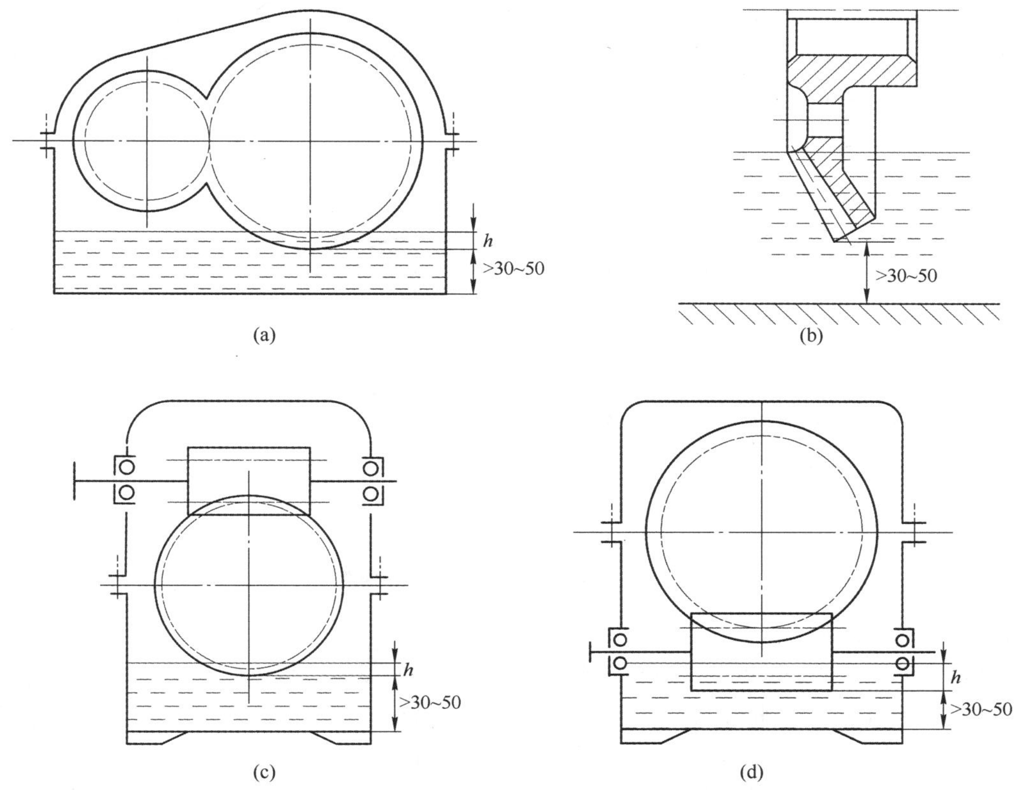

图 15－7　减速器浸油润滑

(a) 圆柱齿轮浸油润滑;(b) 圆锥齿轮浸油润滑;
(c) 蜗杆上置的减速器浸油润滑;(d) 蜗杆下置的减速器浸油润滑

溅油轮来润滑高速级齿轮,如图15-8所示。溅油轮常用塑料制成,其宽度约为高速级齿轮宽度的30%。

油池应保持一定深度,一般大齿轮齿顶圆到油池底面的距离不小于30~50mm,以免大齿轮回转时搅起沉积在箱底的污物杂质。油池也应保持一定的油量,以保证润滑和散热的需要。

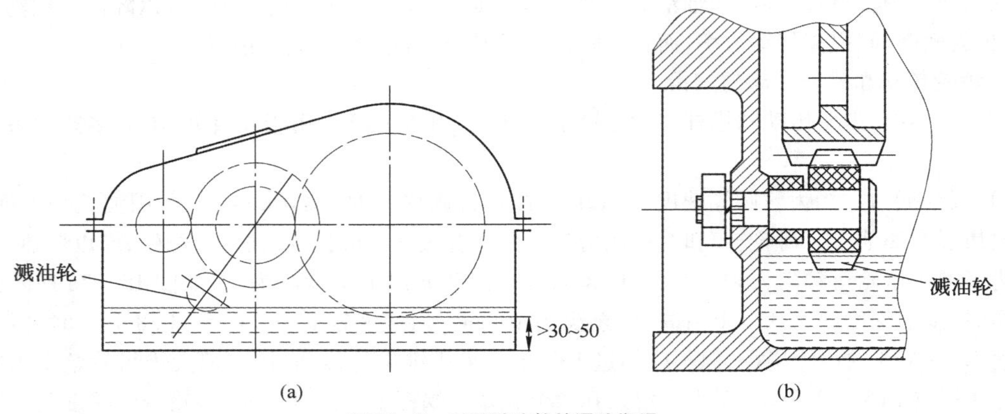

图15-8 采用溅油轮的浸油润滑

(a)二级圆柱齿轮减速器溅油轮润滑;(b)溅油轮安装结构

2)喷油润滑 当齿轮圆周速度 $v>12\text{m/s}$ 或蜗杆圆周速度 $v>10\text{m/s}$ 时,黏在齿轮上的油大多被甩掉,使啮合区得不到可靠的供油,而且搅油不仅使油温升高而且还会搅起箱底的杂质。此时宜采用喷油润滑,即利用油泵给润滑油加压,通过油嘴喷到啮合区对轮齿进行润滑,如图15-9所示。

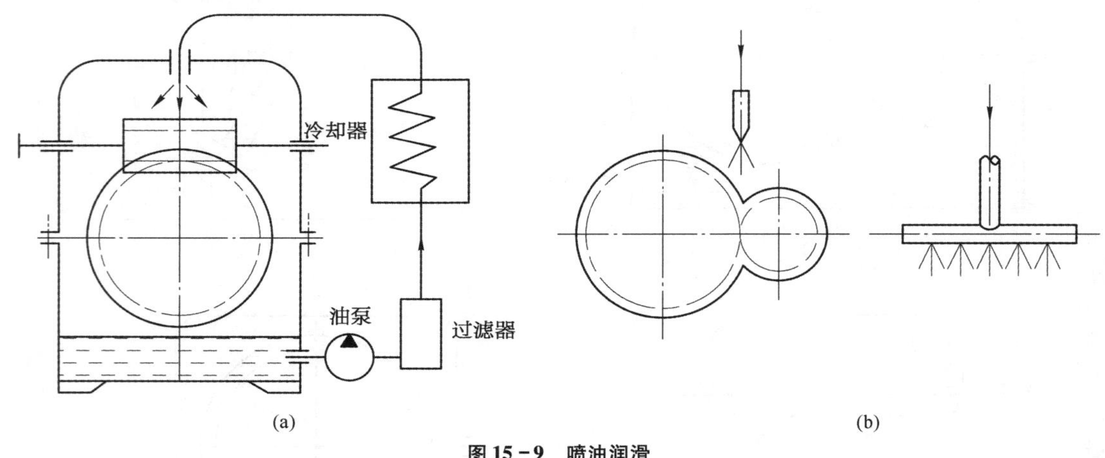

图15-9 喷油润滑

(a)蜗杆喷油润滑;(b)齿轮喷油润滑

2. 滚动轴承的润滑

减速器中的滚动轴承可以采用油润滑或脂润滑。当浸油齿轮的圆周速度较低时,齿轮不能有效地把油飞溅到箱壁上,因此滚动轴承通常采用脂润滑;当浸油齿轮的圆周速度较高时,齿轮能将较多的油飞溅到箱壁上,此时滚动轴承通常采用油润滑,当然也可以采用脂润滑。

1)润滑油润滑 减速器中的滚动轴承可以直接利用减速器油池中的润滑油进行润滑,这样比较方便,但是容易漏油,所以密封装置要求较高;此外由于齿轮被磨落的屑末混在润滑油中被带至滚动轴承,使轴承容易磨损。滚动轴承采用润滑油润滑的方式有以下几种:

（1）飞溅润滑。当减速器中只要有一个浸油齿轮的圆周速度 $v>2\text{m/s}$ 时，就可以采用飞溅润滑。靠齿轮飞溅起来的油先溅到箱壁上，然后顺着箱盖的内壁流入箱座的输油沟，再经输油沟由轴承端盖上的缺口进入轴承，如图 15－2c、d 所示。当一个浸油齿轮的圆周速度 $v>3\text{m/s}$ 时，分箱面可以不开输油沟，因为齿轮转速高，飞溅起来的润滑油所形成的油雾可直接进入滚动轴承进行润滑。

（2）刮板润滑。当浸油齿轮的圆周速度 $v<2\text{m/s}$ 时，飞溅的油难以进入轴承座内，这时轴承可采用刮板润滑。图 15－10a 所示为当蜗轮转动时，利用装在箱体壁内特制的刮油板将油从轮缘端面刮下经输油沟流入轴承；图 15－10b 所示则把刮下的油直接送入轴承。

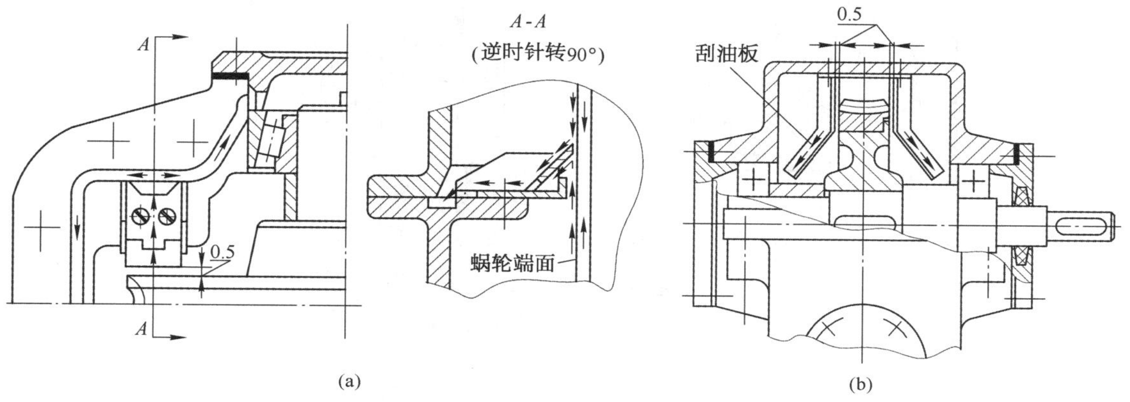

图 15－10　刮板润滑

（a）蜗轮轴承的润滑；（b）上置式蜗杆轴承的润滑

（3）浸油润滑。下置式蜗杆的轴承常采用油池浸油润滑，如图 15－11a 所示，轴承的浸油深度不超过轴承最下面滚动体中心，以免滚动阻力过大。当油面达到轴承最低的滚动体中心而蜗杆齿未浸入油中或浸入深度不够时，常在蜗杆轴上加装溅油轮，其结构如图 15－11b 所示，利用溅油轮将油溅到蜗杆和蜗轮上进行润滑。

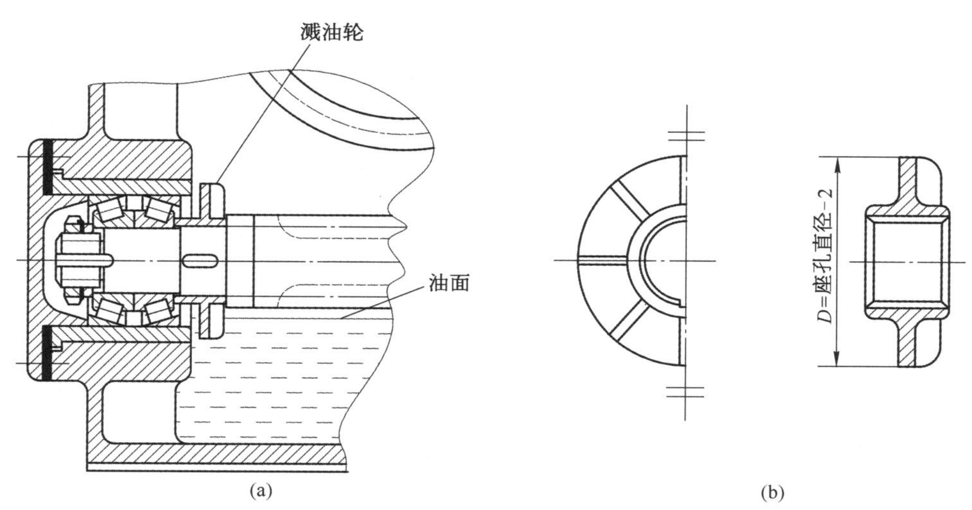

图 15－11　浸油润滑

（a）下置式蜗杆轴承油池浸油润滑；（b）溅油轮结构

2）润滑脂润滑　齿轮圆周速度 $v<2\text{m/s}$ 的齿轮减速器的轴承，下置式蜗杆减速器的蜗轮轴承

以及上置式蜗杆减速器的蜗杆轴承常采用润滑脂润滑。采用润滑脂润滑方式比较简单,通常在装配轴承时将润滑脂填入轴承空间的 1/3 ~ 1/2,以后定期更换或补充;工作繁重的轴承也可采用旋盖式油杯(图 15 - 12a)或用油枪通过压注油杯(图 15 - 12b)注入润滑脂。轴承座与箱体内部被挡油环隔开,以阻止箱体内的润滑油进入轴承室稀释润滑脂。

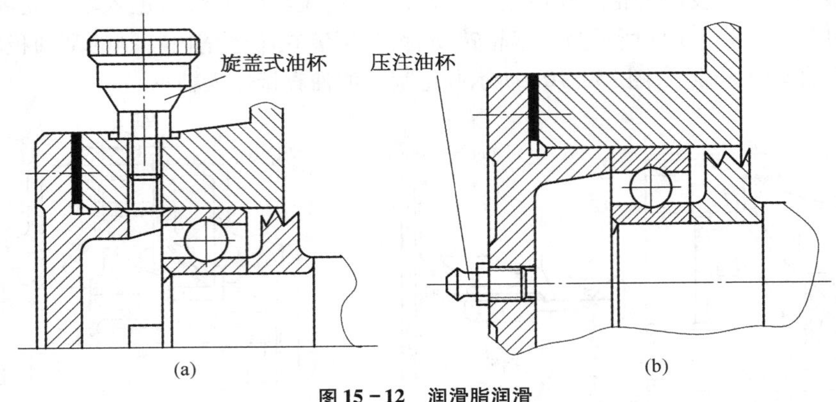

图 15 - 12　润滑脂润滑

(a) 旋盖式油杯;(b) 压注油杯

第 16 章　减速器装配工作图设计

16.1　减速器装配工作图概述

减速器装配工作图反映减速器整体轮廓形状和传动方式，也表达出各零件间的相互位置、尺寸和结构形状。它是绘制零件工作图的基础，又是对减速器部件组装、调试、检验及维修的技术依据。装配工作图应包括以下四方面的内容：

（1）完整、清晰地表达减速器全貌的一组视图。

（2）必要的尺寸标注。

（3）技术要求及装配、调试和检验说明。

（4）零件编号、标题栏和明细表。

装配工作图的设计过程中，既包括结构设计，又有校核计算，有些地方还不能一次确定，所以往往采用"边计算、边绘图、边修改"的方法逐步加以完成。

减速器装配工作图的设计过程一般有以下几个阶段：

（1）装配工作图设计的准备。

（2）绘制装配工作底图。根据齿轮的尺寸画出箱体的轮廓；根据轴的初算直径与轴上零件的装配和定位关系，确定阶梯轴的结构形式；根据轴承的润滑方式和受力方向，确定轴承的位置和型号，并确定是否设置挡油环；确定轴承端盖的形式及结构并选择键连接的类型和尺寸等。

（3）进行轴、轴承以及键连接的校核计算。

（4）进行轴系部件的结构设计。

（5）进行减速器箱体和附件的设计。

（6）完成装配工作图。标注尺寸，填写零件编号、技术特性、技术要求、明细表、标题栏等。

16.2　减速器装配工作图设计的准备

在绘制减速器装配工作底图之前，应做好以下准备工作：

通过装拆或查看减速器、阅读减速器的有关资料等，了解减速器各零部件之间的相互关系、位置和作用，从而熟悉减速器的结构。

根据已进行的设计计算，汇总和检查绘制减速器装配工作图时所必需的技术资料和数据：

（1）传动装置的运动简图。

（2）各传动零件的主要尺寸数据，如传动中心距、分度圆直径、齿顶圆直径、齿轮宽度和锥齿轮的分度圆锥角等。

（3）电动机的安装尺寸，如中心高、外伸轴直径和长度、键槽尺寸等。

（4）联轴器轴孔直径和长度，链轮或带轮的轴孔直径和长度等。

（5）按工作条件初选滚动轴承的类型及轴的支承形式（两端固定或一端固定、一端游动等）。

在选择轴承类型时,首先应考虑是否采用结构最简单而价格最低的深沟球轴承;当支座上作用径向力 F_r 和较大的轴向力 F_a($F_a>0.25F_r$)时,或者需要调整传动零件(如圆锥齿轮、蜗轮等)的轴向位置时,应选用角接触轴承,最常用的是圆锥滚子轴承。因为圆锥滚子轴承的外圈是可拆的,便于装拆和调整。选择轴承型号时可先选02系列,再根据寿命计算结果作必要的调整。

(6) 根据减速器中传动件的圆周速度,确定滚动轴承的润滑方式。

(7) 确定减速器箱体的结构形式(如整体式、剖分式等),并计算出其各部分尺寸。图15-3~图15-6所示为常见的铸造箱体的减速器结构图,其各部分尺寸的推荐数据可按表15-1所列经验公式确定。按经验公式计算出尺寸后应将其圆整,有些尺寸应根据结构要求适当修改。与标准件有关的尺寸,如螺栓、螺钉和销的直径等,应取相应的标准值。

(8) 选定图纸幅面及绘图比例。一般一级减速器用A1图纸绘制装配工作图,二级减速器用A0图纸绘制装配工作图。为了加强设计的真实感,培养图上判断尺寸的能力,优先选用1:1的比例尺;若减速器的尺寸相对图纸尺寸过大或过小,也可选用其他比例尺,图样比例可参见表1-12。

(9) 合理布置图面。减速器装配工作图通常用三个视图并辅以必要的局部视图来表达。三个视图、标题栏、零件明细表、技术特性和技术要求等的布置位置可参考图16-1。

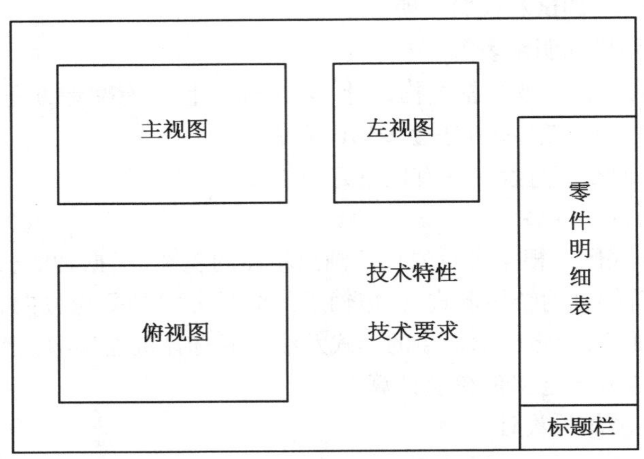

图16-1 装配工作图的图面布置

16.3 绘制装配工作底图

本阶段设计的内容,主要是初绘减速器的俯视图和部分主视图。现以圆柱齿轮减速器为例介绍绘制装配工作底图的设计步骤和方法。

1. 画出传动零件的中心线

根据齿轮传动的中心距,先用点画线定出主视图的各级轴中心,然后画出俯视图的各级轴中心,如图16-2和图16-3所示。

2. 确定传动零件的轮廓和相对位置

在主视图、俯视图上分别画出齿轮的分度圆、齿顶圆和齿轮宽度。为了保证全宽度啮合并降低安装精度的要求,通常取小齿轮比大齿轮宽5~10mm。齿轮的其他细部结构暂且不画。在设计二级齿轮减速器时,应注意使两个大齿轮端面之间留有间距 $\Delta_3=8\sim15$mm,同时应注意中间轴的大齿轮齿顶是否与低速轴发生干涉,如发生干涉,应修改齿轮的传动参数。

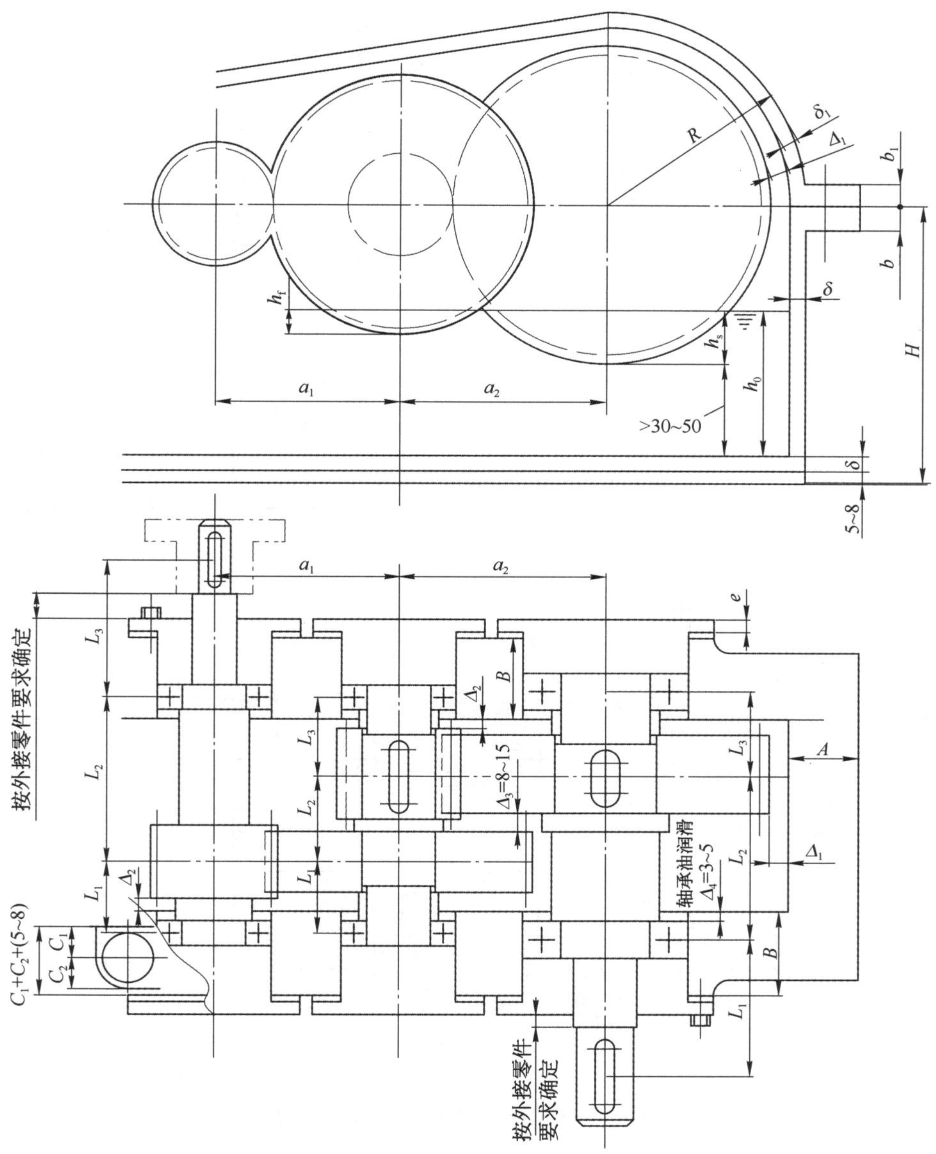

图 16－2　二级圆柱齿轮减速器初绘装配工作底图

3. 确定箱体内壁和外廓

在俯视图上，为了避免箱体铸造误差造成齿轮与箱体间的距离过小甚至齿轮与箱体相碰，应使大齿轮齿顶圆与箱体内壁的距离留有距离 Δ_1，画出箱体宽度方向低速级大齿轮一侧的内壁线；应使小齿轮端面至箱体内壁距离留有 Δ_2，画出箱体长度方向的两条内壁线。Δ_1 和 Δ_2 的取值参见表 15－1。高速级小齿轮齿顶圆一侧的箱体内壁线暂无法确定，将来由主视图中轴承座孔旁连接螺栓凸台位置的投影关系来确定。轴承靠近箱体内壁的一侧至箱体内壁的距离 Δ_4 可根据轴承润滑方式的不同而选取。当轴承用油润滑时，Δ_4 取 3～5mm，如图 16－2 所示；当轴承用脂润滑时，Δ_4 取 10～15mm，如图 16－3 所示。分箱面凸缘的宽度尺寸 $A=\delta+C_1+C_2$，式中箱座壁厚 δ 和箱盖与

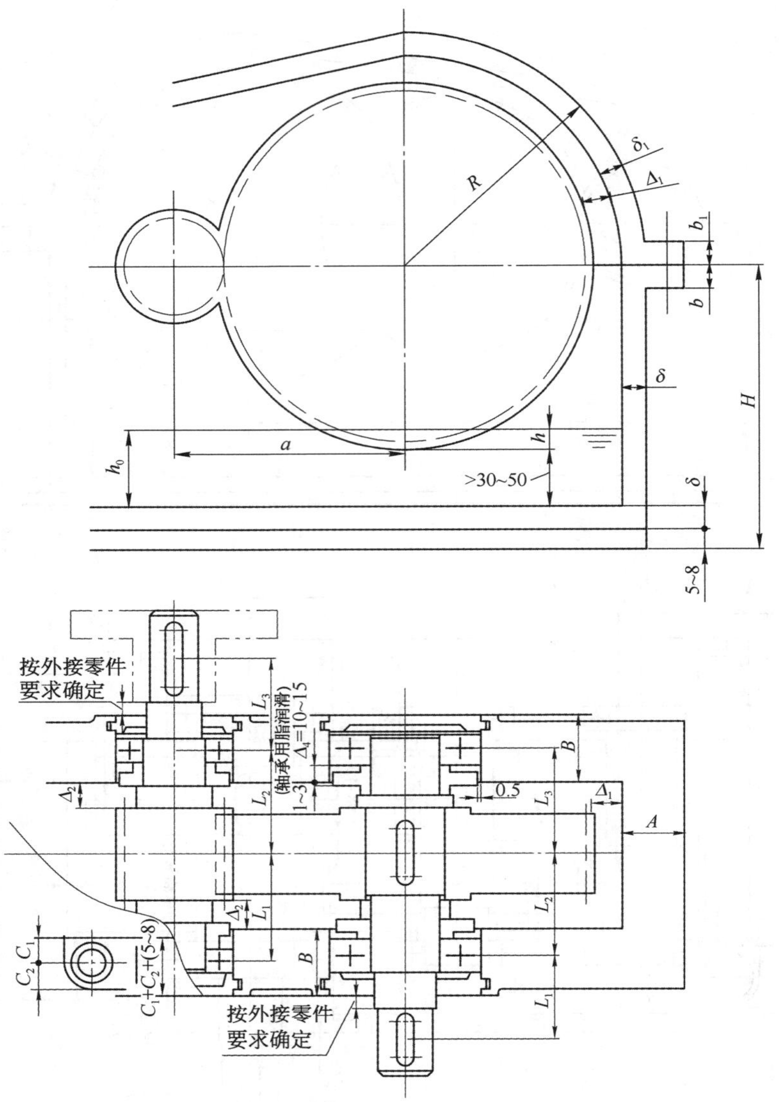

图 16－3　一级圆柱齿轮减速器初绘装配工作底图

箱座连接螺栓的扳手空间尺寸 C_1 与 C_2 见表 15－1。轴承座宽度尺寸 $B = \delta + C_1 + C_2 + (5 \sim 8)$mm，式中(5～8)mm 指的是为了减少加工面，箱体侧面的加工面与非加工面间外凸的尺寸。

在主视图上，根据箱座壁厚 δ 和箱盖壁厚 δ_1 以及润滑要求(大齿轮齿顶圆距箱座内底面距离应大于 30～50mm)，可画出箱体内、外壁线；根据箱座凸缘厚度 b 和箱盖凸缘厚度 b_1 可确定右侧分箱面凸缘结构。

4. 初步确定轴的直径

1) 初步确定高速轴外伸端直径　轴的材料主要是碳钢和合金钢，其中最常用的是 45 钢。表 16－1 列出了轴的常用材料及其主要力学性能。如果高速轴外伸端上安装带轮，其直径可按下式求得

$$d \geqslant A_0 \sqrt[3]{\frac{P}{n}} \qquad (16-1)$$

式中 A_0——与轴材料有关的系数，见表 16-2；

P——轴传递的功率(kW)；

n——轴的转速(r/min)。

当只受转矩或弯矩相对转矩较小时，A_0取小值；当弯矩相对转矩较大时，A_0取大值。在多级齿轮减速器中，高速轴的转矩较小，A_0取较大值；低速轴的转矩较大，A_0应取较小值；中间轴取中间值。

表 16-1 轴的常用材料及其主要力学性能

材料牌号	热处理	毛坯直径(mm)	硬度 HBW	抗拉强度极限 σ_B(MPa)	屈服强度极限 σ_S(MPa)	弯曲疲劳极限 σ_{-1}(MPa)	剪切疲劳极限 τ_{-1}(MPa)	许用弯曲应力 $[\sigma_{-1}]$(MPa)	备注
Q235A	热轧或锻后空冷	≤100		400~420	225	170	105	40	用于不重要及载荷不大的轴
		>100~250		375~390	215				
45	正火回火	≤100	170~217	590	295	255	140	55	应用最广泛
		>100~300	162~217	570	285	245	135		
	调质	≤200	217~255	640	355	275	155	60	
40Cr	调质	≤100	241~286	735	540	355	200	70	用于载荷较大，而无很大冲击的重要轴
		>100~300		685	490	335	185		
40CrNi	调质	≤100	270~300	900	735	430	260	75	用于很重要的轴
		>100~300	240~270	785	570	370	210		
38SiMnMo	调质	≤100	229~286	735	590	365	210	70	用于重要的轴，性能近于40CrNi
		>100~300	217~269	685	540	345	195		
20Cr	渗碳淬火回火	≤60	渗碳 56~62 HRC	640	390	305	160	60	用于要求强度及韧性均较高的轴
QT600-3			190~270	600	370	215	185		用于制造复杂外形的轴
QT800-2			245~335	800	480	290	250		

表 16-2 轴常用材料的$[\tau_T]$值和 A_0 值

轴的材料	Q235A,20	Q275,35	45	40Cr,35SiMn,38SiMnMo,3Cr13
$[\tau_T]$(MPa)	15~25	20~35	25~45	35~55
A_0	149~126	135~112	126~103	112~97

注：1. 表中$[\tau_T]$值是考虑了弯矩影响而降低了的许用扭转切应力。

2. 在下述情况时，$[\tau_T]$取较大值，A_0 取较小值：弯矩较小或只受扭矩作用、载荷较平稳、无轴向载荷或只有较小的轴向载荷、减速器的低速轴、轴只做单向旋转；反之，$[\tau_T]$取较小值，A_0 取较大值。

按式(16-1)求得的直径，还应考虑轴上键槽对轴强度削弱的影响。对于直径 $d>100$mm 的轴，开一个键槽，轴径应增大 3%；开两个键槽，轴径应增大 7%。对于直径 $d\leq100$mm 的轴，开一个键槽，轴径应增大 5%~7%；开两个键槽，轴径应增大 10%~15%。如果减速器高速轴外伸端通过联轴器与电动机轴连接，则外伸端轴径与电动机轴径相差不得很大，否则难以选择合适的联轴器。在这种情况下，建议采用减速器高速轴外伸端轴径 $d=(0.8\sim1.0)d_{电机}$。按式(16-1)求得的直径或用类比法求得的直径都应圆整到表 1-20 中 R40 系列的标准值。

2）初步确定低速轴外伸端直径　低速轴外伸端直径的大小也是按式(16-1)确定并按标准直径圆整。此时如果在该外伸端上安装链轮,则这样确定的直径即为链轮轴孔的直径;如果在该外伸端上安装联轴器,则就需按此轴的计算转矩 T_{ca} 及初定的轴径选择合适的联轴器。轴外伸端可设计成圆柱形或圆锥形。一般在单件生产和小批量生产中优先采用圆柱形,因为圆柱形制造较为简便;在成批和大量生产中通常设计成圆锥形,因为传动零件与圆锥形配合能保证装拆方便,定位精度高,轴向定位不需轴肩,并能产生适当的过盈。

3）初步确定中间轴轴径　中间轴轴径的大小同样也是按式(16-1)确定并圆整为标准值,并以此直径为基础进行进一步的结构设计。通常中间轴的轴径不应小于高速轴的轴径。

5. 轴的结构设计

轴的结构主要取决于轴上零件、轴承的布置、润滑和密封,同时又要满足轴上零件定位正确、固定牢靠、装拆方便、加工容易等条件。通常把轴设计成阶梯形,如图16-4a、b所示。

1）轴的径向尺寸的确定

(1) 轴上装有齿轮、带轮、链轮和联轴器处的直径,如图16-4a、b中的 d 和 d_3 应取标准值(见表1-19)。安装有滚动轴承及密封元件处的直径,如 d_1、d_2 和 d_5,应与滚动轴承及密封元件孔径的标准尺寸一致。轴上两个支点的轴承,应尽量采用相同的型号,这样轴承座孔可一次镗出,以保证加工精度。

(2) 当直径变化是为了固定轴上零件或承受轴向力时,其轴肩为定位轴肩,如图16-4a、b中的 $d-d_1$、d_3-d_4 和 d_4-d_5 形成的轴肩。一般的定位轴肩,当配合处轴的直径小于80mm时,轴肩处的直径差可取6~10mm。轴肩高度 h、轴肩处过渡圆角半径 R 及轴上零件的倒角 C 或圆角 r 应满足:$h>C$ 或 $h>r>R$,如图16-4c所示。一般配合表面处轴肩和零件孔的圆角、倒角尺寸见表1-24。用作滚动轴承内圈定位时,轴肩的直径及过渡圆角半径应按轴承的安装尺寸要求取值,见表6-1~表6-7。

当直径变化仅是为了轴上零件装拆方便或区别不同的加工表面时,其轴肩为非定位轴肩,如图16-4a、b中的 d_1-d_2、d_2-d_3 形成的轴肩。非定位轴肩的直径变化值应较小,例如取1~3mm。直径变化处的圆角 R 为自由表面过渡圆角,可取大些。

(3) 当轴表面需要磨削加工或切削螺纹时,为了便于加工,直径变化处应留有砂轮越程槽或退刀槽。

2）轴的轴向尺寸的确定　轴上安装零件的各轴段长度,根据相应零件轮毂宽度和其他结构需要来确定;不安装零件的各轴段长度可根据轴上零件相应位置来确定。

(1) 对于安装齿轮、带轮和链轮的轴段,当这些零件靠套筒或挡油环顶住来实现轴向固定时,为了防止加工误差使零件在轴向固定不可靠,应使轴的端面与轮毂的端面间留有一定距离 ΔL,如图16-4所示,一般取 $\Delta L=2\sim3$mm。同理,轴端零件,如图16-4中的联轴器,它的固定也是如此。

(2) 轴段在轴承座孔内的结构和长度与轴承的润滑方式有关。轴承用箱体内润滑油润滑时,箱体内壁至轴承内侧之间的距离 $\Delta_4=3\sim5$mm;轴承采用润滑脂润滑时,则需要安装封油环,箱体内壁至轴承内侧之间的距离 $\Delta_4=10\sim15$mm。

(3) 轴的外伸长度与外接零件和轴承盖的结构有关。在图16-4b中,外伸轴上零件内侧端面距轴承盖的距离为 B。当采用螺栓连接的凸缘式轴承盖时,B 要等于或大于轴承盖连接螺钉的长度,以便在不拆下外接零件的情况下能方便地拆下端盖螺钉;如果轴端还安装弹性套柱销联轴器,则 B 还必须满足弹性套和柱销的装拆条件,B 值可从联轴器标准中查取。当轴端零件直径小于轴承盖螺钉布置直径或用嵌入式轴承盖时,外伸轴的轴向定位端面至轴承端盖面的距离可取小些,一般取5~10mm。

3）轴上键槽的尺寸和位置　平键的剖面尺寸根据相应轴段的直径查表4-27确定,键长取比

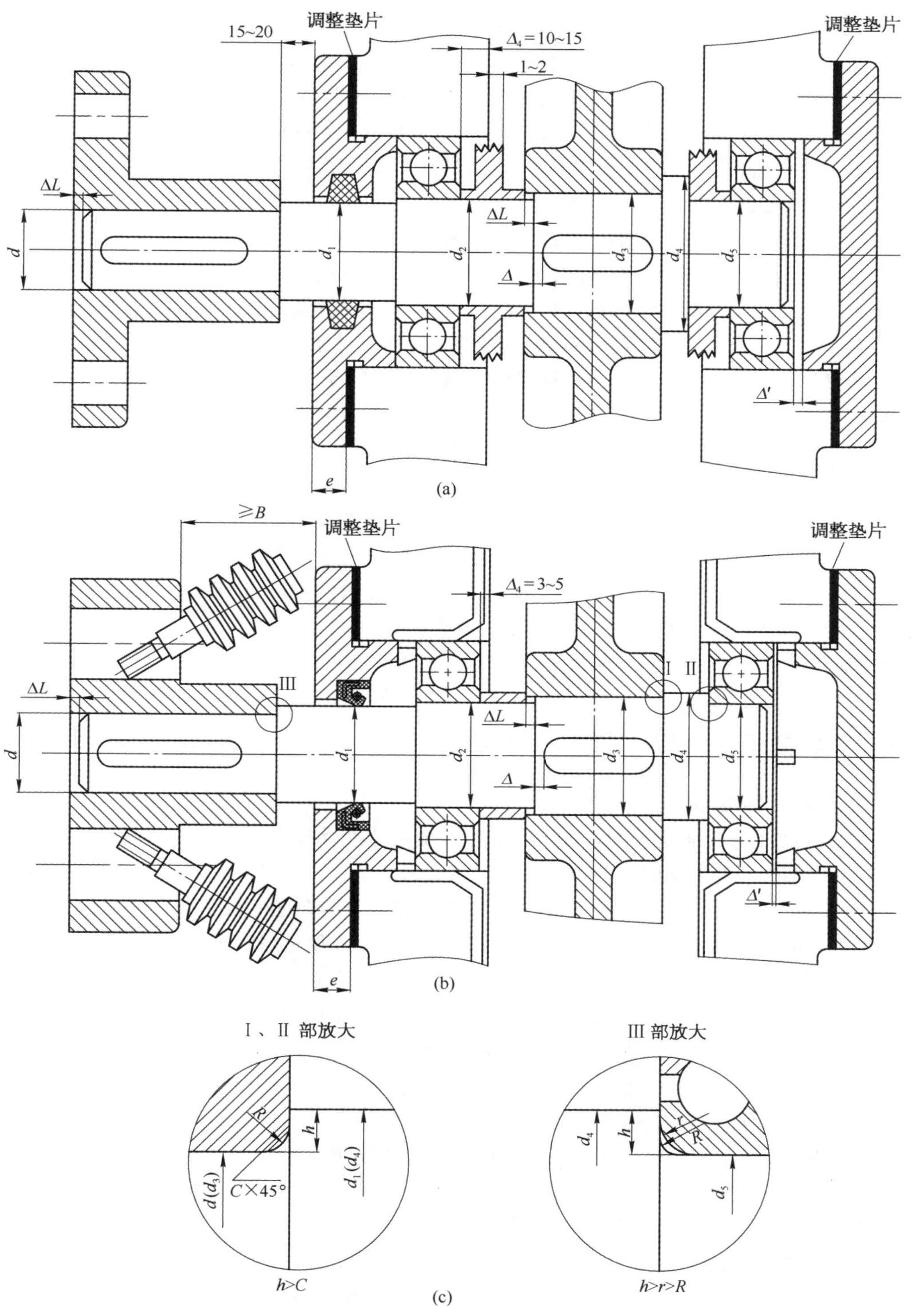

图 16－4　阶梯轴的结构

(a) 轴承用脂润滑；(b) 轴承用油润滑；(c) 轴环、轴肩局部放大图

零件的轮毂宽度短5~10mm,符合键的长度系列标准值,并使轴上键槽靠近传动件装入一侧,以便于装配时轮毂的键槽易于对准轴上的键,如图16-4所示,一般取$\Delta \leqslant 2 \sim 5$mm。同时,键槽不要太靠近轴肩处,以避免由于键槽加重轴肩过渡圆角处的应力集中。

当轴上有多个键槽时,为便于一次装夹加工,各键槽应布置在同一母线上;如轴径相差较小,各键槽剖面尺寸可按直径较小的轴段取同一尺寸,以减少键槽加工时的换刀次数。

6. 画出轴承盖的外形

轴承盖的结构尺寸见表8-1和表8-2。如采用凸缘式轴承盖,在轴承座外端面线以外画出轴承盖凸缘的厚度e的位置。e的大小由轴承盖连接螺钉直径d_3确定($e = 1.2d_3$),并加以圆整。轴承盖凸缘距离轴承座外端面应该留有1~2mm的调整垫片厚度的尺寸。

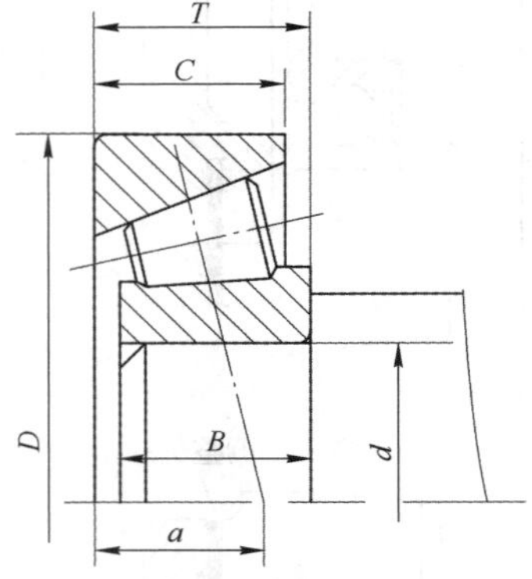

图16-5 角接触轴承的支点位置

7. 确定轴和轴上零件的受力点

按以上步骤初绘装配底图,如图16-2和图16-3所示。从底图上就可确定轴上传动零件受力点的位置和轴承支点间的距离L_1、L_2、L_3。传动零件的受力点一般取为齿轮、带轮、链轮等的宽度中点,柱销联轴器的受力点取为柱销处宽度的中点。深沟球轴承的支点取为轴承宽度的中点,角接触球轴承和圆锥滚子轴承的支点取为离轴承外圈端面的a处,如图16-5所示,a值可由表6-3和表6-6轴承标准查出。

确定轴上传动零件的力作用点及支点距离后,便可进行轴和轴承的校核计算。

16.4 轴、轴承以及键连接的校核计算

1. 轴的强度校核计算

对于一般减速器的轴,通常只需用弯扭合成强度条件进行校核。

根据初绘装配工作底图定出的轴结构和支点及轴上零件的力作用点,画出轴的受力简图,计算各力大小,绘制出弯矩图、扭矩图及当量弯矩图,然后对危险剖面进行强度校核。如果校核未通过,应适当增大轴的直径,修改轴的结构或改变轴的材料;如果强度裕量较大,不必马上修改轴的结构尺寸,待轴承寿命以及键连接强度校核之后,再综合考虑是否修改或如何修改的问题。实际上,许多机械零件的尺寸是由结构关系确定的,强度往往会有较大的裕量。

2. 滚动轴承寿命的校核计算

滚动轴承的类型前面已经选定,在轴的结构尺寸确定后,轴承的型号就可确定,就可以进行轴承的寿命计算。轴承的预期寿命最好近似等于减速器的寿命(推荐为36 000h),若达不到,可与减速器的大修期(推荐为12 000~18 000h)的期限相当,以便于在大修期同时更换轴承;轴承最低的工作寿命不得低于10 000h。如果轴承寿命不符合要求,可先考虑选用其他尺寸系列的轴承,再考虑改变轴承的类型,以提高基本额定动载荷C。

3. 键连接强度的校核计算

键连接强度的校核计算主要验算它的挤压应力,使计算应力小于材料的许用应力。许用挤压应力按键、轴和轮毂三者中材料最弱的选取,一般是轮毂的材料最弱。若经校核的强度不够,当相差较小时,可适当增加键长;当相差较大时,可采用双键,考虑到载荷分布不均,其承载能力按单键的1.5倍计算。

16.5　轴系部件的结构设计

1. 齿轮的结构设计

齿轮结构按毛坯制造方法不同，分锻造、铸造和焊接毛坯三类。铸造、焊接毛坯用于大直径齿轮（$d_a>400$mm）。课程设计中大多为中、小直径（$d_a\leqslant 500$mm）锻造毛坯齿轮，根据尺寸不同，有以下三种结构形式：

1）齿轮轴　当齿根圆直径与轴径相差不大，齿根圆与轮毂键槽顶面距离 $e\leqslant 2.5m_n$（图 16－6a）时，应将齿轮与轴制成一体，称为齿轮轴，如图 16－7 所示，这时轮齿可用滚齿或插齿加工。当齿根圆直径 d_f小于两端相邻的轴径 d 时，如图 16－7b 所示，则只能用滚齿方法加工齿轮。对于直径稍大的小齿轮，应尽量把齿轮与轴分开，以便于齿轮的制造和装配。

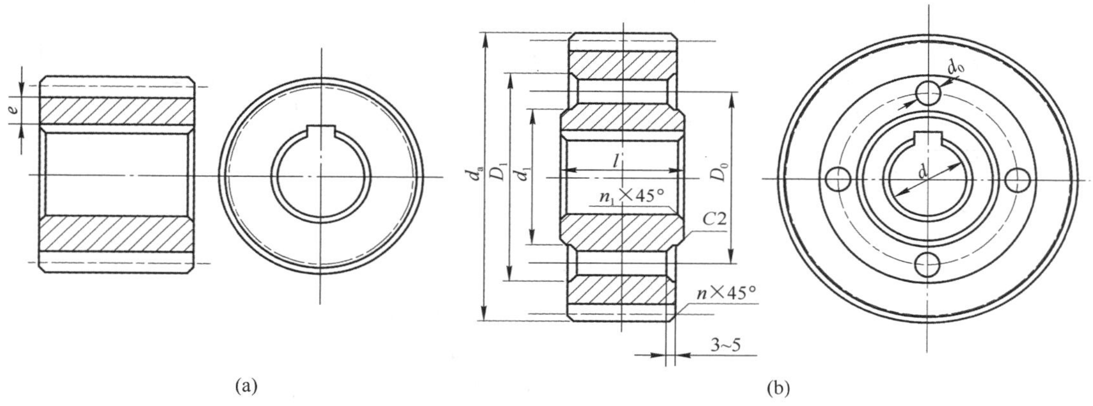

$d_1=1.6d$；$l=(1.2\sim 1.5)d\geqslant b$；$\delta_0=(2.5\sim 4)m_n\geqslant 8\sim 10$mm；$D_1=d_a-10m_n$；
$D_0=0.5(D_1+d_1)$；$d_0=0.25(D_1-d_1)$；$n=0.5m_n$；n_1 根据轴的过渡圆角确定

图 16－6　实心式齿轮结构

（a）$d_a\leqslant 100$；（b）$100<d_a\leqslant 200$

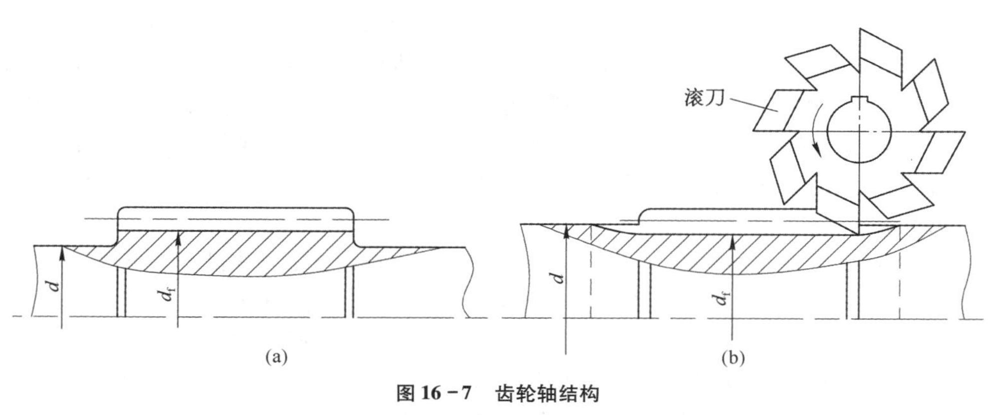

图 16－7　齿轮轴结构

（a）$d_f>d$；（b）$d_f<d$

2）实心式齿轮　当齿顶圆直径 $d_a\leqslant 200$mm 时，除用锻造毛坯外，也可以用轧制圆钢毛坯，可制成实心式齿轮结构，图 16－6a、b 分别给出了两种齿轮结构形式。

3）腹板式齿轮　当齿顶圆直径位于 $200\text{mm} < d_a \leqslant 500\text{mm}$ 时，为了减轻重量、节约材料，常采用腹板式齿轮。锻造齿轮的腹板式结构又分为自由锻和模锻两种形式，后者用于批量较大时生产。

因此，齿轮结构设计时，首先根据直径的大小选定合适的结构形式，然后按图 16－6 和图 16－8 中给出的齿轮结构尺寸的经验公式计算尺寸，经圆整后进行齿轮的结构设计。

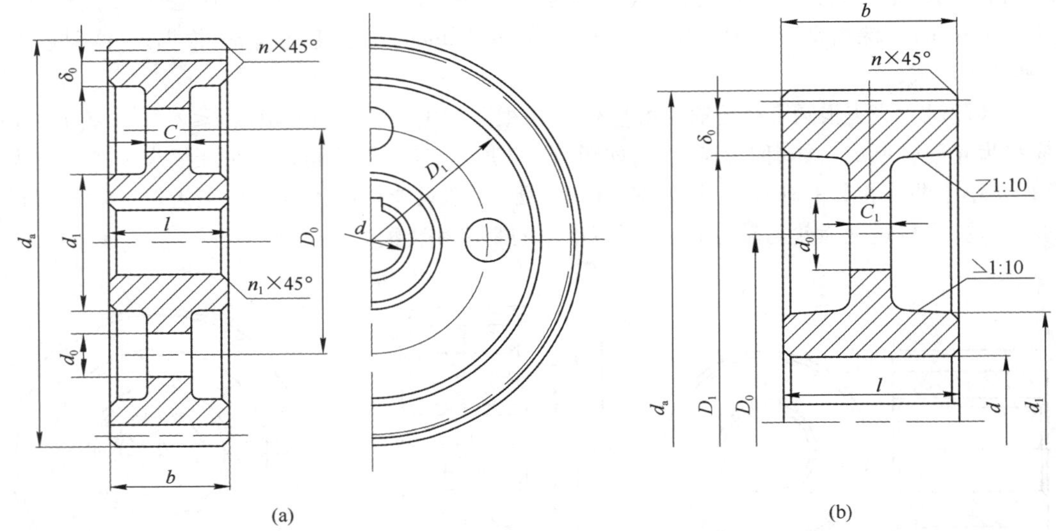

$d_1 = 1.6d$；$l = (1.2 \sim 1.5)d \geqslant b$；$C = 0.3b$；$C_1 = (0.2 \sim 0.3)b$；$\delta_0 = (2.5 \sim 4)m_n \geqslant 8 \sim 10\text{mm}$；$n = 0.5m_n$

$D_1 = d_f - 2\delta_0$；$D_0 = 0.5(D_1 + d_1)$；$d_0 = 0.25(D_1 - d_1) \geqslant 10\text{mm}$；$n_1$ 根据轴的过渡圆角确定

图 16－8　腹板式齿轮结构

(a) 自由锻，批量较小时采用；(b) 模锻，批量较大时采用

2. 滚动轴承的组合设计

1）轴的支承结构形式和轴系的轴向固定　一般齿轮减速器，其轴的支承跨距较小（$l \leqslant 350\text{mm}$），常采用双支点各单向固定的方式。轴承内圈在轴上可用轴肩或套筒作轴向定位，轴承外圈用轴承盖作轴向固定。

设计双支点各单向固定的方式时，要留出少量的轴向间隙，以补偿工作时轴的热伸长量。对于固定游隙的轴承，如深沟球轴承，可在凸缘式轴承盖与箱体轴承座端面之间（图 16－4a、b）或在嵌入式轴承盖与轴承外圈之间（图 16－9a）设置调整垫片，在装配时通过调整来控制轴向间隙。对于可调游隙的轴承，如角接触球轴承或圆锥滚子轴承，则可利用调整垫片或调整螺钉来调整轴承的游隙，以保证轴系的游动和轴承的正常运转。图 16－9b 所示为采用嵌入式轴承盖时利用调整螺钉来调整轴承的游隙。

2）轴承盖的结构及其调整垫片组　轴承盖用于固定轴承、承受轴向载荷及调整轴承间隙，一般用灰铸铁 HT150 或普通碳素钢 Q251、Q235 制造。它的结构形式有凸缘式和嵌入式两种，每种形式按是否有通孔又分透盖和闷盖。凸缘式轴承盖安装拆卸、调整轴承间隙较为方便，易密封，故应用广泛，但外缘尺寸较大，还需要一组螺钉来连接；嵌入式轴承盖无需螺钉、结构简单，机体外表比较平整，但利用垫片调整轴向间隙需要开启箱盖、密封性能差、座孔上还需要加工环形槽。轴承盖的结构和尺寸可见表 8－1 和表 8－2，设计时应注意以下两点：

（1）凸缘式轴承盖与座孔配合处较长，为了减小接触面，应在端部铸造或车出一段较小的直径，使配合长度为 L，为避免拧紧螺钉时端盖歪斜，一般取 $L = (0.1 \sim 0.15)D$，D 为轴承的外径。为

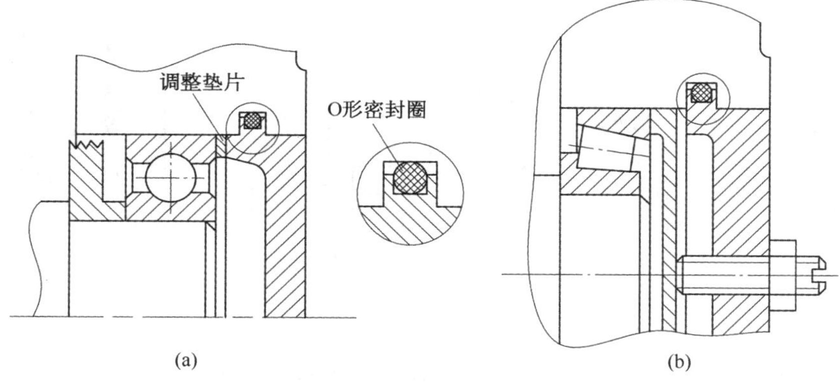

图16-9 嵌入式轴承盖

(a) 用调整垫片控制轴向间隙；(b) 用调整螺钉调整轴承的游隙

减小加工面，可使轴承盖的外端面凹进δ深度，如图16-10a所示。若轴承盖直径较小时，外端面可不必减小加工面。

(2) 当轴承采用箱体内的润滑油润滑时，为使润滑油由油沟流入轴承，应在轴承盖的端部加工出四个缺口，如图16-10b所示。装配时该缺口不一定能对准油沟，故应在其端部车出一段较小的直径，以便让油先流入环状间隙，再经缺口进入轴承腔内。

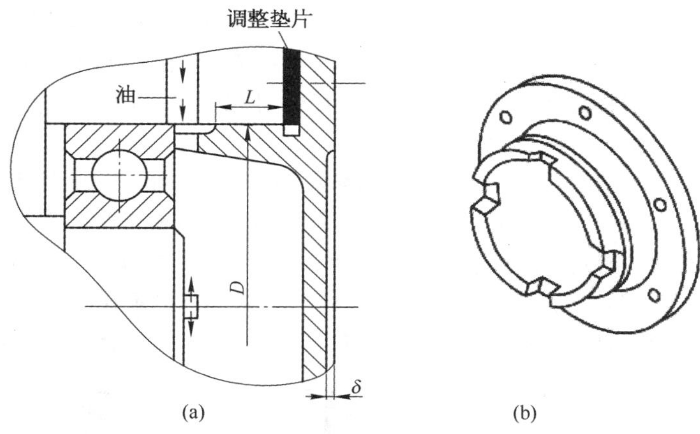

图16-10 凸缘式轴承盖油润滑时的结构

(a) 轴承端盖剖面图；(b) 轴承端盖轴测图

调整垫片组可用来调整轴承间隙及轴的轴向位置。垫片组由多片厚度不同的垫片组成，可根据需要组成不同的厚度。垫片采用08F软钢片或薄铜片制成。

3. 滚动轴承的润滑与密封

1) 滚动轴承的润滑 减速器滚动轴承的润滑方式可参阅第15章的减速器的润滑部分。

2) 滚动轴承内侧的封油环和挡油环 封油环用于脂润滑轴承的密封，作用是使轴承室与箱体内部隔开，防止箱内的稀油飞溅到轴承室内，使润滑脂变稀而流失。图16-11a所示为旋转式封油环，利用离心力可以甩掉从箱壁流下的油以及飞溅起来的油和杂质，封油效果好。当滚动轴承采用油润滑时，若轴承旁的小齿轮的齿顶圆直径小于轴承座孔直径，为防止齿轮啮合(特别是斜齿轮)过程中挤出的润滑油大量进入轴承而增加轴承的阻力，常在小齿轮与轴承之间装设挡油环。图16-11b所示的挡油环为冲压件，适用于成批生产；图16-11c所示的挡油环由车削加工而成，适用于单件或小批生产。

3) 轴外伸处的密封 在减速器输入轴和输出轴的外伸端，应在轴承盖的轴孔内设置密封件。密封装置分为接触式和非接触式两种，接触式密封常用的有：

(1) 毡圈密封。如图16-12a所示，将矩形截面的浸油毡圈嵌入轴承盖的梯形中，对轴产生压紧作用，从而实现密封。毡圈密封结构简单、价廉，但磨损快，密封效果差，多用于脂润滑和轴的圆

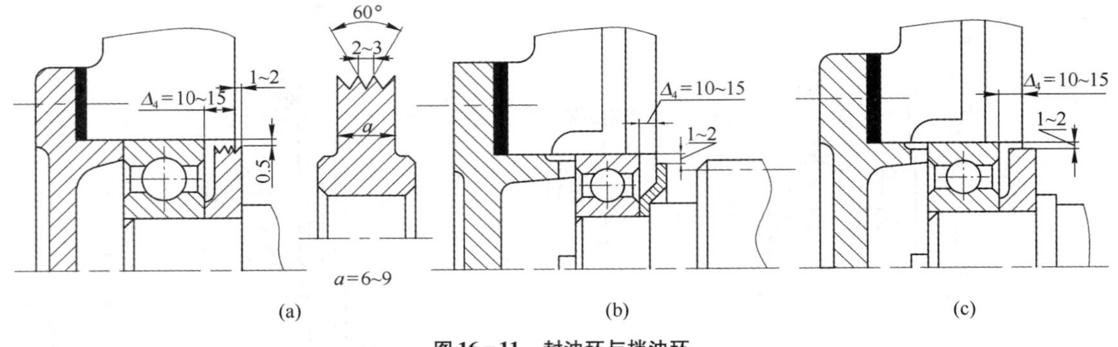

(a)　(b)　(c)

图 16－11　封油环与挡油环

(a) 用于脂润滑的封油环；(b) 用于油润滑的冲压挡油环；(c) 用于油润滑的车削挡油环

周速度 $v<5\mathrm{m/s}$ 的场合。

(2) 橡胶圈密封。如图 16－12b、c 所示为常用的内包骨架橡胶圈密封,当装入轴承盖后可形成过盈配合,无需轴向定位。橡胶圈密封是利用其唇形结构部分的弹性和弹簧圈的箍紧作用而实现的密封。这种密封工作可靠,寿命较长,可用于脂润滑或油润滑和轴的圆周速度 $v<7\mathrm{m/s}$ 的场合。当唇向内侧安装时(图 16－12b),以防止漏油为主;当唇向外侧安装时(图 16－10c),以防止外界灰尘污物侵入为主。

若轴的转速较高或其表面较粗糙,则需采用非接触式密封,非接触式密封常用的有:

(1) 油沟密封。如图 16－12d 所示,利用轴与轴承盖孔之间的油沟和微小间隙填满润滑脂而实现的密封。这种密封结构简单,但密封效果差,适用于脂润滑及环境清洁的场合。

(2) 迷宫密封。如图 16－12e 所示,利用固定在轴上的转动零件与轴承盖间构成的曲折而狭窄的缝隙中填满润滑脂而实现的密封。这种密封效果好,密封件不磨损,可用于脂润滑或油润滑。

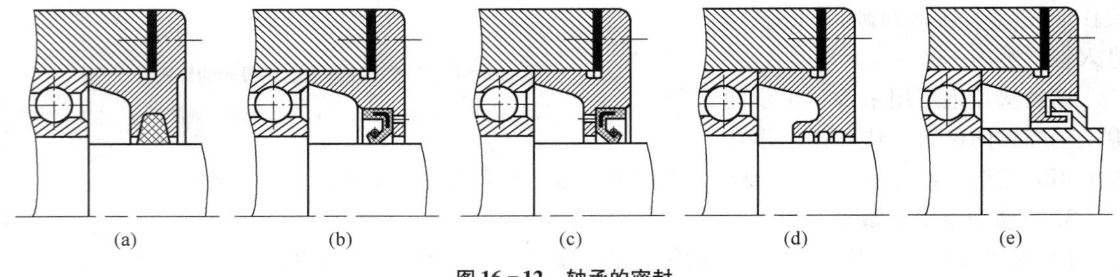

(a)　(b)　(c)　(d)　(e)

图 16－12　轴承的密封

(a) 毡圈密封；(b) 唇向内的橡胶圈密封；(c) 唇向外的橡胶圈密封；(d) 油沟密封；(e) 迷宫密封

16.6　减速器箱体和附件的设计

本阶段的设计绘图工作应在三个视图上同时进行,必要时可增加局部视图。设计中应遵循先箱体、后附件,先主体、后局部,先轮廓、后细节的结构设计顺序。

1. 减速器箱体的结构设计

减速器箱体的结构设计需要注意以下几方面问题:

1) 轴承旁连接螺栓凸台高度 h 的确定　为了提高剖分式箱体轴承座的刚度,轴承两旁螺栓在不与轴承盖连接螺钉干涉的前提下,两螺栓轴线尽量靠近轴承,通常螺栓轴线与轴承盖相切,即取两连接螺栓的中心距 $S=D_2$（D_2为轴承盖的外径），如图16－13所示。两轴承座孔之间若装不下两个螺栓，可在两个轴承座孔中间装一个螺栓。在轴承尺寸最大的那个轴承旁螺栓轴线确定后，根据螺栓直径 Md_1 查表15－1可确定扳手空间 C_1 和 C_2 值。在满足 C_1 的条件下，用作图法确定凸台的高度 h，这样定出的 h 值不一定是整数，然后将该值向增大方向圆整成R20的系列标准数值（表1－19）。为了便于制造，应将箱体上各轴承旁螺栓凸台设计成相同高度，都以最大的轴承座孔的凸台高度为准。考虑到铸造拔模，螺栓凸台侧面的斜度一般可取1∶20。

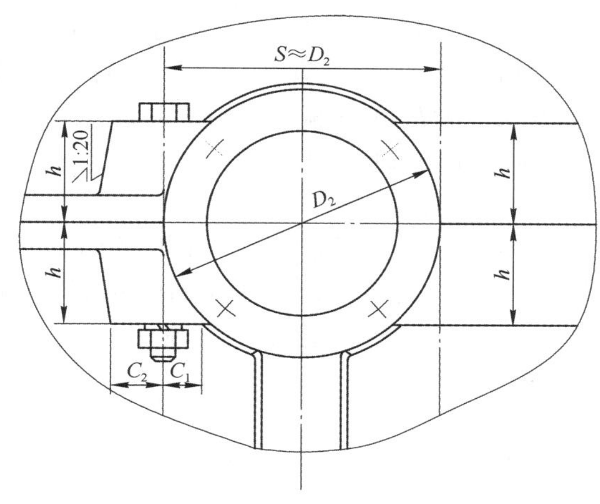

图16－13 轴承旁连接螺栓凸台高度 h 的确定

2）箱盖顶部外轮廓的设计　箱盖顶部外轮廓常由圆弧和直线组成。大齿轮所在一侧的箱盖外表面圆弧半径 $R=\frac{d_{a2}}{2}+\Delta_1+\delta_1$，$d_{a2}$为大齿轮齿顶圆直径，$\delta_1$ 为箱盖壁厚。通常情况下，大齿轮轴承座孔旁螺栓凸台均处于箱盖圆弧的内侧，按有关尺寸画出即可。而小齿轮一侧用上述方法取得的半径画出的圆弧，往往会使小齿轮轴承座孔旁螺栓凸台超出箱盖圆弧。为了使小齿轮轴承座孔旁螺栓凸台位于箱盖圆弧内侧，以便于设计与制造，应取箱盖圆弧半径 R 大于凸台圆弧半径 R'，如图16－14所示。画出小齿轮和大齿轮两侧的圆弧后，可作两圆弧的切线。这样，箱盖顶部外轮廓就完全确定了。

在初绘装配底图时，俯视图在小齿轮一侧的内壁线还未确定，现将主视图上有关部分再投影到俯视图上，如图16－14所示，便可画出俯视图上小齿轮侧箱体内壁、外壁和箱缘等结构。

3）箱体凸缘连接螺栓的布置　连接箱盖与箱座的螺栓应对称布置，并且不应与吊耳、吊钩和定位销等相干涉。为了保证箱盖与箱座接合的紧密性，箱缘连接螺栓的间距不宜过大，对于中小型减速器来说，由于连接螺栓数目较少，间距一般不大于100～150mm；大型减速器可取150～200mm。

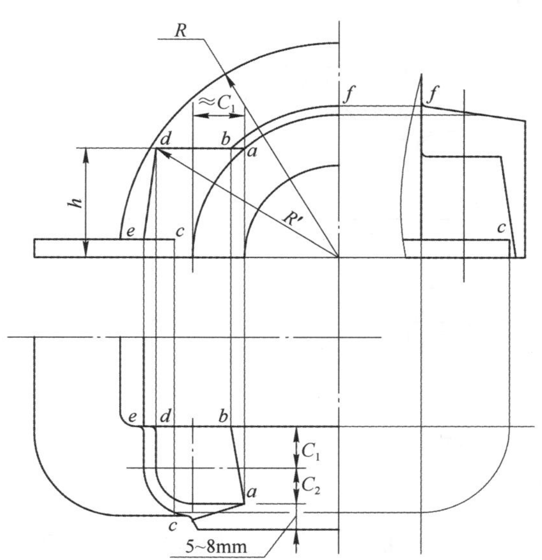

图16－14 小齿轮一侧箱盖圆弧的确定及连接螺栓凸台的三视图

4）箱座高度 H 及油面的确定　减速器工作时，为了避免大齿轮搅起油池底面的沉积物，又要保证箱座有足够的容积存放传动所需的润滑油，必须满足大齿轮齿顶圆到箱座底面的距离大于30～50mm，即箱座的高度 $H\geqslant\frac{d_{a2}}{2}+(30\sim50)\,\text{mm}+\delta+(5\sim8)\,\text{mm}$，如图16－2和图16－3所示，然后将其圆整成整数。

对于圆柱齿轮减速器，圆柱齿轮浸入油中至少应有一个齿高，且不得小于10mm。这样确定的油面可作为最低油面，考虑到使用中油不断蒸发损耗，还应给出一个允许的最高油面，中小型减速器最高油面比最低油面高出5～10mm即可。

油面高度确定后，就可根据油池底面积计算

出实际的装油量 V。V 应大于或等于传动的需油量 V_o，即 $V \geq V_o$。若 $V < V_o$，应将箱座底面下移，适当增加箱座的高度以增加油池深度，直至 $V \geq V_o$。通常单级减速器每传递 1kW 的功率所需油量 $V_o = 0.35 \sim 0.7$L，多级减速器则按级数成比例地增加。V_o 的小值用于低黏度油，大值用于高黏度油。油池的容积越大，则油的寿命越长。

5）油沟的结构形式及尺寸

（1）输油沟。当滚动轴承利用齿轮飞溅起来的润滑油润滑时，应在箱座的凸缘面上开设输油沟，如图 15－2c、d 所示。输油沟的构造有机械加工油沟和铸造油沟（与箱体同时铸造）两种。机械加工油沟容易制造，工艺性好，故常用；铸造油沟则很少采用。输油沟的结构及尺寸如图 16－15 所示。

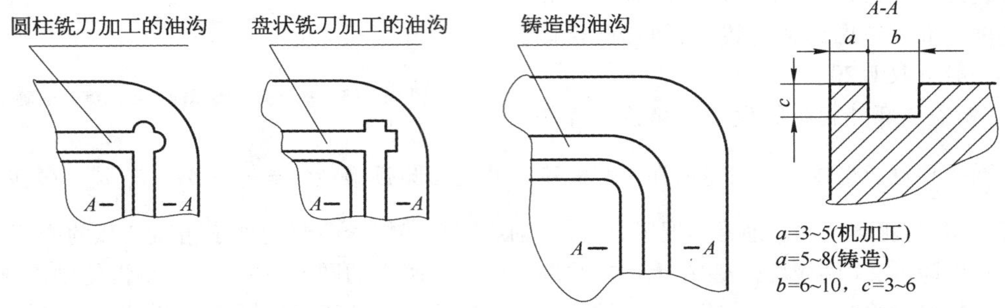

图 16－15 输油沟的结构

（2）回油沟。当滚动轴承采用脂润滑时，可以在箱座的凸缘面上开设回油沟，以提高减速器箱体的密封性。回油沟的尺寸与输油沟相同，其结构如图 15－2a、b 所示。

6）箱体的刚度　为了提高轴承座的刚度，应设置加强肋。箱体的加强肋有外肋、内肋、凸壁式等结构形式，如图 16－16 所示。内肋结构刚度大，箱体外表面光滑、美观，但会增加搅油损耗，制造工艺较复杂，故一般多采用外肋结构或凸壁式箱体结构。

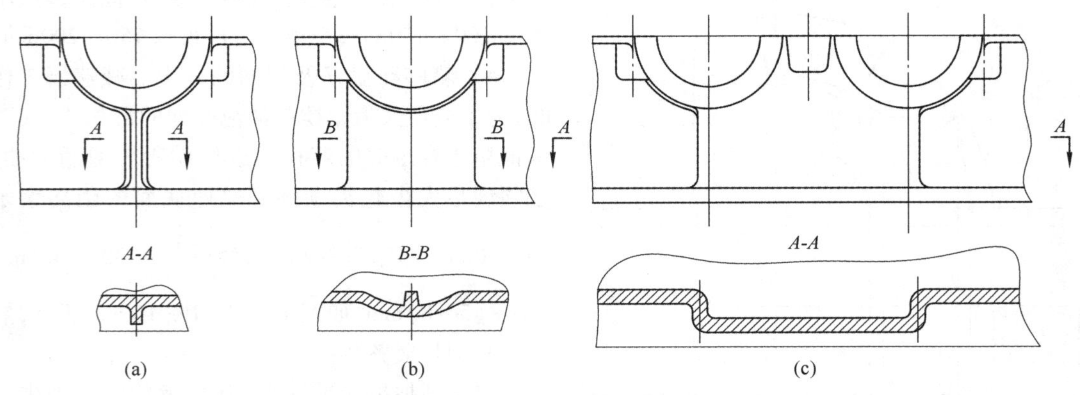

图 16－16 箱体的加强肋结构

（a）外肋；（b）内肋；（c）凸壁式

为了保证箱盖与箱座的连接刚度，箱盖与箱座连接凸缘厚度 b_1 和 b 一般取 1.5 倍的箱体壁厚，即 $b_1 = 1.5\delta_1$、$b = 1.5\delta$，如图 16－17a 所示；为了保证箱体的支承刚度，箱座底板凸缘厚度 b_2 一般取 2.5 倍的箱座壁厚，即 $b_2 = 2.5\delta$，箱座底板凸缘的宽度 B 应超过箱座的内壁，一般取 $B = C_1 + C_2$

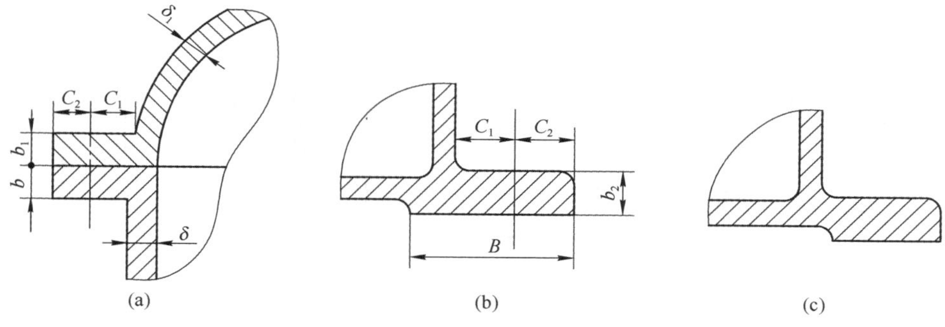

$b=1.5\delta$；$b_1=1.5\delta_1$；$b_2=2.5\delta$；$B=C_1+C_2+2\delta$

图16－17　箱体连接凸缘和箱座凸缘的尺寸

（a）箱体连接凸缘；（b）箱座底板凸缘正确结构；（c）箱座底板凸缘不正确结构

$+2\delta$,以利于支撑,如图16－17b、c所示。

7）箱体结构的工艺性　箱体结构的工艺性包括铸造工艺性和机械加工工艺性。它与箱体制造是否经济合理密切相关。

（1）箱体结构的铸造工艺性。设计铸造箱体时,为便于造型、浇铸及减少铸造缺陷,箱体应力求外形简单,壁厚均匀,过渡平缓;为了避免产生金属积聚,两壁间不宜采用锐角连接,如图16－18所示。

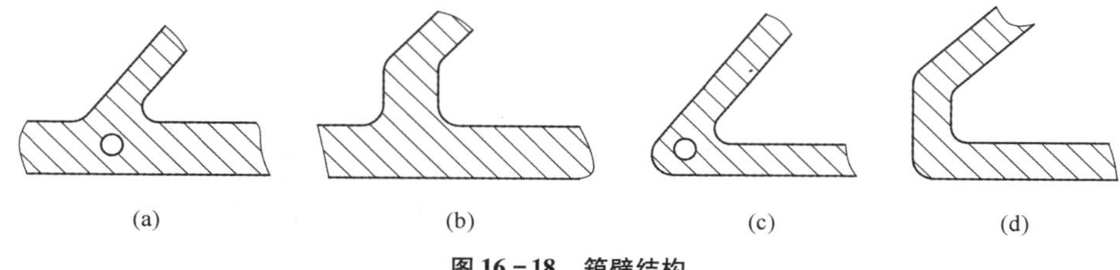

图16－18　箱壁结构

（a）、（c）不正确的箱壁结构(两壁间形成锐角连接并有缩孔)；（b）、（d）正确的箱壁结构

在确定箱体壁厚尺寸时,要考虑金属液态流动的通畅性。壁厚不可太薄,其值按表15－1推荐的经验公式计算,否则可能出现铸件填充不满的缺陷。

在采用砂型铸造时,箱体上铸造表面(铸后不再加工的表面)相交处,应设计成圆角过渡,铸造圆角半径一般可取$R\geqslant5$mm,以便于液态金属的流动。

为了便于造型时取模,铸件表面沿拔模方向应设计成1∶10～1∶20的拔模斜度。在铸造箱体的拔模方向上应尽量减少凸起结构,必要时可设置活块,如图16－19所示,以减少拔模困难。当铸件表面有多个凸起结构时,应尽量将其连成一体,如图16－20所示,以便于起模。

箱体设计时应尽量避免出现狭缝,如图16－21a中两凸台距离过近而形成狭缝,铸造时容易出现废品,所以可设计成如图16－21b所示的结构。

（2）箱体结构的机械加工工艺性。在设计箱体结构形状时,应尽可能减小机械加工面,以提高劳动生产率。如图16－22所示的箱体底面的结构形状中,其中图16－22a所示的加工面积太大,不甚合理;图16－22b、c所示结构较好,其中图16－22b适合于中、小型箱体底面,图16－22c适合于大型箱体底面。

箱体上任何一处加工表面与非加工表面必须严格分开,不要使它们处于同一表面上,采用凸出还是凹入应视加工方法而定。一般轴承座孔端面、通气器、吊环螺钉、油塞等处均应凸起5～8mm,

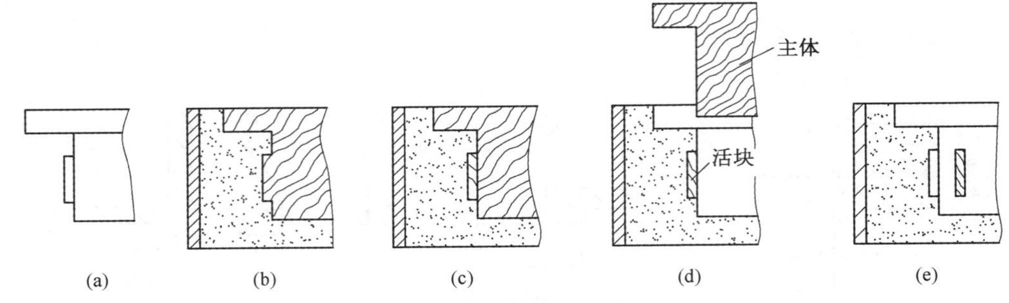

图 16－19　有活块模型的拔模过程

(a) 铸件；(b) 整体木模，不能取出；(c) 分体木模；(d) 取出主体，留下活块；(e) 取出活块

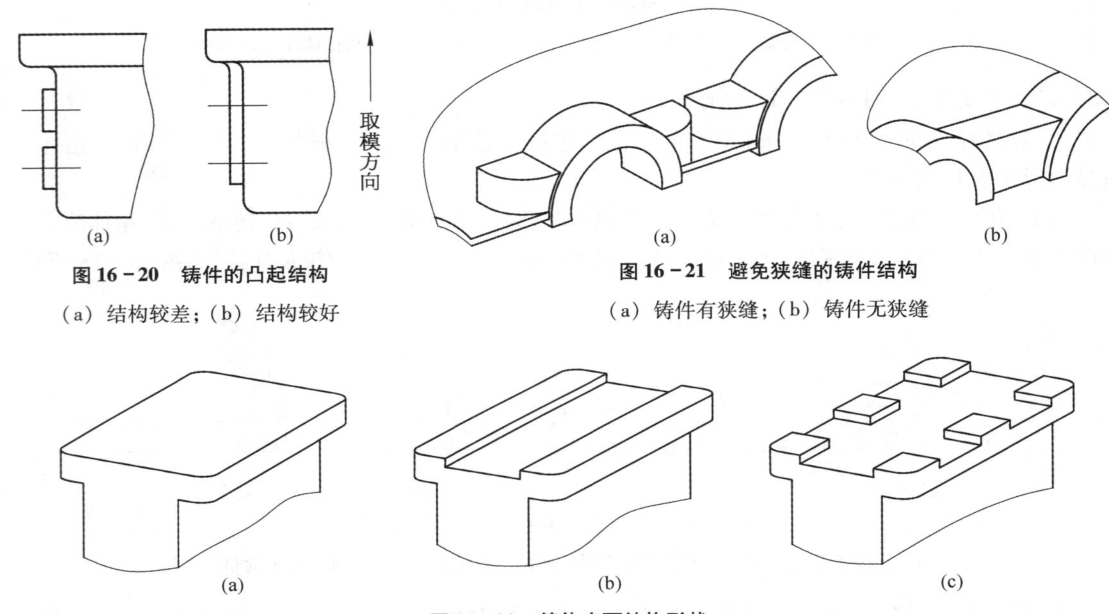

图 16－20　铸件的凸起结构

(a) 结构较差；(b) 结构较好

图 16－21　避免狭缝的铸件结构

(a) 铸件有狭缝；(b) 铸件无狭缝

图 16－22　箱体底面结构形状

(a) 加工面积大，不甚合理；(b) 中、小型箱体底面；(c) 大型箱体底面

窥视孔处凸起 3～5mm。箱座与箱盖连接螺栓的头部及螺母与箱缘相接触的表面一般采用凹入形式，即沉头座的结构。锪平沉头座时，深度不限，锪平为止，在图上可画成 2～3mm 深。

为保证加工精度、缩短工时，应尽量减少加工时工件和刀具的调整次数。因此，同一轴线上的轴承座孔的直径、精度和表面粗糙度应尽量取得一致，以便一次镗出，各轴承座的外端面应在同一平面上，如图 16－23 所示，而且箱体两侧轴承座端面应与箱体中心平面对称，以便于加工和检测。

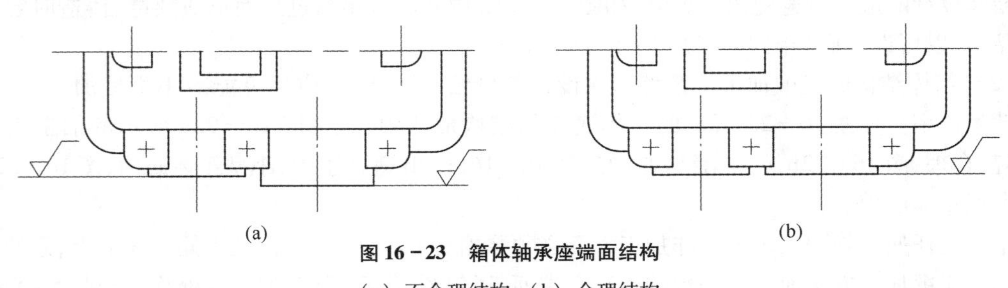

图 16－23　箱体轴承座端面结构

(a) 不合理结构；(b) 合理结构

2. 减速器附件的设计

为了检查减速器中传动件的啮合情况，如注油、排油、通气和便于安装、吊运等，减速器箱体上常设置某些必要的装置和零件，这些装置和零件及箱体上相应的局部结构统称为附件。减速器附件包括窥视孔和视孔盖、通气器、油面指示器、放油孔和放油螺塞、定位销、启盖螺钉和起吊装置等。

1）窥视孔和视孔盖　为了便于检查减速器内传动件的啮合情况、接触斑点、齿侧间隙并向箱体内注入润滑油，在减速器箱盖上设置有窥视孔。窥视孔为长方形，其大小以手能伸入箱体进行检查操作为宜。窥视孔处应设计凸台以便于加工。视孔盖可用轧制钢板或铸铁制成，它和箱体之间应加石棉橡胶纸密封垫片，以防止漏油。轧制钢板视孔盖如图 16－24a 所示，其结构轻便，上下面无需机械加工，应用较广；铸铁视孔盖如图 16－24b 所示，其制造工艺较复杂，故应用较少。窥视孔及视孔盖的尺寸见表 8－4。

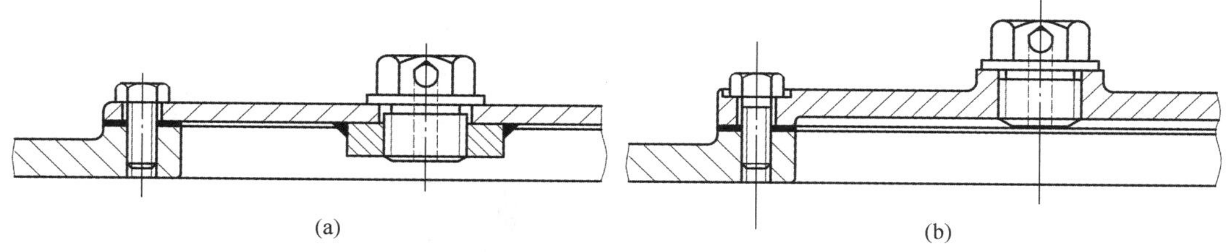

图 16－24　视孔盖

（a）轧制钢板视孔盖；（b）铸铁视孔盖

2）通气器　减速器工作时，箱体内温度升高，气体膨胀，压力增大，为使箱内受热膨胀的空气能自由地排出，以保证箱体内外压力平衡，不致使润滑油沿箱体接合面、轴伸处和其他缝隙渗漏出来，通常在视孔盖或箱盖上装设通气器。通气器分为简易式通气器（又称通气螺塞）和过滤网式通气器，如图 16－25所示。图 16－24 所示为视孔盖与简易式通气器的连接结构，通常这种通气器用于较清洁环境的小型减速器中。多尘环境应选用过滤网式通气器。通气器的具体结构和尺寸见表 8－9 ~ 表 8－11，可根据减速器的大小来选择。

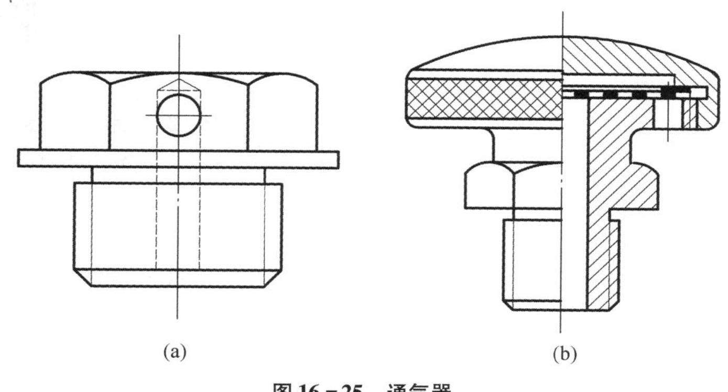

图 16－25　通气器

（a）简易式通气器（通气螺塞）；（b）过滤网式通气器

3）油面指示器　为了检查减速器箱体内油池油面的高度，以便经常保持油池内有适量的油量，一般在箱体便于观察和油面较稳定的部位（如低速级大齿轮附近）装设油面指示器。油面指示器的种类很多，有油标尺、圆形油标和长形油标等，如图 16－26 所示。在难以观察到的地方，应该采用油标尺。油标尺结构简单，尺上有表示最高油面和最低油面的刻线，如图 16－26a 所示，在减速器中较常采用。带隔套的油标尺（图 16－26b）可以减轻油搅动的影响，故常用于长期连续工作的减速器，以便能在不停车的情况下随时检查油面。间断工作的减速器可用不带隔套的油标尺。油标尺的安装位置不能太低，以免油溢出。油标尺的中心线一般与水平面呈 45°或大于 45°，而且应注意加工油标尺凸台和安装油标时，不能与箱体凸缘或吊钩相干涉，如图 16－27 所示。油标尺凸台的主视图与左视图的投影关系如图 16－28 所示。若减速器离地面较高容易观察时或箱座较低无法安装油标尺时,可采用圆形油标或长形油标。各种油面指示器的结构尺寸参见表 8－5～表 8－8。

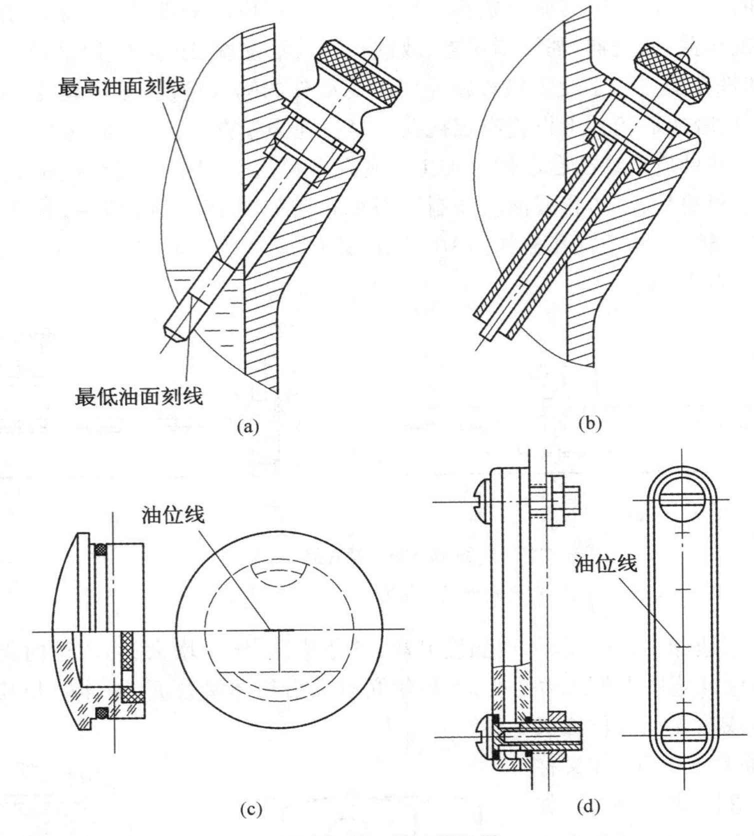

图 16－26　油面指示器

(a) 不带隔套的油标尺;(b) 带隔套的油标尺;(c) 圆形油标;(d) 长形油标

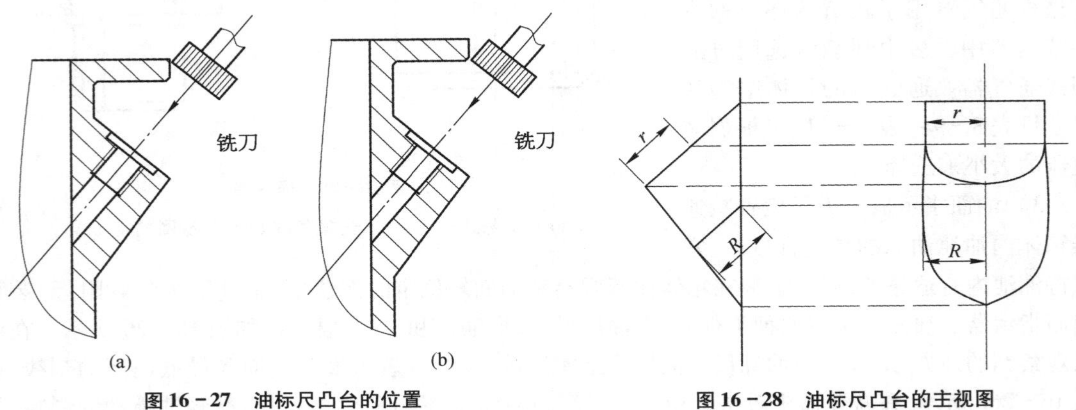

图 16－27　油标尺凸台的位置

(a) 不正确;(b) 正确

图 16－28　油标尺凸台的主视图与左视图的投影关系

4) 放油孔和放油螺塞　为了排除油污,更换减速器箱体内的污油,在箱体底部油池的最低处设置有放油孔,安装放油螺塞。箱座内底面常做成 1°～1.5°倾斜面,在油孔附近做成凹坑,以便污油的汇集而排尽。放油螺塞有六角圆柱细牙螺纹螺塞和圆锥螺纹螺塞两种。圆柱细牙螺纹螺塞自身不能防止漏油，应在六角螺塞与放油孔接触处加封油垫片。而圆锥螺纹螺塞能直接密封，无需封油垫片。放油螺塞的直径可按减速器箱座壁厚的 2 ~ 2.5 倍选取。图 16 − 29 所示为放油螺塞的结构，其中图 16 − 29a 污油排不尽，结构不合理；图 16 − 29b 结构正确；图 16 − 29c 污油虽能排尽，但下半边螺孔攻螺纹工艺性较差。封油垫片用耐油橡胶、工业用革或石棉橡胶纸制成。放油螺塞及封油垫片的尺寸见表 8 − 13 和表 8 − 14。

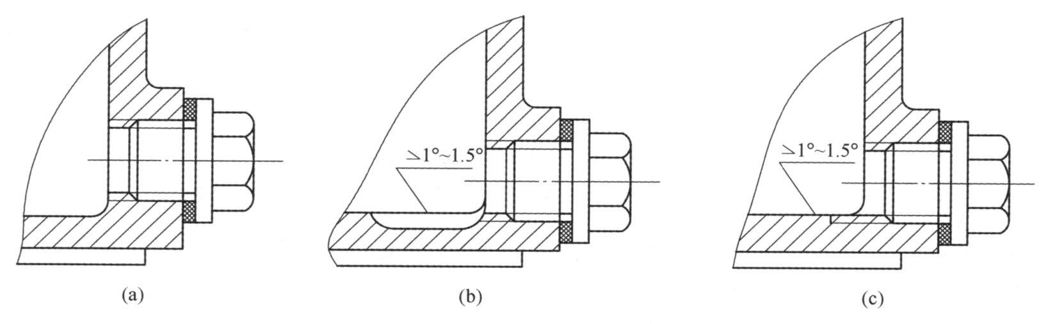

图 16 − 29　放油孔和放油螺塞的位置

（a）不正确；（b）正确；（c）正确（下半边螺孔攻螺纹工艺性较差）

5）定位销　为了保证箱体轴承座孔的镗孔精度和装配精度，需在箱体连接凸缘上设置两个定位销。为了提高定位精度，两定位销相距尽量远些，而且与箱体对称线距离不等，以避免箱盖装反。定位销有圆锥销和圆柱销两种。为保证重复拆装时定位销与销孔的紧密性和便于定位拆卸，减速器通常采用圆锥销。一般取定位销的直径为箱盖与箱座连接凸缘螺栓直径的 0.8 倍，长度应稍大于箱盖与箱座连接凸缘的总厚度，使两端均露出在外，如图 16 − 30 所示，以便装拆。定位销结构尺寸参见表 4 − 30。

图 16 − 30　定位销结构

6）启盖螺钉　为了加强密封效果，防止润滑油从箱体剖分面处渗漏，通常在箱座和箱盖接合面处涂有密封胶或水玻璃，因而在拆卸时接合面往往被粘住不易分开。为了开启箱盖，常在箱盖凸缘上装设 1 ~ 2 个启盖螺钉，拆卸箱盖时，可先拧动此螺钉顶起箱盖。启盖螺钉的直径与箱盖凸缘连接螺栓直径相同，最好与连接螺栓布置在同一直线上，以便于钻孔；螺纹的有效长度应大于箱盖凸缘的厚度，钉杆端部应制成圆柱形或半球形，以免反复拧动时损伤杆端螺纹和剖分面，如图 16 − 31a 所示。启盖螺钉也可设置于箱座，由下向上顶开箱盖，如图 16 − 31b 所示。

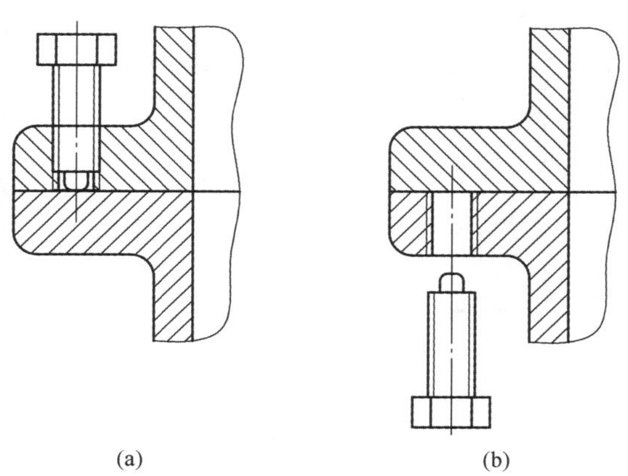

图 16 − 31　启盖螺钉和启盖螺纹孔

（a）启盖螺钉；（b）启盖螺纹孔

7）起吊装置　为了搬运和装拆减速器，应在箱体上设计起吊装置。一般在箱盖上方安装两个吊环螺钉或在箱盖上铸出吊耳或吊环，用来吊运箱盖；在箱座凸缘的下方铸出吊钩，用来吊运箱座或整台减速器。

吊环螺钉为标准件，设计时其公称直径按减速器质量大小根据表 8 − 12 选取。图 16 − 32a、b 所示的吊环螺钉的凸肩紧抵支承面，为正确结构；

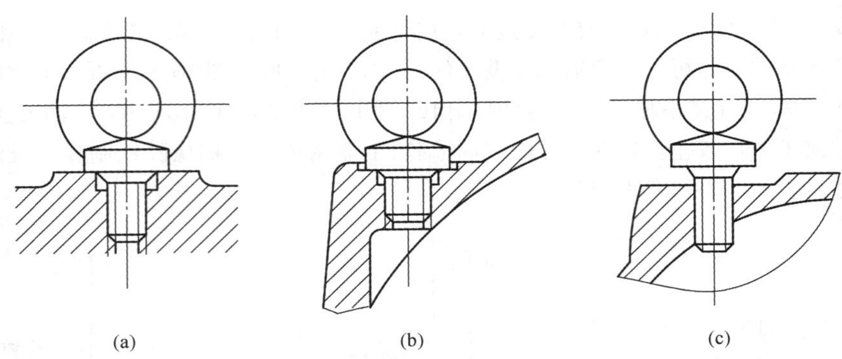

图16－32　吊环螺钉的连接结构

(a) 凸台安装正确结构；(b) 沉头座安装正确结构；(c) 错误安装结构

而图16－32c所示的吊环螺钉的支承面没有凸台，也没有加工出沉头座，而且螺孔口未扩孔，螺钉不能完全拧入，箱盖内表面螺钉处无凸台，加工时易偏钻打刀。

在箱盖上直接铸出吊耳或吊环，可避免采用吊环螺钉时在箱盖上进行机械加工，但吊耳或吊环的铸造工艺较螺孔座复杂些。箱盖吊耳、吊环和箱座吊钩的结构和尺寸如图16－33所示，设计时可根据具体条件进行适当的修改。

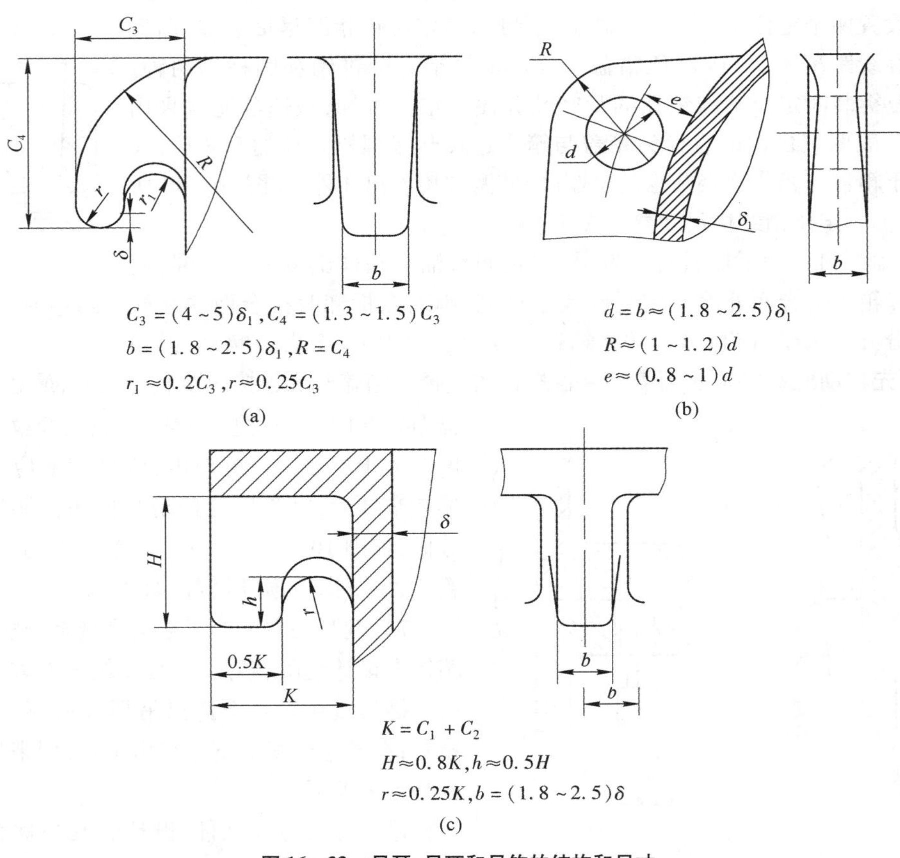

图16－33　吊耳、吊环和吊钩的结构和尺寸

(a) 箱盖上的吊耳；(b) 箱盖上的吊环；(c) 箱座上的吊钩

完成减速器箱体和附件设计后，可画出如图 16－34 所示的减速器装配工作底图。为了最终获得满意的装配工作图，一般还应对减速器装配工作底图进行认真、仔细的综合考虑和全面检查，如设计计算是否正确；轴系设计是否合理；轴上零件和轴系是否得到定位和固定；减速器的加工、装配和调整是否方便；润滑和密封是否可靠；箱体结构的工艺性是否良好；附件是否齐全，布局是否恰当；在视图表达和图样画法上是否有不妥或错误之处；等等。对检查中发现的遗漏内容要予以补充，错误或不妥之处应予以改正，从而可得到正确、合理的减速器装配工作图。

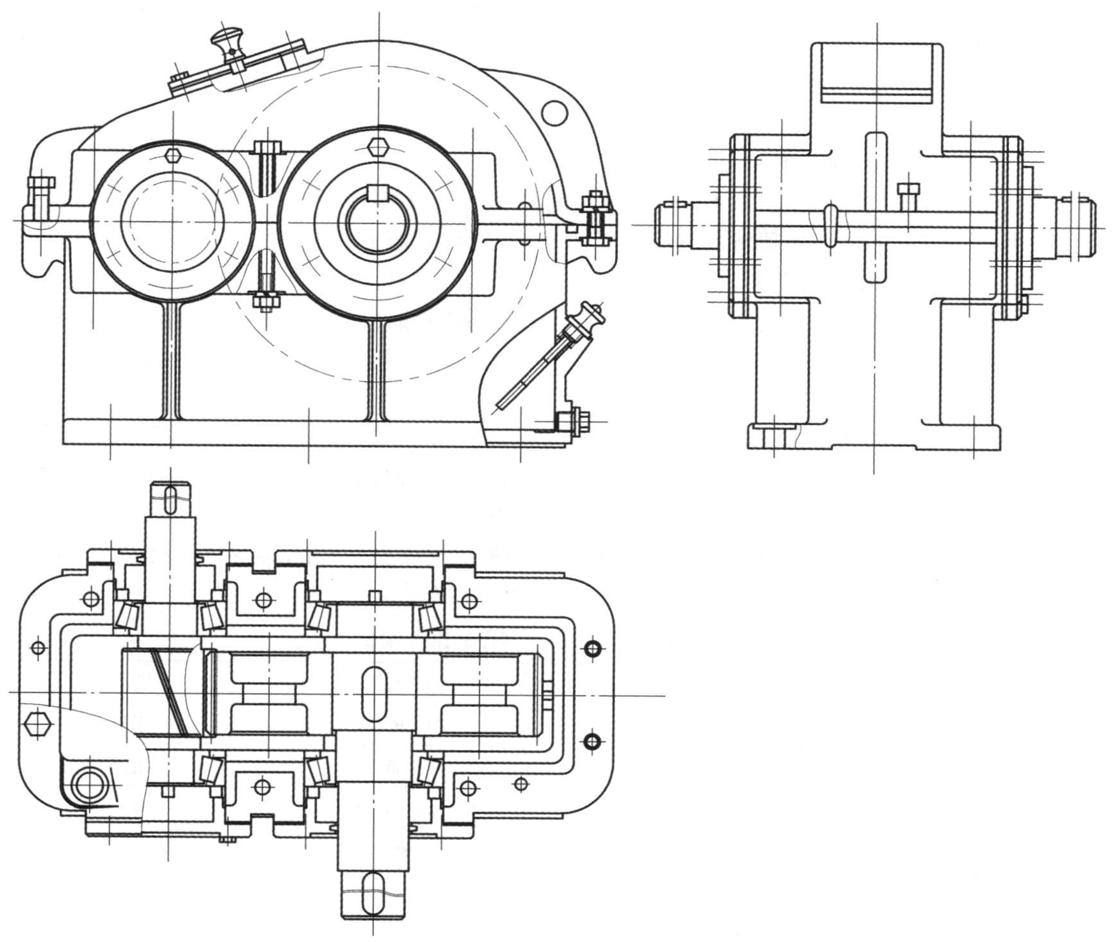

图 16－34　一级圆柱齿轮减速器装配工作底图

16.7　完成装配工作图

完成减速器装配工作图是在完成装配工作底图的基础上进行的，下面就本阶段的工作及注意事项提示如下。

1. 画出必要的局部视图或向视图

在完整、准确地表达减速器零、部件结构形状、尺寸和各部分相互关系的前提下，视图数量应尽量少。装配工作图上应避免用虚线表示零件结构，必须表达的内部结构（如附件结构），可以通过局部视图或向视图表达。

2. 画出零件的剖面线

在画剖视图时，同一零件在不同剖视图中的剖面线应同方向、同间隔；相邻零件的剖面线应不同方向或不同间隔。对于厚度不大于2mm的零件，如轴承端盖处的调整垫片组、窥视孔盖处的密封件等，可用涂黑代替剖面线。

3. 加深装配工作图

按线型要求加深装配工作图。在工程设计中，通常按装配工作底图→零件工作图→装配工作图的顺序进行。在课程设计中，由于时间的局限，只要画出少数几个零件图，所以可按装配工作底图→装配工作图→零件工作图的顺序进行。

4. 标注尺寸

装配工作图上应标注以下四方面的尺寸：

1）特性尺寸　表明减速器技术性能和规格的尺寸，如传动零件中心距及其偏差。

2）外形尺寸　表明减速器所占空间位置的尺寸，如减速器的总长、总宽和总高的尺寸，以供包装运输和布置安装场地时参考。

3）安装尺寸　表明减速器安装在基础上或安装其他零部件所需的尺寸。如箱座底面尺寸，地脚螺栓的直径和中心距，地脚螺栓孔中心线的定位尺寸，减速器的中心高，轴外伸端的配合长度和直径等。

4）配合尺寸　表明减速器内零件之间装配关系的尺寸。主要零件的配合处都应标出尺寸、配合性质和精度等，如传动零件与轴、联轴器与轴、轴承内圈与轴、轴承外圈与箱体轴承座孔等配合处，均应标注配合尺寸及其配合精度等级。减速器主要零件的推荐配合见表16－3，供设计时参考。

上述四方面尺寸应尽可能集中标注在反映主要结构的视图上，如齿轮减速器应标在俯视图上，蜗杆减速器应标在主视图上，并使尺寸的布置整齐、清晰和规范。

表16－3　减速器主要零件的推荐配合

配合零件		推荐配合	装配方法
齿轮、蜗轮、带轮、链轮、联轴器与轴	一般情况	H7/r6	用压力机
	很少装拆	H7/n6	用压力机
	经常装拆	H7/m6、H7/k6	锤子打入
滚动轴承内圈与轴（内圈旋转）	轻负荷（$P \leq 0.07C$）	j6、k6	用温差法或压力机
	正常负荷（$0.07C < P \leq 0.15C$）	k5、m5、m6、n6	
	重负荷（$P > 0.15C$）	p6、r6	
滚动轴承外圈与箱体轴承座孔（或套杯孔）		H7、G7、J7	用木锤或徒手装拆
滚动轴承套杯与箱体轴承座孔		H7/js6、H7/h6	
滚动轴承盖与箱体轴承座孔（或套杯孔）		H7/d11、H7/h8、H7/f9	
轴套、封油环、挡油环、溅油轮等与轴		D11/k6、F9/k6、F9/m6、H8/h7、H8/h8	徒手装拆
嵌入式轴承盖的凸缘厚与箱座孔中凹槽		H11/h11	
与密封件相接触轴段		f9、h11	

5. 列出减速器的技术特性表

为了便于了解减速器的技术特性，通常在装配工作图明细表附近醒目位置列出技术特性表，其内容和格式可参考表16－4。

表 16－4　减速器技术特性

电　动　机		效率 η	总传动比 i	级　别	z_1	z_2	m_n	β	α	精度等级
功率 P(kW)	转速 n(r/min)									
				高速级						
				低速级						

6. 编写技术要求

装配工作图的技术要求是用文字说明在视图上无法表达的关于装配、调整、润滑、密封、检验和维护等方面的内容。显然,不同产品的装配工作图,其技术要求也有所不同。对于一般减速器,其技术要求通常包括以下几个方面的内容:

1）对零件的要求　装配前所有零件均要清除铁屑并用煤油或汽油清洗干净。在箱体内表面应清除砂粒并涂防侵蚀的涂料,箱体内部不允许有任何杂物存在。

2）对润滑剂的要求　要注明传动件和轴承所用润滑剂的牌号、用量、补充或更换时间。选择润滑剂可参考表 9－1 和表 9－4。对于二级齿轮减速器的润滑油黏度可按高速级齿轮的圆周速度选取。润滑油应装至油面规定高度,即油标上限。换油时间取决于油中杂质多少及氧化、污染的程度,一般为半年左右。轴承采用润滑脂时,填充量要适宜,一般以填充轴承空间的 1/3～1/2 为宜,每隔半年左右补充或更换一次。

3）对密封的要求　在箱体剖分面、各接触面及密封处均不允许出现漏油和渗油现象。剖分面允许涂密封胶或水玻璃,但严禁使用垫片或填料。在拧紧连接螺栓前,应采用 0.05mm 的塞尺检查其密封性。

4）对传动侧隙和接触斑点的要求　齿轮和蜗轮传动啮合时,非工作齿面间应留有侧隙,用以防止齿轮副或蜗轮副因误差和热变形而使轮齿卡住,并为齿面形成油膜而留有空间,保证轮齿的正常润滑条件。为了保证传动质量,必须规定齿轮副法向侧隙的最小和最大极限值。关于圆柱齿轮传动的最小法向侧隙 j_{bnmin} 值见表 11－10,锥齿轮传动的最小法向侧隙 j_{nmin} 值见表 11－34,蜗杆传动的最小法向侧隙 j_{nmin} 值见表 11－51。传动侧隙的检验可用塞尺或把铅丝放入相互啮合的两齿面间,然后测量塞尺或铅丝变形后的厚度。接触斑点是由传动件的精度等级决定的,各具体数值可见表 11－24、表 11－32 和表 11－49。接触斑点的检验,通常是在主动轮啮合表面涂色,将其转动2～3 周后,观察从动轮啮合齿面的着色情况,由此分析接触区的位置及接触面积的大小。当传动侧隙或接触斑点不符合要求时,可对齿面进行刮研、跑合或调整传动件的啮合位置。

5）对滚动轴承轴向游隙的要求　为保证滚动轴承的正常工作,在安装时必须留出一定的轴向游隙。对于可调游隙的轴承,如角接触球轴承和圆锥滚子轴承,其轴向游隙值可查表 6－13。对于不可调游隙的轴承,如深沟球轴承,一般应留有 0.20～0.40mm 的轴向间隙。轴向游隙的调整,可通过垫片或螺钉来实现,如图 16－9 所示。

6）试验要求　减速器装配完毕后,在出厂前一般要进行空载试验和负载试验,根据工件和产品规范,可选择抽样和全部产品试验。空载试验要求在额定转速下,正、反各回转 1～2h,要求运转平稳、噪声小、连接不松动、不漏油和不渗油等。负载试验是在额定转速及额定功率下试验至油温稳定为止,这时油池温升不得超过 35℃,轴承温升不得超过 40℃。

7）外观、包装及运输要求　箱体表面应涂漆,轴的外伸端及各附件应涂油包装。运输用的减速器包装箱应牢固可靠,装卸时不可倒置,安装搬运时不得使用箱盖上的吊钩、吊耳和吊环。包装箱外应写明“不可倒置”、“防雨淋”等字样。

7. 编写零、部件序号

为了便于读图、装配和进行生产准备工作,在装配工作图上必须对每个不同零、部件编写序号。装配工作图中零、部件序号的编写方法有以下两种:

(1) 装配工作图中所有零、部件包括标准件在内统一编号。

(2) 只将非标准件编号;标准件的名称、数量、标记、标准代号等直接标在指引线上。

编号时,零、部件应逐一编号,序号应安排在视图的外边,按顺时针或逆时针方向顺序排列整齐,间隔均匀,避免重复和遗漏。对于不同种类的零、部件(如滚动轴承、油标和通气器等)均应单独编号,相同零、部件共用一个编号。对于装配关系清楚的零件组,如螺栓、螺母和垫圈,可以采用一条公共指引线再分别编号,如图 16－35 所示。指引线应自所指零、部件的可见轮廓内引出,并在末端画一圆点。指引线间不可相交,且不应与剖面线平行。序号字高应比装配工作图中所标尺寸数字高度大一号或两号。

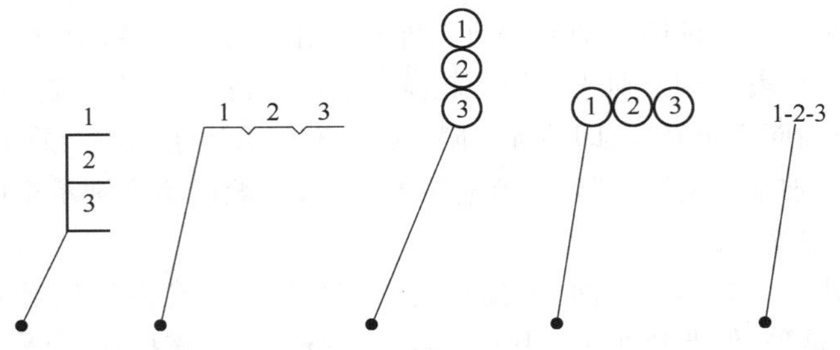

图 16－35　公共指引线序号编注

8. 编制标题栏和明细表

标题栏应布置在图纸的右下角,其格式、线型及内容应符合国家标准规定,也可根据实际需要增减标题栏中的内容。本课程设计的标题栏用以说明减速器的名称、视图比例、件数、质量和图号等,其推荐格式如图 16－36 所示。

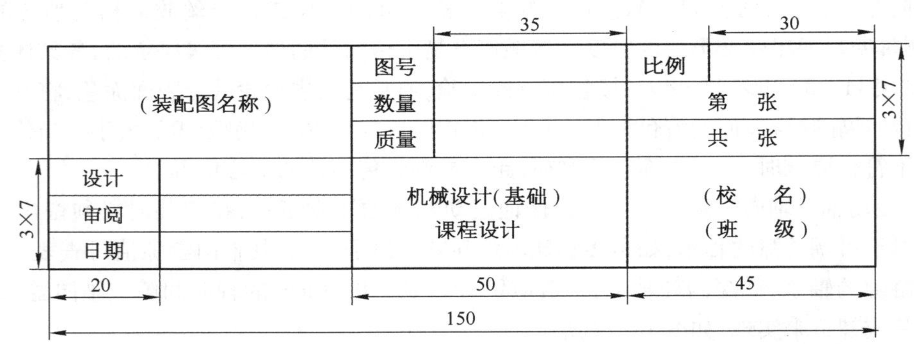

图 16－36　装配工作图标题栏

明细表是装配工作图中所有零、部件的详细目录,填写明细表的过程也是对各零、部件的名称、品种、数量、材料进行审查的过程。明细表布置在标题栏的上方,自下而上按顺序填写。标准件必须按照规定的标记完整地写出零件的名称、材料、主要尺寸及标准代号。传动件必须写出主要参数,如齿轮的模数、齿数、螺旋角等,材料应注明牌号。本课程设计明细表推荐格式如图 16－37 所示。

150

10	45	10	25	35		
						7
						7
05	大齿轮 $m=5$，$z=79$	1	45 钢			7
04	滚动轴承 6209	2		GB/T 276—1994	外 购	7
03	螺栓 M12×120	6	Q235A	GB/T 5782—2000	外 购	7
02	轴	1	45 钢			7
01	箱 座	1	HT200			7
序号	名 称	数量	材 料	标 准	备 注	7
装配图标题栏						

图 16－37 装配工作图明细表

16.8 圆锥齿轮减速器装配工作图设计的特点

圆锥齿轮减速器装配工作图的设计步骤与圆柱齿轮减速器基本相同，在设计时应仔细阅读本章有关圆柱齿轮减速器装配工作图设计的内容。圆锥齿轮减速器的有关箱体结构与尺寸分别如图 15－5 和表 15－1 所示。下面以单级圆锥齿轮减速器为例，介绍圆锥齿轮减速器设计的特点和步骤。

1. 画出传动零件的中心线

如图 16－38 所示，先用点画线定出俯视图上两圆锥齿轮轴正交的两条中心线，然后画出主视图上两轴的中心线。

2. 确定传动零件的轮廓

在俯视图上，根据已计算出的圆锥齿轮的几何尺寸分别画出两圆锥齿轮的分度圆锥母线及分度圆直径 $EE_1(EE_1=d_1)$，$EE_2(EE_2=d_2)$。过 E_1、E 和 E_2 点分别作两圆锥齿轮的分度圆锥母线的垂线，并在其上截取齿顶高 h_a 和齿根高 h_f，从而可以作出齿顶和齿根圆锥母线。在主视图上，这时也可以分别作出两圆锥齿轮的分度圆和齿顶圆的轮廓。

在俯视图上，分别从 E_1、E 和 E_2 点沿分度圆锥母线向 O 点方向截取圆锥齿轮齿宽 b，并取轮缘宽度 $f=(3\sim4)m\geqslant10\text{mm}$。估取轮毂宽度 $l=(1.6\sim1.8)C$，待轴径确定后按结构尺寸公式给予修正。

3. 确定箱体内壁和外廓

按表 15－1 推荐的 Δ_2 值，画出小圆锥齿轮轮毂端面一侧和大圆锥齿轮轮毂端面一侧箱体的内壁线。同样按推荐的 Δ_1 值，画出大圆锥齿轮齿顶圆一侧的内壁线。通常圆锥齿轮减速器设计成对称于小圆锥齿轮轴线的对称结构，以便于根据工作需要将低速轴调头安装时可改变输出轴的位置。因此，当大圆锥齿轮轮毂端面一侧箱体内壁线确定后，就可对称地画出另一侧的内壁线。这样，箱体的四条内壁线即可确定。接着，按表 15－1 推荐的 δ、C_1 和 C_2 值，可以先画出箱面凸缘一侧的宽度尺寸 $A=\delta+C_1+C_2$，然后画出大圆锥齿轮轴的轴承座宽度尺寸 $B=\delta+C_1+C_2+(5\sim8)\text{mm}$。同时，在主视图中画出相应的外廓，其中箱底位置由传动件根据图 16－38 所示的润滑要求确定，减速器中心高 H 在确定时要考虑圆整。

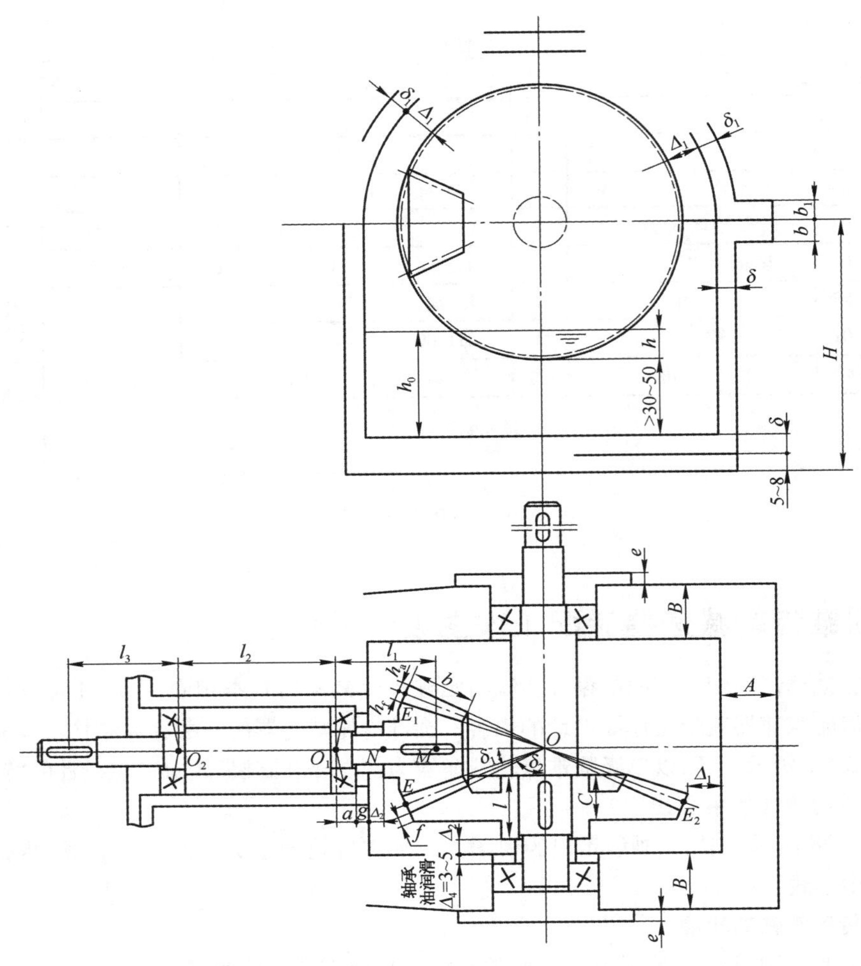

图 16-38　一级圆锥齿轮减速器初绘装配工作底图

4. 小圆锥齿轮轴系部件的结构设计

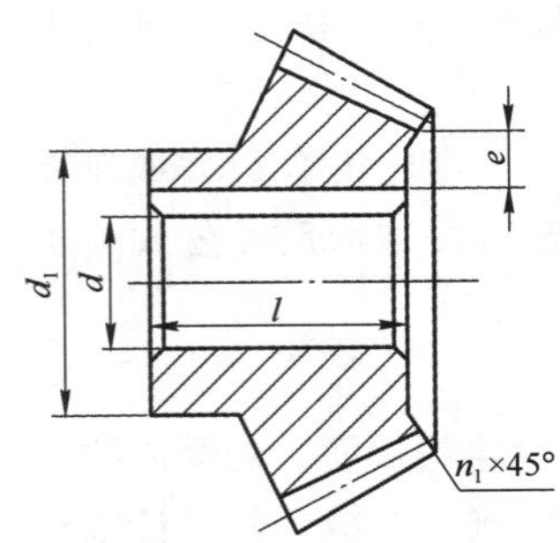

图 16-39　实心式圆锥齿轮结构

1）圆锥齿轮的结构设计　圆锥齿轮的结构与圆柱齿轮类似，依据尺寸的大小，可制成锥齿轮轴、实心式和腹板式。当小圆锥齿轮齿根圆到键槽底面的距离 $e \leqslant 1.6\text{m}$ 时，应将齿轮与轴制成一体，称为齿轮轴。当 $e > 1.6\text{m}$ 时，齿轮与轴分开制造，如图 16-39 所示。当大圆锥齿轮的直径 $d \leqslant 500\text{mm}$ 时，一般采用腹板式，用自由锻毛坯经车削加工和刨齿而成，如图 16-40 所示。

2）小圆锥齿轮的悬臂长度和轴的支承跨距　因受空间限制，小圆锥齿轮一般采用悬臂结构。小圆锥齿轮齿宽中点 M 至轴承压力中心 O_1 的轴向距离即为悬臂长度 l_1，$l_1 = \overline{MN} + \Delta_2 + g + a$，式中 $\overline{MN}$ 为齿宽中点到轮毂端面的距离，由结构而定；g 为套杯的厚度，取 8～12mm；a 值可查滚动轴承标准。为了使悬臂轴系有较大的刚度，两轴承支点的距离不宜过小，一般取 $l_2 \approx 2l_1$。

3）轴的支承结构　小圆锥齿轮轴较短，常采用两端固定式支承结构。对于圆锥滚子轴承或角接触轴承，轴承有正装和反装两种不同的布置方案。

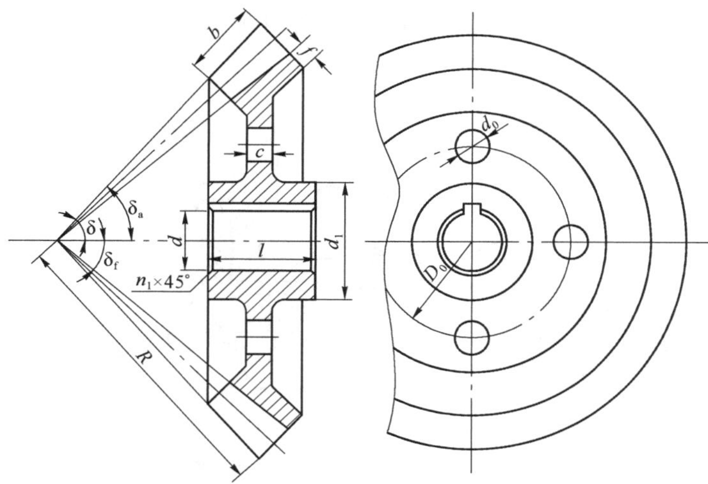

$l=(1\sim1.2)d$；$c=(0.15\sim0.17)R$；$f=(3\sim4)m\geqslant10\text{mm}$

$d_1=1.6d$；n_1 根据轴的过渡圆角确定；D_0、d_0 按结构确定

图 16-40　腹板式圆锥齿轮结构

图 16-41 所示为轴承正装方案，其中图 16-41a 为圆锥齿轮与轴分开制造，图 16-41b 为圆锥齿轮与轴做成一体。这种支承结构虽然支点跨距 l_2 较小，刚性差一些，但调整较为方便。当小圆锥齿轮大端齿顶圆直径大于轴承套杯凸肩孔径时，应采用图 16-41a 所示的结构，轴承需要在套杯内安装，很不方便。当小圆锥齿轮大端齿顶圆直径小于轴承套杯凸肩孔径时，应采用图 16-41b 所示的结构。此时，轴上零件可以在套杯外与轴安装成一体后装入或推出套杯，所以装拆方便。

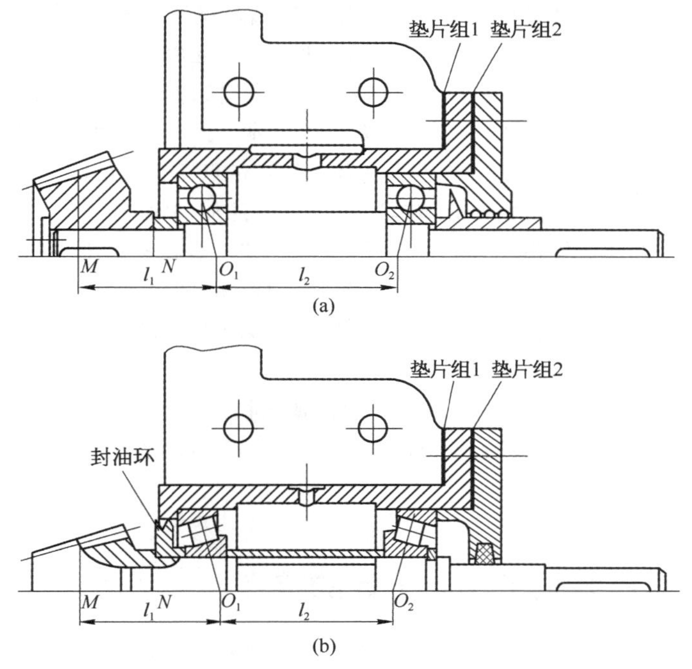

图 16-41　小圆锥齿轮正装的方案

（a）小圆锥齿轮与轴分开制造；（b）小圆锥齿轮与轴做成一体

图 16－42 所示为轴承反装方案,其中图 16－42a 为圆锥齿轮与轴分开制造,图 16－42b 为圆锥齿轮与轴做成一体。这种支承结构虽然轴的刚度大,但由于安装轴承不方便,轴承游隙靠圆螺母调整也较麻烦,故应用较少。

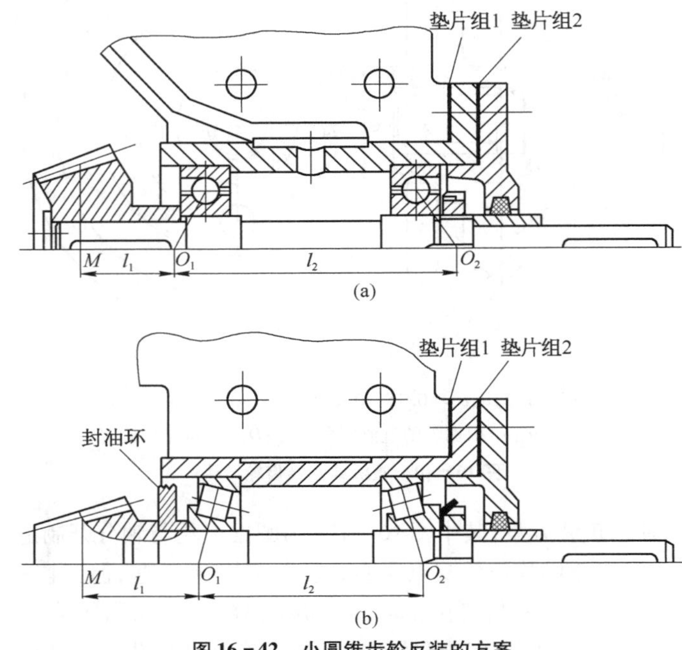

图 16－42 小圆锥齿轮反装的方案

(a) 小圆锥齿轮与轴分开制造;(b) 小圆锥齿轮与轴做成一体

4) 轴承部件的调整和套杯结构 为保证圆锥齿轮传动的啮合精度,装配时需要调整小圆锥齿轮的轴向位置,使两圆锥齿轮的锥顶重合。因此,小圆锥齿轮轴与轴承通常放在套杯内,用套杯凸缘内端面与轴承座外端面之间的垫片组 1 调整小圆锥齿轮的轴向位置。轴承端盖与套杯凸缘外端面之间的垫片组 2 用以调整轴承间隙,如图 16－41 所示。此外,采用套杯结构也便于设置用来固定轴承的凸肩,并可使小圆锥齿轮轴系部件成为一个独立的装配单元。

套杯常用铸铁制造。设计时,套杯的结构尺寸可参考表 8－3 确定。

5) 轴承的润滑 当小圆锥齿轮轴的轴承采用油润滑时,需在箱座剖分面上制出输油沟,并将套杯适当部位的直径车小和设置数个进油孔,如图 16－41a 和图 16－42a 所示,以便将油导入套杯内润滑轴承。当小圆锥齿轮轴的轴承采用脂润滑时,要在小圆锥齿轮与相近轴承之间设置封油环,如图 16－41b 和图 16－42b 所示。

同理,通过参考图 16－2 所示的二级圆柱齿轮减速器初绘装配工作底图及图 16－38 所示的一级圆锥齿轮减速器初绘装配工作底图,就可画出如图 16－43 所示的圆锥-圆柱齿轮减速器的初绘装配工作底图。

16.9 蜗杆减速器装配工作图设计的特点

蜗杆减速器装配工作图的设计步骤与圆柱齿轮减速器基本相同,因此在设计时应仔细阅读本章有关圆柱齿轮减速器装配工作图设计的内容。蜗杆减速器的有关箱体结构与尺寸可参考图 15－6 和表 15－1。下面以常见的下置式蜗杆减速器为例,介绍蜗杆减速器设计的特点和步骤。

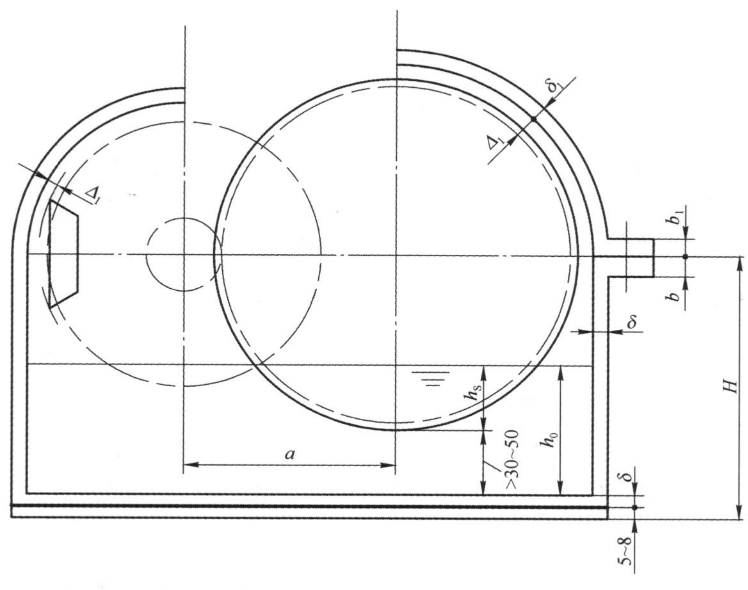

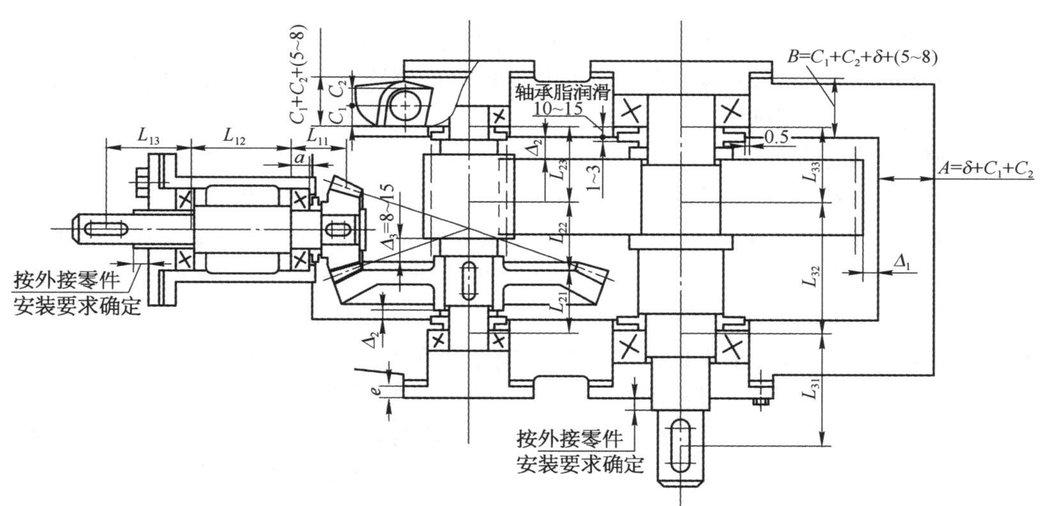

图 16－43　圆锥-圆柱齿轮减速器初绘装配工作底图

1. 画出传动零件的中心线

由于蜗杆与蜗轮的轴线呈空间交错，绘制装配图需在主视图和左视图上同时进行，因此首先在主视图、左视图位置上用点画线画出蜗杆、蜗轮的中心线。

2. 确定蜗杆轴承座位置

如图 16－44 所示，按所确定的中心线位置，首先画出蜗轮和蜗杆的轮廓尺寸。取 $\Delta_1 \approx \delta$，在主视图中确定左、右、上三侧内壁及外壁的位置；取蜗杆轴承座外端面凸台 5～8mm，可画出蜗杆轴承座外端面 F_1 的位置，通过对称的方法可求得蜗杆轴承座两外端面间的距离 M_1（M_1需经圆整），从而可画出蜗杆轴承座另外一侧外端面的位置。

为了提高蜗杆的刚度，应尽量缩短轴承支点的距离。为此，蜗杆轴承座需伸到箱内。内伸部分长度与蜗轮外径及蜗杆轴承外径（或套杯外径）有关。内伸轴承座外径与轴承盖外径 D_2 相同。为

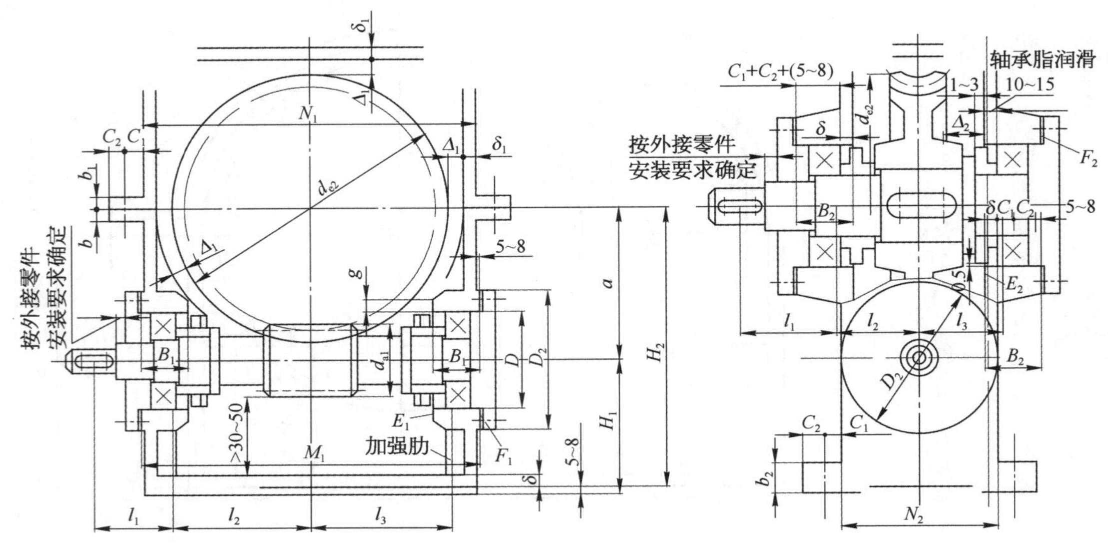

图 16-44 蜗杆减速器初绘装配工作底图

使轴承座尽量内伸，常将圆柱形轴承座上部靠近蜗轮部分铸出一个斜面，使其与蜗轮外圆间的距离 $\Delta_1 \approx \delta$，再取 $g = 0.2(D_2 - D)$，从而确定轴承座内端面 E_1 的位置。为了增强轴承座的刚性，在其内伸部分的下面还应设置加强肋。

3. 确定蜗轮轴承座的位置

在左视图中，常取蜗杆减速器宽度等于蜗杆轴承盖外径(也等于蜗杆轴承座外径)，即 $N_2 = D_2$。由箱体外表面宽度及壁厚可确定 E_2 的位置，即蜗轮轴承座内端面位置。其外端面 F_2 的位置或轴承座的宽度 B_2，可由轴承旁螺栓直径及箱壁厚度确定，即 $B_2 = \delta + C_1 + C_2 + (5 \sim 8)\,\mathrm{mm}$。

4. 确定下箱壁的位置及箱体的凸缘结构

对下置式蜗杆减速器，为保证散热，常取蜗轮中心高 $H_2 \approx (1.8 \sim 2)a$，$a$ 为传动中心距。在确定 H_2 时，应检查蜗杆轴中心高 H_1 是否满足传动零件的润滑要求，H_1 和 H_2 还需圆整。有时蜗轮、蜗杆伸出轴通过联轴器直接与工作机或电动机连接。中心高两者相差不大时，最好与工作机或电动机中心高取得相同，以便于在机架上安装。然后根据 H_1、H_2、箱体壁厚 δ 和箱体底面的加工面与非加工面间外凸的尺寸(5～8mm)，即可确定下箱壁的位置。根据箱座凸缘厚度 b、箱盖凸缘厚度 b_1 和箱座底凸缘厚度 b_2，可进一步画出分箱面凸缘结构和箱座底凸缘结构。

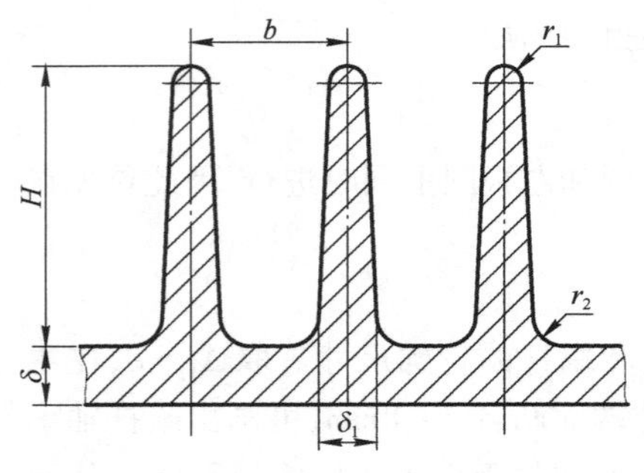

$\delta_1 = (0.8 \sim 1)\delta$; $H = (4 \sim 5)\delta$;
$b = (2 \sim 3)\delta$; $r_1 = (0.25 \sim 0.50)\delta$;
$r_2 = (0.5 \sim 0.9)\delta$; δ 为箱体的壁厚

图 16-45 散热片的结构和尺寸

5. 热平衡计算

由于蜗杆传动的效率低、发热量大，在减速器箱体长、宽和高尺寸确定后，对连续工作的蜗杆传动应进行热平衡计算。若散热能力不足，应增大箱体的散热面积或增设散热片和风扇。散热片一般垂直于箱体外壁布置。当蜗杆轴端安装风扇时，应注意使散热片布置与风扇气流方向一致。散热片的结构和尺寸如图 16-45 所示。如上述措施仍不能满足要求，还可考虑采用在油池中增设蛇形冷却水管等强迫冷却措施。

6. 蜗杆轴系部件的结构设计

1）蜗杆和蜗轮的结构设计　蜗杆一般为钢制，并与轴制成一体，称为蜗杆轴。当蜗杆根圆直径 d_{f1} 略大于轴径 d 时，其螺旋部分可以车制，也可以铣制，图 16－46a 所示为车制蜗杆。当 $d_{f1} < d$ 时，如图 16－46b 所示，只能铣制。

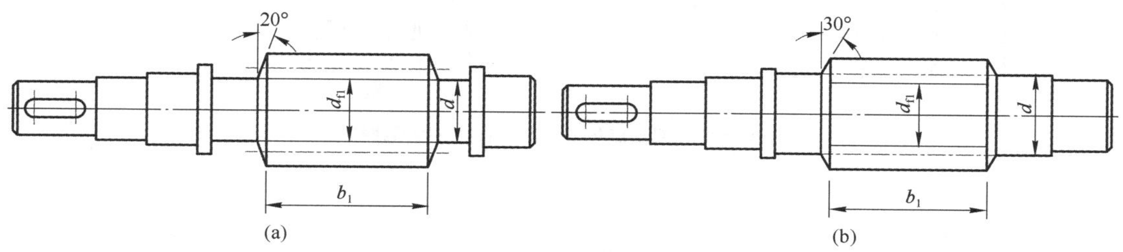

图 16－46　蜗杆的结构和尺寸

(a) 车制蜗杆；(b) 铣制蜗杆

常用的蜗轮结构有整体式和组合式。整体式适用于铸铁蜗轮和直径 $d_{e2} < 100\text{mm}$ 的青铜蜗轮，如图 16－47a 所示。当蜗轮直径较大时，为节约有色金属，蜗轮常做成组合式。图 16－47b 所示为青铜轮缘用过盈配合装在铸铁轮芯上的组合式蜗轮结构，其常用的配合为 H7/s6 或 H7/r6。为增加连接的可靠性，在配合表面接缝处装 4～8 个螺钉。为避免钻孔时钻头偏向软金属青铜轮缘，螺孔中心宜稍偏向较硬的铸铁轮芯一侧。图 16－47c 所示为轮缘与轮芯用铰制孔用螺栓连接的组合式蜗轮结构，这种形式工作可靠，装拆方便，适用于大直径的蜗轮。

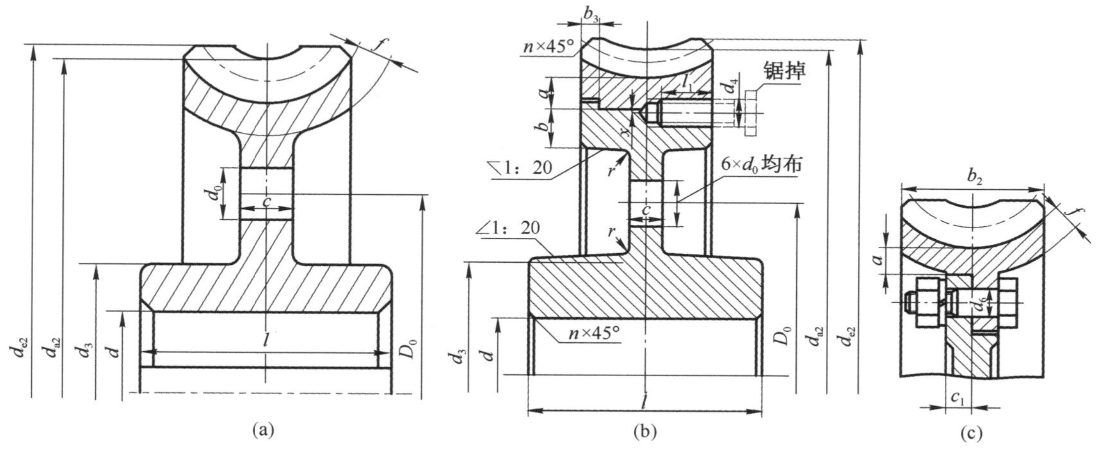

$d_3 = 1.6d$；$l = (1.2 \sim 1.8)d$；$c = 0.3b_2$；$c_1 = (0.2 \sim 0.25)b_2$；$b_3 = (0.12 \sim 0.18)b_2$；$a = b = 2m \geqslant 10\text{mm}$；$l_1 = 3d_4$；$x = 1 \sim 2\text{mm}$；$d_4 = (1.2 \sim 1.5)m \geqslant 6\text{mm}$；$f \geqslant 1.7m$；$n = 2 \sim 3\text{mm}$；$m$ 为模数；d_4 按螺栓组强度计算确定；r、d_0、D_0 由结构确定

图 16－47　蜗轮的结构和尺寸

(a) 整体式；(b) 组合式，过盈配合连接；(c) 组合式，铰制孔用螺栓连接

2）轴的支承结构　当蜗杆轴较短（两支点跨距小于 300mm），温升不太大时，蜗杆轴的支承常采用圆锥滚子轴承正装的双支点各单向固定的结构，如图 16－48 所示。当蜗杆轴较长或温升较大时，应采用一端双向固定，另一端游动的支承结构，如图 16－49 所示。固定支承端一般设在轴的非外伸端，以便于轴承的调整。设计套杯时，应注意使其外径大于蜗杆的外径，否则无法装拆蜗杆。

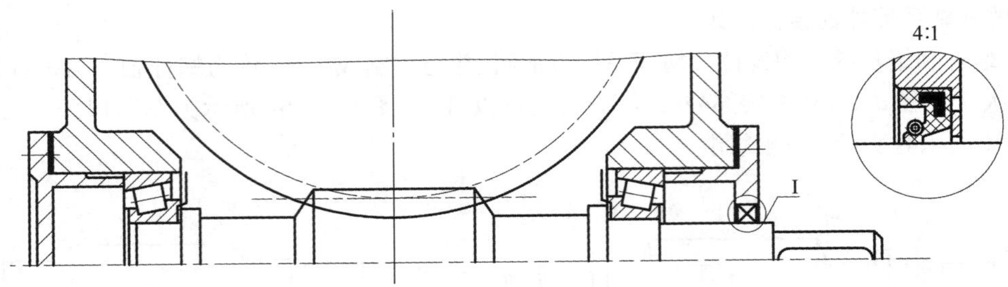

图 16－48　双支点各单向固定的蜗杆轴系结构

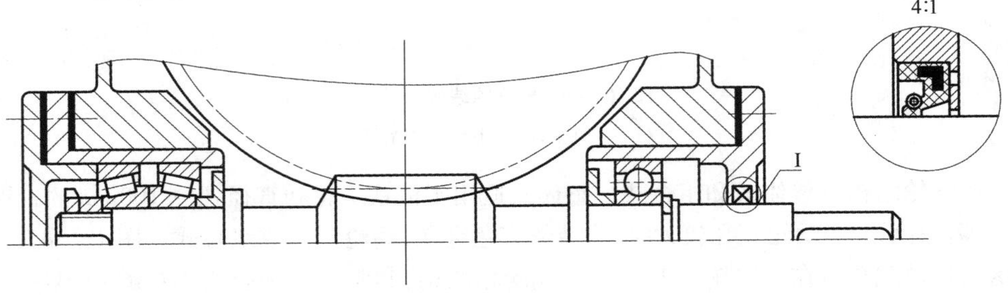

图 16－49　一端固定和一端游动的蜗杆轴系结构

第 17 章　零件工作图设计

机器的装配工作图设计完成以后，必须设计和绘制各非标准件的零件工作图。零件工作图是制造、检验和制定零件工艺规程的基本技术文件。它既反映设计意图，又考虑制造、使用的可能性和合理性。因此，合理设计零件工作图是设计过程中的重要环节。

在机械设计课程设计中，由于受学时所限，一般绘制由指导教师指定的一二个典型零件工作图即可。

17.1　零件工作图的设计要求

1）布置和选择视图　每个零件应单独绘制在一张标准图纸中，其基本结构和尺寸应与装配工作图一致。零件工作图应合理地选用各种视图，如三视图、剖视图、局部剖视图和向视图等，以能完全、正确、清楚地表明零件的结构形状和相对位置关系为原则。视图比例优先选用 1∶1，必要时可放大或缩小，但放大或缩小的比例应符合表 1－12 所示的标准规定。对于零件的细部结构，如退刀槽、过渡圆角和保留中心孔等，如有必要，可以采用局部放大图。

2）标注尺寸　零件图上的尺寸是加工与检验零件的依据。尺寸标注要选择好基准面，标注在最能反映形体特征的视图上，保证尺寸完整而不重复，并且要便于零件的加工制造。对装配工作图中未标明的细小结构，如退刀槽、圆角、倒角和铸件壁厚的过渡尺寸等，在零件工作图中都应绘制并标明。

3）标注公差及表面粗糙度　在零件工作图上，对要求精确及有配合关系的尺寸，如齿轮中心距、轴孔配合尺寸、键连接配合尺寸等，均应注明尺寸的极限偏差。对重要的装配表面及定位表面等还需注明零件的表面形状和位置公差。零件所有表面（包括非加工面）还应注明表面粗糙度值，以便于制定加工工艺。通常在保证正常工作的条件下，应尽量选用较大的表面粗糙度值，以便于加工。当较多表面具有同样表面粗糙度的数值时，为简便起见，可在标题栏附近统一标注$\sqrt{\ }^{Raxx}$($\sqrt{\ }$)符号。

4）列出齿轮类零件的啮合参数表　对于齿轮、蜗轮类传动零件，由于其参数及误差检验项目等较多，应在图纸右上角列出啮合参数表，填写零件的主要几何参数、精度等级、误差检验项目等。

5）编写技术要求　对于零件在制造或检验时必须保证的要求和条件，不便用图形或符号表示时，可在零件工作图技术要求中注出。它的内容应根据不同零件和不同加工方法的要求而定。

6）绘制零件工作图标题栏　在零件工作图的右下角要绘制标题栏，用来说明零件的名称、图号、数量、材料、比例、设计者、审阅者以及相应的日期等内容。本课程设计推荐的零件工作图标题栏格式如图 17－1 所示。

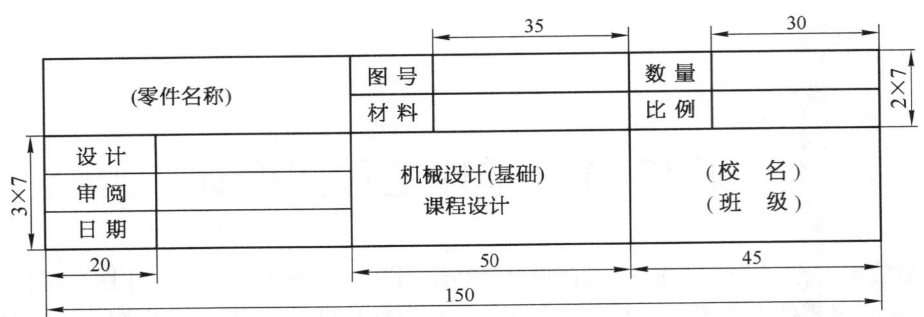

图 17－1　零件工作图标题栏

17.2　轴类零件工作图的设计要点

1）视图　轴类零件工作图，一般只需一个主视图，在有键槽和孔的地方可增加必要的剖视图，对于不易表达的细小结构，如退刀槽、砂轮越程槽、中心孔等，可绘制局部放大图。

2）尺寸标注　轴类零件一般是回转体，因此主要是标注径向尺寸和轴向尺寸。在标注径向尺寸时，轴的各段直径尺寸必须逐一标注，即使直径完全相同的各段轴径也不能省略。凡是在装配中有配合要求的轴段，径向尺寸都应标注尺寸偏差。在标注轴向尺寸时，首先应根据设计及工艺要求选择合理的主要基准和辅助基准，尽量使尺寸的标注能够反映出制造工艺与测量要求，避免出现封闭的尺寸链。一般把轴上最不重要的一段轴向尺寸作为尺寸的封闭环，不标注尺寸。图 17－2 所示为轴类零件尺寸标注的示例。图中主要基准面①是齿轮的轴向定位面，L_2、L_3、L_4、L_5和 L_7 等尺寸均以①作为基准一次标出，加工时一次测量，可减小加工误差。基准面②为辅助基准面。标注 L_2及 L_4是保证齿轮及滚动轴承用套筒作轴向固定的可靠性，标注 L_3则与控制轴承支点跨距有关，标注 ϕ_7轴段的长度 L_6则涉及带轮的轴向定位。ϕ_6和轴左端 ϕ_1轴段长度的加工误差不影响装配精度，因而取为封闭环不注尺寸，加工误差可积累在该轴段上，以保证主要尺寸的加工精度。标注键槽尺寸时，沿轴向应标注键槽的长度尺寸和轴向定位尺寸。轴上的全部倒角、过渡圆角都应标注。若尺寸均相同时，也可在技术要求中加以说明。

3）尺寸公差的标注　对于在装配图中有配合要求的轴段，如安装齿轮、蜗轮、带轮和链轮等

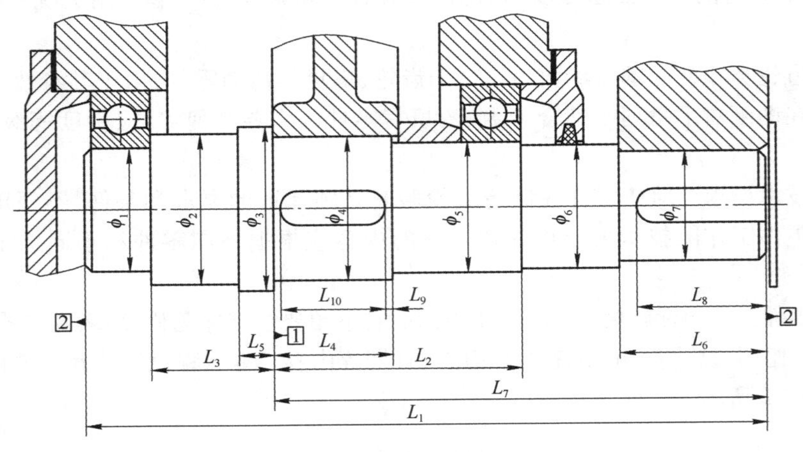

图 17－2　轴类零件尺寸标注

传动零件轴段处的直径，应根据装配工作图选定的配合性质从公差配合规范（表 10－10）中查出其尺寸的极限偏差值，在零件工作图中标注其径向尺寸及极限偏差。键槽的宽度和深度也应标注相应的尺寸偏差，其尺寸偏差值可由表 4－27 查出。对于普通减速器中的轴，在零件工作图中对其轴向尺寸一般按自由公差处理，不必标注长度公差。

4）形位公差的标注　轴的重要表面应标注形状及位置公差，以保证减速器的加工精度和装配质量。普通减速器中，轴类零件形位公差推荐标注项目参见表 17－1 选取。

表 17－1　轴类零件形位公差推荐标注项目

内容	项　　目	符号	精度等级	作　　用
形状公差	与传动零件相配合直径的圆度	○	7～8	影响传动零件与轴配合的松紧及对中
	与传动零件相配合直径的圆柱度	⌭		
	与轴承相配合直径的圆柱度		6	影响轴承与轴配合的松紧及对中，也会改变内圈滚道的几何变形，缩短轴承寿命
位置公差	传动零件的定位端面相对轴线的端面圆跳动	↗	6～8	影响齿轮等传动零件的定位及其受载均匀性
	轴承的定位端面相对轴线的端面圆跳动		6	影响轴承的定位，造成轴承套圈歪斜，改变滚道的几何形状，恶化轴承的工作条件
	与传动零件配合的直径相对轴线的径向圆跳动		6～8	影响传动零件的运转同心度
	与轴承相配合的直径相对轴线的径向圆跳动		5～6	影响轴和轴承的运转同心度
	键槽侧面相对轴线的对称度	⌯	7～9	影响键与键槽受载的均匀性及装拆的难易程度

5）表面粗糙度的标注　轴的所有表面都要加工，其表面粗糙度值可按表 17－2 推荐的确定。在满足设计要求的前提下，应选取较大的表面粗糙度值。

表 17－2　轴的表面粗糙度 *Ra* 荐用值

<table>
<tr><th>加　工　表　面</th><th colspan="4">表面粗糙度 Ra 的荐用值（μm）</th></tr>
<tr><td>与滚动轴承相配合的轴颈表面</td><td colspan="4">0.8（轴承内径 d≤80mm），1.6（轴承内径 d>80mm）</td></tr>
<tr><td>与滚动轴承相配合的轴肩端面</td><td colspan="4">1.6</td></tr>
<tr><td>与传动零件及联轴器相配合的轴头表面</td><td colspan="4">1.6～0.8</td></tr>
<tr><td>与传动零件及联轴器相配合的轴肩表面</td><td colspan="4">3.2～1.6</td></tr>
<tr><td>平键键槽的工作面</td><td colspan="4">3.2～1.6</td></tr>
<tr><td>平键键槽的非工作面</td><td colspan="4">6.3</td></tr>
<tr><td rowspan="4">密封轴段表面</td><td colspan="2">毡圈密封</td><td>橡胶密封</td><td>间隙或迷宫密封</td></tr>
<tr><td colspan="3">与轴接触处的圆周速度 v（m/s）</td><td rowspan="3">3.2～1.6</td></tr>
<tr><td>≤3</td><td>>3～5</td><td>>5～10</td></tr>
<tr><td>3.2～1.6</td><td>0.8～0.4</td><td>0.4～0.2</td></tr>
</table>

6）技术条件　轴类零件工作图中的技术要求主要包括下列几个方面：

（1）对轴材料力学性能和化学成分的要求及允许代用的材料等。

（2）对轴材料表面性能的要求，如热处理方法、热处理后的表面硬度、渗碳层深度及淬火深度等。

（3）对机械加工的要求，如是否要求保留中心孔（若要保留，应在图中画出或按国标加以说明），与其他零件配合一起加工处（如配钻或配铰等）也应说明。

(4) 对图中未标注的圆角、倒角及表面粗糙度的说明及其他特殊要求。

图 17－3 所示为轴零件工作图例,供设计时参考。

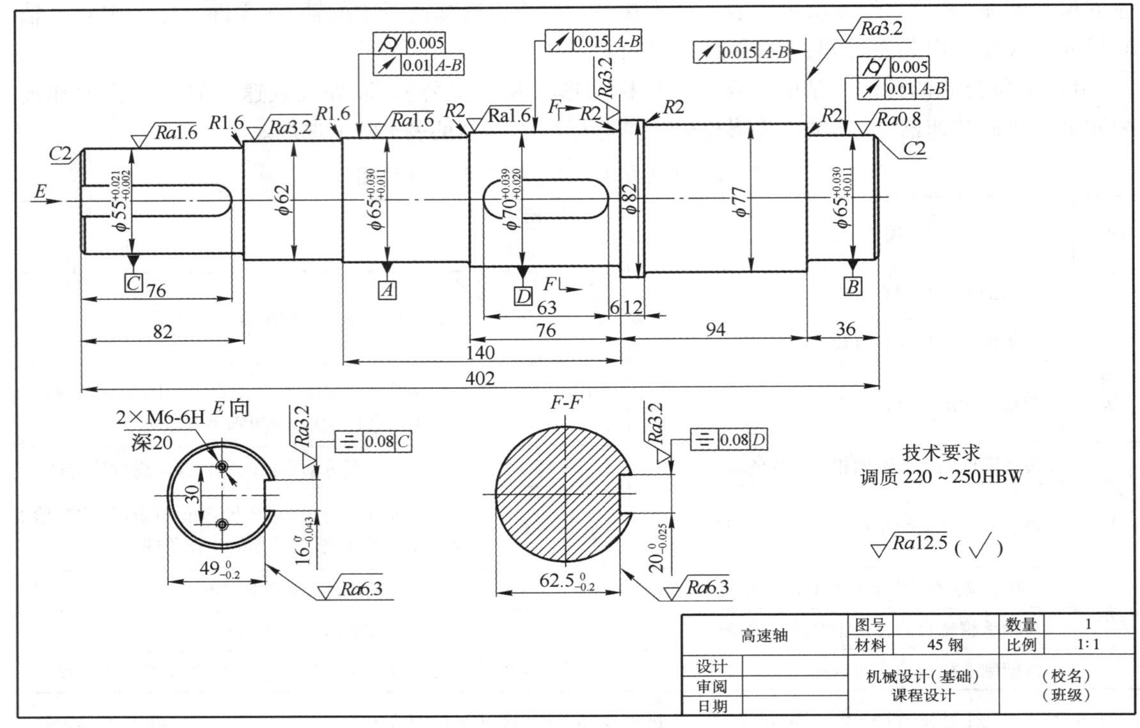

图 17－3 轴零件工作图

17.3 齿轮类零件工作图的设计要点

齿轮类零件包括齿轮、蜗轮和蜗杆等。此类零件工作图中除了零件图形和技术要求外,还应有供加工和检验用的啮合特性表。

1) 视图 齿轮类零件工作图一般需要用两个视图(主视图和左视图)来表示。主视图通常按轴线水平布置,采用全剖或半剖视图画出齿轮类零件的内部结构。左视图则主要表示轴孔、键槽的形状和尺寸,可画出完整的视图,也可只画出局部视图。

对于组合式的蜗轮结构,则应分别画出齿圈及轮芯的零件工作图和蜗轮的组件图。齿轮轴与蜗杆轴的视图与轴类零件工作图相似。为了表达齿形的有关特征及参数,如蜗杆的轴向齿距等,必要时应画出局部剖面图。

2) 尺寸标注 齿轮为回转体,齿轮工作图中应标注径向尺寸和轴向尺寸。各径向尺寸均以其轴线为基准标注,轴向尺寸以端面为基准标注其轴向宽度尺寸。分度圆直径是齿轮类零件设计的基本尺寸,必须标注。齿顶圆直径、轴孔直径、轮毂直径、轮辐(或腹板)等是齿轮生产加工中不可缺少的尺寸,都应标注在图样上。圆角、倒角、锥度和键槽等尺寸应做到既不重复标注,又不得遗漏。齿根圆是根据齿轮参数加工得到的结果,其直径按规定不必标出。腹板的结构尺寸按结构要求确定,标注时应进行圆整。对于铸造或模锻制造的齿轮毛坯应标注起模斜度。蜗轮的组件图还应标注齿圈和轮芯的配合尺寸、精度及配合性质。

3）尺寸公差的标注　轴孔及齿顶圆是加工、装配的重要基准，尺寸精度要求高，应标注尺寸极限偏差。轴孔极限偏差由其精度等级及配合性质决定，齿顶圆极限偏差按其是否作为测量基准而定，可参考表 11－19 选取。轮毂孔上的键槽尺寸要标注其极限偏差。对于圆锥齿轮，应标注锥体大端的直径极限偏差、齿宽尺寸极限偏差、端面到锥体大端及端面到锥顶距离的极限偏差。对于蜗轮，要标注端面到主平面距离的极限偏差。

4）形位公差的标注　齿坯的形位公差对齿轮类零件的传动精度影响很大，通常是根据其精度等级确定公差值。一般需标注的项目有：齿顶圆的径向圆跳动和基准端面对轴线的端面圆跳动、键槽两侧面对孔中心线的对称度等。各项形位公差对齿轮工作性能的影响见表 17－3。

表 17－3　齿坯形位公差推荐项目与工作性能的关系

项　目	符号	精度等级	对工作性能的影响
圆柱齿轮以齿顶圆作为测量基准时，齿顶圆的径向圆跳动	↗	按圆柱齿轮、蜗杆、蜗轮和锥齿轮的精度等级确定	影响齿厚的测量精度，并在切齿时产生相应的齿圈径向跳动误差，使零件加工中心位置与设计位置不一致，引起分度不均，同时会引起齿向误差。影响齿面载荷分布及齿轮副间隙的均匀性
锥齿轮的齿顶圆锥的径向圆跳动			
蜗轮顶圆的径向圆跳动			
蜗杆顶圆的径向圆跳动			
齿轮基准端面对轴线的端面圆跳动			
轮毂键槽对孔轴线的对称度	⌯	7～9	影响键与键槽受载的均匀性及其装拆的松紧

5）表面粗糙度的标注　齿轮类零件表面有加工表面和非加工表面的区别，该类零件的所有表面都应标注表面粗糙度。各加工表面表面粗糙度值的选取可参考表 17－4。

表 17－4　齿轮类零件的表面粗糙度 *Ra* 荐用值　　(μm)

加工表面		传动精度等级			
		6	7	8	9
轮齿工作面	圆柱齿轮	0.8～0.4	1.6～0.8	3.2～1.6	6.3～3.2
	锥齿轮		0.8	1.6	3.2
	蜗杆及蜗轮		0.8	1.6	3.2
齿顶圆	圆柱齿轮		1.6	3.2	6.3
	锥齿轮			3.2	3.2
	蜗杆及蜗轮		1.6	1.6	3.2
轴孔	圆柱齿轮		0.8	1.6	3.2
	锥齿轮				6.3～3.2
与轴肩配合的端面		3.2～1.6			
齿圈与轮芯的配合表面		3.2～1.6			
平键键槽的工作面		3.2～1.6			
平键键槽的非工作面		6.3			

6）啮合特性表　啮合特性表的内容包括齿轮（蜗轮）的主要参数、精度等级和相应的误差检验项目等。啮合特性表一般布置在零件工作图的右上角。表 17－5 所示为圆柱齿轮啮合特性表的具体内容，仅供参考。

表 17－5　圆柱齿轮啮合特性表

齿　　数	z		中心距及其极限偏差	$a \pm f_a$	
模　　数	$m(m_n)$				
齿 形 角	α		公差检验项目	代号	公 差 值
齿顶高系数	h_a^*		单个齿距极限偏差	$\pm f_{pt}$	
螺 旋 角	β		齿距累积总公差	F_p	
螺旋方向			齿廓总公差	F_α	
径向变位系数	x		螺旋线总公差	F_β	
精度等级			径向跳动公差	F_r	
配对齿轮　图　　号			齿厚测量　法向齿厚		
配对齿轮　齿　　数			齿厚测量　齿　　高		

7）技术条件　齿轮类零件工作图上的技术要求主要包括下列几个方面：

（1）对铸件、锻件或其他坯件的要求。

（2）对材料力学性能和化学成分的要求及允许代用的材料。

（3）对材料表面力学性能的要求，如热处理方法、热处理后的硬度、渗碳深度及淬火深度等。

（4）图中未注明的圆角半径、倒角的说明。

（5）对大型或高速齿轮的动平衡试验要求。

图 17－4 所示为齿轮零件工作图例，供设计时参考。

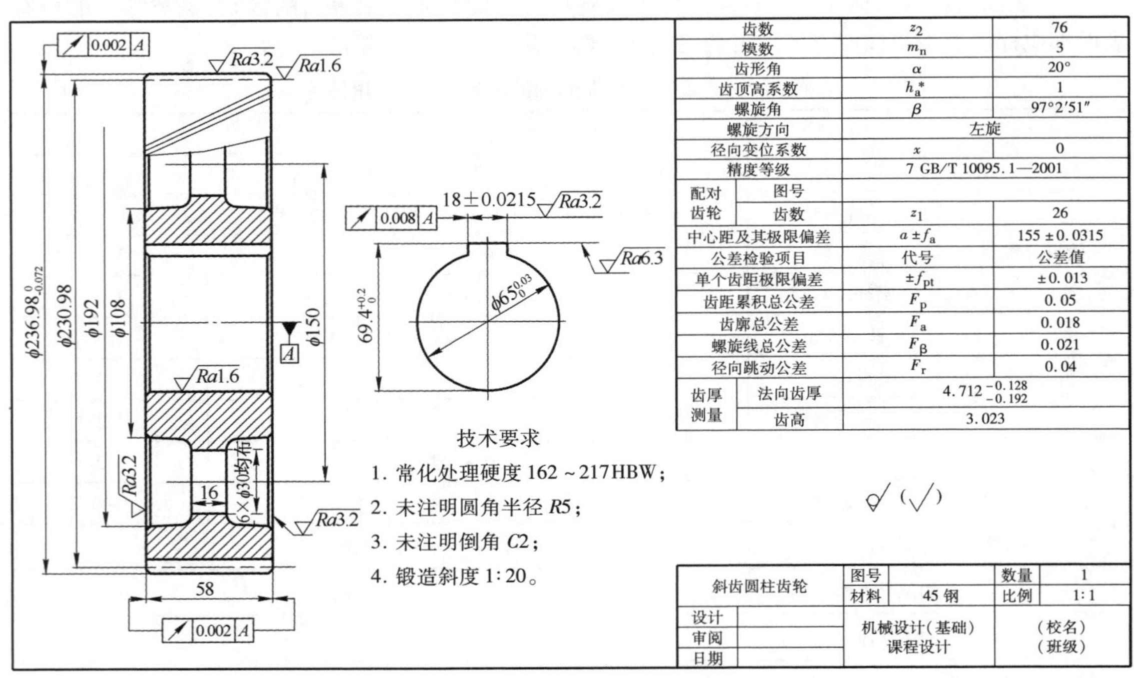

图 17－4　齿轮零件工作图

第18章　编写设计计算说明书和答辩

图纸设计完成以后,应整理和编写设计计算说明书,对课程设计工作进行总结并准备答辩。

18.1　编写设计计算说明书

设计计算说明书是图纸设计的理论依据,也是审核设计合理与否的重要技术文件。因此,编写设计计算说明书是设计工作的一个重要环节。

1. 设计计算说明书的内容

设计计算说明书的内容依据设计任务而定。对于机械传动装置的设计,一般包括以下内容:

(1) 目录(标题,页次),如附录3所示。

(2) 设计任务书(由指导教师根据第19章的题目指定)。

(3) 传动方案的拟定及说明(如传动方案已给定,则应对其进行分析和论证)。

(4) 电动机的选择计算。

(5) 传动装置的运动及动力参数的选择及计算(包括分配各级传动比,计算各轴的转速、功率和转矩)。

(6) 传动零件的设计计算(确定带传动、链传动和齿轮传动等的主要参数和几何尺寸)。

(7) 轴的设计计算及校核(包括绘制轴的结构图、受力分析图、弯矩图及转矩图等)。

(8) 滚动轴承的选择及寿命验算。

(9) 键连接的选择和强度校核。

(10) 联轴器的选择。

(11) 润滑方式及密封形式的选择(包括润滑剂的种类和牌号的选择、装油量的计算、密封方式和密封件类型的选择等)。

(12) 设计小结(简要说明对课程设计的体会、分析设计中的优缺点并提出改进意见等)。

(13) 参考资料(格式应为"序号　作者. 书名. 版本. 出版地:出版单位,出版年份")。

2. 设计计算说明书的要求

设计计算说明书应简要说明设计中所考虑的主要问题和全部计算项目,并且满足以下要求:

(1) 设计计算说明书要求文字简洁通顺、图表清晰、计算正确、书写格式规范。

(2) 设计计算说明书可用水笔按一定格式书写或用文字编辑软件按一定格式编辑并打印,采用统一格式的封面,如附录2所示,装订成册。

(3) 为清楚说明设计的结果和计算的依据,应附有必要的简图,如传动方案简图、有关零件的结构简图、轴的受力图、弯矩图和转矩图等。

(4) 所引用的重要计算公式和数据应注明来源,即要注出参考资料的统一编号"[×]"、页数、公式号、图号或表号等。

(5) 所有计算中所使用的参量符号和下角标必须统一,各参量的数值应标明单位,并且单位要统一。

(6) 计算部分只需列出公式,代入有关数据,略去具体演算过程,直接得出计算结果,并写上结论性的用语,如“合格”、“安全”或“强度足够”等。

(7) 设计计算结果一般应予圆整,如轴的直径应按标准直径系列进行圆整。但是几何计算结果不得圆整,如圆柱齿轮的分度圆直径 d 和圆锥齿轮的锥距 R 应精确到小数点后两位数,斜齿圆柱齿轮的螺旋角 β 和圆锥齿轮的分度圆锥角 δ 应精确到秒等。

3. 设计计算说明书书写示例

设计计算说明书的书写格式如附录 5 所示。

18.2 课程设计的答辩

1. 课程设计答辩的目的

答辩是课程设计的最后一个环节。答辩不仅是为了考核和评估学生的设计能力、设计质量和设计水平,而且通过答辩的准备,使学生对自己的设计工作和设计结果进行一次较全面系统的回顾、分析与总结,从而达到“知其然”也“知其所以然”,是一次知识与能力再提高的过程。

2. 课程设计答辩的准备工作

(1) 图纸必须按图 18-1 所示进行折叠,设计计算说明书按规定装订成册,然后一起装入文件袋,呈交指导教师审阅。

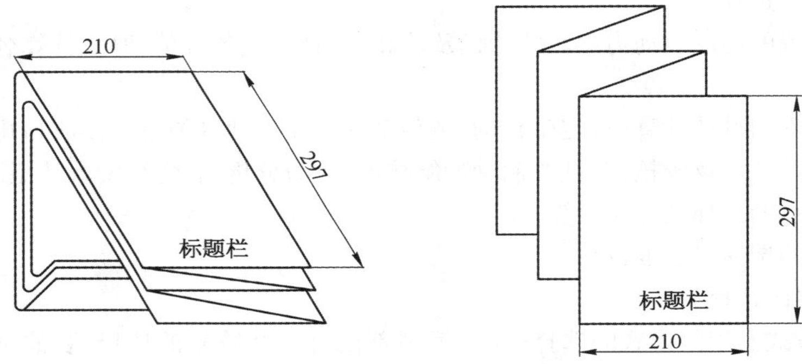

图 18-1 图纸的折叠方法

(2) 全面、系统地回顾整个设计过程,总结、检查自己的全部工作,对所做的设计进行分析并作出评价,包括设计的优缺点、创新点及存在的问题等。

(3) 彻底搞清设计计算的步骤、理论依据、公式、数据等资料的来源;明确设计中视图的表达,零部件结构形状及几何尺寸的确定,尺寸的标注,公差配合的选取,技术要求的编写等有关内容。

答辩的方式采用单独答辩。课程设计成绩的评定以设计图纸、设计计算说明书及答辩中回答问题的情况为依据,并参考设计过程中的表现进行评定,分为优、良、中、及格和不及格五个等级。

3. 课程设计答辩中常见的问题

(1) 传动装置的主要作用是什么?合理的传动方案应满足哪些要求?

(2) 通用减速器有哪几种主要类型?各有何特点?

(3) 若在传动方案中同时采用 V 带传动、套筒滚子链传动、圆柱齿轮传动,则应如何安排布置上述各种传动的顺序?为什么?

(4) 你所采用的传动方案有何优缺点?

（5）在二级圆柱齿轮减速器中，如果其中一级采用斜齿轮，那么它应该放在高速级还是低速级？为什么？如果两级均采用斜齿轮，那么中间轴上两齿轮的轮齿旋向应如何确定？为什么？

（6）如何选择电动机的类型、额定功率和满载转速？

（7）你选择的电动机是什么型号？请解释其意义。

（8）在传动装置的功率计算时，用电动机的额定功率 P_{ed} 或所需电动机功率 P_d 来计算有什么不同？

（9）在 V 带——级圆柱齿轮传动装置中，为什么一般应使带传动的传动比小于齿轮的传动比？

（10）普通 V 带根据截面尺寸可分为哪几种型号？你所选用的是哪种型号，是根据什么因素来选择的？

（11）你选用的链的标记是什么？试说明其意义。

（12）在链传动中最主要的特征参数是什么？它对传动有什么影响？

（13）在水平链传动中，一般紧边在上；而在水平带传动中则紧边在下，这是为什么？

（14）如何选择联轴器？分析高速轴和低速轴常用的联轴器有何不同？

（15）分配各级传动比时应考虑哪些基本原则？你设计减速器时是如何分配各级传动比的？

（16）一般减速器齿轮选择几级精度？在什么情况下做成齿轮轴？在什么情况下齿轮与轴分开？采用何种加工方法？

（17）你所设计的传动件哪些参数是标准的？哪些参数应该圆整？哪些参数不该圆整？

（18）在你设计的减速器中，大、小齿轮的齿面硬度是多少？为什么？如何实现这一要求？

（19）在你设计的减速器中，大、小齿轮的宽度是否相同？为什么？

（20）试说明减速器装配工作图中，齿轮啮合区的画法。并说明俯视图中齿轮啮合区内各条线所代表的意义。

（21）在你的设计中为什么使用了斜齿圆柱齿轮？斜齿圆柱齿轮的螺旋角 β 通常在什么范围内选取？为什么？

（22）你所设计的齿轮材料为 45 钢，并进行调质处理，硬度为 217 ~ 255HBW。试问何谓调质处理？其目的是什么？其齿面是属于软齿面还是硬齿面？你是根据什么进行强度设计和校核的？

（23）对于用中碳钢和中碳合金钢或低碳钢或低碳合金钢制造的齿轮，为了得到硬齿面，应分别进行何种热处理？并根据什么进行强度设计和校核？

（24）从减速器的装配工作图上，你如何判断出动力输入轴和输出轴？

（25）为什么轴一般都设计成阶梯轴？请用你设计的减速器低速轴为例来加以说明。并具体说明各段直径和长度是如何确定的。

（26）在你的设计中，高速轴为什么采用齿轮轴结构？试问低速轴能否也采用齿轮轴结构？为什么？

（27）如何进行轴的强度校核？其弯矩和扭矩如何合成？

（28）在什么情况下要考虑轴上需有砂轮越程槽、退刀槽？

（29）设计轴时，对轴肩（或轴环）的高度及圆角半径有何要求？

（30）轴上键槽的位置与长度如何确定？你所设计的键槽是如何加工的？

（31）你设计中采用了何种类型的滚动轴承？为什么？轴承的代号是什么？试说明其意义。

（32）滚动轴承的内圈与轴、外圈与座孔的配合各采用什么基准制？为什么？其配合尺寸又是如何标注的？

（33）减速器中滚动轴承的常用润滑方式有哪些？各适用于什么场合？

(34) 轴承采用脂润滑时为什么要用封油环?封油环为什么要伸出箱体内壁?

(35) 小圆锥齿轮轴采用圆锥滚子轴承或角接触球轴承支承时,轴承正装和反装结构有何区别?

(36) 滚动轴承在安装时为什么要留有轴向游隙?如何调整?

(37) 如何确定深沟球轴承和圆锥滚子轴承(或角接触球轴承)的支点位置和轴的跨度?

(38) 轴系常用的轴向固定方式有哪几种?你的设计中采用了哪一种?为什么?

(39) 齿轮传动的浸油深度如何确定?如何测量?

(40) 密封的作用是什么?你设计的减速器哪些部位需要密封件?你采取了什么措施保证密封?

(41) 伸出轴与透盖间的密封件有哪几种?你在设计中选择了哪种密封件?选择的依据是什么?

(42) 毡圈密封槽为何做成梯形槽?

(43) 减速器在什么情况下需要开设导油沟?试说明油的走向。

(44) 轴承旁螺栓安装处为什么要设计凸台?其高度如何确定?

(45) 减速器有哪些附件?它们各自的功用是什么?

(46) 通气器的作用是什么?应安装在哪个部位?你选用的通气器有何特点?

(47) 放油螺塞有何作用?其安装位置有什么要求?其密封如何保证?

(48) 窥视孔有何作用?窥视孔的大小及位置应如何确定?

(49) 减速器箱体上油标的位置是如何确定的?如何利用油标测量箱体内的油面高度?

(50) 定位销有何作用?如何确定其数量、位置和长度?

(51) 试说明减速器的轴承盖常用结构形式有哪两种。各有何优缺点?

(52) 启盖螺钉有何作用?试说明其工作原理。

(53) 减速器上吊钩、吊环或吊耳的作用是什么?

(54) 在箱体上为什么要做出沉头孔?沉头孔是如何加工的?

(55) 调整垫片的作用是什么?它的材料为什么多采用 08F 钢?

(56) 箱盖与箱体安装时,为什么剖分面上不能加垫片?如发现漏油,应采取什么措施?

(57) 为什么箱体的底面不能设计成平面?

(58) 在你的设计中,为何轴承旁螺栓向下安装,其余连接螺栓向上安装?

(59) 减速器箱体小齿轮一侧箱壁位置如何确定?

(60) 在你的设计中,采取了哪些措施以提高箱体轴承座孔处的支承刚度?

(61) 试说明你设计的箱座和箱盖所使用材料的牌号和意义。

(62) 小圆锥齿轮轴的支承跨距如何确定?轴承套杯起什么作用?

(63) 下置式蜗杆减速器传动件和轴承如何进行润滑?

(64) 蜗杆传动的散热面积不够时,可采用哪些措施解决散热问题?

(65) 在蜗杆传动中,如何调整蜗轮与蜗杆中心平面的重合?

(66) 结合你的设计,说明装配工作图上应标注哪些类型尺寸。

(67) 如何选择减速器主要零件的配合与精度?

(68) 试解释你所设计的装配工作图中的技术要求。

(69) 试从你设计的装配工作图中任取一个配合尺寸,说明其基准制,配合种类,轴、孔的基本偏差和公差等级,并画出其公差带图。

（70）传动件的接触斑点在什么情况下要进行检查？如何检查？接触斑点和传动件精度的关系如何？当不合要求时如何调整？

（71）零件工作图的作用是什么？设计零件工作图应包括哪些内容？

（72）在零件工作图中为什么不允许出现封闭的尺寸链？

（73）齿轮类零件工作图上，为什么必须填写参数表？

（74）请从你设计的零件图中，任取一个表面粗糙度代号，说明其含义。

（75）试对你所设计的齿轮减速器作出综合评价。尚有哪些不足之处？应如何改进？

第 19 章 机械设计(基础)课程设计任务书

机械设计(基础)课程设计任务书 No.1

学生姓名____________学号____________专业____________指导教师____________

题目 A. 用于带式运输机的一级圆柱齿轮减速器的设计

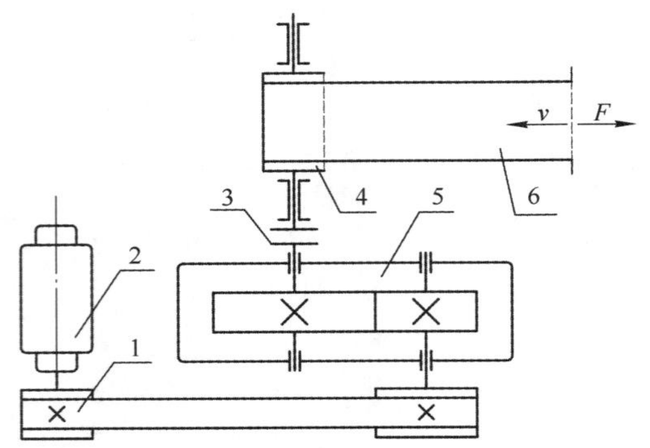

图 19-1 用于带式运输机的一级圆柱齿轮减速器的传动简图

1—V 带传动; 2—电动机; 3—联轴器; 4—传动滚筒; 5— 一级圆柱齿轮减速器; 6—运输带

1. 设计项目:用于带式运输机的一级圆柱齿轮减速器。其传动简图如图 19-1 所示。

2. 工作条件:带式运输机连续工作,单向运转,载荷变化不大,空载起动,每天两班制工作,使用期限为 10 年,每年按 300 个工作日计算,小批量生产。运输带速度允许误差为 ±5%。

3. 原始数据:由指导教师按表 19-1 选定。

4. 设计任务:

(1) 设计内容:①电动机选型;②V 带传动设计;③减速器设计;④联轴器选型。

(2) 设计工作量:①减速器装配工作图 1 张(A1 幅面);②零件工作图 1~3 张(A3 幅面);③设计计算说明书 1 份(6 000~8 000 字)。

表 19-1 带式运输机的主要设计参数

主要设计参数	选题方案									
	A1	A2	A3	A4	A5	A6	A7	A8	A9	A10
运输带工作拉力 F(N)	1 100	1 150	1 200	1 250	1 300	1 350	1 450	1 500	1 550	1 600
运输带工作速度 v(m/s)	1.50	1.60	1.70	1.50	1.55	1.60	1.55	1.65	1.70	1.80
滚筒直径 D(mm)	250	260	270	240	250	260	250	260	280	300

5. 设计要求:由指导教师选定。

(1) 减速器中齿轮设计成:①直齿轮;②斜齿轮;③直齿、斜齿由设计者自定。

(2) 减速器中齿轮设计成:①标准齿轮;②变位齿轮;③变位与否由设计者自定。

6. 设计期限:__________年______月______日至__________年______月______日

机械设计(基础)课程设计任务书 No.2

学生姓名__________学号__________专业__________指导教师__________

题目 B. 用于螺旋输送机的一级圆柱齿轮减速器的设计

1. 设计项目:用于螺旋输送机的一级圆柱齿轮减速器。其传动简图如图 19－2 所示。

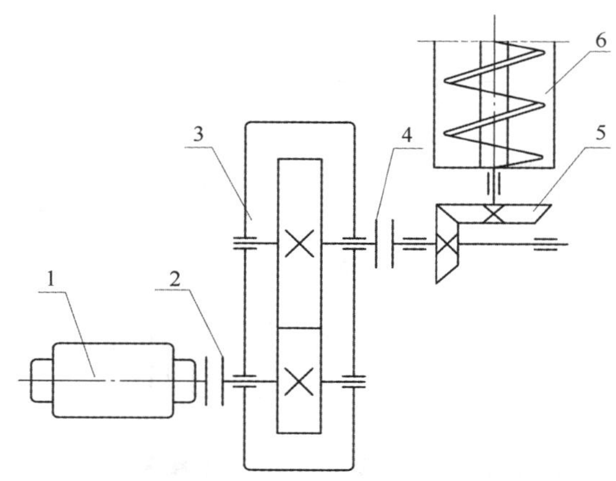

图 19－2　用于螺旋输送机的一级圆柱齿轮减速器的传动简图

1—电动机; 2、4—联轴器; 3— 一级圆柱齿轮减速器; 5—开式圆锥齿轮传动; 6—输送螺旋

2. 工作条件:螺旋输送机连续工作,单向运转,工作时有轻微振动,空载起动,每天两班制工作,使用期限为 8 年,每年按 300 个工作日计算,小批量生产。输送机工作转速允许误差为 ±5%。

3. 原始数据:由指导教师按表 19－2 选定。

表 19－2　螺旋输送机的主要设计参数

主要设计参数	选题方案									
	B1	B2	B3	B4	B5	B6	B7	B8	B9	B10
输送机工作轴上转矩 T(N·m)	700	720	750	780	800	820	850	880	900	950
输送机工作轴转速 n(r/min)	155	150	145	140	135	130	125	120	115	110

4. 设计任务:

(1) 设计内容:①电动机选型;②圆锥齿轮传动设计;③减速器设计;④联轴器选型。

(2) 设计工作量:①减速器装配工作图 1 张(A1 幅面);②零件工作图 1～3 张(A3 幅面);③设计计算说明书 1 份(6 000～8 000 字)。

5. 设计要求:由指导教师选定。

(1) 减速器中齿轮设计成:①直齿轮;②斜齿轮;③直齿、斜齿由设计者自定。

(2) 减速器中齿轮设计成:①标准齿轮;②变位齿轮;③变位与否由设计者自定。

6. 设计期限:________年_____月_____日至________年_____月_____日

机械设计(基础)课程设计任务书 No.3

学生姓名＿＿＿＿＿＿学号＿＿＿＿＿＿专业＿＿＿＿＿＿指导教师＿＿＿＿＿＿

题目 C. 用于带式运输机的一级圆锥齿轮减速器的设计

1. 设计项目:用于带式运输机的一级圆锥齿轮减速器。其传动简图如图 19－3 所示。

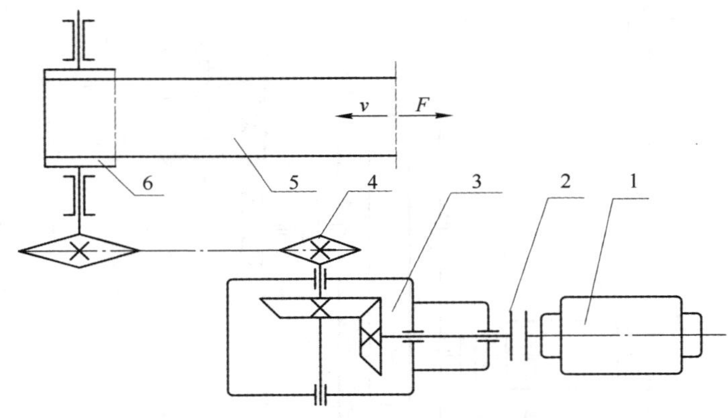

图 19－3 用于带式运输机的一级圆锥齿轮减速器的传动简图

1—电动机; 2—联轴器; 3— 一级圆锥齿轮减速器; 4—链传动; 5—运输带; 6—传动滚筒

2. 工作条件:带式运输机连续工作,单向运转,工作时载荷平稳,空载起动,每天两班制工作,使用期限为 10 年,每年按 300 个工作日计算,小批量生产。运输带工作速度允许误差为 ±5%。

3. 原始数据:由指导教师按表 19－3 选定。

表 19－3 带式运输机的主要设计参数

主要设计参数	选题方案									
	C1	C2	C3	C4	C5	C6	C7	C8	C9	C10
运输带工作拉力 F(N)	1 500	1 800	2 000	2 200	2 400	2 600	2 800	2 900	2 700	2 500
运输带工作速度 v(m/s)	1.50	1.50	1.60	1.60	1.70	1.70	1.80	1.80	1.50	1.50
滚筒直径 D(mm)	250	260	270	280	300	320	320	320	300	300

4. 设计任务:

(1) 设计内容:①电动机选型;②链传动设计;③减速器设计;④联轴器选型。

(2) 设计工作量:①减速器装配工作图 1 张(A1 幅面);②零件工作图 1 ~ 3 张(A3 幅面);③设计计算说明书 1 份(6 000 ~ 8 000 字)。

5. 设计期限:＿＿＿＿年＿＿＿月＿＿＿日至＿＿＿＿年＿＿＿月＿＿＿日

机械设计(基础)课程设计任务书 No.4

学生姓名＿＿＿＿＿＿学号＿＿＿＿＿＿专业＿＿＿＿＿＿指导教师＿＿＿＿＿＿

题目 D. 用于链式运输机的一级圆锥齿轮减速器的设计

1. 设计项目:用于链式运输机的一级圆锥齿轮减速器。其传动简图如图 19 -4 所示。

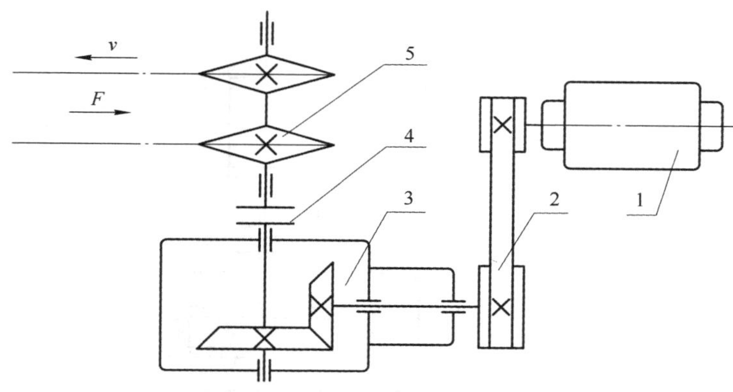

图 19 -4　用于链式运输机的一级圆锥齿轮减速器的传动简图

1—电动机; 2—V 带传动; 3— 一级圆锥齿轮减速器; 4—联轴器; 5—运输链

2. 工作条件:链式运输机连续工作,单向运转,工作时有轻微振动,空载起动,每天两班制工作,使用期限为 10 年,每年按 300 个工作日计算,小批量生产。运输链工作速度允许误差为 ±5%。

3. 原始数据:由指导教师按表 19 -4 选定。

表 19 -4　链式运输机的主要设计参数

主要设计参数	选题方案									
	D1	D2	D3	D4	D5	D6	D7	D8	D9	D10
运输链工作拉力 F(N)	2 500	2 550	2 600	2 650	2 700	2 750	2 800	2 850	2 900	2 950
运输链工作速度 v(m/s)	0.75	0.80	0.85	0.90	0.95	1.00	0.80	0.85	0.90	1.00
链轮节圆直径 D(mm)	120	125	130	135	140	135	130	125	130	135

4. 设计任务:

(1) 设计内容:①电动机选型;②V 带传动设计;③减速器设计;④联轴器选型。

(2) 设计工作量:①减速器装配工作图 1 张(A1 幅面);②零件工作图 1 ~3 张(A3 幅面);③设计计算说明书 1 份(6 000 ~8 000 字)。

5. 设计期限:＿＿＿＿＿年＿＿＿月＿＿＿日至＿＿＿＿＿年＿＿＿月＿＿＿日

机械设计(基础)课程设计任务书 No.5

学生姓名＿＿＿＿＿＿学号＿＿＿＿＿＿专业＿＿＿＿＿＿指导教师＿＿＿＿＿＿

题目 E. 用于带式运输机的一级蜗杆减速器的设计

1. 设计项目:用于带式运输机的一级蜗杆减速器。其传动简图如图 19-5 所示。

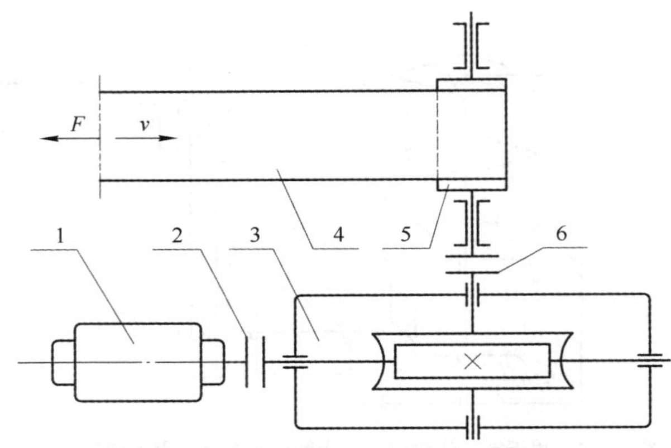

图 19-5　用于带式运输机的一级蜗杆减速器的传动简图

1—电动机; 2、6—联轴器; 3— 一级蜗杆减速器; 4—运输带; 5—传动滚筒

2. 工作条件:带式运输机连续工作,单向运转,工作时有轻微振动,空载起动,每天两班制工作,使用期限为 10 年,每年按 300 个工作日计算,小批量生产。运输带工作速度允许误差为 ±5%。

3. 原始数据:由指导教师按表 19-5 选定。

表 19-5　带式运输机的主要设计参数

主要设计参数	选题方案									
	E1	E2	E3	E4	E5	E6	E7	E8	E9	E10
运输带工作拉力 F(N)	2 000	2 250	2 500	2 750	3 000	3 250	3 500	4 000	4 500	5 000
运输带工作速度 v(m/s)	0.80	0.90	1.00	1.10	0.80	0.80	0.85	0.90	0.95	1.00
滚筒直径 D(mm)	350	400	450	500	350	400	400	450	450	500

4. 设计任务:

(1) 设计内容:①电动机选型;②V 带传动设计;③减速器设计;④联轴器选型。

(2) 设计工作量:①减速器装配工作图 1 张(A1 幅面);②零件工作图 1 ~ 3 张(A3 幅面);③设计计算说明书 1 份(6 000 ~ 8 000 字)。

5. 设计期限:＿＿＿＿年＿＿＿月＿＿＿日至＿＿＿＿年＿＿＿月＿＿＿日

机械设计(基础)课程设计任务书 No.6

学生姓名____________学号____________专业____________指导教师____________

题目F. 用于带式运输机的展开式二级圆柱齿轮减速器的设计(外接V带传动)

1. 设计项目:用于带式运输机的展开式二级圆柱齿轮减速器。其传动简图如图19-6所示。

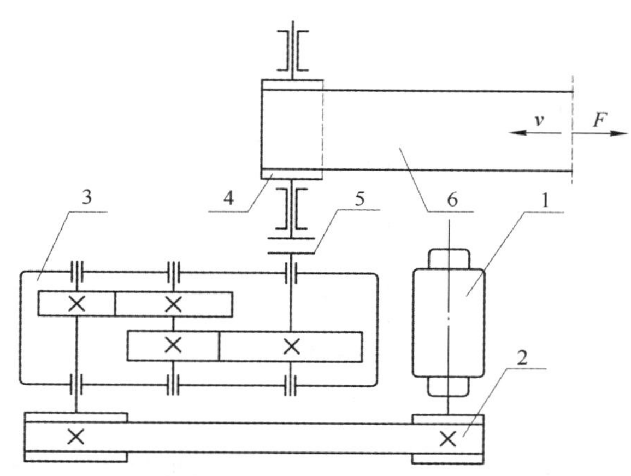

图19-6 用于带式运输机的展开式二级圆柱齿轮减速器的传动简图

1—电动机;2—V带传动;3—展开式二级圆柱齿轮减速器;4—传动滚筒;5—联轴器;6—运输带

2. 工作条件:带式运输机连续工作,单向运转,工作时有轻微振动,空载起动,每天单班制工作,使用期限为10年,每年按300个工作日计算,小批量生产。运输带工作速度允许误差为±5%。

3. 原始数据:由指导教师按表19-6选定。

表19-6 带式运输机的主要设计参数

主要设计参数	选题方案									
	F1	F2	F3	F4	F5	F6	F7	F8	F9	F10
运输带工作拉力 F(N)	6 000	6 000	6 500	6 500	7 000	7 000	7 500	7 500	8 000	8 000
运输带工作速度 v(m/s)	0.70	0.75	0.85	0.90	0.80	0.85	1.00	1.15	1.05	1.10
滚筒直径 D(mm)	300	300	350	350	400	400	350	350	400	400

4. 设计任务:

(1) 设计内容:①电动机选型;②V带传动设计;③减速器设计;④联轴器选型。

(2) 设计工作量:①减速器装配工作图1张(A0幅面);②零件工作图1~3张(A3幅面);③设计计算说明书1份(6 000~8 000字)。

5. 设计要求:由指导教师选定。

(1) 减速器中齿轮设计成:①直齿轮;②斜齿轮;③高速级为斜齿轮,低速级为直齿轮。

(2) 减速器中齿轮设计成:①标准齿轮;②变位齿轮;③变位与否由设计者自定。

6. 设计期限:__________年______月______日至__________年______月______日

机械设计(基础)课程设计任务书 No.7

学生姓名__________学号__________专业__________指导教师__________

题目 G. 用于带式运输机的展开式二级圆柱齿轮减速器的设计

1. 设计项目:用于带式运输机的展开式二级圆柱齿轮减速器。其传动简图如图 19－7 所示。

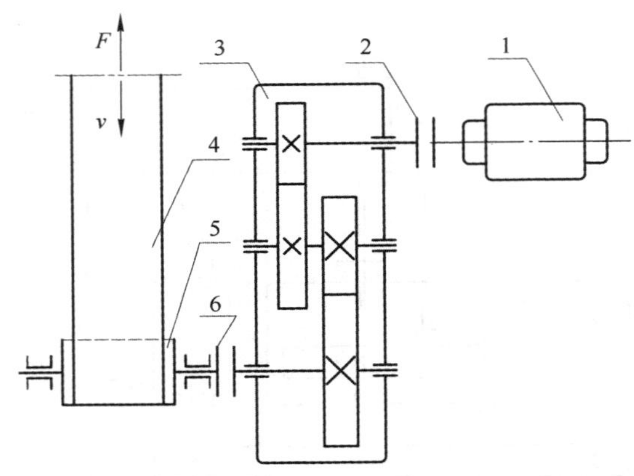

图 19－7　用于带式运输机的展开式二级圆柱齿轮减速器的传动简图

1—电动机; 2、6—联轴器; 3—展开式二级圆柱齿轮减速器; 4—运输带; 5—传动滚筒

2. 工作条件:带式运输机连续工作,单向运转,工作时有轻微振动,空载起动,每天单班制工作,使用期限为 10 年,每年按 300 个工作日计算,小批量生产。运输带工作速度允许误差为 ±5%。

3. 原始数据:由指导教师按表 19－7 选定。

表 19－7　带式运输机的主要设计参数

主要设计参数	选题方案									
	G1	G2	G3	G4	G5	G6	G7	G8	G9	G10
运输带工作拉力 F(N)	1 900	1 800	1 600	2 200	2 250	2 500	2 450	1 900	2 200	2 000
运输带工作速度 v(m/s)	1.30	1.35	1.40	1.45	1.50	1.30	1.35	1.45	1.50	1.55
滚筒直径 D(mm)	250	260	270	280	380	300	250	260	270	280

4. 设计任务:

(1) 设计内容:①电动机选型;②减速器设计;③联轴器选型。

(2) 设计工作量:①减速器装配工作图 1 张(A0 幅面);②零件工作图 1 ~ 3 张(A3 幅面);③设计计算说明书 1 份(6 000 ~ 8 000 字)。

5. 设计要求:由指导教师选定。

(1) 减速器中齿轮设计成:①直齿轮;②斜齿轮;③高速级为斜齿轮,低速级为直齿轮。

(2) 减速器中齿轮设计成:①标准齿轮;②变位齿轮;③变位与否由设计者自定。

6. 设计期限:________年____月____日至________年____月____日

机械设计(基础)课程设计任务书 No.8

学生姓名____________学号____________专业____________指导教师____________

题目H. 用于带式运输机的展开式二级圆柱齿轮减速器的设计(外接开式齿轮传动)

1. 设计项目:用于带式运输机的展开式二级圆柱齿轮减速器。其传动简图如图19-8所示。

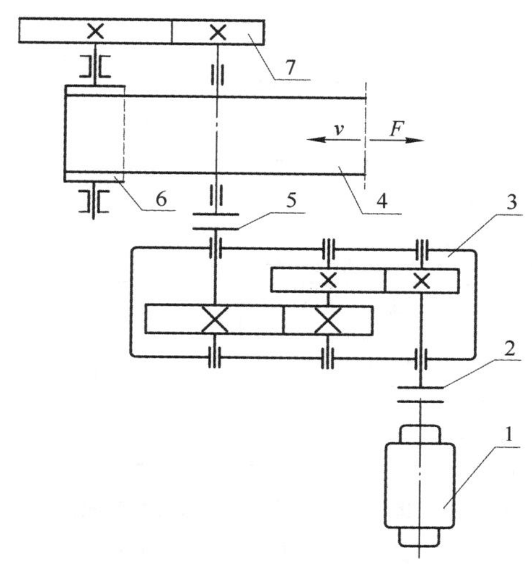

图19-8 用于带式运输机的展开式二级圆柱齿轮减速器的传动简图

1—电动机;2、5—联轴器;3—展开式二级圆柱齿轮减速器;
4—运输带;6—传动滚筒;7—开式齿轮传动

2. 工作条件:带式运输机连续工作,单向运转,工作时有轻微振动,空载起动,每天单班制工作,使用期限为15年,每年按300个工作日计算,小批量生产。运输带工作速度允许误差为±5%。

3. 原始数据:由指导教师按表19-8选定。

表19-8 带式运输机的主要设计参数

主要设计参数	选题方案									
	H1	H2	H3	H4	H5	H6	H7	H8	H9	H10
运输带工作拉力 F(kN)	12	13	14	15	16	16	17	17	18	18
运输带工作速度 v(m/s)	0.26	0.28	0.26	0.24	0.24	0.25	0.24	0.25	0.24	0.25
滚筒直径 D(mm)	450	500	450	450	400	400	450	450	400	400

4. 设计任务:

(1) 设计内容:①电动机选型;②开式齿轮传动设计;③减速器设计;④联轴器选型。

(2) 设计工作量:①减速器装配工作图1张(A0幅面);②零件工作图1~3张(A3幅面);③设计计算说明书1份(6 000~8 000字)。

5. 设计要求:由指导教师选定。

(1) 减速器中齿轮设计成:①直齿轮;②斜齿轮;③高速级为斜齿轮,低速级为直齿轮。

(2) 减速器中齿轮设计成:①标准齿轮;②变位齿轮;③变位与否由设计者自定。

6. 设计期限:________年______月______日至__________年______月______日

机械设计(基础)课程设计任务书 No.9

学生姓名__________学号__________专业__________指导教师__________

题目 I. 用于带式运输机的同轴式二级圆柱齿轮减速器的设计

1. 设计项目:用于带式运输机的同轴式二级圆柱齿轮减速器。其传动简图如图 19-9 所示。

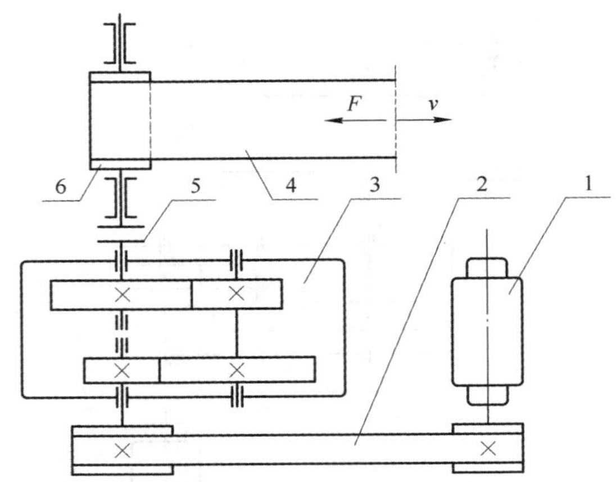

图 19-9 用于带式运输机的同轴式二级圆柱齿轮减速器的传动简图

1—电动机;2—V 带传动;3—同轴式二级圆柱齿轮减速器;4—运输带;5—联轴器;6—传动滚筒

2. 工作条件:带式运输机连续工作,单向运转,工作时有轻微振动,空载起动,每天单班制工作,使用期限为 10 年,每年按 300 个工作日计算,小批量生产。运输带工作速度允许误差为 ±5%。

3. 原始数据:由指导教师按表 19-9 选定。

表 19-9 带式运输机的主要设计参数

主要设计参数	选题方案									
	I1	I2	I3	I4	I5	I6	I7	I8	I9	I10
运输机工作轴上转矩 T(N·m)	1 200	1 250	1 300	1 350	1 400	1 450	1 500	1 250	1 300	1 350
运输带工作速度 v(m/s)	1.40	1.45	1.50	1.55	1.60	1.40	1.45	1.50	1.55	1.60
滚筒直径 D(mm)	430	420	450	480	490	420	450	440	420	470

4. 设计任务:

(1) 设计内容:①电动机选型;②V 带传动设计;③减速器设计;④联轴器选型。

(2) 设计工作量:①减速器装配工作图 1 张(A0 幅面);②零件工作图 1~3 张(A3 幅面);③设计计算说明书 1 份(6 000~8 000 字)。

5. 设计要求:由指导教师选定。

(1) 减速器中齿轮设计成:①直齿轮;②斜齿轮;③高速级为斜齿轮,低速级为直齿轮。

(2) 减速器中齿轮设计成:①标准齿轮;②变位齿轮;③变位与否由设计者自定。

6. 设计期限:________年______月______日至________年______月______日

机械设计(基础)课程设计任务书 No. 10

学生姓名＿＿＿＿＿＿学号＿＿＿＿＿＿专业＿＿＿＿＿＿指导教师＿＿＿＿＿＿

题目 J. 用于带式运输机的圆锥-圆柱齿轮减速器的设计

1. 设计项目:用于带式运输机的圆锥-圆柱齿轮减速器。其传动简图如图 19-10 所示。

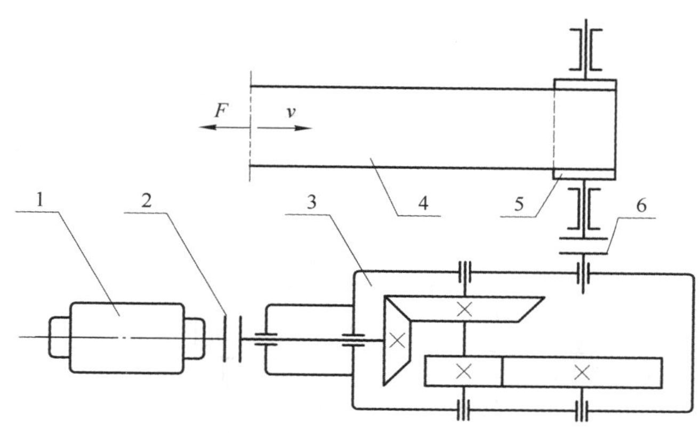

图 19-10　用于带式运输机的圆锥-圆柱齿轮减速器的传动简图

1—电动机; 2—联轴器; 3—圆锥-圆柱齿轮减速器; 4—运输带; 5—传动滚筒; 6—联轴器

2. 工作条件:带式运输机连续工作,单向运转,工作时载荷较平稳,空载起动,每天两班制工作,使用期限为 10 年,每年按 300 个工作日计算,小批量生产。运输带工作速度允许误差为 ±5%。

3. 原始数据:由指导教师按表 19-10 选定。

表 19-10　带式运输机的主要设计参数

主要设计参数	选题方案									
	J1	J2	J3	J4	J5	J6	J7	J8	J9	J10
运输带工作拉力 F(N)	2 500	2 400	2 300	2 200	2 400	2 600	2 500	2 700	2 800	2 600
运输带工作速度 v(m/s)	1.40	1.50	1.60	1.90	1.80	1.70	1.30	1.40	1.30	1.60
滚筒直径 D(mm)	250	260	270	290	280	300	260	280	250	260

4. 设计任务:

(1) 设计内容:①电动机选型;②减速器设计;③联轴器选型。

(2) 设计工作量:①减速器装配工作图 1 张(A0 幅面);②零件工作图 1~3 张(A3 幅面);③设计计算说明书 1 份(6 000~8 000 字)。

5. 设计期限:＿＿＿＿年＿＿＿月＿＿＿日至＿＿＿＿年＿＿＿月＿＿＿日

机械设计(基础)课程设计任务书 No. 11

学生姓名__________学号__________专业__________指导教师__________

题目 K. 用于链式运输机的圆锥-圆柱齿轮减速器的设计

1. 设计项目:用于链式运输机的圆锥-圆柱齿轮减速器。其传动简图如图 19－11 所示。

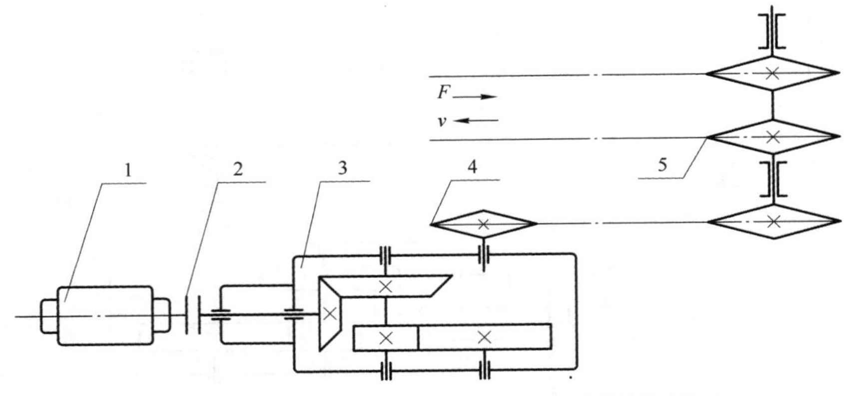

图 19－11　用于链式运输机的圆锥-圆柱齿轮减速器的传动简图

1—电动机; 2—联轴器; 3—圆锥-圆柱齿轮减速器; 4—链传动; 5—运输链

2. 工作条件:链式运输机连续工作,单向运转,工作时有轻微振动,空载起动,每天两班制工作,使用期限为 10 年,每年按 300 个工作日计算,小批量生产。运输链工作速度允许误差为 ±5%。

3. 原始数据:由指导教师按表 19－11 选定。

表 19－11　链式运输机的主要设计参数

主要设计参数	选题方案									
	K1	K2	K3	K4	K5	K6	K7	K8	K9	K10
运输链工作拉力 F(N)	2 000	2 000	2 500	2 500	3 000	3 000	3 500	4 000	4 500	5 000
运输链工作速度 v(m/s)	1.00	0.95	0.95	1.00	0.90	0.85	0.85	0.80	0.75	0.70
链轮节圆直径 D(mm)	444	444	444	444	444	444	444	392	392	392

4. 设计任务:

(1) 设计内容:①电动机选型;②链传动设计;③减速器设计;④联轴器选型。

(2) 设计工作量:①减速器装配工作图 1 张(A0 幅面);②零件工作图 1～3 张(A3 幅面);③设计计算说明书 1 份(6 000～8 000 字)。

5. 设计期限:________年____月____日至________年____月____日

第 20 章　减速器设计参考图例

20.1　装配工作图设计参考图例

1. 一级圆柱齿轮减速器装配工作图（凸缘式端盖结构、轴承用脂润滑）（图 20－1）
2. 一级圆柱齿轮减速器装配工作图（凸缘式端盖结构、轴承用油润滑）（图 20－2）
3. 一级圆柱齿轮减速器装配工作图（嵌入式端盖结构、轴承用脂润滑）（图 20－3）
4. 一级锥齿轮减速器装配工作图（凸缘式端盖结构、轴承用油润滑）（图 20－4）
5. 一级蜗杆下置式减速器装配工作图（图 20－5）
6. 二级展开式圆柱齿轮减速器装配工作图（凸缘式端盖结构、轴承用油润滑）（图 20－6）
7. 二级展开式圆柱齿轮减速器装配工作图（嵌入式端盖结构、轴承用脂润滑）（图 20－7）
8. 圆锥-圆柱齿轮减速器装配工作图（凸缘式端盖结构、轴承用油润滑）（图 20－8）

20.2　零件工作图设计参考图例

1. 轴零件工作图（图 20－9）
2. 圆柱齿轮轴零件工作图（图 20－10）
3. 圆锥齿轮轴零件工作图（图 20－11）
4. 斜齿圆柱齿轮零件工作图（图 20－12）
5. 大圆锥齿轮零件工作图（图 20－13）
6. 蜗轮零件工作图（图 20－14）

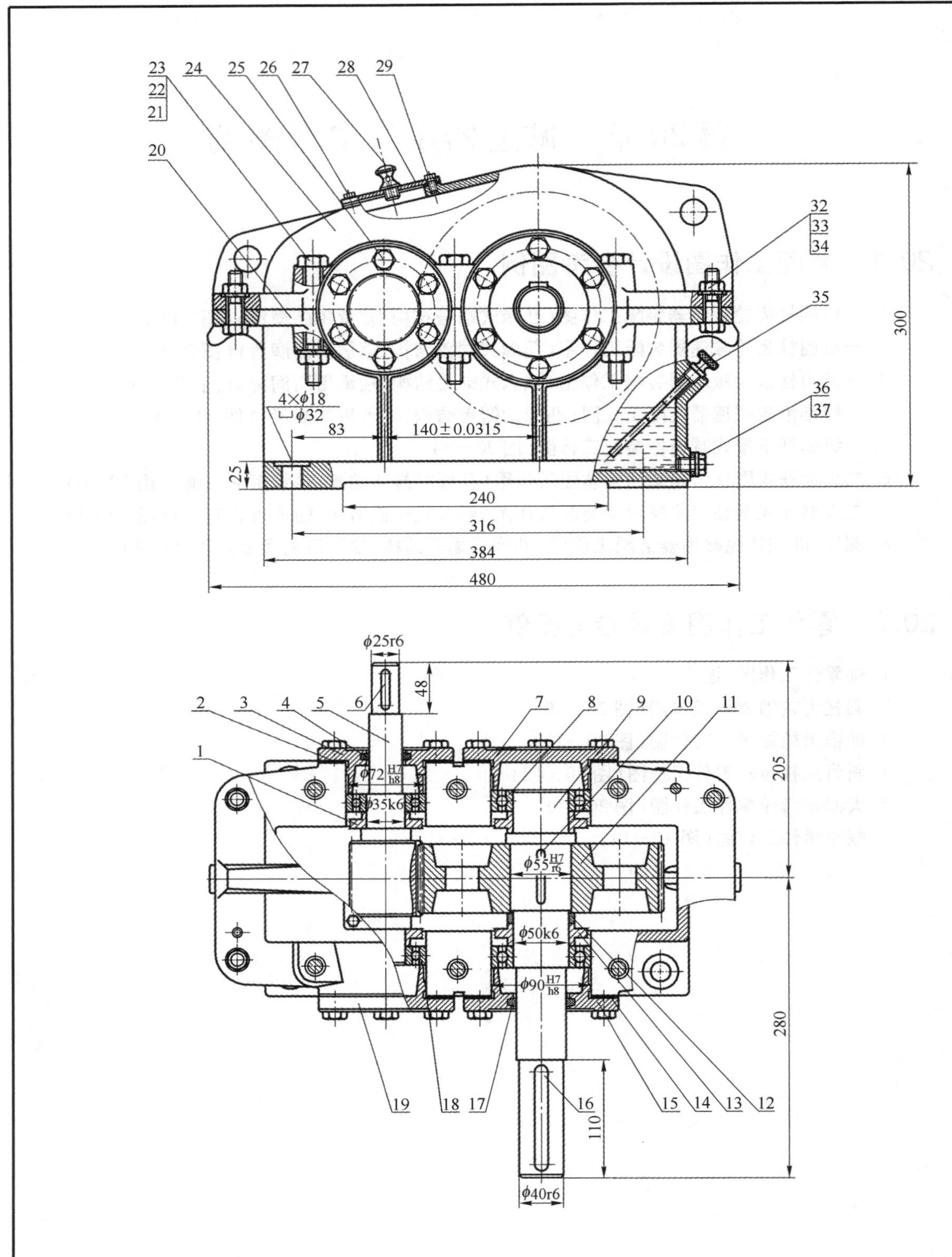

图20-1 一级圆柱齿轮减速器

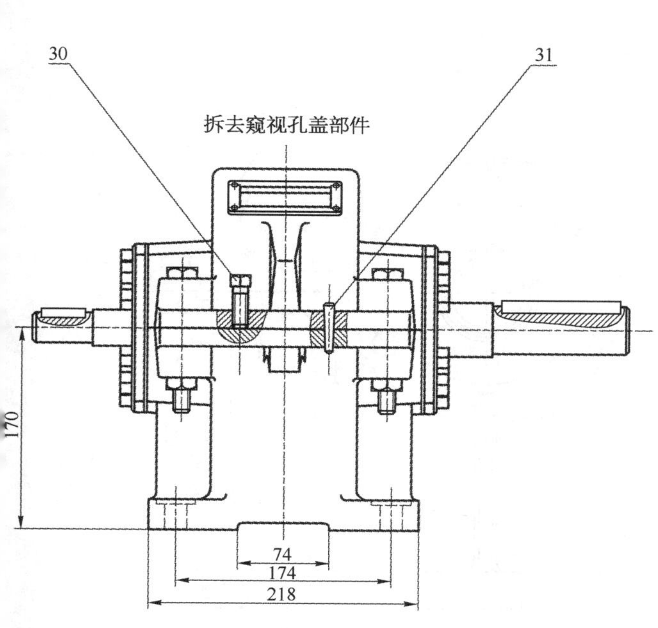

序号	名称	数量	材料	标准	备注
37	螺塞 M18×15	1	Q235A	JB/ZQ 4450—1986	外购
36	垫片	1	石棉橡胶纸		
35	油标尺 M12	1	Q235A		
34	垫圈 12	2	65Mn	GB/T 848—2002	外购
33	螺母 M12	2		GB/T 6170—2000	外购
32	螺栓 M12×35	2		GB/T 5782—2000	外购
31	销 6×30	2	35	GB/T 117—2000	外购
30	启盖螺钉 M12×45	1		GB/T 5782—2000	外购
29	螺钉 M5×16	4		GB/T 5782—2000	外购
28	窥视孔盖	1	Q235A		
27	通气器	1	Q235A		
26	垫片	1	石棉橡胶纸		
25	螺栓 M8×25	24		GB/T 5782—2000	外购
24	箱盖	1	HT200		
23	螺栓 M16×100	6		GB/T 5782—2000	外购
22	螺母 M16	6		GB/T 6170—2000	外购
21	垫圈 16	6	65Mn	GB/T 848—2002	外购
20	箱座	1	HT200		
19	轴承闷盖	1	HT200		
18	滚动轴承 6207	2		GB/T 276—1994	外购
17	毡圈 45	1	半粗羊毛毡	JB/ZQ 4606—1997	外购
16	键 12×100	1	45	GB/T 1096—2003	外购
15	轴承透盖	1	HT200		
14	调整垫片	2组	08F		成组
13	封油环	2	Q235A		
12	套筒	1	Q235A		
11	大齿轮 $m=2,z=109$	1	45		
10	键 16×56	1	45	GB/T 1096—2003	外购
9	轴	1	45		
8	滚动轴承 6210	2		GB/T 276—1994	外购
7	轴承闷盖	1	HT200		
6	键 8×40	1	45	GB/T 1096—2003	外购
5	齿轮轴 $m=2,z=31$	1	45		
4	毡圈 30	1	半粗羊毛毡	JB/ZQ 4606—1997	外购
3	轴承透盖	1	HT200		
2	调整垫片	2组	08F		成组
1	封油环	2	Q235A		

一级圆柱齿轮减速器（凸缘式端盖）	图号		比例	
	数量		第 张	
	质量		共 张	
设计		机械设计(基础)课程设计	(校 名)	
审阅			(班 级)	
日期				

技术特性

输入功率(kW)	输入转速(r/min)	传动比
3.0	456	3.516

技术要求

1. 装配前，应将所有零件清洗干净，机体内壁涂防锈油漆。
2. 装配后，应检查齿轮齿侧间隙 $j_{bnmin}=0.13$mm。
3. 检验齿面接触斑点，按齿高方向，较宽的接触区 b_{c1} 不少于50%，较窄的接触区 b_{c2} 不少于30%；按齿长方向，较宽、较窄的接触区 b_{c1} 与 b_{c2} 均不少于50%，必要时可用研磨或刮后研磨以改善接触情况。
4. 固定调整轴承时，应留轴向间隙0.2~0.3mm。
5. 减速器的机体、密封处及剖分面不得漏油。剖分面可以涂密封漆或水玻璃，但不得使用垫片。
6. 机座内装 L-AN68 润滑油至规定高度。
7. 机体表面涂灰色油漆。

装配工作图(凸缘式端盖结构、轴承用脂润滑)

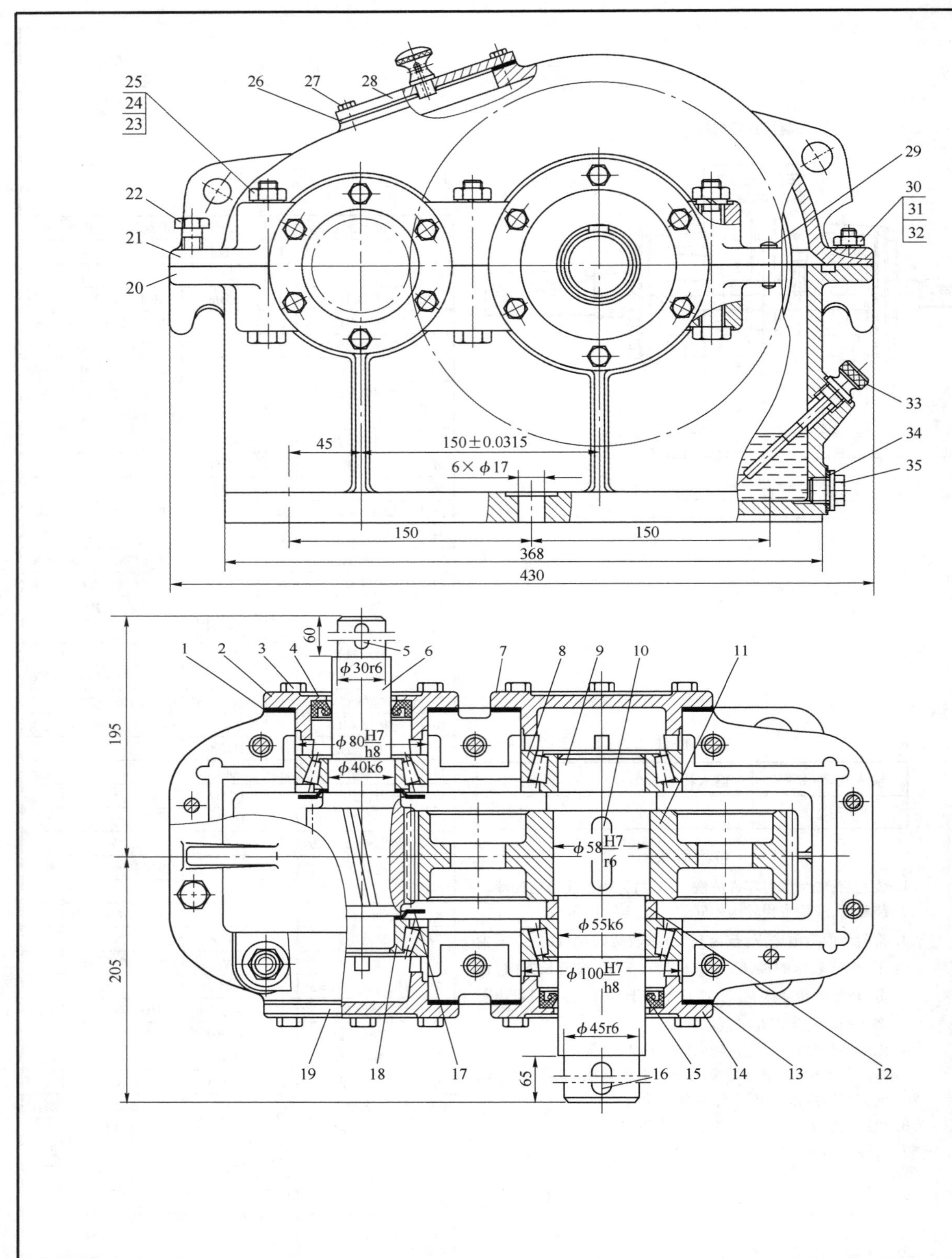

图 20-2 一级圆柱齿轮减速器

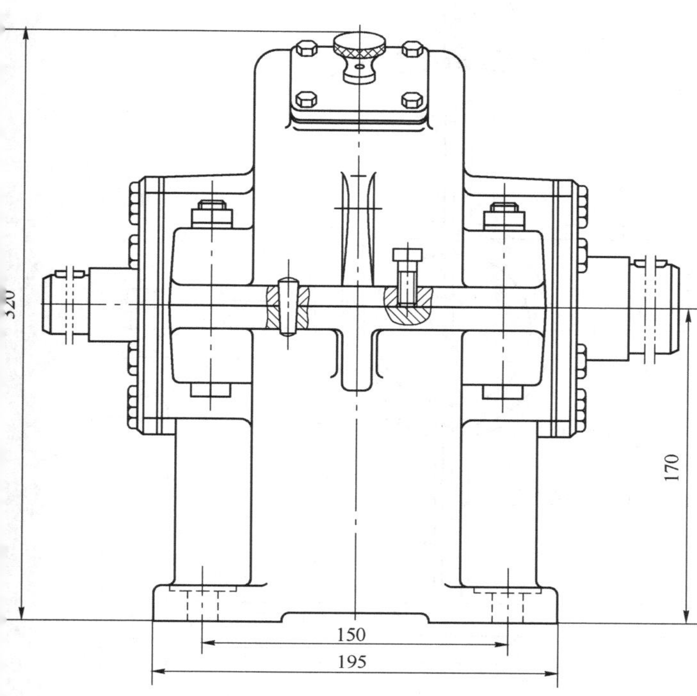

35	螺塞 M18×1.5	1	Q235	JB/ZQ 4450—1986	外购
34	垫片	1	石棉橡胶纸		
33	油标尺	1			组合件
32	垫圈 M10	2		GB/T 93—1987	外购
31	螺母 M10	2		GB/T 6170—2000	外购
30	螺栓 M10×40	2		GB/T 5782—2000	外购
29	销 8×30	2		GB/T 117—2000	外购
28	视孔盖	1			焊接件
27	螺栓 M6×16	4		GB/T 5782—2000	外购
26	垫片	1	石棉橡胶纸		
25	垫圈 12	6		GB/T 93—1987	外购
24	螺母 M12	6		GB/T 6170—2000	外购
23	螺栓 M12×120	6		GB/T 5782—2000	外购
22	螺栓 M10×30	1		GB/T 5782—2000	外购
21	箱盖	1	HT200		
20	箱座	1	HT200		
19	轴承闷盖	1	HT150		
18	滚动轴承 30208	2		GB/T 297—1994	外购
17	挡油盘	2	Q235		冲压件
16	键 14×56	1		GB/T 1096—2003	外购
15	唇形密封圈 B 50 72			GB/T 13871—1992	外购
14	轴承透盖	1	HT150		
13	调整垫片	2 组	08F		成组
12	套筒	1	Q235		
11	大齿轮	1	45		
10	键 16×63	1		GB/T 1096—2003	外购
9	轴	1	45		
8	滚动轴承 30211	2		GB/T 297—1994	外购
7	轴承闷盖	1	HT150		
6	齿轮轴	1	45		
5	键 8×50	1		GB/T 1096—2003	外购
4	唇形密封圈 B 35 55	1		GB/T 13871—1992	外购
3	螺栓 M8×20	24		GB/T 5782—2000	外购
2	轴承透盖	1	HT150		
1	调整垫片	2 组	08F		成组
序号	名称	数量	材料	标准	备注

一级圆柱齿轮减速器（凸缘式端盖）	图号		比例	
	数量		第　张	
	质量		共　张	
设计		机械设计(基础)课程设计	（校　名）（班　级）	
审阅				
日期				

技术特性

输入功率(kW)	输入转速(r/min)	传动比
4	572	3.95

技术要求

1. 啮合侧隙大小用铅丝检验，保证侧隙不小于 0.16。铅丝直径不得大于最小侧隙的两倍。
2. 用涂色法检验轮齿接触斑点，要求齿高接触斑点不少于 40%，齿宽接触斑点不少于 50%。
3. 应调整轴承的轴向间隙，$\phi40$ 为 0.05～0.1，$\phi55$ 为 0.08～0.15。
4. 箱内装全损耗系统用油 L－AN68 至规定高度。
5. 箱座、箱盖及其他零件未加工的内表面，齿轮的未加工表面涂底漆并涂红色的耐油油漆。箱盖、箱座及其他零件未加工的外表面涂底漆并涂浅灰色油漆。
6. 运转过程中应平稳、无冲击、无异常振动和噪声。各密封处、接合处均不得渗油、漏油。剖分面允许涂密封胶或水玻璃。

装配工作图（凸缘式端盖结构、轴承用油润滑）

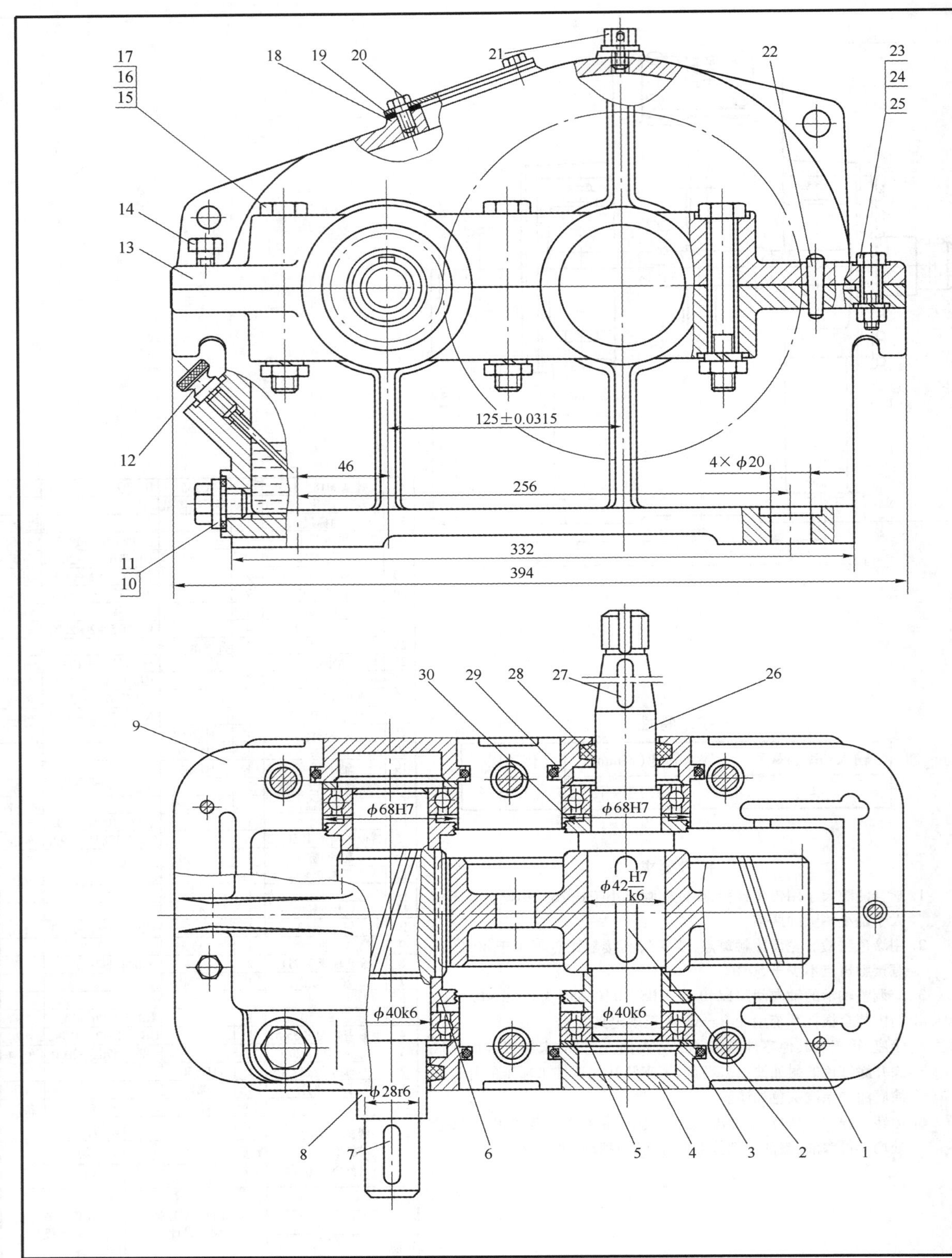

图 20-3　一级圆柱齿轮减速器

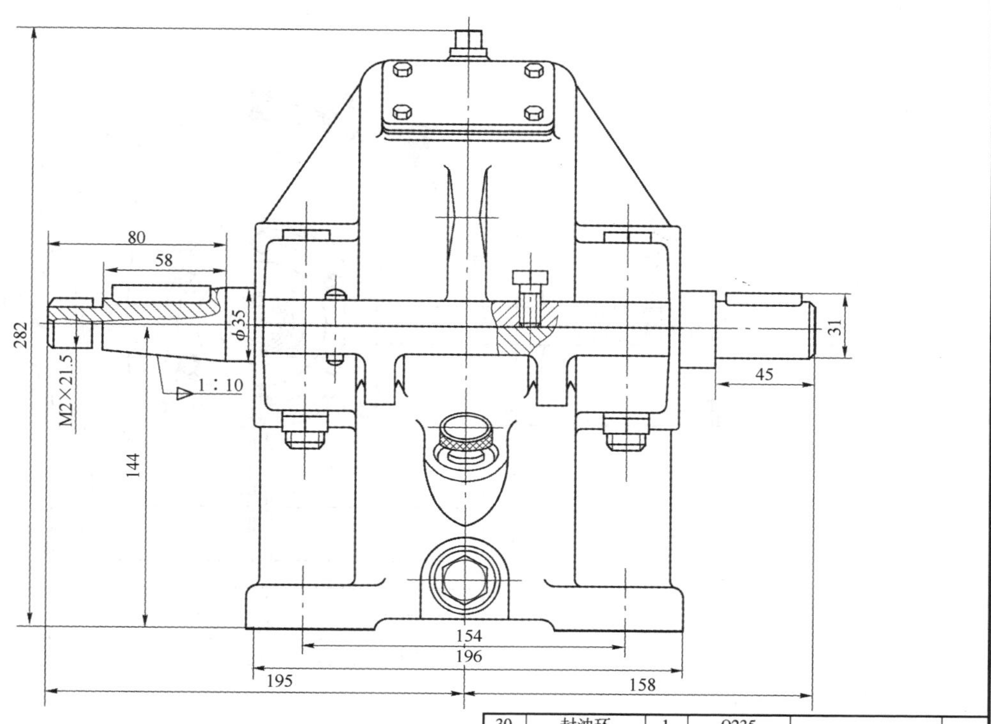

序号	名　称	数量	材　料	标　准	备注
30	封油环	1	Q235		
29	轴承透盖	2	Q235		
28	毡圈 35	2	半粗羊毛毡	JB/ZQ 4606—1997	外购
27	键 10×45	1		GB/T 1096—2003	外购
26	轴	1	45		
25	垫圈 10	1		GB/T 93—1997	外购
24	螺母 M10	1		GB/T 6170—2000	外购
23	螺栓 M10×35	1		GB/T 5782—2000	外购
22	销 8×30	2		GB/T 117—2000	外购
21	通气螺塞	1	Q235		
20	螺栓 M6×16	4		GB/T 5782—2000	外购
19	视孔盖	1	Q235		
18	垫片	1	石棉橡胶纸		
17	垫圈 12	6		GB/T 93—1997	外购
16	螺母 M12	6		GB/T 6170—2000	外购
15	螺栓 M12×95	6		GB/T 5782—2000	外购
14	螺栓 M10×20	1		GB/T 5782—2000	外购
13	箱盖	1	HT200		
12	油标尺	1	Q235		
11	封油垫圈	1	石棉橡胶纸		
10	螺塞 M16×1.5	1		JB/ZQ 4450—1986	外购
9	箱座	1	HT200		
8	齿轮轴	1	45		
7	键 8×32	1		GB/T 1096—2003	外购
6	封油环	3	Q235		
5	滚动轴承 6008	4		GB/T 276—1994	外购
4	轴承闷盖	2	Q235		
3	调整环	2	Q235		
2	键 12×56	1		GB/T 1096—2003	外购
1	大齿轮	1	40		

一级圆柱齿轮减速器（嵌入式端盖）	图号		比例	
	数量		第　张	
	质量		共　张	
设计		机械设计（基础）课程设计	（校　名）	
审阅			（班　级）	
日期				

技术特性

输入功率（kW）	输入转速（r/min）	传动比
1.2	960	3.67

技术要求

1. 装配前，所有零件用煤油清洗，滚动轴承用汽油清洗，箱体内壁涂耐油油漆。
2. 齿面接触斑点按齿高不得少于40%，按齿长不得少于50%。
3. 调整轴承时，应留有 0.2～0.5mm 的热补偿间隙。
4. 减速器剖分面、各接触面及密封处均不允许漏油，剖分面允许涂以密封油漆或水玻璃，不允许使用任何填料。
5. 箱座内注入 L－AN32 号润滑油至规定高度。
6. 表面涂灰色油漆。

装配工作图（嵌入式端盖结构、轴承用脂润滑）

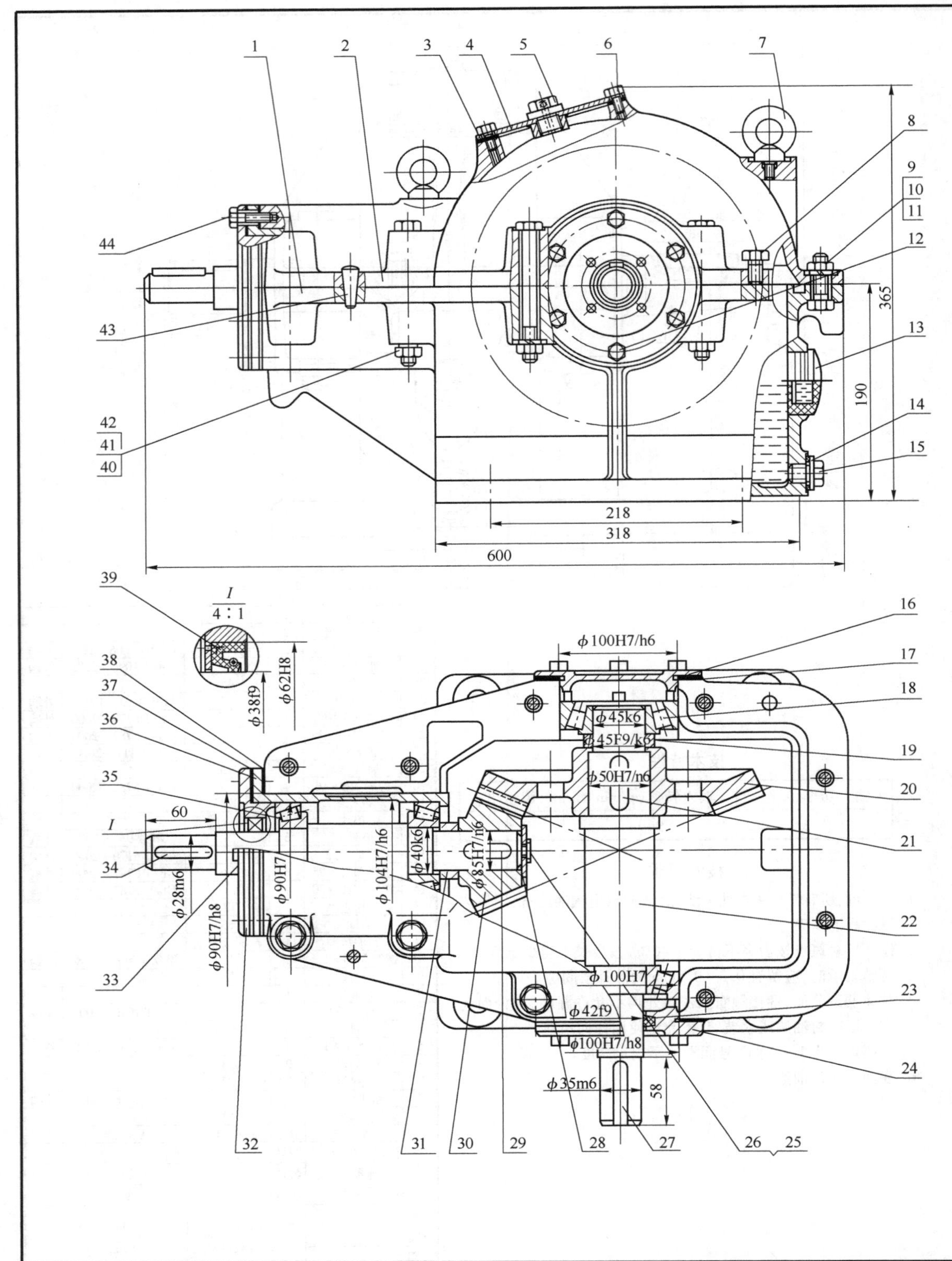

图 20-4 一级锥齿轮减速器

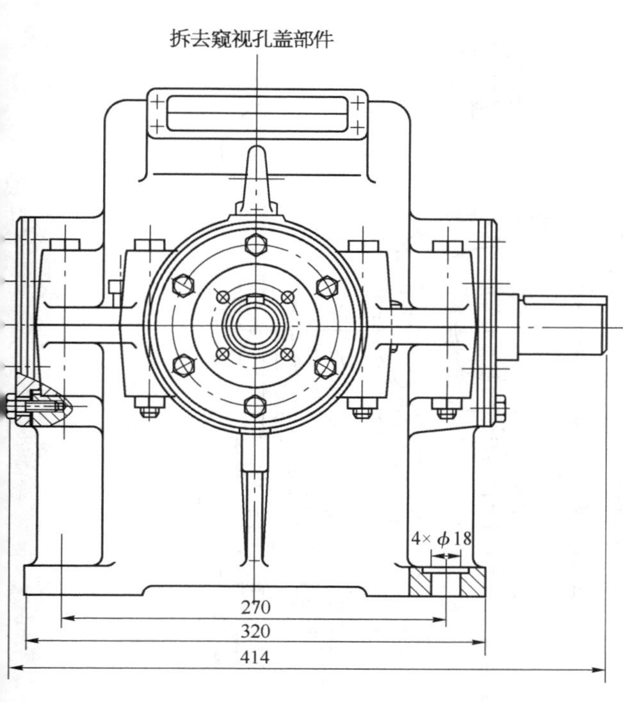

44	螺栓 M8×30	6		GB/T 5783—2000	外购
43	销 8×30	2		GB/T 117—2000	外购
42	螺栓 M12×120	8		GB/T 5782—2000	外购
41	垫圈 12	8		GB/T 93—1987	外购
40	螺母 M12	8		GB/T 6170—2000	外购
39	唇形密封圈 B 38 62	1		GB/T 13871—1992	外购
38	调整垫片	1 组			成组
37	调整垫片	1 组			成组
36	套杯	1	HT200		
35	滚子轴承 30309	2		GB/T 297—1994	外购
34	键 8×50	1	45	GB/T 1096—2003	外购
33	轴	1	45		
32	轴承透盖	1	HT200		
31	套筒	1	45		
30	小锥齿轮	1	45		
29	键 10×40	1		GB/T 1096—2003	外购
28	挡圈 B45	1		GB/T 892—1986	外购
27	键 C10×56	1		GB/T 1096—2003	外购
26	螺栓 M6×20	1		GB/T 5783—2000	外购
25	垫圈 16	1		GB/T 93—1987	外购
24	轴承透盖	1	HT200		
23	毡圈 42	1		JB/ZQ 4606—1997	外购
22	轴	1	45		
21	键 10×50	1		GB/T 1096—2003	外购
20	大锥齿轮	1	45		
19	套筒	1	45		
18	滚子轴承 30309	2		GB/T 297—1994	外购
17	调整垫片	2 组	08F		成组
16	轴承闷盖	1	HT200		
15	螺塞 M16×1.5	1	Q235A	JB/ZQ 4450—1986	外购
14	封油垫圈	1	工业用皮革		
13	油标 A32	1		JB/T 7941.1—1995	组件
12	螺栓 M8×20	12		GB/T 5783—2000	外购
11	螺母 M10	2		GB/T 6170—2000	外购
10	垫圈 16	2		GB/T 93—1987	外购
9	螺栓 M10×40	2		GB/T 5782—2000	外购
8	启盖螺钉 M10×25	1		GB/T 5783—2000	外购
7	吊环螺钉 M10	2		GB/T 825—1988	外购
6	螺栓 M6×16	4		GB/T 5783—2000	外购
5	通气螺塞	1	Q235A		
4	视孔盖	1	Q235A		
3	垫片	1	石棉橡胶纸		
2	箱盖	1	HT200		
1	箱座	1	HT200		
序号	名称	数量	材料	标准	备注

一级锥齿轮减速器（凸缘式端盖）	图号		比例	
	数量		第 张	
	质量		共 张	
设计		机械设计（基础）课程设计	（校 名）（班 级）	
审阅				
日期				

技术特性

输入功率 P (kW)	输入转速 n_1 (r/min)	传动比 i	效率 η	传动特性			
				m	齿数		精度等级
4.0	480	2.38	0.93	5	z_1	21	8c GB/T 11365—1989
					z_2	52	8c GB/T 11365—1989

技术要求

1. 装配前，所有零件需进行清洗，箱体内壁涂耐油油漆，减速器外表面涂灰色油漆。
2. 齿轮啮合侧隙不得小于 0.1mm，用铅丝检查时其直径不得大于最小侧隙的两倍。
3. 齿面接触斑点沿齿面高度不得小于 50%，沿齿长不得小于 50%。
4. 齿轮副安装误差检验：齿圈轴向位移极限偏差 $\pm f_{AM}$ 为 ±0.1mm，轴间距极限偏差 $\pm f_z$ 为 ±0.036mm，轴交角极限偏差 $\pm E_z$ 为 ±0.045mm。
5. 圆锥滚子轴承的轴向调整游隙为 0.05～0.10mm。
6. 箱盖与箱座接触面之间禁止使用任何垫片，允许涂密封胶和水玻璃，各密封处不允许漏油。
7. 减速器内装 L－CKC150 工业闭式齿轮油至规定的油面高度。
8. 按减速器试验规程进行试验。

装配工作图（凸缘式端盖结构、轴承用油润滑）

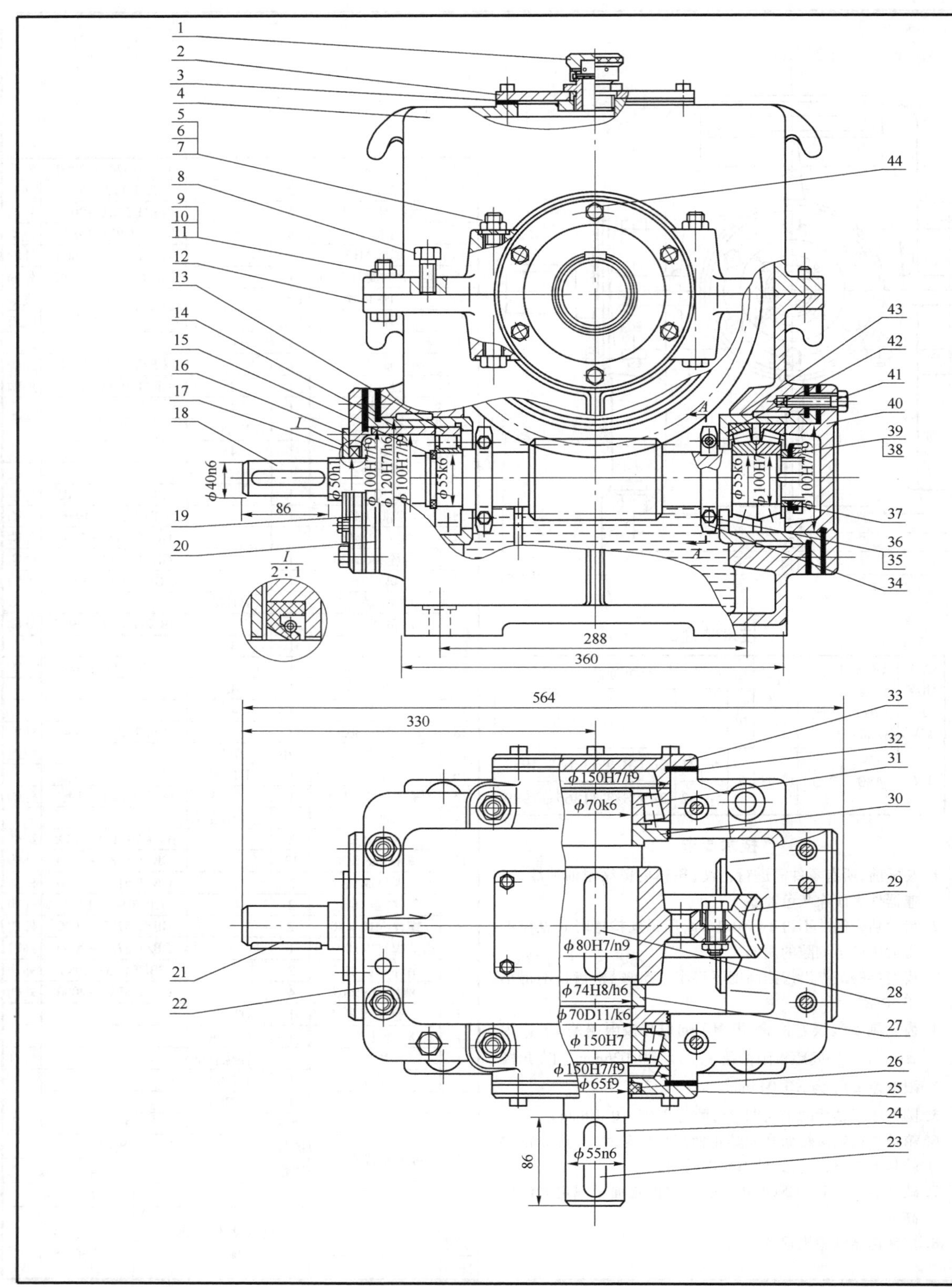

图 20-5 一级蜗杆下置式

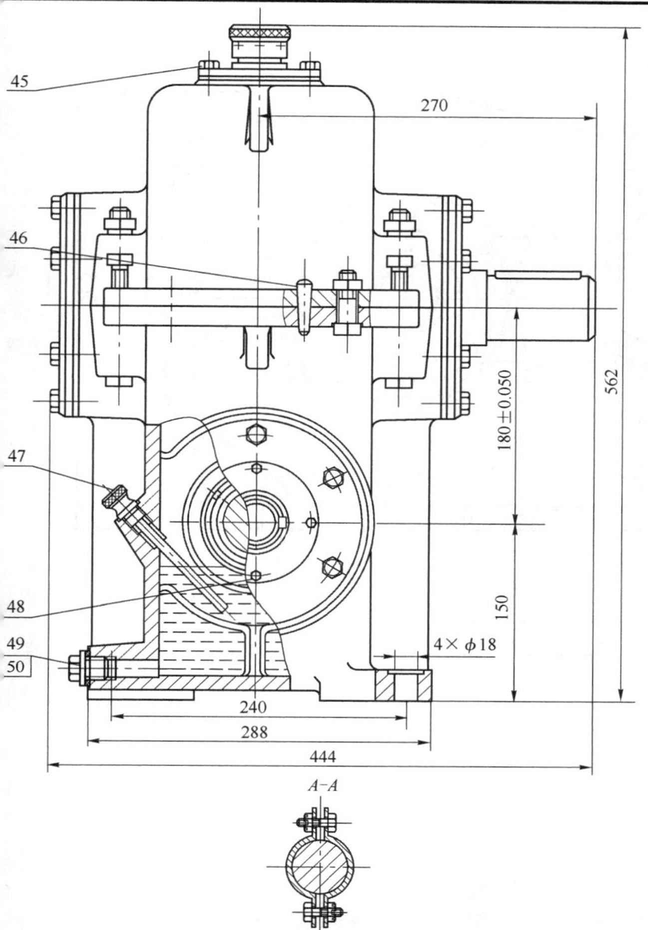

序号	名称	数量	材料	标准	备注
50	封油垫圈 20	1	工业用皮革		外购
49	螺塞 M20×1.5	1	Q235A	JB/ZQ 4450—1986	外购
48	螺栓 M6×16	4	Q235A	GB/T 5782—2000	外购
47	油标尺	1	Q235A		组合件
46	销 B8×40	2	35	GB/T 117—2000	外购
45	螺栓 M6×20	6	Q235A	GB/T 5782—2000	外购
44	螺栓 M8×25	12	Q235A	GB/T 5782—2000	外购
43	套杯	1	HT150		
42	滚动轴承 30211	2		GB/T 297—1994	外购
41	螺钉 M8×35	12	Q235A	GB/T 5782—2000	外购
40	轴承闷盖	1	HT200		
39	垫圈 50	1	Q235A	GB/T 858—1988	外购
38	圆螺母 M50×1.5	1	Q235A	GB/T 812—1988	外购
37	挡圈	1	Q235A		
36	螺母 M6	4	Q235A	GB/T 6170—2000	外购
35	螺栓 M6×20	4	Q235A	GB/T 5782—2000	外购
34	甩油板	4	Q235A		
33	轴承闷盖	1	HT200		
32	调整垫片	2	08F		成组
31	滚子轴承 30314	2		GB/T 297—1994	外购
30	封油环	2	HT150		
29	蜗轮	1			组合件
28	键 22×100	1	45	GB/T 1096—2003	外购
27	套筒	1	Q235A		
26	毡圈 65	1	半粗羊毛毡	JB/ZQ 4606—1997	外购
25	轴承透盖	1	HT200		
24	轴	1	45		
23	键 16×80	1	45	GB/T 1096—2003	外购
22	轴承透盖	1	HT200		
21	键 12×70	1	45	GB/T 1096—2003	外购
20	调整垫片	2 组	08F		成组
19	调整垫片	2 组	08F		成组
18	蜗杆轴	1	45		
17	J 形油封 50×75×12	1	橡胶 1-1	HG 4-338—1988	外购
16	密封盖	1	Q235A		
15	挡圈 55	1	65Mn	GB/T 894.1—1986	外购
14	套筒	1	Q235A		
13	滚动轴承 N211E	1		GB/T 283—2007	外购
12	箱座	1	HT200		
11	垫圈 12	4	65Mn	GB/T 93—1987	外购
10	螺母 M12	4	Q235A	GB/T 6170—2000	外购
9	螺栓 M12×45	4	Q235A	GB/T 5782—2000	外购
8	螺钉 M12×30	1	Q235A	GB/T 5782—2000	外购
7	垫圈 16	4	65Mn	GB/T 93—1987	外购
6	螺母 M16	4	Q235A	GB/T 6170—2000	外购
5	螺栓 M16×120	4	Q235A	GB/T 5782—2000	外购
4	箱盖	1	HT200		
3	垫片	1	石棉橡胶纸		
2	视孔盖	1	Q235A		
1	通气帽 M36×2	1			组合件

一级蜗杆下置式减速器	图号		比例	
	数量		第 张	
	质量		共 张	
设计		机械设计(基础)课程设计	(校 名)	
审阅			(班 级)	
日期				

技术特性

输入功率 P (kW)	输入转速 n_1 (r/min)	传动比 i	效率 η	传动特性		头数齿数		精度等级
				γ	m			
6.5	970	19.5	0.81	14°2′10″	2.5	z_1	2	蜗杆 8c GB/T 10089—1988
						z_2	39	蜗轮 8c GB/T 10089—1988

技术要求

1. 装配前，所有零件均用煤油清洗，滚动轴承用汽油清洗，未加工表面涂灰色油漆，内表面涂红色耐油油漆。
2. 啮合侧隙用铅丝检查，侧隙值不得小于 0.1mm。
3. 用涂色法检查齿面接触斑点，按齿高不得少于 55%，按齿长不得少于 50%。
4. 30211 轴承的轴向游隙为 0.05～0.10mm，30314 轴承的轴向游隙为 0.08～0.15mm。
5. 箱盖与箱座的接触面涂密封胶或水玻璃，不允许使用任何填料。
6. 箱座内装 L-CKE320 蜗轮蜗杆油至规定高度。
7. 装配后进行空载试验时，高速轴转速为 100r/min。正、反各运转 1h，运转平稳，无撞击声，不漏油，负载试验时，油池温升不超过 60℃。

减速器装配工作图

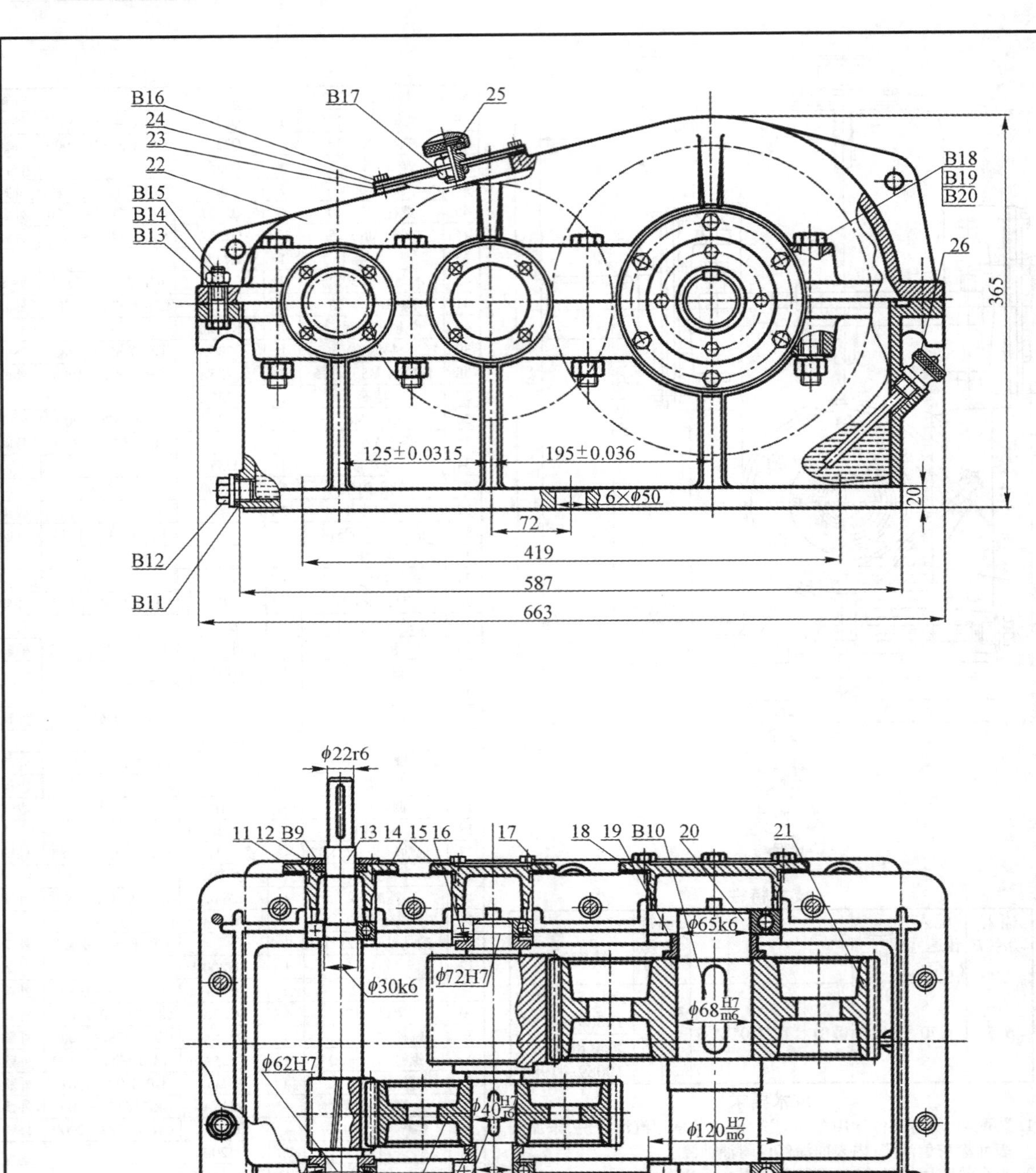

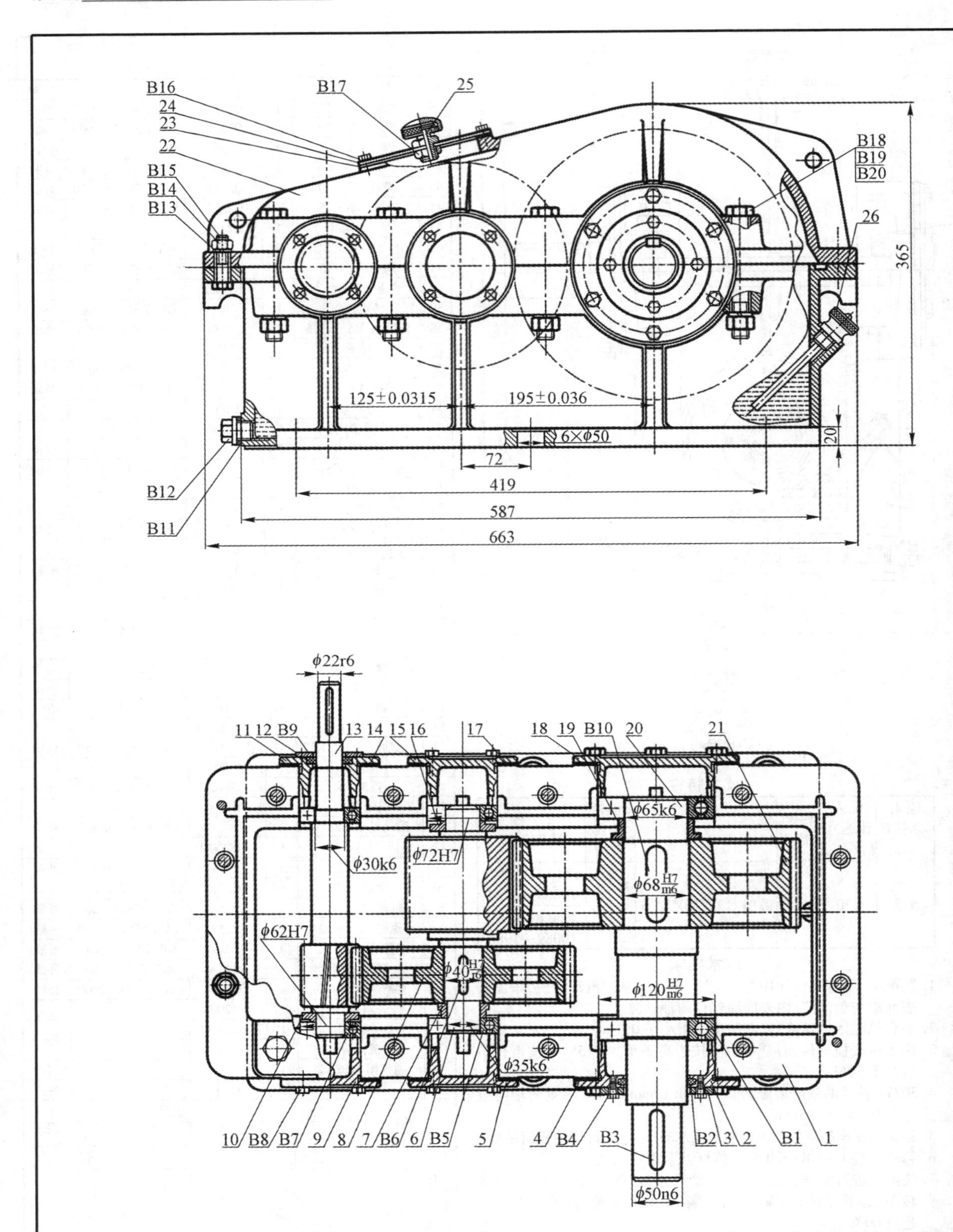

图 20-6　二级展开式圆柱齿轮

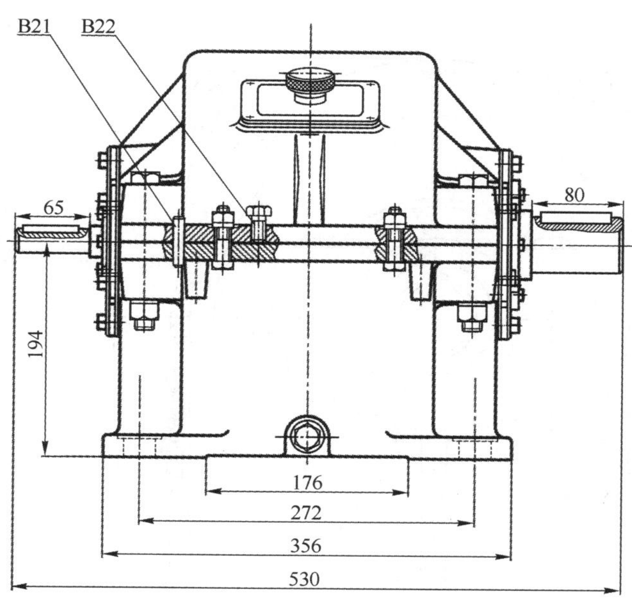

B22	启盖螺钉 M12×30	1	Q235	GB/T 5782—2000	外购
B21	销 M12×30	2	35	GB/T 117—2000	外购
B20	垫圈 16	8	65Mn	GB/T 93—1987	外购
B19	螺母 M16	8	Q235	GB/T 196—2003	外购
B18	螺栓 M16	8	Q235	GB/T 196—2003	外购
B17	螺母 M22×1.5	1	Q235	GB/T 196—2003	外购
B16	螺钉 M5×16	4	Q235	GB/T 196—2003	外购
B15	螺栓 M12	4	Q235	GB/T 196—2003	外购
B14	螺母 M12	4	Q235	GB/T 196—2003	外购
B13	垫圈 12	4	65Mn	GB/T 93—1987	外购
B12	螺塞 M20×1.5	1	Q235	JB/ZQ 4450—1986	外购
B11	封油垫片	1	石棉橡胶纸		外购
B10	键 20×80	1	45	GB/T 1096—2003	外购
B9	毡圈 30	1	半粗羊毛毡	JB/ZQ 4606—1997	外购
B8	螺钉 M6×12	24	Q235	GB/T 196—2000	外购
B7	滚动轴承 6206	2		GB/T 276—1994	外购
B6	键 12×50	1	45	GB/T 1096—2003	外购
B5	滚动轴承 6207	2		GB/T 276—1994	外购
B4	螺钉 M6×10	4		GB/T 196—2000	外购
B3	键 14×70	1		GB/T 1096—2003	外购
B2	毡圈 55	1	半粗羊毛毡	JB/ZQ 4606—1997	外购
B1	滚动轴承 6213	2		GB/T 276—1994	外购
26	油标尺	1	Q235		
25	通气罩 M18×1.5	1			组合件
24	窥视孔盖	1	Q235		
23	垫片	1	石棉橡胶纸		
22	箱盖	1	HT200		
21	低速级大齿轮	1	45		
20	低速轴	1	45		
19	套筒	1	Q235		
18	轴承闷盖	1	HT200		
17	调整垫片	2组	08F		成组
16	挡油环	1	Q235		
15	轴承闷盖	1	HT200		
14	调整垫片	2组	08F		成组
13	高速轴	1	45		
12	密封盖	1	Q235		
11	轴承透盖	1	HT200		
10	挡油环	1	Q235		
9	轴承闷盖	1	HT200		
8	高速级大齿轮	1	45		
7	套筒	1	Q235		
6	中间轴	1	45		
5	轴承闷盖	1	HT200		
4	调整垫片	2组	08F		成组
3	密封盖	1	Q235		
2	轴承透盖	1	HT200		
1	箱座	1	HT200		
序号	名称	数量	材料	标准	备注

二级展开式圆柱齿轮减速器	图号		比例	
	数量		第 张	
	质量		共 张	
设计		机械设计(基础)课程设计	(校 名)	
审阅			(班 级)	
日期				

技术特性

输入功率 P (kW)	输入转速 n_1 (r/min)	效率 η	总传动比 i	传动特性			
				第一级		第二级	
				m_{n1}	β_1	m_{n2}	β_2
3	480	0.96	24	2.5	13°32′24″	4	0

技术要求

1. 装配前,箱体与其他铸件不加工面应清理干净,除去毛边、毛刺,并浸涂防锈液。
2. 零件在装配前用煤油清洗,轴承用汽油清洗干净,晾干后表面应涂油。
3. 齿轮装配后,应用涂色法检查接触斑点,圆柱齿轮沿齿高不少于40%,沿齿长不少于50%。
4. 调整、固定轴承时,应留有轴向间隙0.2~0.5mm。
5. 减速器内装L-CKC220工业闭式齿轮油,油量达到规定深度。
6. 箱体内壁涂耐油油漆,减速器外表面涂灰色油漆。
7. 减速器剖分面、各接触面及密封处均不允许漏油,箱体剖分面应涂以密封胶或水玻璃,不允许使用其他任何填充物。
8. 按试验规程进行试验。

减速器装配工作图(凸缘式端盖结构、轴承用油润滑)

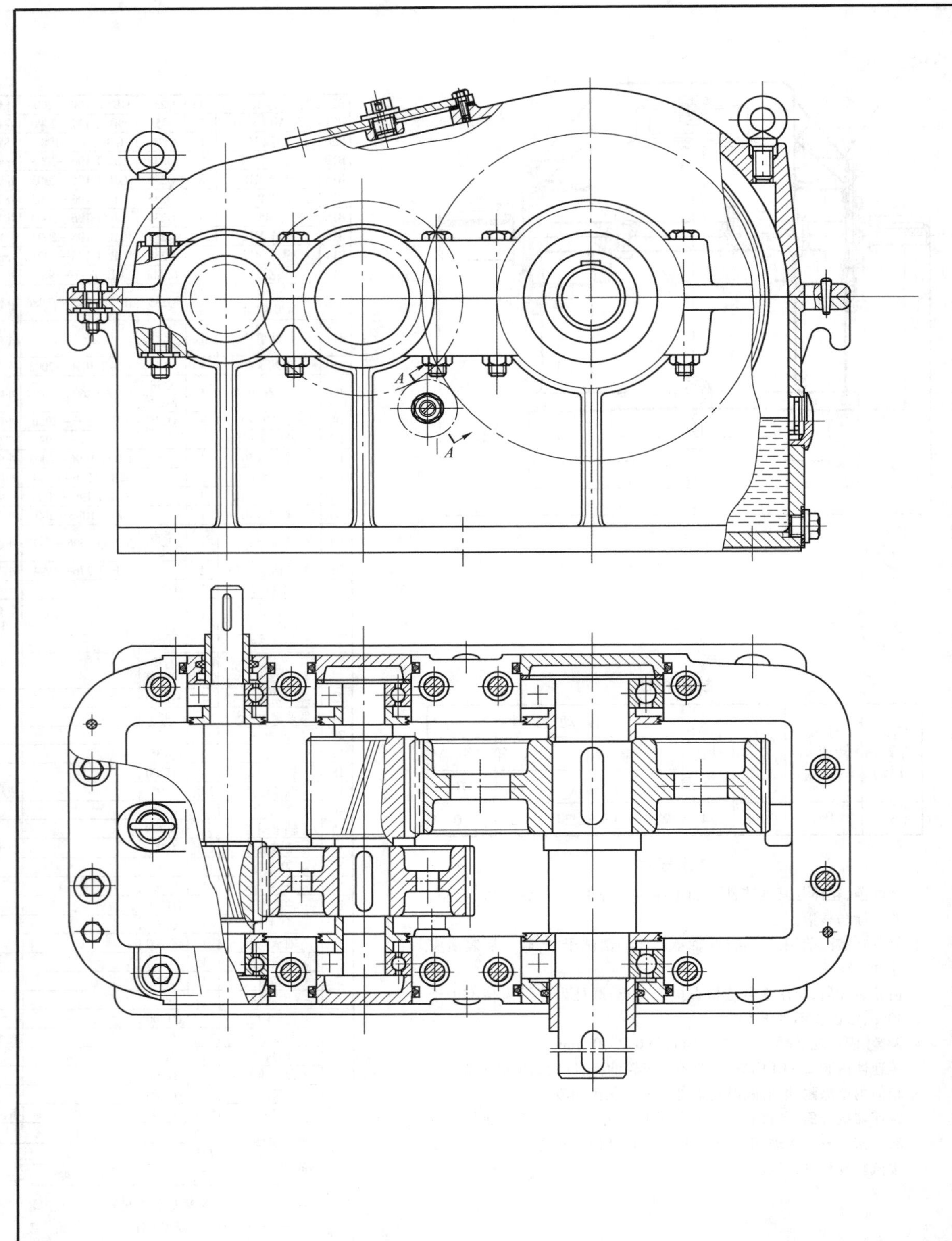

图 20－7 二级展开式圆柱齿轮

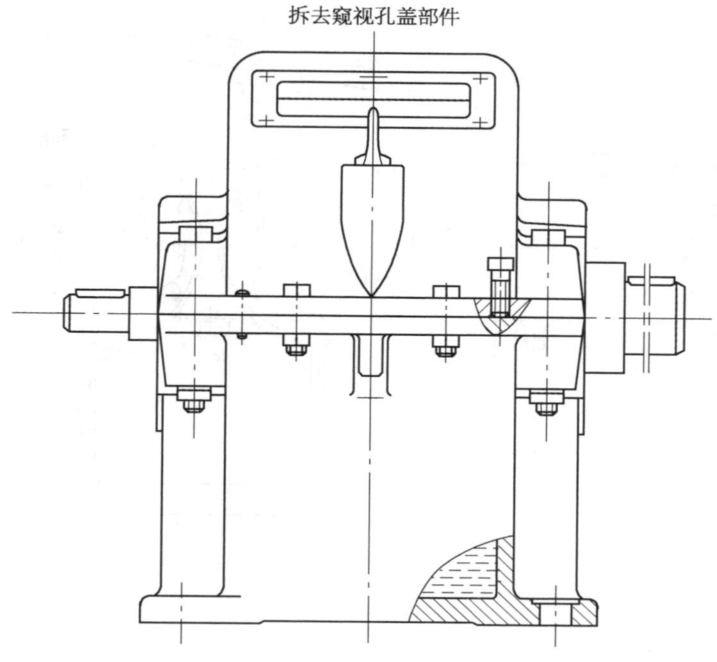

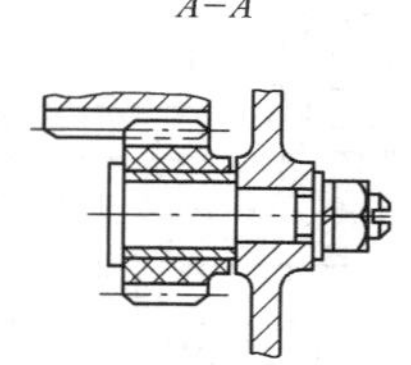

<table>
<tr><td colspan="2" rowspan="3">二级展开式圆柱齿轮减速器</td><td>图号</td><td></td><td>比例</td><td></td></tr>
<tr><td>数量</td><td></td><td colspan="2">第　张</td></tr>
<tr><td>质量</td><td></td><td colspan="2">共　张</td></tr>
<tr><td>设计</td><td></td><td colspan="2" rowspan="3">机械设计(基础)课程设计</td><td colspan="2" rowspan="3">(校　名)
(班　级)</td></tr>
<tr><td>审阅</td><td></td></tr>
<tr><td>日期</td><td></td></tr>
</table>

减速器装配工作图(嵌入式端盖结构、轴承用脂润滑)

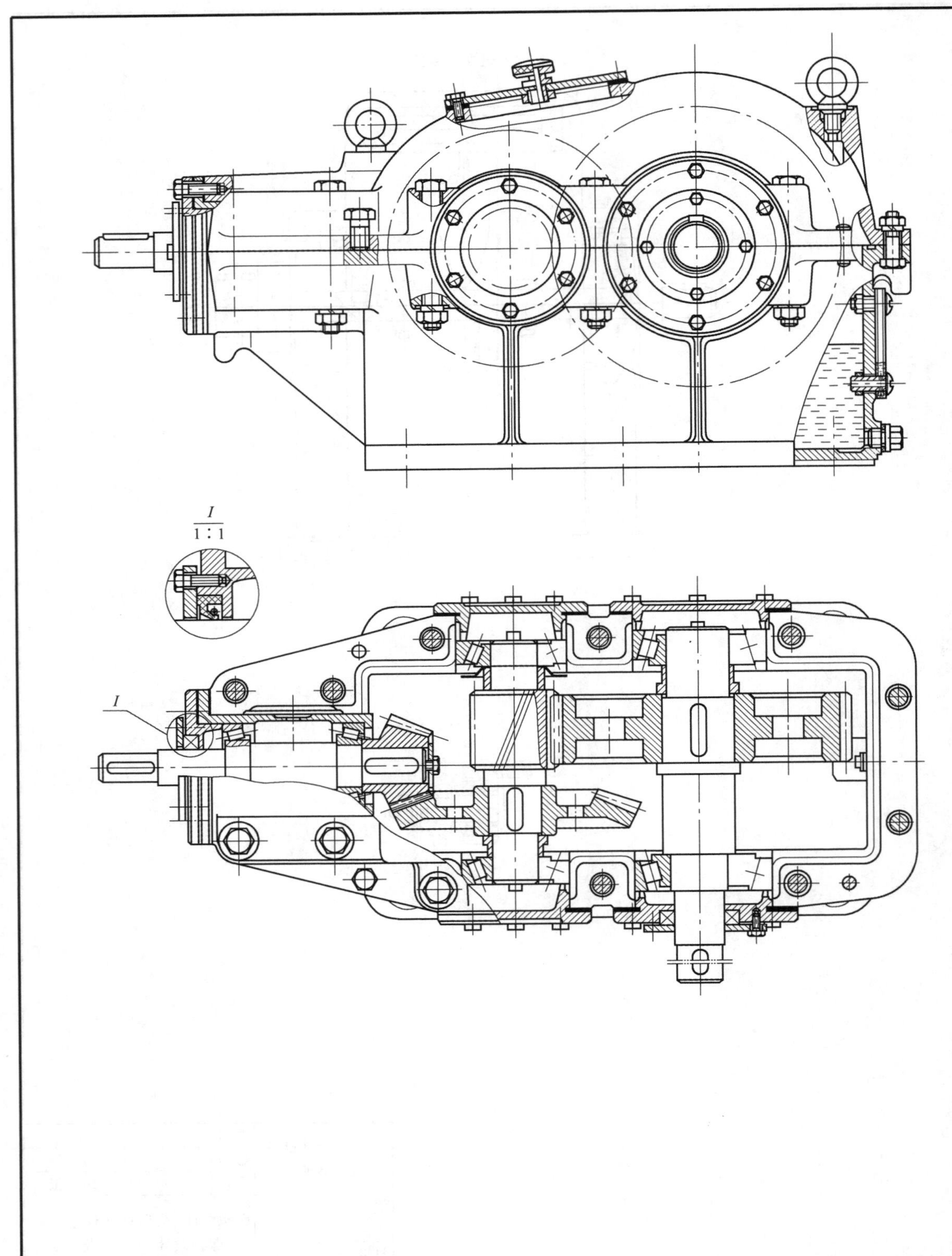

图 20－8　圆锥-圆柱齿轮

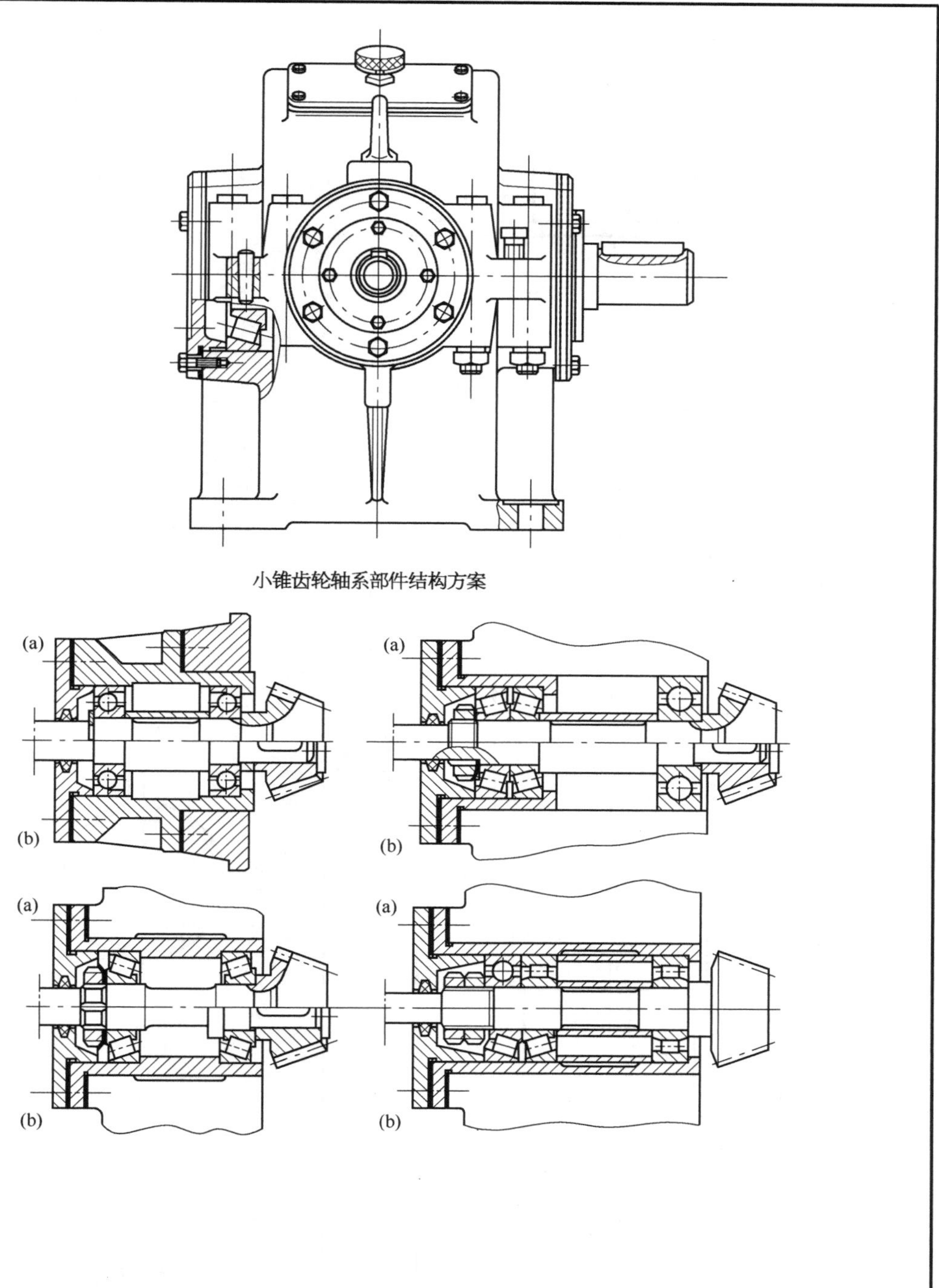

减速器装配工作图(凸缘式端盖结构、轴承用油润滑)

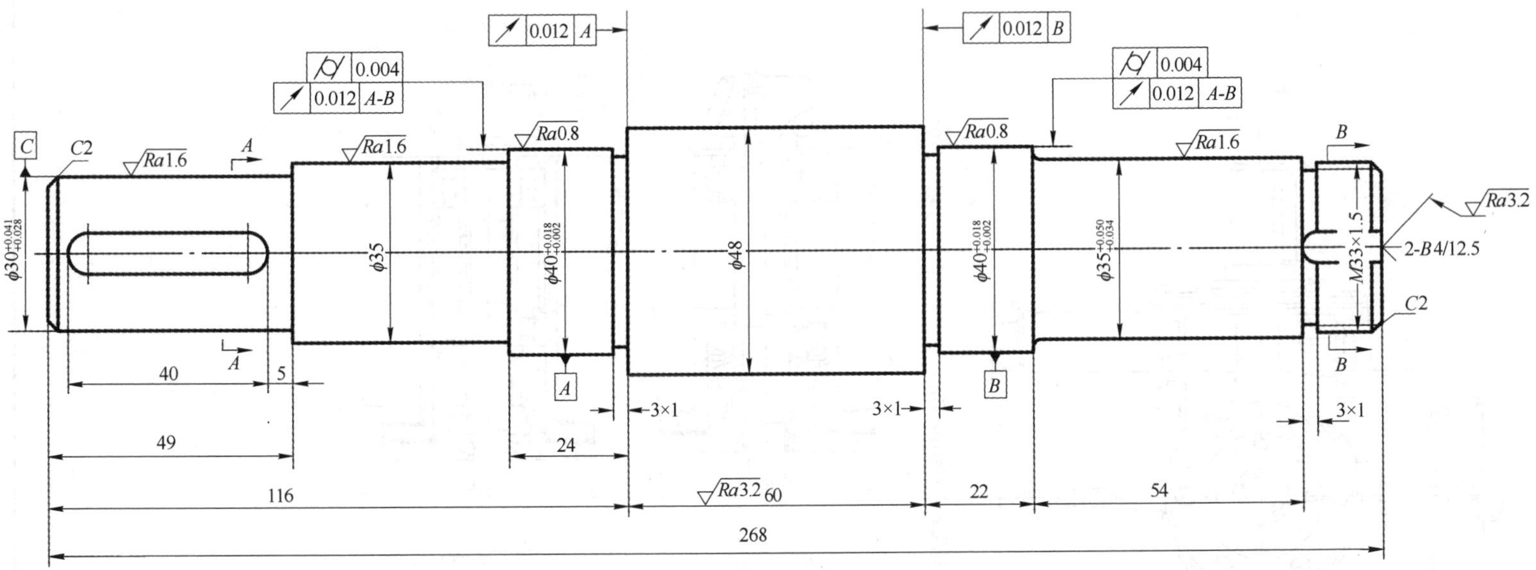

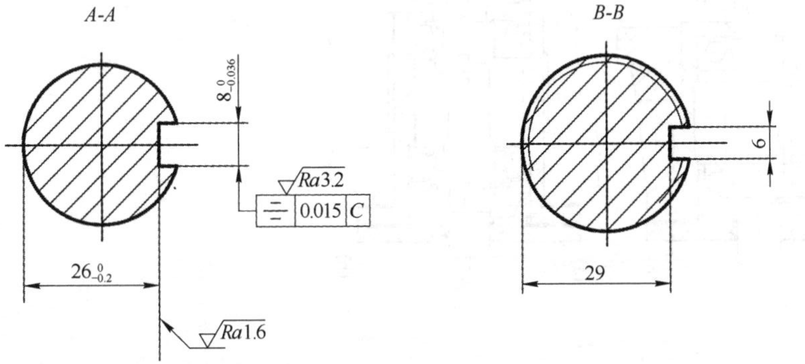

技术要求

1. 调质处理,硬度为190~230HBW。
2. 未注圆角半径 $R1.5$。

$\sqrt{Ra12.5}$ ($\sqrt{}$)

轴	图号		数量	1
	材料	45钢	比例	1:1
设计		机械设计(基础) 课程设计	(校　名) (班　级)	
审阅				
日期				

图20-9　轴零件工作图

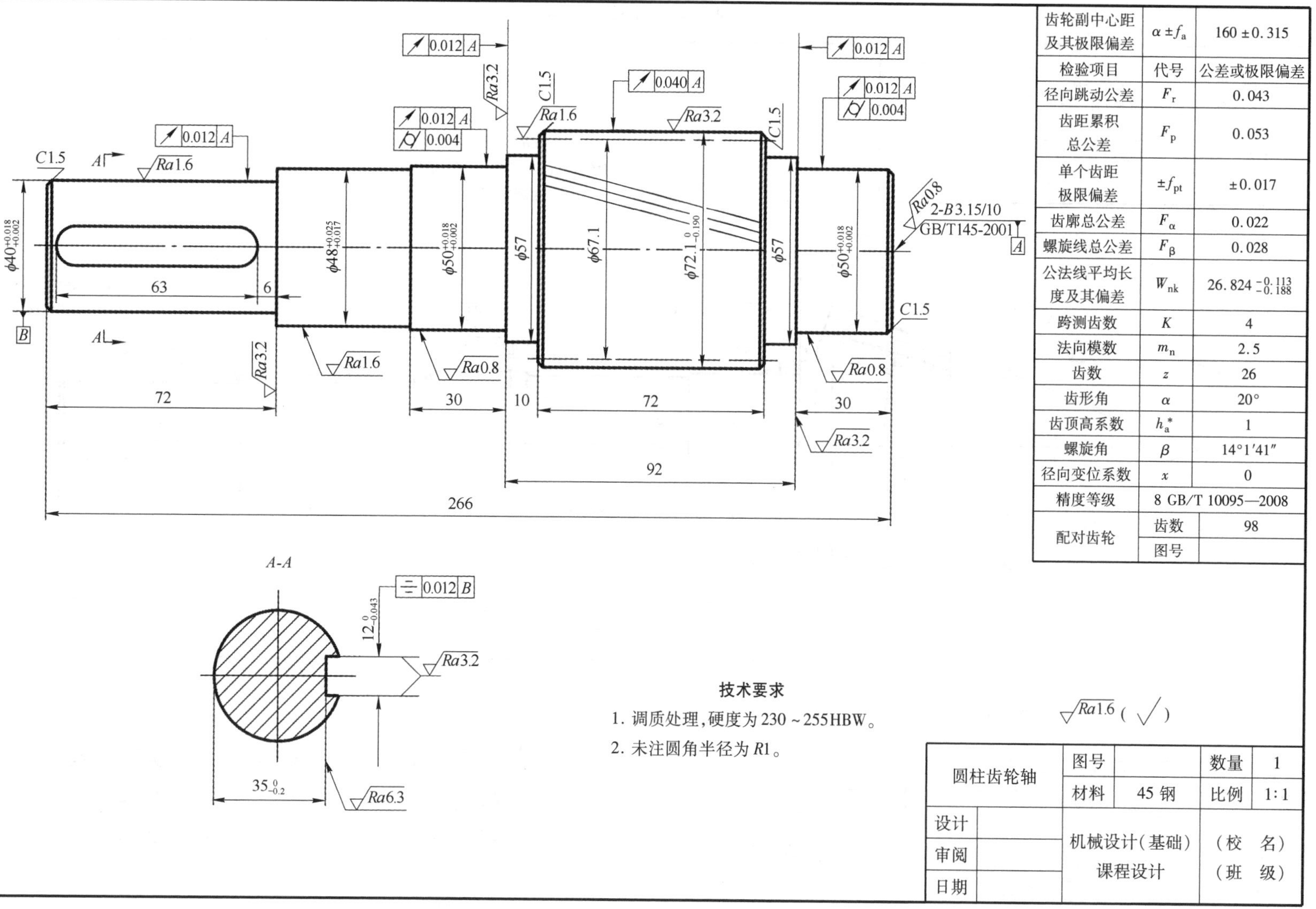

齿轮副中心距及其极限偏差	$\alpha \pm f_a$	160 ± 0.315
检验项目	代号	公差或极限偏差
径向跳动公差	F_r	0.043
齿距累积总公差	F_p	0.053
单个齿距极限偏差	$\pm f_{pt}$	±0.017
齿廓总公差	F_α	0.022
螺旋线总公差	F_β	0.028
公法线平均长度及其偏差	W_{nk}	$26.824^{-0.113}_{-0.188}$
跨测齿数	K	4
法向模数	m_n	2.5
齿数	z	26
齿形角	α	20°
齿顶高系数	h_a^*	1
螺旋角	β	14°1′41″
径向变位系数	x	0
精度等级	8 GB/T 10095—2008	
配对齿轮	齿数	98
	图号	

技术要求

1. 调质处理，硬度为 230 ~ 255HBW。
2. 未注圆角半径为 $R1$。

圆柱齿轮轴		图号		数量	1
		材料	45 钢	比例	1:1
设计		机械设计（基础）课程设计		（校 名）	
审阅				（班 级）	
日期					

图 20 - 10 圆柱齿轮轴零件工作图

大端面模数	m	5	配对齿轮		图号	
齿数	z	20			齿数	60
大端压力角	α	20°	公差组	检验项目	项目代号	公差值
分度圆直径	d	100	Ⅰ	齿距累积公差	F_p	0.063
螺旋角	β	0°	Ⅱ	齿距极限公差	$\pm f_{pt}$	±0.018
切向变位系数	x_1	0	Ⅲ	接触斑点	沿齿长接触率 >60%	
径向变位系数	x	0			沿齿高接触率 >65%	
大端全齿高	h	11	大端分度圆弦齿厚		$\bar{s}$	$7.847^{-0.059}_{-0.159}$
精度等级 GB/T 11365—1989	8-7-7cB		大端分度圆弦齿高		$\bar{h}_a$	5.146

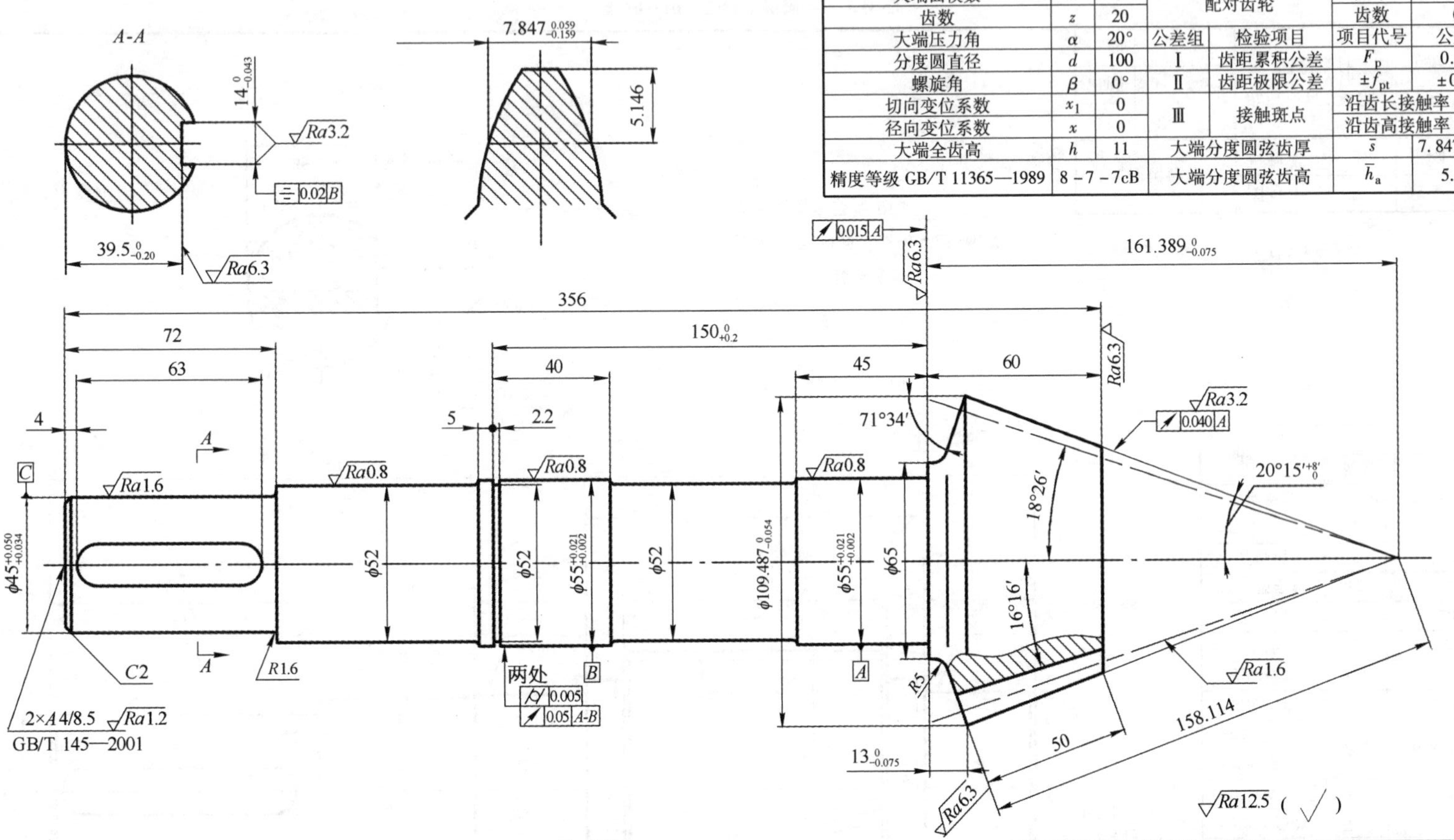

技术要求

1. 调质处理,硬度为 220~250HBW。
2. 未注圆角半径为 $R2$。
3. 未注倒角为 $C2$。

圆锥齿轮轴		图号		数量	1
		材料	45 钢	比例	1:1
设计		机械设计(基础)课程设计		(校 名)(班 级)	
审阅					
日期					

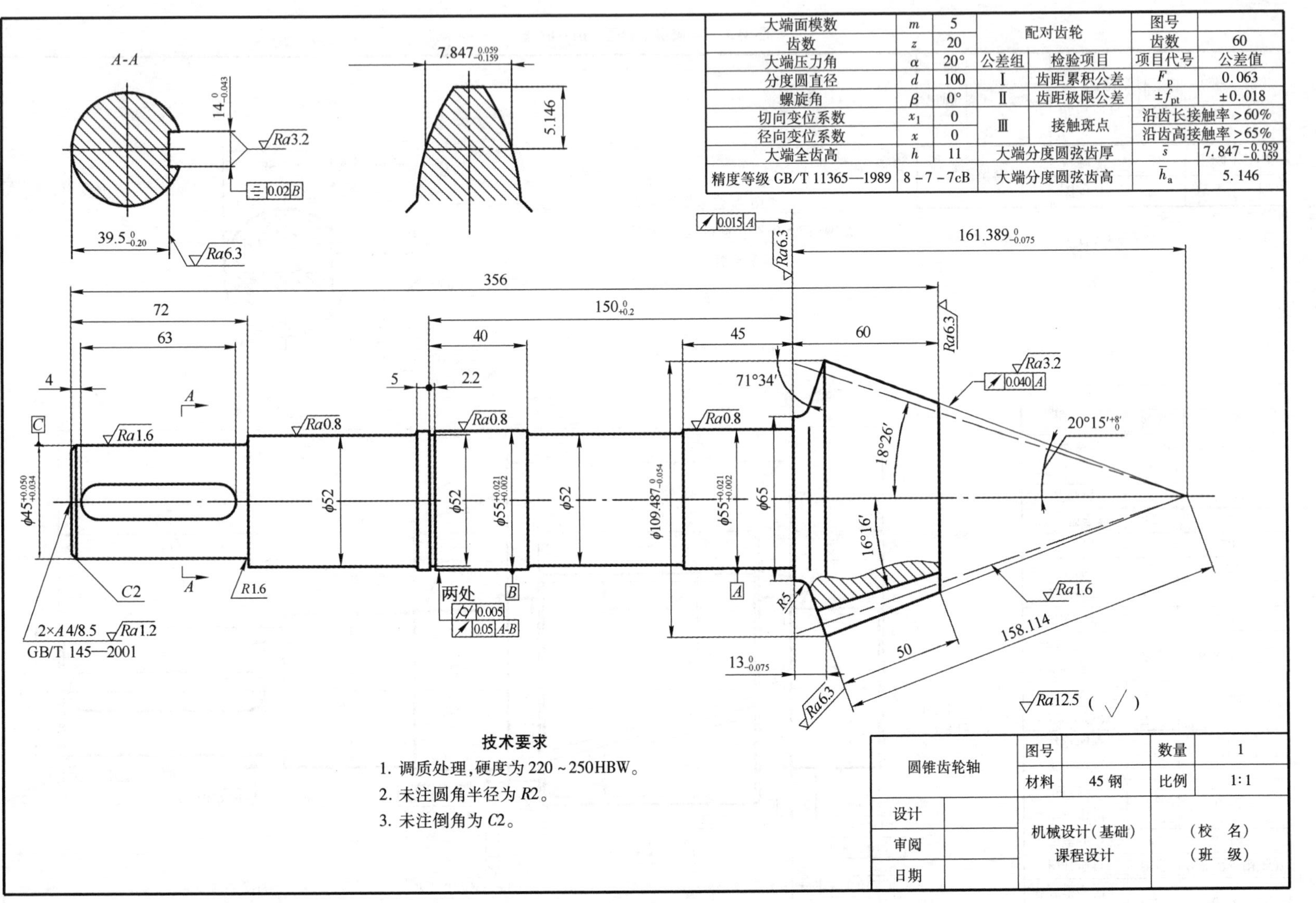

图 20-11 圆锥齿轮轴零件工作图

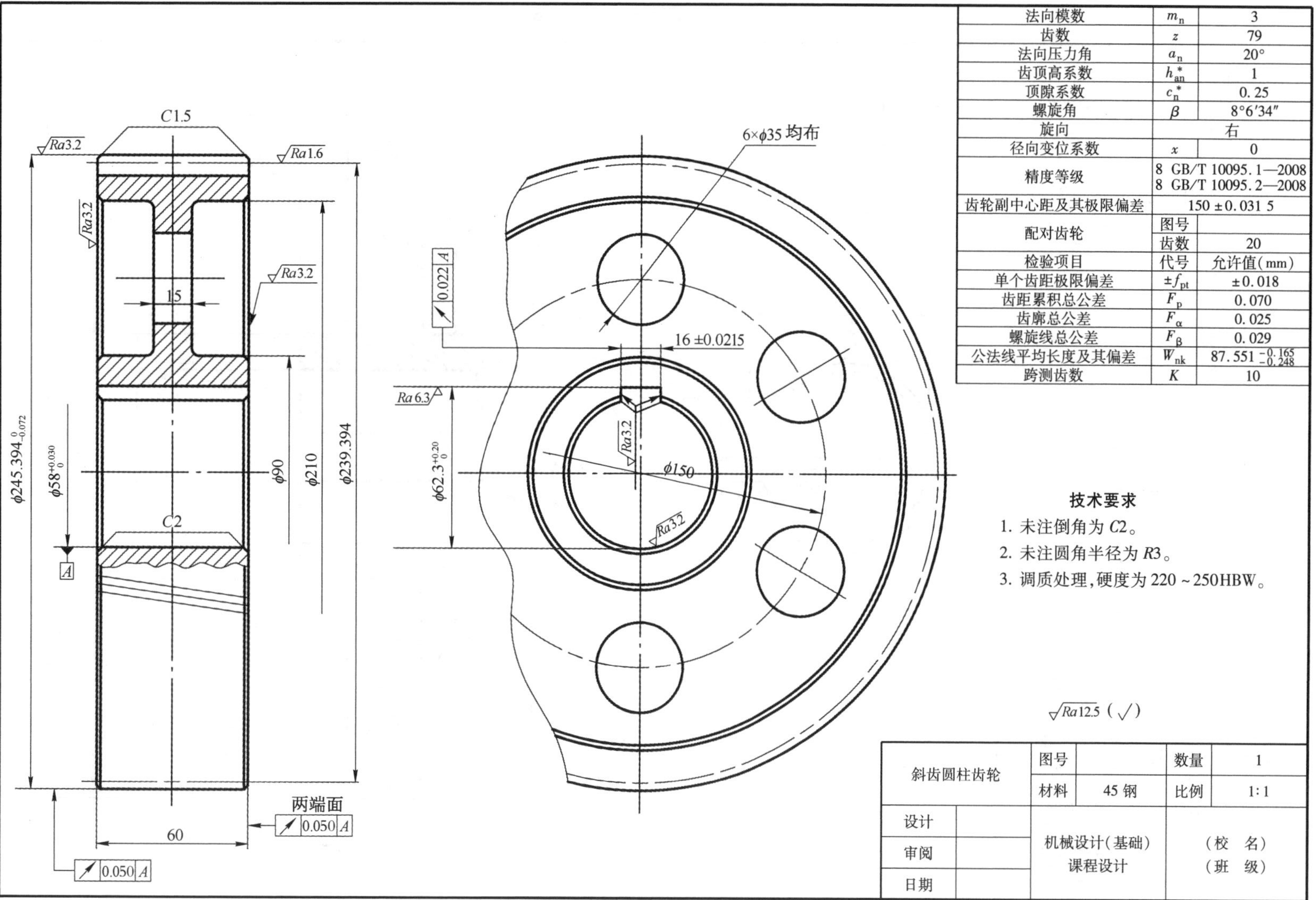

法向模数	m_n	3
齿数	z	79
法向压力角	α_n	20°
齿顶高系数	h_{an}^*	1
顶隙系数	c_n^*	0.25
螺旋角	β	8°6′34″
旋向		右
径向变位系数	x	0
精度等级	8 GB/T 10095.1—2008 8 GB/T 10095.2—2008	
齿轮副中心距及其极限偏差	150 ±0.031 5	
配对齿轮	图号	
	齿数	20
检验项目	代号	允许值(mm)
单个齿距极限偏差	$\pm f_{pt}$	±0.018
齿距累积总公差	F_p	0.070
齿廓总公差	F_α	0.025
螺旋线总公差	F_β	0.029
公法线平均长度及其偏差	W_{nk}	$87.551_{-0.248}^{-0.165}$
跨测齿数	K	10

斜齿圆柱齿轮		图号		数量	1
		材料	45 钢	比例	1:1
设计		机械设计(基础)课程设计		(校　名) (班　级)	
审阅					
日期					

图 20-12　斜齿圆柱齿轮零件工作图

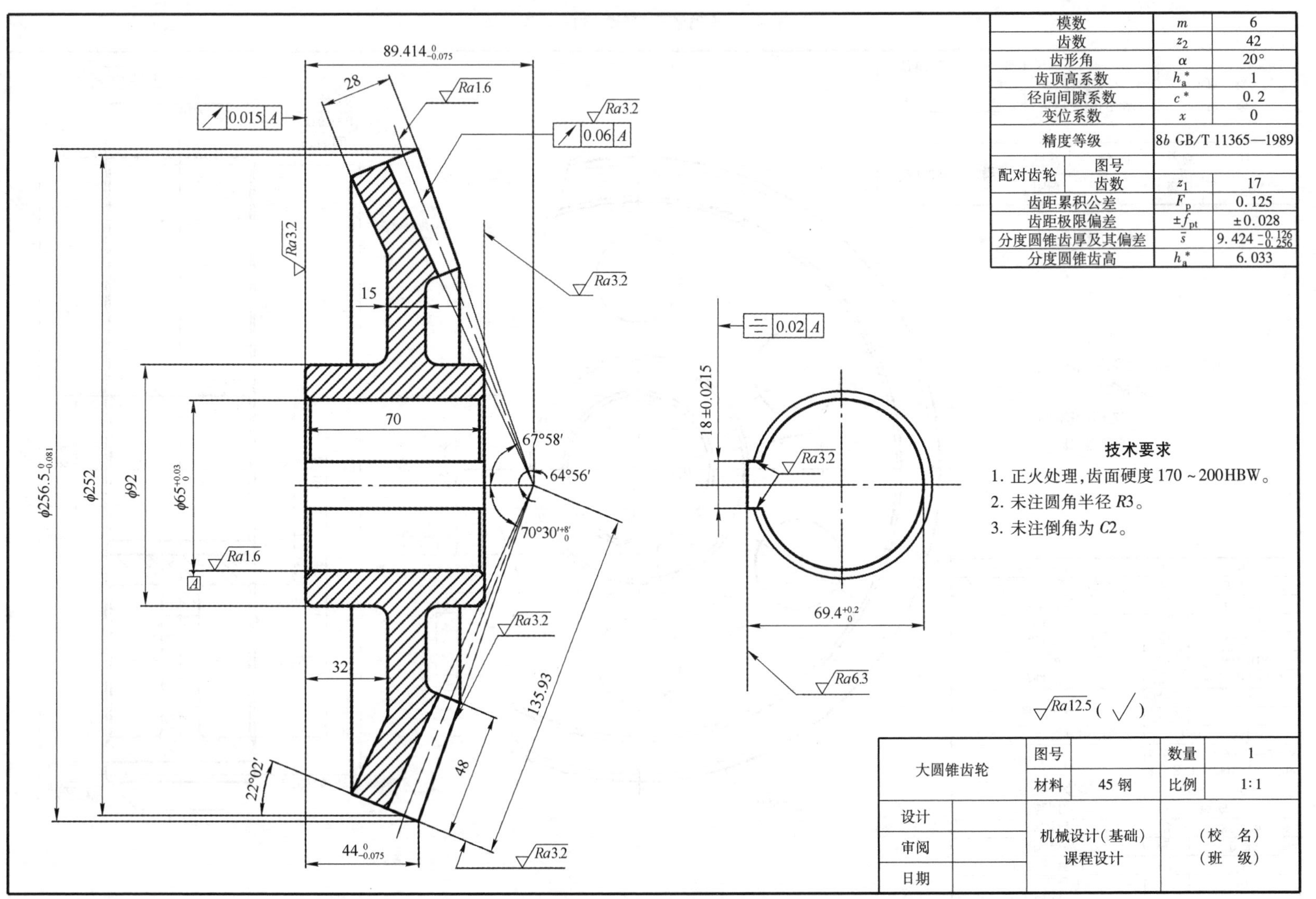

模数		m	6
齿数		z_2	42
齿形角		α	20°
齿顶高系数		h_a^*	1
径向间隙系数		c^*	0.2
变位系数		x	0
精度等级		8b GB/T 11365—1989	
配对齿轮	图号		
	齿数	z_1	17
齿距累积公差		F_p	0.125
齿距极限偏差		$\pm f_{pt}$	±0.028
分度圆锥齿厚及其偏差		$\bar{s}$	$9.424^{-0.126}_{-0.256}$
分度圆锥齿高		h_a^*	6.033

大圆锥齿轮		图号		数量	1
		材料	45 钢	比例	1:1
设计		机械设计(基础)课程设计		(校　名)(班　级)	
审阅					
日期					

图 20 - 13　大圆锥齿轮零件工作图

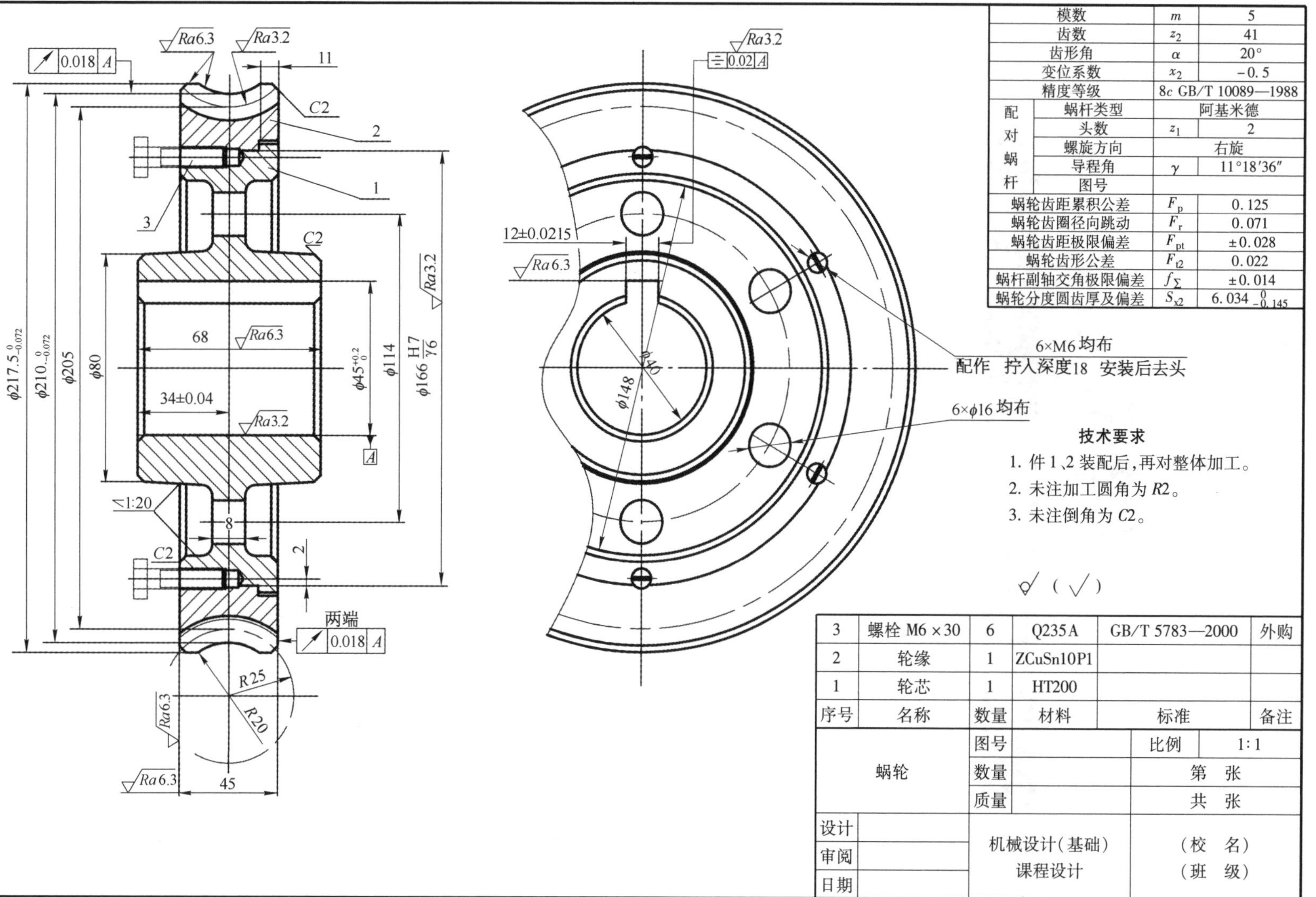

图 20-14 蜗轮零件工作图

第3篇

机械设计课程大作业指导

第 21 章　螺旋传动设计

21.1 螺旋起重器(千斤顶)设计任务书

机械设计大作业任务书 No.1

学生姓名＿＿＿＿＿＿学号＿＿＿＿＿＿专业＿＿＿＿＿＿指导教师＿＿＿＿＿＿

1. 设计项目:螺旋起重器(千斤顶)设计。其传动简图如图 21-1 所示。

2. 原始数据:由指导教师按表 21-1 选定。

表 21-1　螺旋起重器(千斤顶)的主要设计参数

主要设计参数	选题方案									
	A1	A2	A3	A4	A5	A6	A7	A8	A9	A10
最大起重量 F(kN)	20	21.5	23	24.5	26	27.5	29	30.5	32	33.5
最大起重高度 L(mm)	150	150	150	160	160	160	170	170	170	180
主要设计参数	选题方案									
	B1	B2	B3	B4	B5	B6	B7	B8	B9	B10
最大起重量 F(kN)	35	36.5	38	39.5	41	42.5	44	45.5	47	48.5
最大起重高度 L(mm)	180	180	190	190	190	200	200	200	210	210
主要设计参数	选题方案									
	C1	C2	C3	C4	C5	C6	C7	C8	C9	C10
最大起重量 F(kN)	50	51.5	53	54.5	56	57.5	60	61.5	63	64.5
最大起重高度 L(mm)	210	220	220	220	230	230	230	240	240	240

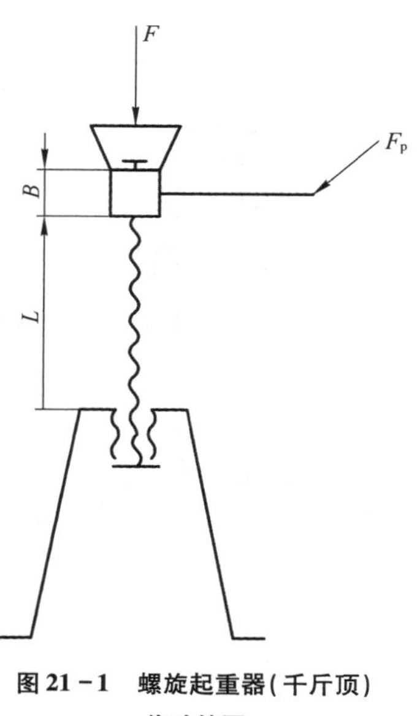

图 21-1　螺旋起重器(千斤顶)传动简图

3. 设计任务:

(1) 绘制螺旋起重器(千斤顶)装配工作图 1 张(A2 幅面),比例为 1:1。

(2) 撰写设计计算说明书 1 份,主要包括螺杆、螺母、托杯、手柄和底座各部分结构尺寸的计算,对螺杆和螺母螺纹牙强度、螺纹副自锁性、螺杆稳定性的校核以及螺旋起重器(千斤顶)的传动效率计算等。

4. 设计期限:＿＿＿＿年＿＿＿月＿＿＿日至＿＿＿＿年＿＿＿月＿＿＿日

21.2　螺旋起重器(千斤顶)设计指导

1. 设计目的

螺旋起重器(千斤顶)设计是机械类专业学生在机械设计课程中的第一个实践性的大型机械传动综合设计训练作业,通过本设计的训练应达到以下三个目的:

(1) 熟悉螺旋传动的工作原理,掌握螺旋传动的设计过程和方法,培养机械结构设计能力,初步了解机械设计的一般程序。

(2) 学会综合运用所学知识,培养独立解决工程实际问题的能力。

(3) 培养查阅机械设计手册及有关技术资料和正确使用国家标准、一般规范的能力,为课程设计及解决机械设计的实际问题打下一定基础。

2. 设计步骤及注意事项

如图 21－2 所示,螺旋起重器(千斤顶)由螺杆、底座、螺母、手柄和托杯等组成。通过转动手柄使螺杆在固定的螺母中边旋转、边相对底座上升或下降,从而能把托杯上的重物举起或放落。装在螺杆头部的托杯应能自由转动,螺杆下端设置安全挡圈,以防止螺杆全部旋出。螺杆千斤顶应具有可靠的自锁性能。

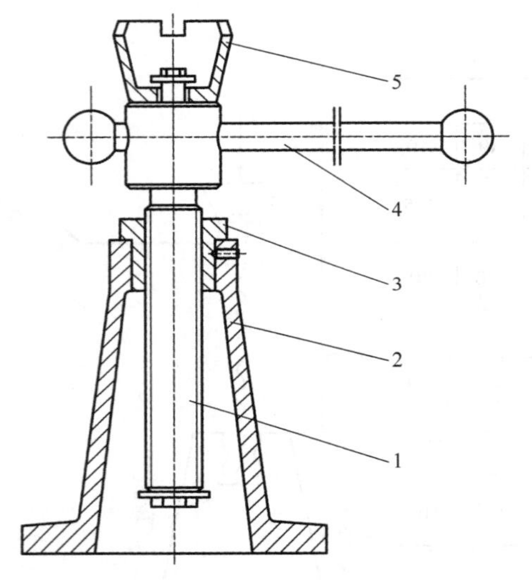

图 21－2　螺旋起重器(千斤顶)

1—螺杆; 2—底座; 3—螺母; 4—手柄; 5—托杯

在进行螺旋起重器(千斤顶)设计时,有些零件(如螺杆和螺母)的主要尺寸是通过理论计算确定的;有些零件的尺寸是根据经验数据、结构需要和工艺条件决定的;还有一些零件是按照标准规格选出的。后两种情况,必要时要进行相应的强度校核。

1) 确定螺纹牙型及螺纹基本尺寸

(1) 螺纹牙型的选择。滑动螺旋的牙型可以采用梯形螺纹、矩形螺纹和锯齿形螺纹。螺旋传动常采用梯形螺纹和矩形螺纹。梯形螺纹的工艺性好,牙根强度高,对中性好。矩形螺纹效率高,但其牙根强度低,加工精度低,目前已逐渐被梯形螺纹所代替。

(2) 螺纹基本尺寸。螺纹中径按螺母螺纹牙面的耐磨性计算①,对于梯形螺纹或矩形螺纹,$h=0.5P$,则有

$$d_2 \geqslant 0.8\sqrt{\frac{F}{\phi[p]}} \tag{21-1}$$

对于整体螺母,式中 ϕ 值一般取 1.2～2.5,许用压力 $[p]$ 可查表 21－2。对于梯形螺纹,可根据 d_2 的计算值查表 4－5 及表 4－6 确定螺杆的标准中径 d_2、大径 d、小径 d_3,螺母的标准中径 $D_2(=d_2)$、大径 D_4、小径 D_1 以及螺距 P。对于矩形螺纹,由于目前尚未标准化,故可根据 d_2 的计算值参考梯形螺纹基本尺寸确定中径 d_2 及螺距 P,大径 $d=d_2+0.5P$。

① 螺旋起重器(千斤顶)设计时,也可按螺杆强度确定螺杆直径,再由耐磨性计算确定螺纹工作圈数或螺母高度。

表 21－2　滑动螺旋副材料的许用压力[p]及摩擦因数 f

螺杆和螺母副材料	滑动速度 v_s(m/s)	许用压力[p](MPa)	摩擦因数 f
钢-青铜	低速	18～25	0.08～0.10
	≤0.05	11～18	
	0.1～0.2	7～10	
	>0.25	1～2	
淬火钢-青铜	0.1～0.2	10～13	0.06～0.08
钢-铸铁	<0.05	13～18	0.12～0.15
	0.1～0.2	4～7	
钢-钢	低速	7.5～13	0.11～0.17

注：1. 表中许用压力值适用于 $\phi=2.5\sim4$ 的情况。当 $\phi<2.5$ 时可提高 20%；若为剖分螺母时应降低 15%～20%。
2. 表中摩擦因数，起动时取大值，运转中取小值。

2）螺杆的设计计算

（1）材料。螺杆的常用材料为 Q235、Q275、35 钢和 45 钢。对于重要传动，要求高的耐磨性，需进行热处理，可选用 40Cr 或 65Mn。

（2）螺杆结构。螺杆上端需用于支承托杯和插装手柄，故此处需要加大直径，其结构如图 21－3 所示。图中 L 为最大起重高度，H 为螺母高度，手柄孔径 d_k 的大小应根据手柄直径 d_p 决定，一般取 $d_k>d_p+0.5$mm。为了便于切制螺纹，应设退刀槽，退刀槽处的直径 d_c 要比螺纹小径 d_3 小

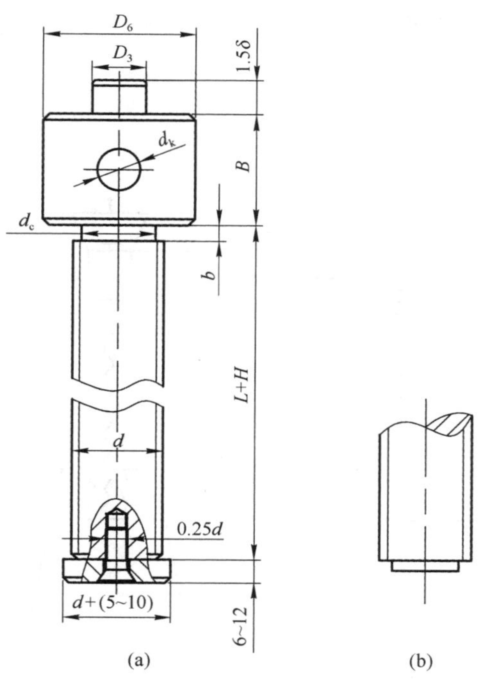

$\delta\geqslant8\sim10$mm，$B=(1.4\sim1.6)d$，$D_3=(0.6\sim0.7)d$，$D_6=(1.7\sim1.9)d$

图 21－3　螺杆结构

（a）下端倒角的整体结构；（b）短圆柱体下端结构

0.2～0.5mm。退刀槽的宽度取 $b \geqslant 1.5P$。为了便于螺杆旋入螺母，螺杆下端应制有倒角，如图 21－3a所示，或制成稍小于小径 d_3 的短圆柱体，如图 21－3b 所示。

（3）自锁性校核。自锁条件为

$$\psi \leqslant \varphi_v \qquad (21-2)$$

式中 ψ——螺纹升角，$\psi = \arctan \dfrac{nP}{\pi d_2}$；

φ_v——当量摩擦角，$\varphi_v = \arctan \dfrac{f}{\cos\beta} = \arctan f_v$；

β——螺纹牙侧角；

f——摩擦因数，见表 21－2；

f_v——螺纹副的当量摩擦因数。

由于影响摩擦因数 f 的因素很多，其值并不稳定，为保证螺旋起重器（千斤顶）有可靠的自锁能力，可取

$$\psi \leqslant \varphi_v - 1^\circ \qquad (21-3)$$

（4）强度校核。螺杆工作时，扭矩产生剪应力，轴向力产生正应力，升至最高位置时，载荷分布如图 21－4 所示。按第四强度理论，危险剖面的强度按下式进行校核

$$\sigma_{ca} = \sqrt{\left(\frac{4F}{\pi d_3^2}\right)^2 + 3\left(\frac{16T}{\pi d_3^3}\right)^2} \leqslant [\sigma] \qquad (21-4)$$

式中 F——螺杆所受的轴向压力（N）；

d_3——螺纹小径（mm）；

T——螺杆所受的扭矩（N·mm），$T = F\tan(\psi + \varphi_v)\dfrac{d_2}{2}$；

$[\sigma]$——螺杆材料的许用应力（MPa），见表 21－3。

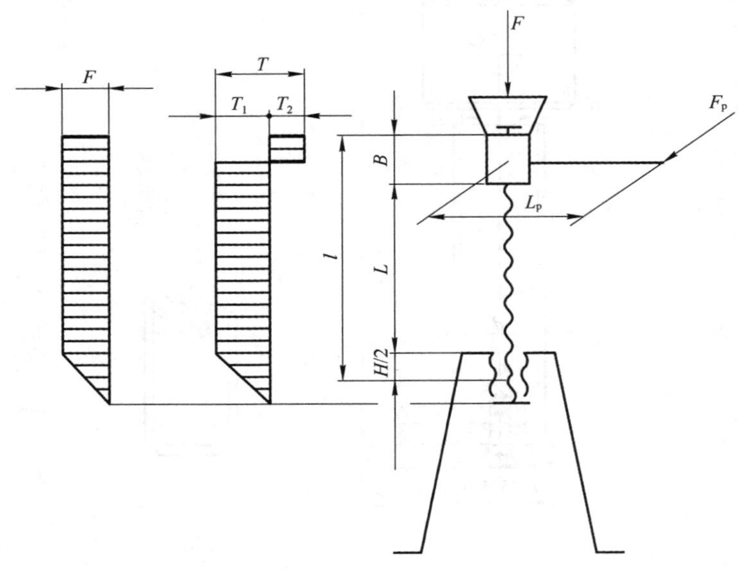

图 21－4 螺杆载荷分析

表21-3 滑动螺旋副材料的许用应力

螺旋副材料		许用应力(MPa)		
		$[\sigma]$	$[\sigma_b]$	$[\tau]$
螺杆	钢	$\dfrac{\sigma_s}{3\sim5}$		
螺母	青铜		40~60	30~40
	铸铁		45~55	40
	钢		$(1.0\sim1.2)[\sigma]$	$0.6[\sigma]$

注：载荷稳定时，许用应力取大值。

(5) 稳定性校核。细长的螺杆升至最高位置时，可视为直径为 d_3 的下端固定、上端自由的压杆，为防止失稳，应按下式校核其稳定性

$$\frac{F_{cr}}{F} \geqslant 2.4 \sim 4.0 \tag{21-5}$$

临界轴向载荷 F_{cr}与螺杆的材料、柔度有关，其中柔度计算式为

$$\lambda = \frac{\mu l}{i} \tag{21-6}$$

式中 l——螺杆的最大工作长度(mm)，按螺杆升至最高位置时托杯底面到螺母中部的高度计算，由图21-4可见，$l = L + B + H/2$；

μ——长度系数，对螺旋千斤顶，可看作一端固定、一端自由，故取 $\mu = 2$；

i——螺杆危险截面的惯性半径(mm)，若螺杆危险截面面积 $A = \frac{\pi}{4}d_3^2$，轴惯性矩 $I = \frac{\pi d_3^4}{64}$，则 $i = \sqrt{\frac{I}{A}} = \frac{d_3}{4}$。

F_{cr}可根据柔度 λ 大小选用下列公式：

当 $\lambda \geqslant 85 \sim 90$ 时，临界轴向载荷 F_{cr}可按欧拉公式计算，即

$$F_{cr} = \frac{\pi^2 EI}{(\mu l)^2} \tag{21-7}$$

当 $\lambda < 85 \sim 90$ 时，临界轴向载荷 F_{cr}可按下列公式确定：

对于未淬火钢，$\lambda < 90$ 时

$$F_{cr} = \frac{340}{1 + 0.000\,13\lambda^2} \cdot \frac{\pi d_3^2}{4} \tag{21-8}$$

对于淬火钢，$\lambda < 85$ 时

$$F_{cr} = \frac{490}{1 + 0.000\,2\lambda^2} \cdot \frac{\pi d_3^2}{4} \tag{21-9}$$

当 $\lambda < 40$ 时(对于Q235、Q275)或 $\lambda < 60$ 时(对于优质碳素钢，合金钢)，不必进行稳定性校核。不能满足式(21-5)时，应增大 d_3。

3) 螺母的设计计算

(1) 材料。螺母和螺杆旋合工作时，应有较高的耐磨性和较低的摩擦因数，通常选用螺母材料比螺杆材料硬度低。耐磨性较好的螺母材料有：铸锡青铜ZCuSn10Pb1、铸锡锌铅青铜

ZCuSn5Pb5Zn5 和铸铝铁青铜 ZCuAl10Fe3；当低速、轻载或不经常使用时，也可选用耐磨铸铁或铸铁。

（2）螺纹牙工作圈数 z。螺纹牙的工作圈数 z 可按耐磨性计算获得，即

$$z \geqslant \frac{F}{\pi d_2 h[p]} \leqslant 10 \tag{21-10}$$

式中 h——螺纹牙工作高度，对于梯形和矩形螺纹，$h=0.5P$。

考虑到螺纹牙工作圈数越多，载荷分布越不均匀，故螺纹牙工作圈数 z 不宜大于 10，否则应改选螺母的材料或加大螺纹直径。考虑螺杆退刀槽的影响，螺母螺纹牙的实际圈数应取 $z'=z+1.5$。

（3）螺母的结构尺寸。螺母的结构如图 21－5 所示。螺母高度 $H=z'P$；螺母外径 $D=(1.6\sim1.8)D_4$，D_4 为内螺纹大径，$D_4=d+2a_c$，式中 d 为外螺纹大径（公称直径），a_c 为牙顶间隙，见表 4－4；螺母的凸缘外径 $D_1=(1.3\sim1.4)D$；螺母凸缘厚度 $a\approx\frac{H}{3}$。

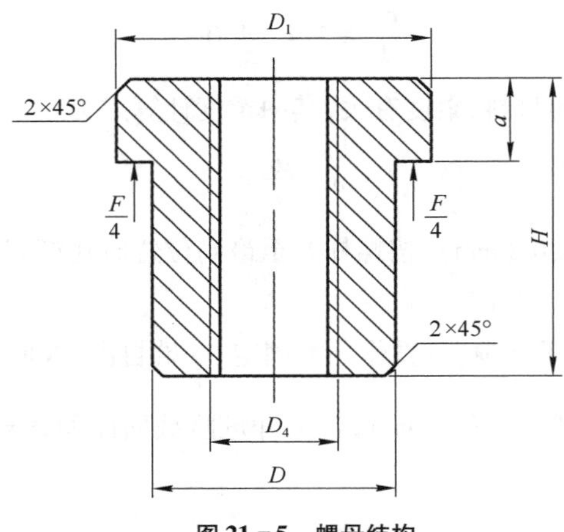

图 21－5 螺母结构

螺母装入底座孔内，其配合常采用 $\frac{H8}{r7}$、$\frac{H8}{h7}$ 等。为防止螺母转动，应设置紧定螺钉，其直径根据起重量的大小常取 M6～M12。

（4）螺纹牙强度校核。螺母材料的强度低于螺杆时，只需核验螺母的螺纹牙强度。螺纹牙根部抗弯强度条件为

$$\sigma_b = \frac{3Fl}{z\pi D_4 b^2} \leqslant [\sigma_b] \tag{21-11}$$

螺纹牙根部抗剪强度条件为

$$\tau = \frac{F}{z\pi D_4 b} \leqslant [\tau] \tag{21-12}$$

式中 b——螺纹牙根部的厚度，对于矩形螺纹，$b=0.5P$；对于梯形螺纹，$b=0.65P$，P 为螺纹的螺距；

l——弯曲力臂，$l=\frac{D_4-D_2}{2}$；

z——螺杆与螺母旋合圈数；

$[\sigma_b]$——螺母材料的许用弯曲应力，见表 21－3；

$[\tau]$——螺母材料的许用剪切应力，见表 21－3。

（5）螺母悬置部分强度和螺母凸缘强度校核。螺母下端悬置，承受拉力（其大小为起重量 F）；螺母凸缘支承面会发生挤压破坏；凸缘根部可能会因抗弯强度不够而损坏。因此，必要时应对螺母悬置部分的抗拉强度、螺母凸缘支承面的挤压强度以及螺母凸缘根部的抗弯强度等进行校核计算。

螺母悬置部分横截面上的抗拉强度条件为

$$\sigma = \frac{1.3F}{\frac{\pi}{4}(D^2 - D_4^2)} \leqslant [\sigma] \tag{21-13}$$

式中　$[\sigma]$——螺母材料的许用拉应力，$[\sigma] = 0.83[\sigma_b]$，$[\sigma_b]$为许用弯曲应力，见表 21－3；

D——螺母外径，如图 21－5 所示。

螺母凸缘支承面上的挤压强度条件为

$$\sigma_p = \frac{4F}{\pi(D_1^2 - D^2)} \leqslant [\sigma_p] \tag{21-14}$$

式中　$[\sigma_p]$——螺母材料的许用挤压应力，$[\sigma_p] = (1.5 \sim 1.7)[\sigma_b]$，$[\sigma_b]$见表 21－3；

D_1——螺母凸缘外径，如图 21－5 所示。

螺母凸缘根部的弯曲强度条件为

$$\sigma_b = \frac{M}{W} = \frac{F(D_1 - D)/4}{\pi D a^2/6} = \frac{1.5F(D_1 - D)}{\pi D a^2} \leqslant [\sigma_b] \tag{21-15}$$

式中　a——螺母凸缘厚度，如图 21－5 所示。

螺母凸缘根部的剪切强度条件为

$$\tau = \frac{F}{\pi D a} \leqslant [\tau] \tag{21-16}$$

式中　$[\tau]$——螺母材料的许用剪切应力，见表 21－3。

4）托杯的设计计算　托杯是用来承托重物的，可选用铸铁、铸钢或 Q235，具体结构如图 21－6

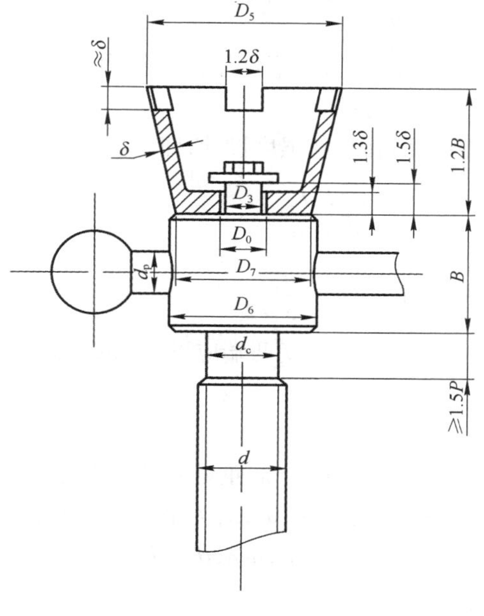

图 21－6　托杯结构

所示。为了防止托杯与重物之间产生相对滑动,在托杯上表面制有切口和沟纹。为防止托杯从螺杆端部脱落,在螺杆上端应装有挡圈。当螺杆转动时,托杯和被起重物均不转动。因此在举重时,托杯底部与螺杆的接触面间有相对滑动。为防止接触面过快地磨损,一方面要润滑接触面,另一方面还需校核接触面间的压力,即

$$p=\frac{4F}{\pi(D_7^2-D_0^2)}\leqslant[p] \tag{21-17}$$

式中 $[p]$——许用压力,见表21-2;

D_7、D_0——托杯的结构尺寸,如图21-6所示。

5）手柄的设计计算

(1) 材料。手柄材料常选用碳素结构钢Q235或Q275。

(2) 手柄长度。由图21-4可见,扳动手柄的力矩应与阻力矩平衡,即 $F_pL_p=T_1+T_2$,则

$$L_p=\frac{T_1+T_2}{F_p} \tag{21-18}$$

式中 F_p——扳动手柄的力,通常取 $F_p=150\sim200\text{N}$;

T_1——螺旋副的摩擦阻力矩;

T_2——螺杆端面与托杯之间的摩擦阻力矩。

$$T_1=F\tan(\psi+\varphi_v)\frac{d_2}{2} \tag{21-19}$$

$$T_2=\frac{1}{3}fF\left(\frac{D_7^3-D_0^3}{D_7^2-D_0^2}\right) \tag{21-20}$$

式中 f——托杯与螺杆支承面间的摩擦因数,见表21-2。

手柄的计算长度 L_p 是螺杆中心至人手施力点间的距离。考虑到螺杆头部尺寸及手握的距离,手柄的实际长度应为

$$L_p'=L_p+\frac{D_6}{2}+(50\sim150)\text{mm} \tag{21-21}$$

为减小千斤顶的存放空间,一般取实际手柄长度 L_p' 不大于千斤顶的高度。当举重量较大时,可在手柄上套一长套管,以增大力臂达到省力的目的。

(3) 手柄直径。把手柄看成一个悬臂梁,按抗弯强度设计,即

$$d_p=\sqrt[3]{\frac{F_pL_p}{0.1[\sigma_b]}} \tag{21-22}$$

式中 $[\sigma_b]$——手柄材料的许用弯曲应力,$[\sigma_b]=\frac{\sigma_s}{1.5\sim2}$。

(4) 手柄结构。为防止手柄从螺杆中滑出,在手柄两端应设有挡圈,如图21-7所示,并用螺钉固定或铆合。

6）底座的设计计算

(1) 材料。底座材料常选用铸铁HT150、HT200,当起重量大时可选用铸钢。

(2) 底座结构。底座铸件的厚度 δ 不应小于8~10mm;为增加底座的稳定性,故需将外形制成1:10的斜度,如图21-8所示,图中 $H_1=L+(15\sim20)\text{mm}$,$H_2=H-a$,$D_8=D+(5\sim10)\text{mm}$,$D_9=D_8+2\times\frac{H_1}{10}\text{mm}$,直径 D_{10} 由底面的挤压强度确定

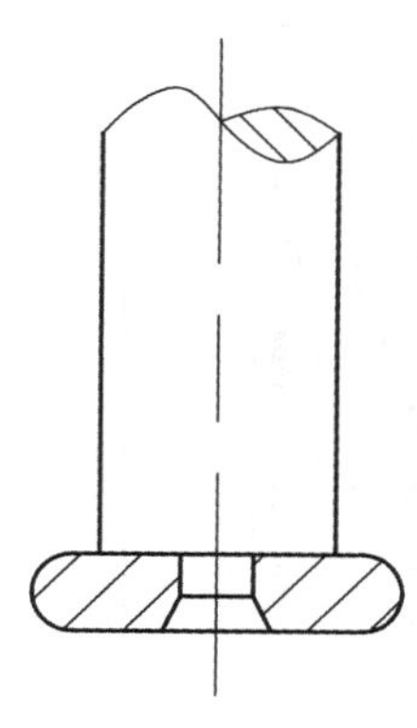
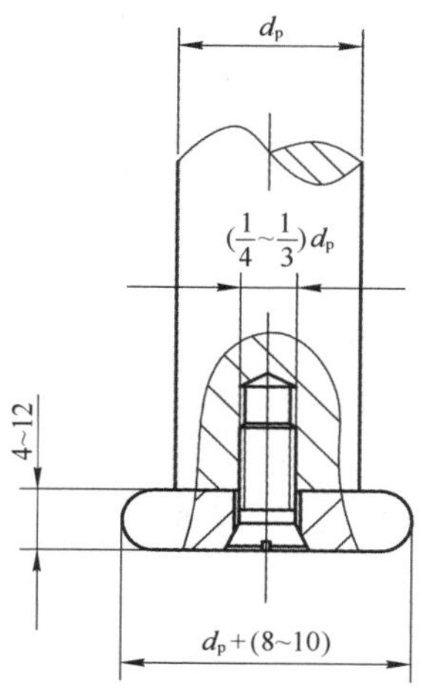

图21-7 手柄的端部结构

$$D_{10} \geqslant \sqrt{\frac{4F}{\pi[\sigma_p]} + D_9^2}\ \text{mm} \tag{21-23}$$

式中 $[\sigma_p]$——接触面材料的许用挤压应力，查表21-4。

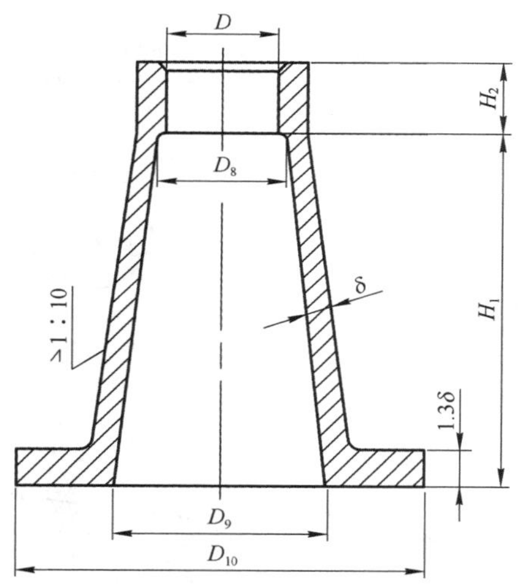

图21-8 底座结构

表21-4 接触面材料的许用挤压应力$[\sigma_p]$ (MPa)

接触面材料	砖(白灰砂浆)	砖(水泥砂浆)	混凝土C20~C30	木材	铸铁	钢
$[\sigma_p]$	0.8~1.2	1.5~2	2~3	2~4	$(0.4\sim0.5)\sigma_B$	$0.8\sigma_s$

7）螺旋起重器(千斤顶)效率计算 当螺旋转过一圈后，输入功 $W_1=2\pi F_pL_p$，此时举升重物所做的有效功 $W_2=FS$，故

$$\eta = \frac{FS}{2\pi F_pL_p} \tag{21-24}$$

式中 S——螺纹的导程。

一般要求螺旋起重器(千斤顶)效率 $\eta\leqslant30\%$。

8）绘制装配工作图 如图21-9所示。

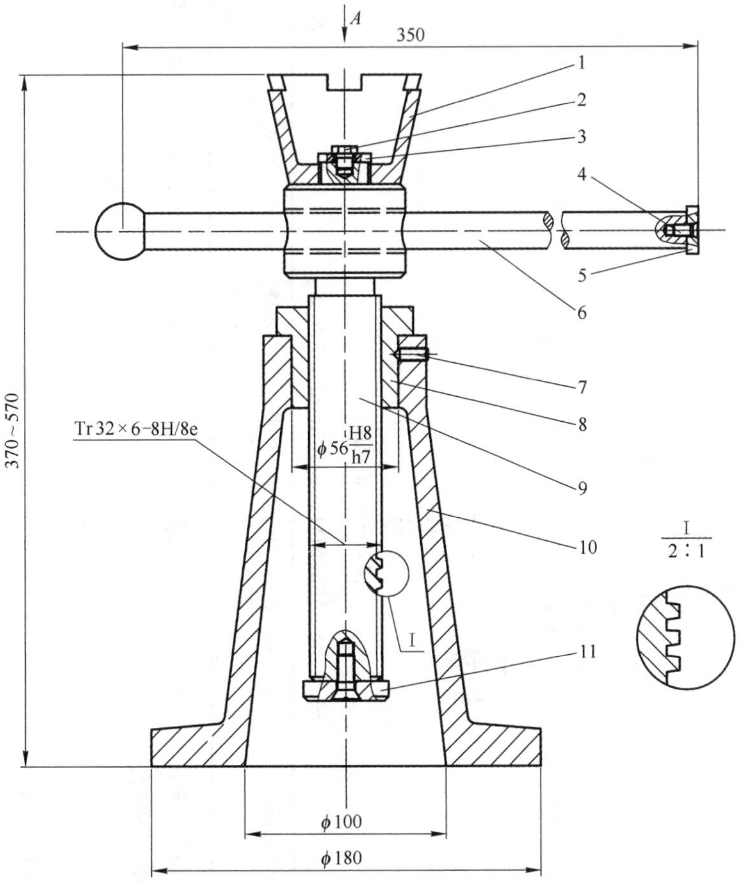

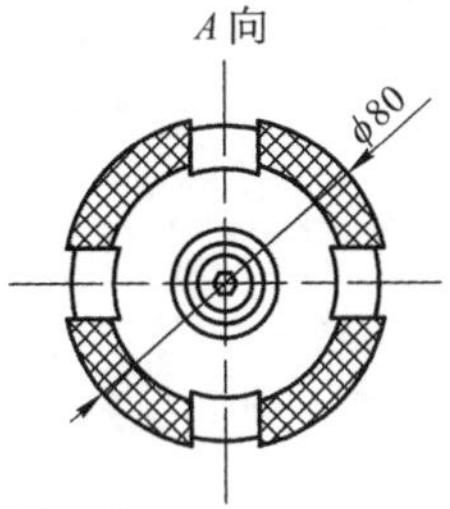

技术特性

起重量 F(kN)	有效行程 L(mm)
40	200

技术要求

1. 底座不允许有铸造裂纹。
2. 配合螺纹连接处涂润滑脂。
3. 底座外表面先后涂底漆及天蓝色油漆。

序号	名称	数量	材料	标准	备注
11	挡圈 B 40	1	Q235A	GB/T 891—1986	外购
10	底座	1	HT150		
9	螺杆	1	45		
8	螺母	1	ZCuAl10Fe3		
7	紧定螺钉 M6×12	1	14H 级	GB/T 71—1985	外购
6	手柄	1	Q235A		
5	挡圈 B 32	1	Q235A	GB/T 891—1986	外购
4	螺钉 M6×16	2	4.8 级	GB/T 819.1—2000	外购
3	挡圈 B 28	1	Q235A	GB/T 891—1986	外购
2	螺栓 M5×16	1	8.8 级	GB/T 783—2000	外购
1	托杯	1	Q235A		

螺旋千斤顶	图号		比例	1:1
	数量		第 张	
	质量		共 张	
设计	机械设计课程大作业		(校 名)	
审阅			(班 级)	
日期				

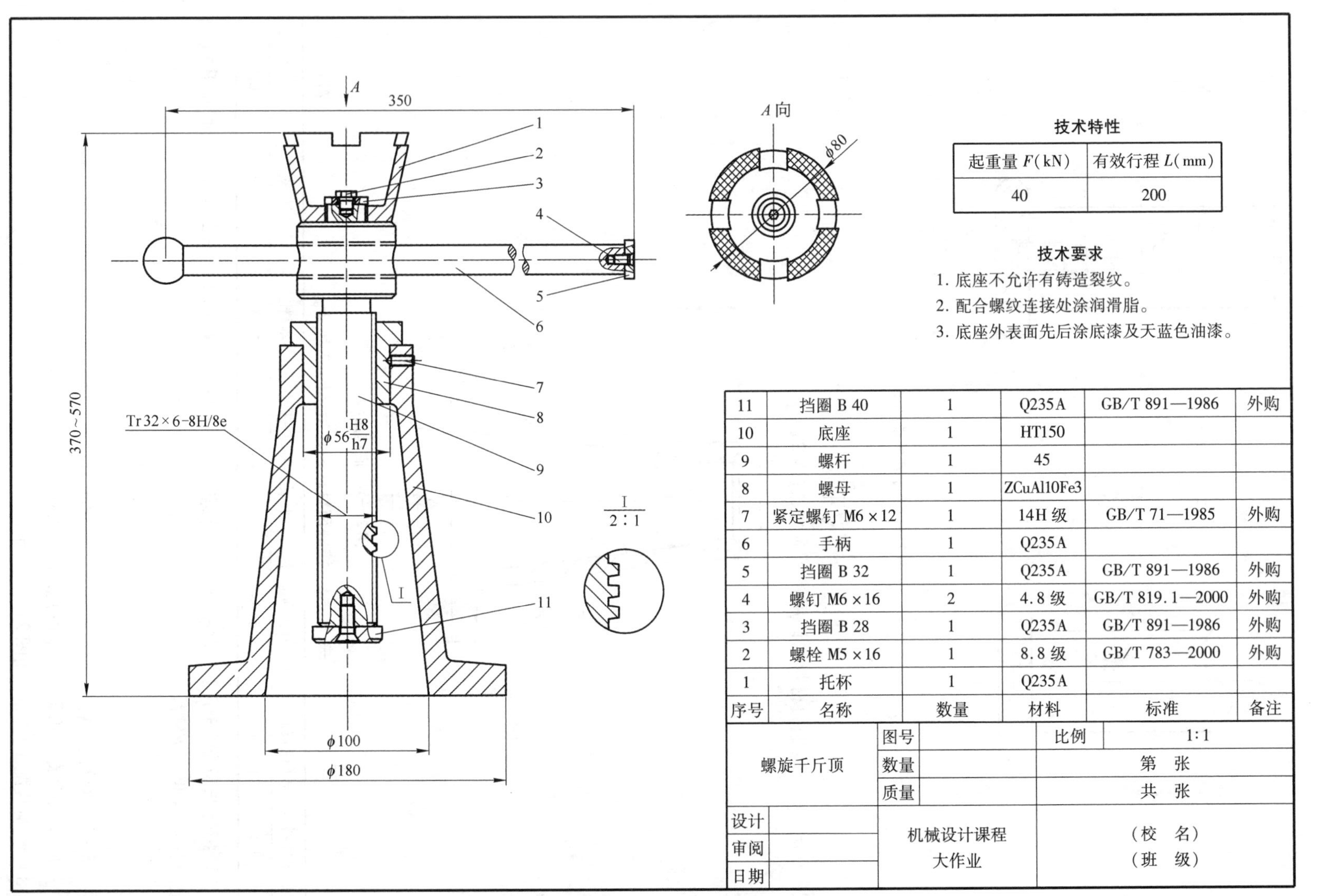

图 21-9 螺旋起重器(千斤顶)装配工作图

（1）要求按 1∶1的比例尺绘制螺旋起重器（千斤顶）装配图。图的位置要安排适当，注意留出标题栏和明细表的位置。标题栏和明细表的格式如图 16 – 36 和图 16 – 37 所示。

（2）装配工作图应标注特性尺寸（如最大起重高度）、安装尺寸、外形尺寸（总长、总宽、总高）和配合尺寸等。

（3）装配工作图上还应注明技术要求和技术特性。

9）编写设计计算说明书

（1）设计计算说明书应在全部计算及图纸完成后进行整理编写。内容应包括目录、设计任务书、计算及说明、参考资料等。设计计算说明书应以计算内容为主并附有与计算有关的简图，其书写格式如附录 5 所示。

（2）计算过程的书写应先写出公式，代入相关数据，直接得出运算结果，并注明单位。要求文字精炼，计算准确，按规定的格式书写，并装订成册。

第22章　轴系部件设计

22.1　轴系部件设计任务书

机械设计大作业任务书 No.2

学生姓名＿＿＿＿＿＿学号＿＿＿＿＿＿专业＿＿＿＿＿＿指导教师＿＿＿＿＿＿

题目 A. 一级直齿圆柱齿轮减速器输出轴的轴系部件设计

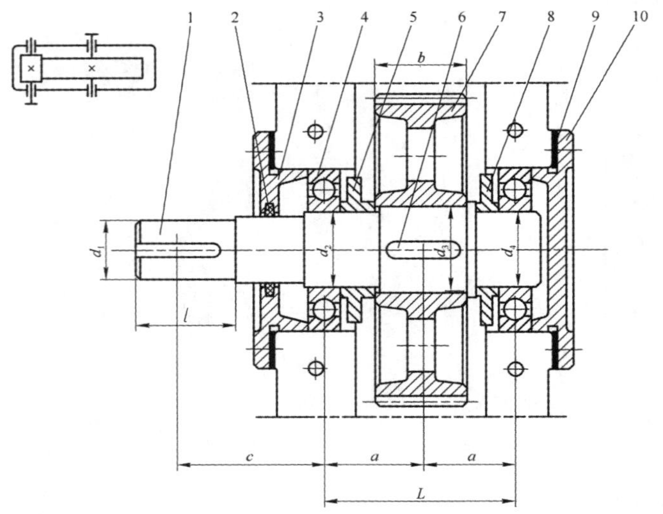

图 22－1　直齿圆柱齿轮传动输出轴的轴系结构

1—输出轴；2—密封圈；3—轴承透盖；4—深沟球轴承；5、8—封油环；6—键；7—输出大齿轮；9—调整垫片；10—轴承闷盖

1. 设计项目：直齿圆柱齿轮传动输出轴的轴系部件设计。其轴系部件的结构如图 22－1 所示，滚动轴承用脂润滑。

2. 原始数据：由指导教师按表 22－1选定。

3. 设计任务：

（1）绘制直齿圆柱齿轮传动输出轴的轴系部件装配工作图 1 张（A2 幅面），比例为 1∶1。

（2）撰写设计计算说明书 1 份，主要包括输出轴的设计计算，轴承类型选择和寿命计算以及键连接的校核计算等。

4. 设计期限：＿＿＿＿年＿＿＿月＿＿＿日至＿＿＿＿年＿＿＿＿月＿＿＿＿日

表 22－1　直齿圆柱齿轮传动输出轴的轴系部件主要设计参数

主要设计参数	选　题　方　案			
	A1	A2	A3	A4
输出轴转速 n_2（r/min）	137	145	153	165
输出轴功率 P（kW）	2.5	2.7	3.0	3.2
齿轮齿数 z	101	107	113	121
齿轮模数 m（mm）	3	3	3	3
齿轮齿宽 b（mm）	80	80	80	80
齿轮中心线到轴承中点距离 a（mm）	80	80	80	80
轴承中点到外伸端轴头中点距离 c（mm）	100	100	100	100
外伸端轴头长度 l（mm）	65	65	65	65

注：滚动轴承的寿命为 10 000h，工作温度小于 120℃，有轻微冲击。

机械设计大作业任务书 No.3

学生姓名______________学号______________专业______________指导教师______________

题目 B. 一级斜齿圆柱齿轮减速器输出轴的轴系部件设计

1. 设计项目:斜齿圆柱齿轮传动输出轴的轴系部件设计。其轴系部件的结构如图 22－2 所示,滚动轴承用油润滑。

2. 原始数据:由指导教师按表 22－2 选定。

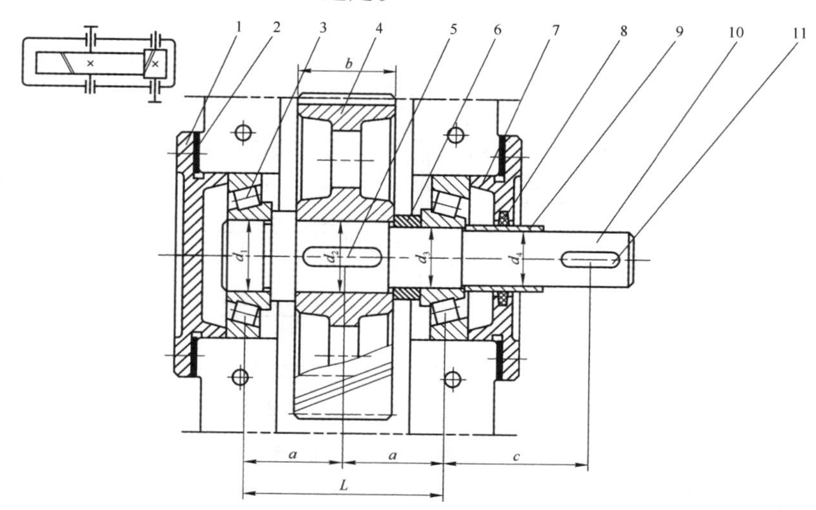

图 22－2 斜齿圆柱齿轮传动输出轴的轴系结构

1—轴承闷盖; 2—调整垫片; 3—圆锥滚子轴承; 4—输出大齿轮; 5、11—键; 6—套筒; 7—轴承透盖; 8—密封圈; 9—定位套; 10—输出轴

表 22－2 斜齿圆柱齿轮传动输出轴的轴系部件主要设计参数

主要设计参数	选题方案			
	B1	B2	B3	B4
输出轴转速 n_2(r/min)	137	145	153	165
输出轴功率 P(kW)	2.5	2.7	3.0	3.2
齿轮齿数 z	101	107	113	120
齿轮模数 m_n(mm)	3	3	3	3
齿轮齿宽 b(mm)	80	80	80	80
齿轮螺旋角 β(左旋)(°)	15	15	15	15
齿轮中心线到轴承中点距离 a(mm)	80	80	80	80
轴承中点到外伸端轴头中点距离 c(mm)	100	100	100	100

注:滚动轴承的寿命为 10 000h,工作温度小于 120℃,有轻微冲击。

3. 设计任务:

(1) 绘制斜齿圆柱齿轮传动输出轴的轴系部件装配工作图 1 张(A2 幅面),比例为 1:1。

(2) 撰写设计计算说明书 1 份,主要包括输出轴的设计计算,轴承类型选择和寿命计算以及键连接的校核计算等。

4. 设计期限:__________年______月_______日至__________年______月_______日

机械设计大作业任务书 No. 4

学生姓名____________学号____________专业____________指导教师____________

题目 C. 圆锥-圆柱齿轮减速器小锥齿轮输入轴的轴系部件设计

1. 设计项目:锥齿轮传动输入轴轴系部件设计。轴系部件结构见图 22－3,滚动轴承用脂润滑。

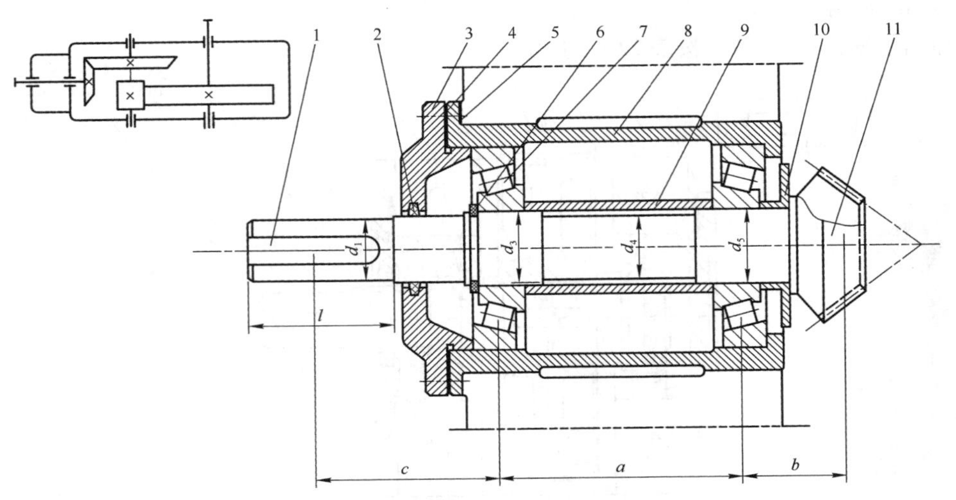

图 22－3 锥齿轮传动输入轴的轴系结构

1—键; 2—密封圈; 3—轴承透盖; 4、5—调整垫片; 6—轴用弹性挡圈; 7—圆锥滚子轴承; 8—套杯; 9—定位套; 10—封油环; 11—锥齿轮轴

2. 原始数据:由指导教师按表 22－3 选定。

表 22－3 锥齿轮传动输入轴的轴系部件主要设计参数

主要设计参数	选题方案			
	C1	C2	C3	C4
输入轴转速 n_1(r/min)	960	960	960	960
输入功率 P(kW)	2.5	3.0	3.5	4.0
小锥齿轮齿数 z_1	23	25	27	28
齿轮模数 m(mm)	3	3	3	3
小锥齿轮分度圆锥角 δ(°)	18.43	18.43	18.43	18.43
两轴承中点间距离 a(mm)	100	100	100	100
轴承中点到齿宽中点距离 b(mm)	50	50	50	50
轴承中点到外伸端轴头中点距离 c(mm)	80	80	80	80

注:滚动轴承的寿命为 10 000h,工作温度小于 120℃,有轻微冲击。

3. 设计任务:

(1) 绘制锥齿轮传动输入轴的轴系部件装配工作图 1 张(A2 幅面),比例为 1∶1。

(2) 撰写设计计算说明书 1 份,主要包括输入轴的设计计算,轴承类型选择和寿命计算以及键连接的校核计算等。

4. 设计期限:________年______月______日至________年______月______日

22.2 轴系部件设计指导

1. 设计目的

通过轴系部件设计的训练应达到以下四个目的：

（1）了解轴的结构设计过程。

（2）熟悉轴的强度计算方法。

（3）掌握轴承的选型设计和寿命计算。

（4）掌握轴承组合结构设计方法和过程。

2. 设计步骤及注意事项

（1）根据已知的主要设计参数，确定齿轮结构尺寸，计算作用在齿轮上的作用力。

① 选择齿轮的结构型式，圆柱齿轮按本书第16章中的16.5节，圆锥齿轮按16.8节确定齿轮的结构尺寸。

② 按设计原始数据计算输出轴的转矩 T。

③ 计算出作用在齿轮上的圆周力、径向力，如果是斜齿圆柱齿轮或圆锥齿轮，还需计算出轴向力。

（2）选择轴的材料，按表16－1查出材料的力学性能。

（3）按抗扭强度初步估算轴的最小直径 d_{min}，然后根据表1－19将计算得出的最小直径 d_{min} 圆整成标准值。估算直径时，应考虑键槽对轴强度的影响，圆整后的标准轴径通常作为轴的外伸端安装联轴器处的直径。

（4）进行轴的结构设计。

① 选择轴承类型。如果轴上装的是直齿圆柱齿轮，则可选用圆柱滚子轴承或深沟球轴承；如果轴上装的是斜齿圆柱齿轮或锥齿轮，则可选用角接触球轴承或圆锥滚子轴承。

② 按1:1比例绘图。在图纸的适当位置绘制轴的中心线，以及齿轮的轮廓、箱体内壁和轴承端面位置。

对于题目A和题目B，考虑到箱体铸造误差，齿轮端面与箱体内壁之间应留有一定的距离 Δ_2；轴承应尽量靠近箱体内壁，但也需留有间距 Δ_4，其大小与轴承润滑方式有关，请参阅图16－3有关说明。对于题目C，相关的尺寸可参考图16－38的有关说明。

③ 以圆整后的轴径为基础，根据轴上零件轴向固定的需要，并考虑轴的加工和轴上零件装拆方便等工艺要求，设计其余各轴段的直径和长度，选择键的类型与有关的尺寸并布置键槽位置。

④ 根据外伸端的轴径进行轴的结构设计，就能确定靠近外伸端安装轴承处的轴段直径，据此可初选轴承型号。考虑到加工和装配，以及零件的互换性，同一轴上一般采用两个相同型号的轴承，这样在加工箱体轴承孔时可一次镗出，以保证两个轴承孔的同心度。

初选滚动轴承型号后，可根据本书第6章查出滚动轴承相关的数据，确定轴承在轴承座中的位置，并画出轴承的图形。

轴的结构设计初步完成后，轴上各力的作用点及轴承支点位置均能确定，便可进行轴的强度校核计算。

（5）轴的疲劳强度校核计算。可参阅附录5的有关内容。

① 绘制轴的受力图。

② 计算轴的支承反力。

③ 绘制轴的弯矩图和转矩图。

④ 确定轴的危险剖面,计算其安全系数,校核轴的疲劳强度。

(6) 滚动轴承校核计算。可参阅附录 5 的有关内容。

(7) 键连接的校核计算。可参阅附录 5 的有关内容。

(8) 滚动轴承组合结构设计。校核计算通过后,需要进一步进行滚动轴承组合结构设计,具体考虑轴承和轴系的固定、调整、装拆和密封等问题。

由于轴较短,且工作温度不高,故可采用两端固定支承。轴承游隙可用轴承盖与箱体轴承座端面间的垫片进行调整。此外,还应在轴承透盖处设置密封件,有关内容可参阅本书 16.5 节。

对圆锥齿轮传动,为保证安装和传动精度,应使大、小圆锥齿轮锥顶重合,为此,小圆锥齿轮轴通常放在套杯中,套杯的凸缘端面与轴承座孔外端面之间应加调整垫片,借以调整小圆锥齿轮的轴向位置,有关内容请参阅图 16 – 41 和图 16 – 42 的说明。

(9) 完成轴系部件装配图。

① 检查、修改并完成轴系部件装配工作图。轴系部件装配工作图可参阅图 22 – 4。

② 标注主要尺寸和公差配合。减速器主要零件的推荐配合可参阅表 16 – 3。

③ 编写装配工作图标题栏和明细表。标题栏和明细表的格式如图 16 – 36 和图 16 – 37 所示。

(10) 编写设计计算说明书。设计计算说明书的编写可参阅本书 18.1 节以及附录 5 的有关内容。

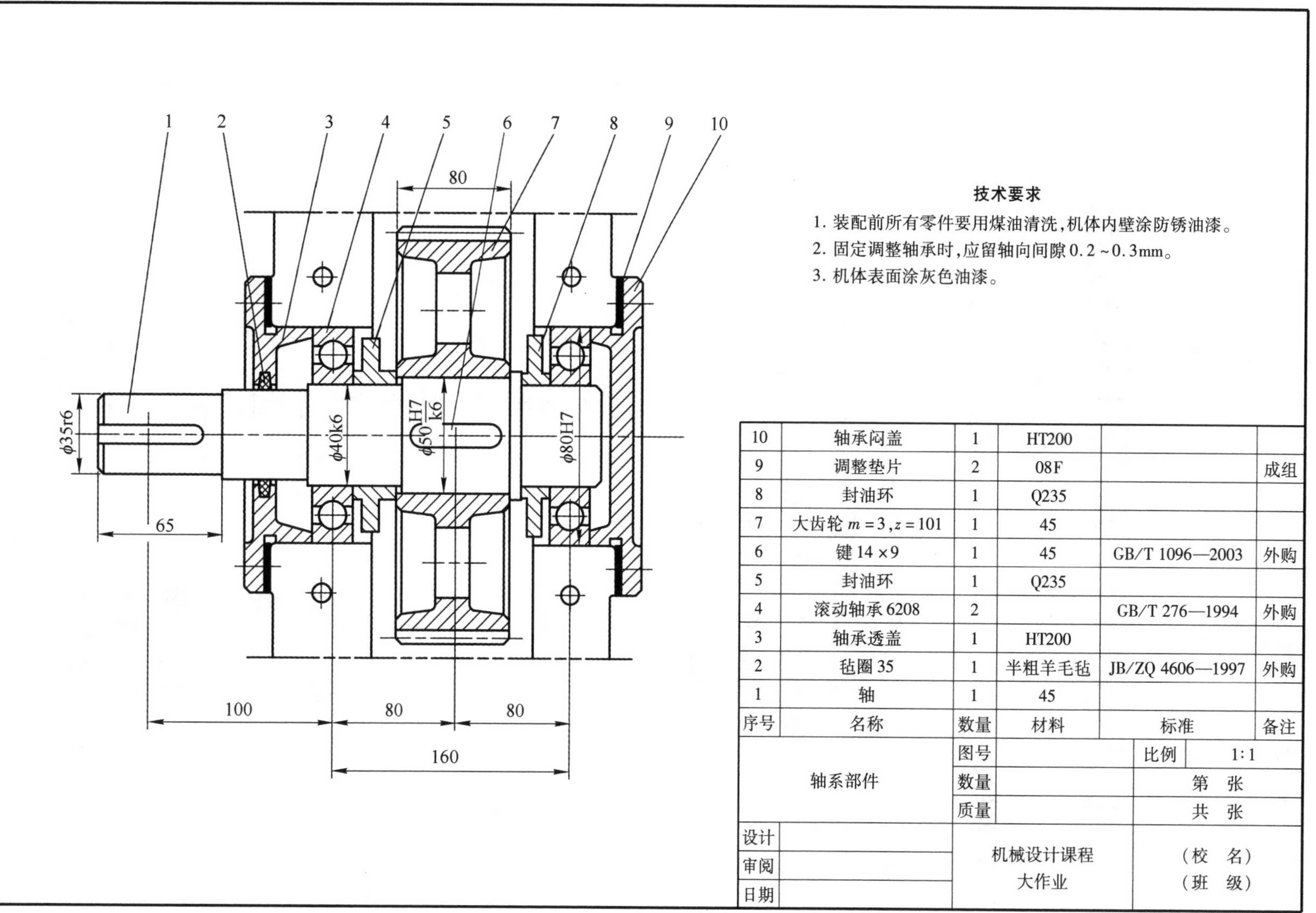

技术要求

1. 装配前所有零件要用煤油清洗，机体内壁涂防锈油漆。
2. 固定调整轴承时，应留轴向间隙 0.2 ~ 0.3mm。
3. 机体表面涂灰色油漆。

序号	名称	数量	材料	标准	备注
10	轴承闷盖	1	HT200		
9	调整垫片	2	08F		成组
8	封油环	1	Q235		
7	大齿轮 $m=3, z=101$	1	45		
6	键 14 × 9	1	45	GB/T 1096—2003	外购
5	封油环	1	Q235		
4	滚动轴承 6208	2		GB/T 276—1994	外购
3	轴承透盖	1	HT200		
2	毡圈 35	1	半粗羊毛毡	JB/ZQ 4606—1997	外购
1	轴	1	45		

轴系部件	图号		比例	1:1
	数量		第 张	
	质量		共 张	
设计	机械设计课程大作业		(校 名)	
审阅			(班 级)	
日期				

图 22-4 轴系部件装配工作图

附录1　文件袋封面

机械设计(基础)课程设计

设计题目：________________________________

内　　装：1. 设计任务书1份

2. 设计计算说明书1份

3. 装配工作图1张

4. 轴零件工作图1张

5. 大齿轮零件工作图1张

学　　院 ____________________

专　　业 ____________________

学　　号 ____________________

设 计 者 ____________________

指导教师 ____________________

完成日期 ____________________

成　　绩 ____________________

附录2　设计计算说明书封面

机械设计(基础)课程设计
计算说明书

设计题目：________________________________

学　　院 ____________________

专　　业 ____________________

学　　号 ____________________

设 计 者 ____________________

指导教师 ____________________

完成日期 ____________________

附录3　设计计算说明书目录

目　　录

附录4　设计任务书

学生姓名____________学号____________专业____________指导教师____________

题目 A. 用于带式运输机的一级圆柱齿轮减速器的设计

1. 设计项目:用于带式运输机的一级圆柱齿轮减速器。其传动简图如附图 4－1 所示。

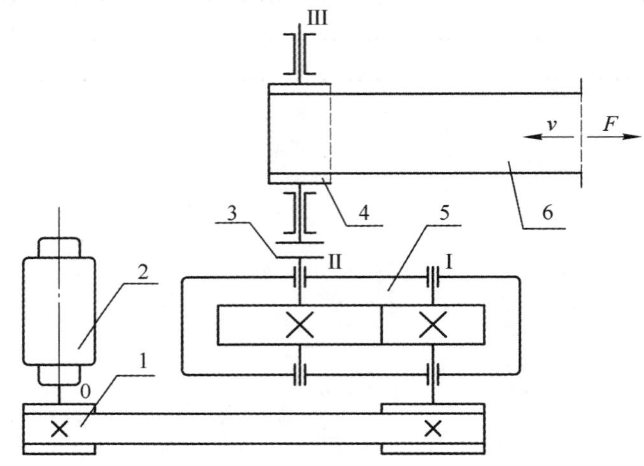

附图 4－1　用于带式运输机的一级圆柱齿轮减速器的传动简图

1—V 带传动; 2—电动机; 3—联轴器; 4—传动滚筒; 5—一级圆柱齿轮减速器; 6—运输带

2. 工作条件:运输机连续工作,单向运转,载荷变化较小,空载起动,每天两班制工作,使用期限为 10 年,每年按 300 个工作日计算,小批量生产。运输带速度允许误差为 ±5%。

3. 原始数据:运输带的工作拉力 $F = 1\ 500N$,运输带的工作速度 $v = 1.5m/s$,传动滚筒直径 $D = 220mm$。

4. 设计任务:

(1) 设计内容:①电动机选型;②V 带传动设计;③减速器设计;④联轴器选型。

(2) 设计工作量:①减速器装配工作图 1 张(A1 幅面);②零件工作图 1 ~ 3 张(A3 或 A4 幅面);③设计计算说明书 1 份(6 000 ~ 8 000 字)。

5. 设计要求:

(1) 减速器中齿轮设计成:直齿轮。

(2) 减速器中齿轮设计成:标准齿轮。

6. 设计期限:________年________月________日至________年________月________日

附录5　设计计算说明书示例

计算及说明	主要结果

一、传动方案的确定

传动装置选用V带传动和闭式一级圆柱齿轮传动系统，具有结构简单、制造成本低的特点。V带传动布置于高速级，能发挥它的传动平稳、缓冲吸振和过载保护的优点。但本方案结构尺寸较大，带的寿命短，而且不宜在恶劣环境中工作。因而，在对尺寸要求不高、环境条件允许的情况下，可以采用本方案。

二、电动机的选择

2.1　电动机类型和结构形式选择

按照已知的动力源和工作条件选用Y系列三相异步电动机。

2.2　确定电动机功率

1）传动装置的总效率

查表1-10得：$\eta_{滚筒}=0.96$（传动滚筒），$\eta_{带}=0.96$（V带），$\eta_{轴承}=0.99$（一对滚动轴承），$\eta_{齿轮}=0.98$（7级精度），$\eta_{联轴器}=0.99$（弹性联轴器）。

$\eta_{总}=\eta_{带}\cdot\eta_{轴承}{}^{3}\cdot\eta_{齿轮}\cdot\eta_{联轴器}\cdot\eta_{滚筒}=0.96\times0.99^{3}\times0.98\times0.99\times0.96=0.868$

主要结果：$\eta_{总}=0.868$

2）工作机所需电动机功率　由式(13-4)及式(13-2)得

$$P_{d}=\frac{Fv}{1\,000\eta_{总}}=\frac{1\,500\times1.5}{1\,000\times0.868}=2.592\text{kW}$$

主要结果：$P_{d}=2.592\text{kW}$

2.3　确定电动机型号　滚筒工作转速

$$n_{w}=\frac{60\times1\,000v}{\pi D}=\frac{60\times1\,000\times1.5}{\pi\times220}=130.218\text{r/min}$$

主要结果：$n_{w}=130.218\text{r/min}$

按表1-9推荐的传动比常用范围，取V带传动比 $i'_{带}=2\sim4$，一级圆柱齿轮传动比 $i'_{齿}=3\sim5$，则总传动比的范围为 $i'_{总}=i'_{带}\cdot i'_{齿}=6\sim20$。因此，电动机转速的可选范围为

$$n'_{d}=i\cdot n_{w}=(6\sim20)\times130.218=781.308\sim2\,604.360\text{r/min}$$

符合这一范围的电动机同步转速有1 000r/min、1 500r/min。现以同步转速1 000r/min、1 500r/min的两种方案进行比较。查表2-1得电动机数据及计算出的总传动比列于附表5-1。

附表5-1　电动机数据及总传动比

方案	电动机型号	电动机转速 n(r/min)		额定功率 P_{ed}(kW)	总传动比 $i_{总}$
		同步转速	满载转速		
1	Y132S-6	1 000	960	3	7.372
2	Y100L2-4	1 500	1 430	3	10.982

电动机转速越高，价格越低，而传动装置的轮廓尺寸较大。综合考虑电动机价格和传动装置尺寸及环境条件，现选择方案2，即电动机型号选为Y100L2-4。其满载转速 $n_{m}=1\,430\text{r/min}$，额定功率 $P_{ed}=3\text{kW}$。由表2-3查得：

主要结果：电动机选用Y100L2-4

电动机的机座中心高：$H=100\text{mm}$；

电动机的伸出端直径：$D=28\text{mm}$；

电动机的伸出端长度：$E=60\text{mm}$。

主要结果：$H=100\text{mm}$，$D=28\text{mm}$，$E=60\text{mm}$

（续表）

计 算 及 说 明	主 要 结 果

三、传动装置总传动比的计算及各级传动比的分配

3.1 计算总传动比

$$i_{总}=\frac{n_m}{n_w}=\frac{1\ 430}{130.218}=10.982$$

$i_{总}=10.982$

3.2 分配各级传动比

查表1－9，带的传动比取为 $i_{带}=3.133$，则圆柱齿轮的传动比

$i_{带}=3.133$

$$i_{齿}=\frac{i_{总}}{i_{带}}=\frac{10.982}{3.133}=3.505$$

$i_{齿}=3.505$

四、传动装置运动及动力参数的计算

4.1 计算各轴转速

$$n_0=n_m=1\ 430\text{r/min}$$

$n_0=1\ 430\text{r/min}$

$$n_{\text{I}}=\frac{n_0}{i_{带}}=\frac{1\ 430}{3.133}=456.431\text{r/min}$$

$n_{\text{I}}=456.431\text{r/min}$

$$n_{\text{II}}=\frac{n_{\text{I}}}{i_{齿}}=\frac{456.431}{3.505}=130.223\text{r/min}$$

$n_{\text{II}}=130.223\text{r/min}$

$$n_{\text{III}}=n_{\text{II}}=130.223\text{r/min}$$

$n_{\text{III}}=130.223\text{r/min}$

4.2 计算各轴功率

$$P_0=P_d=2.592\text{kW}$$

$P_0=2.592\text{kW}$

$$P_{\text{I}}=P_0\cdot\eta_{带}=2.592\times0.96=2.488\text{kW}$$

$P_{\text{I}}=2.488\text{kW}$

$$P_{\text{II}}=P_{\text{I}}\cdot\eta_{轴承}\cdot\eta_{齿轮}=2.488\times0.99\times0.98=2.414\text{kW}$$

$P_{\text{II}}=2.414\text{kW}$

$$P_{\text{III}}=P_{\text{II}}\cdot\eta_{轴承}\cdot\eta_{联轴器}=2.414\times0.99\times0.99=2.366\text{kW}$$

$P_{\text{III}}=2.366\text{kW}$

4.3 计算各轴转矩

$$T_0=\frac{9\ 550\cdot P_0}{n_0}=\frac{9\ 550\times2.592}{1\ 430}=17.310\text{N}\cdot\text{m}$$

$T_0=17.310\text{N}\cdot\text{m}$

$$T_{\text{I}}=\frac{9\ 550\cdot P_{\text{I}}}{n_{\text{I}}}=\frac{9\ 550\times2.488}{456.431}=52.057\text{N}\cdot\text{m}$$

$T_{\text{I}}=52.057\text{N}\cdot\text{m}$

$$T_{\text{II}}=\frac{9\ 550\cdot P_{\text{II}}}{n_{\text{II}}}=\frac{9\ 550\times2.414}{130.223}=177.032\text{N}\cdot\text{m}$$

$T_{\text{II}}=177.032\text{N}\cdot\text{m}$

$$T_{\text{III}}=\frac{9\ 550\cdot P_{\text{III}}}{n_{\text{III}}}=\frac{9\ 550\times2.366}{130.223}=173.512\text{N}\cdot\text{m}$$

$T_{\text{III}}=173.512\text{N}\cdot\text{m}$

各轴的运动及动力参数列于附表5－2。

附表5－2 各轴的运动及动力参数

轴 名	功率 P(kW)	转速 n(r/min)	转矩 T(N·m)	传动比 i	效率 η
0	2.592	1 430	17.310	3.133	0.96
Ⅰ	2.488	456.431	52.057	3.505	0.97
Ⅱ	2.414	130.223	177.032		
Ⅲ	2.366	130.223	173.512	1	0.98

五、减速器外的传动零件的设计——带传动的设计计算

5.1 确定计算功率 P_{ca}

由载荷变动较小、每天两班制工作，查表5－1，取带传动工作情况系数 $K_A=1.2$，则

$$P_{ca}=K_AP_d=1.2\times2.592=3.110\text{kW}$$

$P_{ca}=3.110\text{kW}$

5.2 选择V带的带型

根据求得的 $P_{ca}=3.110\text{kW}$ 以及 $n_0=1\ 430\text{r/min}$，查图5－1，选用A型V带。

选用A型V带

（续表）

计 算 及 说 明	主 要 结 果
5.3 确定带轮的基准直径 d_d 及验算带速 v	
1）初选小带轮的基准直径 d_{d1}	
由表5-2并参考图5-1，取小带轮的基准直径 $d_{d1}=90\text{mm}$。	$d_{d1}=90\text{mm}$
2）验算带速 v	
$$v=\frac{\pi d_{d1}n_0}{60\times 1\ 000}=\frac{\pi\times 90\times 1\ 430}{60\times 1\ 000}=6.739\text{m/s}$$	$v=6.739\text{m/s}$
因为 $5\text{m/s}<v<30\text{m/s}$，故带速合适。	带速合适
3）计算大带轮的基准直径 d_{d2}	
$$d_{d2}=i_{带}d_{d1}=3.133\times 90=281.97\text{mm}$$	
根据表5-2取 $d_{d2}=280\text{mm}$。	$d_{d2}=280\text{mm}$
5.4 确定V带的中心距 a 和基准长度 L_d	
1）根据 $0.7(d_{d1}+d_{d2})<a_0<2(d_{d1}+d_{d2})$，得 $259<a_0<740$。初定中心距 $a_0=500\text{mm}$。	$a_0=500\text{mm}$
2）计算带所需的基准长度 L_d	
$$L_{d0}\approx 2a_0+\frac{\pi}{2}(d_{d1}+d_{d2})+\frac{(d_{d2}-d_{d1})^2}{4a_0}$$ $$=2\times 500+\frac{\pi}{2}\times(90+280)+\frac{(280-90)^2}{4\times 500}\approx 1\ 599.245\text{mm}$$	
由表5-3选带的基准长度 $L_d=1\ 640\text{mm}$	$L_d=1\ 640\text{mm}$
3）计算实际中心距 a	
$$a\approx a_0+\frac{(L_d-L_{d0})}{2}=500+\frac{1\ 640-1\ 599.245}{2}=520.378\text{mm}$$	$a\approx 520.378\text{mm}$
$$a_{min}=a-0.015L_d=520.378-0.015\times 1\ 640=495.778\text{mm}$$	$a_{min}=495.778\text{mm}$
$$a_{max}=a+0.03L_d=520.378+0.03\times 1\ 640=569.578\text{mm}$$	$a_{max}=569.578\text{mm}$
因此中心距的变化范围为495.778～569.578mm。	
5.5 验算小带轮的包角 α_1	
$$\alpha_1\approx 180°-(d_{d2}-d_{d1})\frac{57.3°}{a}=180°-(280-90)\times\frac{57.3°}{520.378}=159.079°$$	$\alpha_1\approx 159.079°$
因为小带轮包角大于120°，故合适。	小带轮包角合适
5.6 计算带的根数 z	
1）计算单根V带的额定功率 P_r	
由 $d_{d1}=90\text{mm}$、$n_0=1\ 430\text{r/min}$ 和A型V带查表5-4，用线性插值法得	
$$P_0=0.93+\frac{(1\ 430-1\ 200)\times(1.07-0.93)}{(1\ 450-1\ 200)}=1.059\text{kW}$$	
根据 $n_0=1\ 430\text{r/min}$，$i_{带}=3.133$ 和A型V带查表5-5，用线性插值法得	
$$\Delta P_0=0.15+\frac{(1\ 430-1\ 200)\times(0.17-0.15)}{(1\ 450-1\ 200)}=0.168\text{kW}$$	
查表5-6得 $K_\alpha=0.946$，查表5-3得 $K_L=0.99$，于是	
$$P_r=(P_0+\Delta P_0)\cdot K_\alpha\cdot K_L=(1.059+0.168)\times 0.946\times 0.99=1.149\text{kW}$$	$P_r=1.149\text{kW}$
2）计算V带的根数 z	
$$z=\frac{P_{ca}}{P_r}=\frac{3.110}{1.149}\approx 2.707$$	
取3根。	$z=3$
5.7 计算单根V带初拉力的最小值 $(F_0)_{min}$	
由表5-7查得A型V带的单位长度质量 $q=0.105\text{kg/m}$，所以	
$$(F_0)_{min}=500\frac{(2.5-K_\alpha)P_{ca}}{K_\alpha\cdot zv}+qv^2=500\times\frac{(2.5-0.946)\times 3.110}{0.946\times 3\times 6.739}+0.105\times 6.739^2\approx 131.118\text{N}$$	$(F_0)_{min}\approx 131.118\text{N}$

（续表）

计 算 及 说 明	主 要 结 果
应使带的实际初拉力 $F_0 > (F_0)_{min}$。 5.8 计算压轴力 F_p 压轴力的最小值为 $$(F_p)_{min} = 2z(F_0)_{min}\sin\frac{\alpha_1}{2} = 2\times3\times131.118\times\sin\frac{159.079°}{2}\approx773.633\text{N}$$ V 带传动主要参数列于附表 5-3。	$(F_p)_{min}\approx773.633$N

附表 5-3 V 带传动主要参数

名 称	结 果	名 称	结 果	名 称	结 果
带型	A 型	传动比	$i_{带}=3.133$	根数	$z=3$
基准直径	$d_{d1}=90$mm $d_{d2}=280$mm	基准长度	$L_d=1\ 640$mm	预紧力	$F_{0(min)}=131.118$N
		中心距	$a=520.378$mm	压轴力	$F_{p(min)}=773.633$N

计 算 及 说 明	主 要 结 果
5.9 带轮结构设计 带轮材料采用 HT150。由表 5-8 查得：$b_d=11$mm，$h_{amin}=2.75$mm，$h_{fmin}=8.7$mm，$e=15$mm ± 0.3mm，$f_{min}=9$mm，现取 $h_a=3$mm，$f=10$mm，$h_f=9$mm。 1）小带轮结构设计 小带轮采用实心式。由电动机的伸出端直径 $d=28$mm，查表 5-9 及表 5-8 可得 $d_{11}=(1.8\sim2)d=(1.8\sim2)\times28=50.4\sim56$mm，取 $d_{11}=52$mm $d_{a1}=d_{d1}+2h_a=90+2\times3=96$mm $B_1=(z-1)e+2f=(3-1)\times15+2\times10=50$mm 由于 $B_1=50\text{mm}>1.5d=42$mm，所以 $L_1=(1.5\sim2)d=(1.5\sim2)\times28=42\sim56$mm，但考虑到电动机轴外伸长度为 60mm，故取 $L_1=62$mm。 小带轮零件工作图如附图 5-1 所示。	$d_{11}=52$mm $d_{a1}=96$mm $B_1=50$mm $L_1=62$mm

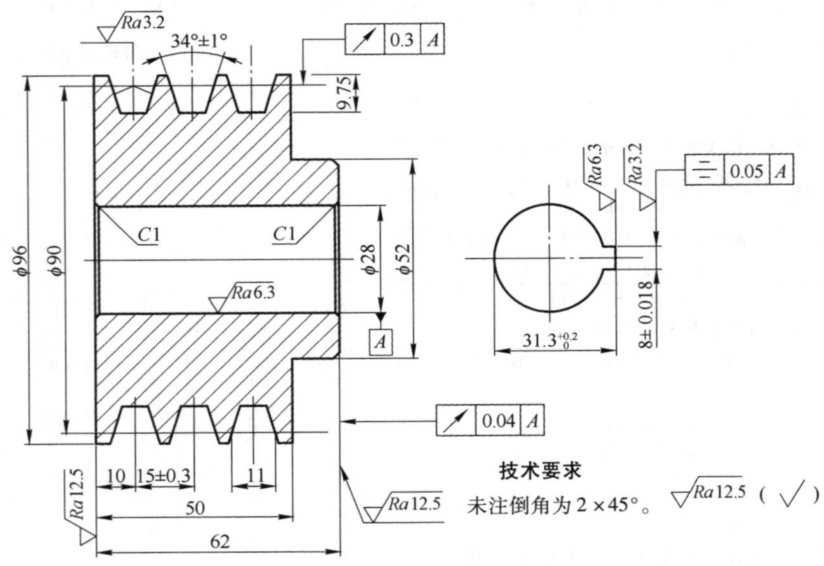

附图 5-1 小带轮结构

（续表）

计　算　及　说　明	主　要　结　果
2）大带轮结构设计	
大带轮采用腹板式。大带轮毂孔直径由后续高速轴设计而定，取 $d=25\text{mm}$。同理，由表 5－9 及表 5－8 可得	
$$d_{12}=(1.8\sim2)d=(1.8\sim2)\times25=45\sim50\text{mm}，取\ d_{12}=48\text{mm}$$	$d_{12}=48\text{mm}$
$$d_{a2}=d_{d2}+2h_a=280+2\times3=286\text{mm}$$	$d_{a2}=286\text{mm}$
$$B_2=B_1=50\text{mm}$$	$B_2=50\text{mm}$
由于 $B_2=50\text{mm}>1.5d=37.5\text{mm}$，故	
$$L_2=(1.5\sim2)d=(1.5\sim2)\times25=37.5\sim50\text{mm}，取\ L_2=50\text{mm}$$	$L_2=50\text{mm}$
$$S=\left(\frac{1}{7}\sim\frac{1}{4}\right)B_2=\left(\frac{1}{7}\sim\frac{1}{4}\right)\times50=7.143\sim12.5\text{mm}，取\ S=12\text{mm}$$	$S=12\text{mm}$
由表 5－8，取 $\delta=10\text{mm}$。	
大带轮零件工作图如附图 5－2 所示。	
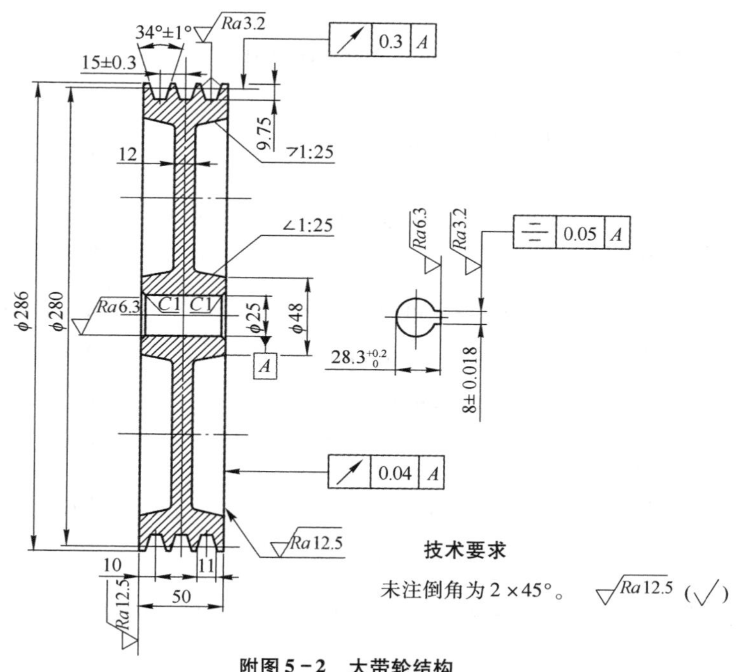 **附图 5－2　大带轮结构**	
六、减速器内的传动零件的设计——齿轮传动的设计计算	
6.1　选定齿轮类型、精度等级、材料及齿数	
（1）按传动方案选用直齿标准圆柱齿轮传动，压力角 $\alpha=20°$。	$\alpha=20°$
（2）带式运输机为一般工作机器，速度要求不高，故齿轮选用 7 级精度。	齿轮 7 级精度
（3）材料选取。由表 5－20 选择小齿轮材料为 45 钢，调质处理，硬度为 250HBW。大齿轮材料也选择为 45 钢，正火处理，硬度为 180HBW，两者材料硬度差为 70HBW。	
（4）选小齿轮齿数 $z_1=29$，大齿轮齿数 $z_2=i_{齿}z_1=3.505\times29=101.645$，取 $z_2=101$。	$z_1=29，z_2=101$
（5）齿数比 $u=\frac{z_2}{z_1}=\frac{101}{29}=3.483$。	$u=3.483$
6.2　按齿面接触疲劳强度设计	
$$d_{1t}\geqslant\sqrt[3]{\frac{2K_{Ht}T_1}{\phi_d}\cdot\frac{u+1}{u}\cdot\left(\frac{Z_HZ_EZ_\varepsilon}{[\sigma_H]}\right)^2}$$	

（续表）

计 算 及 说 明	主 要 结 果
1）确定公式中的各参数值	
（1）试选接触疲劳强度用载荷系数 $K_{Ht}=1.3$。	$K_{Ht}=1.3$
（2）确定小齿轮传递的转矩 $T_1=T_{\mathrm{I}}=52.057\mathrm{N\cdot m}=5.206\times10^4\mathrm{N\cdot mm}$。	$T_1=5.206\times10^4\mathrm{N\cdot mm}$
（3）按软齿面、小齿轮相对支承对称布置，由表5－25选取圆柱齿轮齿宽系数 $\phi_d=1$。	$\phi_d=1$
（4）由图5－9选取 $\alpha=20°$ 时的节点区域系数 $Z_H=2.5$。	$Z_H=2.5$
（5）根据大、小齿轮材料均为锻钢，由表5－24查得材料的弹性影响系数 $Z_E=189.8\mathrm{MPa}^{\frac{1}{2}}$。	$Z_E=189.8\mathrm{MPa}^{\frac{1}{2}}$
（6）计算接触疲劳强度用重合度系数 Z_ε。	
$$\alpha_{a1}=\arccos\left(\frac{z_1\cos\alpha}{z_1+2h_a^*}\right)=\arccos\left[\frac{29\times\cos20°}{29+2\times1}\right]\approx28.470°$$	$\alpha_{a1}=28.470°$
$$\alpha_{a2}=\arccos\left(\frac{z_2\cos\alpha}{z_2+2h_a^*}\right)=\arccos\left[\frac{101\times\cos20°}{101+2\times1}\right]\approx22.862°$$	$\alpha_{a2}=22.862°$
$$\varepsilon_\alpha=\frac{1}{2\pi}\times[z_1(\tan\alpha_{a1}-\tan\alpha')+z_2(\tan\alpha_{a2}-\tan\alpha')]$$ $$=\frac{1}{2\pi}\times[29\times(\tan28.470°-\tan20°)+101\times(\tan22.862°-\tan20°)]$$ $$\approx1.750$$	$\varepsilon_\alpha=1.750$
$$Z_\varepsilon=\sqrt{\frac{4-\varepsilon_\alpha}{3}}=\sqrt{\frac{4-1.750}{3}}\approx0.866$$	$Z_\varepsilon=0.866$
（7）计算接触疲劳许用应力 $[\sigma_H]$。	
根据齿面硬度，由图5－13d查得小齿轮的接触疲劳强度极限 $\sigma_{H\lim1}=570\mathrm{MPa}$；由图5－13c查得大齿轮的接触疲劳强度 $\sigma_{H\lim2}=360\mathrm{MPa}$。	$\sigma_{H\lim1}=570\mathrm{MPa}$ $\sigma_{H\lim2}=360\mathrm{MPa}$
（8）计算应力循环次数。	
$$N_1=60n_1jL_h=60\times456.431\times1\times(2\times8\times300\times10)=1.315\times10^9$$	$N_1=1.315\times10^9$
$$N_2=\frac{N_1}{u}=N_1\cdot\frac{z_1}{z_2}=1.315\times10^9\times\frac{29}{101}=3.776\times10^8$$	$N_2=3.776\times10^8$
（9）由图5－11选取接触疲劳寿命系数 $K_{HN1}=0.9$，$K_{HN2}=0.95$。	$K_{HN1}=0.9$ $K_{HN2}=0.95$
（10）计算接触疲劳许用应力。	
取失效概率为1%，安全系数 $S=1$，得许用应力	
$$[\sigma_H]_1=\frac{K_{HN1}\sigma_{H\lim1}}{S}=\frac{0.9\times570}{1}=513\mathrm{MPa}$$	$[\sigma_H]_1=513\mathrm{MPa}$
$$[\sigma_H]_2=\frac{K_{HN2}\sigma_{H\lim2}}{S}=\frac{0.95\times360}{1}=342\mathrm{MPa}$$	$[\sigma_H]_2=342\mathrm{MPa}$
取 $[\sigma_H]_1$ 和 $[\sigma_H]_2$ 中较小者作为该齿轮副的接触疲劳许用应力，即 $[\sigma_H]=[\sigma_H]_2=342\mathrm{MPa}$。	$[\sigma_H]=342\mathrm{MPa}$
2）计算	
（1）试算小齿轮分度圆直径 d_{1t}。	
$$d_{1t}\geqslant\sqrt[3]{\frac{2K_{Ht}T_1}{\phi_d}\cdot\frac{u+1}{u}\cdot\left(\frac{Z_HZ_EZ_\varepsilon}{[\sigma_H]}\right)^2}=\sqrt[3]{\frac{2\times1.3\times5.206\times10^4}{1}\times\frac{3.483+1}{3.483}\times\left(\frac{2.5\times189.8\times0.866}{342}\right)^2}$$ $$=63.122\mathrm{mm}$$	$d_{1t}\geqslant63.122\mathrm{mm}$
（2）计算小齿轮圆周速度 v。	
$$v=\frac{\pi d_{1t}n_1}{60\times1\,000}=\frac{\pi\times63.122\times456.431}{60\times1\,000}\approx1.509\mathrm{m/s}$$	$v=1.509\mathrm{m/s}$
（3）计算齿宽 b。	
$$b=\phi_dd_{1t}=1\times63.122=63.122\mathrm{mm}$$	$b=63.122\mathrm{mm}$
（4）计算实际接触疲劳强度用载荷系数 K_H。	
① 由表5－21查得齿轮传动使用系数 $K_A=1.0$。	$K_A=1.0$
② 根据 $v=1.509\mathrm{m/s}$、齿轮7级精度，由图5－8查得动载荷系数 $K_v=1.04$。	$K_v=1.04$
③ 确定齿轮传动齿间载荷分配系数 $K_{H\alpha}$。	

（续表）

计 算 及 说 明	主 要 结 果
$$F_{t1}=\frac{2T_1}{d_{1t}}=\frac{2\times5.206\times10^4}{63.122}=1.650\times10^3\text{N}$$	
$$\frac{K_AF_{t1}}{b}=\frac{1\times1.650\times10^3}{63.122}=26.140\text{N/mm}<100\text{N/mm}$$	
查表5-22得齿轮传动齿间载荷分配系数$K_{H\alpha}=1.2$。	$K_{H\alpha}=1.2$
④ 由表5-23按齿宽系数$\phi_d=1$、齿轮7级精度、小齿轮相对支承对称布置，用插值法获得接触疲劳强度计算用齿向载荷分配系数$K_{H\beta}=1.314$。	$K_{H\beta}=1.314$
故实际接触疲劳强度用载荷系数	
$$K_H=K_AK_vK_{H\alpha}K_{H\beta}=1.0\times1.04\times1.2\times1.314=1.640$$	$K_H=1.640$
(5) 按实际的接触疲劳强度载荷系数校正所得的分度圆直径。	
$$d_1=d_{1t}\sqrt[3]{\frac{K_H}{K_{Ht}}}=63.122\times\sqrt[3]{\frac{1.640}{1.3}}=68.205\text{mm}$$	$d_1=68.205\text{mm}$
(6) 计算相应的齿轮模数m。	
$$m=\frac{d_1}{z_1}=\frac{68.205}{29}=2.352\text{mm}$$	$m=2.352\text{mm}$
6.3 按齿根弯曲疲劳强度设计	
$$m_t\geqslant\sqrt[3]{\frac{2K_{Ft}T_1Y_\varepsilon}{\phi_dz_1{}^2}\cdot\left(\frac{Y_{Fa}Y_{Sa}}{[\sigma_F]}\right)}$$	
1）确定公式中的各参数值	
(1) 试选弯曲疲劳强度用载荷系数$K_{Ft}=1.3$。	$K_{Ft}=1.3$
(2) 计算弯曲疲劳强度用重合度系数。	
$$Y_\varepsilon=0.25+\frac{0.75}{\varepsilon_\alpha}=0.25+\frac{0.75}{1.750}=0.679$$	$Y_\varepsilon=0.679$
(3) 计算$\frac{Y_{Fa}Y_{Sa}}{[\sigma_F]}$。	
① 根据两齿轮齿数及$x=0$、标准直齿轮，由图5-5查得外齿轮齿形系数$Y_{Fa1}=2.56$，$Y_{Fa2}=2.21$。	$Y_{Fa1}=2.56$，$Y_{Fa2}=2.21$
② 同理，由图5-6查得外齿轮应力修正系数$Y_{Sa1}=1.62$，$Y_{Sa2}=1.79$。	$Y_{Sa1}=1.62$，$Y_{Sa2}=1.79$
③ 按两齿轮齿面硬度，由图5-12c查得小齿轮的弯曲疲劳强度极限$\sigma_{Flim1}=385\text{MPa}$，由图5-12b查得大齿轮的弯曲疲劳强度极限$\sigma_{Flim2}=320\text{MPa}$。	$\sigma_{Flim1}=385\text{MPa}$ $\sigma_{Flim2}=320\text{MPa}$
④ 由图5-10取弯曲疲劳寿命系数$K_{FN1}=0.88$；$K_{FN2}=0.95$，取弯曲疲劳安全系数$S=1.4$，则	$K_{FN1}=0.88$，$K_{FN2}=0.95$
$$[\sigma_F]_1=\frac{K_{FN1}\sigma_{Flim1}}{S}=\frac{0.88\times385}{1.4}=242\text{MPa}$$	$[\sigma_F]_1=242\text{MPa}$
$$[\sigma_F]_2=\frac{K_{FN2}\sigma_{Flim2}}{S}=\frac{0.95\times320}{1.4}=217.14\text{MPa}$$	$[\sigma_F]_2=217.14\text{MPa}$
$$\frac{Y_{Fa1}Y_{Sa1}}{[\sigma_F]_1}=\frac{2.56\times1.62}{242}=0.017\ 14$$	
$$\frac{Y_{Fa2}Y_{Sa2}}{[\sigma_F]_2}=\frac{2.21\times1.79}{217.14}=0.018\ 22$$	
因为$\frac{Y_{Fa2}Y_{Sa2}}{[\sigma_F]_2}>\frac{Y_{Fa1}Y_{Sa1}}{[\sigma_F]_1}$，故取	
$$\frac{Y_{Fa}Y_{Sa}}{[\sigma_F]}=\frac{Y_{Fa2}Y_{Sa2}}{[\sigma_F]_2}=0.018\ 22$$	
2）试算模数	
$$m_t\geqslant\sqrt[3]{\frac{2K_{Ft}T_1Y_\varepsilon}{\phi_dz_1^2}\cdot\left(\frac{Y_{Fa}Y_{Sa}}{[\sigma_F]}\right)}=\sqrt[3]{\frac{2\times1.3\times5.206\times10^4\times0.679}{1\times29^2}\times0.018\ 22}=1.258\text{mm}$$	$m_t\geqslant1.258\text{mm}$

（续表）

计 算 及 说 明	主 要 结 果
3）调整齿轮模数及齿数 （1）计算齿轮圆周速度 v。 $d_1 = m_t z_1 = 1.258 \times 29 = 36.482\text{mm}$ $v = \frac{\pi d_1 n_1}{60 \times 1\,000} = \frac{\pi \times 36.482 \times 456.431}{60 \times 1\,000} \approx 0.872\text{m/s}$	$d_1 = 36.482\text{mm}$ $v = 0.872\text{m/s}$
（2）计算齿宽 b。 $b = \phi_d d_1 = 1 \times 36.482 = 36.482\text{mm}$	$b = 36.482\text{mm}$
（3）计算齿宽与齿高之比 b/h。 $h = (2h_a^* + c^*) m_t = (2 \times 1 + 0.25) \times 1.258 = 2.831\text{mm}$ $\frac{b}{h} = \frac{36.482}{2.831} = 12.887$	
（4）计算实际弯曲疲劳强度用载荷系数 K_F。 ① 根据 $v = 0.872\text{m/s}$、齿轮7级精度，由图5-8查得动载荷系数 $K_v = 1.02$。	$K_v = 1.02$
② 确定齿轮传动齿间载荷分配系数 $K_{F\alpha}$。 $F_{t1} = \frac{2T_1}{d_{1t}} = \frac{2 \times 5.206 \times 10^4}{36.482} = 2.854 \times 10^3\text{N}$ $\frac{K_A F_{t1}}{b} = \frac{1 \times 2.854 \times 10^3}{36.482} = 78.230\text{N/mm} < 100\text{N/mm}$ 查表5-22得齿轮传动齿间载荷分配系数 $K_{F\alpha} = 1.2$。	$K_{F\alpha} = 1.2$
③ 由表5-23用插值法查得 $K_{H\beta} = 1.308$，结合 $b/h = 12.887$ 查图5-7得按弯曲疲劳强度用齿向载荷分配系数 $K_{F\beta} = 1.276$。	$K_{H\beta} = 1.308$ $K_{F\beta} = 1.276$
故实际弯曲疲劳强度用载荷系数 $K_F = K_A K_v K_{F\alpha} K_{F\beta} = 1.0 \times 1.02 \times 1.2 \times 1.276 = 1.562$	$K_F = 1.562$
（5）按实际弯曲疲劳强度用载荷系数算得的齿轮模数。 $m = m_t \sqrt[3]{\frac{K_F}{K_{Ft}}} = 1.258 \times \sqrt[3]{\frac{1.562}{1.3}} = 1.337\text{mm}$	
对比计算结果，由齿面接触疲劳强度计算的模数 m 大于由齿根弯曲疲劳强度计算的模数。由于齿轮模数 m 的大小主要取决于弯曲疲劳强度所决定的承载能力，而齿面接触疲劳强度所决定的承载能力，仅与齿轮直径有关，可取由弯曲疲劳强度算得的模数1.337mm并就近圆整为标准值 $m = 2\text{mm}$（参考表5-26齿轮模数第一系列，并考虑到用于传动的齿轮模数应取 $m \geqslant 2\text{mm}$），取按接触疲劳强度算得的分度圆 $d_1 = 68.205\text{mm}$，算出小齿轮齿数和大齿轮齿数分别为	$m = 2\text{mm}$ $d_1 = 68.205\text{mm}$
$z_1 = \frac{d_1}{m} = \frac{68.205}{2} = 34.103 \approx 34$ $z_2 = i_{齿} z_1 = 3.505 \times 34 = 119.170$	$z_1 = 34$
为了便于制造和测量，中心距应尽量圆整成尾数为0和5，故取 $z_2 = 121$。	$z_2 = 121$
4）传动比误差计算 实际总传动比 $i'_{总} = i'_{带} \cdot i'_{齿} = \frac{d_{d2}}{d_{d1}} \cdot \frac{z_2}{z_1} = \frac{280}{90} \cdot \frac{121}{34} = 11.072$ $\Delta = \frac{i'_{总} - i_{总}}{i_{总}} = \frac{11.072 - 10.982}{10.982} = 0.82\% < 5\%$ 在误差范围内，合格。	传动比误差合格
6.4 几何尺寸计算 （1）计算分度圆直径。 $d_1 = z_1 m = 34 \times 2 = 68\text{mm}$ $d_2 = z_2 m = 121 \times 2 = 242\text{mm}$	$d_1 = 68\text{mm}$ $d_2 = 242\text{mm}$
（2）计算中心距。 $a = \frac{d_1 + d_2}{2} = \frac{68 + 242}{2} = 155\text{mm}$	$a = 155\text{mm}$

（续表）

计 算 及 说 明	主 要 结 果
（3）计算齿轮宽度。　$b=\phi_d d_1=1\times68=68\text{mm}$	$b=68\text{mm}$
取 $B_2=68\text{mm}$。而 $B_1=68+(5\sim10)=73\sim78\text{mm}$，取 $B_1=75\text{mm}$。	$B_1=75\text{mm}, B_2=68\text{mm}$
（4）计算齿顶圆直径。	
$d_{a1}=d_1+2h_a=(z_1+2h_a^*)m=(34+2\times1)\times2=72\text{mm}$	$d_{a1}=72\text{mm}$
$d_{a2}=d_2+2h_a=(z_2+2h_a^*)m=(121+2\times1)\times2=246\text{mm}$	$d_{a2}=246\text{mm}$
（5）计算齿全高。　$h=(2h_a^*+c^*)m=(2\times1+0.25)\times2=4.5\text{mm}$	$h=4.5\text{mm}$
（6）计算齿厚。　$s=\dfrac{p}{2}=\dfrac{\pi m}{2}=\dfrac{\pi\times2}{2}=3.142\text{mm}$	$s=3.142\text{mm}$
（7）计算齿顶高。　$h_a=h_a^* m=1\times2=2\text{mm}$	$h_a=2\text{mm}$
（8）计算齿根高。　$h_f=(h_a^*+c^*)m=(1+0.25)\times2=2.5\text{mm}$	$h_f=2.5\text{mm}$
（9）计算齿根圆直径。	
$d_{f1}=d_1-2h_f=68-2\times2.5=63\text{mm}$	$d_{f1}=63\text{mm}$
$d_{f2}=d_2-2h_f=242-2\times2.5=237\text{mm}$	$d_{f2}=237\text{mm}$

6.5　齿轮的结构设计

小齿轮 1 由于直径较小（可参考图 16－7），所以采用齿轮轴结构，如附图 5－3 所示。

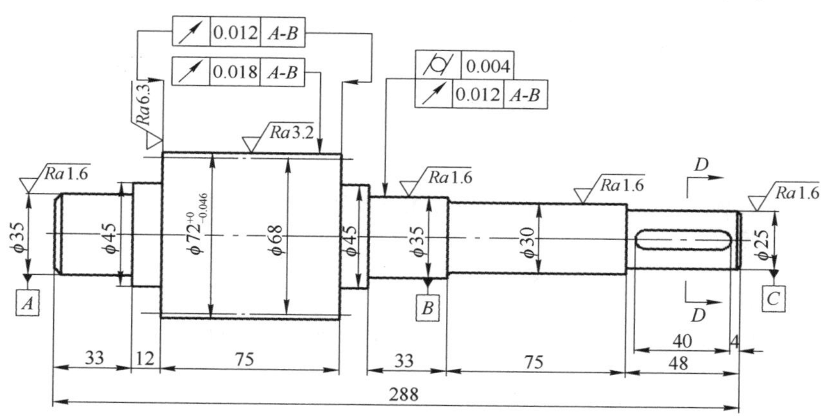

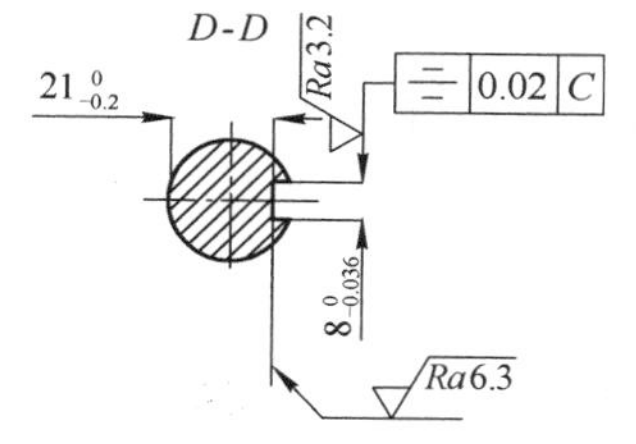

技术要求

1. 调质处理，硬度 217～255HBW。
2. 两端中心孔 B 3.15/10 GB/T 145—2001。
3. 未注圆角半径 $R1.5\text{mm}$。
4. 未注倒角 $C2$。

Ra12.5（√）

附图 5－3　齿轮轴结构

大齿轮 2 采用腹板式结构（可参考图 16－8），如附图 5－4 所示。

七、轴的设计计算及强度校核

7.1　轴的选材及其许用应力的确定

因传递的功率不大，并对质量及结构尺寸无特殊要求，所以初选轴的材料为 45 钢，调质处理。查表 16－1 得：轴材料的硬度为 217～255HBW，抗拉强度极限 $\sigma_B=640\text{MPa}$，屈服强度极限 $\sigma_s=355\text{MPa}$，弯曲疲劳极限 $\sigma_{-1}=275\text{MPa}$，剪切疲劳极限 $\tau_{-1}=155\text{MPa}$，许用弯曲应力 $[\sigma_{-1}]=60\text{MPa}$。

（续表）

计 算 及 说 明	主 要 结 果
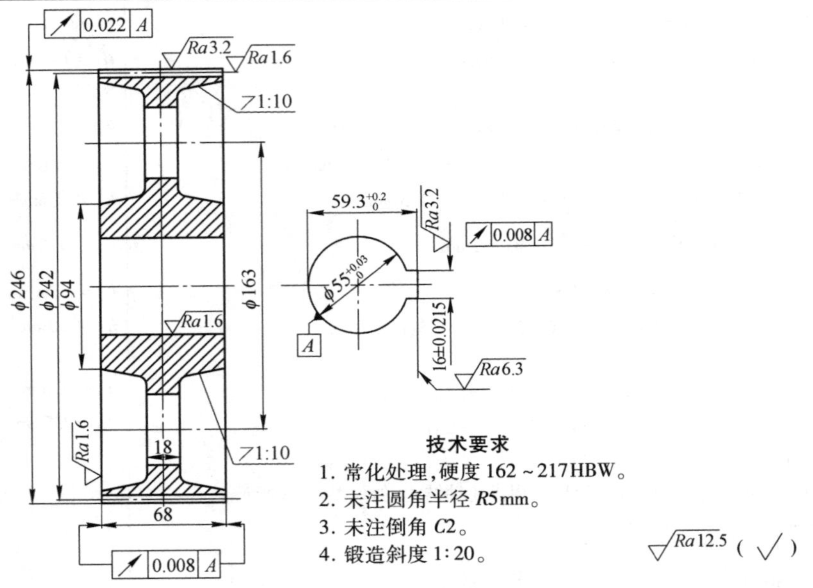 附图5-4 大齿轮结构	
7.2 轴的最小直径估算 1）高速轴最小直径 单级齿轮减速器的高速轴为转轴，输入端与大带轮相连接，所以输入端轴径应最小。查表16-2，取$A_0=126$，则高速轴最小直径为 $$d'_{1\min}=A_0\sqrt[3]{\frac{P_1}{n_1}}=126\times\sqrt[3]{\frac{2.488}{456.431}}=22.175\text{mm}$$ 考虑到高速轴最小直径处安装大带轮，该轴段截面上应设有一个键槽，故将此轴径增大5%～7%，则 $$d_{1\min}=d'_{1\min}(1+7\%)=22.175\times1.07=23.727\text{mm}$$ 查表1-19，取标准尺寸$d_{1\min}=25$mm。	$d_{1\min}=25$mm
2）低速轴最小直径 低速轴的输出端与联轴器相连接，所以低速轴输出端轴径应最大。因为是减速器的低速轴，查表16-2，取$A_0=121$，则低速轴最小直径为 $$d'_{2\min}=A_0\sqrt[3]{\frac{P_2}{n_2}}=121\times\sqrt[3]{\frac{2.414}{130.223}}=32.023\text{mm}$$ 考虑到低速轴最小直径处安装联轴器，该轴段截面上设有一个键槽，同理可得 $$d_{2\min}=d'_{2\min}(1+7\%)=32.023\times1.07=34.265\text{mm}$$ 参考联轴器孔径系列标准，取$d_{2\min}=40$mm。	$d_{2\min}=40$mm
7.3 减速器装配工作底图的设计 根据轴上零件的结构、定位、装配关系、轴向宽度、零件间的相对位置及轴承润滑方式等要求，参考表15-1、图15-3及图16-3，设计一级圆柱齿轮减速器装配工作底图如附图5-5所示。其中箱座壁厚查表15-1：$\delta=0.025a+1\geqslant8$，取$\delta=10$mm；箱盖壁厚$\delta_1=0.02a+1\geqslant8$，也取$\delta_1=10$mm；由$\Delta_2>\delta$，取$\Delta_2=14$mm；$\Delta_1>1.2\delta$，取$\Delta_1=12.5$mm，故箱体内宽$W=B_1+2\Delta_2=75+2\times14=103$mm。 7.4 高速轴的结构设计及强度校核 1）轴上零件的位置与固定方式的确定	

（续表）

计　算　及　说　明	主 要 结 果
高速轴采用齿轮轴，齿轮部分安排在减速器箱体的中央，轴承对称布置。由于轴不长，所以轴承采用两端固定方式。现轴承采用脂润滑，可以通过封油环定位。高速轴轴系结构如附图 5－6 所示。	

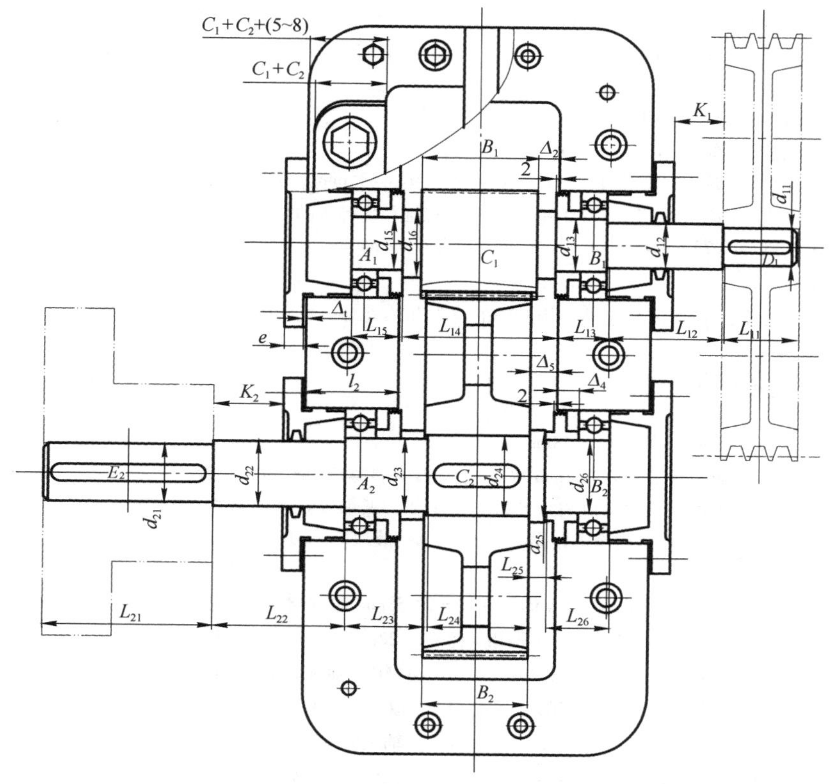

附图 5－5　一级圆柱齿轮减速器装配工作底图

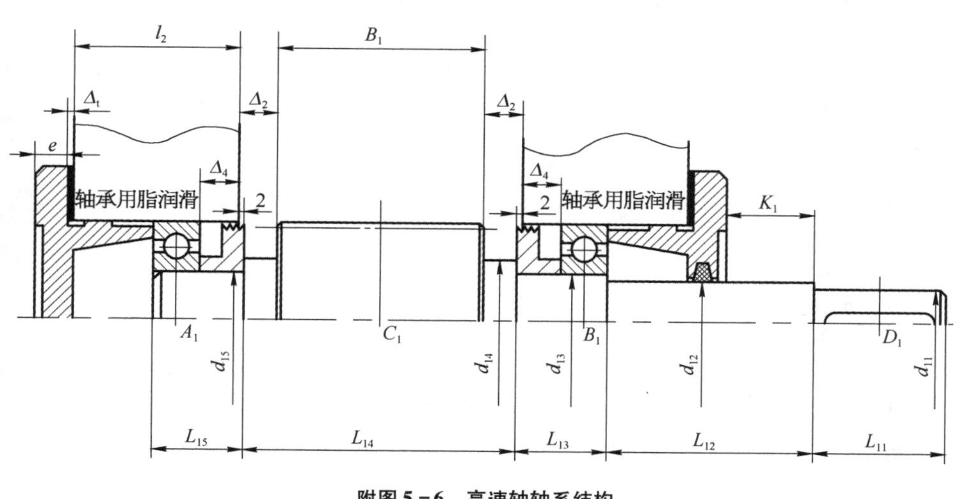

附图 5－6　高速轴轴系结构

（续表）

计 算 及 说 明	主 要 结 果
2）各轴段直径和长度的确定 （1）各轴段直径的确定。	
d_{11}：最小直径，安装大带轮外伸轴段，$d_{11}=d_{1\min}=25\text{mm}$（即大带轮的孔径）。	$d_{11}=25\text{mm}$
d_{12}：密封处轴段，根据大带轮的轴向定位要求以及定位轴肩的高度 $h=(0.07\sim0.1)d_{11}$，并考虑密封圈的标准，故取 $d_{12}=30\text{mm}$。该处轴的圆周速度 $v=\dfrac{\pi d_{12}n_1}{60\times1\,000}=\dfrac{\pi\times30\times456.431}{60\times1\,000}=0.717\text{m/s}<4\text{m/s}$ 故可选用毡圈油封，由表9-9，选取毡圈30 JB/ZQ 4606—1997。	$d_{12}=30\text{mm}$
d_{13}：滚动轴承处轴段，考虑轴承的拆装方便，因而使 $d_{13}>d_{12}$，现取 $d_{13}=35\text{mm}$。考虑到轴承承受的是径向力，故选用深沟球轴承。查表6-5，选取0基本游隙组、标准精度等级的深沟球轴承6207，其基本尺寸为 $d\times D\times B=35\text{mm}\times72\text{mm}\times17\text{mm}$，其安装尺寸为 $d_a=42\text{mm}$。	$d_{13}=35\text{mm}$
d_{14}：过渡轴段，取 $d_{14}=45\text{mm}$。	$d_{14}=45\text{mm}$
齿轮处轴段：由于小齿轮直径较小，故采用齿轮轴结构。轴的材料和热处理方式均需与小齿轮一样，采用45钢，调质处理。	
d_{15}：滚动轴承处轴段，应与右支承相同，故取 $d_{15}=d_{13}=35\text{mm}$。	$d_{15}=35\text{mm}$
（2）各轴段长度的确定。	
L_{11}：应比大带轮的轮毂长度短2～3mm，故取 $L_{11}=48\text{mm}$。	$L_{11}=48\text{mm}$
L_{13}：参考图16-11a，取封油环端面到内壁距离为2mm；为了补偿箱体的铸造误差、安装封油环空间以及考虑到主动轴靠近箱体内壁的轴承端面应与从动轴靠近箱体内壁的轴承端面对齐在同一母线上等，靠近箱体内壁的轴承端面至箱体内壁的距离取 $\Delta_4=14\text{mm}$，故取 $L_{13}=B+\Delta_4+2=17+14+2=33\text{mm}$。	$L_{13}=33\text{mm}$
L_{12}：查表15-1：地脚螺钉直径 $d_f=0.036a+12=0.036\times155+12=17.58\text{mm}$，取M18。轴承旁连接螺钉 $d_1=0.75d_f=0.75\times18=13.5\text{mm}$，取M16；查表15-1得相应的 $C_1=22\text{mm}$，$C_2=20\text{mm}$。箱盖与箱座连接螺栓直径 $d_2=(0.5\sim0.6)d_f=(0.5\sim0.6)\times18=9\sim10.8\text{mm}$，取M12；轴承端盖螺钉直径 $d_3=(0.4\sim0.5)d_f=(0.4\sim0.5)\times18=7.2\sim9\text{mm}$，取M10，由表4-13查取螺栓GB/T 5782—2000 M10×30。由表8-1查得轴承端盖凸缘厚度 $e=1.2d_3=1.2\times10=12\text{mm}$。轴承座宽度 $l_2=\delta+C_1+C_2+(5\sim8)=10+22+20+(5\sim8)=57\sim60\text{mm}$，取 $l_2=60\text{mm}$；取端盖与轴承座间的调整垫片厚度 $\Delta_t=2\text{mm}$；为了在不拆卸带轮的情况下，方便装拆轴承端盖连接螺钉，取带轮轮毂端面至轴承端盖表面的距离 $K_1=32\text{mm}$，则有 $L_{12}=l_2+\Delta_t+e+K_1-B-\Delta_4=60+2+12+32-17-14=75\text{mm}$。	$L_{12}=75\text{mm}$
L_{14}：小齿轮和大齿轮都布置在箱体的中央，中心线在同一母线上，小齿轮宽度 $B_1=75\text{mm}$，$\Delta_2=14\text{mm}$，考虑到封油环的装配原因，取 $L_{14}=B_1+2\Delta_2-2\times2=75+2\times14-4=99\text{mm}$。	$L_{14}=99\text{mm}$
L_{15}：由于对称，故 $L_{15}=L_{13}=33\text{mm}$。	$L_{15}=33\text{mm}$
高速轴总长 $L_1=L_{11}+L_{12}+L_{13}+L_{14}+L_{15}=48+75+33+99+33=288\text{mm}$	$L_1=288\text{mm}$
3）按弯扭合成应力校验轴的强度 绘制高速轴受力简图如附图5-7a所示。 小齿轮所受转矩 $T_1=52.057\text{N}\cdot\text{m}$	
小齿轮所受圆周力 $F_{t1}=\dfrac{2T_1}{d_1}=\dfrac{2\times52.057}{0.068}=1\,531.088\text{N}$	$F_{t1}=1\,531.088\text{N}$
小齿轮所受径向力 $F_{r1}=F_{t1}\cdot\tan\alpha=1\,531.088\times\tan20°=557.270\text{N}$	$F_{r1}=557.270\text{N}$
高速轴两轴承间的跨距由上述设计尺寸可得：$l_{A1B1}=148\text{mm}$，$l_{B1D1}=107.5\text{mm}$，$l_{C1D1}=181.5\text{mm}$。	
两支点的支反力：$R_{A1H}=R_{B1H}=\dfrac{F_{t1}}{2}=\dfrac{1\,531.088}{2}=765.544\text{N}$	$R_{A1H}=765.544\text{N}$ $R_{B1H}=765.544\text{N}$
由 $\Sigma M_A(F)=R_{B1V}l_{A1B1}+F_{r1}\dfrac{l_{A1B1}}{2}-F_pl_{A1D1}=0$，得	

（续表）

计 算 及 说 明	主 要 结 果
$$R_{B1V}\times 148+557.270\times\frac{148}{2}=775.044\times 255.5$$	
故 $R_{B1V}=1\ 059.363\text{N}$。由 $R_{A1V}+R_{B1V}+F_{r1}=F_p$，得 $R_{A1V}=-841.589\text{N}$。式中负号表示与图中所示力的方向相反，以下同。A_1点和B_1点的总支反力	$R_{B1V}=1\ 059.363\text{N}$ $R_{A1V}=-841.589\text{N}$
$$R_{A1}=\sqrt{R_{A1H}^2+R_{A1V}^2}=\sqrt{765.544^2+841.589^2}=1\ 137.686\text{N}$$	$R_{A1}=1\ 137.686\text{N}$
$$R_{B1}=\sqrt{R_{B1H}^2+R_{B1V}^2}=\sqrt{765.544^2+1\ 059.363^2}=1\ 307.022\text{N}$$	$R_{B1}=1\ 307.022\text{N}$
C_1处的水平弯矩	
$$M_{C1H}=R_{A1H}\frac{l_{A1B1}}{2}=765.544\times\frac{148}{2}\times 10^{-3}=56.650\text{N}\cdot\text{m}$$	$M_{C1H}=56.650\text{N}\cdot\text{m}$
C_1 处的垂直弯矩	
$$M_{C1V}=R_{A1V}\frac{l_{A1B1}}{2}=-841.589\times\frac{148}{2}\times 10^{-3}=-62.278\text{N}\cdot\text{m}$$	$M_{C1V}=-62.278\text{N}\cdot\text{m}$
B_1 处的垂直弯矩	
$$M_{B1V}=F_p l_{B1D1}=-775.044\times 107.5\times 10^{-3}=-83.317\text{N}\cdot\text{m}$$	$M_{B1V}=-83.317\text{N}\cdot\text{m}$
C_1 处的合成弯矩	
$$M_{C1}=\sqrt{M_{C1H}^2+M_{C1V}^2}=\sqrt{56.650^2+62.278^2}=84.189\text{N}\cdot\text{m}$$	$M_{C1}=84.189\text{N}\cdot\text{m}$
B_1 处的合成弯矩	
$$M_{B1}=\sqrt{M_{B1H}^2+M_{B1V}^2}=83.317\text{N}\cdot\text{m}$$	$M_{B1}=83.317\text{N}\cdot\text{m}$
高速轴所受的转矩	
$$T_1=T_{\text{I}}=52.057\text{N}\cdot\text{m}$$	
绘制高速轴弯扭矩受力图如附图 5－7 所示。	$T_1=52.057\text{N}\cdot\text{m}$
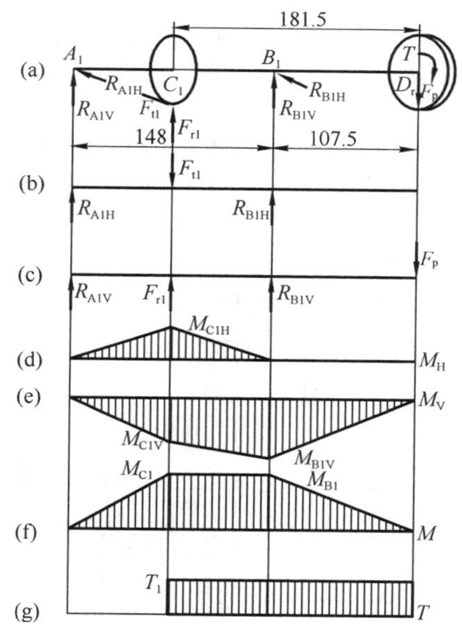 **附图 5－7　高速轴载荷分析**	
由附图5－7 可知，齿轮轴 C_1 处与 B_1 处弯矩大小相近，但 B_1 轴段直径较小，故 B_1 处为危险截面。	
因为是单向回转轴，所以转矩切应力视为脉动循环变应力，取折合系数 $\alpha=0.6$，危险截面 B_1 的当量弯矩	

（续表）

计算及说明	主要结果
$M_{e1}=\sqrt{M_{B1}^2+(\alpha T)^2}=\sqrt{83.317^2+(0.6\times52.057)^2}=88.979\text{N}\cdot\text{m}$	$M_{e1}=88.979\text{N}\cdot\text{m}$
$\sigma_{ca}=\frac{M_e}{W}=\frac{M_{e1}}{0.1d_{13}^3}=\frac{88.979\times10^3}{0.1\times35^3}=20.753\text{MPa}$	$\sigma_{ca}=20.753\text{MPa}$
前已选定主动轴材料为 45 钢，调质处理，由表 16－1 查得$[\sigma_{-1}]=60\text{MPa}$，所以 $\sigma_{ca}<[\sigma_{-1}]$，安全。	轴的强度安全
4）滚动轴承校验	
查表 6－5 得：深沟球轴承 6207 的基本额定动载荷 $C_r=25.5\text{kN}$，基本额定静载荷 $C_0=15.2\text{kN}$。现预计寿命 $L_h'=10\times300\times2\times8=48\ 000\text{h}$。	选轴承 6207
$F_{r1}=R_{A1}=1\ 137.686\text{N}, F_{r2}=R_{B1}=1\ 307.022\text{N}$	
查表 6－14，当减速器受到轻微冲击时，取滚动轴承载荷系数 $f_p=1.2$。因为 $F_a/F_r=0$，查表 6－15 得深沟球轴承的最小 e 值为 0.22，故此时 $F_a/F_r\leqslant e$，则径向动载荷系数 $X_1=X_2=1$，轴向动载荷系数 $Y_1=Y_2=0$。	
$P_1=f_p(X_1F_{r1}+Y_1F_{a1})=1.2\times(1\times1\ 137.686+0)=1\ 365.223\text{N}$	
$P_2=f_p(X_2F_{r2}+Y_2F_{a2})=1.2\times(1\times1\ 307.022+0)=1\ 568.426\text{N}$	
因为 $P_1<P_2$，故只需验算轴承 2。轴承在 100℃温度以下工作，查表 6－16 得温度系数 $f_t=1$，则	
$L_h=\frac{10^6}{60n_1}\left(\frac{f_tC_r}{P}\right)^\varepsilon=\frac{10^6}{60\times456.431}\times\left(\frac{1\times25\ 500}{1\ 568.426}\right)^3=1.569\times10^5\text{h}>L_h'=48\ 000\text{h}$	
故轴承寿命合格。	轴承选择合格
7.5　低速轴的结构设计及强度校核	
1）联轴器的选择	
由于载荷较平稳，速度不高，无特殊要求，故选用弹性套柱销联轴器。查表 7－9，用于取运输机的联轴器的工作情况系数 $K_A=1.5$，故	
$T_{ca}=K_AT_{II}=1.5\times177.032=265.548\text{N}\cdot\text{m}$	$T_{ca}=265.548\text{N}\cdot\text{m}$
查表 7－6 选用 LT7 型，公称转矩 $T_n=500\text{N}\cdot\text{m}$，故 $T_{ca}<T_n$。采用 Y 型轴孔，A 型键，轴孔直径 $d=40\text{mm}$，轴孔长度 $L=112\text{mm}$，取弹性套柱销的装配距离 $K_2=45\text{mm}$。	选用 LT7 型联轴器
2）轴上零件的位置与固定方式的确定	
大齿轮安排在箱体中央，轴承对称布置在齿轮两侧。轴外伸端安装联轴器，联轴器靠轴肩轴向固定。齿轮靠轴环和套筒实现轴向固定。轴承采用两端固定，脂润滑，通过封油环和轴承盖固定。低速轴轴系结构如附图 5－8 所示。	
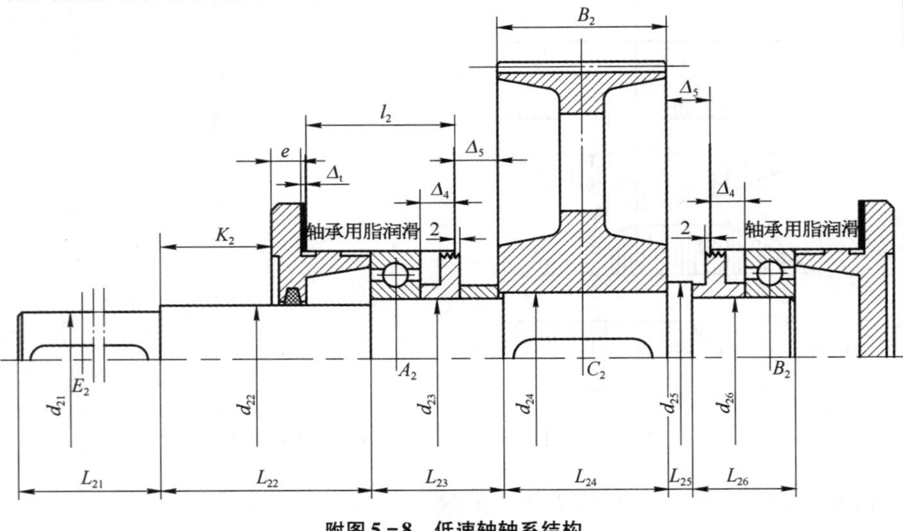 **附图 5－8　低速轴轴系结构**	

（续表）

计 算 及 说 明	主 要 结 果
3）各轴段直径和长度的确定	
（1）各轴段直径的确定。	
d_{21}：最小直径，安装联轴器外伸轴段，$d_{21}=d_{2\min}=40\text{mm}$。	$d_{21}=40\text{mm}$
d_{22}：密封处轴段。根据联轴器的轴向定位要求，定位轴肩为 $h=(0.07\sim0.1)d_{21}=(0.07\sim0.1)\times40=2.8\sim4\text{mm}$，查表 1－19，并考虑到毡圈油封的标准，取 $d_{22}=45\text{mm}$。该处轴的圆周速度	$d_{22}=45\text{mm}$
$$v=\frac{\pi d_{22}n_2}{60\times1\,000}=\frac{\pi\times45\times130.223}{60\times1\,000}=0.307\text{m/s}<4\text{m/s}$$ 故选用毡圈油封合格，由表 9－9，选取毡圈 45 JB/ZQ 4606—1997。	选取毡圈 45 JB/ZQ 4606—1997
d_{23}：滚动轴承处轴段。考虑拆装方便，$d_{23}>d_{22}$，取 $d_{23}=50\text{mm}$。考虑到轴只受径向力，故选用深沟球轴承。由 $d_{23}=50\text{mm}$，查表 6－5，初选取代号 6210 轴承，其基本尺寸为：$d\times D\times B=50\text{mm}\times90\text{mm}\times20\text{mm}$，安装尺寸 $d_a=57\text{mm}$。	$d_{23}=50\text{mm}$ 选轴承 6210
d_{24}：低速级大齿轮安装轴段，取 $d_{24}=55\text{mm}$。	$d_{24}=55\text{mm}$
d_{25}：轴环，该轴段为齿轮提供定位作用，定位轴肩高度：$h=(0.07\sim0.1)d_{24}=(0.07\sim0.1)\times55=3.85\sim5.5\text{mm}$，则 $d_{25}=62.7\sim66\text{mm}$，查表 1－19，取标准值 $d_{25}=63\text{mm}$。	$d_{25}=63\text{mm}$
d_{26}：滚动轴承处轴段，$d_{26}=d_{23}=50\text{mm}$。	$d_{26}=50\text{mm}$
（2）各轴段长度的确定。	
L_{21}：安装联轴器轴段。为了保证轴向定位可靠，该轴段的长度应比联轴器轴孔的长度短 2～3mm，现联轴器轴孔长 112mm，故取 $L_{21}=110\text{mm}$。	$L_{21}=110\text{mm}$
L_{24}：大齿轮配合段。由齿宽 $B_2=68\text{mm}$，为了便于定位可靠，同理取 $L_{24}=66\text{mm}$。	$L_{24}=66\text{mm}$
L_{22}：此段长度除与轴上零件有关外，还与轴承座宽度及轴承端盖等零件有关。由装配关系可知，轴承座宽度 l_2、轴承盖凸缘厚度 e、轴承端盖连接螺栓长度、轴承靠近箱体内壁的端面至箱体内壁距离 Δ_4、端盖与轴承座间的调整垫片厚度 Δ_t 均同高速轴相同，考虑到联轴器弹性套柱销的装配距离 $K_2=45\text{mm}$，则有	
$$L_{22}=l_2+\Delta_t+e+K_2-B-\Delta_4=60+2+12+45-20-14=85\text{mm}$$	$L_{22}=85\text{mm}$
L_{25}：轴环的宽度。因 $b\geqslant1.4h=1.4\times(d_{25}-d_{24})/2=1.4\times(63-55)/2=5.6\text{mm}$，故取 $L_{25}=10\text{mm}$。	$L_{25}=10\text{mm}$
L_{26}：右侧安装封油环、轴承的轴段。 $$L_{26}=\Delta_5+\Delta_4+B-L_{25}=17.5+14+20-10=41.5\text{mm}$$	$L_{26}=41.5\text{mm}$
L_{23}：左侧安装封油环、套筒、轴承的轴段。 $$L_{23}=B_2-L_{24}+\Delta_5+\Delta_4+B=68-66+17.5+14+20=53.5\text{mm}$$	$L_{23}=53.5\text{mm}$
低速轴总轴长 $$L_2=L_{21}+L_{22}+L_{23}+L_{24}+L_{25}+L_{26}=110+85+53.5+66+10+41.5=366\text{mm}$$	$L_2=366\text{mm}$
4）按弯扭合成应力校验轴的强度	
绘制低速轴受力简图如附图 5－9a 所示。	
大齿轮所受转矩 $T=T_{\text{II}}=177.032\text{N}\cdot\text{m}$	$T=T_{\text{II}}=177.032\text{N}\cdot\text{m}$
大齿轮所受圆周力 $F_{t2}=\dfrac{2T_2}{d_2}=\dfrac{2\times177.032}{0.242}=1\,463.074\text{N}$	$F_{t2}=1\,463.074\text{N}$
大齿轮所受径向力 $$F_{r2}=F_{t2}\cdot\tan\alpha=1\,463.074\times\tan20^\circ=532.515\text{N}$$	$F_{r2}=532.515\text{N}$
低速轴两轴承间的跨距：由上述设计尺寸可得其跨距为 $l_{A2B2}=151\text{mm}$，$l_{E2A2}=150\text{mm}$，$l_{A2C2}=75.5\text{mm}$。	
两支点的支反力 $$R_{A2H}=R_{B2H}=\frac{F_{t2}}{2}=\frac{1\,463.074}{2}=731.537\text{N}$$	$R_{A2H}=731.537\text{N}$ $R_{B2H}=731.537\text{N}$

（续表）

计 算 及 说 明	主 要 结 果
$$R_{A2V}=R_{B2V}=\frac{F_{r2}}{2}=\frac{532.515}{2}=266.258\text{N}$$	$R_{A2V}=266.258\text{N}$ $R_{B2V}=266.258\text{N}$
A_2处和B_2处的总支反力 $$R_{A2}=R_{B2}=\sqrt{R_{A2H}^2+R_{A2V}^2}=\sqrt{731.537^2+266.258^2}=778.486\text{N}$$	$R_{A2}=778.486\text{N}$ $R_{B2}=778.486\text{N}$
C_2处的水平弯矩 $$M_{C2H}=R_{A2H}l_{A2C2}=731.537\times75.5\times10^{-3}=55.230\text{N}\cdot\text{m}$$	$M_{C2H}=55.230\text{N}\cdot\text{m}$
C_2处的垂直弯矩 $$M_{C2V}=R_{A2V}l_{A2C2}=266.258\times75.5\times10^{-3}=20.102\text{N}\cdot\text{m}$$	$M_{C2V}=20.102\text{N}\cdot\text{m}$
C_2处的合成弯矩 $$M_{C2}=\sqrt{{M_{C2H}}^2+{M_{C2V}}^2}=\sqrt{55.230^2+20.102^2}=58.775\text{N}\cdot\text{m}$$	$M_{C2}=58.775\text{N}\cdot\text{m}$
低速轴所受的转矩 $$T_2=T_{II}=177.032\text{N}\cdot\text{m}$$	$T_2=T_{II}=177.032\text{N}\cdot\text{m}$
绘制低速轴弯扭矩受力图如附图 5－9 所示。 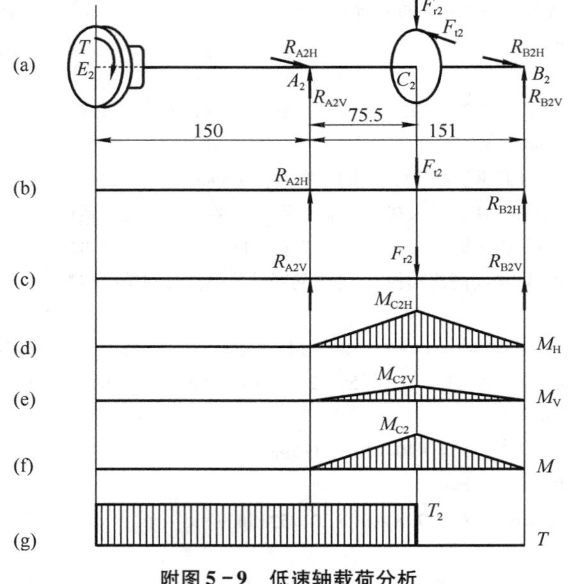 **附图 5－9 低速轴载荷分析**	
从计算结果可知 C_2处所受弯矩最大，是危险截面。 危险截面 C_2的当量弯矩：因为是单向回转轴，所以转矩切应力视为脉动循环变应力，取折合系数$\alpha=0.6$，则 $$M_{e2}=\sqrt{M_{C2}^2+(\alpha T_2)^2}=\sqrt{58.775^2+(0.6\times177.032)^2}=121.396\text{N}\cdot\text{m}$$ $$\sigma_{ca}=\frac{M_e}{W}=\frac{M_{e2}}{0.1d_{24}^3}=\frac{121.396\times10^3}{0.1\times55^3}=7.297\text{MPa}$$	$M_{e2}=121.396\text{N}\cdot\text{m}$ $\sigma_{ca}=7.297\text{MPa}$
现选低速轴材料为 45 钢，调质处理，由表 16－1 查得的$[\sigma_{-1}]=60\text{MPa}$，所以 $\sigma_{ca}<[\sigma_{-1}]$，故安全。	轴的强度安全
5）滚动轴承校验 查表 6－5 得：深沟球轴承 6210 的基本额定动载荷 $C_r=35.0\text{kN}$，基本额定静载荷 $C_0=23.2\text{kN}$。预计寿命 $L_h'=10\times300\times2\times8=48\ 000\text{h}$。$F_{r1}=F_{r2}=778.486\text{N}$。查表 6－14，当减速器受到轻微冲	

（续表）

计　算　及　说　明	主 要 结 果
击时，取滚动轴承载荷系数$f_p=1.2$。因为$F_a/F_r=0$，查表6－15得深沟球轴承的最小e值为0.22，故此时$F_a/F_r \leqslant e$，则径向动载荷系数$X_1=X_2=1$，轴向动载荷系数$Y_1=Y_2=0$。 $$P_1=f_p(X_1F_{r1}+Y_1F_{a1})=1.2\times(1\times778.486+0)=934.183\text{N}$$ $$P_2=f_p(X_2F_{r2}+Y_2F_{a2})=1.2\times(1\times778.486+0)=934.183\text{N}$$ $$L_h=\frac{10^6}{60n_2}\left(\frac{f_tC_r}{P}\right)^\varepsilon=\frac{10^6}{60\times130.223}\times\left(\frac{1\times35\ 000}{934.183}\right)^3=6.731\times10^6\text{h}>L_h'=48\ 000\text{h}$$ 故轴承寿命符合要求。	轴承选择合格
八、键的选择与强度校核 8.1　高速轴外伸端处 （1）选择键连接的种类和尺寸。主动轴外伸端$d_{11}=25\text{mm}$，长48mm，考虑到键在轴中部安装，查表4－27，选键8×40 GB/T 1096—2003，$b=8\text{mm}$，$h=7\text{mm}$，$L=40\text{mm}$。选择材料为45钢，查表4－28，键静连接时的许用挤压应力$[\sigma_p]=100\sim120\text{MPa}$，取$[\sigma_p]=110\text{MPa}$。工作长度$l=L-b=40-8=32\text{mm}$，键与轮毂键槽的接触高度$k=0.5h=0.5\times7=3.5\text{mm}$。	选取键8×40 GB/T 1096—2003
（2）校核键连接的强度。 $$\sigma_p=\frac{2T_1\times10^3}{kld_{11}}=\frac{2\times52.057\times1\ 000}{3.5\times32\times25}=37.184\text{MPa}<[\sigma_p]$$ 故键的强度足够，选择键8×40 GB/T 1096—2003合适。	高速轴键的强度合格
8.2　低速轴外伸端处 （1）选择键连接的种类和尺寸。主动轴外伸端$d_{21}=40\text{mm}$，长110mm，考虑到键在轴中部安装，查表4－27，选键12×100 GB/T 1096—2003，$b=12\text{mm}$，$h=8\text{mm}$，$L=110\text{mm}$。选择材料为45钢，查表4－28，键静连接时的许用挤压应力$[\sigma_p]=100\sim120\text{MPa}$，取$[\sigma_p]=110\text{MPa}$。工作长度$l=L-b=110-12=98\text{mm}$，键与轮毂键槽的接触高度$k=0.5h=0.5\times8=4\text{mm}$。	选取键12×100 GB/T 1096—2003
（2）校核键连接的强度。 $$\sigma_p=\frac{2T_{11}\times10^3}{kld_{21}}=\frac{2\times177.032\times1\ 000}{4\times98\times40}=22.581\text{MPa}<[\sigma_p]$$ 故键的强度足够，选择键12×100 GB/T 1096—2003合适。	
8.3　低速轴大齿轮连接处 （1）选择键连接的种类和尺寸。大齿轮连接处$d_{24}=55\text{mm}$，长66mm，考虑到键在轴中部安装，查表4－27，选键16×56 GB/T 1096—2003，$b=16\text{mm}$，$h=10\text{mm}$，$L=56\text{mm}$。选择材料为45钢，查表4－28，键静连接时的许用挤压应力$[\sigma_p]=100\sim120\text{MPa}$，现取$[\sigma_p]=110\text{MPa}$。工作长度$l=L-b=56-16=40\text{mm}$，接触高度$k=0.5h=0.5\times10=5\text{mm}$。	选取键16×56 GB/T 1096—2003
（2）校核键连接的强度。 $$\sigma_p=\frac{2T_{11}\times10^3}{kld_{24}}=\frac{2\times177.032\times1\ 000}{5\times40\times55}=32.188\text{MPa}<[\sigma_p]$$ 故键的强度足够，选择键16×56 GB/T 1096—2003合适。	低速轴键的强度合格
九、减速器的润滑 9.1　齿轮的润滑 由于齿轮的圆周速度 $$v=\frac{\pi d_1n_1}{60\times1\ 000}=\frac{\pi\times68\times456.431}{60\times1\ 000}\approx1.625\text{m/s}<12\text{m/s}$$ 故齿轮采用油池浸油润滑，查表9－1、表9－2选用L-CKC150润滑油，大齿轮浸油深度约为15mm。	齿轮采用油池浸油润滑
9.2　轴承的润滑 由于齿轮圆周速度$v<2\text{m/s}$，故轴承采用润滑脂润滑，查表9－4选用4号钙基润滑脂。	轴承采用润滑脂润滑
十、设计小结（略） **十一、参考资料** [1] 傅燕鸣主编. 机械设计课程设计手册. 2版. 上海：上海科学技术出版社，2016. [2] 濮良贵，纪名刚主编. 机械设计. 9版. 北京：高等教育出版社，2013. ……	

第1篇表名索引

参 考 文 献

[1] 傅燕鸣主编. 机械设计(基础)课程设计教程. 上海:上海科学技术出版社,2012.
[2] 王大康,卢颂峰主编. 机械设计课程设计. 2 版. 北京:北京工业大学出版社,2009.
[3] 唐增宝,常建娥主编. 机械设计课程设计. 3 版. 武汉:华中科技大学出版社,2006.
[4] 濮良贵,纪名刚主编. 机械设计. 9 版. 北京:高等教育出版社,2013.
[5] 龚溎义主编. 机械设计课程设计图册. 3 版. 北京:高等教育出版社,1989.
[6] 王昆,等编. 机械设计课程设计. 北京:高等教育出版社,1995.
[7] 孙岩,等编. 机械设计课程设计. 北京:北京理工大学出版社,2007.
[8] 唐金松主编. 简明机械设计手册. 3 版. 上海:上海科学技术出版社,2009.
[9] 中国标准出版社总编辑室. GB 中国国家标准汇编. 北京:中国标准出版社,2003.
[10] 中国标准出版社总编辑室. 中国机械工业标准汇编. 3 版. 北京:中国标准出版社,2009.
[11] 张松林主编. 最新轴承手册. 北京:电子工业出版社,2007.
[12] 骆素君主编. 机械设计课程设计实例与禁忌. 北京:化学工业出版社,2009.
[13] 张春宜,等编. 减速器设计实例精解. 北京:机械工业出版社,2010.
[14] 巩云鹏,等编. 机械设计课程设计. 沈阳:东北大学出版社,2000.
[15] 殷玉枫主编. 机械设计课程设计. 北京:机械工业出版社,2006.
[16] 李育锡主编. 机械设计课程设计. 北京:高等教育出版社,2008.
[17] 范思冲编. 机械基础. 2 版. 北京:机械工业出版社,2005.
[18] 金清肃主编. 机械设计课程设计. 武汉:华中科技大学出版社,2007.
[19] 陆玉主编. 机械设计课程设计. 4 版. 北京:机械工业出版社,2009.
[20] 刘扬主编. 机械设计课程设计. 北京:北京交通大学出版社,2010.
[21] 从晓霞主编. 机械设计课程设计. 北京:高等教育出版社,2010.
[22] 孙德志,张伟华,邓子龙主编. 机械设计基础课程设计. 2 版. 北京:科学出版社,2010.
[23] 宋宝玉主编. 简明机械设计课程设计图册. 北京:高等教育出版社,2007.
[24] 唐蓉城,潘凤章主编. 机械零件习题作业汇编. 天津:天津科学技术出版社,1987.
[25] 喻子建,张磊,邵伟平主编. 机械设计习题与解题分析. 沈阳:东北大学出版社,2000.